U0269438

新全电工手册

徐国华 主编

河南科学技术出版社

·郑州·

内 容 提 要

本手册共分为13章，内容包括电工常用基础知识、常用电工材料、电工常用仪表、变压器、低压电器、高压电器、电动机、电力低压配电线路、电力无功补偿、电力电子技术、可编程控制器、现代照明技术、安全用电等。

本手册内容齐全、实用，突出了电工工艺和操作技能。本手册的读者对象为广大工矿企业生产第一线的电工，主要是从事电气安装、维护、修理工作的电工。本手册也可供大、中专院校师生学习参考。

图书在版编目（CIP）数据

新全电工手册/徐国华主编．—郑州：河南科学技术出版社，2013.3
ISBN 978 - 7 - 5349 - 5927 - 1

Ⅰ．①新…　Ⅱ．①徐…　Ⅲ．①电工 - 技术手册　Ⅳ．①TM - 62

中国版本图书馆 CIP 数据核字（2013）第 016606 号

出版发行：河南科学技术出版社
　　　　　地址：郑州市经五路66号　　邮编：450002
　　　　　电话：（0371）65737028　65788613
　　　　　网址：www. hnstp. cn
策划编辑：孙　彤
责任编辑：张　建
责任校对：柯　姣
封面设计：张　伟
责任印制：朱　飞
印　　刷：河南省瑞光印务股份有限公司
经　　销：全国新华书店
幅面尺寸：140 mm×202 mm　印张：20　字数：650 千字
版　　次：2013 年 3 月第 1 版　　2013 年 3 月第 1 次印刷
定　　价：58.00 元

如发现印、装质量问题，影响阅读，请与出版社联系。

前　言

为适应我国经济建设加速发展的形势，促进我国电气工业水平的提高与发展，根据工矿企业电气安装、维护、修理实践的迫切需要，我们组织编写了这本《新全电工手册》。

本手册共分为 13 章，分别为电工常用基础知识、常用电工材料、电工常用仪表、变压器、低压电器、高压电器、电动机、电力低压配电线路、电力无功补偿、电力电子技术、可编程控制器、现代照明技术、安全用电等。

本手册内容新颖，突出了电工工艺和操作技能。本手册的读者对象为广大工矿企业生产第一线的电工，主要是从事电气安装、维护、修理工作的电工。本手册也可供大、中专院校师生学习参考。

本手册由徐国华任主编，负责全书的统稿。参加本书编写的还有孙东、顾冬华、许爽、过金超。本手册由崔光照担任主审。

由于编写时间短，以及作者的水平有限，对书中的疏漏之处，敬请广大读者批评指正。

编　者
2012 年 5 月

目 录

第1章 电工常用基础知识

1.1 电工常用基本定律及计算公式

1.1.1 直流电路常用基本定律及计算公式

直流电路常用基本定律及计算公式见表1-1。

表1-1 直流电路常用基本定律及计算公式

名称	定义	公式	说明
电阻	导体能够导电，但同时对电流又有阻力作用。这种阻碍电流通过的阻力称为电阻，用英文字母 R 或 r 表示	$R = \rho \dfrac{l}{A}$	l—导体的长度，单位为米（m） A—导体的横截面积，单位为平方米（m²） ρ—导体的电阻率，单位为欧·米（Ω·m） R—导体的电阻，单位为欧（Ω）
电导	表征物体传导电流的能力称为电导。电导是电阻的倒数，用英文字母 G 表示	$G = \dfrac{1}{R}$	R—电阻，单位为欧（Ω） G—电导，单位为西（S）
电流	导体内的自由电子或离子在电场力的作用下有规律的流动称为电流。人们规定正电荷移动的方向为电流的正方向。电流用英文字母 I 表示	$I = \dfrac{Q}{t}$	Q—电量，单位为库（C） t—时间，单位为秒（s） I—电流，单位为安（A）

名称	定义	公式	说明
电压	在静电场或电路中，单位正电荷在电场力作用下从一点移到另一点电场力所做的功称为两点间的电压。电压用英文字母 U 表示。电压的正方向是从高电位到低电位	$U = \dfrac{W}{Q}$	W—电功，单位为焦（J） Q—电量，单位为库（C） U—电压，单位为伏（V）
部分电路的欧姆定律	在一段不含电动势而只有电阻的电路中，流过电阻的电流大小与加在电阻两端的电压成正比，而与电路中的电阻成反比	$I = \dfrac{U}{R}$	U—电压（V） R—电阻（Ω） I—电流（A）
全电路的欧姆定律	在只有一个电源的无分支闭合电路中，电流与电源电动势成正比，与电路的总电阻成反比	$I = \dfrac{E}{R + r_0}$	E—电源电动势，单位为伏（V） R—负载电阻（Ω） r_0—电源的内电阻（Ω） I—电路中电流（A）
电功率	一个用电设备在单位时间内所消耗的电能称为电功率，用英文字母 P 表示	$P = \dfrac{W}{t} = IU = I^2 R = \dfrac{U^2}{R}$	W—电能，单位为焦（J） t—时间，单位为秒（s） I—电路中的电流（A） R—电路中的电阻（Ω） U—电路两端的电压（V） P—电路的电功率，单位为瓦（W）

名称	定义	公式	说明
串联电阻器		R_1 R_2 R_3 $R = R_1 + R_2 + R_3$	
并联电阻器		R_1 R_2 R_3 $\dfrac{1}{R} = \dfrac{1}{R_1} + \dfrac{1}{R_2} + \dfrac{1}{R_3}$	R—总电阻（Ω） R_1、R_2、R_3—分电阻（Ω）
电阻混联器		R_1　R_2 　　R_3 $R = R_1 + \dfrac{R_2 R_3}{R_2 + R_3}$	
电阻与温度的关系	通常金属的电阻都随温度的上升而增大，故电阻温度系数是正值。而有些半导体材料、电解液，当温度升高时，其电阻减小，因此它们的电阻温度系数是负值	$R_2 = R_1\left[1 + \alpha_1(t_2 - t_1)\right]$	R_1—温度为 t_1 时导体的电阻（Ω） R_2—温度为 t_2 时导体的电阻（Ω） α_1—以温度 t_1 为基准时导体的电阻温度系数 t_1、t_2—导体的温度（℃）
电源串联		E_1　E_2　E_3 $E = E_1 + E_2 + E_3$	
电源并联		E_1 E_2 E_3 $E = E_1 = E_2 = E_3$	E—总电源电动势（V） E_1、E_2、E_3—分电源电动势（V）

名称	定义	公式	说明
电容器	电容是表征电容器在单位电压作用下，储存电场能量（电荷）能力的一个物理量。其大小只取决于电容器自身的结构。在数值上等于电容器所带的电荷量与其两极之间电位差（电压）的比值。电容用英文字母 C 表示	$C = \dfrac{Q}{U}$	Q—电容器所带电量（C） U—电容器两端电压（V） C—电容器的电容量，单位为法（F）
电容器串联		$\dfrac{1}{C} = \dfrac{1}{C_1} + \dfrac{1}{C_2} + \dfrac{1}{C_3}$	C—总电容（F） C_1、C_2、C_3—分电容（F）
电容器并联		$C = C_1 + C_2 + C_3$	
基尔霍夫第一定律（节点电流定律）	对于任何节点而言，流入节点的电流的总和必定等于流出节点的电流的总和，或认为：对于任何节点，流出和流入该节点的电流代数和恒等于零	$\sum I_入 = \sum I_出$ 或 $\sum I = 0$ 例： $I_1 + I_3 + I_4 + I_5 = I_2$ 或 $I_1 - I_2 + I_3 + I_4 + I_5 = 0$	$\sum I_入$—流入节点电流之和 $\sum I_出$—流出节点电流之和 $\sum I$—电流代数和

名称	定义	公式	说明
基尔霍夫第二定律(回路电压定律)	对于电路中任何一个闭合回路，回路中的各电阻上电压降的代数和等于各电动势的代数和	$\sum IR = \sum E$ 例： $I_1R_1 + I_2R_2 - I_3R_3 =$ $E_1 + E_2 - E_3$	$\sum IR$—电阻上电压降的代数和。电流的参考方向与回路绕行方向一致时，该电阻上的电压降取正值，反之取负值 $\sum E$—电动势代数和。电动势的参考方向与回路绕行方向一致时，该电动势取正值，反之取负值
星形连接与三角形连接的电阻互换关系		 电阻星形连接等效变换为三角形连接 $R_{12} = R_1 + R_2 + \dfrac{R_1R_2}{R_3}$ $R_{23} = R_2 + R_3 + \dfrac{R_2R_3}{R_1}$ $R_{31} = R_3 + R_1 + \dfrac{R_3R_1}{R_2}$ 电阻三角形连接等效变换为星形连接 $R_1 = \dfrac{R_{12}R_{31}}{R_{12} + R_{23} + R_{31}}$ $R_2 = \dfrac{R_{23}R_{12}}{R_{12} + R_{23} + R_{31}}$ $R_3 = \dfrac{R_{31}R_{23}}{R_{12} + R_{23} + R_{31}}$	R_1、R_2、R_3—星形连接的电阻 R_{12}、R_{23}、R_{31}—三角形连接的电阻

1.1.2 交流电路常用基本定律及计算公式

交流电路常用基本定律及计算公式见表 1-2。

表 1-2 交流电路常用基本定律及计算公式

名称	定义	公式	说明
周期	交流电完成一次周期性变化所需的时间称为一个周期，用英文字母 T 表示	$T = \dfrac{1}{f} = \dfrac{2\pi}{\omega}$	T—周期，单位为秒（s） f—频率，单位为赫（Hz） ω—角频率，单位为弧度/秒（rad/s）
频率	单位时间（1s）内交电流变化所完成的循环（或周期）称为频率，用英文字母 f 表示	$f = \dfrac{1}{T} = \dfrac{\omega}{2\pi}$	
角频率	角频率相当于一种角速度，它表示交流电每秒变化的弧度数，用希腊字母 ω 表示	$\omega = 2\pi f = \dfrac{2\pi}{T}$	
瞬时值	正弦交流电的数值是不断变化的，在任一瞬间的数值就称为瞬时值，一般用小写字母表示，如 i、u、e 等	$i = I_{max}\sin(\omega t + \varphi)$ $u = U_{max}\sin(\omega t + \varphi)$ $e = E_{max}\sin(\omega t + \varphi)$	i—电流瞬时值（A） u—电压瞬时值（V） e—电动势瞬时值（V） I_{max}—电流最大值（A） U_{max}—电压最大值（V） E_{max}—电动势最大值（V） I—电流有效值（A） U—电压有效值（V） E—电动势有效值（V） ω—角频率（rad/s） t—时间（s） φ—初相位或初相角，简称初相，单位为弧度（rad），在电工学中，用度（°）作为相位的单位，1 rad = 57.295 8°
最大值	在正弦交流电的瞬时值中的最大值（或振幅）称为正弦交流电的最大值或振幅值，用大写字母并在右下角注 max 表示	$I_{max} = \sqrt{2}I = 1.414I$ $U_{max} = \sqrt{2}U = 1.414U$ $E_{max} = \sqrt{2}E = 1.414E$	

名称	定义	公式	说明
有效值	在两个相同的电阻器中,分别通以直流电和交流电。经过同一时间,如果它们在电阻器上所产生的热量相等,那么就把此直流电的大小定为此交流电的有效值。正弦交流电的有效值等于它的最大值的 0.707 倍。有效值用大写字母表示	$I = \dfrac{I_{max}}{\sqrt{2}} = 0.707 I_{max}$ $U = \dfrac{U_{max}}{\sqrt{2}} = 0.707 U_{max}$ $E = \dfrac{E_{max}}{\sqrt{2}} = 0.707 E_{max}$	i—电流瞬时值(A) u—电压瞬时值(V) e—电动势瞬时值(V) I_{max}—电流最大值(A) U_{max}—电压最大值(V) E_{max}—电动势最大值(V) I—电流有效值(A) U—电压有效值(V) E—电动势有效值(V) ω—角频率(rad/s) t—时间(s) φ—初相位或初相角,简称初相,单位为弧度(rad),在电工学中,用度(°)作为相位的单位, 1 rad = 57.295 8°
阻抗	当交流电流过具有电阻、电容、电感的电路时,电阻、电容、电感三者具有阻碍电流流过的作用,这种作用称为阻抗,用英文字母 Z 表示。阻抗是电压有效值和电流有效值的比值	$Z = \sqrt{R^2 + (X_L - X_C)^2}$ $= \dfrac{U}{I}$	U—阻抗两端的电压(V) I—电路中的电流(A) Z—电路中的阻抗(Ω) R—电阻(Ω) X_L—感抗(Ω) X_C—容抗(Ω) ω—角频率(rad/s) f—频率(Hz) L—电感,单位为亨(H) C—电容(F)
感抗	交流电通过具有电感线圈的电路时,电感有阻碍交流电通过的作用,这种阻碍作用称为感抗,用英文字母 X_L 表示	$X_L = \omega L = 2\pi f L$	
容抗	交流电通过具有电容的电路时,电容有阻碍交流电通过的作用,这种阻抗作用称为容抗,用英文字母 X_C 表示	$X_C = \dfrac{1}{\omega C} = \dfrac{1}{2\pi f C}$	

续表

名称	定义	公式	说明
电阻器、电感器串联的阻抗		$Z = \sqrt{R^2 + X_L^2}$	Z—电路中的阻抗，单位为欧(Ω) R—电阻(Ω) X_L—感抗(Ω) X_C—容抗(Ω) X—电抗(Ω) $\quad X = X_L - X_C$ 当 $X_L > X_C$ 时电路呈电感性；当 $X_L < X_C$ 时电路呈电容性
电阻器、电容器串联的阻抗		$Z = \sqrt{R^2 + X_C^2}$	
电阻器、电感器、电容器串联的阻抗		$Z = \sqrt{R^2 + (X_L - X_C)^2}$ $\quad = \sqrt{R^2 + X^2}$	
电阻器、电感器并联的阻抗		$\dfrac{1}{Z} = \sqrt{(\dfrac{1}{R})^2 + (\dfrac{1}{X_L})^2}$	
电阻器、电容器并联的阻抗		$\dfrac{1}{Z} = \sqrt{(\dfrac{1}{R})^2 + (\dfrac{1}{X_C})^2}$	
电阻器、电感器、电容器并联的阻抗		$\dfrac{1}{Z} = \sqrt{(\dfrac{1}{R})^2 + (\dfrac{1}{X_L - X_C})^2}$ $\quad = \sqrt{(\dfrac{1}{R})^2 + (\dfrac{1}{X})^2}$	

续表

名称	定义	公式	说明
相电压	三相交流电路中，三相输电线（相线）与中性线之间的电压称为相电压，用符号 U_ϕ 表示	三相交流电路负载的星形连接（Y） $$U_l = \sqrt{3}U_\phi$$ $$I_l = I_\phi$$	
相电流	三相交流电路中，每相负载中流过的电流称为相电流，用符号 I_ϕ 表示		U_l—线电压（V） U_ϕ—相电压（V） I_l—线电流（A） I_ϕ—相电流（A）
线电压	三相交流电路中，三相输电线（相线）各线之间的电压称为线电压，用符号 U_l 表示	三相交流电路负载的三角形连接（△）	
线电流	三相交流电路中，三相输电线（相线）各线中流过的电流称为线电流，用符号 I_l 表示	$$U_l = U_\phi$$ $$I_l = \sqrt{3}I_\phi$$	
视在功率	在具有电阻和电抗的交流电路中，电压有效值与电流有效值的乘积称为视在功率，用英文字母 S 表示，单位为伏安（V·A）	单相交流电路： $$S = UI$$ 对称三相交流电路： $$S = 3U_\phi I_\phi = \sqrt{3}U_l I_l$$	U—电压有效值（V） I—电流有效值（A） U_ϕ—相电压（V） I_ϕ—相电流（A） U_l—线电压（V） I_l—线电流（A）
有功功率	在交流电路中，交流电的瞬时功率不是一个恒定值，瞬时功率在一个周期内的平均值称为有功功率。它是指交流电路中电阻部分所消耗的功率，用英文字母 P 表示，单位为瓦（W）	单相交流电路： $$P = UI\cos\varphi$$ 对称三相交流电路： $$P = 3U_\phi I_\phi \cos\varphi = \sqrt{3}U_l I_l \cos\varphi$$	φ—相电压与相电流的相位差 $\cos\varphi$—功率因数 S—视在功率，单位为伏安（V·A） P—有功功率，单位为瓦（W） Q—无功功率，单位为乏（Var）

名称	定义	公式	说明
无功功率	在具有电感(或电容)的交流电路中,电感(或电容)在半个周期的时间内把电源的能量变成磁场(或电场)的能量储存起来,在另外半个周期的时间里又把储存的磁场(或电场)能量送回给电源。它们只是与电源进行能量交换,并没有真正消耗能量,故此功率称为无功功率,用英文字母 Q 表示,单位为乏(Var)。无功功率在数值上等于电压有效值和电流有效值与电压和电流的相位差的正弦值乘积	单相交流电路: $$Q = UI\sin\varphi$$ 对称三相交流电路: $$Q = 3U_\phi I_\phi \sin\varphi = \sqrt{3}U_l I_l \sin\varphi$$	U—电压有效值(V) I—电流有效值(A) U_ϕ—相电压(V) I_ϕ—相电流(A) U_l—线电压(V) I_l—线电流(A) φ—相电压与相电流的相位差 $\cos\varphi$—功率因数 S—视在功率,单位为伏安(V·A) P—有功功率,单位为瓦(W) Q—无功功率,单位为乏(Var)
功率因数	交流电路中电压有效值与电流有效值的乘积为视在功率,而真正起到做功的一部分功率(有功功率)将小于视在功率。有功功率与视在功率之比称为功率因数,用 $\cos\varphi$ 表示。功率因数只与电路的参数(电阻、感抗、容抗)和频率有关,与电压、电流的大小无关	$$\cos\varphi = \frac{P}{S}$$	

1.1.3 磁路常用基本定律及计算公式

磁路常用基本定律及计算公式见表1-3。

表1-3 磁路常用基本定律及计算公式

名称	公式	说明
磁路欧姆定律	$$\Phi = \frac{F_m}{R_m} = \frac{NI}{R_m}$$	Φ—磁通（Wb） F_m—磁通势（A） R_m—磁阻（H^{-1}）
磁路基尔霍夫第一定律	$$\sum \Phi = 0$$	磁路中穿过任一闭合面的磁通量总和等于零
磁路基尔霍夫第二定律	$$\sum Hl = \sum NI$$	磁路中任一闭合回路内各段磁压降的代数和等于沿该回路磁通势的代数和
安培定律及左手定则	均匀磁场，导线电流和磁力线方向垂直，电磁力为 $$F = BIl$$ 导线电流方向与磁力线方向不垂直，有夹角 θ，电磁力为 $$F = BIl\sin\theta$$	F—电磁力（N） B—磁通密度（T） I—电流（A） l—导线有效长度（m） 电磁力方向按左手定则确定：伸出左手，让磁力线穿入掌心，伸出的四指代表导线中电流方向，与四指垂直的大拇指方向表示导线的受力方向
电磁感应定律	直导线中的感应电动势： $$e = Blv$$ 回路中的感应电动势： $$e = -N\frac{d\Phi}{dt}$$ 电流变化时线圈中产生的自感电动势： $$e_L = -L\frac{di}{dt}$$ 端电压： $$u_L = -e_L = L\frac{di}{dt}$$	电动势 e 的方向用右手定则确定：伸出右手，掌心对着磁力线方向，大拇指与四指垂直，拇指指向代表导线运动方向，伸着的四指表示感应电动势方向 e—感应电动势（V） B—磁通密度（T） v—导线运动速度（m/s） l—导线有效长度（m） L—线圈的自感（H）

1.1.4 变压器和电机常用计算公式及特性

变压器常用计算公式见表1－4，异步电动机的计算公式及特性曲线见表1－5，直流电动机的计算公式及特性曲线见表1－6，直流发电机的计算公式及特性曲线见表1－7。

表1－4 变压器的计算公式

名称	公式	说明
变压比	$K=\dfrac{U_1}{U_2}=\dfrac{E_1}{E_2}=\dfrac{N_1}{N_2}$	U_1、U_2——一次、二次绕组的电压（V） E_1、E_2——一次、二次绕组的感应电动势（V） N_1、N_2——一次、二次绕组的匝数
电流变换	$U_1I_1=U_2I_2$ $\dfrac{I_1}{I_2}\approx\dfrac{N_2}{N_1}=\dfrac{1}{K}$	I_1、I_2——一次、二次侧的电流（A）
阻抗变换	$\mid Z'\mid=\left(\dfrac{N_1}{N_2}\right)^2\mid Z\mid=K^2\mid Z\mid$	$\mid Z'\mid$——直接接在电源上的阻抗（Ω） $\mid Z\mid$——接在变压器二次侧的负载阻抗（Ω）
一次、二次绕组的感应电动势	$U_1\approx E_1=4.44fN_1\Phi_{\mathrm{m}}$ $U_2\approx E_2=4.44fN_2\Phi_{\mathrm{m}}$	f——电源频率（Hz） N_1、N_2——一次、二次绕组的匝数 Φ_{m}——铁芯中磁通最大值（Wb）
电压变化率	$\Delta U=\dfrac{U_{2N}-U_2}{U_{2N}}\times100\%$ $=\dfrac{U_{20}-U_2}{U_{20}}\times100\%$ 额定负载下： $\Delta U=3\%\sim8\%$	U_{2N}——变压器二次侧的额定电压（V） U_{20}——变压器二次侧的空载电压（V） $U_{20}=U_{2N}$ U_2——变压器二次侧的电压（V）
有功损耗	$\Delta P_{\mathrm{T}}=\Delta P_0+\Delta P_{\mathrm{d}}\left(\dfrac{S_{\mathrm{js}}}{S_{\mathrm{n}}}\right)^2$	ΔP_0——变压器空载损耗，即铁损（kW） ΔP_{d}——变压器额定状态时的短路损耗，即铜损（kW） S_{js}——变压器的计算负荷（kV·A） S_{n}——变压器的额定容量（kV·A）
无功损耗	$\Delta Q_{\mathrm{T}}=\Delta Q_0+\Delta Q_{\mathrm{n}}\left(\dfrac{S_{\mathrm{js}}}{S_{\mathrm{n}}}\right)^2$	ΔQ_0——主磁通部分的无功损耗（kV·A） ΔQ_{n}——消耗在漏电抗上的无功损耗（kV·A）

名称	公式	说明
视在功率	$S_N = U_{2N}I_{2N} \approx U_{1N}I_{1N}$ （单相）	$I_{1N} \, I_{2N}$—变压器一次、二次侧的额定电流（A） $U_{1N} \, U_{2N}$—变压器一次、二次侧的额定电压（V）
效率	$\eta = \dfrac{P_2}{P_1} \times 100\%$ $= \dfrac{P_2}{P_2 + \Delta P_T} \times 100\%$ 单相变压器： $\eta = \dfrac{U_2 I_2 \cos\varphi}{U_2 I_2 \cos\varphi + \Delta P_T} \times 100\%$ 三相变压器： $\eta = \dfrac{\sqrt{3} U_2 I_2 \cos\varphi}{\sqrt{3} U_2 I_2 \cos\varphi + \Delta P_T}$	P_1—输入有功功率（kW） P_2—输出有功功率（kW） ΔP_T—变压器的有功损耗（kW）
短路电压	$u_K = \dfrac{U_K}{U} \times 100\%$	u_K—相对短路电压（V） U_K—短路电压（V） U—标称电压（V）

表 1-5　异步电动机的计算公式及特性曲线

名称	基本公式与特性曲线	说明
定子电路磁场转速	$n_1 = \dfrac{60f_1}{p}$	f_1—定子电流频率 p—旋转磁场的极对数 k_{w1}—定子的绕组系数 N_1—定子绕组匝数
感应电动势有效值	$E_1 = 4.44 f_1 k_{w1} N_1 \Phi$	
定子每相绕组电压	$U_1 \approx E_1$	
每极磁通	$\Phi \approx \dfrac{U_1}{4.44 f_1 k_{w1} N_1}$	
转子电路转差率	$s = \dfrac{n_1 - n_2}{n_2}$	n_2—转子的转速 f_2—转子绕组感应电动势的频率 L_2—转子每相绕组自感 k_{w2}—转子的绕组系数 N_2—转子绕组匝数 R_2—转子每相绕组的电阻
转子电流的频率	$f_2 = s f_1$	
转子每相绕组感抗	$X_2 = 2\pi f_2 L_2 = 2\pi f_1 L_2 = s X_{20}$	

名称	基本公式与特性曲线	说明
静止时转子感抗	$X_{20} = 2\pi f_1 L_2$	n_2—转子的转速
感应电动势有效值	$E_2 = \dfrac{k_{w2} N_2}{k_{w1} N_1} s U_1$	f_2—转子绕组感应电动势的频率
转子电路	$I_2 = \dfrac{E_2}{\sqrt{R_2^2 + X_2^2}}$ $= \dfrac{k_{w2} N_2}{k_{w1} N_1} \times \dfrac{U_1}{\sqrt{R_2^2 + (s X_{20})^2}}$	L_2—转子每相绕组自感 k_{w2}—转子的绕组系数 N_2—转子绕组匝数 R_2—转子每相绕组的电阻
功率因数转矩	$\cos\varphi_2 = \dfrac{R_2}{\sqrt{R_2^2 + X_2^2}}$ $= \dfrac{R_2}{\sqrt{R_2^2 + (s X_{20})^2}}$ $T = K_T U_1^2 \dfrac{s R_2}{R_2^2 + (s X_{20})^2}$	$K_T = C_T \dfrac{k_{w2} N_2}{4.44 f_1 k_{w1}^2 N_1^2}$ C_T—由电机结构决定的常数
转矩特性曲线		A 点为启动点 T_S—启动转矩，一般有 $\lambda_s = \dfrac{T_S}{T_N} = 0.8 \sim 1.8$ B 为额定点，T_N—额定转矩，有 $T_N = \dfrac{P_{2N}}{\omega_{2N}} = \dfrac{60 P_{2N}}{2\pi n_{2N}}$
机械特性曲线		C 点为临界点，T_m—临界点上转矩，为最大转矩，有 $T_m = K_T \dfrac{U_1^2}{2 X_{20}}$ 过载能力系数 $\lambda_T = \dfrac{T_m}{T_N} = 1.8 \sim 2.2$

表 1-6　直流电动机的计算公式及特性曲线

名称	电路图	基本公式	机械特性
他励电动机		励磁电流：$I_f = \dfrac{U_f}{R_f}$ 式中： U_f—励磁电压 R_f—励磁绕组的电阻 电枢电流：$I_a = \dfrac{U_a - E}{R_a}$ 式中 U_a—电枢电路的外加电压 E—电动机的反电动势 R_a—电枢绕组的电阻 电动机输入电功率： $\quad P_1 = U_a I_a + U_f I_f$ 输出的机械功率： $\quad P_2 = T_\omega = \dfrac{2\pi n}{60} T$	 $\lambda = \dfrac{I_{am}}{I_{SN}} = 1.5 \sim 2.5$ 转速 $n = \dfrac{U_a}{C_E \Phi} - \dfrac{R_a}{C_E C_T \Phi^2} T$ 式中　C_E—电动势常数 $\qquad C_T$—转矩常数
并励电动机		$I = I_a + I_f$ $E = U - I_a R_a$ $I_f = \dfrac{U}{R_f}$ $P_1 = UI = U(I_a + I_f)$ $P_2 = \dfrac{2\pi n}{60} T$	 $n = \dfrac{U_a}{C_E \Phi} - \dfrac{R_a}{C_E C_T \Phi^2} T$
串励电动机		$I = I_a + I_f$ $I = \dfrac{U - E}{R_a + R_f}$ $P_1 = UI$ $P_2 = \dfrac{2\pi n}{60} T$	 $n = \dfrac{U}{C_E \Phi} - \dfrac{R_a + R_f}{C_E C_T \Phi^2}$

名称	电路图	基本公式	机械特性
复励电动机		$I = I_a + I_f$ $$I = \frac{U - E}{R_a + R_f}$$ $P_1 = UI$ $$P_2 = \frac{2\pi n}{60}T$$	

表 1-7　直流发电机的计算公式及特性曲线

名称	电路图	基本公式	特性曲线
他励发电机		$U_a = E - R_a I_a$ 电压调整率: $$\Delta U = \frac{U_0 - U_N}{U_N} \times 100 \ (\%)$$	
并励发电机		$$I_f = \frac{E}{R_a + R_f + R_c}$$ R_c——串联在励磁电路中的调磁变阻器 输出电流: $I = I_a - I_f$ 输出电压: $U = U_a = E - R_a I_a$ 输入转矩: $T_1 = T + T_0$ 式中 T_0——空载转矩 T——电磁转矩	
复励发电机		如果串励绕组的作用使额定电压与空载电压相等, 则称为平复励发电机; 如果额定电压比空载电压还高, 则称为过复励发电机	

1.2　电气简图常用的图形符号和文字符号

1.2.1　电气简图常用的图形符号

根据 GB/T 4728—2005，可知电气简图中常用的图形符号，见表 1 - 8，其中一些新标准中已废除的图形符号也在图中显示，以供参考。

表 1 - 8　常用电气图形符号

新符号		旧符号	
名称	图形符号	名称	图形符号
限定符号和常用的其他符号			
直流		直流电	
交流		交流电	
交直流		交直流电	
具有交流分量的整流电流		脉动电流	
交流低频（工频或亚音频）		中频	
交流中频（音频）		低频	
交流高频（超音频，载频或射频）		高频	
正极	+	正极	+
负极	−	负极	−
接地一般符号		接地一般符号	
（无噪声接地）抗干扰接地（已废除，仅供参考）			
保护接地			
接机壳或接底板（已废除，仅供参考）	形式1　　形式2	接机壳	或
永久磁铁		永久磁铁	N　S

续表

新符号		旧符号	
名称	图形符号	名称	图形符号
导线和连接器件			
导线、电缆和母线一般符号		导线及电缆	
		母线	
三根导线的单线表示	或 $\frac{}{3}$	三根导线的单线表示	
屏蔽导线		屏蔽的导线或电缆	或
同轴对		同轴电缆	
端子	○	端子	或
T形连接导线的连接	形式1 形式2	导线的单分支	
导线的双T连接	形式1 形式2	导线的双分支	或
插头和插座		插接器一般符号	或
接通的连接片	形式1 形式2	连接片	
断开的连接片		换接片	

新符号		旧符号	
名称	图形符号	名称	图形符号
电阻器			
电阻器的一般符号		电阻器的一般符号	
可调电阻器		变阻器	或
压敏电阻器	U	压敏电阻器	U
热敏电阻器（已废除，仅供参考）	θ	热敏电阻器	$t°$
带滑动触点的电阻器	$t°$	可断开电路的电阻器	
带固定抽头的电阻器		有抽头的固定电阻	
带固定抽头的可变电位器		带抽头的可变电阻	
带分流和分压端子的电阻器		分流器	
带滑动触点的电位器		电位器的一般符号	
带滑动触点和预调的电位器		微调电位器	
电容器			
电容器的一般符号		电容器的一般符号	
极性电容器		有极性的电解电容器	
可调电容器		可变电容器	或

新符号		旧符号	
名称	图形符号	名称	图形符号
预调电容器		微调电容器	
电感器			
电感器、线圈、绕组、扼流圈		电感线圈、绕组	
带磁芯（铁芯）的电感器		有铁芯的电感线圈	
磁芯（铁芯）有间隙的电感器		铁芯有空气隙的电感线圈	
带磁芯（铁芯）连续可变的电感器			
有固定抽头的电感器	或	带抽头的电感线圈	
可变电感器			
半导体管			
半导体二极管一般符号		半导体二极管、半导体整流器	
发光二极管			
变容二极管		变容二极管	
隧道二极管		隧道二极管	
单向击穿二极管（稳压二极管，齐纳二极管）		雪崩二极管	
		稳压二极管	

新符号		旧符号	
名称	图形符号	名称	图形符号
双向击穿二极管 （双向稳压二极管）		双向稳压二极管	
双向二极管、 交流开关二极管		双向二极管	
PNP 晶体管		PNP 型半导体管	
NPN 晶体管		NPN 型半导体管	
集电极接管壳的 NPN 晶体管			
三极晶体闸流管		普通晶体闸流管	
反向阻断三极闸流 晶体管（阴极侧受控）			
可关断三极闸流 晶体管（阴极侧受控）		可关断晶体闸流管	
具有 P 型双基极的 单结晶体管		P 型单结晶体管	
具有 N 型双基极的 单结晶体管		N 型单结晶体管	
P 型沟道结型场效 应晶体管		P 沟道结型场效 应晶体管	
N 型沟道结型场效 应晶体管		N 沟道结型场效 应晶体管	
增强型、单栅、P 型沟 道和衬底无引出线的 绝缘栅场效应晶体管		增强型 P 沟道场 效应晶体	
增强型、单栅、N 型沟 道和衬底无引出线的 绝缘栅场效应晶体管		增强型 N 沟道场 效应晶体管	

新符号		旧符号	
名称	图形符号	名称	图形符号
耗尽型、单栅、P 型沟道和衬底无引出线的绝缘栅场效应晶体管		耗尽型 P 沟道场效应晶体管	
耗尽型、单栅、N 型沟道和衬底无引出线的绝缘栅场效应晶体管		耗尽型 N 沟道场效应晶体管	
光电子、光敏器件			
光敏电阻、光敏电阻器		光敏电阻器	
光电二极管		光敏二极管	
光生伏打电池（光电池）		光电池	
PNP 型光电晶体管			
光电耦合器			
光敏二极管型光耦合器（已废除，仅供参考）			
电机、变压器及变流器			
三角形连接的三相绕组	△	三角形连接的三相绕组	△
开口三角形连接的三相绕组	Ц	开口三角形连接的三相绕组	Ц
星形连接的三相绕组	Y	星形连接的三相绕组	Y
中性点引出的星形连接的三相绕组	Y	中性点引出的星形连接的三相绕组	Y
星形连接的六相绕组	✳	星形连接的六相绕组	✳
换向绕组或补偿绕组（已废除，仅供参考）	∿	换向绕组或补偿绕组	∿

新符号		旧符号	
名称	图形符号	名称	图形符号
电机绕组、串励绕组 （已废除，仅供参考）		串励绕组	
并励或他励绕组 （已废除，仅供参考）		并励或他励绕组	
交流测速发电机			
直流测速发电机			
交流力矩电动机			
直流力矩电动机			
直流串励电动机		串励式直流电动机	或
直流并励电动机		并励式直流电动机	
他励直流发电机 （已废除，仅供参考）		他励式直流发电机	
短分路复励 直流发电机		复励式直流发电机	
永磁直流电动机 （已废除，仅供参考）		永磁直流电动机	
单相串励电动机		单向交流串励换 向器电动机	

续表

新符号		旧符号	
名称	图形符号	名称	图形符号
三相串励电动机		三相串励换向器 电动机	
三相永磁同步发电机		永磁三相同步电动机	

1.2.2 电气设备常用文字符号

电气设备常用基本文字符号见表1-9，常用辅助文字符号见表1-10。

表1-9 电气设备常用基本文字符号

名称	新符号		旧符号
	单字母	多字母	
1. 电机类			
发电机	G		F
直流发电机	G	GD（C）	ZLF，ZF
交流发电机	G	GA（C）	JLF，JF
异步发电机	G	GA	YF
同步发电机	G	GS	TF
变频机	G	GF	BP
测速发电机		TG	CF，CSF
发电机—电动机组		G-M	F-D
永磁发电机	G	GP	YCF
汽轮发电机	G	GT	QLF
水轮发电机	G	GH	SLF
励磁机	G	GE	L
电动机	M		D
直流电动机	M	MD（C）	ZD，ZLD
交流电动机	M	MA（C）	JD，JLD
异步电动机	M	MA	YD
同步电动机	M	MS	TD

续表

名称	新符号		旧符号
	单字母	多字母	
调速电动机	M	MA (S)	TSD
伺服电动机		SM	SD
笼型电动机	M	MC	LD
绕线转子电动机	M	MW (R)	
电机扩大机	A	AR	JDF
力矩电动机		TM	
感应同步机		IS	
绕组（线圈）	W		Q
电枢绕组	W	WA	SQ
定子绕组	W	WS	DQ
转子绕组	W	WR	ZQ
励磁绕组	W	WE	LQ
并励绕组	W	WS (H)	BQ
串励绕组	W	WS (E)	CQ
他励绕组	W	WS (P)	TQ
稳定绕组	W	WS (T)	WQ
换向绕组	W	WC (M)	HXQ
补偿绕组	W	WC (P)	BCQ
控制绕组		WC	KQ
启动绕组	W	WS (T)	QQ
反馈绕组	W	WF	FQ
给定绕组	W	WG	GDQ
2. 变压器、互感器和电抗器类			
变压器	T		B
电力变压器	T	TM	LB
升压变压器	T	T (S) U	SYB, SB
降压变压器	T	T (S) D	JYB, JB
自耦变压器	T	TA (U)	ZOB, OB
隔离变压器	T	TI (N)	GB
照明变压器	T	TL	ZB
整流变压器	T	TR	ZLB, ZB
电炉变压器	T	TF	DLB, LB
饱和变压器	T	TS (A)	BHB, BB
启动变压器	T	TS (T)	QB

名称	新符号		旧符号
	单字母	多字母	
控制变压器	T	TC	KB
脉冲变压器	T	TI	MB，MCB
调压变压器	T	TT（C）	TB
同步变压器	T	TS（Y）	
调压器	T	TV（R）	
互感器	T		H
电压互感器	T	TV（或PT）	YH
电流互感器	T	TA（或CT）	LH
电抗器	L		K
饱和电抗器	L	LT	BHK
限流电抗器	L	LC（L）	XLK
平衡电抗器	L	LB	PHK
启动电抗器	L	LS	QK
滤波电抗器	L	LF	LBK
3. 开关、控制器类			
开关	Q，S		K
刀开关	Q	QK	DK
组合开关	S	SCB	
转换开关	S	SC（O）	HK
负荷开关	Q	QS（F）	
熔断器式刀开关	Q	QF（S）	DK–RD
断路器	Q	QF	ZK，DL，GD
隔离开关	Q	QS	GK
控制开关	S	SA	KK
接地开关	Q	QG	JDK，DK
			ZDK，ZK
限位开关、终端开关	S	SQ	XWK，XK
微动开关	S	SM（G）	WK
接近开关	S	SP	JK
行程开关	S	ST	XK，CK
灭磁开关	Q	QF（D）	MK
水银开关	S	SM	SYK，YK
脚踏开关	S	SF	JTK，TK
按钮	S	SB	AN

续表

名称	新符号		旧符号
	单字母	多字母	
启动按钮	S	SB（T）	QA
停止按钮	S	SB（P）	TA
控制按钮	S	SB（C）	KA
操作按钮	S	SB（O）	CA
信号按钮	S	SB（S）	XA
事故按钮	S	SB（F）	SA
复位按钮	S	SB（R）	FA
合闸按钮	S	SB（L）	HA
跳闸按钮	S	SB（I）	TA
试验按钮	S	SB（E）	YA
检查按钮	S	SB（D）	JCA，JA
控制器	Q		
凸轮控制器	Q	QCC	TK
平面控制器	Q	QFA	
鼓形控制器	Q	QD	GK
主令控制器	Q	QM	LK
程序控制器	Q	QP	CK
4. 接触器、继电器和保护器件类			
接触器	K	KM	C
交流接触器	K	KM（A）	JLC，JC
直流接触器	K	KM（D）	ZLC，ZC
正转（向）接触器	K	KMF	ZC
反转（向）接触器	K	KMR	FC
启动接触器	K	KM（S）	QC
制动接触器	K	KM（B）	ZDC，ZC
励磁接触器	K	KM（E）	LC
辅助接触器	K	KM（U）	FZC，FC
线路接触器	K	KM（L）	XLC，XC
加速接触器	K	KM（A）	JSC，JC
给磁接触器	K	KM（G）	ZC
合闸接触器	K	KM（C）	HC
联锁接触器	K	KM（I）	LSC，LC
启动器	K		Q
电磁启动器	K	KEM	CQ

名称	新符号		旧符号
	单字母	多字母	
星－三角启动器	K	KS（D）	XJQ，XQ
自耦减压启动器	K	KA（T）	OBQ，BQ
综合启动器	K	KS（Y）	ZQ
继电器	K		J
电压继电器	K	KV	YJ
过电压继电器	K	KOV	GYJ，GJ
欠电压继电器	K	KUV	QYJ，QJ
零电压继电器	K	KHV	LYJ，LJ
电流继电器	K	KA（或KI）	LJ
过电流继电器	K	KOC	GLJ，GJ
欠电流继电器	K	KUC	QLJ，QJ
零电流继电器	K	KHC	LLJ
功率继电器	K	KP	GJ
频率继电器	K	KF	
控制继电器	K	KC	KJ
增量继电器	K	KI（N）	
变化率继电器	K	KR（C）	
制动继电器	K	KB	
阻抗继电器	K	KI（M）	
电抗继电器	K	KRE	
导纳继电器	K	K（A）D	
方向继电器	K	KD（I）	
相位比较继电器	K	KP（C）	
差动继电器	K	KD	CJ
接地继电器	K	KE（F）	
过载继电器	K	KOL	
时间继电器	K	KT	SJ
温度继电器	K	KT（E）	WJ
热继电器	K（或F）	KR（或FR）	RJ
速度继电器	K	KS（P）	SDJ，SJ
加速度继电器	K	KA（C）	JSJ，JJ
压力继电器	K	KP（R）	YLJ，YJ
同步继电器	K	KS	TJ
极化继电器	K	KP	JJ

续表

名称	新符号		旧符号
	单字母	多字母	
联锁继电器	K	KI (N)	LSJ，LJ
中间继电器	K	KA	ZJ
气体继电器	K	KG	WSJ
信号监察继电器	K	K (S) M	XJJ
合闸继电器	K	KC (L)	HJ
跳闸继电器	K	KT (R)	TJ
信号继电器	K	KS (I)	XJ
闭锁继电器	K	KB (L)	BST
保护继电器	K	KP (T)	BHJ，BJ
计数继电器	K	KC (O)	JSJ
动力制动继电器	K	K (D) B	DZJ，DJ
无触点继电器	K	KN (C)	
避雷器	F	FA	BL
熔断器	F	FU	RD
5. 电子元件类			
二极管	V	VD	D，Z，ZP
三极管，晶体管	V	VT	BG，Tr
晶闸管	V	VT (H)	SCR，KP，KE，Tb
稳压管	V	VS	WY，WG，DW
单结晶体管	V	VU	UJD，DJG，BT
场效应晶体管	V	VF (E)	FET
发光二极管	V	VL (E)	
整流器	U	UR	ZL
逆变器	U	UI	
电阻器	R		R
变阻器	R	RH	
电位器	R	RP	W
频敏变阻器	R	RF	BP，PR
励磁变阻器	R	RE	
热敏电阻器	R	RT	
压敏电阻器	R	RV	
放电电阻器	R	RD	FDR
启动电阻器	R	RS (T)	QR
制动电阻器	R	RB	ZDR

名称	新符号		旧符号
	单字母	多字母	
调速电阻器	R	RA	TSR
附加电阻器	R	RA（D）	FJR
调速电位器	R	R（P）A	TSW
分流器	R	RS	FL
分压器	R	RV（D）	FY
电容器	X		C
6. 测量元件和仪表类			
电流表	A		A
电压表	V		V
功率表	W		W
无功功率表		var	
功率因数表		cosφ	cosφ
相位表		φ	
频率表		HZ	
温度计	θ		
转速表	n		
检流计	P		G
7. 电气操作的机械器件类			
电磁铁	Y	YA	DT
起重电磁铁	Y	YA（L）	QT
制动电磁铁	Y	YA（B）	ZT
电磁离合器	Y	YC	CLH
电磁吸盘	Y	YH	DX
电磁阀	Y	YV	DCF
电动阀	Y	YM	
牵引电磁铁	Y	YA（T）	
电磁制动器	Y	YB	
8. 组件、门电路类			
电流调节器	A	ACR	LT，IR
电压调节器	A	AUR	YT，UR
速度调节器	A	ASR	ST，SR
磁通调节器	A	AMR	
功率调节器	A	APR	GT
电压变换器	B	BU	YB

名称	新符号		旧符号
	单字母	多字母	
电流变换器	B	BC	LB
速度变换器	B	BV	SB, SDB
位置变换器	B	BQ	WZB
触发器	A	AT	CF
放大器	A		FD
运算放大器	N		
晶体管放大器	A	AD	BF
集成电路放大器	A	AJ	
计数器	P	PC	JS
信号发生器	P	PS	
与门	D	DA	YM
或门	D	DO	HM
与非门	D	D (A) N	YF
非门，反相器	D	DN	F
给定积分器	A	AG	AR, GI
函数发生器	A	AF	FG
9. 其他			
插头	X	XP	CT
插座	X	XS	CZ
信号灯，指示灯	H	HL	ZSD, XD
照明灯	E	EL	ZD
电铃	H	HA	DL
电喇叭，蜂鸣器	H	HA	FM, LB, JD
端子板，接线座	X	XT	JX, JZ
测试插孔	X	XJ	CK
红色信号灯	H	HLR	HD
绿色信号灯	H	HLG	LD
黄色信号灯	H	HLY	UD
白色信号灯	H	HLW	BD
蓝色信号灯	H	HLB	AD

表 1 –10　常用辅助文字符号

名称	新符号	旧符号	名称	新符号	旧符号
高	H	G	主	M	Z
中	M	Z	副，辅助	AUX	F
低	L	D	增	INC	
升		S	减	DEC	
降	D	J	自动	A	Z
正，向前	FW	Z		AUT	
反	R	F	手动	M	S
向后	BW			MAN	
启动	ST	Q		BRK	
停止	STP	T	限制	L	
断开	OFF	D（K）	闭锁	LA	
闭合	ON	B（H）	延时（延迟）	D	
红	RD	H	差动	D	
绿	GN	L	紧急	EM	
黄	YE	U	感应	IND	
白	WH	B	压力	P	
蓝	BL	A	电流	A	L
黑	BK		电压	V	Y
左	L		同步	SYN	T
右	R		异步	ASY	Y
输入	IN	sr	交流系统设备端第一相	U1 – U2	A – X
输出	OUT	sc	交流系统设备端第二相	V1 – V2	B – Y
顺时针	CW		交流系统设备端第三相	W1 – W2	C – Z
逆时针	CCW		交流系统电源第一相	L1	A
交流	AC	J（L）	交流系统电源第二相	L2	B
直流	DC	Z（L）	交流系统电源第三相	L3	C
保护	P		接地	E	
保护接地	PE		运转	RUN	
保护接地与中性线共用	PEN		信号	S	X
中性线	N		置位，定位	S	
无噪声（防干扰）接地	TE			SET	
中间线	M		饱和	SAT	
不接地保护	PU		步进	STE	
模拟	A		记录	R	
数字	D		复位	R	

续表

名称	新符号	旧符号	名称	新符号	旧符号
速度	V			RST	
加速	ACC		备用	RES	B
快速	F		温度	T	
控制	C	K	时间	T	S
可调	ADJ		真空	V	
反馈	FB		附加	ADD	F
制动	B				

1.3 常用计量单位及换算

1.3.1 国际单位制单位

国际单位制（SI）的单位分为基本单位、导出单位（SI 辅助单位在内的单位）两大部分，分别见表 1 - 11 ~ 表 1 - 13。

表 1 - 11 国际单位制的基本单位

量的名称	单位名称	单位符号
长度	米	m
质量	千克（公斤）	kg
时间	秒	s
电流	安［培］	A
热力学温度	开［尔文］	K
物质的量	摩［尔］	mol
发光强度	坎［德拉］	cd

表 1 - 12 国际单位制的辅助单位

量的名称	单位名称	单位符号	其他表示形式
［平面］角	弧度	rad	$1 \ rad = 1 \ m/m = 1$
立体角	球面度	sr	$1 \ sr = 1 \ m^2/m^2 = 1$

表 1-13 具有专门名称的国际单位制导出单位

量的名称	单位名称	单位符号	其他表示形式
频率	赫 [兹]	Hz	$1 \text{ Hz} = 1 \text{ s}^{-1}$
力	牛 [顿]	N	$1 \text{ N} = 1 \text{ kg} \cdot \text{m/s}^2$
压力, 压强, 应力	帕 [斯卡]	Pa	$1 \text{ Pa} = 1 \text{ N} \cdot \text{m}^2$
能 [量], 功, 热量	焦 [耳]	J	$1 \text{ J} = 1 \text{ N} \cdot \text{m}$
功率, 辐 [射能] 通量	瓦 [特]	W	$1 \text{ W} = 1 \text{ J/s}$
电荷 [量]	库 [仑]	C	$1 \text{ C} = 1 \text{ A} \cdot \text{s}$
电位, (电势), 电压, 电动势	伏 [特]	V	$1 \text{ V} = 1 \text{ W/A}$
电容	法 [拉]	F	$1 \text{ F} = 1 \text{ C/V}$
电阻	欧 [姆]	Ω	$1 \text{ }\Omega = 1 \text{ V/A}$
电导	西 [门子]	S	$1 \text{ S} = 1 \text{ }\Omega^{-1}$
磁通 [量]	韦 [伯]	Wb	$1 \text{ Wb} = 1 \text{ V} \cdot \text{s}$
磁通 [量] 密度, 磁感应强度	特 [斯拉]	T	$1 \text{ T} = 1 \text{ Wb/m}^2$
电感	亨 [利]	H	$1 \text{ H} = 1 \text{ Wb/A}$
摄氏温度	摄氏度	℃	$1 \text{ ℃} = 1 \text{ K}$
光通 [量]	流 [明]	lm	$1 \text{ lm} = 1 \text{ cd} \cdot \text{sr}$
[光] 照度	勒 [克斯]	lx	$1 \text{ lx} = 1 \text{ lm/m}^2$
吸收剂量	戈 [瑞]	Gy	$1 \text{ Gy} = 1 \text{ J/kg}$
剂量当量	希 [沃特]	Sv	$1 \text{ Sv} = 1 \text{ J/kg}$
[放射性] 活度	贝可 [勒尔]	Bq	$1 \text{ Bq} = 1 \text{ s}^{-1}$

1.3.2 可与国际单位制并用的我国法定计量单位

可与国际单位制并用的我国法定计量单位见表 1-14。

表 1-14 可与国际单位制并用的我国法定计量单位

量的名称	单位名称	单位符号	与国际单位制单位的关系
时间	分	min	$1 \text{ min} = 60 \text{ s}$
	[小] 时	h	$1 \text{ h} = 60 \text{ min} = 3\,600 \text{ s}$
	日, (天)	d	$1 \text{ d} = 24 \text{ h} = 86\,400 \text{ s}$

量的名称	单位名称	单位符号	与国际单位制单位的关系
[平面] 角	度	(°)	$1° = (\pi/180)$ rad
	[角] 分	(′)	$1′ = (1/60)° = (\pi/10\ 800)$ rad
	角 [秒]	(″)	$1″ = (1/60)′ = (\pi/648\ 000)$ rad
长度	海里	n mile	1 n mile = 1 852 m（只用于航行）
面积	公顷	hm²	1 hm² = 10⁴ m²
体积	升	l, L	1 L = 1 dm³ = 10⁻³ m³
质量	吨	t	1 t = 10³ kg
	原子质量单位	u	$1\ u \approx 1.660\ 540 \times 10^{-27}$ kg
旋转速度	转每分	r/min	$1\ r/min = (1/60)\ s^{-1}$
速度	节	kn	1 kn = 1 n mile/h = (1 852/3 600) m/s （只用于航行）
能	电子伏	eV	$1\ eV \approx 1.602\ 177 \times 10^{-19}$ J
级差	分贝	dB	
线密度	特 [克斯]	tex	$1\ tex = 10^{-6}$ kg/m

1.3.3 常用电学、磁学的量和单位

常用电学、磁学的量和单位见表 1-15。

表 1-15 常用电学、磁学的量和单位（GB 3102.5—1993）

量的名称	量符号	单位名称	单位名称
电流	I	安 [培]	A
电荷 [量]	Q	库 [仑]	C
体积电荷，电荷 [体] 密度	$\rho,(\eta)$	库 [仑] 每立方米	C/m³
面积电荷，电荷面密度	σ	库 [仑] 每平方米	C/m²
电场强度	E	伏 [特] 每米	V/m
电位，(电势)	V, φ	伏 [特]	V
电位差，(电势差)，电压	$U,(V)$	伏 [特]	V
电动势	E	伏 [特]	V
电通 [量] 密度	D	库 [仑] 每平方米	C/m²

量的名称	量符号	单位名称	单位名称
电通 [量]	ψ	库 [仑]	C
电容	C	法 [拉]	F
介电常数，（电容率）	ε	法 [拉] 每米	F/m
真空介电常数，（真空电容率）	ε_0	法 [拉] 每米	F/m
相对介电常数，（相对电容率）	ε_r	—	1
电极化强度	P	库 [仑] 每平方米	C/m²
电偶极矩	p，(p_e)	库 [仑] 米	C·m
面积电流，电流密度	J，(S)	安 [培] 每平方米	A/m²
线电流，电流线密度	A，(α)	安 [培] 每米	A/m
磁场强度	H	安 [培] 每米	A/m
磁位差，（磁势差）	U_m	安 [培]	A
磁通势，磁动势	F，F_m	安 [培]	A
磁通 [量] 密度，磁感应强度	B	特 [斯拉]	T
磁通 [量]	Φ	韦 [伯]	Wb
磁矢位，（磁矢势）	A	韦 [伯] 每米	Wb/m
自感	L	亨 [利]	H
互感	M，L_{12}	亨 [利]	H
磁导率	μ	亨 [利] 每米	H/m
真空磁导率	μ_0	亨 [利] 每米	H/m
相对磁导率	μ_r	—	1
[面] 磁矩	m	安 [培] 平方米	A·m²
磁化强度	M，(H_i)	安 [培] 每米	A/m
磁极化强度	J，(B_i)	特 [斯拉]	T
[直流] 电阻	R	欧 [姆]	Ω
[直流] 电导	G	西 [门子]	S
电阻率	ρ	欧 [姆] 米	Ω·m
电导率	γ，σ	西 [门子] 每米	S/m

续表

量的名称	量符号	单位名称	单位名称
磁阻	R_m	每亨 [利]	H^{-1}
磁导	Λ, (P)	亨 [利]	H
绕组的匝数	N	—	1
相数	m	—	1
相 [位] 差，相 [位] 移	φ	弧度	rad
阻抗（复 [数] 阻抗）	Z	欧 [姆]	Ω
阻抗模，（阻抗）	$|Z|$	欧 [姆]	Ω
[交流] 电阻	R	欧 [姆]	Ω
电抗	X	欧 [姆]	Ω
导纳，（复 [数] 导纳）	Y	西 [门子]	S
导纳模，（导纳）	$|Y|$	西 [门子]	S
[交流] 电导	G	西 [门子]	S
电纳	B	西 [门子]	S
品质因数	Q	—	1
损耗因数	d	—	1
[有功] 功率	P	瓦 [特]	W
视在功率	S, P_S	伏安	V·A
无功功率	Q, P_Q	伏安	V·A
功率因数	λ	—	1
[有功] 电能 [量]	W	焦 [耳] 或 千瓦 [特] [小] 时	J 或 kW·h

1.3.4 常用单位换算

长度单位换算见表1-16，面积单位换算见表1-17，体积、容积单位换算见表1-18，压力单位换算见表1-19，弧度与角度单位换算见表1-20，功能单位换算见表1-21，功率单位换算见表1-22，电磁量的单位换算见表1-23。

表 1-16　长度单位换算

米（m）	厘米（cm）	毫米（mm）	市尺	英尺（ft）	英寸（in）	码（yd）
1	100	1 000	3	3.280 8	39.37	1.093 6
0.01	1	10	0.03	0.032 8	0.393 7	0.010 94
0.001	0.1	1	0.003	0.003 28	0.039 37	0.001 09
0.333 3	33.33	333.3	1	1.093 6	0.091 13	0.364 5
0.304 8	30.48	304.8	0.914 4	1	12	0.333 3
0.025 4	2.54	25.4	0.076 2	0.083 3	1	0.027 8
0.914 4	91.44	914.4	2.743 2	3	36	1

表 1-17　面积单位换算

平方米（m²）	平方厘米（cm²）	平方毫米（mm²）	平方英尺（ft²）	平方英寸（in²）
1	10^4	10^6	10.764	1 550
10^{-4}	1	100	$1.076\ 3 \times 10^{-3}$	0.155
10^{-6}	0.01	1	$1.076\ 3 \times 10^{-5}$	1.55×10^{-3}
0.092 9	929.03	$9.290\ 3 \times 10^4$	1	144
6.451×10^{-4}	6.451 6	645.16	6.944×10^{-3}	1

表 1-18　体积容积单位换算

立方米（m³）	升（L 或 l）	毫升（mL）	立方英尺（ft³）	立方英寸（in³）	英加仑（UKgal）	美加仑（USgal）
1	1 000	10^6	35.315	61 027	219.98	264.18
10^{-3}	1	1 000		61.027	0.22	0.264
10^{-6}	10^{-3}	1				
0.283	28.317		1	1 728	6.228 8	7.480 5
$1.638\ 7 \times 10^{-5}$	0.016 4	16.387		1		
	4.546		0.160 5	277.42	1	1.201
	3.785 4		0.133 7	231	0.832 7	1

表1-19 压力单位换算

帕[斯卡] Pa(或 N/m²)	达因每平方厘米 (dyn/cm²)	巴 (bar)	工程大气压（千克力每平方厘米）at(kgf/cm²)	标准大气压 (atm)	毫米水柱 (mmH₂O)	毫米汞柱 (mmHg)	磅力每平方英尺 (lbf/ft²)	磅力每平方英寸 (lbf/in²)
1	10	10^{-5}	1.02×10^{-5}	0.99×10^{-5}	0.102	0.007 5	0.020 89	14.5×10^{-5}
0.1	1				0.010 2			
10^5	10^6	1	1.02	0.986 9	10 197	750.1	2 089	14.5
98 067		0.980 7	1	0.967 8	10^4	735.6	2 048	14.22
101 325		1.013 3	1.333 2	1	10 332	760	2 116	14.7
9.807	98.07		0.000 1	$0.967\ 8 \times 10^{-4}$	1	0.073 6	0.204 8	
133.32	1 333.2		0.001 36	0.001 32	13.6	1	2.785	0.019 34
47.88	478.8				4.882	0.359 1	1	0.006 94
6 894.8	68 948	0.068 95	0.070 3	0.068	703	51.71	144	1

表1-20 弧度与角度单位换算

秒(″)	度(°)	弧度(rad)	分(′)	度(°)	弧度(rad)	度(°)	弧度(rad)	度(°)	弧度(rad)	度(°)	弧度(rad)
1	0.000 3	0.000 005	1	0.016 7	0.000 291	1	0.017 453	90	1.570 796	286.478 9	5
2	0.000 6	0.000 010	2	0.033 3	0.000 582	2	0.034 907	120	2.094 395	229.183 1	4
3	0.000 8	0.000 015	3	0.050 0	0.000 873	3	0.052 360	150	2.617 994	171.887 3	3
4	0.001 1	0.000 019	4	0.066 7	0.001 164	4	0.069 813	180	3.141 593	114.591 6	2
5	0.001 4	0.000 024	5	0.083 3	0.001 454	5	0.087 266	210	3.665 191	57.295 8	1
6	0.001 7	0.000 029	6	0.100 0	0.001 745	6	0.104 720	240	4.188 790	51.566 2	0.9
7	0.001 9	0.000 034	7	0.116 7	0.002 036	7	0.122 173	270	4.712 389	45.836 6	0.8
8	0.002 2	0.000 039	8	0.133 3	0.002 327	8	0.139 626	300	5.235 988	40.107 1	0.7
9	0.002 5	0.000 044	9	0.150 0	0.002 618	9	0.157 080	360	6.283 185	34.377 5	0.6
10	0.002 8	0.000 048	10	0.166 7	0.002 909	10	0.174 533	572.957 8	10	28.647 9	0.5
20	0.005 6	0.000 097	20	0.333 3	0.005 818	20	0.349 066	515.662 0	9	22.918 3	0.4
30	0.008 3	0.000 145	30	0.500 0	0.008 727	30	0.523 599	458.366 2	8	17.188 7	0.3
40	0.011 1	0.000 194	40	0.667	0.011 636	45	0.785 398	401.070 5	7	11.459 2	0.2
50	0.013 9	0.000 242	50	0.833 3	0.014 544	60	1.047 198	343.774 7	6	5.729 6	0.1

表 1-21　功能单位换算

焦[耳] (J)	尔格 (erg)	千克力·米 (kgf·m)	卡 (cal)	马力 [小时] (Ps·h)	英力 [小时] (hp·h)	电工马力 [小时]	英热单位 (Btu)	英尺磅力 (ft·lbf)
1	10^7	0.102	239×10^{-9}	377.7×10^{-9}	372.5×10^{-9}		947.8×10^{-6}	0.737 6
10^{-7}	1	0.102×10^{-7}	23.9×10^{-15}	37.77×10^{-15}	37.25×10^{-15}		94.78×10^{-12}	$0.737\ 6 \times 10^{-7}$
9.807	9.807×10^7	1	2.342×10^{-6}	3.704×10^{-6}	3.653×10^{-6}		9.295×10^{-3}	7.233
4.186 8	41.87×10^6	0.426 9	1	1.581×10^{-6}	1.559×10^{-6}		3.968×10^{-3}	3.087
2.648×10^6	26.48×10^{12}	270×10^3	0.632 5	1	0.986 3		2 510	1.953×10^6
2.685×10^6	26.85×10^{12}	273.8×10^3	0.641 2	1.014	1		2 544.4	1.98×10^6
2.686×10^6						1		
1 055.06	10.55×10^9	107.6	0.252×10^{-3}	398.5×10^{-6}	393×10^{-6}		1	778.2
1.356	1.356×10^7	0.138 3	0.324×10^{-3}	$0.512\ 1 \times 10^{-6}$	$0.512\ 1 \times 10^{-6}$		1.285×10^{-3}	1

表 1-22　功率单位换算

瓦[特] (W)	千克力 米每秒 (kgf·m/s)	[米制]马力 法[ch,cv]; 德(Ps)	英马力 (hp)	卡每秒 (cal/s)	千卡 [小时] (kcal/h)	电工 马力	英尺磅 力每秒 (ft·lbf/s)	尔格每秒 (ex,g/s)
1	0.102	1.36×10^{-3}	1.34×10^{-3}	239×10^{-3}	0.859 8		0.737 6	10^7
9.807	1	13.33×10^{-3}	13.15×10^{-3}	2.342	8.432 5		7.233	9.807×10^7
735.5	75	1	0.986 3	175.7	632.52		542.5	7.355×10^9
745.7	76.04	1.014	1	178.1	641.16		550	7.457×10^9
746						1		
4.186 8	0.426 9	5.69×10^{-3}	5.614×10^{-3}	1			3.087	41.87×10^6
1.163					1			
1.355 8	0.138 3	1.843×10^{-3}	1.82×10^{-3}	0.324	1.166 4		1	1.356×10^7
10^{-7}	0.102×10^{-7}	0.136×10^{-9}	$0.134\ 1 \times 10^{-9}$	23.9×10^{-9}	8.604×10^{-8}		$0.737\ 6 \times 10^{-7}$	1

表1-23 电磁量的单位换算

单位名称	单位符号	与法定计量单位的关系	对应物理量	单位名称	单位符号	与法定计量单位的关系	对应物理量
绝对安培	aA	10 A	电流	绝对亨利	aH	10^{-9} H	电感
毕奥	Bi	10 A	电流	绝对西门子	aS	10^9 S	电导
绝对库仑	aC	10 C	电荷[量]	麦克斯韦	Mx	10^{-8} Wb	磁通量
绝对伏特	aV	10^{-8} V	电压	高斯	G, Gs	10^{-4} T	磁通密度
绝对欧姆	aΩ	10^{-9} Ω	电阻	奥斯特	Oe	79.577 5 A/m	磁场强度
绝对法拉	aF	10^9 F	电容	吉伯	Gb	0.795 775 A	磁通势

1.3.5 常用物理量数据

常用物理量常数见表1-24,电阻温度系数见表1-25,导体的电阻率见表1-26,常用物质的介电常数见表1-27。

表1-24 常用物理量常数

名称	符号	常数值	单位	名称	符号	常数值	单位
重力加速度	g	9.806 65	m/s^2	真空磁导率	μ_0	$4\pi \times 10^{-7}$	H/m
元电荷	e	$1.602\ 2 \times 10^{-19}$	C	电磁波在真空中的传播速度	c	2.998×10^8	m/s
电子半径	r_0	2.82×10^{-15}	m	玻耳兹曼常数	k	1.380×10^{-23}	J/K
电子伏特	eV	1.602×10^{-19}	J	斯忒藩-玻耳兹曼常数	σ	5.670×10^{-8}	$W/(m^2 \cdot K^4)$
电子[静止]质量	m_e	9.109×10^{-28}	g	法拉第常数	F	9.648×10^4	C/mol
质子[静止]质量	m_p	$1.672\ 5 \times 10^{-24}$	g	普朗克常数	h	6.626×10^{-34}	J·s
中子[静止]质量	m_n	$1.674\ 8 \times 10^{-24}$	g	热力学温度	T_0	273.15	K
真空介电常数	ε_0	8.854×10^{-12}	F/m	摩尔气体常数	R	8.314	$J/(mol \cdot K)$

表1-25 电阻温度系数

材料	电阻温度系数	材料	电阻温度系数	材料	电阻温度系数
汞	0.000 9	铝	0.003 9	铯	0.004 8
铂	0.003 0	铅	0.003 9	铁	0.005 0
钼	0.003 0	铱	0.003 9	锰	$(3 \sim 10) \times 10^{-6}$
锌	0.003 7	镁	0.004 0	康铜	15×10^{-6}
银	0.003 8	铗	0.004 2	阿范斯电阻合金	≈ 0
铜	0.003 9	钨	0.004 5		

表1-26 导体的电阻率

材料	电阻率/($\Omega \cdot$m)	材料	电阻率/($\Omega \cdot$m)	材料	电阻率/($\Omega \cdot$m)
银	1.62×10^{-8}	镍	7.24×10^{-8}	黄铜	8×10^{-8}
铜	1.69×10^{-8}	镉	7.4×10^{-8}	青铜	18×10^{-8}
金	2.40×10^{-8}	钴	9.70×10^{-8}	钢	$(10 \sim 20) \times 10^{-8}$
铝	2.83×10^{-8}	铁	10.00×10^{-8}	铜镍合金	33×10^{-8}
镁	4.50×10^{-8}	锡	11.40×10^{-8}	白铜	42×10^{-8}
铍	4.60×10^{-8}	铈	21.00×10^{-8}	锰镍铜合金	43×10^{-8}
锰	5.0×10^{-8}	铅	21.90×10^{-8}	高镍钢	45×10^{-8}
铱	5.3×10^{-8}	锑	40.90×10^{-8}	康铜	49×10^{-8}
钨	5.5×10^{-8}	汞	95.80×10^{-8}	硅钢(含硅45%)	62.5×10^{-8}
钼	5.7×10^{-8}	硬铝	3.55×10^{-8}	锰钢	$(34 \sim 100) \times 10^{-8}$
锌	6.10×10^{-8}	磷青铜	$(2 \sim 5) \times 10^{-8}$	镍铬铁合金	$(100 \sim 110) \times 10^{-8}$

表1-27 常用物质的介电常数

物质	介电常数/(F/m)	物质	介电常数/(F/m)	物质	介电常数/(F/m)
氢	1.000 264	石蜡	$2 \sim 2.5$	陶瓷	$5 \sim 6.5$
氧	1.000 524	橡胶	$2 \sim 3.5$	大理石	8.3
空气	1.000 586	白云母	$5 \sim 7$	聚乙烯	2.3
一氧化碳	1.000 695	琥珀	2.8	聚苯乙烯	$2.4 \sim 2.7$
二氧化碳	1.000 946	石英玻璃	$3.5 \sim 4.5$	聚氯乙烯	$3.4 \sim 3.6$
纸	$2 \sim 2.6$	钠玻璃	$5.4 \sim 8$	氧化钛	$30 \sim 80$
变压器油	$2.2 \sim 2.4$	橄榄油	$3.1 \sim 3.2$	酒石酸钾钠	200
松节油	$2.2 \sim 2.3$	硫黄	$3.6 \sim 4.2$	钛酸钡	$2\,500 \sim 4\,500$
汽油	2.3				

第2章 常用电工材料

2.1 导电材料

电工常用的导电材料主要是金属及其制品，主要用途是输送和传导电流。导电材料一般包括架空线路、室内布线用的各种电线、电缆，电机和电器中绕组用的电磁线、触头、电刷、接触片及其他导电零件。其中，应用最多的是电线和电缆。

电线和电缆按所用的金属材料，可分为铜线、铝线、钢芯铝线、钢线、镀锌铁线等；按构造可分为裸电线、绝缘电线、电磁线、电缆等，其中裸电线和绝缘电线又可分为单线和绞线两种；按金属性质分为硬线和软线两种，硬线未经退火处理，抗拉强度大，软线经过退火处理，抗拉强度小；按导线截面的形状又可分为圆线和型线两种。

导电材料应具有良好的导电性能、足够的机械强度，以及耐氧化、耐腐蚀、容易加工和焊接等特征，一般多采用铜和铝。

2.1.1 裸电线

裸电线型号中字母和数字所代表的含义见表 2-1。常用裸导线的型号、特性和用途见表 2-2。

表 2-1 裸电线的型号含义

类别、用途	特征			派生
	形状	加工	软、硬	
G—钢线	Y—圆形	J—绞制	R—柔软	A 或 1—第一种
T—铜线	G—沟形	X—镀锡	Y—硬	B 或 2—第二种
L—铝线	B—扁形			3—第三种
T—天线			F—防腐	
M—母线			G—钢芯	
C—电车用				

表2-2 常用裸导线的型号、特性和用途

类别	名称	型号	特性	用途
圆线	硬圆铜线 软圆铜线	TY TR	硬线的抗拉强度大，软线的延伸率高，半硬线介于两者之间	硬线主要用于架空导线；半硬线、软线主要用于电线、电缆及电磁线的线芯，亦用于其他电器制品
	硬圆铝线 软圆铝线	LY LR		
绞线	铝绞线 钢芯铝绞线 硬铜绞线	LJ LGJ TJ	导电性能、力学性能良好，钢芯铝绞线的拉断力比铝绞线的大1倍左右	用于高、低压架空电力线路
型线	硬扁铜线 软扁铜线	TBY TBR	铜、铝扁线及母线的机械特性和圆线的相同。扁线、母线的结构形状均为矩形	铜、铝扁线主要用于制造电机、电器的线圈。铝母线主要作汇流排用
	硬扁铝线 软扁铝线	LBY LBR		
	硬铜母线 软铜母线	TMY TMR		
	硬铝母线 软铝母线	LMY LMR		
软接线	铜电刷线	TS TSX TSR TSXR	柔软、耐振动、耐弯曲	用于电刷连接线
	铜软绞线	TJR	柔软	用于引出线、接地线、整流器和晶闸管道引出线等
	软铜编织线	TZ	柔软	用于汽车、拖拉机蓄电池连接线

1. 圆单线 常用圆铝、铜单线的规格见表2-3。

表2-3 常用圆铝、铜单线的规格

直径/ mm	横截面积/ mm²	铝			铜		
		质量/ (kg/km)	20 ℃时 直流电阻/ (Ω/km)	75 ℃时 直流电阻/ (Ω/km)	质量/ (kg/km)	20 ℃时 直流电阻/ (Ω/km)	75 ℃时 直流电阻/ (Ω/km)
0.05	0.001 96				0.017 5	8 970	11 060
0.06	0.002 83				0.025 2	6 210	7 660
0.07	0.003 85				0.034 2	4 570	5 640

续表

直径/ mm	横截面积/ mm²	铝			铜		
		质量/ (kg/km)	20 ℃时 直流电阻/ (Ω/km)	75 ℃时 直流电阻/ (Ω/km)	质量/ (kg/km)	20 ℃时 直流电阻/ (Ω/km)	75 ℃时 直流电阻/ (Ω/km)
0.08	0.005 03				0.044 7	3 500	4 320
0.09	0.006 36				0.056 5	2 760	3 410
0.10	0.007 85				0.069 8	2 240	2 770
0.11	0.009 50				0.084 5	1 854	2 290
0.12	0.011 31				0.100 5	1 556	1 918
0.13	0.013 3				0.117 9	1 322	1 630
0.14	0.015 4				0.136 8	1 142	1 410
0.15	0.017 67				0.157	995	1 227
0.16	0.020 1				0.179	875	1 080
0.17	0.022 7				0.202	775	956
0.18	0.025 5				0.226	690	852
0.19	0.028 4				0.262	620	765
0.20	0.031 4	0.085	901	1 100	0.279	560	692
0.21	0.034 6	0.097	820	1 000	0.308	506	628
0.23	0.041 5	0.112	682	835	0.369	424	524
0.25	0.049 1	0.133	577	705	0.436	359	443
0.27	0.057 3	0.155	494	604	0.509	307	379
0.29	0.066 1	0.178	428	524	0.587	266	329
0.31	0.075 5	0.204	375	458	0.671	233	285
0.33	0.085 5	0.231	331	405	0.760	206	254
0.35	0.096 2	0.260	294	360	0.855	183	226
0.38	0.113 4	0.306	250	305	1.008	156.0	191.3
0.41	0.132 0	0.357	214	262	1.170	133.0	164
0.44	0.152 1	0.411	186	227	1.352	116.0	142.5
0.47	0.173 5	0.469	163	199.5	1.54	101.0	125.0
0.49	0.188 6	0.509	150	183.5	1.68	93.3	115.0
0.51	0.204	0.550	138.6	169.5	1.81	86.0	106.2
0.53	0.221	0.600	128.0	156.5	1.98	79.4	98.2
0.55	0.238	0.643	119.0	145.5	2.12	73.7	91.2
0.57	0.255	0.689	111.0	135.5	2.27	68.8	85.2
0.59	0.273	0.734	103.6	127	2.42	64.2	79.5
0.62	0.302	0.813	93.8	114.7	2.68	58.0	72.0
0.64	0.322	0.868	88.0	107.5	2.86	54.5	67.4
0.67	0.353	0.950	80.2	98.0	3.13	49.6	61.5
0.69	0.374	1.01	75.7	92.5	3.32	47.0	58.0
0.72	0.407	1.10	69.5	85.0	3.62	43.0	53.3
0.74	0.430	1.16	65.8	80.5	3.82	40.6	50.5

续表

直径/ mm	横截面积/ mm²	铝			铜		
		质量/ (kg/km)	20 ℃时 直流电阻/ (Ω/km)	75 ℃时 直流电阻/ (Ω/km)	质量/ (kg/km)	20 ℃时 直流电阻/ (Ω/km)	75 ℃时 直流电阻/ (Ω/km)
0.77	0.466	1.26	60.7	74.4	4.14	37.6	46.5
0.80	0.503	1.36	56.3	68.9	4.47	34.9	43.1
0.83	0.541	1.46	52.4	64.0	4.81	32.4	40.1
0.86	0.581	1.57	48.7	59.6	5.16	30.2	37.3
0.90	0.636	1.72	44.5	54.5	5.66	27.5	34.1
0.93	0.679	1.83	41.7	51.7	6.04	25.8	31.9
0.96	0.724	1.95	39.1	47.8	6.43	24.3	30.0
1.00	0.785	2.12	36.1	44.1	6.98	22.3	27.6
1.04	0.849	2.28	33.3	40.9	7.55	20.7	25.6
1.08	0.916	2.47	30.9	37.8	8.14	19.20	23.7
1.12	0.985	2.65	28.8	35.1	8.75	17.80	22.0
1.16	1.057	2.85	26.8	32.8	9.40	16.6	20.6
1.20	1.131	3.05	25.0	30.6	10.05	15.50	19.17
1.25	1.227	3.31	23.1	28.2	10.91	14.3	17.68
1.30	1.327	3.58	21.5	26.1	11.80	13.2	16.35
1.35	1.431	3.86	19.8	24.2	12.73	12.30	14.10
1.40	1.539	4.15	18.4	22.5	13.69	11.40	13.90
1.45	1.651	4.45	17.15	20.9	14.70	10.60	13.13
1.50	1.767	4.77	16.00	19.6	15.70	9.33	12.28
1.56	1.911	5.15	14.80	18.1	17.0	9.18	11.35
1.62	2.06	5.56	13.73	16.8	18.32	8.53	10.5
1.68	2.22	5.98	12.75	15.6	19.7	7.90	9.78
1.74	2.38	6.40	11.95	14.54	21.1	7.37	9.12
1.81	2.57	6.95	11.00	13.45	22.9	6.84	8.45
1.88	2.78	7.49	10.2	12.45	24.7	6.31	7.80
1.95	2.99	8.06	9.46	11.60	26.5	5.88	7.26
2.02	3.20	8.65	8.85	10.8	28.5	5.50	6.78
2.10	3.46	9.34	8.18	10.0	30.8	5.11	6.27
2.26	4.01	10.83	7.05	8.63	35.7	4.39	5.41
2.44	4.68	12.64	6.05	7.40	41.6	3.76	4.63
2.63	5.43	14.65	5.22	6.37	48.3	3.24	4.00
2.83	6.29	16.98	4.50	5.50	55.9	2.80	3.45
3.05	7.31	19.75	3.88	4.74	65.0	2.41	2.97
3.28	8.45	22.8	3.35	4.10	75.1	2.08	2.57
3.53	9.79	26.4	2.89	3.54	87.0	1.80	2.22
3.80	11.34	30.6	2.49	3.05	100.8	1.55	1.915
4.10	13.20	35.6	2.14	2.62	117.3	1.332	1.642
4.50	15.90	43.0	1.78	2.18	141.4	1.108	1.362
4.80	18.1	48.9	1.56	1.91	160.9	0.973	1.198
5.20	21.2	57.4	1.33	1.627	188.8	0.827	1.020

2. 裸绞线 各种绞线的型号和名称见表2-4。常用铝绞线 LJ 型的主要技术数据见表2-5。

表2-4 各种绞线的型号和名称

型号	名称
LJ	铝绞线
LGJ	钢芯铝绞线
LGJF	防腐铜芯铝绞线
LH$_A$J	热处理铝镁硅合金绞线
LH$_A$GJ	钢芯热处理铝镁硅合金绞线
LHJF$_1$	轻防腐钢芯热处理铝镁硅合金绞线
LHJF$_2$	中防腐钢芯热处理铝镁硅合金绞线
LH$_B$G	热处理铝镁硅稀土合金绞线
LH$_B$GJ	钢芯热处理铝镁硅稀土合金绞线
LH$_B$GJF$_1$	轻防腐钢芯热处理铝镁硅稀土合金绞线
LH$_B$GJF$_2$	中防腐钢芯热处理铝镁硅稀土合金绞线
TJ	裸铜绞线

表2-5 LJ 型铝绞线的主要技术数据

标称横截面积/mm^2	结构（根数/直径）/（根/mm）	计算横截面积/mm^2	外径/mm	直流电阻不大于/（Ω/km）	计算拉断力/N	计算质量/（kg/km）
16	7/1.70	15.89	5.10	1.802	2 840	43.5
25	7/2.15	25.41	6.45	1.127	4 355	69.6
35	7/2.50	34.36	7.50	0.833 2	5 760	94.1
50	7/3.00	49.48	9.00	0.578 6	7 930	135.5
70	7/3.60	71.25	10.80	0.401 8	10 950	195.1
95	7/4.16	95.14	12.48	0.300 9	14 450	260.5
120	19/2.85	121.21	14.25	0.237 3	19 120	333.5
150	19/3.15	148.07	15.75	0.194 3	23 310	407.4
185	19/3.50	182.80	17.50	0.157 4	28 440	503.0
210	19/3.75	209.85	18.75	0.137 1	32 260	577.4
240	19/4.00	238.76	20.00	0.120 5	36 260	656.9
300	37/3.20	297.57	22.40	0.096 89	46 850	820.4
400	37/3.70	397.83	25.90	0.072 47	61 150	1 097.0
500	37/4.16	502.90	29.12	0.057 33	76 370	1 387.0
630	61/3.63	631.30	32.67	0.045 77	91 940	1 744.0
800	61/4.10	805.36	36.90	0.035 88	115 900	2 225.0

常用钢芯铝绞线的主要技术数据见表2-6。

表2-6　常用钢芯铝绞线的主要技术数据

标称横截面积(铝/钢)/mm²	结构(根数/直径)/mm		计算横截面积/mm²			外径/mm	直流电阻不大于/(Ω/km)	计算拉断力/N	质量/(kg/km)
	铝	钢	铝	钢	总计				
10/2	6/1.50	1/1.50	10.60	1.77	12.37	4.50	2.706	4 120	42.9
16/3	6/1.85	1/1.85	16.13	2.69	18.82	5.55	1.779	6 130	65.2
25/4	6/2.32	1/2.32	25.36	4.23	29.59	6.96	1.131	9 290	102.6
35/6	6/2.72	1/2.72	34.86	5.81	40.67	8.16	0.823 0	12 630	141.0
50/8	6/3.20	1/3.20	48.25	8.04	56.29	9.60	0.594 6	16 870	195.1
50/30	12/2.32	7/2.32	50.73	29.59	80.32	11.60	0.569 2	42 620	372.0
70/10	6/3.80	1/3.80	68.05	11.34	79.39	11.40	0.421 7	23 390	275.2
70/40	12/2.72	7/2.72	69.73	40.67	110.40	13.60	0.414 1	58 300	511.3
95/15	26/2.15	7/1.67	94.39	15.33	109.72	13.61	0.305 8	35 000	380.8
95/20	7/4.16	7/1.85	95.14	18.82	113.96	13.87	0.301 9	37 200	408.9
95/55	12/3.20	7/3.20	96.51	56.30	152.81	16.00	0.299 2	78 110	707.7
120/7	18/2.90	1/2.90	118.89	6.61	125.50	14.50	0.242 2	27 570	379.0
120/20	26/2.38	7/1.85	115.67	18.82	134.49	15.07	0.249 6	41 000	466.8
120/25	7/4.72	7/2.10	122.48	24.25	146.73	15.74	0.234 5	47 880	526.6
120/70	12/3.60	7/3.60	122.15	71.25	193.40	18.00	0.236 4	98 370	895.6
150/8	18/3.20	1/3.20	144.76	8.04	152.80	16.00	0.198 9	32 860	461.4
150/20	24/2.78	7/1.85	145.63	18.82	164.50	16.67	0.198 0	46 630	549.4
150/25	26/2.70	7/2.10	148.86	24.25	173.11	17.10	0.193 9	54 110	601.0
150/35	30/2.50	7/2.50	147.26	34.36	181.62	17.50	0.196 2	65 020	676.2
185/10	18/3.60	1/3.60	183.22	10.18	193.40	18.00	0.157 2	40 880	584.0
185/25	24/3.15	7/2.10	187.04	24.25	211.29	18.90	0.154 2	59 420	706.1
185/30	26/2.98	7/2.32	181.34	29.59	210.93	18.88	0.159 2	64 320	732.6
185/45	20/2.80	7/2.80	184.73	43.10	227.83	19.60	0.156 4	80 190	848.2
210/10	18/3.80	1/3.80	204.14	11.34	215.48	19.00	0.141 1	45 140	650.7
210/25	24/3.33	7/2.22	209.02	27.10	236.12	19.98	0.138 0	65 990	789.1
210/35	26/3.22	7/2.50	211.73	34.36	246.09	20.38	0.136 3	74 250	853.9
210/50	30/2.98	7/2.98	209.24	48.82	258.06	20.86	0.138 1	90 830	960.8
240/30	24/3.60	7/2.40	244.29	31.67	275.96	21.60	0.118 1	75 620	922.2
240/40	26/3.42	7/2.66	238.85	38.90	277.75	21.66	0.120 9	83 370	964.3
240/55	30/3.20	7/3.20	241.27	56.30	297.57	22.40	0.119 8	102 100	1 108
300/15	42/3.00	7/1.67	296.88	15.33	312.21	23.01	0.097 24	68 060	939.8
300/20	45/2.93	7/1.95	303.42	20.91	324.33	23.43	0.095 20	75 680	1 002
300/25	48/2.85	7/2.22	306.21	27.10	333.31	23.76	0.094 33	83 410	1 058
300/40	24/3.99	7/2.66	300.09	38.90	338.99	23.94	0.096 14	92 220	1 133
300/50	26/3.83	7/2.98	299.54	48.82	348.36	24.26	0.096 36	103 400	1 210

标称横截面积(铝/钢)/mm²	结构(根数/直径)/mm		计算横截面积/mm²			外径/mm	直流电阻不大于/(Ω/km)	计算拉断力/N	质量/(kg/km)
	铝	钢	铝	钢	总计				
300/70	30/3.60	7/3.60	305.36	71.25	376.61	25.20	0.094 63	128 000	1 402
400/20	42/3.51	7/1.95	406.40	20.91	427.31	26.91	0.071 04	88 850	1 286
400/25	45/3.33	7/2.22	391.91	27.10	419.01	26.64	0.073 70	95 940	1 295
400/35	48/3.22	7/2.50	390.88	34.36	425.24	26.82	0.073 89	103 900	1 349
400/50	54/3.07	7/3.07	399.73	51.82	451.55	27.63	0.072 32	123 400	1 511
400/65	26/4.42	7/3.44	398.94	65.06	464.00	28.00	0.072 36	135 200	1 611
400/95	30/4.16	19/2.50	407.75	93.27	501.02	29.14	0.070 87	171 300	1 860
500/35	45/3.75	7/2.50	497.01	34.36	531.37	30.00	0.058 12	119 500	1 642
500/45	48/3.60	7/2.80	488.58	43.10	531.68	30.00	0.059 12	128 100	1 688
500/65	54/3.44	7/3.44	501.88	65.06	566.94	30.96	0.057 60	154 000	1 897
630/45	45/4.20	7/2.80	623.45	43.10	666.55	33.60	0.046 33	148 700	2 060
630/55	48/4.12	7/3.20	639.92	56.30	696.22	34.32	0.045 14	164 400	2 209
630/80	54/3.87	19/2.32	635.19	80.32	715.51	34.82	0.045 51	192 900	2 388
800/55	45/4.80	7/3.20	814.30	56.30	870.60	38.40	0.035 47	191 500	2 690
800/70	48/4.63	7/3.60	808.15	71.25	879.40	38.58	0.035 74	207 000	2 791
800/100	54/4.33	19/2.60	795.17	100.88	896.05	38.98	0.036 35	241 100	2 991

常用 TJ 型硬铜绞线的主要技术数据见表 2-7。

表 2-7 TJ 型硬铜绞线的主要技术数据

标称横截面积/mm²	结构(根数/直径)/mm	计算横截面积/mm²	导线直径/mm	直流电阻(20 ℃)/(Ω/m)	拉断力/N	质量/(kg/km)
10	7/1.33	9.73	3.99	1.870	3 508	88
16	7/1.68	15.5	5.04	1.200	5 586	140
25	7/2.11	24.5	6.33	0.740	8 643	221
35	7/2.49	34.5	7.47	0.540	12 152	311
50	7/2.97	48.5	8.91	0.390	17 100	439
70	19/2.14	68.3	10.70	0.280	24 010	618
95	19/2.49	92.5	12.45	0.200	32 634	837
120	19/2.80	117	14.00	0.158	41 258	1 058
150	19/3.15	148	15.75	0.123	50 764	1 338
185	37/2.49	180	17.43	0.103	63 504	1 627
240	37/2.84	234	19.88	0.078	82 614	2 120
300	37/3.15	288	22.05	0.062	98 980	2 608
400	37/3.66	389	25.62	0.047	133 770	3 521

3. 软接线 软接线的品种、型号、横截面积范围及主要用途见表 2-8。
TRJ 型铜软绞线的规格、结构及技术数据见表 2-9。

表 2-8 软接线的品种、型号、横截面积范围及主要用途

产品名称	型号	横截面积范围/ mm²	主要用途
裸铜电刷线	TS	0.3~16	
软裸铜电刷线	TSR	0.16~2.5	供电机、电器线路连接用
纤维编织铜电刷线	TSX	0.3~16	
纤维编织软铜电刷线	TSXR	1.0~2.5	
硬铜天线	TT	1.0~25	供通信架空天线用
软钢天线	TTR	1.0~25	
	TRJ	10~500	供移动电气设备连接线用
	TRJ-1	25~500	供移动电气设备连接线用
裸铜软绞线	TRJ-2	0.1~1.0	供无线电设备内部连接线用
	TRJ-3	6~50	供要求较柔软的电气设备连接线用
	TRJ-4	1.0~50	供要求特别柔软的电气设备连接线用
硬裸铜编织线	TYZ	4~185	
软裸铜编织线	TRZ-1	5~50	
硬裸铜镀锡编织线	TRZ-2	4~35	供移动电气设备连接线用
软裸铜镀锡编织线	TYZX	4~185	
	TRZX-1	5~50	
	TREX-2	4~35	
软铜编织蓄电池线	QC	16~43	供汽车、拖拉机蓄电池接线用

表 2-9 TRJ 型铜软绞线的规格、结构及技术数据

标称横截面积/ mm²	计算横截面积/ mm²	根数×线径/ mm	计算外径/ mm	计算质量/ (kg/km)
10	10.41	49×0.52	4.7	98
16	15.76	49×0.64	5.8	147
25	25.89	98×0.58	7.7	242
35	35.14	133×0.58	8.7	328
50	48.30	133×0.68	10.2	451
70	63.63	189×0.68	12.6	640
95	94.06	259×0.68	14.3	878
120	17.50	259×0.76	16.0	1 097
150	144.51	336×0.74	18.1	1 350
185	183.64	427×0.74	20.0	1 715
240	242.30	427×0.85	23.0	2 260
300	291.10	513×0.85	26.1	2 715
400	398.90	703×0.85	29.8	3 724
500	498.30	703×0.95	33.3	4 651

4. 型线 型线的品种、型号、生产范围及主要用途见表 2 – 10。常用铝、铜母线的主要技术数据见表 2 – 11。

表 2 – 10 型线的品种、型号、生产范围及主要用途

产品名称	型号	生产范围/（mm）	主要用途
硬扁铜线	TBY	厚 0.80 ~ 7.1	用于电机、电器、安装配电设备及其他电工方面
软扁铜线	TBR	宽 2.00 ~ 35.5	
硬铜带	TDY	厚 1.00 ~ 3.55	
软铜带	TDR	宽 9.00 ~ 100	
硬铜母线	TMY	厚 4.0 ~ 31.5	
软铜母线	TMR	宽 16.0 ~ 1.25	
硬扁铝线	LBY	厚 0.80 ~ 7.1	用于电机、电器、安装配电设备及其他电工方面
半硬扁铝线	LBBY	宽 2.00 ~ 35.5	
软扁铝线	LBR		
硬铝母线	LMY	厚 4.0 ~ 31.5	
软铝母线	LMR	宽 16 ~ 125	
梯形铜排	TPT	宽 3 ~ 18	用于电机换向器换向片
		高 10 ~ 150	
银铜梯排	TYPT	宽 18 及以下	用于电机换向器换向片
		高 148 及以下	
七边形铜排	TMR – 2	355 ~ 690（mm²）	用于大型水轮发电机绕组
		厚 30	
换向器用异形银铜排	TYPT – 1	宽 5.64 ~ 9.26	用于电机换向器换向片
触头铜排	TPC	宽 18 ~ 36，高 6	用于电气开关触头
接触头	TPC – 1	宽 22 ~ 30	
异型铜带	TDR – 1	高 7 ~ 9.5	
空心铝导线	LBRK	宽 8.5 ~ 22.5	用于电机、变压器绕组线圈
		高 1.5 ~ 14	
空心铜导线	TBRK	宽 5 ~ 18	
		高 5 ~ 18	
圆形铜电车线	TCY	30 ~ 65（mm²）	用于电气运输系统架空接触线
双沟型铜电车线	TCG	65 ~ 100（mm²）	
双沟型钢铝电车线	GLCA	100/215（mm²）	
	GLCB	80/173（mm²）	

表 2-11　铝、铜母线的主要技术数据

尺寸(宽×厚)/mm	LMY 铝母线载流量/A								TMY 铜母线载流量/A							
	交流(每相)				直流(每极)				交流(每相)				直流(每极)			
	1片	2片	3片	4片	1片	2片	3片	4片	1片	2片	3片	4片	1片	2片	3片	4片
15×3	165	—	—	—	165	—	—	—	210	—	—	—	210	—	—	—
20×3	215	—	—	—	215	—	—	—	275	—	—	—	275	—	—	—
25×3	265	—	—	—	265	—	—	—	340	—	—	—	340	—	—	—
30×4	365	—	—	—	370	—	—	—	475	—	—	—	475	—	—	—
40×4	480	—	—	—	480	—	—	—	625	—	—	—	625	—	—	—
40×5	540	—	—	—	545	—	—	—	700	—	—	—	705	—	—	—
50×5	665	—	—	—	670	—	—	—	860	—	—	—	870	—	—	—
50×6	740	—	—	—	745	—	—	—	955	—	—	—	960	—	—	—
60×6	870	1 350	1 720	—	880	1 555	1 940	—	1 125	1 740	2 240	—	1 145	1 990	2 495	—
80×6	1 150	1 630	2 100	—	1 170	2 055	2 460	—	1 480	2 110	2 720	—	1 510	2 630	3 220	—
100×6	1 425	1 935	2 500	—	1 455	2 515	3 040	—	1 810	2 470	3 170	—	1 875	3 245	3 940	—
60×8	1 025	1 680	2 180	—	1 040	1 840	2 330	—	1 320	2 160	2 790	—	1 345	2 485	3 020	—
80×8	1 320	2 040	2 620	—	1 355	2 400	2 975	—	1 690	2 620	3 370	—	1 755	3 095	3 850	—
100×8	1 625	2 390	3 050	—	1 690	2 945	3 620	—	2 080	3 060	3 930	—	2 180	3 810	4 690	—
120×8	1 900	2 650	3 380	—	2 040	3 350	4 250	—	2 400	3 400	4 340	—	2 600	4 400	5 600	—
60×10	1 155	2 010	2 650	—	1 180	2 110	2 720	—	1 475	2 560	3 300	—	1 525	2 725	3 530	—
80×10	1 480	2 410	3 100	—	1 540	2 735	3 440	—	1 900	3 100	3 990	—	1 990	3 510	4 450	—
100×10	1 820	2 860	3 650	4 150	1 910	3 350	4 160	5 650	2 310	3 610	4 650	5 300	2 470	4 325	5 385	7 250
120×10	2 070	3 200	4 100	4 650	2 300	3 900	4 860	6 500	2 650	4 100	5 200	5 900	2 950	5 000	6 250	8 350

2.1.2 电磁线

电磁线是一种具有绝缘层的金属电线，主要用以绕制电工产品的线圈或绕组，故又称为绕组线。其作用是通过电流产生磁场或切割磁力线产生电流，以实现电能和磁能的相互转换。

电磁线的种类很多，按绝缘层和用途可分为漆包线、绕包线、无机绝缘电磁线和特种电磁线四种。漆包线的漆膜均匀、光滑，广泛用于中小型或微型电工产品中。绕包线是用天然丝、玻璃丝、绝缘纸或合成树脂薄膜等紧密绕包在导线芯上制成的，绕包材料形成绝缘层或在漆包线上再绕包一层绝缘层，它承载能力较强，主要用于大、中型电工产品中。无机绝缘电磁线的绝缘层采用陶瓷、氧化铝膜等无机材料，其特点是耐高温、耐辐射，主要用于高温和有辐射的场合。特种电磁线有特殊的绝缘结构与性能，适用于高温、高湿、超低温等特殊场合。电磁线产品型号中各项字母或数字所代表的含义见表2-12。

表2-12 电磁线产品型号中各项字母或数字所代表的含义

绝缘	绝缘特征	导体	导体特征	派生
Q—油性漆	N—自黏性	(T)—铜线	(Y)—圆	1—薄绝缘
QQ—缩醛漆	F—耐冷冻	TK—康铜	B—扁	2—厚绝缘
QA—聚氨酯漆	S—彩色	TM—锰铜	D—带(箔)	3—特厚绝缘
QZ—聚酯漆	B—编织	TWC—无磁性铜线	K—空心	12—绝缘厚度0.12 mm
QZ(G)—改性聚酯漆	E—双层	TY—镀银铜线	J—绞制	20—绝缘厚度0.20 mm
QH—环氧漆	J—加厚	TN—镀镍铜线	R—柔软	25—绝缘厚度0.25 mm
QZY—聚酯亚胺漆		L—铝线		30—绝缘厚度0.30 mm
QY—聚酰亚胺漆		TL—铜包铝线		35—绝缘厚度0.35 mm
QXY—聚酰胺酰亚		NG—镍镉线		40—绝缘厚度0.40 mm
胺漆				50—绝缘厚度0.50 mm
M—棉纱				60—绝缘厚度0.60 mm
SB—玻璃丝				
SR—人造丝				
ST—天然丝				
Z—绝缘纸				
BM—玻璃膜				
YM—氧化膜				

1. 漆包线 常用漆包线的品种、型号及主要用途见表2-13。常用漆包线的主要性能比较见表2-14。

表2-13 常用漆包线的品种、型号及主要用途

类别	产品名称	型号	规格/mm	主要用途
油性漆包线	油性漆包圆铜线	Q	0.02~2.50	中、高频线圈及仪表电器的线圈
缩醛漆包线	缩醛漆包圆铜线	QQ-1 QQ-2	0.20~2.50	普通中小电动机、微电机绕组和油浸变压器的线圈、电器仪表用线圈
	缩醛漆包圆铝线	QQL-1 QQL-2	0.06~2.50	
	彩色缩醛漆包圆铜线	QQS-1 QQS-2	0.20~2.50	
	缩醛漆包扁铜线	QQB	a边0.8~5.6	
	缩醛漆包扁铝线	QQLB	b边2.0~18.0	
聚氨酯漆包线	聚氨酯漆包圆铜线 彩色聚氨酯漆包圆铜线	QA-1 QA-2	0.015~1.00	需要 Q 值稳定的高频线圈、电视线圈和仪表用的微细线圈
聚酯漆包线	聚酯漆包圆铜线	QZ-1 QZ-2	0.02~2.50	普通中小电动机的绕组、干式变压器和电器仪表的线圈
	聚酯漆包圆铝线	QZL-1 QZL-2	0.06~2.50	
	聚酯漆包扁铜线	QZB	a边0.8~5.6	
	聚酯漆包扁铝线	QZLB	b边2.0~18.0	
聚酰亚胺漆包线	聚酰亚胺漆包圆铜线	QY-1 QY-2	0.02~2.50	耐高温电动机、干式变压器、密封式继电器及电子元件
	聚酰亚胺漆包扁铜线	QYB	a边0.8~5.6 b边2.0~18.0	

表 2-14　常用漆包线的主要性能比较

漆包线种类	耐热等级/℃	力学性能		电性能		热性能			耐有机溶剂性能		耐化学药品性能						耐制冷剂（氟利昂-22）性能
		耐刮性	弹性	击穿电压	介质损耗角正切	软化击穿温度	热老化	热冲击	溶剂油、二甲苯、正丁醇混合溶剂	二甲苯、正丁醇混合溶剂	二甲苯	苯乙烯	5%硫酸	5%盐酸	5%氢氧化钠	5%氯化钠	
油性漆包线	105	差	好	良	优	差	良	可	差	差	差	差	良	良	好	良	—
缩醛漆包线	120	优	优	良	好	可	良	优	良	差	良	可	良	差	差	良	差
聚氨酯漆包线	120	可	优	良	优	良	可	优	优	优	优	良	良	差	良	差	—
聚酯漆包线	130	良	优	优	好	优	优	良	好	差	良	良	良	差	良	差	差
聚酯亚胺漆包线	155	良	优	优	—	良	优	优	优	优	良	良	良	差	良	优	优
聚酰胺酰亚胺漆包线	200	优	优	优	—	优	优	优	优	优	良	良	良	差	良	优	优
聚酰亚胺漆包线	220	优	优	优	—	优	优	优	优	优	良	良	—	良	可		
耐制冷剂漆包线	105	优	优	优	好	优	良	可									良

各种铜漆包线的规格及安全载流量见表 2-15。

表 2-15　各种铜漆包线的规格及安全载流量

标称直径/mm	外皮直径/mm	横截面积/mm²	线质量/(kg/km)	$j=2.5$（A/mm²）时，导线容许通过电流/A	$j=3$（A/mm²）时，导线容许通过电流/A	每厘米可绕匝数/匝	每立方厘米可绕匝数/匝	20 ℃时电阻值/(Ω/km)
0.06	0.085	0.002 8	0.025 2	0.007 0	0.008 4	117	13 689	6 440
0.07	0.095	0.003 8	0.034 2	0.009 5	0.011 4	105	11 025	4 730
0.08	0.105	0.005	0.044 8	0.012 5	0.015 0	95	9 025	3 630
0.09	0.115	0.006 4	0.056 7	0.016 0	0.019 2	86	7 395	2 860
0.10	0.125	0.007 9	0.070	0.019 7	0.023 7	80	6 400	2 240
0.11	0.135	0.009 5	0.085	0.023 7	0.028 5	74	5 476	1 850
0.12	0.145	0.011 3	0.101	0.028 2	0.033 9	68	4 624	1 550
0.13	0.155	0.013 3	0.118	0.033 2	0.039 9	64	4 096	1 320
0.14	0.165	0.015 4	0.137	0.038 5	0.046 2	60	3 600	1 140
0.15	0.180	0.017 7	0.158	0.044 2	0.053 1	55	3 025	994
0.16	0.190	0.020 1	0.179	0.050 2	0.060 3	52	2 704	873
0.17	0.200	0.027 7	0.202	0.056 7	0.068 1	50	2 500	773
0.18	0.210	0.025 4	0.227	0.064	0.076 2	47	2 209	688

续表

标称 直径/ mm	外皮 直径/ mm	横截 面积/ mm²	线质量/ (kg/km)	j = 2.5 (A/mm²) 时,导线容许 通过电流/A	j = 3 (A/mm²) 时,导线容许 通过电流/A	每厘米 可绕匝 数/匝	每立方 厘米可 绕匝数/ 匝	20 ℃时 电阻值/ (Ω/km)
0.19	0.220	0.028 4	0.253	0.071 0	0.085 2	45	2 025	618
0.20	0.230	0.031 5	0.280	0.078 7	0.094 5	43	1 849	558
0.21	0.240	0.034 7	0.309	0.086 7	0.104	41	1 681	507
0.23	0.270	0.041 5	0.370	0.103	0.124	37	1 369	423
0.25	0.290	0.049 2	0.437	0.123	0.147	34	1 156	357
0.27	0.310	0.057 3	0.510	0.143	0.171	32	1 024	306
0.29	0.330	0.066 0	0.589	0.165	0.198	30	900	266
0.31	0.350	0.075 5	0.673	0.188	0.226	28	784	233
0.33	0.370	0.085 5	0.762	0.213	0.256	27	729	205
0.35	0.390	0.096 2	0.857	0.240	0.288	25	625	182
0.38	0.420	0.113 4	1.01	0.283	0.340	23	529	155
0.41	0.450	0.132 0	1.17	0.330	0.396	22	484	133
0.44	0.480	0.152 1	1.35	0.380	0.456	20	400	115
0.47	0.510	0.173 5	1.54	0.433	0.520	19	361	101
0.49	0.530	0.188 6	1.67	0.471	0.565	18	324	93.1
0.51	0.560	0.204	1.82	0.510	0.612	17	317	85.9
0.53	0.580	0.221	1.96	0.552	0.663	17.2	295	79.3
0.55	0.600	0.238	2.11	0.595	0.714	16.6	275	73.9
0.57	0.620	0.255	2.26	0.637	0.765	16.1	259	68.7
0.59	0.640	0.273	2.43	0.682	0.819	15.6	243	64.3
0.62	0.670	0.302	2.69	0.755	0.906	14.8	222	57.9
0.64	0.690	0.322	2.89	0.805	0.966	14.4	207	54.6
0.67	0.720	0.353	3.14	0.882	1.05	13.8	190	49.7
0.69	0.740	0.374	3.33	0.935	1.12	13.5	182	46.9
0.72	0.770	0.407	3.72	1.01	1.22	12.9	166	43
0.74	0.800	0.430	3.83	1.07	1.29	12.5	156	40.8
0.77	0.830	0.466	4.15	1.16	1.39	12	144	37.6
0.80	0.860	0.503	4.48	1.25	1.50	11.6	134	34.9
0.83	0.890	0.541	4.28	1.35	1.62	11.2	125	32.4
0.86	0.920	0.581	5.17	1.45	1.74	10.8	117	30.2
0.90	0.960	0.636	5.67	1.59	1.99	10.4	108	27.5
0.93	0.990	0.679	6.05	1.69	2.03	10.1	102	25.8
0.96	1.02	0.724	6.45	1.81	2.17	9.8	96	24.2
1.00	1.08	0.785	7.00	1.96	2.35	9.25	85.6	22.4
1.04	1.12	0.849	7.87	2.12	2.54	8.92	79.5	20.6
1.08	1.16	0.916	8.16	2.29	2.74	8.62	74.3	19.2
1.12	1.20	0.986	8.78	2.46	2.95	8.33	69.4	17.75

标称直径/ mm	外皮直径/ mm	横截面积/ mm²	线质量/ (kg/km)	$j=2.5$ （A/mm²） 时,导线容许 通过电流/A	$j=3$ （A/mm²） 时,导线容许 通过电流/A	每厘米可绕匝数/匝	每立方厘米可绕匝数/匝	20 ℃时电阻值/ (Ω/km)
1.16	1.24	1.057	9.41	2.64	3.17	8.06	65	16.6
1.20	1.28	1.131	10.0	2.84	3.35	7.81	61	15.5
1.25	1.33	1.227	10.9	3.06	3.68	7.51	66.4	14.3
1.30	1.38	1.327	11.8	3.31	3.98	7.24	52.4	13.2
1.35	1.43	1.431	12.7	3.57	4.29	7	49	12.2
1.40	1.48	1.539	13.7	3.84	4.61	6.75	45.56	11.4
1.45	1.53	1.651	14.7	4.12	4.95	6.53	42.44	10.6
1.50	1.58	1.767	15.7	4.41	5.30	6.32	39.94	9.89
1.56	1.64	1.911	17.0	4.77	5.73	6.09	37.08	9.18
1.62	1.70	2.06	18.3	5.15	6.18	5.88	34.57	8.50
1.68	1.76	2.22	19.7	5.55	6.66	5.68	32.26	7.92
1.74	1.82	2.38	21.1	5.95	7.14	5.49	30.14	7.36
1.81	1.90	2.57	22.9	6.42	7.71	5.26	27.66	6.83
1.88	1.97	2.78	24.7	6.95	8.34	5.07	25.70	6.30
1.95	2.04	2.99	26.6	7.47	8.97	4.89	24.01	5.87
2.02	2.11	3.20	28.5	8.00	9.60	4.73	22.37	5.48
2.10	2.20	3.46	30.8	8.65	10.3	4.54	20.61	5.06
2.26	2.36	4.01	35.7	10.0	12.0	4.23	17.89	4.38
2.44	2.54	4.67	41.6	11.6	14.0	3.93	15.44	3.75
2.63	—	5.43	48.4	13.5	16.2	—	—	3.23
2.83	—	7.00	56.0	17.5	21.0	—	—	2.79
3.05	—	8.14	65.1	20.3	24.4	—	—	2.4
3.28	—	9.40	75.3	23.5	28.2	—	—	2.08
3.53	—	10.90	87.2	27.2	32.7	—	—	1.80
3.80	—	12.63	101	31.5	37.9	—	—	1.55
4.10	—	14.70	117	36.7	44.1	—	—	1.33
4.50	—	17.71	141	44.2	53.1	—	—	1.10
4.80	—	20.16	161	50.4	60.4	—	—	0.968
5.20	—	23.66	189	59.1	70.9	—	—	0.829

2. 绕包线　绕包线的品种、规格和特点见表 2 – 16。

表 2-16　绕包线的品种、规格和特点

类别	产品名称	型号	规格[①]/mm	特点		
				耐温等级/℃	优点	局限性
纸包线	纸包圆铜线	Z	1.0~5.6	A(105)[②]	在油浸变压器中作线圈，耐电压击穿性优	绝缘纸容易破裂
	纸包圆铝线	ZL	1.0~5.6			
	纸包扁铜线	ZB	a 边 0.9~5.6 b 边 2.0~18.0			
	纸包扁铝线	ZLB	a 边 0.9~5.6 b 边 2.0~18.0			
玻璃丝包线及玻璃丝包漆包线	双玻璃丝包圆铜线	SBEC	0.25~6.0	B(130)	1)过负载性优 2)耐电晕性优 3)玻璃丝包漆包线的耐潮性好	1)弯曲性较差 2)耐潮性较差
	双玻璃丝包圆铝线	SBELC	0.25~6.0			
	双玻璃丝包扁铜线	SBECB	a 边 0.9~5.6 b 边 2.0~18.0			
	双玻璃丝包扁铝线	SBELCB	a 边 0.9~5.6 b 边 2.0~18.0			
	单玻璃丝包聚酯漆包扁铜线	QZSBCB	a 边 0.9~5.6 b 边 2.0~18.0			
	单玻璃丝包聚酯漆包扁铝线	QZSBLCB	a 边 0.9~5.6 b 边 2.0~18.0			
	双玻璃丝包聚酯漆包扁铜线	QZSBECB	a 边 0.9~5.6 b 边 2.0~18.0			
	双玻璃丝包聚酯漆包扁铝线	QZSBELCB	a 边 0.9~5.6 b 边 2.0~18.0			
	单玻璃丝包聚酯漆包圆铜线	QZSBC	0.53~2.50			
	单玻璃丝包缩醛漆包圆铜线	QQSBC	0.53~2.50	E(120)	1)过负载性优 2)耐电晕性优 3)耐潮性优	弯曲性较差

类别	产品名称	型号	规格①/mm	特点		
				耐温等级/℃	优点	局限性
玻璃丝包线及玻璃丝包漆包线	双玻璃丝包聚酯亚胺漆包扁铜线	QZYSBEFB	a 边 0.9 ~ 5.6 b 边 2.0 ~ 18.0	F(155)	1)过负载性优 2)耐电晕性优 3)耐潮性优	弯曲性较差
	单玻璃丝包聚酯亚胺漆包扁铜线	QZYSBFB	a 边 0.9 ~ 5.6 b 边 2.0 ~ 18.0			
	硅有机漆双玻璃丝包圆铜线	SBEG	0.25 ~ 6.0	H(180)	1)过负载性优 2)耐电晕性优 3)用硅有机漆浸渍改进了耐水耐潮性优	1)弯曲性较差 2)硅有机浸渍漆黏合能力较差,绝缘层的力学强度较差
	硅有机漆双玻璃丝包扁铜线	SBEGB	a 边 0.9 ~ 5.6 b 边 2.0 ~ 18.0			
	双玻璃丝包聚酰亚胺漆包扁铜线	QYSBEGB	a 边 0.9 ~ 5.6 b 边 2.0 ~ 18.0	H(180)	1)过负载性优 2)耐电晕性优 3)耐潮性优	弯曲性较差
	单玻璃丝包聚酰亚胺漆包扁铜线	QYSBGB	a 边 0.9 ~ 5.6 b 边 2.0 ~ 18.0			
丝包线	双丝包圆铜线	SE	0.05 ~ 2.50	A(105)②	1)绝缘层的力学强度较好 2)油性漆包线的介质损耗角正切小 3)丝包漆包线的电性能优	如果不浸渍,丝包线的耐潮性差
	单丝包油性漆包圆铜线	SQ	0.05 ~ 2.50			
	单丝包聚酯漆包圆铜线	SQZ	0.05 ~ 2.5			
	双丝包油性漆包圆铜线	SEQ	0.05 ~ 2.50			
	双丝包聚酯漆包圆铜线	SEQZ	0.05 ~ 2.50			

类别	产品名称	型号	规格①/mm	特点		
				耐温等级/℃	优点	局限性
薄膜绕包线	聚酰亚胺薄膜绕包圆铜线	Y	2.5～6.0	220	1）耐热性和低温性优 2）耐辐射性优 3）在高温下电压击穿性能好 4）和玻璃丝包线相比槽满率较高	在含水密封系统中易水解
	聚酰亚胺薄膜绕包扁铜线	YB	a 边 2.0～5.6 b 边 2.0～16.0			
	玻璃丝包聚酯薄膜绕包扁铜线	—	a 边 1.12～5.6 b 边 2.0～15.0	E(120)	1）耐电压击穿性能优 2）绝缘层的力学强度高	绝缘层较厚,槽满率较低

①圆线规格以线芯直径表示,扁线以线芯窄边 a 及宽边 b 表示。
②是指在油中或用浸渍漆处理后的耐温等级。

3. 无机绝缘电磁线 无机绝缘电磁线的品种、规格、特点和主要用途见表 2－17。

表 2－17 无机绝缘电磁线的品种、规格、特点和主要用途

类别	产品名称	型号	规格①/mm	特点		主要用途
				优点	局限性	
氧化膜线	氧化膜圆铝线	YML YMLC②	0.05～5.0	1）不用绝缘漆封闭的氧化膜耐温可达 250 ℃。用绝缘漆封闭的氧化膜,耐热性取决于绝缘漆 2）槽满率高 3）重量轻 4）耐辐射性好	1）弯曲性能差 2）击穿电压低 3）氧化膜耐刮性差 4）耐酸、耐碱性能差 5）不用绝缘漆封闭的氧化膜耐潮性差	用于起重电磁铁、高温制动器、干式变压器线圈,并用于需要耐辐射的场合
	氧化膜扁铝线	YMLB YMLBC②	a 边 1.0～4.0 b 边 2.5～6.3			
	氧化膜铝带（箔）	YMLD	厚 0.08～1.00 宽 20～900			

类别	产品名称	型号	规格①/mm	特点		主要用途
				优点	局限性	
陶瓷绝缘线	陶瓷绝缘线	TC	0.06 ~ 0.50	1)耐高温性能优,长期工作温度可达500 ℃ 2)耐化学腐蚀性优 3)耐辐射性优	1)弯曲性差 2)击穿电压低 3)耐潮性差,如果没有密封层,不推荐在高湿度环境中使用	用于高温及有辐射的场合

①圆线规格以线芯直径表示,扁线以线芯窄边 a 及宽边 b 表示。

②在氧化膜层上再涂以绝缘漆使其密封。

4. 特种电磁线　特种电磁线的品种、规格、特点和主要用途见表2–18。

表2–18　特种电磁线的品种、规格、特点和主要用途

产品名称	型号	规格	特点			主要用途
			耐温度级/℃	优点	局限性	
单丝包高频绕组线 双丝包高频绕组线	SQJ SEQJ	由多根漆包线绞制成线芯	Y(90)	1)Q 值大 2)系多根漆包线组成,柔软性好,可降低趋肤效应 3)如使用聚氨酯漆包线有直焊性	耐潮性差	要求 Q 值稳定和介质损耗角正切小的仪表电器线圈
玻璃丝包中频绕组线	QZJBSB	宽 2.1 ~ 8.0 mm 高 2.8 ~ 12.5 mm	B(130) H(180)	1)系多根漆包线组成,柔软性好,可降低趋肤效应 2)嵌线工艺简单		1 000 ~ 8 000 Hz 的中频变频机绕组
换位导线	QQLBH	a 边 1.56 ~ 3.82 mm b 边 4.7 ~ 10.8 mm	A(105)	1)简化绕制线圈工艺 2)无循环电流,线圈内涡流损耗小 3)比纸包线的槽满率高	弯曲性能差	大型变压器线圈

续表

产品名称	型号	规格	特点			主要用途
			耐温度级/℃	优点	局限性	
潜水电机绕组线	QQV	线芯截面 0.6~11.0 mm²	Y(90)	聚乙烯绝缘耐水性能较好	槽满率低，绕制线圈时易损伤绝缘层	潜水电机绕组
湿式潜水电机绕组线	—	线芯截面 0.5~7.5 mm²	Y(90)	1) 聚乙烯绝缘耐水性良好 2) 尼龙护套机械强度高	槽满率低	潜水电机绕组

2.1.3 电缆

电缆用于电力设备的连接和电力线路中，它除了具有一般电线的性能外，还具有芯线间绝缘电阻高、不易发生短路和耐腐蚀等优点。其品种繁多，按其传输电流性质可分为交流电缆、直流电缆和通信电缆三类。常用电缆型号中的字母含义见表 2-19。

表 2-19　常用电缆型号中的字母含义

分类代号或用途	绝缘	护套	派生
A—安装线	V—聚氯乙烯	V—聚氯乙烯	P—屏蔽
B—布电线	F—氟塑料	H—橡套	R—软
F—飞机用低压线	Y—聚乙烯	B—编织套	S—双绞
Y——般工业移动电器用线	X—橡胶	L—腊克	B—平行
T—天线	ST—天然丝	N—尼龙套	D—带形
HR—电话软线、配线	SE—双丝包	SK—尼龙丝	T—特种
I—电影用电缆	VZ—阻燃聚氯乙烯	VZ—阻燃聚氯乙烯	P₁—缠绕屏蔽
SB—无线电装置用电缆	R—辐照聚乙烯		
	B—聚丙烯		

常用电缆的名称、型号和用途见表 2-20。

表 2 -20　常用电缆的名称、型号和主要用途

名称	型号	主要用途
轻型通用橡套软电缆	YQ	主要用于连接交流电压 250 V 及以下的轻型移动电气设备
	YQW	主要用于连接交流电压 250 V 及以下的轻型移动电气设备，并具有一定的耐油、耐气候性能
中型通用橡套软电缆	YZ	主要用于连接交流电压 500 V 及以下的各种移动电气设备
	YZW	主要用于连接交流电压 500 V 及以下的各种移动电气设备，并具有一定的耐油、耐气候性能
重型通用橡套软电缆	YC	主要用途同 YZ，并能承受较大的机械外力作用
	YCW	主要用途同 YZ，并具有耐气候性能和一定的耐油性能
电焊机用橡套铜芯软电缆 电焊机用橡套铝芯软电缆	YH YHL	用于电焊机二次侧接线及连接电焊钳
铜芯聚氯乙烯绝缘聚氯乙烯护套控制电缆	KVV KVVP	用于交流电压 450 V/750 V 及以下控制、监视回路及保护线路等场合。另外，KVVP 型控制电缆还具有屏蔽作用
聚氯乙烯绝缘聚氯乙烯护套电力电缆	VV VLV	主要用途是固定敷设，用来供交流 500 V 及以下或直流 1 000 V 以下的电力电路使用

常用电缆的规格见表 2 - 21 ~ 表 2 - 25。

表 2 -21　YQ、YQW 型橡套电缆的规格

线芯数 × 标称横截面积/ mm²	线芯结构 （根数/线径）/mm	绝缘厚度/ mm	护套厚度/ mm	成品外径/ mm
2 × 0.3	16/0.15	0.5	0.8	5.5
3 × 0.3	16/0.15	0.5	0.8	5.8
2 × 0.5	28/0.15	0.5	1.0	6.5
3 × 0.5	28/0.15	0.5	1.0	6.8
2 × 0.75	42/0.15	0.6	1.0	7.4
3 × 0.75	42/0.15	0.6	1.0	7.8

表 2 −22　YZ、YZW 型橡套电缆的规格

线芯数×标称横截面积/ mm²	线芯结构 （根数/线径）/mm	绝缘厚度/ mm	护套厚度/ mm	成品外径/ mm
2 ×0. 75 3 ×0. 75 4 ×0. 75	24/0. 15	0. 8	1. 2 1. 2 1. 4	8. 8 9. 3 10. 5
2 ×1. 0 3 ×1. 0 4 ×1. 0	32/0. 20	0. 8	1. 2 1. 2 1. 4	9. 1 9. 6 10. 8
2 ×1. 5 3 ×1. 5	48/0. 20	0. 8	1. 2 1. 4	9. 7 10. 7
2 ×2. 5 3 ×2. 5	77/0. 20	1. 0	1. 6	13. 2 14. 0
2 ×4. 0 3 ×4. 0	77/0. 26	1. 0	1. 8	15. 1 16. 0
2 ×6. 0 3 ×6. 0	77/0. 32	1. 0	1. 8 2. 0	16. 7 18. 1

表 2 −23　YC、YCW 型橡套电缆的规格

线芯数×标称横截面积/ mm²	线芯结构 （根数/线径）/mm	绝缘厚度/ mm	护套厚度/ mm	成品外径/ mm
2 ×2. 5 3 ×2. 5	49/0. 26	1. 0	2. 0	13. 9 14. 6
2 ×4. 0 3 ×4. 0	49/0. 32	1. 0	2. 0 2. 5	15. 0 17. 0
2 ×6. 0 3 ×6. 0	49/0. 39	1. 0	2. 5	17. 4 18. 3

表 2 −24　YH 铜芯及 YHL 铝芯电焊机用电缆的规格

标称横 截面积/ mm²	线芯结构 （根数/线径）/mm		绝缘厚度/ mm		成品外径/ mm		线芯直流电阻/ （Ω/km）		参考载流量/ A	
	YH	YHL	YH	YHL	YH	YHL	YH	YHL	YH	YHL
10	322/0. 20	—	1. 6	—	9. 1	—	1. 77	—	80	—
16	513/0. 20	228/0. 30	1. 8	1. 8	10. 7	10. 7	1. 12	1. 92	105	80
25	798/0. 20	342/0. 30	1. 8	1. 8	12. 6	12. 6	0. 718	1. 28	135	105
35	1 121/0. 20	494/0. 30	2. 0	2. 0	14. 0	14. 0	0. 551	0. 888	170	130
50	1 596/0. 20	703/0. 30	2. 2	2. 2	16. 2	16. 2	0. 359	0. 624	215	165
70	999/0. 30	999/0. 30	2. 6	2. 6	19. 3	19. 3	0. 255	0. 493	265	205
95	1 332/0. 30	1 332/0. 30	2. 8	2. 8	21. 1	21. 1	0. 191	0. 329	325	250
120	1 702/0. 30	1 702/0. 30	3. 0	3. 0	24. 5	24. 5	0. 150	0. 258	380	295
150	2 109/0. 30	2 109/0. 30	3. 0	3. 0	26. 2	26. 2	0. 112	0. 208	435	340

表2-25 常用聚氯乙烯绝缘电力电缆的规格

型号		芯数	额定电压/kV	
			0.6/1	3.6/6、6/6、6/10
铝芯	铜芯		导线线芯标称横截面积/mm²	
VLV VLV22、VLV23	VV VV22、VV23	1	1.5～800 2.5～1 000 10～1 000	10～1 000 10～1 000 10～1 000
VLV VLV22、VLV23	VV VV22、VV23	2	1.5～185 2.5～185 4～185	10～150 10～150 10～150
VLV VLV22、VLV23	VV VV22、VV23	3	1.5～300 2.5～300 4～300	10～300 10～300 10～300
VLV VLV22、VLV23	VV VV22、VV23	3+1	4～300 4～300	
VLV VLV22、VLV23	VV VV22、VV23	4	4～185 4～185	—

2.1.4 绝缘电线

绝缘电线的型号及用途见表2-26。

表2-26 绝缘电线的型号及用途

名 称	型 号	用 途
聚氯乙烯绝缘铜芯线	BV	用于交流 500 V 及以下的电气设备和照明装置的连接，其中 BVR 型软线适用于要求电线比较柔软的场合
聚氯乙烯绝缘铜芯软线	BVR	
聚氯乙烯绝缘聚氯乙烯护套铜芯线	BVV	
聚氯乙烯绝缘铝芯线	BLV	
聚氯乙烯绝缘铝芯软线	BLVR	
聚氯乙烯绝缘聚氯乙烯护套铝芯线	BLVV	
橡皮绝缘铜芯线	BX	用于交流 500 V 及以下、直流 1 000 V 及以下的户内外架空、明敷、穿管固定敷设的照明及电气设备电路
橡皮绝缘铝芯线	BLX	
橡皮绝缘铜芯软线	BXR	用于交流 500 V 及以下、直流 1 000 V 及以下电气设备，以及照明装置要求电线比较柔软的室内安装

名　　称	型　号	用　　途
聚氯乙烯绝缘平型铜芯软线	RVB	用于交流 250 V 及以下的移动式日用电器的连接
聚氯乙烯绝缘绞型铜芯软线	RVS	
聚氯乙烯绝缘聚氯乙烯护套铜芯软线	RVZ	用于交流 500 V 及以下的移动式日用电器的连接
复合物绝缘平型铜芯软线	RFB	用于交流 250 V 或直流 500 V 及以下的各种日用电器、照明灯座等设备的连接
复合物绝缘绞型铜芯软线	RFS	

常用绝缘电线的技术数据见表 2 – 27 ~ 表 2 – 33。

表 2 –27　BV、BLV 型聚氯乙烯绝缘铜芯线、铝芯线的技术数据

标称横截面积/ mm²	导电线芯结构		绝缘厚度/ mm	最大外径/mm		参考载流量/A			
	根数	直径/ mm		单芯	双芯	BV		BLV	
						单芯	双芯	单芯	双芯
1.0	1	1.13	0.7	2.8	2.8×5.6	20	16	15	12
1.5	1	1.37	0.7	3.0	3.0×6.0	25	21	19	16
2.5	1	1.76	0.8	3.7	3.7×7.4	34	26	26	22
4.0	1	2.24	0.8	4.2	4.2×8.4	45	38	35	29
6.0	1	2.73	0.9	5.0	5.0×10	56	47	43	36
8.0	7	1.20	0.9	5.6	5.6×11.2	70	59	54	45
10.0	7	1.33	0.9	6.6	6.6×13.2	85	72	66	56
16	7	1.70	1.0	7.8	—	113	96	87	73
25	7	2.12	1.2	9.6	—	146	123	112	95
35	7	2.50	1.2	10.0	—	180	151	139	117
50	19	1.83	1.4	13.1	—	225	188	173	145
75	19	2.14	1.4	14.9	—	287	240	220	185
95	19	2.50	1.6	17.3	—	350	294	254	214

表 2 –28　BVR、BLVR 型聚氯乙烯绝缘铜芯软线、铝芯软线的技术数据

标称横截面积/ mm²	导电线芯结构		绝缘厚度/ mm	最大外径/mm		参考载流量/A			
	根数	直径/ mm		单芯	双芯	BVR		BLVR	
						单芯	双芯	单芯	双芯
1.0	7	0.43	0.7	3.0	3.0×6.0	20	16	15	12
1.5	7	0.52	0.7	3.3	3.3×6.6	25	21	19	16
2.5	19	0.41	0.8	4.0	4.0×8.0	34	26	26	22

标称横截面积/mm²	导电线芯结构		绝缘厚度/mm	最大外径/mm		参考载流量/A			
	根数	直径/mm		单芯	双芯	BVR		BLVR	
						单芯	双芯	单芯	双芯
4.0	19	0.52	0.8	4.6	4.6×9.2	45	38	35	29
6.0	19	0.64	0.9	5.5	5.5×11.0	56	47	43	36
8.0	19	0.74	0.9	5.7	5.7×11.4	70	59	54	45
10.0	49	0.52	1.0	6.7	6.7×13.4	85	72	66	56
16.0	49	0.64	1.0	8.5	—	113	96	87	73
25	98	0.58	1.2	11.1	—	146	123	112	95
35	133	0.58	1.2	12.2	—	180	151	139	117
50	133	0.68	1.4	14.3	—	225	188	173	145

表 2-29　BVV、BLVV 型聚氯乙烯绝缘氯乙烯护套铜芯线、铝芯线的技术数据

标称横截面积/mm²	导电线芯结构		绝缘厚度/mm	护套厚度/mm		最大外径/mm			参考载流量/A					
	根数	直径/mm		单、双芯	三芯	单芯	双芯	三芯	BVV			BLVV		
									单芯	双芯	三芯	单芯	双芯	三芯
1.0	1	1.13	0.6	0.7	0.8	4.1	4.1×6.7	4.3×9.5	20	16	13	15	12	10
1.5	1	1.37	0.6	0.7	0.8	4.4	4.4×7.2	4.6×10.3	25	21	16	19	16	12
2.5	1	1.76	0.6	0.8	0.8	4.8	4.8×8.1	5.0×11.5	34	26	22	26	22	17
4.0	1	2.24	0.6	0.8	1.0	5.3	5.3×9.1	5.5×13.1	45	38	29	35	29	23
5.0	1	2.50	0.8	1.0	1.0	6.3	6.3×10.7	6.7×15.7	51	43	33	39	33	26
6.0	1	2.73	0.8	1.0	1.0	6.5	6.5×11.3	6.9×16.5	56	47	36	43	36	28
8.0	7	1.20	0.8	1.0	1.2	7.9	7.9×13.6	8.3×19.4	70	59	46	54	45	35
10.0	7	1.33	0.8	1.0	1.2	8.4	8.4×14.5	8.8×20.7	85	72	55	66	56	43

表 2-30　BX、BLX 型橡皮绝缘铜芯线、铝芯线的技术数据

标称横截面积/mm²	导电线芯结构		绝缘厚度/mm	电线最大外径/mm				参考载流量/A	
	根数	直径/mm		单芯	双芯	三芯	四芯	BX	BLX
0.75	1	0.97	1.0	4.4	—	—	—	13	—
1	1	1.13	1.0	4.5	8.7	9.2	10.1	17	—
1.5	1	1.37	1.0	4.8	9.2	9.7	10.7	20	15
2.5	1	1.76	1.0	5.2	10.0	10.7	11.7	28	21
4	1	2.24	1.0	5.8	11.1	11.8	13.0	37	28
6	1	2.73	1.0	6.3	12.2	13.0	14.3	46	36
10	7	1.35	1.2	8.1	15.8	16.9	18.7	69	51

标称横截面积/mm²	导电线芯结构		绝缘厚度/mm	电线最大外径/mm				参考载流量/A	
	根数	直径/mm		单芯	双芯	三芯	四芯	BX	BLX
16	7	1.70	1.2	9.4	18.3	19.5	21.7	92	69
25	7	2.12	1.4	11.2	21.9	23.5	26.1	120	92
35	7	2.50	1.4	12.4	24.4	26.2	29.1	148	115
50	19	1.83	1.6	14.7	28.9	31.0	34.6	185	143
70	19	2.14	1.6	16.4	32.3	34.7	38.7	230	185
95	19	2.50	1.8	19.5	38.5	41.4	46.1	290	225
120	37	2.00	1.8	20.2	38.9	42.9	47.8	355	270

表2-31　BXR型橡皮绝缘铜芯软线的技术数据

标称横截面积/mm²	导电线芯结构		绝缘标称厚度/mm	电线最大外径/mm	参考载流量/A
	根数	直径/mm			
0.75	7	0.37	1.0	4.5	13
1.0	7	0.43	1.0	4.7	17
1.5	7	0.52	1.0	5.0	20
2.5	19	0.41	1.0	5.6	28
4	19	0.52	1.0	6.2	37
6	19	0.64	1.0	6.8	46
10	49	0.52	1.2	8.2	69
16	49	0.64	1.2	10.1	92
25	98	0.58	1.4	12.6	120
35	133	0.58	1.4	13.8	148
50	133	0.68	1.6	15.8	185
70	189	0.68	1.6	18.4	230
95	259	0.68	1.8	21.4	290
120	259	0.76	1.8	22.2	355
150	336	0.74	2.0	24.9	400
185	427	0.74	2.2	27.3	475
240	427	0.85	2.4	30.8	580
300	513	0.85	2.6	34.6	670
400	703	0.85	2.8	38.8	820

表 2 - 32　RVB、RVS 型聚氯乙烯绝缘平型、绞型铜芯软线的技术数据

标称横截面积/mm²	导电线芯结构		绝缘厚度/mm	电线最大外径/mm		参考载流量/A
	芯数×根数	直径/mm		RVB	RVS	
0.2	2×12	0.15	0.6	2.0×4.0	4.0	4
0.3	2×16	0.15	0.6	2.1×4.2	4.2	6
0.4	2×23	0.15	0.6	2.3×4.6	4.6	8
0.5	2×28	0.15	0.6	2.4×4.8	4.8	10
0.75	2×42	0.15	0.7	2.9×5.8	5.8	13
1	2×32	0.20	0.7	3.1×6.2	6.2	20
1.5	2×48	0.20	0.7	3.4×6.8	6.8	25
2	2×64	0.20	0.8	4.1×8.2	8.2	30
2.5	2×77	0.20	0.8	4.5×9.0	9.0	34

表 2 - 33　RFB、RFS 型复合物绝缘平型、绞型铜芯软线的技术数据

标称横截面积/mm²	导电线芯结构		绝缘厚度/mm	电线最大外径/mm		参考载流量/A
	芯数×根数	直径/mm		RFB	RFS	
0.2	2×12	0.15	0.6	2.0×4.0	4.0	4
0.3	2×16	0.15	0.6	2.1×4.2	4.2	6
0.4	2×23	0.15	0.6	2.3×4.6	4.6	8
0.5	2×28	0.15	0.6	2.4×4.8	4.8	10
0.75	2×42	0.15	0.7	2.9×5.8	5.8	13
1.0	2×32	0.20	0.7	3.1×6.2	6.2	20
1.5	2×48	0.20	0.7	3.4×6.8	6.8	25
2.0	2×64	0.20	0.8	4.1×8.2	8.2	30
2.5	2×77	0.20	0.8	4.5×9.0	9.0	34

2.2　绝缘材料

　　绝缘材料又称为电介质，指电阻系数（电阻率）大于 $10^7\ \Omega\cdot m$，用来使电气设备中不同带电体相互绝缘而不形成电气通道的材料。绝缘材料应具有良好的介电性能，即具有较高的绝缘电阻和耐压强度，还具有较好的耐热性能、导热性能和较高的机械强度，并便于加工。

2.2.1　绝缘材料的分类

　　绝缘材料的品种很多，一般按大类、小类、温度指数及品种的差异分类，其产品型号一般用四位阿拉伯数字表示，必要时在型号后附加英文字母或用连字符后接阿拉伯数字来表示品种差异。常用绝缘材料的主要性能见表2-34。

表2-34　常用绝缘材料的主要性能

材料名称	密度/(g/cm³)	绝缘耐压强度/(kV/mm)	抗张强度/(N/cm²)	膨胀系数/(×10⁻⁶)
空气	0.001 21	3~4	—	—
白云母	2.76~3.0	15~78	—	3
琥珀云母	2.75~2.9	15~50	—	3
云母纸带	2.0~2.4	15~50	—	—
石棉	2.5~3.2	5~53	5 100(经)	—
石棉板	1.7~2	1.2~2	1 400~2 500	—
石棉纸	1.2~2	3~4.2	—	—
大理石	2.5~2.8	4~6.5	2 500	2.6
瓷	2.3~2.5	8~25	1 800~4 200	3.4~6.5
玻璃	3.2~3.6	5~10	1 400	7
硫黄	2.0	—	—	—
软橡胶	0.95	10~24	700~1 400	—
硬橡胶	1.15~1.5	20~38	2 500~6 800	—
松脂	1.08	15~24	—	—
虫胶	1.02	10~23	—	—
树脂	1.0~1.2	16~23	—	—
电木	1.26~1.27	10~30	350~770	20~100
矿物油	0.83~0.95	25~57	—	700~800
油漆		干 100 湿 25	—	—
石蜡	0.85~0.92	16~30	—	—
干木材	0.36~0.80	0.8	4 800~7 500	—
纸	0.7~1.1	5~7	5 200(经) 2 400(纬)	—
纸板	0.4~1.4	8~13	3 500~7 000(经) 2 700~5 500(纬)	—
棉丝		3~5	—	—
绝缘布	—	10~54	1 300~2 900	—
纤维板(反白)	1.1~1.48	5~10	5 600~10 500	25~52

电气绝缘材料的分类和温度指数代号分别见表 2 – 35 和表 2 – 36。其产品型号含义如下：

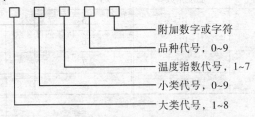

附加数字或字符
品种代号，0~9
温度指数代号，1~7
小类代号，0~9
大类代号，1~8

表 2 – 35　电气绝缘材料的分类

大类代号 ＼ 小类代号	1	2	3	4	5
	漆、树脂和胶类	浸渍纤维和薄膜类	层压制品类	压塑料类	云母制品类
0	浸渍漆类	棉纤维漆布类	有机填料层压板类	以木粉为主填料类	云母带类
1	浸渍漆类	棉纤维漆布类	石棉层压板	其他有机物为主填料类	柔软云母类
2	覆盖漆类	绸类	玻璃布层压板	玻璃填料类	塑料云母类
3	磁漆类	—	—	石棉为主填料类	玻璃塑料云母类
4	胶粘漆，树脂漆	玻璃纤维漆布类	—	云母为主填料类	云母带类
5	—	玻璃纤维漆布类	有机填料层压管	其他矿物为主填料类	换向器云母板类
6	硅钢片漆类	半导体漆布和粘带类	无机填料层压管		—
7	漆包线漆类	漆管类	有机填料层压棒		衬垫云母板类
8	胶类	薄膜类	无机填料层压棒		云母箔类
9		薄膜制品类	—		云母管类

表 2 - 36　电气绝缘材料的温度指数代号

代　　号	温度指数≥	代　　号	温度指数≥
1	105	5	180
2	120	6	200
3	130	7	220
4	155		

绝缘材料的耐热等级见表 2 - 37。

表 2 - 37　绝缘材料的耐热等级

级别	绝缘材料	极限工作温度/℃
Y	木材、棉花、纸、纤维等天然的纺织品，以醋酸纤维和聚酰胺为基础的纺织品，以及易于热分解和熔点较低的塑料	90
A	工作于矿物油中的和用油或油性树脂复合胶浸过的 Y 级材料、漆包线、漆布、漆丝及油性漆、沥青漆等	105
E	聚酯薄膜和 A 级材料复合，玻璃布、油性树脂漆、聚乙烯醇缩醛高强度漆包线、乙酸乙烯耐热漆包线等	120
B	聚酯薄膜，经合适树脂浸渍涂覆的云母、玻璃纤维、石棉等制品，聚酯漆，聚酯漆包线	130
F	以有机纤维材料补强和石棉带补强的云母片制品、玻璃丝和石棉、玻璃漆布，以玻璃丝布和石棉纤维为基础的层压制品，以无机材料作补强和石棉带补强的云母粉制品，化学热稳定性较好的聚酯和醇酸类材料，复合硅有机聚酯漆	155
H	无补强或以无机材料为补强的云母制品、加厚的 F 级材料、复合云母、有机硅云母制品、硅有机漆、硅有机橡胶聚酰亚胺复合玻璃布、复合薄膜、聚酰亚胺漆等	180
C	耐高温有机黏合剂和浸渍剂及无机物，如石英、石棉、云母、玻璃和电瓷材料等	180 以上

2.2.2　绝缘漆

绝缘漆主要是以合成树脂或天然树脂等为漆基，再与某些辅助材料（溶剂、稀释剂、填料、颜料等）一起组成的。常用绝缘漆的性能和主要用途见表 2 - 38。

表 2 -38　常用绝缘漆的性能和主要用途

名称	型号	颜色	溶剂	耐热等级	主要用途
沥青漆	1010 1011	黑色	200 号溶剂二甲苯	A	用于浸渍电机转子和定子线圈及其他不耐油的电器零部件
	1210 1211	黑色	200 号溶剂二甲苯	A	用于电机绕组的覆盖，系晾干漆，干燥快，在不需耐油处可以代替晾干灰磁漆
耐油性青漆	1012	黄至褐色	200 号溶剂	A	用于浸渍电机、电器线圈
醇酸青漆	1030	黄至褐色	甲苯及二甲苯	B	用于浸渍电机、电器线圈外，也可作覆盖漆和胶粘剂
三聚氰胺醇酸漆	1032	黄至褐色	200 号溶剂二甲苯	B	用于浸渍热带型电机、电器线圈
三聚氰胺环氧树脂浸渍漆	1033	黄至褐色	二甲苯和丁醇	B	用于浸渍湿热带电机、变压器、电工仪表线圈及电器零部件表面覆盖
覆盖磁漆	1320 1321	灰色	二甲苯	E	用于电机定子和电器线圈的覆盖及各种绝缘零部件的表面修饰
硅有机覆盖漆	1350	红色	甲苯及二甲苯	H	用于 H 级电机、电器线圈的表面覆盖，可先在 110 ~ 120 ℃ 下预热，然后在 180 ℃ 下烘干

2.2.3　绝缘浸渍纤维制品

绝缘浸渍纤维制品是用特制棉布、丝绸及无碱玻璃布浸渍各种绝缘漆后，经烘干制成的。常用绝缘浸渍纤维制品的型号、性能和用途见表 2 -39。

表 2 - 39 常用绝缘浸渍纤维制品的型号、性能和用途

名称	型号	耐热等级	性能和用途
油性漆布 （黄漆布）	2010 2012	A	2010 柔软性好，但不耐油，可用于一般电机、电器的衬垫或线圈绝缘。2012 耐油性好，可用于在变压器油或汽油气侵蚀的环境中工作的电机、电器中的衬垫或线圈绝缘
油性漆绸 （黄漆绸）	2210 2212	A	具有较好的电气性能和良好的柔软性。2210 适用于电机、电器薄层衬垫或线圈绝缘。2212 耐油性好，适用于在变压器油或汽油气侵蚀的环境中工作的电机及电器中的衬垫或线圈绝缘
油性玻璃漆布 （黄玻璃漆布）	2412	E	耐热性较 2010、2012 漆布好。适用于一般电机、电器的衬垫或线圈绝缘，以及在油中工作的变压器、电器的线圈绝缘
沥青醇酸玻璃漆布 （黑玻璃漆布）	2430	B	耐潮性较好，但耐苯和耐变压器油性差。适用于一般电机、电器的衬垫或线圈绝缘
醇酸玻璃漆布	2 432	B	耐油性较好，并具有一定的防霉性。可用于油浸变压器、油断路器等的线圈绝缘
醇酸玻璃 - 聚酯交织漆布	2432 - 1		
环氧玻璃漆布	2433	B	具有良好的耐化学药品腐蚀性、良好的耐湿热性和较高的机械性能和电气性能。适用于化工电机、电器槽、衬垫和线圈绝缘
环氧玻璃 - 聚酯交织漆布	2433 - 1		
有机玻璃漆布	2450	H	具有较高的耐热性，良好的柔软性，耐霉、耐油和耐寒性好。适用于 H 级电机、电器的衬垫和线圈绝缘

2.2.4 电工用薄膜、粘带及复合材料

电工常用薄膜、粘带及复合材料制品的性能和用途见表 2 - 40 ~ 表 2 - 42。

表 2 - 40 常用薄膜的性能和用途

名称	耐热等级	厚度/mm	用途
聚丙烯薄膜	A	0.006 ~ 0.02	电容器介质
聚酯薄膜	E	0.006 ~ 0.10	低压电机、电器线圈匝间、端部包扎、衬垫、电磁线绕包、E 级电机槽绝缘和电容器介质

续表

名称	耐热等级	厚度/mm	用途
聚萘酯薄膜	F	0.02 ~ 0.10	F 级电机槽绝缘，导线绕包绝缘和线圈端部绝缘
芳香族聚酰胺薄膜	H	0.03 ~ 0.06	E、H 级电机槽绝缘
聚酰亚胺薄膜	C	0.03 ~ 0.06	H 级电机、微电机槽绝缘，电机、电器绕组和起重电磁铁外包绝缘以及导线绕包绝缘

表 2-41　常用粘带的性能和用途

名称	耐热等级	厚度/mm	用途
聚酯薄膜粘带	E	0.06 ~ 0.02	耐热、耐高压、强度高。用于高低压绝缘密封
聚乙烯薄膜粘带	Y	0.22 ~ 0.26	较柔软，黏性强，耐热性差。用于一般电线电缆接头包扎绝缘
聚酰亚胺薄膜粘带	H	0.05 ~ 0.08	具有良好的耐水性、耐酸性、耐溶性、抗燃性和抗氟利昂性。适用于 H 级电机、电器线圈绕包绝缘和槽绝缘
橡胶玻璃布粘带	F	0.18 ~ 0.20	由玻璃布、合成橡胶黏合剂组成
有机硅玻璃布粘带	H	0.12 ~ 0.15	有较高耐热性、耐寒性和耐潮性，以及较好的电气性能和机械性能。可用于 H 级电机、电器线圈绝缘和导线连接绝缘
硅橡胶玻璃布粘带	H	0.19 ~ 0.25	具有耐热、耐潮、抗振动、耐化学腐蚀等特性，但抗拉强度较低。适用于高压电机线圈绝缘
自粘性橡胶粘带	E	—	具有耐热、耐潮、抗振动、耐化学腐蚀等特性，但抗拉强度较低。适用于电缆头密封

表 2-42　复合材料制品的性能和用途

名称	耐热等级	厚度/mm	用途
聚酯薄膜绝缘纸复合箔	E	0.15 ~ 0.30	用于 E 级电机槽绝缘、端部层间绝缘

续表

名称	耐热等级	厚度/mm	用途
聚酯薄膜玻璃漆布复合箔	B	0.17 ~ 0.24	用于 B 级电机槽绝缘、端部层间绝缘、匝间绝缘和衬垫绝缘。可用于湿热地区
聚酯薄膜聚酯纤维纸复合箔	B	0.20 ~ 0.25	用于 B 级电机槽绝缘、端部层间绝缘、匝间绝缘和衬垫绝缘。可用于湿热地区
聚酯薄膜芳香族聚酰胺纤维纸复合箔	F	0.25 ~ 0.30	用于 F 级电机槽绝缘、端部层间绝缘、匝间绝缘和衬垫绝缘
聚酯亚胺薄膜芳香族聚酰胺纤维纸复合箔	H	0.25 ~ 0.30	用于 F 级电机槽绝缘、端部层间绝缘、匝间绝缘和衬垫绝缘，但适用于 H 级电机

2.2.5 层压制品

层压制品是由天然或合成纤维纸、布、浸或涂胶后经热压卷制而成，层压制品分为层压板、层压管和层压棒等。电工最常用的是层压板。常用层压板的型号、特性和用途见表 2 - 43。

表 2 - 43 常用层压板的型号、特性和用途

名称	型号	耐热等级	特性和用途
酚醛层压纸板	3020	E	电气性能较好，耐油性好。适用于电气设备中的绝缘结构件，并可在变压器油中使用
	3021	E	机械强度高，耐油性好。适用于电气设备中的绝缘结构件，并可在变压器油中使用
	3022	E	有较高的耐潮性。适用于高湿度条件下工作的电气设备中的绝缘结构件
	3023	E	介质损耗低。适用于无线电、电话和高频设备中的绝缘结构件
酚醛层压布板	3025	E	机械强度高。适用于电气设备中的绝缘结构件，并可在变压器油中使用
	3027	E	电气性能好，吸水性小。适用于高频无线电装置中的绝缘结构件
酚醛层压玻璃布板	3230	B	力学性能、耐水和耐热性比层压纸、布板好，但黏合强度低。适用于电气设备中的绝缘结构件，并可在变压器油中使用

续表

名称	型号	耐热等级	特性和用途
苯胺酚醛层压玻璃布板	3231	B	电气性能和力学性能比酚醛布板好，黏合强度与棉布板相近。可代替棉布板用于电机、电器中的绝缘结构件
环氧酚醛层压玻璃布板	3240	F	具有很高的机械强度，电气性能好，耐热性和耐水性较好，浸水后的电气性能较稳定。适用于要求高机械强度、高介电性能以及耐水性好的电机、电器绝缘结构件，并可在变压器油中使用
有机硅环氧层压玻璃布板	3250	H	电气性能和耐热性好，机械强度高。用于耐热和湿热地区 H 级电机、电器绝缘结构件
酚醛纸敷铜箔板	3420（双面）3421（单面）	E	具有高的抗剥强度，较好的力学性能、电气性能和机械加工性。适用于无线电、电子设备和其他设备中的印刷电路板
环氧酚醛层压玻璃布敷铜箔板	3440（双面）3441（单面）	F	具有较高的抗剥强度和机械强度，电气性能和耐水性好。适用于工作温度较高的无线电、电子设备及其他设备中的印刷电路板

2.2.6 云母制品

云母制品是由胶粘漆将薄片云母或粉云母纸粘在单面或双面补强材料上，经烘干、压制而成的柔软或硬质绝缘材料。云母制品主要分为云母带、云母板、云母箔等，常用云母制品的规格、特性和用途见表 2 - 44。

表 2 - 44　常用云母制品的规格、特性和用途

名称	型号	耐热等级	特性和用途
醇酸纸云母带	5430	B	耐热性较高，但防潮性较差，可用于直流电机电枢线圈和低压电机线圈的绕组绝缘
醇酸绸云母带	5432	B	
醇酸玻璃云母带	5434	B	
环氧聚酯玻璃粉云母带	5437 - 1	B	热弹性较高，但介质损耗较大，可用于电机匝间和端部绝缘
醇酸纸柔软云母板	5130	B	用于低压交、直流电机槽衬和端部层间绝缘
醇酸纸柔软粉云母板	5130 - 1	B	

续表

名称	型号	耐热等级	特性和用途
环氧纸柔软粉云母板	5136 – 1	B	用于电机槽绝缘及匝间绝缘
环氧玻璃柔软粉云母板	5137 – 1	B	用于低压电机槽绝缘和端部层间绝缘
醇酸衬垫云母板	5730	B	用于电机、电器衬垫绝缘
虫胶衬垫云母板	5731	B	
环氧衬垫粉云母板	5731 – 1	B	
醇酸纸云母箔	5830	B	用于一般电机、电器卷烘绝缘、磁极绝缘
虫胶纸云母箔	5831	E ~ B	
有机玻璃云母箔	5850	B	用于 H 级电机、电器卷烘绝缘、磁极绝缘

2.2.7 绝缘纸和纸板

绝缘纸是电绝缘用纸的总称，用作电缆、线圈等各项电器元件的绝缘材料。不同的绝缘纸除具有良好的绝缘性能和机械强度外，还各有其特点。常用绝缘纸和纸板的规格和性能见表 2 – 45。

表 2 – 45　常用绝缘纸和纸板的规格和性能

品种	型号	厚度	主要用途
低压电缆纸	DL – 08	0.08 mm	35 kV 以下电缆绝缘
	DL – 12	0.12 mm	
	DL – 17	0.17 mm	
电容器纸	B – I	10 μm、12 μm、15 μm	电容器极间绝缘
	B – II	8 μm、10 μm、12 μm	
	BD – I	10 μm、12 μm、15 μm	
	BD – II	8 μm、10 μm、12 μm、15 μm	
	BD – 0	15 μm	
卷缠绝缘纸		0.07 cm	包缠电器及制造绝缘套筒
绝缘纸板		0.1 ~ 0.5 mm 及以上	电机或电器的绝缘和保护材料
硬钢纸板（反白板）		0.5 ~ 0.9 mm	低压电机槽楔及绝缘零件
		1.0 ~ 2.0 mm	
		2.1 ~ 12.0 mm	

2.3　磁性材料

　　磁性材料按其特性和用途一般可分为软磁材料和硬磁材料（又称为永磁材料）两大类。电工产品中应用最广的为软磁材料。软磁材料的磁导率高、矫顽力低，在较低的外磁场下能产生高的磁感应强度，而且随着外磁场的增大能很快达到饱和；当外磁场去掉后，磁性又基本消失。常用的软磁材料主要有电工纯铁和电工硅钢片等。

2.3.1　电工纯铁

　　电工纯铁的主要特征是饱和磁感应强度高，冷加工性好，但电阻率低、铁损耗高，故一般用于直流磁极。电工纯铁的牌号和磁性能见表 2 – 46。

表 2 – 46　电工纯铁的牌号和磁性能

磁性等级	牌号	矫顽力 H_C/(A/m)	最大磁导率 μ_m/(mH/m)	在不同磁场强度(A/cm)下的磁感应强度 B/T				
				B_5	B_{10}	B_{25}	B_{50}	B_{100}
普级	DT3，DT4 DT5，DT6	≤95	≥7.5	≥1.4	≥1.5	≥1.62	≥1.7	≥1.80
高级	DT3A，DT4A DT5A，DT6A	≤72	≥8.8					
特级	DT4E，DT6E	≤48	≥11.3					
超级	DT4C，DT6C	≤32	≥15.1					

2.3.2　电工硅钢片

　　硅钢片是电力和电信工业的主要磁性材料，按制造工艺不同，可将其分为热轧和冷轧两种类型。冷轧硅钢片又分为取向和无取向两类。热轧硅钢片用于电机和变压器；冷轧取向硅钢主要用于变压器，冷轧无取向硅钢片主要用于电机。硅钢片的品种和主要用途见表 2 – 47。

表 2-47 硅钢片的品种和主要用途

分类			牌号	厚度/mm	应用范围
热轧硅钢片	热轧电机硅钢片		DR1200-100,DR740-50,DR1100-100,DR650-50	1.0、0.50	中、小型发电机和电动机
			DR610-50,DR530-50,DR510-50,DR490-50	0.5	要求损耗小的发电机和电动机
			DR440-50,DR405-50,DR325-35	0.5、0.35	中、小型发电机和电动机
			DR280-35,DR315-50,DR290-50,DR255-35	0.5、0.35	控制微电机、大型汽轮发电机
	热轧变压器硅钢片		DR360-35,DR325-35,DR405-50	0.35、0.50	电焊变压器、扼流器
			DR325-35,DR280-35,DR255-35,DR360-50,DR315-50,DR290-35	0.35、0.50	电力变压器、电抗器和电感线圈
冷轧硅钢片	无取向	电机用	DW540-50,DW470-50	0.50	大型直流发电机和电动机,大、中、小型交流发电机和电动机
			DW360-50,DW360-35	0.50、0.35	大型交流发电机和电动机
		变压器用	DW540-50,DW470-50	0.50	电焊变压器、扼流器
			DW310-35,DW265-35,DW360-50,DW315-50	0.35、0.50	电力变压器、电抗器
	单取向	电机用	DQ230-35,DQ133-35,DQ179-30,DQ151-35,DQ133G-30,DQ180-30,DQ122G-30,DQ126G-35,DQ137G-35	0.35、0.30	大型交流发电机
		变压器用	DQ230-35,DQ133-35,DQ179-30,DQ151-35,DQ133G-30,DQ180-30,DQ122G-30,DQ126G-35,DQ137G-35	0.35、0.30	电力变压器、音频变压器、电抗器、互感器

2.4 其他常用材料

2.4.1 润滑脂

电工常用润滑脂的牌号、性能和用途见表2-48。

表2-48 常用润滑脂的牌号、性能和用途

名称	牌号	针入度 (25 ℃)/ (1/cm)	滴点 不低于/℃	主要用途
钙基润滑脂	ZG-1 ZG-2 ZG-3 ZG-4 ZG-5	310~340 265~295 220~250 175~205 130~160	75 80 85 90 95	中滴点,具有良好抗水性的普通钙基脂。用于工业、农业和交通运输等机械设备的润滑。使用温度:1号和2号脂不高于55 ℃,3号和4号脂不高于60 ℃,5号脂不高于65 ℃
合成钙基润滑脂	ZG-2H ZG-3H	265~310 220~265	80 90	性能和用途同钙基润滑脂;使用温度:2号脂不高于55 ℃,3号脂不高于60 ℃
复合钙基润滑脂	ZFG-1 ZFG-2 ZFG-3 ZFG-4	310~340 265~295 220~250 175~205	180 200 220 240	用于高温(150~200 ℃)和潮湿条件下工作的轴承及其他摩擦部件的润滑。同类型产品有合成复合钙基脂
钠基润滑脂	ZN-2 ZN-3 ZN-4	265~295 220~250 175~205	140 140 150	为耐高温但不抗水的普通钠基脂。用于工业、农业等机械设备的润滑。使用温度:2号和3号脂不高于110 ℃,4号脂不高于120 ℃
铝基润滑脂		230~280	75	有良好的抗水性,用于航运机器摩擦部件的润滑及金属表面的防锈
航空润滑脂 (202脂)	ZL45-2	285~315	170	用于在较宽的温度范围内(-50~130 ℃)工作的球轴承的润滑
二硫化钼油膏	9			可用在70 ℃以下的各种齿轮表面,但切勿用于滑动和滚动轴承内

2.4.2 胶粘剂

电工常用胶粘剂的牌号、性能和用途见表2-49。

表 2-49 电工常用胶粘剂的牌号、性能和用途

名称	外观	主要成分	胶结工艺	用途
JSF-6	微黄至浅红色透明至微混浊液体	聚乙烯醇缩丁醛树脂、其他合成树脂、乙醇	用100~120℃热熨斗进行热压至干燥	织物胶结
SY102 (HC310-64)		邻苯二甲酸酐、乙二胺、石英粉、聚酯SY-5-2-I	按比例配制，胶液活性期为2~3 h，室温固化1~3 d或60℃下固化4 h	钢、不锈钢及其他金属材料的胶结
101 404 乌利当	A组：白或黄色不透明液体 B组：黄色黏稠液体 C组：白或红色透明液体	A组成：线性聚醚酯，共聚生成末端带羟基的线型弹性体 B组成：固化剂，改性的异氰酸酯 C组成：醇酸聚酯	金属胶结：A:B=100:(10~15) 通用胶结：A:B=100:10，活性期为1~2 d A:B=100:50，活性期为6~7 h 在3~5 N/cm²压力下，25℃固化下5~6 h或100℃下固化1.5~2 h 织物和薄膜胶结：A:B:C=100:10:(5~8)	金属材料、某些非金属材料的胶结
508		E-44环氧树脂、647酸酐、二氧化钛、玻璃粉	在5 N/cm²压力下，150℃下固化3 h	钢、不锈钢及其他金属材料胶结
环氧导磁胶		E-51环氧树脂，顺丁烯二酸酐、羰基铁粉	120~130℃下固化2 h	变压器铁芯胶结
环氧导磁胶		E-92环氧树脂、铁氧体粉、二乙烯三胺	室温固化48 h或100℃下固化2 h	磁钢、铁氧体等胶结
502	无色或微黄透明液体	α-氰基丙烯酸乙酯、三甲苯酸酯、聚甲基丙烯酸甲酯、对苯二酚、二氧化硫	胶结后施加接触压力，经几分钟即可粘牢，除去压力，常温放置48 h	各种金属、塑料（聚乙烯、聚四氟乙烯除外）、橡胶、木材、玻璃、陶瓷胶结
G98-1 (HC2-627-67)	淡黄色透明液体	过氯乙烯树脂、干性油改性醇酸树脂	(25±1)℃干燥3昼夜	布料、木板与金属的胶结

2.4.3 滚动轴承

滚动轴承有球轴承和滚子轴承两大类，常用滚动轴承的规格见表2-50。Y系列三相异步电动机常用的滚动轴承型号见表2-51。

表2-50 常用滚动轴承的规格

轻型		滚柱轴承	尺寸/mm			中型		滚柱轴承	尺寸/mm		
滚珠轴承						滚珠轴承					
单列向心滚珠轴承	单列向心推力轴承	单列向心短圆柱	内径	外径	宽度	单列向心滚珠轴承	单列向心推力轴承	单列向心短圆柱	内径	外径	宽度
200	6200	—	10	30	9	300	6300	—	10	35	11
201	6201	—	12	32	10	301	6301	—	12	37	12
202	6202	—	15	35	11	302	6302	—	15	42	13
203	6203	—	17	40	12	303	6303	—	17	47	14
204	6204	2204	20	47	14	304	6304	—	20	52	15
205	6205	2205	25	52	15	305	6305	2305	25	62	17
206	6206	2206	30	62	16	306	6306	2306	30	72	19
207	6207	2207	35	72	17	307	6307	2307	35	80	21
208	6208	2208	40	80	18	308	6308	2308	40	90	23
209	6209	2209	45	85	19	309	6309	2309	45	100	25
210	6210	2210	50	90	20	310	6310	2310	50	110	27
211	6211	2211	55	100	21	311	6311	2311	55	120	29
212	6212	2212	60	110	22	312	6312	2312	60	130	31
213	6213	2213	65	120	23	313	6313	2313	65	140	33
214	6214	2214	70	125	24	314	6314	2314	70	150	35
215	6215	2215	75	130	25	315	6315	2315	75	160	37
216	6216	2216	80	140	26	316	6316	2316	80	170	39
217	6217	2217	85	150	28	317	6317	2317	85	180	41
218	6218	2218	90	160	30	318	6318	2318	90	190	43
219	6219	2219	95	170	32	319	6319	2319	95	200	45
220	6220	2220	100	180	34	320	6320	2320	100	215	47

表2-51 Y系列三相异步电动机常用的滚动轴承型号

中心高/ mm	极数	Y（IP44）		YY（IP23）	
		传动端	非传动端	传动端	非传动端
80	2、4	$180204Z_1$	$180204Z_1$		
90	2、4、6	$180205Z_1$	$180205Z_2$		
100	2、4、6	$180206Z_1$	$180206Z_1$		
112	2、4、6	$180306Z_1$	$180306Z_1$		
132	2、4、6、8	$180308Z_1$	$180308Z_1$		
160	2	$309Z_1$	$309Z_1$	$211Z_1$	$211Z_1$
	4、6、8	$2309Z_1$		$2311Z_1$	$311Z_1$
180	2	$311Z_1$	$311Z_1$	$212Z_1$	$212Z_1$
	4、6、8	$2311Z_1$		$2312Z_1$	$312Z_1$
200	2	$312Z_1$	$312Z_1$	$213Z_1$	$213Z_1$
	4、6、8	$2312Z_1$		$2313Z_1$	$313Z_1$
225	2	$313Z_1$	$313Z_1$	$214Z_1$	$214Z_1$
	4、6、8	$2313Z_1$		$2314Z_1$	$314Z_1$
250	2	$314Z_1$	$314Z_1$	$314Z_1$	$314Z_1$
	4、6、8	$2314Z_1$		$2317Z_1$	$317Z_1$
280	2	$314Z_1$	$314Z_1$	$314Z_1$	$314Z_1$
	4、6、8	$2317Z_1$	$317Z_1$	$2318Z_1$	$318Z_1$
315	2	$316Z_1$	$316Z_1$	$316Z_1$	$316Z_1$
	4、6、8	$2319Z_1$	$319Z_1$	$2319Z_1$	$319Z_1$

第3章 电工常用仪表

3.1 电工仪表的分类及主要性能指标

3.1.1 电工仪表的分类

电工仪表的分类方法很多，根据不同的分类方法可以将电工仪表分为许多种。电工仪表的常见种类如表3-1所示。

表3-1 电工仪表的常见种类

分类方法	常见种类
按作用原理分	磁电式、电磁式、电动式、感应式、整流式、静电式、热电式、电子式
按测量对象分	电流表、电压表、功率表、电能表、欧姆表、相位表、频率表、万用表、电桥
按测量电流种类分	直流表、交流表、交直流两用表
按使用方法分	固定（板式）仪表、便携式（实验用）仪表
按准确度等级分	0.1、0.2、0.5、1.0、1.5、2.5、5.0

3.1.2 电工仪表的主要性能指标

电工仪表的性能指标通常有变差、灵敏度、精确度（又叫精度）、复现性和稳定性等。如表3-2所示。

表3-2 电工仪表的主要性能指标

性能指标	定义
变差	指被测变量（可理解为输入信号）多次从不同方向达到同一数值时，仪表指示值之间的最大差值
灵敏度	指仪表对被测参数变化的灵敏程度，或者说是对被测量变化的反应能力。是在稳态下，输出变化增量对输入变化增量的比值

性能指标	定义
精确度	指仪表测量值接近真实值的准确程度，通常用相对百分误差来表示。相对百分误差公式如下： $$\delta = \frac{\Delta_{max}}{测量上限值 - 测量下限值} \times 100\%$$ 式中　δ—测量过程中相对百分比误差； 　　　Δ_{max}—绝对误差，是被测参数测量值和被测参数标准值之差
复现性 （重复性）	指在同一测量条件下，使用不同的方法，不同的观测者在不同的测量环境对同一被测量的值进行检测时，其测量结果一致的程度
稳定性	指在规定工作条件内，仪表某些性能随时间保持不变的能力

3.2　万用表

　　万用表也称为复用表、万能表，是一种多量程、多用途的维护检修常用仪表。万用表的结构多种多样。表面上的开关、旋钮的布局也各有差异。其指示也有指针式和数字式之分。

　　一般的万用表可测量电阻、直流电流、直流电压和交流电压。有些万用表还可测量交流电流、功率、电感、电容、音频电平和晶体二极管的部分参数。

3.2.1　万用表的工作原理和实际电路

　　万用表的简化工作原理见图 3 - 1。通过转换开关位置的改变，可以构成不同的测量线路。如转换开关转到电流挡（mA），就可测量直流电流值。其实际测量电路见图 3 - 2。图中 R_1、R_2、R_3、R_4 为分流电阻，其作用是扩大直流电流的量程。转换开关在位置 1 时，量程最小，转换开关依次置于 2、3、4 时，其量程将不断扩大。这样就可实现不同范围的直流电流的测量。

　　当转换开关转到直流电压挡（V）时，这时可测量直流电压。其实际测量电路，见图 3 - 3。在图中，R_1、R_2、R_3、R_4 为附加电阻，为扩大电压量程而设。当转换开关分别 S 由位置 1 依次转到 2、3、4 时，电阻值不断减小，其测量电压的量程也随之减小，这样就可得到不同范围的直流电压的量程。

　　当转换开关转到交流电压挡（V）时，在线路中接入一个桥式整流器，见图 3 - 4。其作用是将交流经过整流之后，变为直流。表头指针所指的值即交

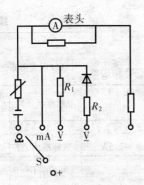

图 3-1 万用表的工作原理

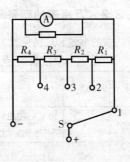

图 3-2 用万用表测量直流电流的实际电路

流电压值。其他测量方法同直流电压。

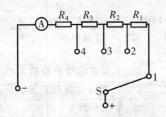

图 3-3 用万用表测量直流电压的实际电路

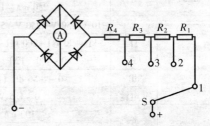

图 3-4 用万用表测量交流电压的实际电路

当转换开关转到电阻挡（Ω）时，可测量电阻值。实际测量电路见图 3-5。测量电阻时，线路中应有电流流通，表头指针方能偏转，因此，线路中 E 为万用表的内部电压（干电池），线路中 R_s 为被测电阻，R_1、R_2、R_3、R_4 为可转换电阻，是为扩大量程而设的。当转换开关分别置于 $R \times$

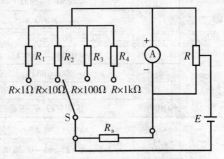

图 3-5 用万用表测量电阻的实际电路

$10 \ \Omega$、$R \times 100 \ \Omega$、$R \times 1 \ k\Omega$ 等不同挡位时，可实现不同范围的测量量程。

3.2.2 万用表的型号和规格

万用表的型号和规格见表3-3。

表3-3 万用表的型号和规格

型号	种类	量限	灵敏度或压降	准确度等级
MF64型	$\underline{A}$	50 μA ~ 0.25 mA ~ 2.5 mA ~ 12.5 mA ~ 25 mA ~ 125 mA ~ 500 mA ~ 2.5A	≤0.6 V	2.5
	$\underline{V}$	0.5 V	20 kΩ/V	5.0
		2 V ~ 10 V ~ 50 V ~ 200 V		2.5
		500 ~ 1 000 V	8kΩ/V	
	A	0.5 mA ~ 5 mA ~ 25 mA ~ 50 mA ~ 250 mA ~ 1 A	≤1.2 V	5.0
	$\underline{V}$	10 V ~ 50 V ~ 250 V ~ 500 V ~ 1 000 V	4 kΩ/V	5.0
	Ω	2 kΩ ~ 20 kΩ ~ 200 kΩ ~ 2 MΩ ~ 20 MΩ	25 Ω 中心	2.5
	h_{FE}	0 ~ 400（PNP、NPN）		
	dB	0 ~ +56 dB（四挡）		
	V 电池	0 ~ 1.5 V	12 Ω 负载	5.0
MF72型 袖珍式	$\underline{A}$	100 μA	0.25 V	2.5
		0.5 mA ~ 5 mA ~ 50 mA ~ 500 mA ~ 2.5 A	0.5 V	
	$\underline{V}$	1 V ~ 2.5 V ~ 12.5 V ~ 50 V ~ 250 V ~ 500 V	10 kΩ/V	2.5
		1 000 V	5 kΩ/V	
	$\underline{V}$	10 V ~ 50 V ~ 250 V ~ 500 V	3 kΩ/V	5.0
	Ω	2 kΩ ~ 10 kΩ ~ 100 kΩ ~ 1 MΩ	25 ~ 125 Ω 中心	2.5
	h_{FE}	0 ~ 400（PNP、NPN）		
	dB	0 dB ~ +22 dB ~ +56 dB		
	输出功率	0 W ~ 12 W ~ 24 W		
MF368型 高灵敏度	$\underline{A}$	50 μA	≤0.15 V	2.5
		2.5 mA ~ 25 mA ~ 0.25 A ~ 2.5A	≤0.6 V	
	$\underline{V}$	0.5 V	20 kΩ/V	2.5
		2.5 V ~ 10 V ~ 50 V ~ 250 V		5.0
		500 V	9 kΩ/V	
		1 500 V		2.5

续表

型号	种类	量限	灵敏度或压降	准确度等级
MF368 型 高灵敏度	V	2. 5 V ~ 10 V ~ 50 V ~ 250 V ~ 500 V ~ 1 500 V	9 kΩ/V	5.0
	Ω	2 kΩ ~ 10 kΩ ~ 100 kΩ ~ 1 MΩ	20 Ω 中心	2.5
	h_{FE}	0 ~ 1 000 （NPN、PNP）		
	LED（V）	0 ~ 3		
	LED（A）	0 mA ~ 0. 15 mA ~ 1. 5 mA ~ 15 mA ~ 150 mA		
	dB	– 22 dB ~ + 66 dB （6 挡）		

3.2.3　万用表的使用注意事项

（1）在使用万用表进行测量之前，首先检查表头指针是否对准零位，如不在零位应调整到零位。然后再检查测试笔的插接位置，一般红色表笔应插接在表面标有" + "符号的孔内，黑色笔插接在标有" – "符号的孔内。

（2）万用表挡位的选择应根据测量对象而定。有的万用表的表面上有两个量程转换开关，使用这类万用表时，应先把电压、电流或电阻定在对应被测的位置上，然后再把量程转换开关定到适当范围。转换开关不能弄错，否则将会损坏万用表。

（3）在测量电流或电压时，如果对被测量的大小不清楚，应将量程转换开关扭到最高挡，以防指针被打坏，然后再拨到合适的量程上，但在变换开关时，应于被测物断开。

（4）测量直流电压或直流电流时，应注意被测量的极性，红、黑表笔应分别与被测电路的正、负端相对应。

（5）测量电流时，应将万用表串联在被测电路中；测量电压时，应将万用表并联在被测电路中。

（6）测量电阻时，先选择适当的倍率挡，然后将两表笔短接，调节"调零"旋钮，使指针指在零位。在测量电阻时，应断开被测电路的电源，不允许带电测量电阻，更不允许使用万用表的电阻挡直接测量微安表头、检流计，标准电池等的内阻。

（7）测量高电压时，要注意人身和设备的安全。电路中若有大容量电容器时，应事先放电，以免触电。万用表不用时，应将转换开关放在交流电压最高一挡或空挡上，以免别人误用损坏万用表。

（8）测量晶体管参数时，要选用低压高倍率挡，如 $R \times 100\ \Omega$ 或 $R \times 1\ k\Omega$ 挡为宜。

3.2.4　万用表的常见故障及原因

万用表的常见故障及原因见表3－4。

表3－4　万用表的常见故障及原因

故障位置	故障现象	可能原因
表头	摇动表头，指针摆动不正常	1）支撑部位卡住 2）游丝绞住 3）机械平衡不好 4）表头线断开或分流电阻断开
直流电流挡	无指示	表头短路，可能由于： 1）表头线圈脱焊 2）表头串联电阻损坏 3）分挡开关未接通
	各挡测量值偏高	1）表头串联的电阻变小 2）分流电阻变高或断开
	各挡测量值偏低	1）表头串联的电阻变大 2）表头灵敏度降低
直流电压挡	无指示	1）电压部分开关公用接点脱焊 2）最小量程挡附加电阻断线或损坏
	在某量程挡不通，在其他挡通	转换开关接触不好，或接触点与该挡附加电阻脱焊
	小量程误差大	小量程的附加电阻有故障
	某量程下的测量值明显不准确，该挡前的各挡测量值正常，该挡后的测量值随量程增大，误差变小	该挡附加电阻有故障
交流电压挡	指针轻微摆动或指示极小	整流器可能被击穿
	读数小一半左右	部分整流元件损坏，全波整流变成半波整流
电阻挡	无指示	1）转换开关公共点引线断开 2）调零电位器中心焊点引线断焊 3）电池无电压输出

续表

故障位置	故障现象	可能原因
电阻挡	正、负表笔短路，指针调不到零	1）电池容量不足 2）串联电阻值变大 3）转换开关接触电阻增大
	调零时，指针跳跃不稳	调零电位器接触不良
	某量程不通或误差很大	1）转换开关接触点接触不良 2）串联电阻断开 3）该挡分流电阻有故障 4）该挡电池或其串联电阻有故障

3.3 电流表和电压表

3.3.1 电流表和电压表的工作原理及结构

电流表和电压表分别用来测量电流和电压，电流表和电压表由于各自的工作原理和结构不同，都分为磁电系、电磁系和电动系三种类型。不管哪种类型的电压表或电流表，在一个电路中所测得的数值均一样。三种类型的电流表和电压表的原理、结构见表 3-5。

表 3-5 电流表和电压表的原理、结构

类型	工作原理	结构
磁电系	当被测电流通过可动线圈时，线圈产生的磁场与永久磁铁的磁场相互作用，产生转动力矩，带动仪表指针偏转。当偏转力矩与游丝反作用力矩平衡时，指针停止转动，指示出被测值	

类型	工作原理	结构
电磁系	在线圈内有一块固定铁片和一块装在转轴上的动铁片,当线圈中有被测电流通过时,两铁片同时被磁化并呈现同一极性,根据同性相斥的原理,动铁片便带动转轴一起偏转。在与游丝的反作用力矩平衡时,便获得读数	
电动系	仪表由可动线圈和固定线圈组成,当两线圈通有电流后,由于载流导体磁场间的相互作用而使可动线圈偏转,当与游丝反作用力矩平衡时,便获得读数	

3.3.2　电流表和电压表的连接方法

电流表和电压表的测量机构基本相同,只是接入测量线路时的方式不同。用电压表测量电压时,要将其并联在被测电路中;用电流表测量电流时,要将其串联在被测电路上,具体接法见表 3-6。

表 3-6　电流表和电压表的连接方法

测量内容	接线图
直流电流	 直接接入　　　　　带分流器接入
交流电流	 直接接入　　　　　带电流互感器接入
直流电压	 直接接入　　　　　带附加电阻接入
交流电压	 直接接入　　　　　带附加电阻接入

3.3.3　常用电流表和电压表的型号和规格

常用电流表和电压表的型号和规格见表 3-7。

表 3-7　常用电流表和电压表的型号和规格

型号	系列	级别	测量对象	测量范围	
				电流表	电压表
IC2 - A/V	磁电	1.5	直流	1～500 mA 1～750 A 1～10 000 A (75 A 以上外附分流器)	3～600 V 1～3 kV (1 kV 以上外附电阻器)

型号	系列	级别	测量对象	测量范围	
				电流表	电压表
44C2 – A/V 59C2 – A/V	磁电	1.5	直流	50 ~ 500 uA 1 ~ 500 mA 1 ~ 750 A 1 kA, 1.5 kA (15 A 以上外附分流器)	1 ~ 750 V 1 kV, 1.5 kV (750 V 以上外附电阻器)
63C3 – A/V 84C2 – A/V	磁电	1.5 2.5	直流	1 ~ 500 mA 1 ~ 750 A 1 ~ 1 500 A (15 A 以上外附分流器)	3 ~ 750 V 1 ~ 1.5 kV (750 V 以上外附电阻器)
1KC – A/V	磁电	2.5	直流	1 ~ 500 A(20 A 以上外附 分流器:单相表配 150 mV 外附分流器,双相表配 75 mV外附分流器)	0 ~ 250V 20 ~ 240 V(无零位)
C21 – A/V	磁电	0.5	直流	25 ~ 1 000 μA 3 ~ 500 mA	45 ~ 3 000 mV 1.5 ~ 600 V
C32 – A/V	磁电	0.5	直流	50 ~ 1 000 μA 1.5 ~ 1 000 mA 2.5 ~ 10 A	45 ~ 1 000 mV 1.5 ~ 750 V
1T1 – A/V	电磁	2.5	交流	0.5 ~ 200 A 1 000 ~ 1 500 A (外附分流器)	1 ~ 600 V 750 ~ 2 000 V (外附分流器)
59T4 – A/V	电磁	1.5	交流	50 ~ 500 mA 1 ~ 50 A 10 ~ 1 500 A (配用电流互感器)	30 ~ 460 V
62T51 – A/V	电磁	2.5	交流	100 ~ 500 mA 1 ~ 50 A 10 ~ 1 500 A (配电流互感器)	30 ~ 450 V 460 V(带专用外附电阻)
44L1 – A/V	整流	1.5	交流	0.5 ~ 20 A 5 ~ 750 A, 1 ~ 10 000 A (配用次级电流 5 A 电流互感器)	10 ~ 450 V 450 ~ 600 V, 8 ~ 460 kV (配用次级电压 100 V 电压互感器)

型号	系列	级别	测量对象	测量范围	
				电流表	电压表
16L1 – A/V	整流	1.5	交流	0.5 ~ 50 A，5 ~ 750 A，1 ~ 8 000 A（配用电流互感器）	15 ~ 600 V，3 ~ 460 kV（配用电压互感器）
1D7 – A/V	电动	1.5	交直流	0.5 ~ 50 A，5 ~ 750 A，1 ~ 10 kA（配用电流互感器）	15 ~ 600V，3 ~ 460 kV（配用电压互感器）
13D1 – A/V	电动	2.5	交直流	5 ~ 50 A，10 ~ 400 A，1 ~ 6 000 A（配用次级电流 5 A 电流互感器）	30 ~ 450 V，3.6 ~ 42 kV（配用次级电压 100 V 电压互感器）
53L1 – A	整流	2.5	交流	可依 44L1 – A 型量限过载 6 倍（30 ~ 10 kA 配用电流互感器）	
T19	电磁	0.5	交直流	10 ~ 500 mA 0.5 ~ 10 A	7.5 ~ 600 V
D26	电动	0.5	交直流	150 ~ 500 mA 0.5 ~ 20 A	75 ~ 600 V
D9 – A/V	电动	0.5	50 ~ 90 Hz 交流	25 ~ 250 mA，1 ~ 10 A	50 ~ 450 V
D38 – A/V	电动	0.5	5 000 ~ 8 000 Hz 交流	500 mA，1 ~ 10 A	100 ~ 300 V
62C9 – A	磁电	2.5，5	50 Hz ~ 75 MHz 交流	500 mA，1 ~ 10 A（配用热电变换器），15 ~ 50 A（配用热电变换器）	
1D8 – V（双指针）	电动	2.5	交直流		额定电压 120 V、250 V

3.3.4 电流表和电压表的使用注意事项

无论哪种类型的电流表和电压表，在使用时都应注意以下几点：

（1）搬运、安装或拆卸仪表时，都应小心，轻拿轻放，不准带电安装或拆卸仪表（应事先切断电源），以免发生事故。

（2）安装仪表之前，应先检查电路上电压或电流的大小，然后选用仪表的量程，此量程一般以被测量的 1.5~2 倍为宜。

（3）仪表的引线必须适当，要能负担测量时的负荷而不致过热，并且也不能产生很大的压降而影响仪表的读数。

（4）仪表的指针应定期做零位调整。

（5）仪表应定期用干布擦拭，保持清洁。

以上注意事项同样适用于其他指针式开关板电工仪表。

（6）测量电流时，电流表应与被测电路串联；测量电压时，电压表应与被测电路并联。测量直流电流或直流电压时，应特别注意将表的"＋"极接线端钮与电源"＋"极相连接，将表的"－"极接线端钮与电源"－"极相连接。

3.4 电能表

电能表是用来测量电能的电工仪表。电能表分为单相电能表和三相电能表两种。在三相电能表中又有二元件和三元件两种，前者用于三相二线制系统，后者用于三相四线制系统。

3.4.1 电能表的工作原理及结构

电能表采用感应系测量机构，其工作原理及结构见图 3-6。它由电压线圈、电流线圈、铝转盘、制动磁铁和计数机构等组成。当交流电流流过电压线圈和电流线圈时，在铝转盘上便感应产生涡流。该涡流与交变磁通相互作用产生电磁力，从而推动铝转盘转动。铝盘在转动时与制动磁铁相互作用，产生制动力。当转动力矩和制动力矩平衡时，铝转盘以稳定的速度转动。铝转盘的转数与被测电能大小成正比，电厂发出的电能或用户消耗的电能越大，其转数越快，因此，感应系仪表能测量电能。

3.4.2 电能表的接线方法

电能表测量电能时，由于电源相数不同，其接线方法也不同，有单相、三相三线制、三相四线制等不同接线方式。其具体接线方式见表 3-8。

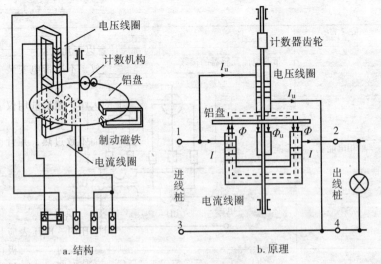

a.结构   b.原理

图3-6 电能表工作原理及结构

表3-8 电能表接线方式

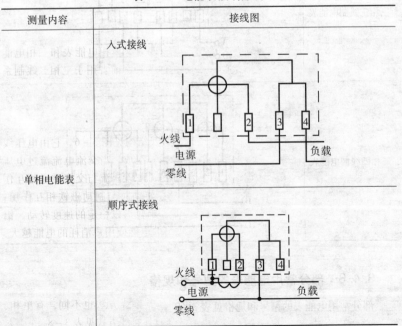

测量内容	接线图
单相电能表	入式接线 顺序式接线

测量内容	接线图
单相电能表	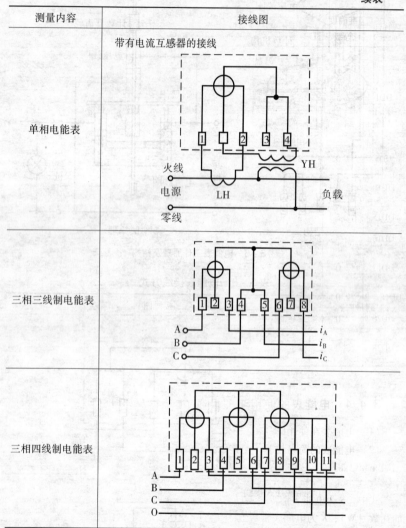
三相三线制电能表	
三相四线制电能表	

3.4.3 部分常用电能表的型号和规格

部分常用电能表的型号和规格见表3-9。

表 3-9　部分常用电能表的型号和规格

型号	准确度等级	额定电流/A	额定电压/V	线圈消耗功率/W	接入方式
DD1	2.5	1, 2.5, 5, 10	220	电压线圈≤1 电流线圈≤0.6	直接接入
		5, 10	127		
		5, 19	110		
		次级: 5	220, 127, 110		经互感器接入
		次级: 5	次级: 100		
DD5	2.0	3, 5, 10	220	电压线圈≤1.5	直接接入
DD10	2.0	2.5, 5, 10, 20, 30	220		直接接入
DD15	2.5	3, 5, 10	220		直接接入
DD16	—	1	220	—	直接接入
DD17	2.0	1, 2, 5, 10, 30, 60	220	电压线圈≤1.5, 电流线圈≤2	直接或经电流互感器接入
DD18-2	2.0	1, 3, 5	220	电压线圈≤1.5	直接接入
DD20	2.0	2, 5, 10	220	—	直接接入
DD28	2.0	1, 2, 5, 10, 20, 40	220	电压线圈≤1.1, 电流线圈≤0.6	直接接入

3.4.4　电能表的使用注意事项

（1）电能表在使用时，不允许电路经常短路或负载超过额定值的125%。

（2）电能表的简易校验，可用下式计算：

$$S = \frac{n}{WK} \times 36 \times 10^5$$

式中，S 为电能表铝盘每旋转 n 转时所需要的时间（s）；W 为白炽灯灯泡的瓦数（W）；K 为电能表常数（表盘上有标注）（r/kW·h）；n 为盘的转数。若计算结果与实际测得的结果相符，证明这只电能表准确，可用。

（3）选用电能表时，应根据负载大小而定。

（4）当电路中没有负载时，铝转盘应静止不动，否则应检查线路找出原因。

3.5 功率表

3.5.1 功率表的工作原理及结构

功率表一般都采用电动系测量机构，它与电动系电流表和电压表的区别，在于定圈和动圈不是串联起来使用，而是将定圈与负载电路串联，动圈和附加电阻串联后再和负载电路并联。由于仪表指针偏转角度与负载电压和电流的乘积成正比，故它能测量负载的功率。

3.5.2 功率表测量功率的接线方法

功率表测量功率的接线方法见表 3 - 10。

表 3 - 10   功率表测量功率的接线方法

测量内容	接线图
直流电路功率	
单相交流电路功率	用单相功率表法 二功率表法
三相交流电路功率	用三相功率表法

3.5.3 常用功率表的型号和规格

常用功率表的型号和规格见表 3 – 11。

表 3 – 11 常用功率表的型号和规格

型号	系列	级别	测量对象	额定电流/A	额定电压/V	备注
1D1 – W	电动	2.5	交直流	5	100,127,220	可配用电压、电流互感器扩大量程
1D5 – W	电动	2.5	交直流	5	127,220	
1D6 – W 41D3 – W	电动	2.5	交直流	5	100,220,380	220V、380V 外附电阻器
19D1 – W	电动	2.5	交直流	5	127,220,380	
D33 – W	电动	1	交流	0.5,1,2, 2.5,5,10	75/150/300 100/200/400 150/300/600	
D26 – W	电动	0.5	交直流	0.5/1,1/2, 2.5/5,5/10, 10/20	75/150/300 125/250/500 150/300/600	
D34 – W	电动	0.5	交直流	0.25/0.5, 0.5/1,1/2, 2.5/5,5/10	25/50/100 50/100/200 75/150/300 150/300/600	
D9 – W	电动	0.5	50 ~ 1 500 Hz	0.15/0.3,0.5/1, 2.5/5,5/10	150/300	
D38 – W	电动	0.5	5 000 ~ 6 000 Hz	5	100	
12L1 – W	整流	2.5	交流	5	50,100,220	外附功率变换器
				5 ~ 10 000	220 ~ 220 000	
59L4 – W	整流	2.5	交流	5	127,220,380	外附功率变换器
				5 ~ 10 000	380 ~ 380 000	

3.5.4 功率表的使用注意事项

(1) 使用功率表时,应注意其电流和电压量限大于所通过的负载电流和电压。

(2) 功率表的接线应遵守"发电机端"规则,否则不仅无法读数,还会损坏仪表。将表中标有"＊"的电流端钮接至电源端，另一端钮接至负载端；标有"＊"的电压端钮可接至任一电流端钮，但另一电压端钮则应该接至负载的另一端。见表 3 - 10。

（3）一般功率表只标注分格数，而不标注瓦特数。不同量限的表，每一分格都代表不同的瓦特数，称为功率表的分格常数，用 C（W/格）表示。在测量时读得的偏转格数 a，乘以相应的分格常数 C，就等于被测功率的数值，其公式如下：

$$P = C \times a$$

（4）如果使用电流互感器和电压互感器时，实际功率应为功率表的读数乘以电流互感器和电压互感器的变比值。

（5）二功率表法和三功率表法的读数，即电路的总功率应为两只功率表或三只功率表的读数之和。

3.6 兆欧表

3.6.1 兆欧表的工作原理

兆欧表的主要组成部分是一个磁电式流比计和一只手摇发电机。发电机是兆欧表的电源，可以采用直流发电机，也可以用交流发电机与整流装置配用。直流发电机的容量很小，但电压很高（100 ~ 5 000 V）。磁电式流比计是兆欧表的测量机构，由固定的永久磁铁和可在磁场中转动的两个线圈组成。兆欧表的外形和线路如图 3 - 7 和图 3 - 8 所示。

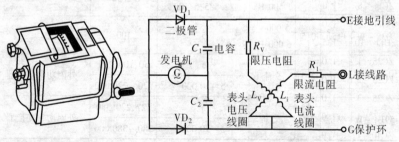

图 3 - 7　兆欧表的外形　　　　　图 3 - 8　兆欧表的线路

当用手摇动发电机时，两个线圈中同时有电流通过，在两个线圈上产生方向相反的转矩。表针就随着两个转矩的合成转矩的大小而偏转某一角度，这个偏转角度取决于上述两个线圈中电流的比值。由于附加电阻的阻值是不变的，所以电流值仅取决于待测电阻阻值的大小。

值得一提的是，兆欧表测得的是在额定电压作用下的绝缘电阻值。万用表虽然也能测得数千欧的绝缘电阻值，但它所测得的绝缘电阻值只能作为参考。因为万用表所使用的电池电压较低，绝缘材料在电压较低时不易被击穿。而一般被测量的电气线路和电气设备均要在较高电压下运行，所以，对绝缘电阻只能采用兆欧表来测量。

3.6.2　兆欧表的型号和规格

兆欧表的型号和规格见表3-12。

表3-12　兆欧表的型号和规格

型号	级别	额定输出电压/V	测量范围/MΩ	最小分度/MΩ
0101	1.0	100	0 ~ 100	—
2525	1.0	250	0 ~ 250	—
5050	1.0	500	0 ~ 500	—
1010	1.0	1 000	0 ~ 1 000	—
ZC11 - 1	1.0	100	0 ~ 500	0.05
ZC11 - 2	1.0	250	0 ~ 1 000	0.1
ZC11 - 3	1.0	500	0 ~ 2 000	0.2
ZC11 - 4	1.0	1 000	0 ~ 10 000	1
ZC11 - 5	1.5	2 500	0 ~ 20	1
ZC11 - 6	1.0	100	0 ~ 50	0.01
ZC11 - 7	1.0	250	0 ~ 100	—
ZC11 - 8	1.0	500	0 ~ 200	0.05
ZC11 - 9	1.0	50	0 ~ 200	—
ZC11 - 10	1.5	2 500	0 ~ 2 500	—
ZC25 - 1	1.0	100	0 ~ 100	0.05
ZC25 - 2	1.0	250	0 ~ 250	0.1
ZC25 - 3	1.0	500	0 ~ 500	0.1
ZC25 - 4	1.0	1 000	0 ~ 1 000	0.2
ZC40 - 1	1.0	50	0 ~ 100	—
ZC40 - 2	1.0	100	0 ~ 200	—
ZC40 - 3	1.0	250	0 ~ 500	—
ZC40 - 4	1.0	500	0 ~ 1 000	—
ZC40 - 5	1.0	1 000	0 ~ 2 000	—
ZC40 - 6	1.5	2 500	0 ~ 2 500	—

3.6.3 兆欧表的使用注意事项

1. 兆欧表的选择

(1) 电压等级的选择：兆欧表的选择应以所测电气设备的电压等级为依据。通常，额定电压在 500 V 以下的电气设备，选用 500 V 或 1 000 V 的兆欧表；额定电压在 500 V 以上的电气设备，选用 1 000 V 或 2 500 V 的兆欧表。电气设备究竟选用哪种电压等级的兆欧表来测定其绝缘电阻，有关规程都有具体规定，按规定选用即可。

必须指出，切不可任意选用电压过高的兆欧表，以免将被测设备的绝缘击穿而造成事故。同样，也不得选用电压过低的兆欧表，否则无法测出被测对象在额定工作电压下的实际绝缘电阻值。

(2) 量程的选择：所选量程不宜过多地超出被测电气设备的绝缘电阻值，以免产生较大误差。测量低压电气设备的绝缘电阻时，一般可选用 0 ~ 200 MΩ 挡；测量高压电气设备或电缆的绝缘电阻时，一般可选用 0 ~ 2 500 MΩ 挡。有些兆欧表的刻度不是从零开始，而是从 1 MΩ 或 2 MΩ 开始，这种兆欧表不宜用来测量潮湿环境中的低压电气设备的绝缘电阻。因为在潮湿环境下电气设备的绝缘电阻值有可能小于 1 MΩ，测量时在仪表上得不到读数，容易误认为绝缘电阻值为零而得到错误的结论。

2. 测量前的准备

(1) 测量前，应切断被测设备的电源，并进行充分放电（需 2 ~ 3 min），以确保人身和设备安全。

(2) 擦拭被测设备的表面，使其保持清洁、干燥，以减小测量误差。

(3) 将兆欧表放置平稳，并远离带电导体和磁场，以免影响测量的准确度。

(4) 对有可能感应出高电压的设备，应采取必要的措施。

(5) 对兆欧表进行一次开路和短路试验，以检查兆欧表是否良好。试验时，先将兆欧表"线路（L）"、"接地（E）"两端钮开路，摇动手柄，指针应指在"∞"位置；再将两端钮短接，缓慢摇动手柄，指针应指在"0"处。否则，表明兆欧表有故障，应进行检修。

3. 测量方法和注意事项

(1) 兆欧表接线柱与被测设备之间的连接导线，不可使用双股绝缘线、平行线或绞线，而应选用绝缘良好的单股铜线，并且两条测量导线要分开连接，以免因绞线绝缘不良而引起测量误差。

(2) 摇动手柄的速度应由慢逐渐加快，一般保持转速在 120 r/min 左右为宜，在稳定转速下 1 min 后即可读数。如果被测设备短路，指针摆到"0"，应立即停止摇动手柄，以免烧坏仪表。

（3）兆欧表上有分别标有"接地（E）"、"线路（L）"和"保护环（G）"的三个端钮。测量线路对地的绝缘电阻时，将被测线路接于 L 端钮上，E 端钮与地线相接，见图 3-9a。测量电动机定子绕组与机壳间的绝缘电阻时，将定子绕组接在 L 端钮上，机壳与 E 端连接，见图 3-9b。测量电缆芯线对电缆绝缘保护层的绝缘电阻时，将 L 端钮与电缆芯线连接，E 端钮与电缆绝缘保护层外表面连接，将电缆内层绝缘层表面接于保护环端钮 G 上，见图 3-9c。

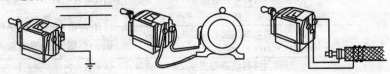

a.测量设备对地绝缘电阻　　b.测量电机相间绝缘电阻　　　c.测量电缆芯线绝缘电阻

图 3-9　兆欧表测量绝缘电阻的接线

（4）测量电容器的绝缘电阻时应注意，电容器的击穿电压必须大于兆欧表发电机发出的额定电压值。测试电容后，应先取下兆欧表表线，再停止摇动手柄，以免已充电的电容向兆欧表放电而损坏仪表。

（5）同杆架设的双回路架空线和双母线，当一路带电时，不得测试另一路的绝缘电阻，以防感应高压危害人身安全和损坏仪表。

（6）测量时，所选用兆欧表的型号、电压值以及当时的天气、温度、湿度和测得的绝缘电阻值，都应一一记录下来，并据此判断被测设备的绝缘性能是否良好。

（7）测量工作一般由两人完成。测量完毕，只有在兆欧表完全停止转动和被测设备对地充分放电后，才能拆线。被测设备放电的方法是：用导线将测点与地（或设备外壳）短接 2~3 min。

3.6.4　兆欧表的常见故障及其处理方法

兆欧表的常见故障及其处理方法见表 3-13。

表 3-13　兆欧表的常见故障及其处理方法

常见故障	可能原因	排除方法
发电机发不出电或电压很低	绕组断线或其中一个绕组断线	重新绕线圈
	线路接头断线	检查线路，把断头重新焊牢
	碳刷接触不好，没有接触或碳刷磨损	调换碳刷，或调整碳刷与整流环的接触面

常见故障	可能原因	排除方法
发电机电压低，摇动摇柄很重	发电机整流环片间有污物、有磨损碳粒或铜屑并形成短路	把转子拆下，用竹片清除片间污物和用汽油清洗
	整流环击穿短路	修理或更换整流环
	转子线圈短路	重绕转子线圈
	发电机并联电容被击穿	调换电容
	内部线路短路	清除线路短路处
指针不能转动或转动时有卡住现象（或有轻微卡住现象）	仪表可动线圈框架内部铁芯松动，造成铁芯与线圈相碰	固定铁芯螺钉
	线圈内部的铁芯与极掌之间有铁屑、灰尘等杂物	拆下表头内部，进行清洗，消除铁屑等杂物
	由于导丝变形，在线圈转动时，导丝与某些固定部分相碰	整形或配换导丝
	线圈本身变形，或上下轴尖位置有变动，造成线圈与铁芯、极掌相碰	重整线圈和线框
	支撑线圈的上、下轴尖松动或脱落	调整上、下轴尖，紧固好螺钉
	表盘有细毛和指针相碰，线圈和铁芯极掌间有细毛	拆下表头，消除铁芯间和表盘上的细毛
指针指不到 ∞ 位置	导丝变质、变形，残余力矩变大	修理或配换导丝
	发电机电压不足	修理发电机
	电压回路的电阻变质、数值增高	调换回路电阻
	电压线圈间短路或断线	重绕电压线圈
指针超过 ∞ 位置	有无穷大平衡线圈的摇表，可能该线圈短路或断路	重绕无穷大平衡线圈
	电压回路电阻变小	调换电压回路电阻
	导丝变形，残余力矩比原来减小	修理或更换导丝
指针不指零位	电流回路电阻变化，即电阻增大后，指针不到零位；阻值减小，指针超过零位	调换电流回路电阻
	电压回路电阻变化，即阻值大，指针超过零位；阻值小，指针不到零位	调整电压回路电阻
	导丝变质或变形	修理或配换导丝
	电流线圈或零点平衡线圈有短路或断路	重绕电流线圈或零点平衡线圈

3.7　钳形表

钳形表是一种在不拆断电路的情况下，可以随时测量电路中电流的携带式电工仪表。有的钳形表还带有测电杆，可用来测量电压。

3.7.1　钳形表的工作原理及结构

钳形表的原理结构如图3－10。

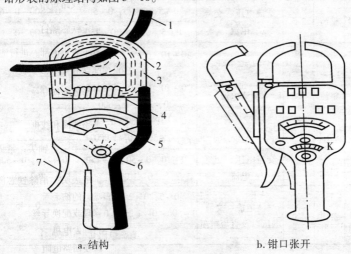

a. 结构　　　　　　　　b. 钳口张开

图3－10　钳形表的结构

1. 载流导线　2. 铁芯　3. 磁通　4. 线圈　5. 电流表　6. 改变量程的旋钮　7. 扳手

仅测量交流电流的钳形表实质上是由一个电流互感器和整流系仪表组成的。被测导线相当于电流互感器的一次线圈，绕在钳形表铁芯上的线圈相当于电流互感器的二次线圈。当被测载流导线卡入钳口时，二次线圈便感应出电流，使指针偏转，指示出被测电流值。

能同时测量交流、直流的钳形表实质上是一个电磁系仪表。当被测载流导线卡入钳口时，导线产生的磁通在钳形表铁芯中形成回路，位于铁芯缺口中间的电磁式测量机构受磁场的作用而偏转，指示出被测电流值。

3.7.2　常用钳形表的型号及规格

常用钳形表的型号及规格，见表3－14。

表 3-14 常用钳形表的型号及规格

型号	系列	级别	测量对象	测量范围	
				电流/A	电压/V
MG20	电磁	5.0	交、直流电流	0~100, 0~200, 0~300, 0~500, 0~600	—
MG21	电磁	5.0	交、直流电流	0~750, 0~1 000, 0~1 500	—
MG24	整流	2.5	交流电压、交流电流	0~5, 0~25, 0~50	0~300, 0~600
				0~5, 0~50, 0~250	0~300, 0~600
T301	整流	2.5	交流电流	0~10, 0~25, 0~100, 0~250	—
				0~10, 0~25, 0~100, 0~300, 0~600	
				0~10, 0~30, 0~100, 0~300, 0~1 000	
T302	整流	2.5	交流电压、交流电流	0~10, 0~50, 0~250, 0~1 000	0~250, 0~500 或 0~300, 0~600
MG31	整流	2.5	交流电流、交流电压以及直流电阻	0~5, 0~25, 0~50 0~500, 0~1 250, 0~2 500	0~450
				直流电阻 0~50 000 Ω	

3.7.3 钳形表的使用注意事项

（1）测量前，应检查仪表指针是否在零位。若不在零位，则应将指针调到零位。同时应对被测电流进行粗略估计，选择适当的量程。如果被测电流无法估计，则应先把钳形表置于最高挡，逐渐下调切换，直至指针在刻度的中间段为止。

（2）应注意钳形电流表的电压等级，不得将低压表用于测量高压电路的电流。

（3）每次只能测量一根导线的电流，不可将多根载流导线都夹入钳口测量。被测导线应置于钳口中央，否则误差将很大（大于 5%）。当导线夹入钳口时，若发现有振动或碰撞声，应将仪表扳手转动几下，或重新开合一次，直到没有噪声时才能读取电流值。测量大电流后，如果立即测量小电流，应开合钳口数次，以消除铁芯中的剩磁。

（4）在测量过程中不得切换量程，以免造成二次回路瞬间开路，感应出高电压而击穿绝缘。必须变换量程时，应先将钳口打开。

（5）在读取电流读数困难的场所测量时，可先用制动器锁住指针，然后到读数方便的地点读数。

（6）若被测导线为裸导线，则必须事先将邻近各相用绝缘板隔离，以免钳口张开时出现相间短路。

（7）测量时，如果附近有其他载流导线，则所测值会受载流导体的影响而产生误差。此时，应将钳口置于远离其他导体的一侧。

（8）每次测量后，应把调节电流量程的切换开关置于最高挡位，以免下次使用时因未选择量程就进行测量而损坏仪表。

（9）有电压测量挡的钳形表，电流和电压要分开测量，不得同时测量。

（10）测量时，应带绝缘手套，站在绝缘垫上。读数时要注意安全，切勿触及其他带电部分。

第4章 变压器

4.1 变压器的工作原理、分类及型号

变压器是一个应用电磁感应定律将电能转换为磁能，再将磁能转换成电能，以实现电压变化的电磁装置。在讨论变压器的基本工作原理时，首先分析理想化的情况，然后再考虑实际的工作状态。

4.1.1 理想变压器的工作原理

对于理想变压器，首先假定变压器一次、二次绕组的阻抗均为零，铁芯无损耗，铁芯磁导率很大。下面对理想变压器的工作原理按照空载和负载两种状态分别介绍。

图 4-1 为变压器的工作原理图，在空载状态下，一次绕组接通电源，在交流电压 U_1 的作用下，一次绕组产生励磁电流 I_u，励磁磁动势 $I_u N_1$，该磁动势在铁芯中建立了交变磁通 Φ_0 和磁通密度 B_0（$B_0 = \Phi_0/S_0$，S_0 是铁芯的有效横截面积）。根据电磁感应定律，铁芯中的交变磁通 Φ_0 在一次绕组两端产生自感电动势 E_1，在二次绕组两端产生互感电动势 E_2。

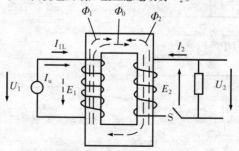

图 4-1 理想变压器的工作原理

$$U_1 = E_1 = 4.44fN_1B_0S_0 \times 10^4$$

$$U_2 = E_2 = 4.44fN_2B_0S_0 \times 10^4$$

得到 $U_1/U_2 = N_1/N_2$

从此可见，改变一次绕组与二次绕组的匝数比，可以改变一次侧与二次侧的电压比，这就是变压器的工作原理。

假设将图4-1中的开关S接通，变压器开始向二次负载供电，二次回路产生负载电流 I_2，反磁电动势 N_2I_2，反磁通 Φ_2。此时，一次回路同时产生一个新的电流 I_{1L}，新的磁通 Φ_1 与 N_2I_2、Φ_2 相平衡。此时有

$$\Phi_1 + \Phi_2 = 0$$

$$N_1I_{1L} + N_2I_2 = 0$$

可得

$$I_{1L} = -\frac{N_2}{N_1}I_2$$

4.1.2 变压器的分类及型号

变压器的分类见表4-1。

表4-1 变压器的分类

分类方式	种类
按结构	心式变压器和壳式变压器
按绝缘和冷却介质	液体浸渍变压器、气体变压器和干式变压器
按相数	单相变压器和三相变压器
按调压方式	无励磁调压变压器和有载调压变压器
按线圈数量	双线圈变压器、三线圈变压器和单线圈自耦变压器
按导电体材质	铜导线变压器、铝导线变压器和半铜半铝变压器
按导磁体材质	冷轧硅钢片变压器和热轧硅钢片变压器

变压器型号中字母符号的含义见表4-2。

表4-2 变压器型号中字母符号的含义

变压器种类	型号中字母	含义	变压器种类	型号中字母	含义
电力变压器	D	单相	调压变压器	T	调压器
	J	油浸		O	自耦
	G	干式		Y	移圈
	S	三相		A	感应
	F	风冷		C	接触

变压器种类	型号中字母	含义	变压器种类	型号中字母	含义
电力变压器	FP	强油风冷	调压变压器	P	强油循环
	Z	有载		X	线端
	SP	强油水冷		Z	中点
	T	成套设备		S、D、G、F、J、Z	同电力变压器
	L	铝线	矿用变压器	K	矿用变压器
整流变压器	Z	整流变压器		D、G、S	同电力变压器
	K	附电抗器	船用变压器	S	防水
	J	电力机车用		D、G	同电力变压器
	S、D、J、F、FP	同电力变压器	电阻炉用变压器	ZU	电阻炉用
启动变压器	Q	启动		S、D、J、SP	同电力变压器
	S、J	同电力变压器	电炉用变压器	H	电炉
试验变压器	Y	试验		K	附电抗器
	D、G、J、S	同电力变压器		S、J、FP、SP	同电力变压器
中频变压器	R	中频	低压变压器	D	低电压
	G	干式		S	水冷
封闭电弧炉用变压器	BH	封闭电弧炉		J	油浸
	S、J	同电力变压器		X	消弧
自耦变压器	O	自耦（O 在前为降压，O 在后为升压）		D、J	同电力变压器
	S、D、J、F、FP、Z	同电力变压器	消弧线圈	L	滤波
干式变压器	G	干式		F	放大器
	Q	加强的		C	磁放大器
	H	防水		T	调幅
	D、S	同电力变压器		TN	电压调压器
串联变压器	C	串联		TX	移相器
	S、D、J、SP	同电力变压器			

变压器型号要尽量把变压器所有的特征都表示出来，并标记出额定容量和高压绕组额定电压等级。电力变压器产品型号的表示方法见图4-2。

表4-2列出了变压器型号中符号的意义，根据图4-2和表4-2，当我们看了一台变压器铭牌上的型号之后，就可知其大致特征。

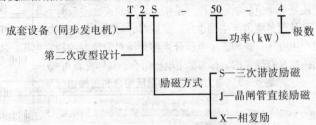

图4-2 电力变压器产品型号表示

4.2 变压器的主要技术参数

描述变压器整体性能的是其技术参数，它们是变压器生产和使用、询价和订货时的主要依据，一般都标在铭牌上。按照国家标准，铭牌上必须标出变压器的名称、型号、产品代号、标准代号、制造厂名（包括国名）、出厂序号、制造年月和技术数据。

4.2.1 相数和额定频率

变压器以三相居多，小型变压器有制成单相的，特大型变压器（500 kV级）则由三台单相产品组成三相变压器组，以使质量及外形尺寸满足制造、起吊安装和运输的要求。额定频率是指所设计的运行频率。我国为50 Hz，国外还有60 Hz的。变压器必须在规定的额定频率下运行。

4.2.2 额定电压、额定电压组合

1. 额定电压 变压器的重要作用之一就是改变交流电压，因此额定电压是其重要数据之一。变压器的额定电压必须与其所连接的输变电线路电压相符合，我国输变电线路电压等级（kV）为0.38、3.6、10、15（20）、35、63、110、220、330、500。

输变电线路电压等级就是线路终端的电压值。因此连接线路终端变压器一侧的额定电压与上列数值相同。考虑到线路的压降后，线路始端（电源端）电压将比电压等级高，35 kV以下电压等级的始端电压比电压等级要高5%，而

35 kV 及以上的要高 10%，因此变压器的额定电压也相应提高。线路始端电压值 (kV) 为 0.4、3.75、6.3、10.5、15.75、38.5、69、121、242、363、550。

2. 额定电压组合 所谓电压组合，是指变压器高压、中压与低压（三绕组变压器）绕组电压或高压与低压（双绕组变压器）绕组电压的匹配，变压器的额定电压就是各绕组的额定电压，是指定施加的或在空载时一次绕组所施加的额定电压和其他各绕组产生的电压。空载时，对某一绕组施加额定电压，其他绕组同时产生电压，这种感应电压分别称为所对应绕组的额定电压。绕组间额定电压的匹配是有规定的，称为额定电压组合，具体见表 4-3。

表 4-3　电力变压器的电压组合和连接组标号

额定容量/(kV·A)	电压组合/kV		连接组标号
	高压	低压	
30 ~ 1 600	6.10	0.4	Yyn0
630 ~ 6 300	6.10	3.15	Yd11
50 ~ 1 600	35	0.4	Yyn0
800 ~ 31 500	35 (38.5)	3.15 ~ 10.5 (3.3 ~ 11)	Yd11 (Ynd11)

4.2.3　额定电流

变压器的额定电流是由绕组的额定容量除以该绕组的额定电压及相应的相系数（单相为 1，三相为 $\sqrt{3}$）而算得的流经绕组线端的电流。因此，变压器的额定电流就是各绕组的电流，是指线电流。但是，组成三相组的单相变压器，如绕组为三角形连接，绕组的额定电流则以线电流为分子，以 $\sqrt{3}$ 为分母来表示。

变压器在额定容量下运行时，绕组的电流为额定电流。参照国际电工委员会 IEC 标准《油浸变压器负载导则》，变压器可以过载运行，三相的额定容量不超过 100 MV·A（单相不超过 33.3 MV·A）时，可承受负载率（负载电流/额定电流）不大于 1.5 的偶发性过载，容量更大时可承受负载率不超过 1.3 的偶发性过载。

4.2.4　绕组连接组标号

变压器常用连接组特性见表 4-4。

表 4 - 4　变压器常用连接组特性

连接组	向量图	连接图	特性及应用
单相 Ii （Ii0）			用于单相变压器时无单独特性。不能连成 Yy 或 Yyn 连接的三相组，因为此时三次谐波磁通完全在铁芯中流通。三次谐波电压较大，对绕组绝缘极为不利。可以连成其他连接组的三相组
三相 Yyn （Yyn0）			绕组导线填充系数大，机械强度高，绝缘用量少，可实现四线制供电。常用于小容量三柱式铁芯的小型变压器上
三相 Yyn （Yyn11）			当一次侧遭受冲击过电压时，同一芯柱上的两个半绕组的磁势互相抵消，二次侧不会感应过电压。适用于防雷性能高的配电变压器，但二次绕组需增加 15.5% 的材料用量
三相 Yd （Yd11）			二次绕组 d 型连接，使三次谐波电流循环流动，消除了三次谐波电压。中性点不引出。常用于中性点非死接地的中型变压器

连接组	向量图	连接图	特性及应用
三相 Ynd （Ynd11）			特性同上。一次中性点引出。由于一次绕组 Y 连接的中性点稳定，用于中性点金属性接地的大型高压变压器上

新旧《电力变压器》标准中绕组连接组的标号有所不同，详见表4-5。

表4-5　新旧《电力变压器》标准中绕组连接组的标号对照

名称	GB 1094—1979			GB 1094.1—1996		
绕组	高压	中压	低压	高压	中压	低压
星形连接，中性点不引出	Y	Y	Y	Y	y	y
星形连接，中性点引出	Y_0	Y_0	Y_0	YN	yn	yn
三角形连接	△	△	△	D	d	D
曲折形连接，中性点不引出	Z	Z	Z	Z	z	z
曲折形连接，中性点引出	Z_0	Z_0	Z_0	ZN	zn	zn
自耦变压器	连接组代号前加0			有公共部分，两绕组额定电压较低的用 auto 或 a		
组别数	用字码1~12，前加横线			用字码 1~11		
连接符号间	连接符号间用斜线			连接符号间不加符号		
连接组标号的例子	$Y_0/△-11$			Ynd11		
	$0-Y_0/Y-12-△-11$			Ynad11		

需注意的是，连接组对变压器的特性有很大的影响，并且电力变压器额定电压组合和连接组标号有固定的对应关系，见表4-4。

4.2.5　分接范围（调压范围）

应用于一次侧、二次侧的电压均恒定场合的变压器，其绕组只需首末端引出，但在有些场合，需随时调整所需要的电压。这时，变压器的绕组需要有分接抽头来改变电压比。分接头一般是从高压绕组抽出的，这是因为高压绕组或其单独的调压绕组通常套在最外面，分接头引出方便；而且高压侧电流小，分接线和分接开关的载流部分的截面小，因此，升压变压器在二次侧调压，磁通不变，为恒磁通调压；降压变压器在一次侧调压，磁通改变，为变磁通调压。调压方式分为无励磁调压和有载调压两种。二次空载和一次侧与电网断开时的调压为无励磁调压；在二次负载下的调压是有载调压。

4.2.6　空载电流、空载损耗和空载合闸电流

当变压器二次绕组开路、一次绕组施加额定频率的额定电压时，一次绕组中流通的电流称为空载电流 I_0。I_0 分为 I_n 和 I_m 两部分，其较小的分量 I_n 用以补偿铁芯损耗，称为有功分量；其较大的分量 I_m 用以励磁，以平衡铁芯磁压降，称为无功分量或空载励磁分量。相量 I_n 和 I_m 垂直，有

$$I_0 = \sqrt{I_m^2 + I_n^2}$$

无功分量 I_m 是励磁电流。由于硅钢片磁化曲线的非线性，导致了励磁电流 I_m 与铁芯中磁通的关系是非线性的，所以 I_m 为含有奇次谐波的非正弦波。因为空载时二次侧无电流，所以有功分量 I_n 所产生的损耗包括铁芯损耗和一次绕组的电阻损耗，其中铁芯损耗占绝大部分。所以忽略一次绕组的电阻损耗时，空载损耗 P_0 又称铁损。因此，空载损耗可用硅钢片单位质量的损耗（可以根据对应硅钢片牌号及磁密值，由硅钢片单位损耗表中查得）与铁芯质量的乘积来求得。

空载合闸电流是当变压器空载情况下在接上电源的瞬间，由于铁芯饱和而产生的很大的励磁电流，又称为励磁涌流，它远远大于 I_0，甚至可以达到额定电流的 5 倍。

4.2.7　阻抗电压和负载损耗

双绕组变压器的二次绕组短接、一次绕组流过额定电流时所施加的电压称为阻抗电压。阻抗电压大小与变压器的成本和性能、系统稳定性及供电质量有关。电力变压器有标准的阻抗电压。

负载损耗是指变压器二次绕组短接、一次绕组流过额定电流时所消耗的有功功率。它等于最大一对绕组的电阻损耗与附加损耗之和。附加损耗包括绕组涡流损耗、导线有并绕时的环流损耗、结构损耗、引线损耗、介质损耗等，其中电阻损耗也称铜耗。负载损耗也要根据参考温度进行折算。

4.2.8　效率和电压调整率

变压器输出的有功功率与输入的有功功率之比的百分数称为变压器的效率 η。

$$\eta = \frac{输出功率}{输入功率} \times 100\% = \frac{输出功率}{输出功率 + 空载损耗 + 负载损耗} \times 100\%$$

变压器负载运行时，由于有阻抗电压，二次端电压将随负载电流和负载功率因数的改变而改变，变压器的二次空载电压 U_{2N} 和二次负载电压 U_2 的差值，占二次空载电压 U_{2N} 的百分数，称为二次电压调整率，即

$$\varepsilon = \frac{U_{2N} - U_2}{U_{2N}} \times 100\%$$

4.2.9 绝缘水平

变压器的绝缘水平也叫作绝缘强度，是和保护水平及其他绝缘部分相配合的水平，即耐受的电压值，由设备耐受的最高电压决定。绕组额定耐受电压用下列字母代号标志：

Lf—雷电冲击耐受电压；

Sl—操作冲击耐受电压；

AC—工频耐受电压。

油浸变压器绕组绝缘水平见表 4-6。

表 4-6 电压等级为 3~35 kV 的油浸变压器绕组的绝缘水平

电压等级/ kV	设备最高电压（有效值)/kV	额定短时工频耐受电压 AC(有效值)/kV	额定雷电冲击耐受电压(峰值)/kV	
			全波	截波
3	3.5	18	40	45
6	6.9	25	60	65
10	11.5	35	75	85
15	17.5	45	105	115
20	23	55	125	140
35	40.5	85	200	220

注：1. 用于 15 kV 和 20 kV 电压等级的发电机回路的设备，其额定短时工频耐受电压一般提高 1~2 级。

2. 对于额定短时工频耐受电压值，干试和湿试时选用同一数值。

3. 表中分母数值为外绝缘试验电压，用于海拔高度 H 为 1 000~4 000 m 时。外绝缘试验电压应乘以海拔校正系数 K，其中 $K = 1/(1.1 - H \times 10^{-4})$。

4.2.10 短路电流

变压器可能有单相接地短路、两相短路和三相短路。稳态短路电流为

单相短路：
$$I_1 = \frac{3U_\varphi}{Z_1 + Z_2 + Z_0} = \frac{\sqrt{3}U_N}{2Z + Z_0}$$

两相短路：
$$I_2 = \frac{\sqrt{3}U_\varphi}{Z_1 + Z_2} = \frac{U_N}{2Z}$$

三相短路：
$$I_3 = \frac{U_\varphi}{Z_1} = \frac{U_N}{\sqrt{3}Z_1}$$

式中，U_φ、U_N 分别为额定相电压和线电压（V）；Z_1、Z_2、Z_0 分别为正序、负序和零序阻抗，且 $Z_1 = Z_2 = Z$，Z 为短路阻抗。

4.3 常用变压器的技术数据

常用变压器的技术数据见表 4 – 7 ~ 表 4 – 14。

表 4 – 7 S7 系列电力变压器主要技术数据

型号 S7 –	额定容量/ (kV·A)	额定电压/kV		短路阻抗/%	空载电流/%	连接组	损耗/W		
		高压	低压				空载	短路	总损耗
50/10	50				2.2		175	875	1 050
100/10	100				2.1		295	1 450	1 745
160/10	160				1.8		462	2 080	2 542
200/10	200				1.5		505	2 470	2 975
250/10	250			4.0	1.5		600	2 920	3 520
315/10	315	6.0(1±5%)			1.5		720	3 470	4 170
400/10	400	6.3(1±5%)	0.4		1.5	Y, yn0	865	4 160	5 025
500/10	500	10(1±5%)			1.45		1 030	4 920	5 950
630/10	630				0.82		1 250	5 800	7 050
800/10	800				0.80		1 500	7 200	8 700
1000/10	1 000			5.0	0.75		1 750	10 000	11 750
1250/10	1 250				0.70		2 050	11 500	13 550
1600/10	1 600				0.85		2 500	14 000	16 500

表 4 − 8　S9 系列电力变压器主要技术数据

型号 S9 −	额定容量/ (kV·A)	额定电压/kV		短路阻抗/%	空载电流/%	连接组	损耗/kW	
		高压	低压				空载	负载
30/10	30				2.1		0.13	0.60
50/10	50				2.0		0.17	0.87
63/10	63				1.9		0.2	1.04
80/10	80				1.8		0.24	1.25
100/10	100				1.6		0.29	1.50
125/10	125				1.5		0.34	1.80
160/10	160			4.0	1.4		0.40	2.20
200/10	200	6.0(1±5%)			1.3		0.48	2.60
250/10	250	6.3(1±5%)	0.4		1.2	Y, yn0	0.56	3.05
315/10	315	10(1±5%)			1.1		0.67	3.65
400/10	400				1.0		0.80	4.30
500/10	500				1.0		0.96	5.10
630/10	630				0.9		1.20	6.20
800/10	800				0.8		1.20	7.50
1000/10	1 000			4.5	0.7		1.10	1.03
1250/10	1 250				0.6		1.95	1.20
1600/10	1 600				0.6		2.40	1.45

表 4 − 9　S11 − M 系列电力变压器的主要技术数据

额定容量/ (kV·A)	连接组	电压组合		损耗/W		短路阻抗/%	空载电流/%
		高压/kV	低压/kV	空载	负载		
30				100	600		2.1
50				130	870		2.0
63	Yyn0	10	0.4	150	1 040	4.0	1.9
80				180	1 250		1.8
100				200	1 500		1.6
125				240	1 800		1.5

额定容量/	连接组	电压组合		损耗/W		短路阻抗/	空载电流/
(kV·A)		高压/kV	低压/kV	空载	负载	%	%
160				280	2 200		1.4
200				340	2 600		1.3
250				400	3 050		1.2
315				480	3 650		1.1
400				570	4 300		1.0
500	Yyn0	10	0.4	680	5 100	4.0	1.0
630				810	6 200		0.9
800				980	7 500		0.8
1 000				1 150	10 300		0.7
1 250				1 360	12 800		0.6
1 600				1 640	14 500		0.6

表 4 – 10　SL7 系列低损耗电力变压器的主要技术数据

额定容量/	连接组	电压组合		损耗/W		短路阻抗/	空载电流/
(kV·A)		高压/kV	低压/kV	空载	负载	%	%
30				150	800		2.8
50				190	1 150		2.6
63				220	1 400		2.5
80				270	1 650		2.4
100				320	2 000		2.3
125		6		370	2 450		2.2
160	Yyn0	6.3	0.4	460	2 850	4.0	2.1
200		10		510	3 400		2.1
250				640	4 000		2.0
315				760	4 800		2.0
400				920	5 800		1.9
500				1 080	6 900		1.9

续表

额定容量/ (kV·A)	连接组	电压组合		损耗/W		短路阻抗/ %	空载电流/ %
		高压/kV	低压/kV	空载	负载		
630				1 300	8 100		1.8
800		6		1 540	9 900		1.5
1 000	Yyn0	6.3	0.4	1 800	11 600	4.0	1.2
1 250		10		2 200	13 822		1.2
1 600				2 650	16 500		1.1
2 000				3 100	19 800		1.0
2 500				3 650	23 000		1.0
3 150				4 400	27 000		0.9
4 000	Yd11	10	6.3	5 300	32 000	5.5	0.8
5 000				6 400	36 700		0.8
6 300				7 500	41 000		0.7

表4-11   SZL7 系列电力变压器技术数据

型号 SZL7 -	额定容 量/(kV·A)	额定电压/kV		空载损 耗/kW	短路阻 抗/%	空载电 流/%	负载损 耗/kW	连接组
		高压	低压					
2000/35	2 000			3.6		1.4	20.8	
2500/35	2 500			4.25	6.5	1.4	24.15	
3150/35	3 150		10.5	5.05		1.3	28.9	
4000/35	4 000	35	6.3	6.05	7	1.3	34.1	Yd11
5000/35	5 000			7.25		1.2	40	
6000/35	6 000			8.8	7.5	1.2	43	

表 4 –12 单相油浸式变压器的主要技术数据

额定容量/（kV·A）	电压组合		连接组	损耗/W		空载电流/%	短路阻抗/%
	高压/kV	低压/kV		空载	负载		
5				35	145	4.0	
10				55	260	3.5	
16				65	365	3.2	
20				80	430	3.0	
30	6			100	625	2.8	
40	6.3		Ii0	125	775	2.5	
50	10	0.22~0.24	Ii6	150	950	2.3	3.5
63	10.5			180	1 135	2.1	
80	11			200	1 400	2.0	
100				240	1 650	1.9	
125				285	1 950	1.8	
160				365	2 365	1.7	

表 4 –13 SG10 系列低干式变压器的主要技术数据

额定容量/（kV·A）	连接组	电压组合		损耗/W		短路阻抗/%	空载电流/%
		高压/kV	低压/kV	空载	负载		
30				220	690		2.5
50				285	1 040		2.3
80				370	1 500		2.1
100				410	1 800		1.9
125				480	2 130		1.8
160				560	2 550		1.8
200				655	3 200	4.0	1.6
250				760	3 800		1.6
315	Yyn0	6.3		880	4 600		1.4
400	Dyn11	10	0.4	1 040	5 400		1.4
500				1 200	6 600		1.4
630				1 400	7 600		1.2
800				1 690	9 500		1.2
1 000				1 980	11 000		1.1
1 250				2 380	12 500	6.0	1.1
1 600				2 737	14 900		1.1
2 000				3 320	17 500		1.0

表 4 –14　照明及控制变压器的主要技术数据

额定输出容量/(kV·A)	额定电压/V	额定输出电压/V	空载损耗/W	负载损耗/W	空载电流/%	短路阻抗/%
25			1.0	3.0	50	12.0
50			2.0	5.0	40	10.0
63			2.1	6.3	40	10.0
100			3.0	10.0	30	10.0
160			4.0	13.5	25	9.0
200			5.0	15.0	22	7.5
250		6	6.0	18.0	22	7.2
315		12	7.0	20.0	23	6.7
400	127	24	8.0	24.0	25	6.0
500	220	36	10.0	26.0	20	5.1
630	220/380	110	11.5	29.0	19	4.0
800	380	127	13.0	32.0	16	4.0
1 000	660	220	15.0	35.0	12	3.5
1 250		380	18.0	41.0	12	3.3
1 600			20.0	48.0	11	3.0
2 000			23.0	55.0	9	2.8
2 500			26.0	65.0	9	2.6
3 150			30.0	75.0	8	2.6
4 000			39.0	89.0	7	2.6
5 000			48.0	99.0	7	2.1

4.4　变压器的并联运行

　　并联运行指相同供电设施中变压器之间采取端子对端子直接连接的运行。一般只考虑双绕组变压器。从逻辑上说，也适用三台单相变压器组成的三相组。

　　并联运行的主要优点有：可提高供电的可靠性，可以根据负载大小调整投入变压器的台数，还可以减少备用容量。

　　变压器并联运行时需要注意：

　　（1）当一台变压器准备与另一台已有的变压器并联运行时，应首先得知已有变压器的相关信息，以及其连接组别。

　　（2）根据不同设计概念制造的变压器在其分接范围内，可能存在着不同的阻抗水平和不同的变化趋势。

（3）不必对某些参数有少量失配的后果表示过多的担心。例如，对两台并联的变压器，没有必要准确地提出相同的分接电压。分接级通常是少到使错开的分接能合理地运行。然而，当分接级相差过多时，亦应引起注意。

（4）规定的和保证的电压比及短路阻抗参数应符合表 4 – 15。在特殊情况下，特别是在并联运行中，可能要求更严格的偏差（表 4 – 15 中的注②）。

表 4 –15　变压器电压比和短路阻抗参数匹配

项目			偏差
a. 总损耗①			+10%
b. 空载损耗或负载损耗①			+15% 但总损耗不得超过 +10%
空载电压比	规定的第一对绕组	主分接	a. 规定电压比的 ±0.5% b. 实际阻抗百分数的 ±1/10 ⎫取其中低者
		其他分接	按协议，但不低于 a 和 b 中较小者
	其他绕组对		按协议，但不低于 a 和 b 中较小者
短路阻抗	有两个独立绕组的变压器	主分接	当阻抗值≥10%时，±7.5% 当阻抗值<10%时，±10%
	多绕组变压器中规定的第一对独立绕组②	其他分接	当阻抗值≥10%时，±10% 当阻抗值<10%时，±15%
	自耦连接的一对绕组	主分接	±10%
	多绕组变压器中规定的第二对绕组	其他分接	±15%
	其他绕组对		±15% 按协议正偏差可加大
空载电流			+30%

①对某些自耦变压器和增压变压器，因其阻抗很小，则应有更大的偏差。对分接范围大的变压器，特别是分接范围不对称时，也会要求做特别考虑。另一方面，例如当变压器要和已有的变压器并联时，按协议，可规定更小的阻抗偏差，但应在投标阶段提出，经制造厂和用户协商规定。

②高压绕组与其相近的绕组称为第一对绕组。

（5）实际上，两台不同设计的变压器，若它们之间的相对负载失配率一般不大于 10% 时，则认为是合理的。

（6）与理想负载分配相比，这种并联运行组合的理论负载能力可能降低约 10%。但是，如果是涉及与现有变压器组合的问题，则上述结果还是相当合理的。根据 GB 1904.1—1996，一台新变压器在主分接位置上的短路阻抗允许偏差为合同值的 7.5% ~ 10%。对其他分接位置，其允许偏差要放宽些。

（7）在实际中，通常忽略两台并联变压器之间的由于配合不佳对组合后的负载损耗所带来的影响。

4.5 变压器噪声

变压器噪声是变压器重要技术参数之一。国际电工委员会在 IEC 551—1976 规定了变压器噪声的测量方法，我国于 1987 年在 GB 7328—1987《变压器和电抗器的声级测定》中规定了变压器和电抗器的噪声测量方法。1999 年对专业标准 ZBK 41005—1989 进行修订，制定了 JB/T 10088—1999《6 ~ 220 kV 级变压器声级》标准，同时在 GB/T 17468—1998《电力变压器选用导则》中，对变压器噪声水平提出了控制要求。变压器噪声的来源和降低变压器噪声的措施分别见表 4 –16 和表 4 –17。

表 4 –16　变压器噪声的来源及其产生原因

噪声来源	产生原因
变压器本体噪声	1）硅钢片的磁致伸缩引起铁芯振动 2）硅钢片接缝处和叠片间因磁通穿过而产生的电磁力引起铁芯振动 3）负载电流通过绕组时，因漏磁通在绕组导体间产生电磁力而引起绕组的振动 4）漏磁通引起油箱壁（包括磁屏蔽等）的振动
冷却装置的噪声	主要是潜油泵和冷却风扇运行时产生的

表 4 –17　降低变压器噪声的措施及具体方法

降低变压器噪声的措施	具体方法
降低铁芯噪声	1）采用磁致伸缩小的硅钢片 2）降低铁芯的工作磁通密度 3）改进铁芯结构 4）避免产生谐振 5）采用先进的加工工艺 6）改进铁芯与油箱的连接方式
降低油箱及其结构件噪声	1）合理选用油箱壁厚度及布置加强铁 2）防止油箱谐振
降低冷却风扇噪声	降低风扇转速，改良叶片形状，提高叶片平衡度，采用纤维塑料叶片等

续表

降低变压器噪声的措施	具体方法
降低自冷式散热器噪声	1）在变压器油箱与散热器之间设置防振接头，防振接头可采用耐腐蚀橡胶或不锈钢材料 2）在散热器上装设防振支架

4.6　变压器的常见故障及其排除

变压器的常见故障及排除方法见表4-18。

表4-18　变压器常见故障及排除方法

常见故障	可能原因	排除方法
变压器发出异常声响	变压器过负荷，发出的声响比平常沉重	减小负荷
	电源电压过高，发出的声响比平常的尖锐	按操作规程降低电源电压
	变压器内部振动加剧或内部结构松动，发出的声响大而且嘈杂	减小负荷或者停电修理
	线圈或铁芯绝缘有击穿现象，发出的声响大且不均匀	停电修理
	套管太脏或有裂纹，发出"吱吱"的声音，且套管表面有闪络现象	停电清洁套管或更换套管
油温过高	变压器过负荷	减小负荷
	三相负荷不平衡	调整三相负荷，使其平衡
	变压器散热不良	检查并改善冷却系统的散热情况
变压器油变黑	变压器线圈绝缘击穿	修理变压器线圈
低压熔丝熔断	变压器过负荷	减小负荷
	低压线路短路	排除短路故障，更换熔丝
	用电设备绝缘损坏，造成短路	修理用电设备，更换熔丝
	熔丝容量选择不当	更换熔丝，按规定安装
高压熔丝熔断	变压器绝缘被击穿	修理变压器，更换熔丝
	低压设备绝缘损坏或短路，但低压熔丝没有熔断	修理低压设备，更换高压熔丝
	熔丝容量选择不当	更换熔丝，正确安装
	遭受雷击	更换熔丝

常见故障	可能原因	处理方法
防爆管薄膜破损	变压器内部发生故障（如线圈相间短路等），产生大量气体，压力增加，致使防爆管薄膜破损	停电修理变压器，更换防爆管薄膜
	由于外力作用造成薄膜破裂	更换防爆管薄膜
气体继电器动作	变压器线圈匝间短路、相间短路、线圈断线、对地绝缘击穿等	停电修理变压器线圈
	分接开关触头表面熔化或灼伤，分接开关触头放电	停电修理分接开关
油面高度不正常	油温过高，油面上升	见以上"油温过高"的处理方法
	变压器漏油、渗油，油面下降	停电修理

4.7　互感器

　　互感器是电力系统中供测量和保护用的重要设备，是专门用于电流或电压变换的特种变压器。它可以分为电流互感器、电压互感器两大类。另外还有一种组合式变压器，它是将电流互感器和电压互感器装在一个整体内。

　　互感器的主要作用是：

　　（1）与测量仪表配合，测量电力线路的电压、电流和电能。

　　（2）与继电保护装置、自动控制装置配合，对电力系统和设备进行过电压、过电流、过负载和单相接地等保护。

　　（3）将测量仪表、继电保护装置和自动控制装置等二次装置与线路高电压隔离开，以保证运行人员和二次装置的安全。

　　（4）将线路中的电压和电流变换成统一的标准值，以利于测量仪表、继电保护装置和自动控制装置的标准化。

4.7.1　电流互感器

　　1. 电流互感器的工作原理　　电流互感器是将高压供电系统中的电流或低压供电系统中的大电流变换成低压标准的小电流（一般是 5 A 或 1 A）。常用的电流互感器是电磁式电流互感器，是根据电磁感应原理进行工作的。另有光电式电流互感器，目前尚处于开发阶段。

图4-4为电磁式电流互感器的工作原理。其一次绕组串联在电力线路中。二次绕组接测量仪表或继电保护、自动控制装置，接近于短路状态。一次绕组电流就是线路的电流，其大小取决于线路的负荷，与互感器的二次负荷无关。当线路电流，即一次绕组的电流发生变化时，通过电磁感应，互感器的二次电流随之成比例地做相应变化。由于电力线路中的电流一般都很大，因此，电流互感器的一次绕组匝数比较少，而二次绕组的匝数比较多。通过选择适当的匝数比，可以将数值不同的较大的一次电流变换为较小的标准的二次电流。

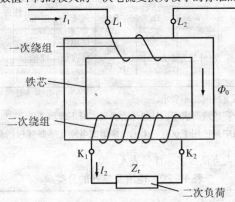

图4-4 电磁式电流互感器的工作原理

电磁式电流互感器正常运行时，磁势是互相平衡的，其励磁安匝数很小。如果二次侧出现开路时，一次侧安匝数就将会全部用于励磁，这时铁芯将处于高度饱和状态，造成铁芯的损耗大大增加，温度也急剧升高。尤其是在二次绕组上会感应出很高的电压，危及人员安全。另外，由于铁芯中的剩磁还会影响感器的误差，因此，无论是在试验时还是在运行时，电流互感器的二次绕组一定不能开路。

2. 电流互感器的型号表示和分类 电流互感器产品型号均以汉语拼音字母表示，字母的含义见表4-19，电流互感器的型号组成方法见图4-5。

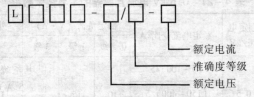

图4-5 电流互感器的型号组成

表 4 – 19 电流互感器型号中的字母含义

第一个字母	第二个字母							
L	D	F	M	R	Q	C	Z	Y
电流互感器	贯穿式单匝	贯穿式复匝	贯穿式母线型	装入式	线圈式	瓷箱式	支持式	低压型

第三个字母				第四个字母				
Z	C	W	D	B	J	S	G	Q
浇注绝缘	瓷绝缘	户外装置	差动保护	过流保护	接地保护或加大容量	速饱和	改进型	加强型

注：1. 以瓷箱做支柱时，不表示。

2. 主绝缘为瓷绝缘时表示，外绝缘为瓷箱式时不表示。

3. 在保护级中只使用于仅有一个二次绕组的电流互感器（包括套管式互感器）。

电流互感器分类方法很多，详见表 4 – 20。

表 4 – 20 电流互感器的分类

分类方法	分类
按用途	测量用电流互感器和保护用电流互感器
按装置种类	户内式电流互感器和户外式电流互感器
按绝缘介质	油绝缘电流互感器、浇注绝缘电流互感器、干式绝缘电流互感器和 SF_6 气体绝缘电流互感器

3. 常用电流互感器的技术数据 35 kV 及以下的常用电流互感器的主要技术数据见表 4 – 21 ~ 表 4 – 24。

表 4 – 21 0.5 kV 电流互感器的主要技术数据

型号	额定电压/kV	额定电流变比/A	额定负荷/(V·A)			外形尺寸/mm
			0.5 级	1 级	3 级	长×宽×高
LQG – 0.5	0.5	(5~100)/5	10	15	—	126×120×105
		(150~400)/5				110×170×105
		(600~800)/5				110×225×105

型号	额定电压/kV	额定电流变比/A	额定负荷/(V·A)			外形尺寸/mm
			0.5 级	1 级	3 级	长×宽×高
LYM - 0.5	0.5	(750 ~ 2 000)/5		20	20	240 × 130 × 250
		3 000/5				287 × 130 × 297
		(4 000 ~ 5 000)/5	—	—		287 × 130 × 297
		7 500/5			20	365 × 167 × 360
		10 000/5				365 × 167 × 360
		15 000/5			50	365 × 166 × 460
		20 000/5				404 × 152 × 617
LMK - 0.5	0.5	(5 ~ 400)/5	5	7.5	—	112 × 48 × 117
LMZ1 - 0.5	0.5	(5 ~ 200)/5	5	7.5	—	110 × 42 × 114
		(300 ~ 400)/5				110 × 42 × 120
LMZJ1 - 0.5	0.5	(5 ~ 500)/5	10	15	—	110 × 42 × 128
		600/5				110 × 47 × 128
		800/5				110 × 47 × 138
		(1 000 ~ 1 500)/5	20	30	50	174 × 44 × 195
		(2 000 ~ 3 000)/5				216 × 55 × 237
LM - 0.5	0.5	(75 ~ 200)/5	—	—	5	94 × 46 × 105
		(300 ~ 600)/5		5		104 × 46 × 113
		(800 ~ 2 000)/5		20	20	220 × 106 × 270
		(3 000 ~ 5 000)/5				285 × 146 × 350
LN2 - 0.5	0.5	(15 ~ 200)/5	5	1 ~ 3	0.6 ~ 2.5	64 × 66 × 75

表4-22 10 kV电流互感器主要的技术数据

型号	额定电压/kV	额定输出/(V·A)					短时热电流(kA)/时间(s),或额定电流的倍数/时间(s)	额定动稳定电流(kA),或额定电流的倍数	额定电流变比/A
		绕组精度①		保护级及准确限值系数					
		(0.2s)	(0.5s)	10P10②	10P5	10P20			
LZZB9-10	10	10~15	10~15	—	15~20	—	150倍/1s(300 A以下) 45 kA/1 s(400~600 A) 63 kA/1 s(800~1 000 A)	375倍(300 A以下) 90 kA(400~600 A) 100 kA(800~1 000 A)	(5~1 000)/5 (或1)
LZZJ9-10	10	10	10	—			7.5 kA/2 s(20~40 A) 200倍/2 s(50~100 A) 20 kA/2 s(150~200 A) 20 kA/4 s(300~500 A) 40 kA/4 s(600~1 000 A)	500倍(50~100 A) 20 kA(20~40 A) 55 kA(150~500 A) 100 kA(600~1 000 A)	(20~1 000)/5 (或1)
LFZB1-10	10	10		15			90倍/1 s	160倍	(5~200)/5/5(或1)
LDZB1-10	10	10		15			75倍/1 s(300~400 A) 60倍/1 s(500 A) 50倍/1 s(600~1 000 A)	135倍(300~400 A) 160倍(500 A) 90倍(600~1 000 A)	(300~1 000)/5 (或1)
LFZBJ9-10	10	10	10		15	20	200倍/1 s(75 A以下) 31.5 kA/2 s(100~300 A) 31.5 kA/4 s(400~600 A)	250倍(75 A以下) 80 kA(100~600 A)	(5~600)/5 (或1)
LMZB2-10 LMZB3-10	10	30	30	—	30	—			(1 000~10 000)/5 (或1)

续表

型号	额定电压/kV	额定输出/(V·A) 绕组精度 $(0.2\,s)$①	10	$10P10$②	$10P5$	$10P20$	短时热电流(kA)/时间(s),或额定电流的倍数/时间(s)	额定动稳定电流(kA),或额定电流的倍数	额定电流变比/A
LDJ-10	10	10~15	10	15~20	—	—	100倍/1 s(40 A以下) 150倍/1 s(5~200 A) 63 k A/1 s(300~800 A) 80 kA/1 s(1 000~3 000 A)	250倍/1 s(40 A以下) 375倍/1 s(50~200 A) 100 kA(300~800 A) 130 kA(1 000~3 000 A)	(5~3 000)/5 (或1)
LZZBW-10	10	10~15	10~15	—	10~15	—	1.0~60 kA/1 s	2.5~130 kA	(5~800)/5 (或1)

①指的是绕组精度,供计量用,误差为0.2%。

②"10P"表示该绕组为保护用绕组,后面的"10"为准确限值系数,表示在一次绕组流过10倍于额定一次电流的电流值时,该绕组的复合误差不允许超过10%。

表4-23 全国统一设计的(10~35 kV)电流互感器的主要技术数据

型号	额定电压/kV	额定电流变比/A	额定二次负荷/(V·A) 0.5级	B级	10%倍数	热稳定倍数	动稳定倍数	外形尺寸(长×宽×高)/mm	质量/kg
LFZB6-10	10	(5~300)/5	10	15	10	81.6~150	146~382	412×220×315	22.3
LFZJB6-10	10	(100~300)/5	10	15	15	15~81.6	146~382	440×220×315	22.3
LDZB6-10	10	(400~500)/5	20	30	15	63~78.7	160~200	430×265×215	19.3
		(600~1 500)/5	30	40	15	28.7~52.5	73~183		

续表

型号	额定电压/kV	额定电流变比/A	额定二次负荷/(V·A) 0.5级	额定二次负荷/(V·A) B级	10%倍数	热稳定倍数	动稳定倍数	外形尺寸(长×宽×高)/mm	质量/kg
LZZB6-10	10	(5~300)/5	10	15	10	81.6~150	146~382	300×200×260	23.6
LZZJB6-10	10	(100~1500)/5	10	15	15	27.3~150	49.3~382	300×200×260	23.6
ZMZB6-10	10	(1500~2000)/5	50	50	15			354×298×192	27
	10	(3000~4000)/5	60	60	15			354×198×243	
LZZQB6-10	10	(100~300)/5	15	20	15	148~445	266~800	264×220×265	28
		(400~500)/5	20	40	15	89~111	160~200		
		(600~800)/5	30	40	15	55.6~74	100~133		
		(1000~1500)/5	30	40	15	40.6~61	73~110		

表4-24 35 kV电流互感器主要技术数据

型号	额定电压/kV	额定输出/(V·A) 绕组精度 (0.2 s)	额定输出/(V·A) 绕组精度 (0.5 s)	额定输出/(V·A) 保护级及准确限值系数 10P10	额定输出/(V·A) 保护级及准确限值系数 10P5	额定输出/(V·A) 保护级及准确限值系数 10P20	短时热电流(kA)/时间(s)或额定电流倍数/时间(s)	额定动稳定电流(kA)或额定电流的倍数	额定电流变比/A
LZZB7-35	35	30	50	30	—	—	200倍/1 s(5~150 A) 31.5 kA/2 s(200 A) 31.5 kA/4 s(300~800 A) 40 kA/4 s(1000~2000 A)	250倍(5~150 A) 80 kA(200~800 A) 100 kA(1000~2000 A)	(15~2000)/5 (或1)

续表

型号	额定电压/kV	额定输出/(V·A) 保护级及准确限值系数					短时热电流(kA)/时间(s) 或额定电流的倍数/时间(s)	额定动稳定电流(kA)或额定电流的倍数	额定电流变比/A
		绕组精度 (0.2 s)	(0.5 s)	10P10	10P5	10P20			
LZZB9-35D	35	15	30	50	30	20	150 倍/2 s(30~100 A) 31.5 kA/2 s(150~200 A) 31.5 kA/4 s(300~800 A) 40 kA/4 s(1 000~2 000 A)	375 倍(5~150 A) 80 kA(200~800 A) 100 kA(1 000~2 000 A)	(30~2 000)/5 (或1)
LDJ-35	35	10~15	20~30	30~50	—	—	100 倍/1 s(5~40 A) 150 倍/1 s(50~300 A) 63 kA/1 s(400~2 000 A)	250 倍(5~40 A) 375 倍(50~300 A) 80 kA(400~2 000 A)	(5~2 000)/5 (或1)
LZZBW-35B2	35	15~30	15~50	—	15~50	15~30	150 倍/2 s(20~100 A) 31.5 kA/2 s(150~200 A) 31.5 kA/4 s(300~1 250 A)	375 倍(20~100 A) 80 kA(200~1 250 A) 100 kA(1 500~2 000 A)	(20~2 500)/5 (或1)
LB6-35	35	40	—	—	—	30~40	100 倍/1 s(300 A 以下) 40 kA/2 s(400~2 000 A)	250 倍(300 A 以下) 100 kA(400~2 000 A)	(5~2 000)/5 (或1)
LVB-35	35	50	—	—	50	50	50 kA/3 s	1 250 kA	3 000/5
LZZB2-27	35	10	—	15~30	30~40	—	100 倍/4 s(50~200 A) 31.5 kA/4 s(300~1 600 A)	250 倍(50~200 A) 80 kA(300~1 600 A)	(50~1 600)/5 (或1)
LRGBT-20	20	5 010				50	150 kA/3 s(15 000 A) 250 kA/3 s(25 000 A)	—	(20~1 250)/5 (或1)

4.7.2 电压互感器

电压互感器是将电力系统的高电压变成标准的低电压（一般是 100 V 或 100/$\sqrt{3}$ V）。常用的电压互感器是电磁式电压互感器，另有电容式电压互感器和光电式电压互感器。后者目前尚处于开发阶段。

1. 电压互感器的工作原理 电磁式电压互感器的原理见图 4-6。这种电压互感器的一次绕组并联在电力系统的线路中，二次绕组经测量仪表或继电器等二次负荷而闭合。通过电磁感应，将一次的高电压成比例地降为二次的低电压。在连接方向正确时，二次电压对一次电压的相位差接近于零。

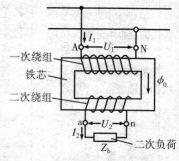

图 4-6 电压互感器的原理

电压互感器的容量很小，其负荷是测量仪表或继电器电压线圈的阻抗。由于此阻抗很大，因而二次电流很小。在正常运行条件下，电压互感器可视为空载运行，如果二次电路短路，则电流将急剧增加，绕组有烧毁的危险。因此，电压互感器的二次电路切不可短路。

另外，由于电压互感器一次侧是与线路直接连接的，为避免在线路发生故障时，二次绕组感应出高电压危及仪器和运行人员的安全，电压互感器的二次绕组和零序电压绕组的一端必须接地。

2. 电压互感器的型号表示和分类 电压互感器的型号表示方法见图 4-7，型号中的各部分含义见表 4-25。

$$\square\square\square\square - \square$$

额定电流

图 4-7 电压互感器的型号表示

表 4-25 电压互感器型号字母含义

第一个字母		第二个字母			第三个字母			
J	HJ	D	S	C	J	G	C	Z
电压互感器	仪用电压互感器	单相	三相	串级结构	油浸式	干式	瓷箱式	浇注绝缘
第四个字母								
F		J		W		B		
胶封式		接地保护		五柱三绕组		三柱带补偿绕组		

电压互感器分类方法很多，主要有以下几种：

（1）按用途分：电压互感器按其用途可分为测量用电压互感器和保护用电

压互感器两大类。测量用电压互感器是在系统正常工作时测量电压和参与测量电能，要求有一定的准确度。保护用电压互感器用于继电保护和自动控制，要求在线路发生单相接地故障时具有一定的过励磁特性。

（2）**按绝缘介质分类**：各种绝缘介质的电压互感器与同样绝缘介质的电流互感器的结构相似。

（3）**按串联数量分类**：油浸式电压互感器可分为单级式和串级式两种。单级式的绕组不分级，只有一个一次绕组，绕组和铁芯组装成器身后装入油箱内，铁芯接地。单级式一般用于 35 kV 及以下产品。串级式的一次绕组由匝数相等的几个级绕组串联起来，每个级绕组分别套装在各级的铁芯柱上，还有平衡绕组和连耦绕组。串级式结构只适用于高压的电压互感器。

（4）**按接地方式分类**：电压互感器可分为接地电压互感器和不接地电压互感器两种。接地电压互感器适用于相地间，分为单相和三相两种，其中三相接地电压互感器仅在 10 kV 电力系统中使用，单相接地互感器在运行中一次绕组 N 端直接接地，三台组成一个三相组，其一、二次绕组接成 YNyn，剩余电压绕组接成开口三角形，形成剩余电压回路，以供输出零序电压。不接地电压互感器适用于相间，也分为单相和三相两种，其中三相不接地电压互感器为 Yyn 接法，常用于 10 kV 及以下电力系统；单相不接地电压互感器按 Yyn 接法，用于 35 kV 及以下电力系统。

3. 电压互感器的技术数据　JDG 型电压互感器的技术数据见表 4 – 26。

表 4 – 26　JDG 型电压互感器的技术数据

型号	额定电压/V		工频实验电压/kV		额定容量/(V·A)			最大容量 /(V·A)
	一次	二次	一次	二次	0.5 级	1 级	3 级	
JDG – 0.5	220	100	5	2	25	40	100	200
	380	100	5	2	25	40	100	200
	500	100	5	2	25	40	100	200
JDG – 3	3 000	100	13	2	30	50	120	240

JDZ 型电压互感器的技术数据见表 4 – 27。

表 4 – 27　JDZ 型电压互感器的技术数据

型号	额定电压/V		额定容量/(V·A)			最大容量/(V·A)
	一次	二次	0.5 级	1 级	3 级	
JDZ – 6	1 000	100	30	50	100	200
	3 000	100	30	50	100	200
	5 000	100	50	80	200	300
JDZ – 10	10 000	100	80	150	300	500

JDZJ 型电压互感器的技术数据见表 4 – 28。

表 4 – 28　JDZJ 型电压互感器的技术数据

型号	额定电压/V			额定容量/(V·A)			最大容量/ (V·A)
	一次	二次	辅助	0.5 级	1 级	3 级	
JDZJ – 6	$1\,000/\sqrt{3}$	$100/\sqrt{3}$	100/3	40	60	150	300
	$3\,000/\sqrt{3}$	$100/\sqrt{3}$	100/3	40	60	150	300
	$5\,000/\sqrt{3}$	$100/\sqrt{3}$	100/3	40	60	150	300
JDZJ – 10	$10\,000/\sqrt{3}$	$100/\sqrt{3}$	100/3	40	60	150	300
JDZJ – 15	$15\,000/\sqrt{3}$	$100/\sqrt{3}$	100/3	40	60	150	300

JDJ 型电压互感器的技术数据见表 4 – 29。

表 4 – 29　JDJ 型电压互感器的技术数据

型号	额定电压/V			额定容量/(V·A)			最大容量/ (V·A)
	一次	二次	辅助	0.5 级	1 级	3 级	
JDJ – 35	35 000	100	100/3	150	250	600	1 200
JDJJ – 35	$35\,000/\sqrt{3}$	$100/\sqrt{3}$	100/3	150	250	600	1 200
JDJ2 – 35	35 000	100	100/3	150	250	500	1 000
JDJJ2 – 35	$35\,000/\sqrt{3}$	$100/\sqrt{3}$	100/3	150	250	500	1 000

第 5 章   低压电器

5.1   低压电器基础

5.1.1   低压电器的定义与分类

低压电器是指额定电压等级在交流 1 200 V、直流 1 500 V 以下的，在电力线路中起保护、控制或调节等作用的电器元件。低压电器的种类繁多，按照不同条件可分成不同的类别，具体分类方法见表 5 - 1。

表 5 - 1   低压电器的分类

分类方法	名称
按用途或控制对象	配电电器，控制电器
按动作方式	自动电器，手动电器
按触点类型	有触点电器，无触点电器
按工作原理	电磁式电器，非电量控制电器
按低压电器型号	刀开关 H，熔断器 R，断路器 D，控制器 K，接触器 C，启动器，控制继电器 J，主令电器 L，电阻器 Z，变阻器 B，调整器 T，电磁铁 M
按防护形式	第一类防护形式，第二类防护形式
根据工作条件	一般工业用电器，船用电器，化工电器，矿用电器，牵引电器，航空电器

5.1.2   低压电器的技术参数及型号

1. 低压电器的主要性能参数   低压电器种类繁多，控制对象的性质和要求也不一样。为正确、合理、经济地使用电器，每一种电器都有一套用于衡量电器性能的技术指标。低压电器主要的技术参数有额定绝缘电压、额定工作电压、额定发热电流、额定工作电流、通断能力、电气寿命和机械寿命等。具体见表5-2。

表5-2 低压电器的技术参数

性能参数	描述
额定绝缘电压	这是一个由电器结构、材料、耐压等因素决定的名义电压值。额定绝缘电压为电器最大的额定工作电压
额定工作电压	指低压电器在规定条件下长期工作时，能保证电器正常工作的电压值。通常是指主触点的额定电压。有电磁机构的控制电器还规定了吸引线圈的额定电压
额定发热电流	指在规定条件下，低压电器长时间工作，各部分的温度不超过极限值时所能承受的最大电流值
额定工作电流	是保证低压电器在正常工作时的电流值。同一电器在不同的使用条件下，有不同的额定电流等级
通断能力	指低压电器在规定的条件下，能可靠接通和分断的最大电流。通断能力与电器的额定电压、负荷性质、灭弧方法等有很大关系
电气寿命	指低压电器在规定条件下，在不需要修理或更换零件时的负荷操作循环次数
机械寿命	指低压电器在需要修理或更换机械零件前所能承受的负荷操作次数

2. 低压电器产品型号的组成形式及含义

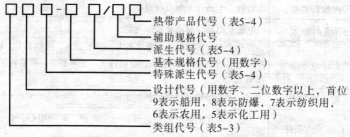

热带产品代号（表5-4）
辅助规格代号
派生代号（表5-4）
基本规格代号（用数字）
特殊派生代号（表5-4）
设计代号（用数字、二位数字以上，首位9表示船用，8表示防爆，7表示纺织用，6表示农用，5表示化工用）
类组代号（表5-3）

表 5－3　低压电器产品型号类组号代号表

代号	名称	A	B	C	D	G	H	J	K	L	M	P	Q	R	S	T	U	W	X	Y	Z
H	刀开关和刀型转换开关				刀开关		封闭式负荷开关		开启式负荷开关					熔断器式刀开关	刀型转换开关					其他	组合开关
R	熔断器			插入式			汇流排式			螺旋式	密闭管式				快速	有填料封闭管式					其他	自复
D	断路器										灭磁				快速			框架式			其他	塑料外壳式
K	控制器					鼓型						平面				凸轮					其他	
C	接触器					高压		交流	真空		灭磁	中频			时间	通用					其他	直流
Q	启动器		按钮式	电磁式				减压							手动		油浸		星三角	其他	综合
J	控制继电器				漏电			接近开关		电流				热	时间	通用		温度		其他	中间
L	主令电器	按钮							主令控制器						主令开关	脚踏开关	旋钮	万能转换开关	行程开关	其他	

续表

代号	名称	A	B	C	D	G	H	J	K	L	M	P	Q	R	S	T	U	W	X	Y	Z
Z	电阻器		板型元件	冲片元件	带型元件	管型元件								非线性电阻	绕结元件	铸铁元件			电阻器	硅碳电阻元件	
B	变阻器			悬臂式								频敏	启动		石墨	启动调整	油浸启动	液体启动	滑线式	其他	
T	调整器				电压																
M	电磁铁												牵引					起重		液压	制动
A	其他	触电保护		插销	信号灯	接线盒				电铃											

表5-4 加注通用派生字母对照

派生字母	代表意义
C	插入式
J	交流、防溅式
Z	直流、防振、正向、重任务、自动复位
W	失压、无极性、无灭弧装置
N	可逆、逆向
S	三相、双线圈、防水式、手动复位、三个电源、有锁住机构
P	单相、电压式、防滴式、电磁复位、两个电源
K	开启式
H	保护式、带缓冲装置
M	灭磁、母线式、密封式
Q	防尘式、手车式
L	电流式、折板式、漏电保护
F	高返回、带分励脱扣
X	限流
TH	湿热带
TA	亚热带

（TH 湿热带 / TA 亚热带）为热带产品代号时，加注在全型号的最后位置

5.1.3 低压电器的正确工作条件

（1）海拔高度不超过 2 500 m。

（2）周围空气温度要符合以下条件：

1）不同海拔高度的最高空气温度见表 5-5。

表5-5 不同海拔高度的最高空气温度

海拔高度 h/m	$h \leqslant 1\ 000$	$1\ 000 < h \leqslant 1\ 500$	$1\ 500 < h \leqslant 2\ 000$	$2\ 000 < h \leqslant 2\ 500$
最高空气温度/℃	40	37.5	35	32.5

2）最低空气温度：

a. +5 ℃（适用于水冷电器）。

b. -10 ℃（适用于某些特定条件的电器，如电子式电器及部件等）。

c. -25 ℃（用户与生产厂商另行协商）。

d. -40 ℃（订货时指明）。

（3）空气相对湿度：最湿月份的月平均最大相对湿度为 90%，同时该月的平均最低温度为 25 ℃，并考虑到温度变化发生在产品表面上的凝露。

（4）对于安装方法有规定或动作性能受重力影响的电器，其安装倾斜度不大于 5°。

（5）用于无显著摇动和冲击振动的地方。

（6）在无爆炸危险的介质中，且介质中无可以腐蚀金属和破坏绝缘的气体与尘埃（含导电尘埃）。

（7）在没有雨雪侵袭的地方。

5.1.4 低压电器的正确选用

1. 选用原则 我国在电力拖动和传输系统中主要使用的低压电器元件，据不完全统计，目前大约有 120 个系列近 600 个品种，这些低压电器具有不同的用途和使用条件，因而相应的也就有不同的选用方法，但应遵循以下两个基本原则：

（1）安全原则：使用安全可靠是对任何低压电器的基本要求，保证电路和用电设备的可靠运行，是安全生产、正常生活的重要保障。

（2）经济原则：经济性考虑又可分低压电器本身的经济价位和使用低压电器产生的价值。前者要求电器选择的合理、适用，后者则考虑电器在运行时必须可靠，而不会因故障造成停产或损坏设备及危及人身安全等造成经济损失。

2. 注意事项 电器在选用时应注意以下几点：

（1）控制对象（如电动机或其他用电设备）的分类和使用环境。

（2）了解电器的正常工作条件，如环境空气温度、相对湿度、海拔高度、允许安装方位角度，以及抗冲击振动、有害气体、导电尘埃、雨雪侵袭的能力等。

（3）了解电器的主要技术性能（或技术条件），如用途、分类、额定电压、额定控制功率、接通能力、分断能力、允许操作频率、工作制和使用寿命等。

此外，正确地选用低压电器，还要结合不同的控制对象和具体电器进行确定。

5.2 刀开关

刀开关是一种手动电器，常用刀开关的种类及用途见表 5 - 6。

表 5 - 6　常用刀开关的种类及用途

种类	用途
单投刀开关和双投刀开关	主要用在成套配电装置中作为隔离开关，装有灭弧装置的刀开关也可以控制一定范围内的负荷线路
熔断器式刀开关	
组合开关	一般用于电气设备及照明线路的电源开关
开启式和封闭式负荷开关	一般可用于电气设备的启动、停止控制

5.2.1　HD 型单投刀开关及 HS 型双投刀开关

1. 结构及图形符号　HD 型单投刀开关按极数分为 1 极、2 极、3 极几种，其示意图及图形符号见图 5 - 1。其中图 5 - 1a 为直接手动操作，图 5 - 1b 为手柄操作，图 5 - 1c ~ 图 5 - 1h 为刀开关的图形符号和文字符号。其中图 5 - 1c 为一般符号，图 5 - 10d 为手动符号，图 5 - 1e 为三极单投刀开关符号；当刀开关用作隔离开关时，其图形符号上加有一横杠，见图 5 - 1f ~ 图 5 - 1h。

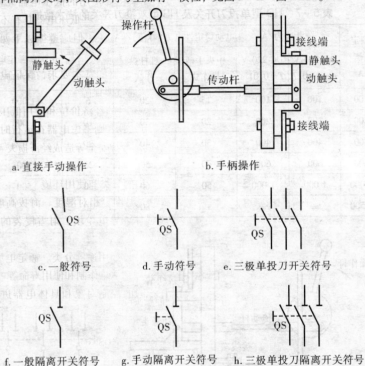

a. 直接手动操作　　　　　　　　b. 手柄操作

c. 一般符号　　　　d. 手动符号　　　　e. 三极单投刀开关符号

f. 一般隔离开关符号　　g. 手动隔离开关符号　　h. 三极单投刀隔离开关符号

图 5 - 1　HD 型单投刀开关的示意及图形符号

单投刀开关的型号含义如下：

H D 13B - 200/3

刀开关　　　　　　　　　　　　极数：3 极
单投式　　　　　　　　　　　　额定电流：200 A
设计代号　　　　　　　　　　　系列派生：B 代表底板改进

其中的设计代号中，11 表示中央手柄式，12 表示侧方正面杠杆操作机构式，13 表示中央正面杠杆操作机构式，14 表示侧面手柄式。

HS 型双投刀开关也称为转换开关，其作用和单投刀开关类似，常用于双电源的切换或双供电线路的切换等，其示意图及图形符号见图 5-2。由于双投刀开关具有机械互锁的结构特点，因此可以防止双电源的并联运行和两条供电线路同时供电。

2. 技术数据 HD 型单投刀开关及 HS 型双投刀开关的技术数据见表 5-7。

表 5-7 HD 型单投刀开关及 HS 型双投刀开关的技术数据

额定电流/A	分断能力/A		电动稳定性电流(峰值)/kA		1 s 热稳定电流/kA	AC 380 V 及断开 60% 额定电流时的电寿命/次
	AC 380 V $\cos\varphi = 0.7$	DC 220 V $T = 0.01$ s	中央手柄操作式	杠杆操作式		
100	100	100	15	20	6	1 000
200	200	200	20	30	10	1 000
400	400	400	30	40	20	1 000
600	600	600	40	50	25	500
1 000	1 000	1 000	50	60	30	500
1 500				80	40	—

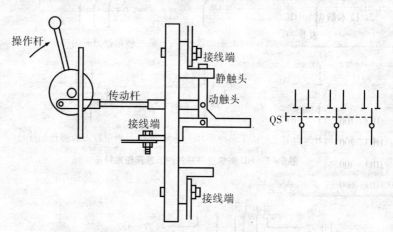

图 5-2 HS 型双投刀开关的示意及图形符号

5.2.2　HR 型熔断器式刀开关

1. 结构及图形符号　HR 型熔断器式刀开关也称为刀熔开关，它实际上是将刀开关和熔断器组合成一体的电器。刀熔开关操作方便，并简化了供电线路，在供配电线路上应用很广泛，其工作示意图及图形符号见图 5 - 3。刀熔开关可以切断故障电流，但不能切断正常的工作电流，所以一般应在无正常工作电流的情况下进行操作。

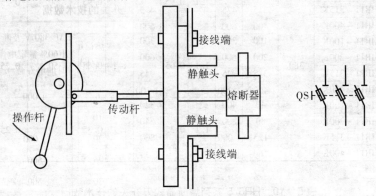

图 5 - 3　HR 型熔断器式刀开关的示意及图形符号

2. 技术数据　HR 型熔断器式刀开关的技术数据见表 5 - 8 ~ 表 5 - 10。

表 5 - 8　HR3 系列熔断器式刀开关的技术数据

型号	刀开关分断能力/A		熔断器极限分断能力有效值/A	
	交流 380 V $\cos\varphi \geq 0.6$	直流 440 V $T = 0.0045$ s	交流 380 V $\cos\varphi \geq 0.2$	直流 440 V $T = 0.015 \sim 0.02$ s
HR3 - 100	100	100	—	—
HR3 - 200	200	200		
HR3 - 400	400	400	25 000	25 000
HR3 - 600	600	600		

表 5-9　HR11 系列熔断器式刀开关的技术数据

型号	额定电压/V	额定电流/A	额定接通和分断能力						额定熔断短路电流	
			接通			分断			电流有效值/kA	$\cos\varphi$
			电流/A	电压倍数	$\cos\varphi$	电流/A	电压倍数	$\cos\varphi$		
HR11-100K		100	150			150				
HR11-200K		200	300	1.1	0.95	300	1.1	0.95	50	0.25
HR11-315K		315	475			475				
HR11-400K		400	600			600				
HR11-100K		100	300			300				
HR11-200K	380	200	600	1.1	0.65	600	1.1	0.65	50	0.25
HR11-315K		315	945			945				
HR11-400K		400	1 200			1 200				
HR11-100K		40	400			320				
HR11-200K		80	800	1.1	0.35	640	1.1	0.35	50	0.25
HR11-315K		125	1 000			800				
HR11-400K		160	1 300			1 000				

表 5-10　HR6/5 系列熔断器式刀开关的技术数据

型号	额定电压/V	额定接通和分断能力						配有 NT 系列熔断体号码	额定熔断短路电流[1]		
		接通(AC 23/380 V)			分断(AC 22/660 V)				电流有效值/kA	$\cos\varphi$	通断次数
		电流/A	电压倍数	$\cos\varphi$	电流/A	电压倍数	$\cos\varphi$				
HR$\frac{6}{5}$-100		1 000			800			00			
HR$\frac{6}{5}$-200		1 600			1 200			1			
HR$\frac{6}{5}$-400	380	3 200	1.1	0.35	2 400	1.1	0.35	2	50	0.25	各 1 次
HR$\frac{6}{5}$-630		5 040			3 780			3			
HR$\frac{6}{5}$-100		300			300			00			
HR$\frac{6}{5}$-200		600			600			1			
HR$\frac{6}{5}$-400	660	1 200	1.1	0.65	1 200	1.1	0.65	2	—	—	—
HR$\frac{6}{5}$-630		1 890			1 890			3			

①作为隔离器使用的场合，额定熔断短路电流为 100 kA。

5.2.3 组合开关

1. 结构及图形符号 组合开关又称为转换开关，控制容量比较小，结构紧凑，常用于空间比较狭小的场所，如机床和配电箱等。组合开关一般用于电气设备的非频繁操作、切换电源和负载，以及控制小容量的感应电动机和小型电器。

组合开关由动触头、静触头、绝缘连杆转轴、手柄、定位机构及外壳等部分组成。其动、静触头分别叠装于数层绝缘壳内，当转动手柄时，每层的动触片随转轴一起转动。

常用的组合开关有 HZ5、HZ10 和 HZ15 系列。HZ5 系列是类似万能转换开关的产品，其结构与一般转换开关有所不同。组合开关有单极、双极和多极之分。

组合开关的结构示意图及图形符号见图 5－4。

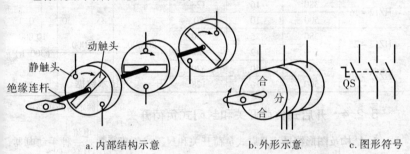

a. 内部结构示意　　　b. 外形示意　　　c. 图形符号

图 5－4　组合开关的结构示意和图形符号

2. 技术数据 组合开关的技术数据见表 5－11～表 5－12。

表 5－11　HZ15 系列组合开关的技术数据

电流种类	使用类别		约定发热电流/A	接通			分断		
				试验电流/A	试验电压/V	功率因数	试验电流/A	试验电压/V	功率因数
交流	作为配电电器用	AC－20	10	30			30		
		AC－21	25	75			75		
		AV－22	30	150	420	0.65	190	420	0.65
	作为控制电动机用	AC－3	10（3）①	30			24		
			25（5.5）	55			44		

续表

电流种类	使用类别	约定发热电流/A	接通			分断		
			试验电流/A	试验电压/V	功率因数	试验电流/A	试验电压/V	功率因数
直流	DC-20 DC-21	10	15			15		
		25	38	242	1	38	242	1
		63	95			95		

①10 A、25 A 开关在分别控制容量不大于 1.1 kW、2.2 kW 的交流电动机时，其工作电流分别为 3 A、5.5 A。

表 5-12 HZ12 系列组合开关的技术数据

型号	额定电压/V	额定电流/A	额定分断能力/A	机械寿命/次	门锁机械寿命/次	电寿命/次
HZ12-16	380	16	128			
	500	10	80			
HZ12-25	380	25	200	30 000	30 000	10 000 (300/h)
	500	12	96			
HZ12-40	380	40	320			
	500	16	128			

5.2.4 开启式负荷开关和封闭式负荷开关

1. 结构及图形符号　开启式负荷开关和封闭式负荷开关是一种手动电器，常用于电气设备中作隔离电源，有时也用于直接启动小容量的鼠笼型异步电动机。其结构及图形符号见图 5-5。

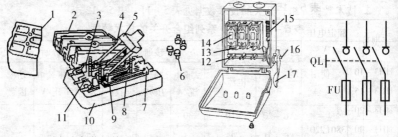

a. 开启式负荷开关　　　　b. 封闭式负荷开关　　　　c. 图形符号

图 5-5 负荷开关的结构及图形符号

1. 上胶盖　2. 下胶盖　3. 插座　4. 触刀　5. 操作手柄　6. 固定螺母
7. 进线端　8. 熔丝　9. 触点座　10. 底座　11. 出线端　12. 触刀
13. 插座　14. 熔断器　15. 速断弹簧　16. 转轴　17. 操作手柄

2. 技术数据 开启式负荷开关和封闭式负荷开关的技术数据见表 5–13 ~ 表 5–16。

表 5–13 HK1 系列开启式负荷开关的技术数据

额定电流/A	极数	额定电压/V	电动机最大容量		触点极限分断能力 $(\cos\varphi = 0.6)$/A	熔丝极限分断能力/A	配用熔丝规格			
			220 V	380 V			熔丝成分/%			熔丝线径/mm
							铅	锡	锑	
15	2	220	—	—	30	500				1.45 ~ 1.59
30	2	220	—	—	60	1 000				2.30 ~ 2.52
60	2	220	—	—	90	1 500	98	1	1	3.35 ~ 4.00
15	3	380	1.5	2.2	30	500				1.45 ~ 1.59
30	3	380	3.0	4.0	60	1 000				2.30 ~ 2.52
60	3	380	4.5	5.5	90	1 500				3.36 ~ 4.00

表 5–14 HH3 系列开启式负荷开关的技术数据

额定电压/V	极数	额定电流/A	配熔断器额定电流/A
440（交流）500（直流）	3	10、15、30	10、15、30
		30	20、25、30
250（交流）250（直流）	2	60	40、50、60
		100	80、100
		200	200

表 5–15 HH3 系列封闭式负荷开关的技术数据

型号	额定电压/V	开关触点通断能力			熔断器极限分断能力		
		通断能力/A	$\cos\varphi$	通断次数	通断能力/A	$\cos\varphi$	通断次数
HH3 – 10		40			500		
HH3 – 15		60			1 000		
HH3 – 20		80			1 000		
HH3 – 30	380（220）	120	0.4 ± 0.05	10	2 000	0.8 ± 0.05	2
HH3 – 60		240			3 000		
HH3 – 100		250			4 000		
HH3 – 200		300			6 000		

注：括号内数据为 2 极开关熔断器组的额定电压。

表 5 – 16 HH4 系列封闭式负荷开关的技术数据

额定电流/A	额定电压/V	极数	熔体主要参数			触头极限接通分断能力/A		熔断器极限分断能力/A	
			额定电流/A	材料	线径/mm	电流	cosφ	电流	cosφ
15	380	2.3	4	软铅线	1.08	60	0.5	500	0.8
			10		1.25				
			15		1.98				
30			20	紫铜线	0.61	120		1 500	0.7
			25		0.71				
			30		0.80				
60	380	2.3	40	紫铜线	0.92	240	0.4	3 000	0.6
			50		1.07				
			60		1.20				
100	440	3	60、80、100	RT10 系列熔断器	熔管额定电流与开关额定电流相同	300	0.8	50 000	0.25
200			100、150、200			600			
300			200、250、300			900			
400			300、350、400			1 200			

5.3　熔断器

　　熔断器在电路中主要起短路保护作用，用于保护线路。熔断器的熔体串联于被保护的电路中，熔断器以其自身产生的热量使熔体熔断，从而自动切断电路，实现短路保护及过载保护。熔断器具有结构简单、体积小、重量轻、使用维护方便、价格低廉、分断能力较强、限流能力良好等优点，因此在电路中得到广泛应用。

5.3.1　熔断器的结构原理及分类

　　常用熔断器的结构及熔断器图形符号见图 5 – 6。熔断器由熔体和安装熔体的绝缘底座（或称熔管）组成。熔体由易熔金属材料铅、锌、锡、铜、银及其合金制成，形状常为丝状或网状。由铅锡合金和锌等低熔点金属制成的熔体，因不易灭弧，多用于小电流电路；由铜、银等高熔点金属制成的熔体，易于灭弧，多用于大电流电路。

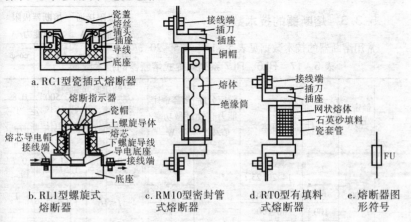

a.RC1型瓷插式熔断器

b.RL1型螺旋式
熔断器

c.RM10型密封管
式熔断器

d.RT0型有填料
式熔断器

e.熔断器图
形符号

图 5-6　常用熔断器的结构及熔断器图形符号

熔断器串联于被保护电路中，电流通过熔体时产生的热量与电流平方和电流通过的时间成正比，电流越大，则熔体熔断时间越短，这种特性称为熔断器的反时限保护特性或安秒特性，见图5-7。图中 I_N 为熔断器的额定电流，熔体允许长期通过额定电流而不熔断。

熔断器种类很多，按结构分为开启式、半封闭式和封闭式；按有无填料分为有填料式、无填料式；按用途分为工业用熔断器、保护半导体器件熔断器及自复式熔断器等。

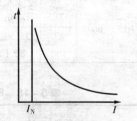

图 5-7　熔断器的反时限
保护特性

5.3.2　熔断器的主要技术参数

熔断器的主要技术参数包括额定电压、熔体额定电流、熔断器额定电流、极限分断能力等。

1. 额定电压　额定电压指保证熔断器能长期正常工作的电压。

2. 熔体的额定电流　熔体的额定电流指熔体长期通过而不会熔断的电流。

3. 熔断器的额定电流　熔断器的额定电流指保证熔断器能长期正常工作的电流。

4. 极限分断能力　极限分断能力指熔断器在额定电压下所能开断的最大短路电流。在电路中出现的最大电流一般是指短路电流值，所以，极限分断能力也反映了熔断器分断短路电流的能力。

5.3.3 熔断器的技术数据

常用熔断器的技术数据见表 5 - 17 ~ 表 5 - 20。

表 5 - 17　RL6、RL7 系列螺旋式熔断器的技术数据

型号	额定电压/V	额定电流/A		额定分断能力有效值/kA	熔体额定耗散功率/W	约定时间和约定电流			
		支持件	熔体			熔体额定电流 I/A	约定不熔断电流	约定熔断电流	约定时间/h
RL6	500	25	2、4、6、10、14、20、25	50	4	$I \leqslant 4$	1.5I	2.1I	1
		63	35、50、63		7	$4 \leqslant I \leqslant 16$	1.5I	1.9I	
		100	80、100		9				
		200	125、160、200		19	$16 \leqslant I \leqslant 63$			
RL7	660	25	2、4、6、10、16、20、25	25	6.3	$63 \leqslant I \leqslant 160$	1.25I	1.4I	1
		63	35、50、63		13.4	$160 \leqslant I \leqslant 200$			2
		100	80、100		16.8				3

表 5 - 18　RC1A 系列瓷插式熔断器的技术数据

型号	熔断器额定电流/A	额定电压/V	熔体额定电流/A	熔体直径/mm	熔体材料及牌号	极限分断电流有效值/A	功率因数	飞弧距离/mm ≤	拔出力/N
RC1A - 5	5		2	0.46		300		10	9.81 ~ 24.5
			5	0.46					
RC1A - 10	10	3 相 380 或单相 220	2	0.46	熔断铅丝 GB3132	500	0.4 ± 0.05	15	19.60 ~ 49.0
			4	0.71					
			6	0.98					
			8	1.02					
			10	1.25					
RC1A - 15	15		6	1.02				20	
			10	1.51					
			12	1.67					
			15	1.98					

续表

型号	熔断器额定电流/A	额定电压/V	熔体额定电流/A	熔体直径/mm	熔体材料及牌号	极限分断电流有效值/A	功率因数	飞弧距离/mm ≤	拔出力/N
RC1A – 30	30	3 相 380 或 单相 220	20	0.60	TR 圆铜线 GB3953	1 500	0.4 ± 0.05	30	39.2 ~ 117.7
			25	0.71					
			30	0.80					
RC1A – 60	60		30	0.80				60	49.0 ~ 117.7
			40	0.93					
			50	1.06					
			60	1.20					
RC1A – 100	100		60	1.30		3 000		90	127.5 ~ 245.1
			80	1.56					
			100	1.80					
RC1A – 200	200		120	—	T2 铜带熔片			140	196.1 ~ 343.2
			150	—					
			200	—					

表 5 – 19　RC1A 系列螺旋式熔断器的技术数据

额定电压/V	熔断器支持件额定电流/A	熔体额定电流/A	额定分断能力/kA	功率因数
380	16	2、4、6、10、16	50	0.1 ~ 0.2
	63	20、25、35、50、63		
	100	80、100		

表 5 – 20　RLS2 系列螺旋式快速熔断器的技术数据

型号	额定电压/V	额定电流/A 熔断器	额定电流/A 熔体	额定分断能力/kA	熔体最大耗散功率/W
RLS2 – 30	500	30	16、20、25、30	50	18
RLS2 – 63		63	35、50、63		32.5
RLS2 – 100		100	80、100		54

5.4 低压断路器

低压断路器俗称自动开关或空气开关，用于低压配电电路中不频繁的通断控制。低压断路器在电路发生短路、过载或欠电压等故障时能自动分断故障电路，是一种控制兼保护电器。

断路器的种类繁多，按其用途和结构特点可分为 DW 型框架式断路器、DZ 型塑料外壳式断路器、DS 型直流快速断路器和 DWX 型、DWZ 型限流式断路器等。框架式断路器主要用作配电线路的保护开关，而塑料外壳式断路器除可用作配电线路的保护开关外，还可用作电动机、照明电路及电热电路的控制开关。

5.4.1 低压断路器的结构和工作原理

断路器主要由三个基本部分组成，即触头、灭弧系统和各种脱扣器。脱扣器包括过电流脱扣器、失压（欠电压）脱扣器、热脱扣器、分励脱扣器和自由脱扣器。

图 5-8 是断路器的工作原理示意及图形符号。断路器开关是靠操作机构手动或电动合闸的，触头闭合后，自由脱扣机构将触头锁在合闸位置上。当电路发生上述故障时，通过各自的脱扣器使自由脱扣机构动作，自动跳闸以实现保护作用。分励脱扣器则作为远距离控制分断电路之用。

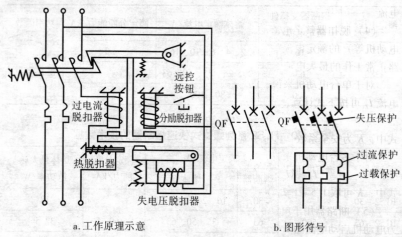

a.工作原理示意　　　　　b.图形符号

图 5-8　断路器的工作原理示意及图形符号

过电流脱扣器用于线路的短路和过电流保护，当线路的电流大于整定的电流值时，过电流脱扣器所产生的电磁力使挂钩脱扣，动触点在弹簧的拉力下迅速断开，实现短路器的跳闸功能。

热脱扣器用于线路的过负荷保护，工作原理和热继电器的相同。

失压（欠电压）脱扣器用于失压保护，见图 5 - 8，失压脱扣器的线圈直接接在电源上，处于吸合状态，断路器可以正常合闸；当停电或电压很低时，失压脱扣器的吸力小于弹簧的反力，弹簧使动铁芯向上使挂钩脱扣，实现短路器的跳闸功能。

分励脱扣器用于远方跳闸，当在远方按下按钮时，分励脱扣器得电产生电磁力，使其脱扣跳闸。

不同断路器的保护是不同的，使用时应根据需要选用。在图形符号中也可以标注其保护方式，见图 5 - 8。断路器图形符号中标注了失压、过负荷、过电流三种保护方式。

5.4.2　低压断路器的选用原则

（1）应根据具体使用条件、被保护对象的要求选择合适的类型。

（2）一般在电气设备控制系统中，常选用塑料外壳式或漏电保护断路器，在电力网主干线路中主要选用框架式断路器，而在建筑物的配电系统中则一般采用漏电保护断路器。

（3）断路器的额定电压和额定电流应不小于电路的额定电压和最大工作电流。

（4）脱扣器整定电流的计算。热脱扣器的整定电流应与所控制负荷（如电动机等）的额定电流一致。电磁脱扣器的瞬时动作整定电流应大于负荷电路正常工作的最大电流。

对于单台电动机来说，DZ 系列自动空气开关电磁脱扣器的瞬时动作整定电流 I_z 可按下式计算：

$$I_z \geqslant KI_q$$

式中，K 为安全系数，可取 1.5～1.7；I_q 为电动机的启动电流。

对于多台电动机来说，可按下式计算：

$$I_z \geqslant KI_{qmax} + 电路中其余电动机额定电流的总和$$

式中，K 可取 1.5～1.7；I_{qmax} 为最大一台电动机的启动电流。

（5）断路器用于电动机保护时，一般电磁脱扣器的瞬时脱扣整定电流应为电动机启动电流的 1.7 倍。

（6）选用断路器作多台电动机短路保护时，一般电磁脱扣器的整定电流为容量最大的一台电动机启动电流的 1.3 倍再加上其余电动机的额定电流。

（7）用于分断或接通电路时，其额定电流和热脱扣器的整定电流均应等于或大于电路中负荷额定电流的2倍。

（8）选择断路器时，在类型、等级、规格等方面要配合上、下级开关的保护特性，不允许因下级保护失灵导致上级跳闸，扩大停电范围。

5.4.3 低压断路器的技术数据

低压断路器的技术数据见表5-21~表5-24。

表5-21 M系列万能式断路器的技术数据

型号	分断能力代号	额定短路分断能力/kA			额定短路接通能力/kA			额定短时耐受电流/kA		
		220/415 V	440 V	500/690 V	220/415 V	440 V	500/690 V	0.5 s	1 s	3 s
M08	N1	40	40	40	84	84	84	40	30	22
M10	H1	65	65	65	143	143	143	65	50	32
M12	N2	100	100	85	220	220	187	65	50	32
M16	L1	130	110	65	242	242	143	12	12	12
M20	N1	55	55	55	121	121	121	55	55	50
	H1	75	75	75	165	165	165	75	75	57
M25	N2	100	100	85	220	220	187	75	75	57
	L1	130	110	65	286	242	143	17	17	17
M32	H1	75	75	75	75	165	165	75	75	75
M40	H2	100	100	100	85	220	187	75	75	75
M50	H1	100	100	100	85	220	187	100	100	100
M53	H2	150	150	150	85	330	187	100	100	100

表5-22 DS16系列快速断路器的技术数据

型号	额定工作电压/V	壳架等级额定电流 I_n/A	脱扣器形式或长延时脱扣器电流整定范围	瞬时脱扣器电流整定值/A
DS12-10/08		1 000		
DS12-20/08	800	2 000	分励脱扣器 欠压脱扣器 电流上升率脱扣器	(0.8~2) I_n
DS12-30/08		3 150		
DS12-60/08		6 300		

表 5 - 23　DWX15C 系列限流断路器的技术数据

壳架等级额定电流/A	额定电流 I_n/A	整定电流/A		额定短路通断能力/kA		一次极限通断能力/kA		机械寿命/次	电气寿命/次	
		长延时	瞬时	380 V	660 V	380 V	660 V		配电用	保护电动机用
200	100、160、200	$(0.64 \sim 1.0)\ I_n$	配电用 $10I_n$；保护电动机用 $12I_n$	50	20	100	40	20 000	2 000	4 000
400	315、400	$(0.64 \sim 1.0)\ I_n$		50	20	100	40	10 000	2 000	2 000
630	315、400、630	$(0.64 \sim 1.0)\ I_n$		70	25	100	40	10 000	1 000	2 000

表 5 - 24　BM 系列小型塑料外壳式断路器的技术数据

壳架等级额定电流/A	额定电流 I_n/A	额定极限短路分断能力/A		额定运行短路分断能力/A		瞬时脱扣器整定电流	机械寿命/次	电气寿命/次	飞弧距离/mm
		380 V	660 V	380 V	660 V				
100	15、20、25、32、40、50、63、80、100	30	15	25	10	$10I_n$	4 000	4 000	200
200	100、120、140、170、200	40	20	30	15	$(5 \sim 10)I_n$	5 500	2 500	200
630	200、250、300、400、500、630	60	25	45	20	$(5 \sim 10)I_n$	3 500	1 500	250

5.5　接触器

接触器是一种通用性很强的开关式电器，是电力拖动与自动控制系统中一种重要的低压电器。可以频繁地接通和分断交直流主电路，它是有触点电磁式电器的典型代表，相当于一种自动电磁式开关，是利用电磁力的吸合和反向弹簧力作用使触点闭合和分断，从而使电路接通和断开。它具有欠电压释放保护及零电压保护，控制容量大，可用于频繁操作和远距离控制，工作可靠、寿命长、性能稳定、维修方便。它主要用来控制电动机，也可用来控制电焊机、电阻炉和照明器具等电力负荷。接触器不能切断短路电流，因此通常需要与熔断器配合使用。

接触器的分类方法较多，可以按驱动触点系统动力来源的不同分为电磁式接触器、气动式接触器和液动式接触器；也可按灭弧介质的性质，分为空气式接触器、油浸式接触器和真空接触器等；还可按主触点控制的电流性质，分为交流接触器和直流接触器等。本节主要介绍在电力控制系统中使用最为广泛的电磁式交流接触器。

5.5.1 电磁式交流接触器的结构

电磁式交流接触器由电磁机构、触点系统和灭弧系统三部分组成。电磁机构一般为交流电磁机构，也可采用直流电磁机构。吸引线圈为电压线圈，使用时并联在电压相应的控制电源上。触点可分为主触点和辅助触点，主触点一般为三极动合触点，电流容量大，通常装设灭弧机构，因此具有较大的电流通断能力，主要用于大电流电路（主电路）；辅助触点电流容量小，不专门设置灭弧结构，主要用在小电流电路（控制电路或其他辅助电路）中作联锁或自锁之用。图 5-9 为电磁式交流接触器的外形结构示意及电气符号。

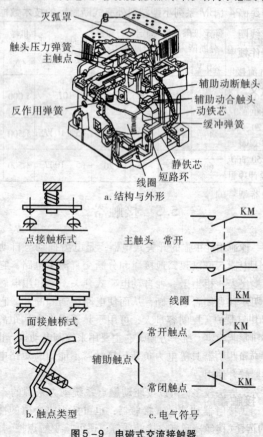

a. 结构与外形

点接触桥式

面接触桥式

辅助触点

b. 触点类型

主触头　常开

线圈

常开触点

常闭触点

c. 电气符号

图 5-9　电磁式交流接触器

5.5.2 接触器的基本技术参数与型号含义

1. 额定电压 接触器额定电压是指主触点上的额定电压，其电压等级如下：

（1）交流接触器：220 V、380 V、500 V。

（2）直流接触器：220 V、440 V、660 V。

2. 额定电流 接触器额定电流是指主触点的额定电流。其电流等级如下：

（1）交流接触器：10 A、15 A、25 A、40 A、60 A、150 A、250 A、400 A、600 A，最高可达 2 500 A。

（2）直流接触器：25 A、40 A、60 A、100 A、150 A、250 A、400 A、600 A。

3. 线圈的额定电压 其电压等级如下：

（1）交流线圈：36 V、110 V、127 V、220 V、380 V。

（2）直流线圈：24 V、48 V、110 V、220 V、440 V。

4. 额定操作频率（每小时通断次数） 交流接触器的额定操作频率可高达 6 000 次/h，直流接触器的可达 1 200 次/h。电气寿命达 500 万 ~ 1 000 万次。

5. 型号含义 交流接触器和直流接触器的型号代号分别为 CJ 和 CZ。

直流接触器型号的含义如下：

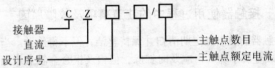

交流接触器型号的含义如下：

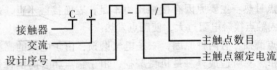

我国生产的交流接触器常用的有 CJ1、CJ10、CJ12、CJ20 等系列产品。CJ12 和 CJ20 新系列接触器，所有受冲击的部件均采用了缓冲装置，合理地减小了触点开距和行程。运动系统布置合理、结构紧凑；采用结构连接，因不用螺钉，所以维修更方便。

直流接触器常用的有 CZ1 和 CZ3 等系列和新产品 CZ20 系列。新系列接触器具有寿命长、体积小、工艺性能更好、零部件通用性更强等优点。

5.5.3 接触器的选用

1. 类型的选择 根据所控制的电动机或负荷电流类型来选择接触器类型，

交流负荷应采用交流接触器，直流负荷应采用直流接触器。

2. 主触点额定电压和额定电流的选择 接触器主触点的额定电压应大于等于负荷电路的额定电压，主触点的额定电流应大于负荷电路的额定电流，或者根据经验公式计算，计算公式如下（适用于 CJ0、CJ10 系列）：

$$I_e = P_n \times 10^3 / K U_n$$

式中，K 为经验系数，一般取 $1 \sim 1.4$；P_n 为电动机的额定功率（kW）；U_n 为电动机的额定电压（V）；I_e 为接触器主触点电流（A）。

如果接触器控制的电动机启动、制动或正反转较频繁，一般将接触器主触点的额定电流降一级使用。

3. 线圈电压的选择 接触器线圈的额定电压不一定等于主触点的额定电压，从人身和设备安全角度考虑，线圈电压可选择低一些，但当控制线路简单、线圈功率较小时，为了节省变压器，可选 220 V 或 380 V。

4. 接触器操作频率的选择 操作频率是指接触器每小时通断的次数。当通断电流较大及通断频率过高时，会引起触点过热，甚至熔焊。操作频率若超过规定值，应选用额定电流大一级的接触器。

5. 触点数量及触点类型的选择 通常接触器的触点数量应满足控制支路数的要求，触点类型应满足控制线路的功能要求。

5.5.4 接触器使用过程中的注意事项及故障原因

（1）接触器的触点应定期清扫并保持整洁，但不得涂油。当触点表面因电弧作用形成金属小珠时，应及时铲除，但银及银合金触点表面产生的氧化膜，由于接触电阻很小，可不必修复。

（2）触点过热：主要原因有接触压力不足，表面接触不良，表面被电弧灼伤等，造成触点接触电阻过大，使触点发热。

（3）触点磨损：有两种原因，一是电气磨损，由于电弧的高温使触点上的金属氧化和蒸发所造成；二是机械磨损，由于触点闭合时的撞击，触点表面相对滑动摩擦所造成。

（4）线圈失电后触点不能复位：其原因为：触点被电弧熔焊在一起；铁芯剩磁太大，复位弹簧弹力不足；活动部分被卡住等。

（5）衔铁振动有噪声：主要原因为：短路环损坏或脱落；衔铁歪斜；铁芯端面有锈蚀尘垢，使动静铁芯接触不良；复位弹簧弹力太大；活动部分有卡滞，使衔铁不能完全吸合等。

（6）线圈过热或烧毁：主要原因为：线圈匝间短路；衔铁吸合后有间隙；操作频繁超过允许操作频率；外加电压高于线圈额定电压等，引起线圈中电流过大等。

5.5.5 接触器的技术数据

接触器的技术数据见表 5 – 25 ~ 表 5 – 31。

表 5 – 25 CZ2 系列直流接触器的技术数据

型号	额定电压/V	额定电流/A	额定控制电压/V	最大操作频率/(次/h)	接通时间/s	分断时间/s	外形尺寸（宽×高×深）/mm
CZ2 – 2500	DC600	2 500	220	240	0.5	0.15	500 ×950 ×492
CZ2 – 2500A			110		0.25	0.12	

表 5 – 26 3TC 系列直流接触器的技术数据

规格	型号	440 V 时的额定工作电流/A	DC – 2 ~ DC – 4 使用类别控制直流电动机的功率/kW				
			110 V	220 V	440 V	600 V	750 V
2	3TC22	30	2.5	5	9	9	4
	3TC44	32	2.5	5	9	9	4
4	3TC24	40	3.5	7.5	15	20	25
	3TC48	75	6.5	13	27	38	45
6	3TC26	75	6.5	13.5	27	38	45
8	3TC28	155	14	28	56	78	93
	3TC52	200	20	41	82	110	110
10	3TC30	220	20	41	82	110	138
12	3TC78	400	35	70	140	200	250
	3TC56	400	35	70	140	200	250
	3TC78	400	35	70	140	200	250

表 5 – 27　ELB 系列直流接触器的技术数据

型号	主触头						辅助触头			通断能力		操作频率/(次/h)	机械寿命/万次	电气寿命次数/万次	固有吸合时间/ms	固有释放时间/ms
	额定工作电压/V	额定工作电流/A	触点形式	触点材料	触头数目 常开	触头数目 常闭	触点材料	触头数目 常开	触头数目 常闭	电压/V	电流/A					
ELB – 13	600	30	单断指式	铜或镀银	1		银	1	1	$1.1U_n$	$16I_n$	最高 3 000	2 500 ~ 5 000	50 ~ 100		
ELB – 16		60					银	1	1		$16I_n$					
ELB – 110		100					铜	2	2		$30I_n$					
ELB – 120		200					铜	2	2		$20I_n$					
ELB – 135		350					铜	2	2		$14I_n$					
ELB – 160		600					铜	2	2		$8I_n$	最高 300	100 ~ 200	10		
ELB – 1100		1 000					铜	2	2		$5I_n$			5		
ELB – 23		30			2		银	1	1		$33I_n$	最高 3 000	2 500 ~ 5 000	50 ~ 100		
ELB – 26		60					银	1	1		$33I_n$					
ELB – 220		200					铜	2	2		$20I_n$					
ELB – 235		350					铜	2	2		$14I_n$					
ELB – 260		600					铜	2	2		$8I_n$				294	230

注：U_n 为额定工作电压；I_n 为额定工作电流。

表 5 - 28 CJ12 系列交流接触器的技术数据

型号	额定电压 U_n/V	额定电流 I_n/A	极数	控制电机最大功率/kW	接通与分断电流 ($\cos\varphi=0.35$)		操作频率/(次/h)		电气寿命 (AC-2类)/万次	机械寿命/万次	10 s 热稳定电源	动稳定电流峰值	辅助触头额定电流/A	质量/kg
					接通 100次	分断 20次	额定容量时	短时降容时						
CJ12-100	380	100	2、3	50	$12I_n$	$10I_n$	600	2 000	15	300	不小于 $7I_n$	不小于 $20I_n$	10	8
CJ12-150		150		75										12.5
CJ12-250		250		125	$10I_n$	$8I_n$	300	1 200	10	200				17.5
CJ12-400		400		200										29
CJ12-600		600		300										50
CJ12-100Z		100	4、5	50	$12I_n$	$10I_n$	600	2 000	15	300				
CJ12-150Z		150		75										
CJ12-250Z		250		125	$10I_n$	$8I_n$	300	1 200	10	200				
CJ12-400Z		400		200										
CJ12-600Z		600		300										

表 5 - 29 SC 系列交流接触器的技术数据

型号	约定发热电流/A	AC-3 负荷下额定电流/A				电动机最大容量/kW				电气寿命/万次	机械寿命/万次	操作频率/(次/h)
		200~240 V	380~440 V	500~550 V	600~660 V	200~240 V	380~440 V	500~550 V	600~660 V			
SC-03	20	11	9	7	5	2.5	4	4	4	200	1 000	1 800
SC-0		13	12	9	7	3.5	5.5	5.5	5.5			
SC-05		13	12	9	7	3.5	5.5	5.5	5.5			

续表

型号	约定发热电流/A	AC-3负荷下额定电流/A				电动机最大容量/kW				电气寿命/万次	机械寿命/万次	操作效率/(次/h)
		200~240 V	380~440 V	500~550 V	600~660 V	200~240 V	380~440 V	500~550 V	600~660 V			
SC-4-0	25	18	16	13	9	4.5	7.5	7.5	7.5	150	1000	1800
SC-4-1	32	22	22	17	9	5.5	11	11	7.5	200	1000	1800
SC-5-1	32	22	22	17	9	5.5	11	11	7.5	200	1000	1800
SC-1N	50	27	30	24	15	7.5	15	15	11	200		1200
SC-2N	60	39	37	29	19	11	18.5	18.5	15	200		1200
SC-2SN	80	52	48	38	26	15	22	25	22	100	500	1200
SC-3N	100	65	65	60	38	18.5	30	37	30	100	500	1200
SC-4N	135	80	80	60	44	22	40	37	37	100	500	1200
SC-5N	150	105	105	85	64	30	55	55	55	100	500	1200
SC-6N	150	126	120	90	72	37	60	60	60	100	500	1200
SC-7N	200	152	150	120	103	45	75	75	90	100	500	1200
SC-8N	260	182	180	180	150	55	90	130	132	100	500	1200
SC-10N	260	220	220	200	150	65	110	132	132	100	500	1200
SC-11N	350	300	265	230	230	90	132	160	200	100	500	1200
SC-12N	420	408	408	360	360	120	220	250	300	50	500	1200
SC-14N	660	600	600	600	600	180	315	400	480	50	500	1200
SC-16N	800	800	800	720	630	220	440	500	500	25	250	1200

表 5-30 P 系列交流接触器的技术数据

型号	PC1	PC3	PD2	PD3	PE1	PE3	PF1	PF3	PG1	PG3	PJ1	PJ3	PJ5
额定电流（380V）I_n/A	3	5	8	11	16	21	28	40	55	66	80	100	135
控制电动机功率/kW	2.2	2.2	1	5.5	9	11	15	22	30	35	45	55	75
控制电压 交流/V	21、12、18、210、380、500											
控制电压 直流/V	12、21、12、18、60、110、220											
机械寿命/×10⁶ 次	10		10		10~15				10				
电气寿命/×10⁶ 次	0.3		0.5		0.3	0.5	0.5	0.7	1				
质量/kg	0.132		0.175		0.33		0.36		1.19	2.07	3.47		

表 5-31 CJ20LJ 系列交流接触器的技术数据

型号	额定绝缘电压/V	额定工作电压/V	约定发热电流/A	在 AC-3 时额定电工作电流/A	在 AC-3 时控制电机功率/kW	线圈控制电压/V	与 NT 系列熔断器配合型号	在 AC-3 时操作频率/（次/h）	AC-3 时电气寿命/万次	机械寿命/万次
CJ20LJ-40		220	55	40	11		NT00-80			
		380			22					
CJ20LJ-63		220	80	63	18		NT1-160			
		380			30				100	1 000
CJ20LJ-100		220	125	100	28		NT1-250			
		380			50					
CJ20LJ-160	660	220	200	160	48	AC 50Hz：36、48、127、220、380	NT2-315	600		
		380			85					
CJ20LJ-250		220	315	250	80		NT2-400			
		380			132					
CJ20LJ-400		220	400	400	115		NT2-500			
		380			200				60	600
CJ20LJ-630		220	630	630	225		NT2-630			
		380			300					

5.6 继电器

继电器用于电路的逻辑控制，继电器具有逻辑记忆功能，能组成复杂的逻辑控制电路。继电器用于将某种电量（如电压、电流）或非电量（如温度、压力、转速、时间等）的变化量转换为开关量，以实现对电路的自动控制功能。

继电器的种类很多，按输入量可分为电压继电器、电流继电器、时间继电器、速度继电器、压力继电器等；按工作原理可分为电磁式继电器、感应式继电器、电动式继电器、电子式继电器等；按用途可分为控制继电器、保护继电器等；按输出形式可分为有触点继电器和无触点继电器。

5.6.1 常用继电器的技术参数

常用继电器的主要技术参数有：

（1）工作电压（电流）、动作电压（电流）和释放电压（电流）。

（2）吸合时间和释放时间。

（3）整定参数。

（4）灵敏度：通常指一台按要求整定好的继电器能被吸动时所必需的最小安匝数。

（5）返回系数。

（6）触头的接通和分断能力。

（7）使用寿命。

5.6.2 中间继电器

中间继电器在控制电路中起逻辑变换和状态记忆的功能，以及用于扩展接点的容量和数量。另外，在控制电路中还可以调节各继电器、开关之间的动作时间，防止电路误动作的作用。中间继电器实质上是一种电压继电器，它是根据输入电压的有或无而动作的，一般触点对数多，触点容量额定电流为 5～10 A。中间继电器体积小，动作灵敏度高，一般不用于直接控制电路的负荷，但当电路的负荷电流在 5～10 A 及 5 A 以下时，也可代替接触器起控制负荷的作用。中间继电器的工作原理和接触器一样，触点较多，一般为四常开和四常闭触点。常用的中间继电器型号有 JZ7、JZ14 等。

1. 中间继电器的结构　中间继电器的结构和接触器的基本相同，见图 5 - 10a，其图形符号见图 5 - 10b。

2. 中间继电器的技术数据　中间继电器的技术数据见表 5 - 32 ~ 表 5 - 35。

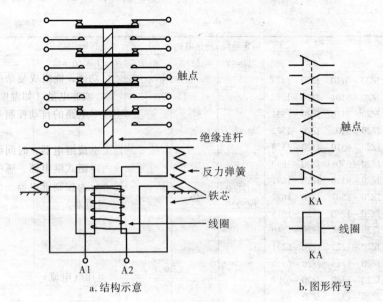

a. 结构示意　　　　　　　　　b. 图形符号

图 5－10　中间继电器的结构示意及图形符号

表 5－32　DZ－30×B 系列中间继电器的技术数据

型号	额定电压 U_n/V	电阻/Ω	动作电压(≤)	返回电压(≤)	动作时间(≤)/s	功率消耗(≤)/W	触点数量 动合	触点数量 动断
DZ－31B	12	46	70% U_n	5% U_n	额定电压时为 0.05	额定电压时为 5	3	3
DZ－31B	24	195	70% U_n	5% U_n	额定电压时为 0.05	额定电压时为 5	3	3
DZ－31B	48	660	70% U_n	5% U_n	额定电压时为 0.05	额定电压时为 5	3	3
DZ－32B	110	3 200	70% U_n	5% U_n	额定电压时为 0.05	额定电压时为 5	6	0
DZ－32B	220	12 750	70% U_n	5% U_n	额定电压时为 0.05	额定电压时为 5	6	0

表 5－33　JZ20 系列交流中间继电器的技术数据

型号		额定绝缘电压/V	约定电热电流/A	额定控制功率 P_n 电压	$I_n = 1$ A	$I_n = 6.3$ A	$I_n = 5$ A
JZ20－1140	JZ20－1313	AC 660 DC 220	16	AC 220 V	100 V·A	1.5 kW	2.2 kW
JZ20－1131	JZ20－1440	AC 660 DC 220	16	380 V	100 V·A	2.2 kW	4.0 kW
JZ20－1122	JZ20－1431	AC 660 DC 220	16	500 V	100 V·A	3.0 kW	4.0 kW
JZ20－1113	JZ20－1422	AC 660 DC 220	16	660 V	100 V·A	3.0 kW	4.0 kW

续表

型号		额定绝缘 电压/V	约定电热 电流/A	额定控制功率 P_n			
				电压	$I_n = 1$ A	$I_n = 6.3$ A	$I_n = 5$ A
JZ20-6110	JZ20-1413			DC 220 V	60 W		
JZ20-6101	JZ20-1540						
JZ20-9110	JZ20-1531						
JZ20-9101	JZ20-1522						
JZ20-6510	JZ20-1513						
JZ20-6501	JZ20-1640						
JZ20-9510	JZ20-1631	AC 660	16				
JZ20-9501	JZ20-1622	DC 220					
JZ20-1240	J220-1613						
JZ20-1231	JZ20-6210						
JZ20-1222	JZ20-6201						
JZ20-1213	JZ20-6310						
JZ20-1340	JZ20-6301						
JZ20-1331	JZ20-6401						
JZ20-1322	JZ20-6410						

表5-34 DZB-1××系列中间继电器的技术数据

型号	额定电 压 U_n/V	额定电 流 I_n/A	动作值 （≤）	返回值 （≥）	保持值 （≥）	触点数量	
						动合	动断
DZB-115	24 48	0.5、1、 2、4、5	80% I_n	2% I_n	70 I_n	2	2
DZB-138	110 220	1、2、 4、8	70% I_n	3% I_n	65 I_n	3	1

表5-35 K系列中间继电器的技术数据

型号	K□□□						
额定绝缘电压/V	660						
吸引线圈额定电压/V	36	110	127	220	380	500	660
额定工作电流/A	—	—	—	6	4	3	2
约定发热电流/A	10						

续表

	型　号		K□□□
吸引线圈 消耗功率	在闭合 前瞬间	交流/（V·A）	60
		直流/W	50
	闭合后 吸持时	交流/（V·A）	9
		直流/W	2.2
额定操作频率/（次/h）			3 000
机械寿命/万次			3 000（操作频率为 1 800 次/h）

5.6.3　电流继电器

电流继电器的输入量是电流，它是根据输入电流大小而动作的继电器。电流继电器的线圈串入电路中，以反映电路电流的变化，其线圈匝数少、导线粗、阻抗小。电流继电器可分为欠电流继电器和过电流继电器。

欠电流继电器用于欠电流保护或控制，如直流电动机励磁绕组的弱磁保护、电磁吸盘中的欠电流保护、绕线式异步电动机启动时电阻的切换控制等。欠电流继电器的动作电流整定范围为线圈额定电流的 30% ~ 65%。需要注意的是，在电路正常工作、电流正常不欠电流时，欠电流继电器处于吸合动作状态，常开接点处于闭合状态，常闭接点处于断开状态；当电路出现不正常现象或故障而导致电流下降或消失时，继电器中流过的电流小于释放电流而动作，所以欠电流继电器的动作电流为释放电流，而不是吸合电流。

过电流继电器用于过电流保护或控制，如起重机电路中的过电流保护。过电流继电器在电路正常工作时流过正常工作电流，正常工作电流小于继电器所整定的动作电流，继电器不动作，当电流超过动作电流整定值时才动作。过电流继电器动作时其常开接点闭合，常闭接点断开。过电流继电器整定范围为（110% ~ 400%）I_n，其中交流过电流继电器为（110% ~ 400%）I_n，直流过电流继电器为（70% ~ 300%）I_n。I_n 为额定电流。

常用的电流继电器型号有 JL12、JL15 等。

电流继电器作为保护电器时，其图形符号见图 5-11。

a. 欠电流继电器　　　　　b. 过电流继电器

图 5-11　电流继电器的图形符号

电流继电器的技术数据见表 5 - 36 ~ 表 5 - 38。

表 5 - 36 JTX 系列电流继电器的技术数据

产品规格		触点数量	线圈数据			吸动值 (≤)/V	释放值 (≥)/V	工作电流/mA	备注
			线径/mm	电阻/Ω	匝数				
交流/V	6	1 对转换, 2 对转换 或 3 对转换	0.31	5.5	505	5.1	—	415	线圈的匝数误差 为 ±2%
	12		0.21	24	1 010	10.2		208	
	24		0.15	92	2 020	20.4		102	
	36		0.13	190	3 030	30.6		69	
	110		0.08	1 600	9 260	93.5		24.2	
	127		0.08	2 000	10 700	108		19	
	220		0.05	7 500	18 500	187		11.5	
直流/V	6		0.21	40	1 535	5.1	2.7	150	直流线圈的电阻 在 20 ℃时,测得电 阻最大波动不大于 ±10%(φ0.15 mm 以下)或不大于 ±7%(φ0.16 mm 以上)
	12		0.15	150	2 875	10.2	5.4	80	
	24		0.11	570	5 475	20.4	10.8	42	
	48		0.08	2 230	10 700	40.8	21.6	21.5	
	110		0.05	10 000	22 000	93.5	49.5	11	
	220		0.04	20 000	22 000	187	99	11	
直流/mA	20		0.07	3 000	13 000	18 mA	8.1 mA	—	
	40		0.11	500	5 400	36 mA	16.2 mA		

注:继电器的释放值为额定值的 5%。

表 5 - 37 JL - 6 型电流继电器的技术数据

型号	电流标度范围/A	电流整定范围/A	级差/A	长期允许电流/A
JL - 6/G JL - 6/D	0.01 ~ 0.5	0.01 ~ 0.5	0.005	1
	0.2 ~ 10	0.2 ~ 10	0.1	15
	5 ~ 50	5 ~ 50	0.5	20
	10 ~ 100	10 ~ 100	1	20

表 5 – 38　DL 系列电流继电器的技术数据

型号	最大整定电流/A	额定电流/A		长期允许电流/A		电流整定范围/A	动作电流/A	
		线圈串联	线圈并联	线圈串联	线圈并联		线圈串联	线圈并联
	0.004 9	—	—	—	—	只有一点刻度	0.002 45	0.004 9
	0.006 4	—	—	—	—	只有一点刻度	0.003 2	0.006 4
	0.01	0.02	0.04	0.02	0.04	0.002 5 ~ 0.01	0.002 5 ~ 0.005	0.005 ~ 0.01
	0.05	0.08	0.16	0.08	0.16	0.012 5 ~ 0.05	0.012 5 ~ 0.025	0.025 ~ 0.05
	0.2	0.3	0.6	0.3	0.6	0.05 ~ 0.2	0.05 ~ 0.1	0.1 ~ 0.2
DL – 31	0.6	1	2	1	2	0.15 ~ 0.6	0.15 ~ 0.3	0.3 ~ 0.6
DL – 32	2	3	6	4	8	0.5 ~ 2	0.5 ~ 1	1 ~ 2
DL – 33	6	6	12	6	12	1.5 ~ 6	1.5 ~ 3	3 ~ 6
DL – 34	10	10	20	10	20	2.5 ~ 10	2.5 ~ 5	5 ~ 10
	15	10	20	15	30	3.75 ~ 15	3.75 ~ 7.5	7.5 ~ 15
	20	10	20	15	30	5 ~ 20	5 ~ 10	10 ~ 20
	50	15	30	20	40	12.5 ~ 50	12.5 ~ 25	25 ~ 50
	100	15	30	20	40	25 ~ 100	25 ~ 50	50 ~ 100
	200	15	30	20	40	50 ~ 200	50 ~ 100	100 ~ 200

5.6.4　电压继电器

电压继电器的输入量是电路的电压，其根据输入电压的大小而动作。与电流继电器类似，电压继电器也分为欠电压继电器、过电压继电器和零电压继电器三种。过电压继电器动作电压为（105% ~ 120%）U_n；欠电压继电器吸合动作电压为（20% ~ 50%）U_n，释放电压调整范围为（7% ~ 20%）U_n；零电压继电器在电压降低至（5% ~ 25%）U_n 时动作。它们分别起过压、欠压、零压保护。电压继电器工作时并联在电路中，因此线圈匝数多、导线细、阻抗大，反映电路中电压的变化，用于电路的电压保护。

电压继电器常用在电力系统继电保护中，在低压控制电路中使用较少。电压继电器作为保护电器时，其图形符号见图 5 – 12。

电压继电器的技术数据见表 5 – 39 ~ 表 5 – 41。

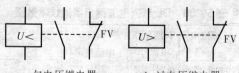

a. 欠电压继电器   b. 过电压继电器

图 5 – 12　电压继电器的图形符号

表 5 – 39　JY – 1 系列电压继电器的技术数据

型号	电压标度范围/V	电压整定范围/V	级差/V
JY – 1/G JY – 1/D	4 ~ 103	4 ~ 103	1
	100 ~ 298	100 ~ 298	2
	190 ~ 480	190 ~ 480	3

表 5 – 40　DJ – 1 × × A 系列电压继电器的技术数据

名称	型号	电压整定范围/V	长期允许电压/V		触点数量		返回系数	最小整定电压时的功耗/W
			串联线圈	并联线圈	动合	动断		
过电压继电器	DJ – 111A	15 ~ 60	70	35	1		0.8	1
		50 ~ 200	220	110				
		100 ~ 400	440	220				
	DJ – 121A	15 ~ 60	70	35		1		
		50 ~ 200	220	110				
		100 ~ 400	440	220				
	DJ – 131A	15 ~ 60	70	35	1	1		
		50 ~ 200	220	110				
		100 ~ 400	440	220				
欠电压继电器	DJ – 112A	12 ~ 48	70	35	1		1.25	1
		40 ~ 160	220	110				
		80 ~ 320	440	220				
	DJ – 122A	12 ~ 48	70	35		1		
		40 ~ 160	220	110				
		80 ~ 320	440	220				
	DJ – 132A	12 ~ 48	70	35	1	1		
		40 ~ 160	220	110				
		80 ~ 320	440	220				

表 5 - 41　DY - 7 × 系列直流电压继电器的技术数据

型号	最大整定电压/V	额定电压/V		长期允许电压/V		电压整定范围/V	动作电压/V		返回系数	最小整定电压时的功耗/W
		线圈串联	线圈并联	线圈串联	线圈并联		线圈串联	线圈并联		
DY - 71	400	400	200	440	220	100 ~ 400	200 ~ 400	100 ~ 200	≥0.72	≤1.5
DY - 72	200	440	220	500	250	50 ~ 200	100 ~ 200	50 ~ 100	≤1.39	

5.6.5　时间继电器

时间继电器在控制电路中用于时间的控制。其种类很多，按动作原理可分为电磁式、空气阻尼式、电动式和电子式等；按延时方式可分为通电延时型和断电延时型。

1. 时间继电器的结构及图形符号　时间继电器的结构及图形符号见图 5 - 13。

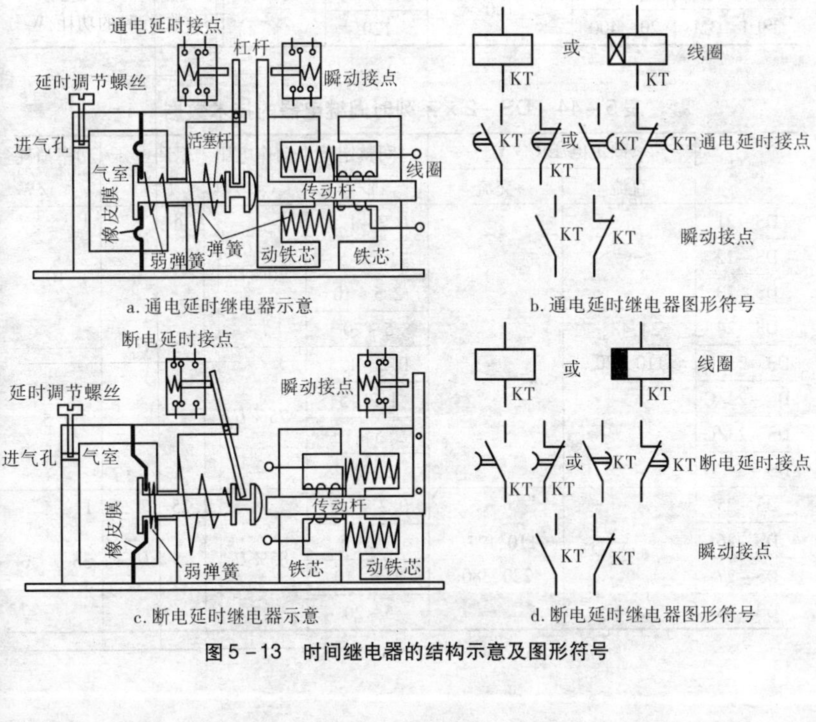

a. 通电延时继电器示意

b. 通电延时继电器图形符号

c. 断电延时继电器示意

d. 断电延时继电器图形符号

图 5 - 13　时间继电器的结构示意及图形符号

3. 时间继电器的技术数据 时间继电器的技术数据见表 5-42 ~ 表 5-45。

表 5-42 JSZ3 超级时间继电器的技术数据

型号	额定电压 /V		额定电流 /A	消耗功率	延时范围	复位时间 /ms	允许动作频率 /(次/h)	重复误差	电气寿命 /万次	机械寿命 /万次
	AC	DC								
JSZ3	100 110 200 220	21 48 100	3	AC100 V, 2.2 V·A; AC200 V, 2.9 V·A; DC24 V,1.2 W	0.05 ~ 0.5 s 0.5 ~ 5 s 5 ~ 30 s 30 s ~ 3 min	平均:60 最大:100	1 800	±0.5% ±1.0 ms 以下	100 以上 (AC:110 V, 3 A,阻阻 负载时)	5 000 以上

注:C 表示长期带电产品。

表 5-43 JSD1-M 型电动式时间继电器的技术数据

型号	延时范围 /s	额定控制容量/(V·A)	操作频率/ (次/h)	延时误差	整定误差	复位时间/ s
JSD1-1M	1 ~ 30	(AC380 V) 100	1 200	≤1%	≤1%	≤2%
JSD1-2M	4 ~ 120		400			
JSD1-3M	20 ~ 400		120			

表 5-44 DS-2×系列时间继电器的技术数据

型号	额定电压 U_n/V		时间整定范围/s	动作电压 (≤)	返回电压 (≥)	功率消耗 (≤)/W
	直流	交流				
DS-21	24,48, 110,220		0.2 ~ 1.5	70% U_n	5% U_n	10
DS-22			1.2 ~ 5			
DS-23			2.5 ~ 10			
DS-24			5 ~ 20			
DS-21/C			0.2 ~ 1.5	75% U_n		7.5
DS-22/C			1.2 ~ 5			
DS-23/C			2.5 ~ 10			
DS-24/C			5 ~ 20			
DS-25		110,127, 220,380	0.2 ~ 1.5	85% U_n	5% U_n	35 V·A
DS-26			1.2 ~ 5			
DS-27			2.5 ~ 10			
DS-28			5 ~ 20			

表 5 –45　JS25 系列时间继电器的技术数据

型号	延时方式	额定电压/V		延时范围	延时规格
		AC	DC		
JS25 – T	通电延时				
JS25 – D	间隔定时				
JS25 – F	分断延时				
JS25 – M	通电延时脉冲型	36,110,(127), 220,380	24,48, 110,220	7.5 s~17 h	6 挡,42 种
JS25 – C	重复循环延时				
JS25 – S	闪烁型				
JS25 – X	Y –△型				

5.6.6　热继电器

热继电器主要是用于电气设备（主要是电动机）的过负荷保护。热继电器是一种利用电流热效应原理工作的电器，它具有与电动机容许过载特性相近的反时限动作特性，主要与接触器配合使用，用于对三相异步电动机的过负荷和断相保护。

常用的电动机保护装置种类很多，使用最多、最普遍的是双金属片式热继电器。目前，双金属片式热继电器均为三相式，有带断相保护和不带断相保护两种。

1. 结构及图形符号　热继电器的结构及图形符号见图 5 – 14。

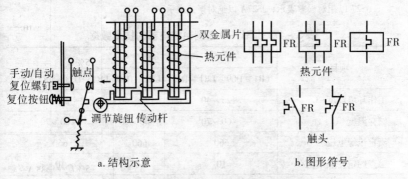

a.结构示意　　　　　　b.图形符号

图 5 –14　热继电器的结构示意及图形符号

2. 热继电器的选用原则　热继电器主要用于电动机的过载保护，使用中应考虑电动机的工作环境、启动情况、负载性质等因素，具体应按以下几个方面来选择。

（1）热继电器结构形式的选择：星形接法的电动机可选用两相或三相结构热继电器，三角形接法的电动机应选用带断相保护装置的三相结构热继电器。

（2）热继电器的动作电流整定值一般为电动机额定电流的 1.05~1.1 倍。

（3）对于重复短时工作的电动机（如起重机电动机），由于电动机不断重复升温，热继电器双金属片的温升跟不上电动机绕组的温升，电动机将得不到可靠的过载保护。因此，不宜选用双金属片热继电器，而应选用过电流继电器或能反映绕组实际温度的温度继电器来进行保护。

3. 热继电器的技术数据　热继电器的技术数据见表 5-46~表 5-49。

表 5-46　JS 系列热继电器的技术数据

型号	工作方式	有无带中间继电器	输出触头	工作电压/V	延时时间/s	重复延时误差[①]
JS27 - □ JS27A - □	吸合延时	无	1 常开	AC：至 380 DC：至 220	JS27： "1"时为 0.3~1.5 "2"时为 1.0~5.0 "3"时为 2.0~10.0 "4"时为 5.0~30.0 "5"时为 15.0~60.0 JS27A： "1"时为 0.1~9.99 "2"时为 1.0~99.0	JS27： ≤5% JS27A： "1"时 ≤ ±0.02 s "2"时 ≤ ±0.2 s
JS27 - □/1 JS27A - □/1	吸合延时	有	3 常开 4 常闭			
JS27 - □D JS27A - □D	释放延时	无	1 常开			
JS27 - □D/1 JS27A - □D1	释放延时	有	4 常开 4 常闭			

①JS27 以相对误差表示；JS27A 以绝对误差表示。

表 5-47　LR1-D 系列热继电器的技术数据

项目		型号		
		LR1 - D09~LR1 - D25	LR1 - D40	LR1 - D63~LR1 - D80
工作环境温度/℃		-25~40	-25~40	-25~40
储存温度/℃		-60~70	-60~70	-60~70
额定绝缘电压/V		660	660	660
触点约定发热电流/A		10	10	10
主回路接线端可接导线横截面积/mm²	软线	4	10	16
	硬线	6	10	25

表 5-48　3UA、3UW 系列热继电器的技术数据

热继电器型号	额定绝缘电压/V	额定电流/A	整定电流极限/A	热元件		动作特性			允许温度范围/℃	复位方式	
				整定电流调节比	每相最大功率/W	三相	断相	温度补偿		手动	自动
3UA50		14.5	0.1~14.5	1.45~1.6	2.4		IEC 292-1				有
3UW10		14.5	0.1~14.5	1.45~1.6	2.4		无				无
3UA52		25	0.1~25	1.56~1.6	2.4		IEC 292-1				有
3UW13		25	0.1~25	1.56~1.6	2.4		无				无
3UA54	AC 660 DC 800	36	4~36	1.44~1.6	3	IEC 292-1 VDE 0660	IEC 292-1	有	-25~55	有	有
3UW15		36	4~36	1.44~1.6	3		无				无
3UA58		80	16~80	1.23~1.6	3		IEC 292-1				有
3UW17		80	16~80	1.23~1.6	3		无				无
3UA59		63	0.1~63	1.26~1.6	4		IEC 292-1				有
3UA62		180	55~180	1.19~1.45	7						有
3UA66		400	80~100	1.56~1.58	12						有
3UA68		630	320~630	1.5~1.6	22						有
3UA70		12	0.1~2	1.43~1.6	23						无

表 5－49　T、B 系列热继电器的技术数据

热继电器型号	额定绝缘电压/V	额定电流/A	热元件 整定电流极限/A	热元件 整定电流调节比	热元件 每相最大功率/W	动作特性 三相	动作特性 断相	温度补偿	允许温度范围/℃	复位方式 手动	复位方式 自动
T16		16	0.11~17.6	1.15~1.38	2.1						无
T25		25	0.17~35	1.26~1.57							无
T45		45	0.25~45	1.56~1.73	3.57						有
T85	AC 660	85	6~100	1.56~1.75	8	IEC 292－1 VDE 0660	IEC 292－1	有	－25~50	有	无
T105		105	36~115	1.4~1.5	8.99						有
T170		170	90~200	1.43~1.45	8.19						有
T250		250	100~400	1.57~1.6							有
T380		370	100~500	1.57~1.61							有
B7		12	0.12~12	1.43~1.55	1.7						
B7－1	AC 660 DC 750	12	0.12~12	1.43~1.55	1.7	IEC 292－1 VDE 0660	IEC 292－1	有	－25~60		有
B27		32	0.12~32	1.43~1.54	2.3						有
B27－1		32	15~32	1.43~1.53	2.3					有	有
B27－2		47	11~17	1.54	2.3						有

5.6.7 速度继电器

1. 结构及图形符号 速度继电器又称为反接制动继电器，主要用于三相鼠笼型异步电动机的反接制动控制。图 5-15 为速度继电器的原理示意及图形符号，它主要由转子、定子和触头三部分组成。转子是一个圆柱形永久磁铁，定子是一个鼠笼型空心圆环，由硅钢片叠成，并装有鼠笼型绕组。其转子的轴与被控电动机的轴相连接，当电动机转动时，转子（圆柱形永久磁铁）随之转动产生一个旋转磁场，定子中的鼠笼型绕组切割磁力线而产生感应电流和磁场，两个磁场相互作用，使定子受力而跟随转动。当达到一定转速时，装在定子轴上的摆锤推动簧片触点运动，使常闭触点断开，常开触点闭合。当电动机转速低于某一数值时，定子产生的转矩减小，触点在簧片作用下复位。

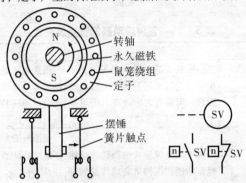

图 5-15 速度继电器的原理示意及图形符号

常用的速度继电器有 JY1 型和 JFZ0 型两种。其中 JY1 型可在 700 ~ 3 600 r/min 范围工作，JFZ0-1 型可在 300 ~ 1 000 r/min 工作，JFZ0-2 型可在 1 000 ~ 3 000 r/min 工作。

一般速度继电器都具有两对转换触点，一对用于正转时动作，另一对用于反转时动作。触点额定电压为 380 V，额定电流为 2 A。通常速度继电器动作转速为 130 r/min，复位转速在 100 r/min 以下。

2. 速度继电器的技术数据 速度继电器的技术数据见表 5-50。

表 5-50 JY1、JFZ0 速度继电器的技术数据

型号	触头额定电压/V	触头额定电流/A	触头数量		额定工作转速/(r/min)	允许操作频率/(次/h)
			正转时动作	反转时动作		
JY1	380	2	1 常开	1 常开	100 ~ 3 600	<30
JFZ0			1 常闭	1 常闭	300 ~ 3 600	

5.7 启动器

5.7.1 启动器的用途、分类和特性

启动器是一种用来控制电动机启动、停止、反转，并具有过载延时保护的控制电器。有些启动器是由接触器、热继电器和控制按钮等电器按一定方式组合而成的。

启动器的分类按操作方式可分为手动星－三角启动器、自耦减压启动器、电抗减压启动器、电阻减压启动器、电磁启动器、自动星－三角启动器等；按启动方式可分为直接启动器和减压启动器。各种启动器的特点及用途见表5－51。

表5－51 各种启动器的特点及用途

名 称			特 点	用 途
全压直接启动器	电磁启动器		由一般交流电磁接触器、热继电器、控制按钮等标准元件组合而成。可带有防护外壳，为可逆型，带电气及机械联锁	供远距离频繁控制三相鼠笼型异步电动机的直接启动、停止及可逆转换，并具有过载、断相和失压保护
	手动启动器		由不同外缘形式的凸轮或按钮操作的锁扣机构来完成线路的分合动作，后者可带有热继电器、失压脱扣器和分励脱扣器等	供不频繁控制三相鼠笼型异步电动机的直接启动、停止，并具有过载、断相、欠压保护。由于结构简单，价格低廉，操作不受电网电压波动的影响，故特别适合农村使用
减压启动器	星－三角启动器	自动	由一般交流接触器、热继电器、时间继电器及控制按钮等标准元件组合而成，有保护外壳，接触器主触头、热元件多接于三角形连接的内部	供三相鼠笼型感应电动机做星－三角启动及停止用，具有过载及断相保护作用，启动过程中，时间继电器能自动将电动机定子绕组由星形连接转换为三角形连接
		手动	用不同外缘形状的凸轮，使数个结构完全相同的触头组件按规定的顺序分合，实现电动机定子绕组的星－三角转换，有定位装置和防护外壳，一般无过载和失压保护	供三相鼠笼型异步电动机做星－三角启动及停止用

续表

名　　称		特　　点	用　　途
自耦减压启动器	自动	启动器由启动触头、逆转触头、手动操作机构、自耦变压器、保护装置、箱体等组成。分油浸式和空气式两种	供三相鼠笼型异步电动机做不频繁压启动及停止用，并能对电动机的过载和欠压起保护作用
	手动	由一般交流接触器、热继电器、控制按钮等标准元件与自耦变压器组合而成。利用自耦变压器降低电源电压以减小启动电流，并借自耦变压器的不同抽头可调节启动电流及起始转矩	供三相鼠笼型异步电动机做不频繁压启动及停止用，并能对电动机的过载、断相起保护作用
减压启动器 电抗减压启动器		由一般交流接触器、热继电器、控制按钮等标准元件与电抗线圈组合成箱式结构	供三相鼠笼型异步电动机减压启动用
电阻减压启动器		交流电阻减压启动器是采用一般接触器、热继电器、控制按钮等标准元件与电阻组合而成的箱式结构；直流电阻减压启动器由手动操作机构、刷形触头、变阻器、失压保护、机械联锁等组成，启动过程中，触头将电阻逐级切除	供三相鼠笼异步电动机或小容量直流电动机的减压启动用
延边三角形启动器		由一般交流接触器、热继电器、时间继电器、控制按钮等组成，带有信号灯、电流表和保护外壳。必须与定子有 9 个抽头的电动机配合使用	供三相鼠笼型异步电动机做延边三角形启动，并能对电动机的过载及断相起保护作用
全压启动器 频敏变阻启动器		由接触器（或开关）和直接接在电动机转子回路的频敏变阻器构成，相当于接入一个随转子转速变化的可变阻抗，做限流全压启动	用于控制交流绕缠式异步电动机的直接启动和反接制动。调节铁芯气隙和线圈抽头，可获得不同的启动特性
综合启动器		由一般交流接触器、热继电器、熔断器、控制按钮、组合开关、变压器等标准元件组成，并带有信号灯和保护外壳	供远距离直流控制三相鼠笼型异步电动机的启动和停止用，并具有过载、短路、失压保护作用

5.7.2 启动器的选用

（1）对于不要求限制启动电流和启动时的机械冲击的场合，都可以选择全压直接启动器。

（2）对于要求限制启动电流的场合，可以根据负载的性质选择不同的启动器。

1）当负载性质为无载和轻载启动时，应选择星 - 三角启动器、电阻启动器及电抗启动器。

2）当负载转矩与转速的平方成比例时，应选择自耦减压启动器、延边三角形启动器及电抗启动器。

3）当负载性质为摩擦负载时，应选择延边三角形启动器、电阻启动器及电抗启动器。

4）当负载为阻矩较小的惯性负载时，应选择星 - 三角启动器、自耦减压启动器、延边三角形启动器及电抗启动器。

（3）对于要求减小启动时的机械冲击的场合，应根据不同的负载性质的需要，选择不类型的启动器。

1）对于摩擦负载，应选择电阻启动器。

2）对于恒转矩负载，应选择电阻启动器及电抗启动器。

3）对于重力负载，应选择电抗启动器。

4）对于恒重负载，应选择电抗启动器。

5.7.3 启动器的技术数据

启动器的技术数据见表 5 - 52 ～ 表 5 - 62。

表 5 - 52 QC0 系列电磁启动器的技术数据

型号	额定电压/V	额定电流/A	所控制电动机最大功率/kW			吸引线圈额定电压/V	热继电器整定电流调节范围/A
			127 V	220 V	380 V		
QC0 - 10	380	20	3.2	5.8	10	交流50Hz：36, 1 110, 220, 380	0.6 ~ 1, 1 ~ 1.6, 1.6 ~ 2.5, 2.5 ~ 4, 4 ~ 6.4, 6.4 ~ 10, 10 ~ 16, 16 ~ 25
QC0 - 10W							
QC0 - 10K							
QC0 - 10WK							
QC0 - 20		40	7	12	20		6.4 ~ 10, 10 ~ 16, 16 ~ 25, 25 ~ 40
QC0 - 20W							
QC0 - 20K							
QC0 - 20WK							

续表

型号	额定电压/V	额定电流/A	所控制电动机最大功率/kW 127 V	220 V	380 V	吸引线圈额定电压/V	热继电器整定电流调节范围/A
QC0N－10							0.6～1, 1～1.6,
QC0N－10W		20	3.2	5.8	10	交流 50Hz:	1.6～2.5, 2.5～4,
QC0N－10K						36, 1 110,	4～6.4, 6.4～10,
QC0N－10WK	380					220, 380	10～16, 16～25
QC0N－20							
QC0N－20W		40	7	12	20		6.4～10, 10～16,
QC0N－20K							16～25, 25～40
QC0N－20WK							

表 5－53 LAJ1－5 型按钮启动器的技术数据

型号	额定电流 I_n/A	控制电动机功率/kW 220 V	380 V	接通、分断能力 接通	分断	功率因数	操作频率/（次/h）	电气寿命/万次	机械寿命/万次
LAJ1－5	5	0.75	1.5	$8I_n$	$8I_n$	0.3～0.4	1 200	20	100

表 5－54 DRB、DEB、MSB 系列电磁启动器的技术数据

型号	额定绝缘电压/V	额定工作电流/A 380 V	660 V	额定控制功率/kW 380 V	660 V	线圈额定电压/V	辅助触头 380 V 时额定工作电流/A	触头数	热继电器的动合触头 型号	约定发热电流/A	380 V 时额定工作电流/A	吸引线圈消耗功率/W 启动	吸持
DRB－9													
DEB－9		8.5	3.5	4	3								
MSB－9						24、							
DRB－12						36、48、		1					
DEB－12	660	11.5	4.9	5.5	4	110、127、	4	(动合)	T16	6	2	60	9 (2.2W)
MSB－12						220、							
DRB－16						380							
DEB－16		15.5	6.7	7.5	5.5								
MSB－16													

表 5-55 QS5、QS5A 系列手动启动器的技术数据

型号	额定绝缘电压/V	额定工作电压/V	约定发热电流/A	可控电动机功率/kW	定位角度	用途	操作频率/（次/h）	电气寿命/万次	机械寿命/万次
QS5-15 QS5A-15	380	380	15	4	0°~60°	直接启动	120	10	25
QS5-15N QS5A-15N					60°~0°~60°	可逆启动			
QS5-15P/3 QS5A-15P/3						两种电路转换			
QS5-30 QS5A-30		380	30	7.5	0°~60°	直接启动			
QS5-30N QS5A-30N					60°~0°~60°	可逆启动			
QS5-30P/3 QS5A-30P/3						两种电路转换			
QS5-63	660	380	63	18.5	0°~60°	直接启动			
QS5-63N					60°~0°~60°	可逆启动			
QS5-63P/3						两种电路转换			

表 5-56 QZ73 系列启动器的技术数据

型号	额定电压/V	额定电流/A	控制电动机功率/kW			辅助触头	
			127 V	220 V	380 V	数量	额定电流/A
QZ73-1	380	20	1	1.8	3.2	2 常开 2 常闭	5
QZ73-2		20	—	—	3.2		
QZ73-3		20	—	—	10		
QZ73-4、6		20	1	1.8	3.2		
QZ73-5、7		20	3.2	5.8	10		
QZ73-8、9、10		40	4	7	10		

表5-57 MS116 系列手动启动器的技术数据

型号	额定电流/A	电流整定范围/A	负荷功率/kW	型号	额定电流/A	电流整定范围/A	负荷功率/kW
MS116 - 0.16	0.16	0.1 ~ 0.16	0.06	MS116 - 2.5	2.5	1.6 ~ 2.5	1
MS116 - 0.25	0.25	0.16 ~ 0.25	0.1	MS116 - 4	4	2.5 ~ 4.0	1.5
MS116 - 0.4	0.4	0.25 ~ 0.4	0.18	MS116 - 6.3	6.3	4.0 ~ 6.3	2.2
MS116 - 0.63	0.63	0.4 ~ 0.63	0.25	MS116 - 10	10	6.3 ~ 10.0	4
MS116 - 1.0	1.0	0.63 ~ 1.0	0.55	MS116 - 16	16	10.0 ~ 16.0	7.5
MS116 - 1.6	1.6	1.0 ~ 1.6					

表5-58 QX4 系列星-三角启动器的技术数据

型号	额定电压/V	额定电流/A	可供启动的电动机功率/kW	热继电器电流速定近似值/V
QX4 - 17				
QX4 - 30	380	26, 33, 42.5, 50, 77, 105, 142	13, 17, 22, 30, 40, 55, 75	15, 19, 25, 34, 45, 61, 85
QX4 - 55				
QX4 - 75				

表5-59 GC4 系列星-三角启动器的技术数据

参数		额定工作电流(AC-3、380 V)/A	额定绝缘电压/V	额定工作电压/V	电气寿命/万次	机械寿命/次	线圈		
							额定控制电压 U_s/V	吸合电压/V	释放电压/V
型号	GC4 - 12	20			5.5				
	GC4 - 16	27							
	GC4 - 25	43			2.5				
	GC4 - 32	55				AC:36, 127,220, 380			
	GC4 - 40	69	690	380		30		(0.85 ~ 1.1) U_s	(0.2 ~ 0.75) U_s
	GC4 - 50	86			2				
	GC4 - 63	109							
	GC4 - 80	138							
	GC4 - 96	164			1.5				

表 5 – 60　QJ3 系列自耦降压启动器的技术数据

型号	电压 220 V,50 Hz(60Hz)				电压 380 V,50 Hz(60Hz)				电压 440 V,50 Hz(60Hz)			
	控制电动机功率/kW	额定工作电流/A	热保护额定电流/A	最大启动时间/s	控制电动机功率/kW	额定工作电流/A	热保护额定电流/A	最大启动时间/s	控制电动机功率/kW	额定工作电流/A	热保护额定电流/A	最大启动时间/s
QJ3 – Ⅰ				30	10	22	25	30	10	19	25	30
	8	28	40		14	30	40		14	26	40	
	10	37	40		17	38	40		17	33	40	
	11	40	45		20	43	45		20	36	45	
QJ3 – Ⅱ	14	51	63	40	22	48	63	40	22	42	63	40
	15	54	63		28	59	63		28	51	63	
					30	62	63		30	56	63	
	20	72	85		40	85	85		40	74	85	
QJ3 – Ⅲ	25	91	120	60	45	100	120	60	45	86	120	60
	30	108	160		55	120	160		55	104	160	
	40	145	160		75	145	160		75	125	160	

表 5 – 61　QJ10、QJ10D 系列自耦降压启动器的技术数据

型号	额定电压/V	电动机额定电流/A	被控变压器功率/kW	自耦变压器功率/kW	热继电器整定电流/A	最大启动时间/s	型号	额定电压/V	电动机额定电流/A	被控变压器功率/kW	自耦变压器功率/kW	热继电器整定电流/A	最大启动时间/s
QJ10 – 10	380	20.5	10	10	20.5	30	QJ10D – 11	380	24.6	11	11	24.6	30
QJ10 – 13		25.7	13	13	25.7		QJ10D – 15		31.4	15	15	31.4	
QJ10 – 17		34	17	17	34		QJ10D – 18.5		37.6	18.5	18.5	37.5	
QJ10 – 22		43	22	22	43	40	QJ10D – 22		43	22	22	43	40
QJ10 – 30		58	30	30	58		QJ10D – 30		58	30	30	58	
QJ10 – 40		77	40	40	77	60	QJ10D – 37		71.8	37	37	71.8	
QJ10 – 55		105	55	55	105		QJ10D – 45		85.2	45	45	85.2	60
QJ10 – 75		142	75	75	142		QJ10D – 55		105	55	55	105	
							QJ10D – 75		142	75	75	142	

表 5-62　QJW 系列无触点启动器的技术数据

型号	额定电压/V	额定电流/A	控制电动机功率/kW			最大允许启动电流/A
			笼型异步电动机	绕线转子异步电动机	电阻负载	
QJW6	380	80	22	40	50	200

5.7.4　启动器的常见故障及其排除方法

启动器的常见故障及排除方法见表 5-63。

表 5-63　启动器的常见故障及其排除方法

故障现象	可能原因	排除方法
触头过热或灼伤	触头弹簧压力过小	调高触头弹簧压力
	触头上有油污，或表面高低不平，有金属颗粒凸起	清理触头表面
	环境温度过高或使用在密闭的控制箱中	接触器降容使用
	铜触头用于长期工作制	接触器降容使用
	操作频率过高或电流过大，触头的容量不够	选用容量大的接触器
触头过度磨损	触头的超行程太小	调整触头超行程，或更换触头
	接触器选用欠妥，在某些场合容量不足	接触器降容使用，或改用适宜于繁重任务的接触器
	三相触头动作不同步	调整至同步
	负载侧短路	排除短路故障，更换触头
相间短路	可逆转换的接触器联锁不可靠，由于误动作，致使两台接触器同时投入运行而造成相间短路；或因接触器动作过快，转换时间短，在转换过程中发生电弧短路	加装电气联锁与机械联锁，在控制线路上加中间环节或调换为动作时间长的接触器，延长可逆转换时间
	尘埃堆积，或沾有水汽、油垢，使绝缘变坏	经常清理，保持清洁
	产品损坏（如灭弧装置破碎）	更换损坏零件

故障现象	可能原因	排除方法
吸不上或吸不足（触头已经闭合而铁芯尚未闭合）	电源电压过低或波动过大	调高电源电压
	操作电源容量不足，或发生断线、配线错误及控制触头接触不良	增加电源容量，更换线路，维修控制触头
	线圈技术参数与使用条件不符	更换线圈
	产品本身受损（如线圈断线或烧毁，机械可动部分被卡住，转轴生锈或歪斜）	更换线圈，修理受损零件
	触头弹簧压力、反力弹簧力超程过大	按要求调整触头参数及弹簧压力
断不开或释放缓慢	触头弹簧压力过小	调整触头参数
	触头熔焊	排除熔焊故障，修理或更换触头
	机械可动部分被卡住，转轴生锈或歪斜	排除卡住现象，修理受损零件
	铁芯表面有油污或尘埃粘着	清理铁芯表面
	E 形铁芯，当寿命终了时，因去磁气隙消失，使铁芯不释放	更换铁芯或加厚垫片
线圈过热或烧毁	电源电压过高或过低，或因短路故障引起系统电压降低，使铁芯不能完全吸合	调整电源电压，并排除引起短路或电压过低的故障
	线圈技术参数（如额定电压、频率及适用工作制等）与实际使用条件不符	调换线圈或接触器
	操作频率过高	选择其他合适的接触器
	线圈制造不良，或由于机械损伤、绝缘损坏等	更换线圈，排除引起线圈机械损伤的故障
	空气潮湿或含有腐蚀性气体	采取防潮、防蚀措施
电磁铁噪声大	电源电压过低	提高操作回路电压
	触头弹簧压力过大	调整触头弹簧压力
	机械卡住，使铁芯不能吸平	排除机械卡住故障
	铁芯表面生锈，或因异物吸入铁芯	清理铁芯表面
	短路环断裂	调换铁芯或焊接短路环
	铁芯表面磨损过度而不平	更换铁芯

续表

故障现象	可能原因	排除方法
触头熔焊	操作频率过高，或产品过负载使用	选用合适的接触器
	负载侧短路	排除短路故障，更换触头
	触头弹簧压力过小	调整触头弹簧压力
	触头表面有金属颗粒凸起或异物	清理触头表面
触头不导通	触头开距太大	调整触头参数
	触点脱落	更换触头
	触头不清洁	清理触头
	运动部分卡住	排除卡住现象
	操作回路电压过低，或机械卡住，致使吸合过程中有停滞现象，触头停顿在刚接触的位置	提高操作电源电压，排除机械故障，使接触器动作顺利，吸合可靠

5.8　主令电器

5.8.1　主令电器的用途、特性和分类

主令电器主要用于切换控制电路，用它可以控制电动机及其他控制对象的启动、停止或状态的变换。由于主令电器能发出使电气设备动作的命令，因此，称这类电器称为"主令电器"。主令电器种类也很多，按其功能可分为控制按钮、万能转换、开关、行程开关、主令控制器和其他主令电器等。

5.8.2　主令电器的选用

主令电器种类很多，其选用原则都有所不同，但主令电器一类产品有很多共同点，现就其共同点来考虑其选用原则。

主令电器大多数是手动电器，因此，在选用时，一方面要考虑其电气性能，另一方面还要考虑其机械性能和结构特点，同时也应考虑其使用场合。

在电气性能方面，首先考虑额定电压、额定电流、通断能力、允许操作频率、电气寿命和机械寿命、控制触点的编组和触头的关合顺序等。

在机械性能与结构特点方面，选用应考虑：运动行程的大小和操作力要适合；操作部位应明显、灵活、方便，不易造成误动作或误操作；操作的指示

符号要明显、正确。

5.8.3 常用主令电器的技术数据

常用主令电器的技术数据见表 5 - 64 ~ 表 5 - 73。

表 5 - 64 常用按钮的技术数据

型号	额定电压/V	额定电流/A	钮数	按钮颜色	触头数		结构形式
					常开	常闭	
LA4 - 2K	AC 380 DC 220	5	2	启动、停止：黑和红	2	2	开启式
LA4 - 3K			3		3	3	开启式
LA4 - 2H			2	向前、向后、停止：黑、绿、红	2	2	保护式
LA4 - 3H			3		3	3	保护式
LA10 - 1	AC 380 DC 220	5	1	启动、停止：黑和红或绿和红 向前、向后、停止：黑、绿、红	1	1	元件
LA10 - 1K			1		1	1	开启式
LA10 - 2K			2		2	2	开启式
LA10 - 3K			3		3	3	开启式
LA10 - 1H			1		1	1	保护式
LA10 - 2H			2		2	2	保护式
LA10 - 3H			3		3	3	保护式
LA18 - 22	AC 380 DC 220	5	1	红、绿、黑或白	2	2	元件
LA18 - 44			1	红、绿、黑或白	4	4	元件
LA18 - 66			1	红、绿、黑或白	6	6	元件
LA18 - 22J			1	红	2	2	元件
LA18 - 22Y			1	红	2	2	元件
LA18 - 66Y			1	红	6	6	元件
LA18 - 22X			1	黑	2	2	元件
LA18 - 44J			1	红	4	4	元件
LA18 - 66J			1	红	6	6	元件
LA19 - 11	AC 380 DC 220	5	1	红、黄、蓝、白或绿、红	1	1	元件
LA19 - 11J			1		1	1	元件
LA19 - 11D			1		1	1	元件
LA19 - 11DJ			1		1	1	元件
LA19 - 11H			1		1	1	元件
LA19 - 11DH			1		1	1	元件

型号	额定电压/V	额定电流/A	钮数	按钮颜色	触头数 常开	触头数 常闭	结构形式
LA20 – 11			1	红、绿、黑	1	1	元件
LA20 – 11J			1	红	1	1	元件
LA20 – 11D			1	红、绿、黑、白	1	1	元件
LA20 – 11DJ			1	红	1	1	元件
LA20 – 22			1	红、绿、黑	2	2	元件
LA20 – 22D	380	5	1	红、绿、黑、白	2	2	元件
LA20 – 22DJ			1	红	2	2	元件
LA20 – 2K			2	黑、红或绿、红	2	2	元件
LA20 – 3K			3	红、绿、黑	3	3	元件
LA20 – 2H			2	黑、红或绿、红	2	2	元件
LA20 – 3H			3	黑、绿、红	3	3	元件
LA20 – 22J			2	红	2	2	元件

表 5 – 65　LAY3 型按钮的技术数据

参数类别	技术数据									
使用类别	AC – 11					DC – 11				
额定工作电压/V	660	380	220	110	48	440	220	110	48	24
额定工作电流/A	1.5	2.5	4.5	6	6	0.1	0.3	0.6	1.3	2.5
额定绝缘电压/V	660					440				
额定发热电流/A	10									
机械寿命/万次	一般钮、蘑菇钮：300；带灯钮：100；旋钮、钥匙钮、自锁钮：10									
电气寿命/万次	AC 60；DC：30；带灯钮、钥匙钮、自锁钮：10									
操作频率/（次/h）	12～300	300～1 200	1200～3 600			12～300	300～1 200	1 200～3 600		
通电持续率	40%	25%	15%			40%	25%	15%		

表 5 – 66　LA25 型按钮的技术数据

参数类别	技术数据					
额定绝缘电压/V	AC 380				DC 220	
额定工作电压 U_n/V	220	380	220	380	110	220

续表

参数类别	技术数据				
额定发热电流/A	5		10		5、10	
额定工作电流/A	1.4	0.8	4.5	2.6	0.6	0.3
使用类别	AC－11				DC－11	
通断能力	8.7 A，418 V：50 次		46 A，418 V：50 次		0.8 A，242 V：20 次	
按钮形式	平钮		蘑菇钮		带灯钮	旋钮	钥匙钮
操作频率/(次/h)	120				12	
电气寿命/万次	50				10	
机械寿命/万次	100				10	
额定限制短路电流	$1.1U_n$，$\cos\varphi$：0.5～0.7，1 000A，3 次					
触头对数	22、30					
主要用途	应用于交流 50 Hz、电压为 380 V，直流电压为 220 V 的磁力启动器、接触器、继电器及其他电气线路作控制之用，还适用于需要灯光信号指示的设备					

表 5－67 LX32 型行程开关的技术数据

参数类别	技术数据					
额定绝缘电压/V	380					
额定工作电压 U_n/A	DC 24、DC 110、DC 220			AC 380、AC 220		
额定发热电流/A	6					
额定工作电流 I_n/A	0.42、0.09、0.046			0.79、1.3		
电源类型	DC			AC		
额定控制容量	10 W			300 W		
额定通断能力	$1.1U_n$，$1.1I_n$：20 次			$1.1I_n$，$1.1U_n$：50 次		
额定操作频率/(次/h)	1 200					
电气寿命/万次	20			100		
机械寿命/万次	LX32－1S	LX32－1Q	LX32－2Q	LX32－3Q	LX32－3S	LX32－5S
	300	1 000	1 000	300	300	300
转换时间/ms	<40					
主要用途	用于反映机械的动作或位置，利用机械可动部分的动作，将机械信号转换成电信号，对机械进行电气控制，广泛应用于钢铁、启动运输、机床及其他领域					

表 5-68 常用万能转换开关的技术数据

型号	额定电压/V	额定电流/A	挡数	面板形式	结构形式
LW2				方形	带定位
LW2-YZ				方形、圆形	带指示灯，自复机构及定位
LW2-Z	220 以下	10	1~8	方形、圆形	带自复机构及定位
LW2-Y				圆形	带指示灯及定位
LW2-H				方形	带定位
LW2-W				方形	带自复机构
LW4-2			2		
LW4-4			4		
LW4-6			6		
LW4-8	AC 380	20	8		自复式和一般形式
LW4-10			10		
LW4-12			12		
LW4-16			16		
LW5-15	AC 380 DC 220	15	1~16	自复式定位式	手柄结构：旋转式和普通式 操作方式：自复式和定位式
LW5-16	AC 500、 AC 380、 AC 220 DC 440	12	1~16	自复式定位式	手柄结构：旋转式 操作方式：自复式和定位式
LW8	AC 380 DC 220		1~10	自复式定位式	手柄结构：旋转式 操作方式：自复式和定位式

表 5-69 常用行程开关的技术数据

型号	额定电压/V	额定电流/A	触头数 常开	触头数 常闭	控制路数	结构形式
LX3-11H	AC 220	6	1	1		防护式
LX3-11K	DC 380		1	1		开启式

型号	额定电压/V	额定电流/A	触头数 常开	触头数 常闭	控制路数	结构形式
LX5 – 11			1	1		
LX5 – 11Q	AC 380	3	1	1		元件，带有防尘外壳
LX5 – 11D			1	1		
LX8 – 1	带磁吹灭弧 DC 600					LX8 – 1 和 LX8 – 3 带磁吹灭弧作用的磁系统
LX8 – 3		20				
LX8 – 4	无磁吹灭弧					LX8 – 4 和 LX8 – 5 不带磁吹灭弧作用的磁系统
LX8 – 5	AC 500 DC 100					
LX10 – 11	AC 380				1	保护式、防溅式、防水式
LX10 – 12					2	
LX10 – 21	DC 220	10			1	保护式、防溅式、防水式
LX10 – 22					2	
LX11 – 2	AC 380	3			2	保护式
LX20 – J	AC 380	2			4	防溅式
LX22 – 3	DC 440 以下	20			1 或 2	用涡轮、蜗杆传动、凸轮臂微动开关

表 5 – 70　LX31 型微动开关的技术数据

参数类别	技术数据	
额定绝缘电压/V	380	
额定工作电压 U_n/V	DC 24、DC 110、DC 220	AC 220、AC 380
额定发热电流/A	6	
额定工作电流 I_n/A	0.42、0.09、0.046	1.3、0.79
电源种类	DC	AC
额定控制容量	10 W	200 W
额定通断能力	$1.1I_n$，$1.1U_n$：20 次	$1.1I_n$，$1.1U_n$：50 次
额定操作频率/（次/h）	1 200	
电气寿命/万次	20	100
机械寿命/万次	1 000	
转换时间/ms	40	

续表

参数类别	技术数据
额定熔断短路电流/A	1 000
触动方式	基本型、小缓冲、直杆
接线方式	底部铆钉接线、侧面铆钉接线
主要用途	微动开关主要用于交流 50 Hz、电压 380 V 或直流电压至 220 V 的控制电路中,作为主令电器或其他电器产品的配件,以达到接通与分断控制电路

表 5 – 71　LY1 型超速开关的技术数据

参数类别	技术数据			
额定绝缘电压/V	380			
额定发热电流/A	6		3	
额定工作电压 U_n/V	AC 380	DC 220	AC 380	DC 220
额定工作电流 I_n/A	0.8	0.27	0.26	0.14
复位方式	手动复位		自动复位	
使用类别	AC – 11	DC – 11	AC – 11	DC – 11
额定转速/(r/min)	660、750、1 000			
额定通断能力	8. 8 A,418 V: 50 次	0. 3 A,242 V: 20 次	2. 8 A,418 V: 50 次	0. 16 A,242 V: 20 次
额定操作频率/(次/h)	120			
电气寿命/万次	1		20	
机械寿命/万次	1		100	
转速调整范围 r/min	600 ~ 3 000			
动作时间/s	≤0. 15			
超速能力	3 000 r/min 历时 2 min			
主要用途	用于起重机起升机构下降超速保护			

表 5 – 72　LK 系列主令控制器的技术数据

型号	额定电压/V	额定发热电流/A	控制电路数	额定控制容量/W 交流	直流	结构形式
LK1 – 6 LK1 – 8 LK1 – 10	AC 380 DC 220	10	6 6 10			保护式
LK4 – 024 LK4 – 044 LK4 – 054	AC 380 DC 440	15	2 4 6			保护式,有一组凸轮转轴装置,架设于滚动轴承上
LK4 – 028/1 LK4 – 028/2 LK4 – 048/1 LK4 – 048/2 LK4 – 058/1 LK4 – 058/2	AC 380 DC 440	15	2 2 4 4 6 6			保护式,装有减速器
LK4 – 148/3 LK4 – 148/4 LK4 – 168/3 LK4 – 168/4 LK4 – 188/3	AC 380 DC 440	15	8 8 16 16 24	1 000	150	保护式,有两组凸轮转轴装置,架设于滚动轴承上,经减速机构与操纵机构连接
LK4 – 658/1 LK4 – 658/2 LK4 – 658/3	AC 380 DC 440	15	5 5 5			防水式,有一组凸轮转轴装置,架设于滚动轴承上,用装于主令控制器壳上的涡轮减速器与传动轴连接
LK5 – 227 – 1 LK5 – 227 – 4	AC 380 DC 440	10	2 2			手柄直接操作,可复位至零
LK5 – 227 – 5 LK5 – 227 – 6	AC 380 DC 440	10	2 2			杠杆传动,可复位至零
LK5 – 031/3 – 401 LK5 – 051/6 – 816	AC 380 DC 440	10	4 8			手柄直接操作,可复位至零,带齿轮传动装置,1:2 的手柄,每一个位上有定位装置
LK5 – 052/2 – 816 LK5 – 052/2 – 1003	AC 380 DC 440	10	8 10			带齿轮传动装置,1:2的杠杆相连的摇臂,无固定的位置

型号	额定电压/V	额定发热电流/A	控制电路数	额定控制容量/W		结构形式
				交流	直流	
LK6 – 3/4 LK6 – 3/12 LK6 – 3/47 LK6 – 3/180	AC 127、 AC 220	5	3			以同步电动机作为定时的基本元件,通过由齿轮组成的传动减速机构来控制触头的接通与分断,从而控制其他电器或电机
LK6 – 6/4 LK6 – 6/12 LK6 – 6/61 LK6 – 6/180	AC 127、 AC 220	5	6			
LK6 – 10/4 LK6 – 10/12 LK6 – 10/47 LK6 – 10/61 LK6 – 10/180 LK6 – 10/386	AC 127、 AC 220	5	10	1 000	150	以同步电动机作为定时的基本元件,通过由齿轮组成的传动减速机构来控制触头的接通与分断,从而控制其他电器
LK6 – 12/4 LK6 – 12/12 LK6 – 12/61 LK6 – 12/180			12			
LK14 – 6 LK14 – 8 LK14 – 10	AC 380 DC 440	15	6 8 10			触头装配采用积木式双排布置
LK15 – 6 LK15 – 8 LK15 – 10	AC 550 DC 440	15	6 8 10			
LK16 – 6 LK16 – 12	AC 380 DC 220	10	6 12			手柄式、手轮式和抓斗手柄式

表 5 - 73 LJ5A 型高频振荡型接近开关的技术数据

型号 LJ5A -	额定距离/mm	电源电压/V	负载电流/mA	漏电流/mA	开关压降/V	回差/mm	开关频率/（次/h）	使用范围
5/100，5/110	5	AC 30 ~ 220	20 ~ 300	< 7	< 10	0.03 ~ 0.25	15	适用于检测金属体的存在和控制电路中的位置检测，以及行程的控制和计数控制等
10/100，0/110	10							
8/100，8/110	8							
15/100，15/110	15							
5/200，5/210	5	DC 10 ~ 30	5 ~ 50	< 1.5	< 8	0.03 ~ 0.25	200	
10/200，10/210	10						100	
8/200，8/210	8						200	
15/200，15/210	15						100	
5/320，5/330	5	DC 6 ~ 30	< 300	负载压降小于工作电压10%	< 3.5	0.01 ~ 0.15	200	
10/320，10/330	10						100	
8/320，8/330	8						200	
15/320，15/330	15						100	
5/321，5/331	5						200	
10/321，10/331	10						100	
8/321，8/331	8						200	
15/321，15/331	15						100	
5/440	5		2 × 50				200	
10/440	10						100	
8/440	8						200	
15/440	15						100	

第6章 高压电器

6.1 概述

6.1.1 高压电器的作用和分类

高压电器是在高压（电压高于3 kV）线路中用来实现关合、开断、保护、控制、调节、测量作用的电气设备。按照高压电器功能的不同，可以分成三大类，详见表6-1。

表6-1 高压电器的分类及作用

高压电器的分类		作用
开关电器	高压断路器	它能关合与开断正常情况下的各种负载电路（包括空载变压器、空载输电线路等），也能在线路中出现短路故障时关合与开断短路电流，而且还能实现自动重合闸的要求。它是开关电器中性能最全面的一种电器
	熔断器	俗称保险。当线路中负荷电流超过一定限度或出现短路故障时能够自动开断电路。电路开断后，熔断器必须更换部件后才能再次使用
	负荷开关	只能在正常工作情况下关合和开断电路。负荷开关不能开断短路电流
	隔离开关	用来隔离电路或电源。隔离开关只能开断很小的电流，如长度很短的母线空载电流、容量不大的变压器的空载电流等
	接地开关	供高压与超高压线路检修电气设备时，为确保人身安全而进行接地用。接地开关也可人为地造成电力系统的接地短路，达到控制保护的目的
测量电器	电路互感器	用来测量高压线路中的电流，供计量与继电保护用
	电压互感器	用来测量高压线路中的电压，供计量与继电保护用

高压电器的分类		作用
限流与限压电器	电抗器	实质上就是一个电感线圈，用来限制故障时的短路电流
	避雷器	用来限制过电压。使电力系统中的各个电气设备免受大气过电压和内部过电压等的危害

6.1.2 高压电器的性能要求

高压电器的性能要求见表6-2。

表6-2 高压电器的性能要求

参数		性能要求
一般电气性能方面	电压	一定额定电压的高压电器，其绝缘部分应能长期承受相应的最大工作电压，而且还应能承受相应的大气过电压和内部过电压的作用。标志这方面性能的参数是：最大工作电压、工频试验电压、全波和截波冲击试验电压、操作波试验电压
	电流	高压电器导电部分长期通过工作电流时，各部分的温度不得超过允许值。有关允许温度的规定可参看有关标准。高压电器导电部分通过短路电流时，不应因电动力而受到损坏，各部分温度不应超过短时工作的温度允许值，触头不应发生熔焊或损坏。标志这方面性能的参数是：额定电流 I_0、额定动稳定电流 I_b（峰值）、额定热稳定电流 I_{th} 和额定热稳定时间 t_{tk}（2 s 或 4 s）。 I_b、I_{th}、额定短路开断电流 I_{dm}、额定短路关合电流 I_{cm}（峰值）都是同一短路电流在不同操作情况下或不同时刻出现的电流有效值或峰值
自然环境方面	海拔高度	海拔高度对高压电器主要有两方面的影响： 1）对外部绝缘的影响。海拔高的地区，大气压力低，耐压水平随之降低。根据标准规定，用于高海拔地区（高于1 000 m，低于3 500 m）的电器产品，如在低海拔地区进行耐压试验时，试验电压应该提高，其试验电压为标准规定值乘以修正系数 x。 $$x = \frac{1}{1.1 - \dfrac{H}{10\ 000}}$$ 式中 H—安装地点的海拔高度（m）。 2）对电器发热温度的影响。高海拔地区空气稀薄，散热差，允许通过的电流应该减小一些 我国有关标准规定，一般电器的使用环境按海拔低于1 000 m 及2 500 m 两挡考虑

参数		性能要求
自然环境方面	环境温度	有关标准规定，高压电器产品使用的环境温度为 -40 ℃ ~ +40 ℃。标准建议，周围环境温度每增加 1 ℃，额定电流应减小 1.8%；每降低 1 ℃，额定电流可增加 0.5%，且最大不得超过 20%。温度过高，空气绝缘性能也会降低，标准规定，用于高温地区的高压电器在常温地区进行耐压试验时，试验电压要适当提高。从 40 ℃ 开始，每超过 3 ℃，试验电压提高 1%
	湿度	我国长江以南地区湿度很大，全年很长时间的相对湿度在 90% 以上。这样大的湿度，容易引起金属零件锈蚀、绝缘件受潮、油漆层脱落，甚至影响运动部分的可靠动作
	风速	过大的风速有可能使结构细长的高压断路器、隔离开关等设备出现变形甚至断裂。在高压电器结构设计时应考虑风力负荷的影响。据气象学提供的数据，10 级风作用在 1 m² 上的力约为 700 N。我国强台风地区的风力可达 11 级，风力的影响不容忽视
	污秽	沿海地区和重工业集中地区，尤其是火电厂、炼油厂、水泥厂、化工厂和沿海油田等地区，空气污染严重，经常出现高压电器绝缘件表面的污染事故。特别是秋末冬初和冬末春初之际，以及天气久晴之后，绝缘件上积垢较多，碰到毛毛雨天气就更严重
	大雨	户外用高压电器如密封不良，将会漏进雨水，使绝缘强度降低，金属零件生锈，高压电器设计时应考虑防雨措施
	地震	我国处于太平洋和南亚两大地震区，是一个多地震国家。某些结构细长的高压电器，抗震性能差，地震时容易造成断裂损坏
	湿热地区	湿热地区的特点是：湿度高，相对湿度高达 95%；雨量大，最大降雨强度为 10 min 可达 50 mm；气温高，最高温度可达 40 ℃，阳光直射下的黑色物体表面最高温度可达 80 ℃。此外还有霉菌、昆虫等造成的生物危害。这些对电气设备都有不利影响。因此，我国除生产一般电气设备外还专门生产一类三防产品（防湿热、防霉、防盐雾），以满足湿热地区的需要
	干热地区	干热地区的特点是：环境温度为 -5 ~ 50 ℃，阳光直射下的黑色物体表面最高温度可达 90 ℃；有昆虫、沙尘。在这种气候条件下，高压电器的绝缘工作条件将更困难
其他方面	开断短路故障	电力系统中发生短路故障时，短路电流比正常负荷电流大很多，这时电路很难开断。因此，可靠地开断短路故障是高压断路器的主要的，也是最困难的任务。标志高压断路器开断短路故障能力的主要参数是：额定电压 U_n 与额定开断电流 I_{dm}

参数		性能要求
其他方面	关合短路故障	电力系统中的电器或输电线路有可能在未投入运行前就已存在绝缘故障，甚至处于短路状态。这种故障称为"预伏故障"。当断路器关合有"预伏故障"的电路时，在关合过程中，通常在动、静触头尚未机械接触前，触头间隙在电压作用下即被击穿（称为预击穿），随即出现短路电流。短路电流产生的电动力往往对断路器的关合造成很大的阻力，有些情况下甚至出现动触头合不到底的情况，这样在触头间会形成持续的电弧，可能造成断路器的损坏或爆炸，为了避免出现这一情况，断路器应具有足够的关合短路电流的能力
	快速开断	电力系统发生短路故障后，要求继电保护系统动作越迅速越好，断路器开断电路越快越好。这样可以缩短电力系统短路故障存在的时间，减小短路电流对电器造成的危害。更重要的是，在超高压电力系统中，缩短短路故障时间可以增加电力系统的稳定性，从而保证输电线路的输送容量。因此，开断时间是高压断路器的一个重要参数
	自动重合闸	架空线路的短路故障，大多数是雷害、鸟害等临时性故障。因此，为了提高供电可靠性并增加电力系统的稳定性，线路保护多采用自动重合闸方式。在短路故障发生时，根据继电保护发出的信号，断路器开断故障电路，随后经过很短时间又自动关合电路。断路器重合后，若短路故障仍未消除，断路器将再次开断故障电路。此后，在有些情况下，由运行人员在断路器开断故障电路一定时间（例如180 s）后，再次发出合闸信号，让断路器关合电路，叫作强送电。强送电后，若故障仍未消除，断路器还需开断一次短路故障
	分合各种空载和负载电路	运行过程中，断路器有时需要关合或开断空载输电线路、空载变压器、电容器组、并联电抗器、高压电动机等电路。分合这些电路的主要问题是可能产生高的过电压，标志这方面分合能力的主要参数是额定电压 U_n（kV）
	允许合分次数	断路器应有一定的允许合分次数，以保证足够长的工作年限。根据标准，一般断路器允许空载合分次数（也称机械寿命）为2 000次。控制电容器组、电动机等经常操作的断路器，其允许合分次数应当更多。为了加长断路器的检修周期，断路器还应有足够的电气寿命（允许连续合分短路电流或负荷电流的次数）。一般来说，断路器应有尽可能长的合分短路电流的电气寿命。对用于保护、控制的经常操作的断路器，更应有连续合分几千次以上负荷电流的电气寿命。电气寿命也可用累计开断电流值（kA）来表示

参数		性能要求
其他方面	对周围环境的影响	断路器在开断短路电流时往往会出现排气、喷烟或喷高温气体等现象，这些现象都不应过分强烈，以免影响周围设备的正常工作，更不应出现喷油、喷火现象。在人口稠密地区，断路器操作时的噪声也不得过大

6.1.3 高压电器的特点

高压电器与电力系统中其他设备如发电机、变压器、电抗器和电容器相比有以下特点：

(1) 高压电器包括的范围很广，各种高压电器都是电力系统中的重要设备，任一环节出现问题都将对电力系统造成严重的危害。因此要求高压电器的性能必须绝对可靠。在设计、加工装配、调整、检验、运行、维修方面都要精心，以保证在各种环境下、各种工作过程中都不出故障，而且对周围环境也不带来有害的影响。

(2) 绝大部分的高压电器都在户外工作，要经受酷暑严寒、风吹雨打的考验。特别是对于具有运动部分的高压开关电器来说，如何做到不进水、不锈蚀，该动时能够正确动作、不该动作时不会误动，是十分复杂的事情。

(3) 高压电器特别是高压开关电器牵涉的问题很多。特别是电弧的物理过程至今尚不很清楚，有关电弧的理论分析、设计计算方法更是十分粗糙。一种新结构的高压断路器常常要经过大量试验研究、多次的修改才能成功。因此，高压断路器的试验设备和试验技术对断路器的发展起着决定性的作用。

(4) 高压电器的品种繁多，结构与原理也不尽相同。就以高压断路器为例，从灭弧原理上讲就有多油、少油、空气、六氟化硫、真空、磁吹、自产气等各种类型；操动机构上又有手动、电磁、弹簧、气动、液压等不同结构。即使是同一类型的断路器，由于厂家、生产年代、技术参数的不同，在结构上又常有很大的差别。因此高压电器的设计很难形成一套较为系统、完整的设计方法。

6.1.4 高压电器的选用原则

高压电器的选用原则见表 6 - 3。

表6-3 高压电器的选用原则

选用分类		选用原则
按工作条件选择	按工作电压选择	选用高压电器及开关柜，其额定电压应符合所在回路的系统标称电压，其高压电器及开关柜的最高电压 U_{max} 应不小于所有回路的系统最高电压 U_y，即 $U_{max} \geqslant U_y$； 注意：限流式熔断器不宜使用在标称电压低于其额定电压的系统中
	按工作电流选择	高压电器及导体的额定电流 I_r 不应小于该回路的最大持续工作电流 I_{max}，即 $I_r \geqslant I_{max}$ 注意：①由于高压开断电器没有持续过载的能力，在选择额定电流时，应满足各种可能运行方式下回路持续工作的电流要求。②当高压电器、开关柜、导体的实际环境温度与额定环境温度不一致时，高压电器和导体的最大允许工作电流应进行修正
	按开断电流选择	用短路电流校验开断设备的开断能力时，应选择在系统中流经开断设备的短路电流最大的短路点进行校验（在可能发生的正常最大运行方式下、最严重的短路情况下，应计入具有反馈作用的电动机和电容补偿装置放电电流的影响；部分情况下，可能出现单相、两相短路电流大于三相短路电流，最好能按设计规划容量并考虑电力系统的远景发展规划），按 GB 50060—92 规定，宜取断路器实际开断时间的短路电流作为校验条件
按环境条件选择	正常使用	户内正常使用条件： 1）周围空气温度不超过40 ℃，且在24 h 内测得的平均值不超过35 ℃ 2）海拔不超过1 000 m 3）周围空气无明显地受到尘埃、烟、腐蚀性和（或）可燃性气体、蒸汽或盐雾的污染 4）月相对湿度平均值不超过90%（在这样的条件下偶尔会出现凝露） 5）在二次系统中感应的电磁干扰的幅值不超过1.6 kV
		户外正常使用条件： 1）周围空气温度不超过40 ℃，且在24 h 内测得的平均值不超过35 ℃ 2）太阳光的辐射，晴天中午可按1 000 W/m² 考虑 3）海拔不超过1 000 m 4）周围空气可以受到尘埃、烟、腐蚀性气体、蒸汽或盐雾的污染，但污染等级不得超过相关国家标准中的Ⅱ级 5）覆冰时1 级不超过1 mm，10 级不超过10 mm，20 级不超过20 mm 6）风速不超过34 m/s 7）在二次系统中感应的电磁干扰的幅值不超过1.6 kV

选用分类		选用原则
按环境条件选择	特殊使用	按特殊使用条件考虑，并由电气设备制造厂满足使用条件的特殊要求
	环境温度	高压电器的正常使用环境条件为周围空气温度不高于 40 ℃，当周围空气温度高于或低于 40 ℃ 时，其额定电流应相应减少或增加。选择高压电器和导体的环境温度见表 6-4
	环境湿度	应根据当地湿度最高月份的平均相对湿度选择高压电器和导体用的相对湿度。相对湿度较高的场所，应采用该处实际相对湿度。当湿度超过一般产品标准时，应采取改善环境的措施（如通风或除湿设备）。湿热带地区应采用可在湿热带使用的电器产品，亚湿热带地区可采用普通型电器产品，但应根据当地运行经验加强防潮、防水、防锈、防霉及防虫害等措施

表 6-4 选择高压电器和导体的环境温度

类别	安装场所	环境温度	
		最高	最低
裸导体	屋外	最热月平均最高温度	
	屋内	该处通风设计温度。当无资料时，可取最热月平均最高温度加 5 ℃	
电缆	室外电缆沟	最热月平均最高温度	年最低温度
	室内电缆沟	屋内通风设计温度。当无资料时，可取最热月平均最高温度加 5 ℃	
	电缆隧道	有机械通风时，取该处通风设计温度；无机械通风时，可取最热月平均最高温度加 5 ℃	
	土中直埋	最热月的平均地温	
高压电器	屋外	年最高温度	年最低温度
	屋内电抗器	该处通风设计最高排风温度	
	屋内其他处	该处通风设计温度。当无资料时，可取最热月平均最高温度加 5 ℃	

注：1. 年最高（最低）温度为多年所测得的最高（最低）温度平均值。

　　2. 最热月平均最高温度为最热月每日最高温度的月平均值，取多年平均值。

6.2 高压断路器

6.2.1 高压断路器的作用和基本要求

1. 高压断路器的作用 高压断路器是高压电器中最重要的设备，是一次电力系统中控制和保护电路的关键设备。它在电网中的作用有两方面：一是控制作用，二是保护作用。

2. 高压断路器的基本要求 根据以上所述，断路器在电力系统中承担着非常重要的任务，不仅能接通或断开负荷电流，而且还能断开短路电流。因此，断路器必须满足以下基本要求。

（1）工作可靠。

（2）具有足够的开断能力。

（3）具有尽可能短的切断时间。

（4）具有自动重合闸性能。

（5）具有足够的机械强度和良好的稳定性能。

（6）结构简单、价格低廉。

6.2.2 高压断路器的分类和特点

1. 高压断路器的分类 高压断路器按安装地点可分为屋内式和屋外式两种；按所采用的灭弧介质可以分为油断路器（多油、少油）、压缩空气断路器、真空断路器、SF_6 断路器。

2. 高压断路器的特点 高压断路器的特点见表 6-5。

表 6-5　各种类型高压断路器的特点

类别	结构特点	技术性能特点	运行维护特点
多油断路器	结构简单，制造方便，便于在套管上加装电流互感器，配套性强	额定电流不易做得很大，开断小电流时燃弧时间较长，开断速度较慢	运行维护简单，噪声低，检修周期短，需配备一套油处理装置
少油断路器	结构简单，制造方便，可配用各种操动机构	开断电流大，全开断时间较短	运行经验丰富，易于维护，噪声低，油质容易劣化，需配油处理装置

类别	结构特点	技术性能特点	运行维护特点
压缩空气断路器	结构复杂，工艺和材料要求高，需要装设专用的空气压缩系统	额定电流和开断电流较大，动作快，全开断时间短，快速自动重合闸时断流容量不降低，无火灾危险	维修周期长，噪声较大，需配气源装置，运行费用大
真空断路器	灭弧室材料及工艺要求高，体积小、重量轻，触头不易氧化，灭弧室的机械强度比较差，不能承受较大的冲击振动	可连续多次操作，开断性能好，灭弧迅速，开断时间短，开断电流及断口电压不易做得很高，目前只生产 35 kV 及以下电压等级的产品；开距小，所需操作能量小，开断时产生的电弧能量小，灭弧室的机械寿命和电气寿命都很高	运行维护简单，灭弧室不需要检修，噪声低，运行费用低，无火灾和爆炸危险
SF₆ 断路器	结构简单，工艺及密封要求严格，对材料要求高，体积小、重量轻；用于封闭式组合电器时，可大量节省占地面积	额定电流和开断电流都可以做得很大，开断性能好，适合于各种工况开断，SF₆ 气体灭弧、绝缘性能好，故断口电压可做得较高；断口开距小	维护工作量小，噪声低，检修周期长，运行稳定，安全可靠，寿命长，可频繁操作

6.2.3 高压断路器的技术参数和型号

1. 技术参数 高压断路器的技术参数见表 6 - 6。

表 6 - 6 高压断路器的技术参数

技术参数	描述
额定电压 U_n	额定电压是指断路器长时间运行时能承受的正常工作电压
最高工作电压	由于电网不同地点的电压可能高出额定电压 10% 左右，故制造厂规定了断路器的最高工作电压。220 kV 及以下设备，其值为额定电压的 1.15 倍；对于 330 kV 的设备，规定为 1.1 倍

技术参数	描述
额定电流 I_n	额定电流是指铭牌上标明的断路器可长期通过的工作电流。断路器长期通过额定电流时，各部分的发热温度不会超过允许值。额定电流也决定了断路器触头及导电部分的截面
额定开断电流 I_{nbr}	额定开断电流是指断路器在额定电压下能正常开断的最大短路电流的有效值。它表征断路器的开断能力。开断电流与电压有关。当电压不等于额定电压时，断路器能可靠切断的最大短路电流有效值，称为该电压下的开断电流。当电压低于额定电压时，开断电流比额定开断电流有所增大
额定断流容量 S_{nbr}	额定断流容量也表征断路器的开断能力。在三相系统中，它和额定开断电流的关系为 $$S_{nbr} = \sqrt{3} U_n I_{nbr}$$ 式中，U_n 为断路器额定电压，I_{nbr} 为断路器的额定开断电流，由于 U_n 不是残压，故额定断流容量不是断路器开断时的实际容量
关合电流 i_{ncl}	保证断路器能关合短路而不致发生触头熔焊或其他损伤，所允许接通的最大短路电流
动稳定电流 i_{es}	动稳定电流是指断路器在合闸位置时，允许通过的短路电流最大峰值。它是断路器的极限通过电流，其大小由导电和绝缘等部分的机械强度所决定，也受触头结构形式的影响
热稳定电流 i_t	热稳定电流是指在规定的某一段时间内，允许通过断路器的最大短路电流。热稳定电流表明了断路器承受短路电流热效应的能力
全开断（分闸）时间 t_{kd}	全开断时间是指断路器接到分闸命令瞬间起到各相电弧完全熄灭为止的时间间隔，它包括断路器固有分闸时间 t_{gf} 和燃弧时间 t_h，即 $t_{kd} = t_{gf} + t_h$，断路器固有分闸时间是指断路器接到分闸命令瞬间到各相触头刚刚分离的时间；燃弧时间是指断路器触头分离瞬间到各相电弧完全熄灭的时间。图 6-1 为断路器开断单相电路时的示意图，图中时间 t_b 为继电保护装置动作时间。全开断时间 t_{kd} 是表征断路器开断过程快慢的主要参数。t_{kd} 越小，越有利于减小短路电流对电气设备的危害，缩小故障范围，保持电力系统的稳定
合闸时间	合闸时间是指从操动机构接到合闸命令瞬间起到断路器接通为止所需的时间。合闸时间取决于断路器的操动机构及中间传动机构

续表

技术参数	描述
操作循环	操作循环也是表征断路器操作性能的指标。我国规定断路器的额定操作循环如下。 　　1）自动重合闸操作循环：分—θ—合分—t—合分 　　2）非自动重合闸操作循环：分—t—合分—t—合分 　　式中，分表示分闸操作；合分表示合闸后立即分闸的动作；θ表示无电流间隔时间，标准值为 0.3 s 或 0.5 s；t 表示强送电时间，标准时间为 180 s

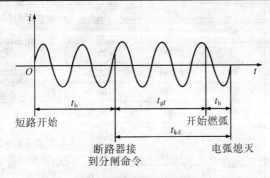

图 6-1　断路器开断时间示意

2. 型号　高压断路器型号主要由以下七个单元组成。

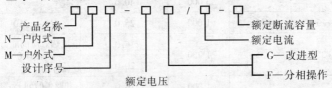

（1）第一单元是产品名称的字母代号：S—少油断路器；D—多油断路器；K—空气断路器；L—六氟化硫断路器；Z—真空断路器；Q—自产气断路器；C—磁吹断路器。

（2）第二单元是装设地点代号：N—户内式；W—户外式。

（3）第三单元是设计序号，以数字表示。

（4）第四单元是额定电压（kV）。

（5）第五单元是其他补充工作特性标志：G—改进型；F—分相操作。

（6）第六单元是额定电流（A）。

（7）第七单元是额定开断电流（kA）。

（8）第八单元是特殊环境代号。

例如：型号为 SN10 – 10/3000 – 750 的断路器，其含义表示：少油断路器、户内式、设计序号 10，额定电压为 10 kV，额定电流为 3 000 kA，开断容量为 750 MV·A。

6.2.4 高压断路器的技术数据

常用高压断路器的技术数据见表 6 – 7。

表 6 – 7 常用高压断路器的技术数据

型号	额定电压/V	额定电流/A	额定开断电流/kA	配用机构
LW3 – 10	10	400	6.3	手动机构，电动机构
LW5 – 10	10	630	6.3	手动机构
LW8 – 35	35	1 000	25.0	CT14
LN2 – 10	10	1 250	25.0	CT14 I
LN2 – 35	35	1 250	16.0	CT14 II
SN10 – 10 系列	10	630	16.0	CT8，CD10
		1 000	16.0	
		1 000	31.5	
		1 250	40.0	
		2 000	40.0	
		3 000	40.0	
SN10 – 15	15	1 000	25.0	CD10
SN10 – 35	35	1 250	16.0	CD10N
			20.0	
SW2 – 35	35	1 000	16.0	CT2 – XG
		1 500	25.0	CT3 – XG
		2 000	25.0	CY5
DN1 – 10	10	600	5.8	CD2 – 40
DW1 – 35	35	600	6.3	CD2 – 40
			6.3	CD2 – 40XG
DW2 – 35	35	630	16	CD3 – X
		1 000		CD3 – XG

续表

型号	额定电压/V	额定电流/A	额定开断电流/kA	配用机构
DW2-35Ⅱ	35	1 250	25	CD3-Ⅵ，CT14
DW4-10	10	50	2.9，3.15	手动机构
		100		
		200		
		400		
DW5-10	10	50	3.15	手动机构
		100		
		200		
DW6-35	35	400	5.8	CS2、CD2、CT10
			6.6	
DW7-10	10	30	1.73，1.8	本身机构手动
		50		
		75		
		100		
		200		
		400		
DW8-35	35	600	16.5	CD11-ⅩⅠ
		800		CD11-ⅩⅡ
		1 000		CD11-ⅩⅢ
DW10-10	10	50	1.8，2.9，3.15	本身机构手动
		100		
		200		
		400		
DW11-10	10	800	25	CD15-Ⅹ
DW12-35	35	1 600	25	
DW13-35	35	1 250	20	CD11-Ⅹ
		1 600	31.5	

型号	额定电压/V	额定电流/A	额定开断电流/kA	配用机构
DW14 - 35	35	1 250	20	CD11 - X
DW15 - 10	10	50	6.3	
		100		
		200		
		400		
QW1 - 10	10	200	2.9	用绝缘钩棒
QW1 - 35	35	200	3.3	CS1 - XG，CD2 - XG
ZN1 - 10	10	300	3	
CN2 - 10	10	600	11.6	CD2
		1 000		

6.2.5 高压断路器的常见故障及其检修

高压断路器的常见故障及其检修方法见表 6 - 8。

表 6 - 8　高压断路器的常见故障及其检修

常见故障	可能原因	检修方法
断路器不能合闸	传动机构卡住或安装、调整不当	检修传动机构。正确地安装、调整
	辅助开关接点接触不良	检修辅助开关
	铁芯顶杆松动变位	检修、调整铁芯顶杆
	合闸回路断线或熔丝熔断	修复断线或更换熔断片
	合闸线圈内部钢套不光滑或铁芯不光滑，导致卡涩现象	修磨钢套和铁芯
断路器不能跳闸	参照断路器不能合闸的原因	参照断路器不能合闸的检修方法
	继电保护装置失灵	检查测试继电保护装置及二次回路
油断路器缺油（油位计见不到油）	漏油使油面过低	立即断开操作电源，在手动操作把上挂上"不准拉闸"的告示牌，将负荷从其他方面切断，停电检修漏油部位
	油位计堵塞	此时油断路器只能当刀闸使用，清除油位计中的脏物，使其指示正常

6.3 高压隔离开关

6.3.1 高压隔离开关的作用

高压隔离开关主要用来隔离电路。在分断状态下有明显可见的断口，在关合状态下，导电系统中可以通过正常的工作电流和故障下的短路电流。隔离开关没有灭弧装置，除了能开断很小的电流外，不能用来开断负荷电流，更不能开断短路电流，但隔离开关必须具备一定的动作稳定性和热稳定性。

高压隔离开关的具体用途如下：

（1）隔离电源：在电气设备停电或检修时，用隔离开关将需要停电的设备与电流隔离，形成明显可见的断开点，以保证工作人员和设备的安全。

（2）倒闸操作（改变运行方式）：将运行中的电气设备进行三种形式状态（运行、备用、检修）下的改变，将电气设备由一种工作状态改变成另一种工作状态。

（3）拉、合无电流或小电流电路的设备：高压隔离开关虽然没有特殊的灭弧装置，但触头间的拉、合速度及开距应具备小电流和拉长、拉细电弧及一定的灭弧能力，对以下电路具备拉、合作用。

1）拉、合电压互感器与避雷器回路。

2）拉、合空母线和直接与母线相连接设备的电容电流。

3）拉、合励磁电流小于 2 A 的空载变压器，包括电压为 35 kV、容量为 1 000 kV·A 及以下的变压器；电压为 110 kV、容量为 3 200 kV·A 及以下的变压器。

4）拉、合电容电流不超过 5 A 的空载线路，有电压为 10 kV、长度为 5 km 及以下的架空线路，电压为 35 kV、长度为 10 km 及以下的架空路线。

（4）在分闸时，高压隔离开关明显显示出电路的断开，并保证触头间的开距符合电气距离。

（5）在合闸时，高压隔离开关能承载正常的工作额定电流及在规定时间内的短路故障电流。

6.3.2 高压隔离开关的分类和结构

1. 高压隔离开关的分类 高压隔离开关有如下几种分类方式：根据可装设地点分为户内和户外两种形式；根据电压等级分为低压和高压两种形式；根据极数分为单极和三级两种形式；根据构造分时，又按绝缘支柱数目分为单柱式、双柱式、三柱式，按有无接地分为接地式和无接地式，按操动机构分为手动式、电动式、气动式、液压式。

2. 高压隔离开关的结构

（1）户内式高压隔离开关：户内式高压隔离开关通常是 35 kV 及以下的电压等级，三相一体装，采用上下（垂直）回转，以 GN 系列为主要代表。GN2 系列高压隔离开关的结构见图 6－2。

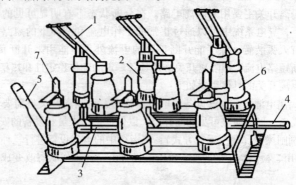

图 6－2　GN2 系列高压隔离开关的结构示意
1. 动触头　2. 拉杆绝缘子　3. 拉杆　4. 转动轴
5. 转动杠杆　6. 支持绝缘子　7. 静触头

（2）户外式高压隔离开关：户外式高压隔离开关是 35 kV 及以上的电压等级，三相可实现单极独立安装，单相或三相同步操作形式。其合、分闸运动形式有水平旋转、上下垂直伸缩加回转等。这类隔离开关主要有 GW 系列。GW6 系列高压隔离开关的结构见图 6－3。

6.3.3　高压隔离开关的技术参数和型号

1. 高压隔离开关的技术参数

（1）额定电压：是指隔离开关最高工作电压，是线电压，也表示其承受绝缘支撑强度。

（2）额定电流：是指隔离开关在 40 ℃时最大工作承载电流。

（3）额定短时耐受电流（热稳定电流）：是指隔离开关触头在流过短路电流 3～4 s 内，抗拒这一短路电流造成的热熔焊而不损坏的能力。

（4）额定峰值耐受电流（动稳定电流）：反映隔离开关在承受短路电流所造成的斥动力而不发生损坏的能力。指隔离开关瞬时能承受的峰值电流值。

（5）回路接触电阻：是指隔离开关导电回路中各电接触形式下的导电性能，是检验及设计、制造工艺装配的技术能力。在高压电器（包括隔离开关、

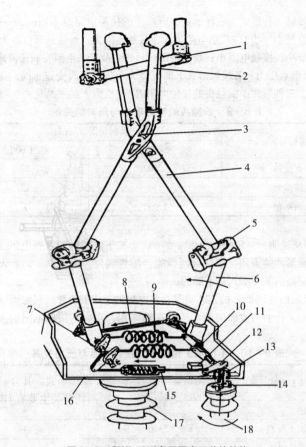

图 6-3 GW6 系列高压隔离开关的结构

1. 静触头 2. 动触头 3. 连接臂 4. 上导电管 5. 活动肘节 6. 下导电管
7. 左轴 8. 反向拉杆 9. 平衡弹簧 10. 右轴 11. 合闸限位钉 12. 拐轴
13. 轴承座 14. 万向接头 15. 弹性装置 16. 箱体 17. 支持瓷柱 18. 操作瓷柱

断路器等）中，能够影响回路接触电阻或对导电性能有制约的因素有以下几方面。

1）接触件材质因素：各种材质均有不同的导电电阻率。电阻率越低越有利于导电；反之，则不利于导电。常用于高压电器的导电材料有银（0.016）、铝（0.029）、铜（0.017）、锡（0.113）、镍（0.053）、镍铜合金（0.06）和镍银合金（0.037）等。（括号内数值为电阻率，单位为 10^{-6} Ω/m）

2）电接触形式：高压电器导体回路各部位的接触形式可分为点接触、线接触、面接触三种形式。三种形式下所产生的接触电阻是不同的，一般来说：点接触部位最小（少），收缩电阻最大，接触电阻大；面接触部位最大（多），收缩电阻最小，接触电阻小；线接触部位适中，故接触电阻在前两者之间。

3）接触点压力：各接触形式下的压力大小将直接改变点、线、面接触电阻的效果，三种形式中铜触头的接触电阻 R_C 与压力 F 的关系见表6-9。

表6-9 铜触头的接触电阻与压力的关系

接触形式	接触电阻 $R_C/\mu\Omega$	
	$F = 10\text{ N}$	$F = 1\,000\text{ N}$
点接触	230	23
线接触	330	15
面接触	1 900	1

表6-9说明，一定的压力将改变一定形式下电接触的接触电阻。也就是说，电接触形式的采用，应结合压强能否配置到位，否则单一的加大接触面或强调电接触的某种形式是不够的。

4）接触面（表面）的工艺情况：各电接触形式下的导流接触面被称为工作面，这一工作面的表面加工（工艺）精与粗，也制约接触电阻的大小，见表6-10。

表6-10 不同加工精度下的接触电阻与压力关系

加工方式	接触电阻 $R_C/\mu\Omega$	
	$F = 10\text{ N}$	$F = 1\,000\text{ N}$
机加工（粗）	430	4
机加工（精）	340	3
研精加工	1 900	1
研精加工、加涂油	2 800	6

表6-10说明，单纯的过细、过精加工对降低接触电阻并不有利，要结合压力压强的配置进行参考。

2. 高压隔离开关的型号 高压隔离开关的型号表示见图6-4和图6-5。

6.3.4 高压隔离开关的技术数据

常用高压隔离开关的技术数据见表6-11。

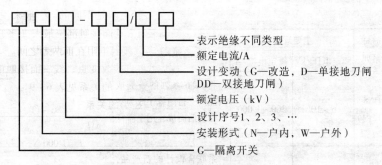

表示绝缘不同类型
额定电流/A
设计变动（G—改造，D—单接地刀闸
DD—双接地刀闸）
额定电压（kV）
设计序号1、2、3、…
安装形式（N—户内，W—户外）
G—隔离开关

图 6-4 高压隔离开关的型号

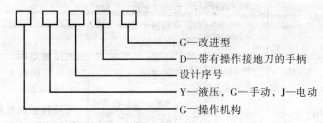

G—改进型
D—带有操作接地刀的手柄
设计序号
Y—液压，G—手动，J—电动
G—操作机构

图 6-5 高压隔离开关所配机构的型号

表 6-11 常用高压隔离开关的技术数据

型号系列	主要规格		特点	操作机构
	额定电压/kV	额定电流/A		
GN1（户内）	6~35	200~400	单极式，用绝缘操作棒操作。现仅用作电压互感器的中性点接地闸刀	用绝缘钩棒或 CS9-2T
GN2（户内）	10~35	200~3 000	三项联动，额定电压为 35 kV 级和 10 kV 级、额定电流在 1 000 A 以上的应用广泛，10 kV 和 1 000 A 及以下的因尺寸太大、笨重而被 GN6、GN19 系列代替	CS6-1、CS6-2T、CS7
GN6（户内）	6~10	200~1 000	为 GN2 系列的改进型，尺寸小，质量轻，但额定电流不大	CS6-1T

型号系列	主要规格		特点	操作机构
	额定电压/kV	额定电流/A		
GN8（户内）	6～10	200～1 000	将 GN6 系列的一侧或两侧的支持绝缘子改为穿墙套管后而成，用于需穿墙的场合	CS6 - 1T
GN19（户内）	10	400～1 000	系联合设计的新产品，尺寸小、质量轻、散热好、机械强度高、三相联动，有相当于 GN6、GN8系列的各种形式	CS6 - 1T
GW1（户外）	6～10	200～600	三相联动	CS8 - 1
GW2（户外）	35～110	600～1 000	为仿苏联产品的改进形式，35 kV 的仍广泛采用，110 kV 的已被淘汰，单极三柱式，可三相联动	CS8 - 2，CS8 - 3，CS8 - 2D，CS8 - 3D
GW4（户外）	35～110	400～1 000	单极双柱式，可三相联动、质量轻、绝缘子少、运行可靠。110 kV 的已被广泛使用，35 kV 的已显现广泛的使用前景	CS11 - G，CS15，CS8 - 6D
GW5（户外）	35～110	600～1 000	两支持绝缘子底座向里倾斜，与铅垂线呈 25°的V 形结构。单极式，可三相联动。体积小、质量轻，110 kV 的已被广泛使用	CS17，CS1 - XG，CS - G

6.3.5 高压隔离开关的常见故障及其检修

高压隔离开关的常见故障及其检修方法见表 6 - 12。

表6-12　高压隔离开关的常见故障及其检修

故障现象	可能原因	检修方法
刀口发热	机构部分故障造成操作不到位,刀闸合不严	当负荷不大时,操作杆使用较方便之处可用操作杆(相当电压等级)将刀闸调整合严,修理机构
	负荷上升较快,超过设备允许值	立即设法减少负荷,如通知用户限负荷或拉开部分分支线路,在采取措施前应加强监视;倒换母线,转移负荷,使刀闸退出运行;临时接短接线;单母线接线时,应减少负荷并加强监视,如条件许可应尽可能停止使用
	触头部分烧伤、锈蚀、磨损,使接触不良;运行中触头触指、弹簧锈蚀、过热、弹力减小,压紧弹簧或螺钉松弛,刀口合不严;触头表面氧化,接触电阻增大	修理或更换触头触指
瓷瓶有外伤、硬伤、污垢、烧伤痕迹、爆炸痕迹	瓷瓶本身有外伤、硬伤等缺陷,加上污垢严重或漏电、操作产生过电压等使瓷瓶发生闪络放电。严重时产生相间短路,使瓷瓶爆炸,断路器分闸	对不严重的放电痕迹、表面龟裂、掉釉等可暂不处理。当瓷瓶外伤严重、对地击穿、瓷瓶爆炸等,应立即检修并更换
隔离开关不能合闸	轴销、键块脱落,或铸铁断裂等机械故障	根据故障原因有针对性地检修处理
隔离开关不能分闸	机构操作连接部分锈死,接触部分引过热熔焊等	根据故障原因有针对性地检修处理

6.4　高压负荷开关

6.4.1　高压负荷开关的作用

高压负荷开关是一种性能介于高压隔离开关和高压断路器之间的简易电器。它能用来接通和断开高压电路中的负载电流,但不能断开短路和过载等故障电流。因此,在农村电力网中,高压负荷开关应与高压熔断器串联配合使用,由后者来进行过载和短路保护,由前者切断负荷电流。它可代替高压断路器以节约成本。

6.4.2 高压负荷开关的分类和特点

高压负荷开关的类别和特点见表6-13。

表6-13 高压负荷开关的类别、特点及应用

类别	特点	应用
压气式	压气活塞与动触头联动，压缩空气吹弧。开断能力较强，能频繁操作，但断口电压较低	用于供电设备控制
油浸式	利用电弧能量使绝缘油分解和汽化产生气体吹弧。结构简单，但开断能力较低，电寿命短，有火灾危险	用于户外供电线路控制
固体产气式	利用电弧能量使固体产气材料分解和汽化，产生气体吹弧。结构简单，但开断能力低，电寿命短，噪声大	用于农村供电支路控制
真空式	在真空容器中灭弧。尺寸小，重量轻，电气寿命长，维护工作量少，但截流过电压较高，价格较贵	用于地下或其他特殊供电场所
压缩空气式	利用预先充入的压缩空气吹弧。开断能力强，能频繁操作，但结构较复杂，噪声大，价格贵	在国外用于高压电力线路控制
SF$_6$式	利用单压式或旋弧式原理灭弧。断口电压较高，开断性能好，电气寿命长，但结构较复杂，对材料和加工精度要求较高	用于高压电力线路及供用电设备控制

6.4.3 高压负荷开关的型号

高压负荷开关的型号见图6-6。

- S— 熔断器（在开关的上端）
- 额定电流（A）
- 其他标志（I—单极式，R—带熔断器，T—带热脱扣器，G—改进型）
- 额定电压（kV）
- 设计序号
- 使用环境（W—户外；N—户内）
- 产品名称（F—负荷开关）

图6-6 高压负荷开关的型号

6.4.4 高压隔离开关的技术数据

高压隔离开关的技术数据见表 6－14。

表 6－14 高压隔离开关的技术数据

型号	额定电压 /kV	额定电流 /A	最大开断电流/A	操动机构型号
FN1－6（户内）	6	400	800	CS3－T，CS3
FN1－6R（户内）	6	400	800	CS3－T，CS3
FN1－10（户内）	10	200	400	CS3－T，CS3
FN1－10R（户内）	10	200	400	CS3－T，CS3
FN2－10（户内）	10	400	1 200	CS4，CS4－T
FN2－10R（户内）	10	400	1 200	CS4，CS4—T
FN3－6（户内）	6	400	1 450	CS2，CS3
FN3－6R（户内）	6	400	1 450	CS2，CS3
FN3－10（户内）	10	400	1 450	CS2，CS3，CS4，CS4－T
FN3－10（户内）	10	400	1 450	CS2，CS3，CS4，CS4－T
FN4－10（户内）	10	600	3 000	直流电磁操动机构
FW－10（户外）	10	400	800	CS8－5
FW2－10（户外）	10	100	1 500	用绝缘钩棒或绳索操作
		200		
		400		
FW4－10（户外）	10	200	800	用绝缘钩棒或绳索操作
		400		
FW5－10（户外）	10	200	1 800	用绝缘钩棒或绳索操作
FW6－10（户外）	10	200	1 800	本身机构
		400	2 900	
FW7－10（户外）	10	20	400	
FW9－10（户外）	10	6.3	400	本身机构
FW10－10（户外）	10	31.5	20 000	

6.4.5 高压负荷开关的常见故障及其检修

高压负荷开关的常见故障及其检修方法见表 6－15。

表6-15　高压负荷开关的常见故障及其检修方法

常见故障	可能原因	检修方法
三相触头不能同时分断	传动机构失灵	检修传动机构，调整弹簧压力
触头损坏	由电弧烧损而引起	修整或更换触头
灭弧装置损坏	由电弧烧损而引起	更换灭弧装置

6.5　高压熔断器

6.5.1　高压熔断器的分类和作用

高压熔断器的分类、型号和作用见表6-16。

表6-16　高压熔断器的分类、型号和作用

高压熔断器的分类	常见型号	作用
户内高压限流熔断器	RN1、RN3、RN5、XRNM1、XRNT1、XRNT2、XRNT3	主要用于保护电力线路、电力变压器和电力电容器等设备的过载和短路；RN2和RN4型额定电流均为0.5～10 A，为保护电压互感器的专用熔断器
户外高压喷射式熔断器	RW3、RW4、RW7、RW9、RW10、RW11、RW12、RW13、PRW	其作用除与RN1型相同外，在一定条件下还可以分断和关合空载架空线路、空载变压器和小负荷电流

6.5.2　高压熔断器的技术参数和型号

1. 高压熔断器的技术参数

（1）额定电压：高压熔断器正常工作的工作电压。

（2）熔断器额定电流：熔断器最大工作电流。

（3）熔体额定电流：熔体熔化的电流。

2. 高压熔断器的型号

（1）一般高压熔断器的型号表示方法见图6-9。

（2）电动机保护用高压熔断器的型号表示方法见图6-10。

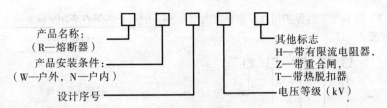

图 6 - 9　一般高压熔断器的型号表示方法

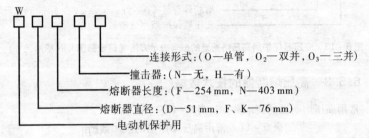

图 6 - 10　电动机保护用高压熔断器的型号表示方法

（3）全范围保护用高压熔断器的型号表示方法见图 6 - 11。

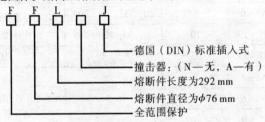

图 6 - 11　全范围保护用高压熔断器的型号表示方法

（4）变压器保护高压熔断器的型号表示方法（符合美国 BS 标准尺寸）见图 6 - 12。

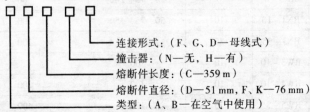

图 6 - 12　变压器保护高压熔断器的型号表示方法（符合美国 BS 标准尺寸）

（5）变压器保护用高压熔断器的型号表示方法（符合德国 DIN 标准尺寸）见图 6 – 13。

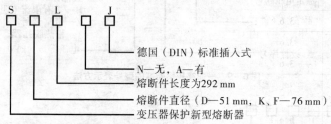

图 6 – 13 变压器保护用高压熔断器的型号表示方法（符合德国 DIN 标准尺寸）

6.5.3 高压熔断器的技术数据

常用高压熔断器的技术数据见表 6 – 17 ~ 表 6 – 23。

表 6 – 17 常用高压熔断器的技术数据

名称	型号	额定电压/kV	额定电流/A	最大断流容量/（MV·A）
户内高压熔断器	RN1 – 3	3	20，100，200，400	200
	RN1 – 6	6	20，75，200，300	200
	RN1 – 10	10	20，50，100，200	200
	RN1 – 35	35	7.5，40	200
	RN2 – 3	3	0.5	1 000
	RN2 – 6	6		
	RN2 – 10	10		
	RN2 – 35	35	10，20，40	1 000
	RN3 – 3	3	50，75，200	200
	RN3 – 6	6	50，75，200	200
	RN3 – 10	10	50，75，150	200
	RN3 – 35	35	75	200
户外跌落式高压熔断器	RW3 – 10	10	100	75
	RW4 – 10	10	100	200
	RW5 – 35	35	100	400

表6-18　电动机保护用高压熔断器的技术数据

型号	额定电压/kV	熔断器额定电流/A	熔体额定电流/A
WDF	3.6	125	50, 63, 80, 100, 125
WFF	3.6	200	125, 160, 200
WEF	3.6	400	250, 315, 355, 400
WFN	7.2	160	25, 31.5, 40, 50, 63, 80, 100, 125, 160
WKN	7.2	224	200, 224

表6-19　全范围保护用高压熔断器的技术数据

额定电压/kV	熔断器额定电流/A	熔体额定电流/A
12	63	10, 16, 20, 25, 31.5, 40, 50, 63

表6-20　变压器保护高压熔断器（美国 BS 标准）的技术数据

型号	额定电压/kV	熔断器额定电流/A	熔体额定电流/A
BDG	12	50	6.3, 10, 16, 20, 22.4, 25, 31.5, 40, 45, 50
BFG	12	100	56, 63, 71, 80, 90, 100
AKG	12	125	112, 125

表6-21　用于变压器初级端熔断器的一般选用法则（美国 BS 标准）

变压器容量/ (kV·A)	变压器初级电压			
	6.6 kV		10 kV	
	熔断器型号	熔断器额定电流/A	熔断器型号	熔断器额定电流/A
200	12KV BDGHC	31.5	12KV BDGHC	20
250	12KV BDGHC	40	12KV BDGHC	25
300/315	12KV BDGHC	50	12KV BDGHC	31.5
400	12KV BFGHD	63	12KV BDGHC	40
500	12KV BFGHD	80	12KV BDGHC	50
630	12KV BFGHD	90	12KV BFGHD	63

变压器容量/（kV·A）	变压器初级电压			
	6.6 kV		10 kV	
	熔断器型号	熔断器额定电流/A	熔断器型号	熔断器额定电流/A
750/800			12KV BFGHD	71
1 000			12KV BFGHD	90
1 250			12KV BFGHD	112
1 500/1 600			12KV BFGHD	125

表 6-22 变压器保护用高压限流熔断器（德国 DIN 标准）的技术数据

型号	额定电压/kV	熔断器额定电流/A	熔体额定电流/A
SDL-J	12	40	6.3、10、16、20、25、31.5、40
SFL-J	12	100	50、63、71、80、100
SKL-J	12	125	125

表 6-23 用于变压器初级端熔断器的一般选用法则（德国 DIN 标准）

变压器容量/（kV·A）	变压器初级电压 10 kV	
	熔断器型号	熔断器额定电流/A
100	12KV SDL-J	16
125	12KV SDL-J	16
160	12KV SDL-J	16
200	12KV SDL-J	20
250	12KV SDL-J	25
300/315	12KV SDL-J	31.5
400	12KV SDL-J	40
500	12KV SFL-J	50
630	12KV SFL-J	63
750/800	12KV SFL-J	80
1 000	12KV SFL-J	80
1 250	12KV SFL-J	100

6.5.4 高压熔断器的常见故障及检修

高压熔断器在电路中发生短路或在过载保护运行中发生熔丝熔断，应立即进行检修。在检修过程中应首先判断、检查熔丝熔断的原因并予以处理。在更换熔丝操作时，应严格执行保证安全的技术措施和组织措施，使用基本安全用具和辅助安全用具，在有专人监护下操作，将低压负荷全部停掉。高压熔断器只能在允许的操作范围内操作，更换熔丝前应查出熔丝熔断的原因。一般情况下，高压熔断器熔丝熔断的原因主要有以下几种：

（1）高压熔断器负荷侧至变压器一次绕组引线瓷套管、二次出口线瓷套管等短路。

（2）变压器内部出现一、二次绕组相间短路，相对地短路，层间短路，或严重的匝间短路及铁芯的磁路短路。

（3）变压器二次侧低压开关电源短路，低压开关负荷侧短路及开关拒动。

（4）变压器采用"三位"、"一体"接线，避雷器发生爆炸造成相间或相对地短路。

（5）三相金属性短路。

（6）两相金属性短路。

（7）单相金属性短路（小容量变压器一次熔丝可能熔断）。

（8）三相电弧短路。

（9）两相电弧短路。

（10）单相电弧接地及辉光放电。

（11）RW 型熔断器熔体压接过程中有机械损伤。

（12）RW 型熔断器的静、动触头接触不良，或过热造成熔丝熔断。

（13）RN 型熔断器在合闸时，冲击合闸电流有时也会造成熔体熔断。

（14）RN 型熔断器在中性点不接地系统中，发生一相金属性接地，供电系统产生铁磁饱和谐振过电压时，也会造成熔体熔断。

（15）户内式 RN 型高压熔断器的瓷绝缘闪络放电，主要原因是瓷绝缘表面有污秽。

（16）户外式 RW 型高压熔断器的瓷绝缘闪络放电，主要原因是瓷绝缘表面有污秽或选型不适应。

（17）RW 型高压熔断器瓷绝缘断裂的主要原因是瓷绝缘有机械外力损伤，或操作时用力过猛造成外力损坏及过电压瓷绝缘击穿等。

第7章　电动机

　　电动机是把电能转换成机械能的设备。电动机按使用电源的不同分为直流电动机和交流电动机，电力系统中的电动机大部分是交流电动机，可以是同步交流电动机或者是异步交流电动机（电动机定子磁场转速与转子旋转转速不保持同步）。电动机主要由定子与转子组成。通电导线在磁场中受力运动的方向跟电流方向和磁感线（磁场方向）方向有关。电动机工作原理是通电线圈在磁场中受力转动，产生能量转换。

　　电动机能提供的功率范围很大，从毫瓦级到兆瓦级。电动机的使用和控制非常方便，具有自启动、加速、制动、反转、掣住等能力，能满足各种运行要求。电动机的工作效率较高，又没有烟尘、气味，不污染环境，噪声也较小。由于它的一系列优点，所以应用极其广泛。

7.1　交流电动机

7.1.1　交流电动机的分类

　　交流电动机的种类繁多，分类方法也很多，表7-1给出了其基本分类、特点及用途。

表7-1　交流电动机的基本分类、特点及用途

名称	特点及用途
异步电动机	异步电动机有负载时的转速与所接电源频率之比不是恒定值。普通异步电动机的定子绕组接交流电源，转子绕组无须与其他电源连接。因此，其具有结构简单、制造方便、坚固耐用、成本较低、效率较高和运行可靠等优点，所以在工农业生产和人们的日常生活中得到了广泛应用。但是异步电动机要从电网吸取滞后电流，使电网的功率因数变坏
同步电动机	同步电动机的转速不随负载的变化而改变，其功率因数是可以调节的，因此它广泛地用于拖动大容量恒定转速的机械负载。但是同步电动机的结构复杂，需要直流励磁，造价高、运行维护较麻烦

名称	特点及用途
交流换向器 电动机	单相串励换向器电动机（简称单相串励电动机）是一种交直流两用的有换向器的电动机，它被广泛用于电动工具、牵引机车等；三相并励换向器电动机是一种能均匀调节转速的电动机，由于它具有调节范围广、速度调节平滑、启动性能好、功率因数高等优点，所以在纺织、造纸、印刷等工业中得到应用。但是由于上述两种电动机有换向器，所以结构复杂、维护困难

7.1.2 单相异步电动机

1. 单相异步电动机的分类及型号 单相异步电动机常按启动方法进行分类。不同类型的单相异步电动机，产生旋转磁场的方法也不同。常见的单相异步电动机有以下几种。

$$
单相异步电动机
\begin{cases}
分相式
\begin{cases}
电阻启动 \\
电容启动 \\
电容运转 \\
电容启动与运转（又称为双值电容）
\end{cases} \\
罩极式
\begin{cases}
凸极式 \\
隐极式
\end{cases}
\end{cases}
$$

单相异步电动机的结构特点和典型应用见表7-2。

表7-2 单相异步电动机的结构特点和应用

电动机类型	电阻启动	电容启动	电容运转	电容启动与运转	罩极式
基本系列代号	YU（JZ、BO、BO2）	YC（JY、CO、CO2）	YY（JX、DO、DO2）	YL	YJ
接线原理图					
机械特性曲线 $\frac{T}{T_N} = f(n)$ （$\frac{T}{T_N}$为输出转 矩倍数；T_N为额 定输出转矩； n为转速）					

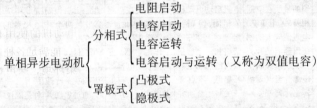

续表

电动机类型	电阻启动	电容启动	电容运转	电容启动与运转	罩极式
最大转矩倍数 T_{max}	>1.8	>1.8	>1.6	>2	
最初启动转矩倍数	1.1~1.6	2.5~2.8	0.35~0.6	>1.8	<0.5
最初启动电流倍数	6~9	4.5~6.5	5~7		
功率范围/W	40~370	120~750	8~180	8~750	15~90
额定电压/V	220	220	220	220	220
同步转速/（r/min）	1 500,3 000	1 500,3000	1 500,3 000	1 500,3 000	1 500,3 000
结构特点	定子具有主绕组和副绕组，它们的轴线在空间相差90°电角度。电阻值较大的副绕组经启动开关与主绕组并联于电源。当电动机转速达到75%~80%同步转速时，通过启动开关将副绕组切离电源，由主绕组单独工作。 为使副绕组得到较高的电阻与电抗的比值，可采取如下措施： 1）用较细铜线，以增大电阻 2）部分线圈反绕，以增大电阻减少电抗 3）用电阻率较高的铝线 4）串入一个外加电阻器	定子主绕组、副绕组的分布与电阻启动电动机的相同，但副绕组导线较粗，副绕组和一个容量较大的启动电容器串联，经启动开关与主绕组并联于电源。当电动机转速达到75%~80%同步转速时，通过启动开关，将副绕组切离电源，由主绕组单独工作	定子具有主绕组和副绕组，它们的轴线在空间相差90°电角度。副绕组串联一个工作电容器（容量较启动电容器小得多）后，与主绕组并联于电源，并且副绕组长期参与运行	定子绕组与电容器运转电动机相同，但副绕组与两个并联的电容器串联。当电动机转速达到75%~80%同步转速时，通过启动开关将启动电容器切离电源，而副绕组和工作电容器继续参与运行。 启动电容器大于工作电容器容量	一般采用凸极定子，主绕组是集中绕组，在极靴的一小部分上套有电阻很小的短路环（又称罩极绕组）。另一种是隐极定子，其冲片形状和一般异步电动机的相同，主绕组和罩极绕组均为分布绕组，它们的轴线在空间相差一定的电角度（一般为45°）罩极绕组匝数少，导线粗

续表

电动机类型	电阻启动	电容启动	电容运转	电容启动与运转	罩极式
典型应用	具有中等启动转矩和过载能力，适用于小型车床、鼓风机、医疗机械等	具有较高启动转矩，适用于小型空气压缩机、电冰箱、磨粉机、水泵及满载启动的机械等	启动转矩较低，但有较高的功率因数和效率，体积小，质量轻，适用于电风扇、通风机、录音机及各种空载启动的机械	具有较高的启动性能、过载能力、功率因数和效率，适用于家用电器、泵、小型机床等	启动转矩、功率因数和效率均较低，适用于小型风扇、电动模型及各种轻载启动的小功率电动设备

  单相异步电动机的型号由系列代号、设计序号、机座代号、特征代号及特殊环境代号五部分组成。其产品名称见表 7 - 3。

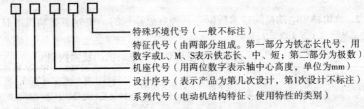

特殊环境代号（一般不标注）

特征代号（由两部分组成。第一部分为铁芯长代号，用数字或 L、M、S 表示铁芯长、中、短；第二部分为极数）

机座代号（用两位数字表示轴中心高度，单位为 mm）

设计序号（表示产品为第几次设计，第 1 次设计不标注）

系列代号（电动机结构特征、使用特性的类别）

表 7 - 3 单相异步电动机的产品名称

产品名称	代号	意义
电阻启动单相异步电动机	YU	异阻
电容启动单相异步电动机	YC	异容
电容运转单相异步电动机	YY	异运
电容启动与运转单相异步电动机	YL	异双
罩极单相异步电动机	YJ	异极
电容启动单相异步电动机（高效率）	YCX	异容效
电容运转单相异步电动机（高效率）	YYX	异运效
力矩单相异步电动机	YDJ	异单矩
低振动精密机床用单相异步电动机	YZM	异振密
机床用单相电泵	YDB	异单泵
仪用轴流单相异步电动机	YIF	异仪风
双轴伸空调器用单相异步电动机	YSK	异双空
电容运转风扇单相异步电动机	YSY	异扇运
电容运转叶扇单相异步电动机	YSZ	异扇叶

产品名称	代号	意义
罩极风扇单相电动机	YZF	异罩风
电容运转内转子吊扇单相电动机	YDN	异吊内
电容运转外转子吊扇单相电动机	YDW	异吊外
罩极排风扇单相电动机	YDZ	异排罩
电容运转排风扇单相电动机	YPS	异排扇
单相电容运转波轮洗衣机单相电动机	YXB	异洗波
电容运转滚筒洗衣机单相电动机	YXG	异洗滚
电容运转甩干机单相电动机	YYG	异衣干
电影放映机用异步电动机	YYJ	异影机
电影洗片机用异步电动机	YYP	异影片

2. 单相异步电动机的技术数据　几种常见系列的单相异步电动机的技术数据见表7-4～表7-7。

表7-4　YU 系列单相电阻启动异步电动机的技术数据

型号	额定功率/ W	额定电流/ A	额定电压/ V	额定频率/ Hz	同步转速/ (r/min)	效率/ %	功率因数	堵转转矩/额定转矩	堵转电流/额定电流	最大转矩/额定转矩	声功率级/ dB
YU6312	90	1.09			3 000	56	0.67	1.5	11.01		70
YU6314	60	1.23			1 500	39	0.57	1.7	7.32		65
YU6322	120	1.36			3 000	58	0.69	1.4	10.29		70
YU6324	90	1.64			1 500	43	0.58	1.5	7.32		65
YU7112	180	1.89			3 000	60	0.72	1.3	9.0		70
YU7114	120	1.88			1 500	50	0.58	1.5	7.45		65
YU7122	250	2.40			3 000	64	0.74	1.1	9.17		70
YU7124	180	2.49	220	50	1 500	53	0.62	1.4	6.83	1.8	65
YU8012	370	3.36			3 000	65	0.77	1.1	8.93		75
YU8014	250	3.11			1 500	58	0.63	1.2	7.07		65
YU8022	550	4.65			3 000	68	0.79	1.0	9.03		75
YU8024	370	4.24			1 500	62	0.64	1.2	7.08		70
YU90S2	750	6.09			3 000	70	0.80	0.8	9.03		75
YU90S4	550	5.49			1 500	66	0.69	1.0	7.65		70
YU90L4	750	6.87			1 500	68	0.73	1.0	8.01		70

表 7 – 5　YC 系列单相电容启动异步电动机的技术数据

型号	功率/ W	电流/ A	电压/ V	频率/ Hz	同步转速/ (r/min)	效率/ %	功率因数	堵转转矩/额定转矩	堵转电流/额定电流	最大转矩/额定转矩	声功率级/ dB
YC7112	180	1.89			3 000	60	0.72	3.0	6.35		70
YC7114	120	1.88			1 500	50	0.58	3.0	4.79		65
YC7122	250	2.40			3 000	64	0.74	3.0	6.25		70
YC7124	180	2.49			1 500	53	0.62	2.8	4.82		65
YC8012	370	3.36			3 000	65	0.77	2.8	6.25		75
YC8014	250	3.11			1 500	58	0.63	2.8	4.82		65
YC8022	550	4.65			3 000	68	0.79	2.8	6.24		75
YC8024	370	4.24	220	50	1 500	62	0.64	2.5	4.95	1.8	70
YC90S2	750	6.09			3 000	70	0.80	2.5	6.08		75
YC90S4	550	5.49			1 500	66	0.69	2.5	5.28		70
YC90S6	250	4.21			1 000	54	0.50	2.5	4.75		60
YC90L4	750	6.87			1 500	68	0.73	2.5	5.39		70
YC90L6	370	5.27			1 000	58	0.55	2.5	4.74		65
YC100L6	550	6.94			1 000	60	0.60	2.5	5.04		65
YC100L6	750	9.01			1 000	61	0.62	2.2	4.99		65

表 7 – 6　YY 系列单相电容运转异步电动机的技术数据

型号	功率/ W	电流/ A	电压/ V	频率/ Hz	同步转速/ (r/min)	效率/ %	功率因数	堵转转矩/额定转矩	堵转电流/额定电流	最大转矩/额定转矩	声功率级/ dB
YY4512	16	0.23			3 000	35	0.90	0.60	4.34		65
YY4514	10	0.22			1 500	24	0.85	0.55	3.46		60
YY4522	25	0.32			3 000	40	0.90	0.60	3.75		65
YY4524	16	0.26			1 500	33	0.85	0.55	3.85		60
YY5012	40	0.43			3 000	47	0.90	0.50	3.49		65
YY5014	25	0.35	220	50	1 500	38	0.85	0.55	3.43	1.7	60
YY5022	60	0.57			3 000	53	0.90	0.50	3.51		70
YY5024	40	0.48			1 500	45	0.85	0.55	3.13		60
YY5612	90	0.79			3 000	56	0.92	0.50	3.16		70
YY5614	60	0.61			1 500	50	0.90	0.45	3.28		65
YY5622	120	0.99			3 000	60	0.92	0.50	3.54		70

续表

型号	功率/W	电流/A	电压/V	频率/Hz	同步转速/(r/min)	效率/%	功率因数	堵转转矩/额定转矩	堵转电流/额定电流	最大转矩/额定转矩	声功率级/dB
YY5624	90	0.87			1 500	52	0.90	0.45	2.87		65
YY6312	180	1.37			3 000	65	0.92	0.40	3.65		70
YY6314	120	1.06			1 500	57	0.90	0.40	3.30		65
YY6322	250	1.87			3 000	66	0.92	0.40	3.74		70
YY6324	180	1.54			1 500	59	0.90	0.40	3.25		65
YY7112	370	2.73	220	50	3 000	67	0.92	0.35	3.66	1.7	75
YY7114	250	2.03			1 500	61	0.92	0.35	3.45		65
YY7122	550	3.88			3 000	70	0.92	0.35	3.87		75
YY7124	370	2.95			1 500	62	0.92	0.35	3.39		70
YY8012	750	5.15			3 000	72	0.92	0.33	3.88		75
YY8014	550	4.25			1 500	64	0.92	0.35	3.53		70

表 7 – 7　YL 系列单相双值电容异步电动机的技术数据

型号	额定功率/W	额定电流/A	额定电压/V	额定频率/Hz	同步转速/(r/min)	效率/%	功率因数	堵转转矩/额定转矩	堵转电流/A	最大转矩/额定转矩
YL7112	370	2.73	220	50	3 000	67	0.92	1.8	16	1.7
YL7122	550	3.88	220	50	3 000	70	0.92	1.8	21	1.7
YL7114	250	2.00	220	50	1 500	62	0.92	1.8	12	1.7
YL7124	370	2.81	220	50	1 500	65	0.92	1.8	16	1.7
YL8012	750	5.15	220	50	3 000	72	0.92	1.8	29	1.7
YL8014	550	4.00	220	50	1 500	68	0.92	1.8	21	1.7
YL8024	750	5.22	220	50	1 500	71	0.92	1.8	29	1.7

7.1.3　三相异步电动机

三相异步电动机结构简单、使用维护方便、运行可靠、制造成本低，因而广泛用于工农业生产和其他国民经济部门，作为驱动机床、水泵、风机、运输机械、矿山机械、农业机械及其他机械的动力。

1. 三相异步电动机的分类及型号　为了适应各种机械设备的配套要求，异步电动机的系列、品种、规格繁多，其分类方法也很多。三相异步电动机的主要分类及型号见表7-8。

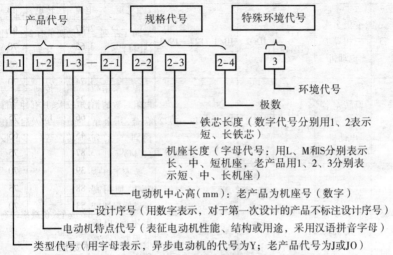

表7-8　三相异步电动机的产品型号及特点

序号	名称	型号		标准编号	结构特征	用途
		新	老			
1	小型三相异步电动机(封闭式)	Y (IP44)	JO2	JB/T 10391—2002 (H80～H315) JB/T 5274—1991 (H355)	自扇冷却、封闭式结构，能防止灰尘、水滴大量进入电动机内部	作一般用途的驱动源，即用于驱动对启动性能、调速性能及转差率无特殊要求的机器和设备；亦可用于灰尘较多、泥水四溅的场所
2	小型三相异步电动机(防护式)	Y (IP23)	J2	JB/T 5271—1991 (H80—H280) JB/T 5272—1991 (H315～H355)	自冷式、防护式结构，能防止水滴或其他杂物从与垂直方向成60°角的范围内落入	作一般用途的驱动源，即用于驱动对启动性能、调速性能及转差率无特殊要求的机器和设备；但必须用于周围环境较干净、防护要求较低的场所

序号	名称	型号		标准编号	结构特征	用途
		新	老			
3	变极多速三相异步电动机	YD (IP44)	JDO2	JB/T 7127—1993	同 Y 系列 (IP44)	同 Y 系列 (IP44)，驱动要求有 2～4 种分级变化转速的设备
4	高转差率三相异步电动机	YH (IP44)	JHO2	JB/T 6449—1992	转子采用高电阻系数的铝合金，其余结构同 Y 系列 (IP44)	用于传动飞轮力矩较大、具有冲击性的负荷，以及启动和逆转次数较多的设备
5	高效率三相异步电动机				改变了电磁参数；使用高导磁低损耗硅钢片等，以降低损耗，提高效率	用于驱动长期连续运行、负载率较高的设备
6	绕线转子三相异步电动机（封闭式）	YR (IP44)	JRO2	JB/T 7119—1993	转子为绕线型的封闭式结构，能防止灰尘及水滴大量进入电动机内部	用于驱动启动转矩高而启动电流小及需要小范围调速的设备，可用于周围灰尘多、泥水四溅、环境较恶劣的场所
7	绕线转子三相异步电动机（防护式）	YR (IP23)	JR₂	JB/T 5269—1991 (H160～H280) JB/T 5270—1991 (H315～H355)	转子为绕线型的防护式结构，能防止水滴从与垂直方向呈 60°的范围内进入电动机内部	同 YR(IP44)，但必须在周围环境较干净、防护要求较低的场合使用
8	低振动、低噪声三相异步电动机	YZC (IP44)	JJO2	JB/T 7120—1993	同 Y 系列 (IP44)	用于驱动精密机床及需要低噪声、低振动的各种机械设备

序号	名称	型号		标准编号	结构特征	用途
		新	老			
9	船用三相异步电动机	Y－H (IP44 或 IP54)	JO2－H	JB/T 5273—1991	机座材料、接线盒结构符合船舶使用特点，其余同 Y 系列(IP44)	用于海洋、江河中的一般船舶上的机械传动
10	户外型三相异步电动机	Y－W (IP54 或 IP55)	JO2－W	JB/T 5275—1991	在 Y 系列(IP44)结构基础上，加强结构材料，加强结构密封和采取零部件防腐蚀措施	用于户外轻腐蚀环境的各种机械传动装置
		Y－WF			在 Y 系列(IP44)结构基础上，加强结构材料，加强结构密封和采取零部件防腐蚀措施	用于户外中腐蚀环境的各种机械传动装置
11	化工防腐蚀型三相异步电动机	Y－F (IP54 或 IP55)	JO2－F	JB/T 7124—1993	同 Y－W 系列	用于经常或不定期在一种或一种以上化学腐蚀性质环境中的各种机械传动
12	隔爆型三相异步电动机	YB (IP44 或 IP54)	BJO2	JB/T 5338—1991	电动机必须符合有关防爆特殊技术要求，主要零部件要符合隔爆要求	用于煤矿井下固定设备的一般传动，以及工厂最大试验安全间隙不小于ⅡB 级、引燃温度不低于 T4 组的可燃性气体或蒸汽与空气形成的爆炸性混合物的设备传动

序号	名称	型号		标准编号	结构特征	用途
		新	老			
13	增安型三相异步电动机	YA（IP54）		JB/T 9595—1999	电动机符合防爆性环境等通用要求及爆炸性环境增安型要求 （1）爆炸混合物自燃极限温度不低于450 ℃时，功率等级与机座号对应关系同Y系列（IP44） （2）爆炸混合物自燃极限温度在200～300 ℃时，功率等级与机座号对应关系比Y系列（IP44）降低一级	适用于石油、化工、化肥、制药、轻纺等企业中具有二类爆炸危险的场所中的各种机械传动
14	电磁调速三相异步电动机	YCT	JZT	JB/T 7123—1993	由Y系列（IP44）三相异步电动机与电磁滑差离合器组成	用于要求恒转矩或风机型负载的无级调速传动。其控制功率小，调速范围较广，调速精度较高
15	傍磁式制动三相异步电动机	YEP（IP44）	JZD	JB/T 6448—1992	转子非轴伸端装有分磁块及制动装置，并与电动机组成一体，其余结构同Y系列（IP44）	适用于频繁启动、制动的一般机械,作为起重运输机械、升降工作机械及其他要求迅速、准确停车的主传动或辅助传动用
16	电磁制动三相异步电动机	YEJ		JB/T 6456—1992	由Y系列（IP44）三相异步电动机与电磁制动器（IP23）组成	适用于频繁启动、制动的一般机械,作为起重运输机械升降工作机械、及其他要求迅速、准确停车的主传动或辅助传动用

序号	名称	型号		标准编号	结构特征	用途
		新	老			
17	齿轮减速三相异步电动机	YCJ	JTC	JB/T 6447—1992	由 Y 系列（IP44）电动机与齿轮减速器直接耦合而成	用于驱动低速、大转矩的设备，并只准使用联轴器或正齿轮连接
18	摆线针轮减速三相异步电动机	YXJ	JXJ	JB 2982—81（减速器标准）	由 Y 系列（IP44）电动机与摆线针轮减速器组合而成	用于驱动低速、大转矩的设备，并只准使用联轴器或正齿轮连接
19	立式深井泵用三相异步电动机	YLB（IP44）	JLB2 DM JTM	JB/T 7126—1993	在电动机一端装有单列向心推力轴承，能承受一定的轴向力；转子轴为空心轴；在电动机另一端装有防逆盘以防电动机逆向旋转	驱动立式深井泵，为广大农村及工矿企业吸取地下水
20	起重冶金用三相异步电动机	YZ（IP44 或 IP54）	JZ2	JB/T 10104—1999	机座号 112~132 为封闭自冷式，其余为封闭自扇冷却。转子铸铝材料为高电阻铝锰合金。机座号 112~160 为圆柱轴伸；机座号 180~400 为圆锥轴伸；机座号 200 及以上的风扇端与轴伸端轴承型号、规格不同，绝缘等级为 FH 级	IP44－F 级绝缘电动机用于一般环境下起重运输机械传动　IP54－H 级绝缘电动机用于冶金辅助设备的传动

序号	名称	型号		标准编号	结构特征	用途
		新	老			
21	起重冶金用三相异步电动机	YZR	JZR	JB/T 10105—1999	除转子为绕线型外,其余同YZ(IP44或IP54)	IP44 - F 级绝缘电动机用于一般环境下的起重运输机械传动 IP54 - H 级绝缘电动机用于冶金辅助设备的传动
22	井用潜水三相异步电动机	YQS2	JQS YQS	GB/T 2818—1991	为充水式密封结构,即定子、转子、绕组、轴承均在水中长期工作。上下端各装有水润滑径向滑动轴承,下端还装有水润滑止推轴承,以承受轴间力及防止轴向窜动。电动机各上口接合面以 O 形密封圈或密封胶密封,同时在轴伸端装有防沙密封装置	与井用潜水泵配套组成井用潜水电泵,是农业灌溉、工矿企业供水和高原山区抽取地下水的先进动力设备
23	电动阀门用三相异步电动机	YDF2 (IP44)		JB/T 2195—1998		用于驱动电动阀门、要求高启动转矩和最大转矩的场合
24	力矩三相异步电动机	YLJ		JB/T 6297—1992	强迫通风冷却;鼠笼转子为铸铝,采用高电阻合金铝材料	用于要求恒张力、恒线速度传动(卷绕特性)或恒转矩传动(导辊特性)的场合

序号	名称	型号		标准编号	结构特征	用途
		新	老			
25	三相异步电动机	YZ (IP54)		JT/T 8680.1—1998 (机座号 63~355)	自扇冷却、封闭式结构,能防止灰尘、水滴大量进入电动机内部	作一般用途的驱动源,即用于驱动对启动性能、调速性能及转差率无特殊要求的机器和设备;亦可用于灰尘较多、泥水四溅的场所
26	变频调速专用三相异步电动机	YVF2 (IP54)		JB/T 7118—2004 (机座号 80~355)	采用独立供电的轴向外风扇进行强迫冷却	由通用型变频器供电做交流调速,用于驱动要求无级变速的机械设备

2. 三相异步电动机的基本结构 三相异步电动机由两个基本部分组成:固定部分称为定子,包括机座、定子铁芯、定子绕组等;旋转部分称为转子,包括转子铁芯、转子绕组和转轴等。转子装在定子腔内,为了保证转子能在定子内自由转动,定子、转子之间必须有一定间隙,称为气隙。此外,在电动机中还有一些其他零部件,如端盖、轴承、轴承盖、风扇、风罩等,在绕线式转子三相异步电动机中还有集电环(又称滑环)及电刷装置等。普通的笼型三相异步电动机的基本结构见图 7-1,绕线式转子三相异步电动机的基本结构见图 7-2。

3. 三相异步电动机的工作原理 当电动机的三相定子绕组(各相差 120° 电角度)通入三相对称交流电后,将产生一个旋转磁场,该旋转磁场切割转子绕组,从而在转子绕组中产生感应电流,载流的转子导体在定子旋转磁场作用下将产生电磁力,从而在电动机转轴上形成电磁转矩,驱动电动机旋转,并且电动机的旋转方向与旋转磁场方向相同。

4. 三相异步电动机的接法 三相异步电动机的接法是指电动机在额定电压下,三相定子绕组 6 个首末端头的连接方法,有星形(Y)和三角形(△)两种。

三相定子绕组每相都有两个引出线头,一个称为首端,另一个称为末端。第一相绕组的首端用 U_1 表示,末端用 U_2 表示;第二相绕组的首端和末端分别用 V_1 和 V_2 表示;第三相绕组的首端和末端分别用 W_1 和 W_2 表示。这 6 个

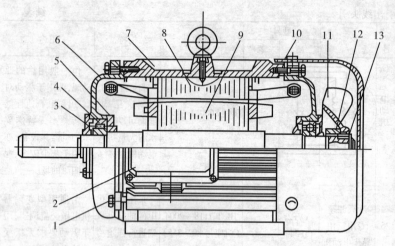

图7-1 笼型三相异步电动机的基本结构

1. 紧固件　2. 接线盒　3. 轴承外盖　4. 轴承　5. 轴承内盖　6. 端盖　7. 机座
8. 定子铁芯　9. 转子　10. 风罩　11. 外风扇　12. 键　13. 轴用挡圈

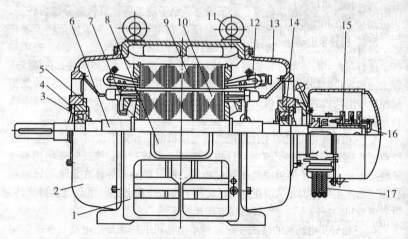

图7-2 绕线式转子三相异步电动机的基本结构

1. 机座　2. 端盖　3. 轴承　4. 轴承外盖　5. 轴承内盖　6. 转轴　7. 转子绕组
8. 接线盒　9. 定子铁芯　10. 转子铁芯　11. 吊环　12. 定子绕组　13. 端盖
14. 轴承　15. 电刷装置　16. 集电环　17. 转子绕组引出线

引出线头引入接线盒的接线上，接线柱上标出对应的符号，见图7-3。

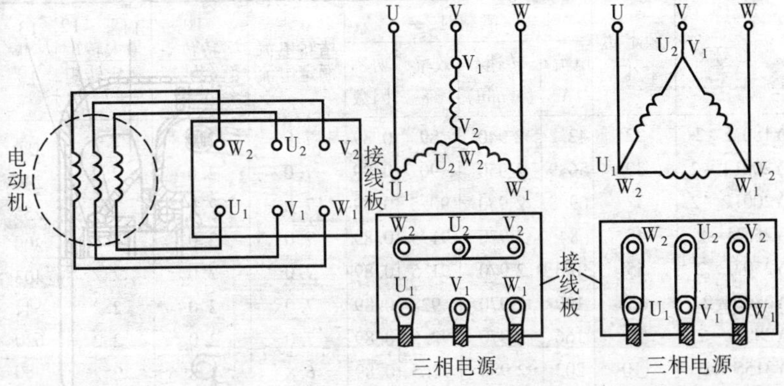

| a.原理图 | b.Y连接 | c.△连接 |

图7-3　三相异步电动机的接线

Y连接是将三相绕组的末端连接在一起，即将 U_2、V_2、W_2 接线柱用铜片连接在一起，而将三相绕组的首端 U_1、V_1、W_1 分别接三相电源，见图7-3b。△连接是将接线柱 U_1 和 W_2、V_1 和 U_2、W_1 和 V_2 分别用铜片连接起来，再分别接入三相电源，见图7-3c。

5. 三相异步电动机的技术数据　几种常见三相异步电动机的技术数据见表7-9～表7-10。

表7-9　Y系列（IP44）三相异步电动机的技术数据

| 型号 | 额定功率/kW | 满载时 | | | | 堵转电流
额定电流 | 堵转转矩
额定转矩 | 最大转矩
额定转矩 | 质量/kg |
		电流/A	转速/(r/min)	效率/%	功率因数				
Y801-2	0.75	1.8	2 830	75	0.84	6.5	2.2	2.3	16
Y802-2	1.1	2.5	2 830	77	0.86	7.0	2.2	2.3	17
Y90S-2	1.5	3.4	2 840	78	0.85	7.0	2.2	2.3	22
Y90L-2	2.2	4.8	2 840	80.5	0.86	7.0	2.2	2.3	25
Y100L-2	3.0	6.4	2 880	82	0.87	7.0	2.2	2.3	33
Y112M-2	4.0	8.2	2 890	85.5	0.87	7.0	2.2	2.3	45
Y132S1-2	5.5	11.1	2 900	85.5	0.88	7.0	2.0	2.3	64
Y132S2-2	7.5	15	2 900	86.2	0.88	7.0	2.0	2.3	70
Y160M1-2	11	21.8	2 900	87.2	0.88	7.0	2.0	2.3	117
Y160M2-2	15	29.4	2 930	88.2	0.88	7.0	2.0	2.3	125
Y160L-2	18.5	35.5	2 930	89	0.89	7.0	2.0	2.2	147

型号	额定功率/kW	满载时				堵转电流 额定电流	堵转转矩 额定转矩	最大转矩 额定转矩	质量/ kg
		电流/ A	转速/ (r/min)	效率/ %	功率因数				
Y180M - 2	22	42.2	2 940	89	0.89	7.0	2.0	2.2	180
Y200L1 - 2	30	56.9	2 950	90	0.89	7.0	2.0	2.2	240
Y200L2 - 2	37	69.8	2 950	90.5	0.89	7.0	2.0	2.2	255
Y255M - 2	45	84	2 970	91.5	0.89	7.0	2.0	2.2	309
Y250M - 2	55	103	2 970	91.5	0.89	7.0	2.0	2.2	403
Y280S - 2	75	139	2 970	92	0.89	7.0	2.0	2.2	544
Y280M - 2	90	166	2 970	92.5	0.89	7.0	2.0	2.2	620
Y315S - 2	110	203	2 980	92.5	0.89	6.8	1.8	2.2	980
Y315M - 2	132	242	2 980	93	0.89	6.8	1.8	2.2	1 080
Y315L1 - 2	160	292	2 980	93.5	0.89	6.8	1.8	2.2	1 160
Y315L2 - 2	200	365	2 980	93.5	0.89	6.8	1.8	2.2	1 190
Y801 - 4	0.55	1.5	1 390	7.3	0.76	6.0	2.0	2.3	17
Y802 - 4	0.75	2	1 390	74.5	0.76	6.0	2.0	2.3	18
Y90S - 4	1.1	2.7	1 400	78	0.78	6.5	2.0	2.3	25
Y90L - 4	1.5	3.7	1 400	79	0.79	6.5	2.2	2.3	26
Y100L1 - 4	2.2	5	1 430	81	0.82	7.0	2.2	2.3	34
Y100L2 - 4	3.0	6.8	1 430	82.5	0.81	7.0	2.2	2.3	35
Y112M - 4	4.0	8.8	1 440	84.5	0.82	7.0	2.2	2.3	47
Y132S - 4	5.5	11.6	1 440	85.5	0.84	7.0	2.2	2.3	68
Y132M - 4	7.5	15.4	1 440	87	0.85	7.0	2.2	2.3	79
Y160M - 4	11.0	22.6	1 460	88	0.84	7.0	2.2	2.3	122
Y160L - 4	15.0	30.3	1 460	88.5	0.85	7.0	2.2	2.3	142
Y180M - 4	18.5	35.9	1 470	91	0.86	7.0	2.0	2.2	174
Y180L - 4	22	42.5	1 470	91.5	0.86	7.0	2.0	2.2	192
Y200L - 4	30	56.8	1 470	92.2	0.87	7.0	2.0	2.2	253
Y225S - 4	37	70.4	1 480	91.8	0.87	7.0	1.9	2.2	294
Y225M - 4	45	84.2	1 480	92.3	0.88	7.0	1.9	2.2	327
Y250M - 4	55	103	1 480	92.6	0.88	7.0	2.0	2.2	381
Y280S - 4	75	140	1 480	92.7	0.88	7.0	1.9	2.2	535
Y280M - 4	90	164	1 480	93.5	0.89	7.0	1.9	2.2	634
Y315S - 4	110	201	1 480	93	0.89	6.8	1.8	2.2	912
Y315M - 4	132	240	1 480	94	0.89	6.8	1.8	2.2	1 048
Y315L1 - 4	160	289	1 480	94.5	0.89	6.8	1.8	2.2	1 105
Y315L2 - 4	200	361	1 480	94.5	0.89	6.8	1.8	2.2	1 260

型号	额定功率/kW	满载时				堵转电流 额定电流	堵转转矩 额定转矩	最大转矩 额定转矩	质量/ kg
		电流/ A	转速/ (r/min)	效率/ %	功率 因数				
Y90S – 6	0.75	2.3	910	72.5	0.70	5.5	2.0	2.2	21
Y90L – 6	1.1	3.2	910	73.5	0.72	5.5	2.0	2.2	24
Y100L – 6	1.5	4	940	77.5	0.74	6.0	2.0	2.2	35
Y112M – 6	2.2	5.6	940	80.5	0.74	6.0	2.0	2.2	45
Y132S – 6	3.0	7.2	960	83	0.76	6.5	2.0	2.2	66
Y132M1 – 6	4.0	9.4	960	84	0.77	6.5	2.0	2.2	75
Y132M2 – 6	5.5	12.6	960	85.3	0.78	6.5	2.0	2.2	85
Y160M – 6	7.5	17	970	86	0.78	6.5	2.0	2.0	116
Y160L – 6	11	24.6	970	87	0.78	6.5	2.0	2.0	139
Y180L – 6	15	31.4	970	89.5	0.81	6.5	1.8	2.0	182
Y200L1 – 6	18.5	37.7	970	89.8	0.83	6.5	1.8	2.0	228
Y200L2 – 6	22	44.6	970	90.2	0.83	6.5	1.8	2.0	246
Y225M – 6	30	59.5	980	90.2	0.85	6.5	1.7	2.0	294
Y250M – 6	37	72	980	90.8	0.86	6.5	1.8	2.0	395
Y280S – 6	45	85.4	980	92	0.87	6.5	1.8	2.0	505
Y280M – 6	55	104	980	92	0.87	6.5	1.8	2.0	566
Y315S – 6	75	141	980	92.8	0.87	6.5	1.6	2.0	850
Y315M – 6	90	169	980	93.2	0.87	6.5	1.6	2.0	965
Y315L1 – 6	110	206	980	93.5	0.87	6.5	1.6	2.0	1 028
Y315L2 – 6	132	246	980	93.8	0.87	6.5	1.6	2.0	1 195
Y132S – 8	2.2	5.8	710	80.5	0.71	5.5	2.0	2.0	66
Y132M – 8	3	7.7	710	82	0.72	5.5	2.0	2.0	76
Y160M1 – 8	4	9.9	720	84	0.73	6.0	2.0	2.0	105
Y160M2 – 8	5.5	13.3	720	85	0.74	6.0	2.0	2.0	115
Y160L – 8	7.5	17.7	720	86	0.75	5.5	2.0	2.0	140
Y180L – 8	11	24.8	730	87.5	0.77	6.0	1.7	2.0	180
Y200L – 8	15	34.1	730	88	0.76	6.0	1.8	2.0	228
Y225S – 8	18.5	41.3	730	89.5	0.76	6.0	1.7	2.0	265
Y225M – 8	22	47.6	730	90	0.78	6.0	1.8	2.0	296
Y250M – 8	30	63	730	90.5	0.80	6.0	1.8	2.0	391
Y280S – 8	37	78.7	740	91	0.79	6.0	1.8	2.0	500
Y280M – 8	45	93.2	740	91.7	0.80	6.0	1.8	2.0	562
Y315S – 8	55	114	740	92	0.80	6.5	1.6	2.0	875
Y315M – 8	75	152	740	92.5	0.81	6.5	1.6	2.0	1 008
Y315L – 8	90	179	740	93	0.82	6.5	1.6	2.0	1 065

续表

| 型号 | 额定功率/kW | 满载时 | | | | 堵转电流 额定电流 | 堵转转矩 额定转矩 | 最大转矩 额定转矩 | 质量/ kg |
		电流/ A	转速/ (r/min)	效率/ %	功率 因数				
Y315L2 – 8	110	218	740	93. 3	0.82	6. 3	1. 6	2. 0	1 195
Y315S – 10	45	101	590	91. 5	0.74	6. 0	1. 4	2. 0	838
Y315M – 10	55	123	590	92	0.74	6. 0	1. 4	2. 0	960
Y315L2 – 10	75	164	590	92. 5	0.75	6. 0	1. 4	2. 0	1 180

表 7 – 10　YR 系列（IP44）三相异步电动的技术数据

| 型号 | 额定功率/kW | 满载时 | | | | 最大转矩 额定转矩 | 转子 | | 质量/ kg |
		转速/ (r/min)	电流/ A	效率/ %	功率 因数		电压/ V	电流/ A	
YR132S1 – 4	2. 2	1 440	5. 3	82. 0	0.77	3. 0	190	7. 9	60
YR132S2 – 4	3	1 440	7. 0	83. 0	0.78	3. 0	215	9. 4	70
YR132M1 – 4	4	1 440	9. 3	84. 5	0.77	3. 0	230	11. 5	80
YR132M2 – 4	5. 5	1 440	12. 6	86. 0	0.77	3. 0	272	13. 0	95
YR160M – 4	7. 5	1 460	15. 7	87. 5	0.83	3. 0	250	19. 5	130
YR160L – 4	11	1 460	22. 5	89. 5	0.83	3. 0	276	25. 0	155
YR180L – 4	15	1 465	30. 0	89. 5	0.85	3. 0	278	34. 0	205
YR200L1 – 4	18. 5	1 465	36. 7	89. 0	0.86	3. 0	247	47. 5	265
YR200L2 – 4	22	1 465	43. 2	90. 0	0.86	3. 0	293	47. 0	290
YR225M2 – 4	30	1 475	57. 6	91. 0	0.87	3. 0	360	51. 5	380
YR250M1 – 4	37	1 480	71. 4	91. 5	0.86	3. 0	289	79. 0	440
YR250M2 – 4	45	1 480	85. 9	91. 5	0.87	3. 0	340	81. 0	490
YR280S – 4	55	1 480	103. 8	91. 5	0.88	3. 0	485	70. 0	670
YR280M – 4	75	1 480	140	92. 5	0.88	3. 0	354	128. 0	800
YR132S1 – 6	1. 5	955	4. 17	78. 0	0.70	2. 8	180	5. 9	60
YR132S2 – 6	2. 2	955	5. 96	80. 0	0.70	2. 8	200	7. 5	70
YR132M1 – 6	3	955	8. 20	80. 5	0.69	2. 8	206	9. 5	80
YR132M2 – 6	4	955	10. 7	82. 0	0.69	2. 8	230	11. 0	95
YR160M – 6	5. 5	970	13. 4	84. 5	0.74	2. 8	244	14. 5	135
YR160L – 6	7. 5	970	17. 9	86. 0	0.74	2. 8	266	18. 0	155
YR180L – 6	11	975	23. 6	87. 5	0.81	2. 8	310	22. 5	205
YR200L1 – 6	15	975	31. 8	88. 5	0.81	2. 8	198	48. 0	280
YR225M1 – 6	18. 5	980	38. 3	88. 5	0.83	2. 8	187	62. 5	335

型号	额定功率/kW	满载时				最大转矩额定转矩	转子		质量/kg
		转速/(r/min)	电流/A	效率/%	功率因数		电压/V	电流/A	
YR225M2 – 6	22	980	45.0	89.5	0.83	2.8	224	61.0	365
YR250M1 – 6	30	980	60.3	90.0	0.84	2.8	282	66.0	450
YR250M2 – 6	37	980	73.9	90.5	0.84	2.8	331	69.0	490
YR280S – 6	45	985	87.9	91.5	0.85	2.8	362	76.0	680
YR280M – 6	55	985	106.9	92.0	0.85	2.8	423	80.0	730
YR160M – 8	4	715	10.7	82.5	0.69	2.4	216	12.0	135
YR160L – 8	5.5	715	14.1	83.0	0.71	2.4	230	15.5	155
YR180L – 8	7.5	725	18.4	85.0	0.73	2.4	255	19.0	190
YR200L1 – 8	11	725	26.6	86.0	0.73	2.4	152	46.0	280
YR225M1 – 8	15	735	34.5	88.0	0.75	2.4	169	56.0	265
YR225M2 – 8	18.5	735	42.1	89.0	0.75	2.4	211	54.0	390
YR250M1 – 8	22	735	48.1	89.0	0.78	2.4	210	65.5	450
YR250M2 – 8	30	735	66.1	89.5	0.77	2.4	270	69.0	500
YR280S – 8	37	735	78.2	91.0	0.79	2.4	281	81.5	680
YR280M – 8	45	735	92.9	92.0	0.80	2.4	359	76.0	800

7.1.4 多速三相异步电动机

通过改变定子绕组的极对数 p 而得到多种转速的电动机，称为变极多速异步电动机。

由于笼型转子本身没有固定的极数，它的极数随定子磁极的极数而定，变换极数时仅改变定子绕组的极数即可，所以多速异步电动机都采用笼型转子。多速异步电动机的调速设备简单、运行可靠，是一种比较经济的调速方法，它属于有级调速电动机，适用于不需要平滑调节转速的场合。

多速电动机常用的变极方法主要有反向变极法、换相变极法和不同节距变极法。反向变极法是最常用的一种，它既可用于倍极比单绕组多速电动机，也可用于非倍极比单绕组多速电动机。多速三相异步电动机的技术数据见表7－11。

表 7 – 11　多速电动机的技术数据

型号	极数	额定功率/kW	接法	满载时				堵转电流额定电流	堵转转矩额定转矩	最大转矩额定转矩
				转速/(r/min)	电流/A	效率/%	功率因数			
YD801 – 4/2	4	0.45	△	1 420	1.4	66	0.74	6.5	1.5	1.8
	2	0.55	2Y	2 860	1.5	65	0.85	7	1.7	
YD802 – 4/2	4	0.55	△	1 420	1.7	68	0.74	6.5	1.6	1.8
	2	0.75	2Y	2 860	2.0	66	0.85	7	1.8	
YD90S – 4/2	4	0.85	△	1 430	2.3	74	0.77	6.5	1.8	1.8
	2	1.1	2Y	2 850	2.8	72	0.85	7	1.9	
YD90L – 4/2	4	1.3	△	1 430	3.3	76	0.78	6.5	1.8	1.8
	2	1.8	2Y	2 850	4.3	74	0.85	7	2	
YD100L1 – 4/2	4	2.0	△	1 430	4.8	78	0.81	6.5	1.7	1.8
	2	2.4	2Y	2 850	5.6	76	0.86	7	1.9	
YD100L2 – 4/2	4	2.4	△	1 430	5.6	79	0.83	6.5	1.6	1.8
	2	3.0	2Y	2 850	6.7	77	0.89	7	1.7	
YD112M – 4/2	4	3.3	△	1 450	7.4	82	0.83	6.5	1.9	1.8
	2	4.0	2Y	2 890	8.6	79	0.89	7	2	
YD132S – 4/2	4	4.5	△	1 450	9.8	83	0.84	6.5	1.7	1.8
	2	5.5	2Y	2 860	11.9	79	0.89	7	1.7	
YD132M – 4/2	4	6.5	△	1 450	13.8	84	0.85	6.5	1.7	1.8
	2	8.0	2Y	2 880	17.1	80	0.89	7	1.7	
YD160M – 4/2	4	9.0	△	1 460	18.5	87	0.85	6.5	1.6	1.8
	2	11	2Y	2 920	22.9	82	0.89	7	1.8	
YD100L – 4/2	4	11	△	1 460	22.3	87	0.86	6.5	1.7	1.8
	2	14	2Y	2 920	28.8	82	0.90	7	1.9	
YD180M – 4/2	4	15	△	1 470	29.4	89	0.87	6.5	1.8	1.8
	2	18.5	2Y	2 940	36.7	85	0.90	7	1.9	
YD9L – 8/4	8	0.45	△	700	1.9	58	0.63	5.5	1.6	1.8
	4	0.75	2Y	1 420	1.8	72	0.87	6.5	1.4	

续表

型号	极数	额定功率/kW	接法	满载时				堵转电流/额定电流	堵转转矩/额定转矩	最大转矩/额定转矩
				转速/(r/min)	电流/A	效率/%	功率因数			
YD100L – 8/4	8	0.85	△	700	3.1	67	0.63	5.5	1.6	1.8
	4	1.5	2Y	1 410	3.5	74	0.88	6.5	1.4	
YD112M – 8/4	8	1.5	△	700	5.0	72	0.63	5.5	1.7	1.8
	4	2.4	2Y	1 410	5.3	78	0.88	6.5	1.7	
YD132S – 8/4	8	2.2	△	720	7.0	75	0.64	5.5	1.5	1.8
	4	3.3	2Y	1 440	7.1	80	0.88	6.5	1.7	
YD132M – 8/4	8	3.0	△	720	9.0	78	0.65	5.5	1.5	1.8
	4	4.5	2Y	1 440	9.4	82	0.89	6.5	1.6	
YD160M – 8/4	8	5.0	△	730	13.9	83	0.66	5.5	1.5	1.8
	4	7.5	2Y	1 450	1 5.2	84	0.89	6.5	1.6	
YD160L – 8/4	8	7	△	730	19	85	0.66	5.5	1.5	1.8
	4	11	2Y	1 450	21.8	86	0.89	6.5	1.6	
YD180L – 8/4	8	11	△	730	26.7	87	0.72	6	1.5	1.8
	4	17	2Y	1 450	32.6	88	0.91	7	1.5	
YD90S – 8/6	8	0.35	△	730	1.6	56	0.60	5	1.8	1.8
	6	0.45	2Y	1 470	1.4	70	0.72	6	2	
YD90L – 8/6	8	0.45	△	700	1.9	59	0.60	5	1.7	1.8
	6	0.65	2Y	930	1.9	71	0.73	6	1.8	
YD100L – 8/6	8	0.75	△	700	2.9	65	0.63	5	1.8	1.8
	6	1.1	2Y	920	3.1	75	0.73	6	1.9	
YD112M – 8/6	8	1.3	△	710	4.5	72	0.61	5	1.7	1.8
	6	1.8	2Y	950	4.8	78	0.73	6	1.9	
YD132S – 8/6	8	1.8	△	730	5.8	76	0.62	5	1.6	1.8
	6	2.4	2Y	970	6.2	80	0.73	6	1.8	
YD132M – 8/6	8	2.6	△	730	8.0	78	0.62	5	1.9	1.8
	6	3.7	2Y	970	9.4	82	0.73	6	1.9	

型号	极数	额定功率/kW	接法	满载时				堵转电流额定电流	堵转转矩额定转矩	最大转矩额定转矩
				转速/(r/min)	电流/A	效率/%	功率因数			
YD160M – 8/6	8	4.5	△	730	13.3	83	0.62	5	1.6	1.8
	6	6	2Y	980	14.7	85	0.73	6	1.9	
YD160L – 8/6	8	6	△	730	17.5	84	0.62	5	1.6	1.8
	6	8	2Y	980	19.4	86	0.73	6	1.9	
YD180M – 8/6	8	7.5	△	730	21.9	84	0.62	5	1.6	1.8
	6	10	2Y	980	24.2	86	0.73	6	1.9	
YD180L – 8/6	8	9	△	730	24.7	85	0.65	5	1.8	1.8
	6	12	2Y	980	28.3	86	0.75	6	1.8	

7.1.5 电磁调速异步电动机

电磁调速异步电动机又称为滑差电动机，它是一种恒转矩交流无级变速电动机。由于它具有调速范围广、速度调节平滑、启动转矩大、控制功率小、有速度负反馈、自动调节系统时机械特性硬度高等一系列优点，因此在印刷机及骑马订书机、无线装订、高频烘干联动机、链条锅炉炉排控制中都得到了广泛的应用。

1. 电磁调速异步电动机的特点

（1）交流无级调速，机械特性硬度较高。

（2）结构简单、工作可靠、维护方便、价格低廉。

（3）调速范围大，用在像印刷机这样的恒转矩负载时，一般可达 10:1，有特殊要求（如轮转机）时亦可达 50:1。

（4）可调节转矩。在现代化的联合轮转机中，都应用了自动化的纸张拉紧机械，它可以随着卷筒纸直径的变化，调节离合器的转矩，保持拉力不变。

带有速度负反馈的电磁调速异步电动机的主要缺点是：在空载或轻载（小于 10% 额定转矩）时，由于反馈不足，会造成失控现象；在调速时，随着转速降低，离合器的输出功率和效率也相应地按比例下降。所以此电动机适用于长期高速运转和短时间低速运转的场合。为适应印刷机低速运转的需要，在采用电磁调速异步电动机作主驱动的印刷机中，往往再配装一台三相异步电动机作为低速电动机使用。

2. 电磁调速异步电动机的基本结构　调速电动机的基本结构形式可分组

合式和整体式两种。

组合式调速电动机是把封闭型异步电动机的凸缘端盖与离合器机座组成一台整机,见图7-4。整体式调速电动机是将单速或双速异步电动机的有绕组铁芯压装在离合器的机座内,离合器输出轴穿过电动机空心轴后构成一个整体,见图7-5。

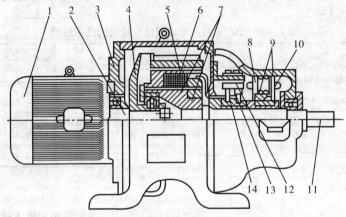

图7-4 组合式电磁调速异步电动机的结构

1. 三相异步电动机 2. 主动轴 3. 法兰端盖 4. 电枢 5. 工作气隙
6. 励磁绕组 7. 磁极 8. 测速发电机 9. 测速发电机磁极 10. 永久磁铁
11. 输出轴 12. 刷架 13. 电刷 14. 集电环

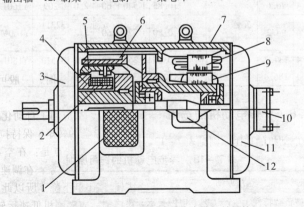

图7-5 整体式电磁调速异步电动机的结构

1. 出风口 2. 励磁绕组 3. 前端盖 4. 托架 5. 磁极 6. 电枢 7. 机座
8. 异步电动机定子 9. 异步电动机转子 10. 测速发电机 11. 后端盖 12. 出线盒

3. 电磁调速异步电动机的工作原理 电磁调速异步电动机是由普通鼠笼型异步电动机、电磁滑差离合器和电气控制装置三部分组成的。

异步电机作为原动机使用,当它旋转时带动离合器的电枢一起旋转,电气控制装置是提供滑差离合器励磁线圈励磁电流的装置。

4. 电磁调速异步电动机的技术数据 JZT2 系列电磁调速电动机的技术数据见表 7 – 12。

表 7 – 12 JZT2 系列电磁调速电动机的技术数据

型号	额定转矩/(N·m)	调速范围/(r/min)	转速变化率/%	励磁线圈		直流励磁		轴承号	驱动电动机	
				导线直径/mm	匝数	电压/V	电流/A		型号	功率/kW
JZT2 12 – 4	4.9	115 ~ 1 150		0.53	1 378	50	1.01	306,205	Y802 – 4	0.75
JZT2 22 – 4	9.8			0.63	1 296	40	1.1	307,306	Y90L – 4	1.5
JZT2 31 – 4	13.7		≤2.5	0.50	2 250	50	1.03	307	Y100L1 – 4	2.2
JZT2 32 – 4	19.6			0.63	2 074	55	1.55	207	Y100L2 – 4	3.0
JZT2 41 – 4	25.5			0.60	1 827		1.2	308	Y112M – 4	4.0
JZT2 42 – 4	35.3			0.67	1 410	45	1.4	208	Y132S – 4	5.5
JZT2 51 – 4	47.1	120 ~ 1 200		0.85	1 540	56	1.6	32209,209	Y132M – 4	7.5
JZT2 52 – 4	70.6			0.85	1 540	60	2.0		Y160L – 4	11
JZT2 61 – 4	94.2			0.80	1 924	60	1.2	32311,211	Y160M – 4	15
JZT2 71 – 4	137.3			0.85	1 360	50	1.4	32313,213	Y180L – 4	22
JZT2 72 – 4	186.4			1.06	1 360	55	1.5		Y200 – 4	30

7.1.6 异步电动机的选用

异步电动机的选用原则见表 7 – 13。

表 7 – 13 异步电动机的选用原则

选用原则	电动机的选择
根据机械负载特性、生产工艺、电网要求、建设费用、运行费用等综合指标选用	选择电动机的类型
根据机械负载所要求的过载能力、启动转矩、工作制及工况条件选用	选择电动机的功率,使功率匹配合理,并具有适当的备用功率

续表

选用原则	电动机的选择
根据使用场所的环境选用	选择电动机的防护等级和结构形式
根据生产机械的最高机械转速和传动调速系统的要求选用	选择电动机的转速
根据使用环境温度，维护检修方便、安全可靠等要求选用	选择电动机的绝缘等级和安装方式
根据电网电压、频率选用	选择电动机的额定电压、频率

7.1.7　异步电动机的维护与保养

异步电动机的维护与保养见表 7 – 14。

表 7 – 14　**异步电动机的维护与保养**

维护与保养	具体检查项目
电动机启动前的检查	1）检查电源电压是否正常，三相电压是否平衡，电压是否过高或过低 2）检查线路的接线是否可靠，熔体有无损坏 3）检查联轴器的接线是否牢固，传送带连接是否良好，传送带松紧是否合适，机组传动是否灵活，有无摩擦、卡住、窜动等不正常的现象 4）检查机组周围有无妨碍运动的杂物或易燃物品
电动机启动时的检查	1）合闸启动前，应观察电动机及拖动机械上或附近是否有异物，以免发生人身及设备事故 2）操作开关或启动设备时，应动作迅速、果断，以免产生较大的电弧 3）合闸后，如果电动机不转，要迅速切断电源，检查熔丝及电源接线等是否有问题。绝不能合闸等待或带电检查，否则会烧毁电动机或发生其他事故 4）合闸后应注意观察，若电动机转动较慢、启动困难、声音不正常或生产机械工作不正常，电流表、电压表指示异常，都应立即切断电源，待查明原因，排除故障后，才能重新启动 5）应按电动机的技术要求，限制电动机连续启动的次数。对于 Y 系列电动机，一般空载连续启动不得超过 3～5 次。满载启动或长期运行至热态，停机后又启动的电动机，不得空载连续启动超过 2～3 次。否则容易烧毁电动机 6）对于笼型电动机的星—三角启动或利用补偿器启动，若是手动延时控制的启动设备，应注意启动操作顺序和控制好延时长短 7）多台电动机应避免同时启动，应由大到小逐台启动，以避免线路上总启动电流过大，导致电压下降太多

维护与保养	具体检查项目
电动机运行中的维护	1）电动机应经常保持清洁，不允许有杂物进入电动机内部，进风口和出风口必须保持畅通 2）用仪表监视电源电压、频率及电动机的负载电流。电源电压、频率要符合电动机铭牌数据。电动机负载电流不得超过铭牌上的规定值，否则要查明原因。采取措施，不良情况消除后方能继续运行 3）采取必要手段监测电动机各部位温升 4）对于绕线型转子电动机，应经常注意其电刷与集电环间的接触压力、磨损及火花情况。电动机停转时，应断开定子电路内的开关，然后将电刷提升机构扳到启动位置，断开短路装置 5）电动机运行后做定期维修，一般分小修、大修两种。小修属一般检修，对电动机启动设备及其整体不做大的拆卸，约一季度一次。大修是要将所有传动装置及电动机的所有零部件拆卸下来，并将拆卸的零部件做全面的检查及清洗，一般一年一次

7.1.8 异步电动机的常见故障及其处理方法

异步电动机的常见故障及其处理方法见表7-15。

表7-15 异步电动机的常见故障及其处理方法

常见故障	故障名称	故障现象	产生原因	检查方法	处理方法
电动机绕组故障	绕组接地	机壳带电、控制线路失控、绕组短路发热，致使电动机无法正常运行	绕组受潮使绝缘电阻下降；电动机长期过载运行；有害气体腐蚀；金属异物侵入绕组内部损坏绝缘；重绕定子绕组时绝缘损坏碰铁芯；绕组端部碰端盖机座；定子、转子摩擦引起绝缘灼伤；引出线绝缘损坏与壳体相碰；过电压（如雷击）使绝缘被击穿	观察法、万用表检查法、兆欧表法、试灯法、电流穿烧法、分组淘汰法等	绕组受潮引起接地的应先进行烘干，当冷却到60~70℃时，浇上绝缘漆后再烘干；绕组端部绝缘损坏时，在接地处重新进行绝缘处理，涂漆，再烘干；绕组接地点在槽内时，应重绕绕组或更换部分绕组元件；最后应用不同的兆欧表进行测量，满足技术要求即可

常见故障	故障名称	故障现象	产生原因	检查方法	处理方法
电动机绕组故障	绕组短路	离子的磁场分布不均,三相电流不平衡而使电动机运行时振动和噪声加剧,严重时电动机不能启动,而在短路线圈中产生很大的短路电流,导致线圈迅速发热而烧毁	电动机长期过载,使绝缘老化失去绝缘作用;嵌线时造成绝缘损坏;绕组受潮使绝缘电阻下降造成绝缘被击穿;端部和层间绝缘材料没垫好或整形时损坏;端部连接线绝缘损坏;过电压或遭雷击使绝缘被击穿;转子与定子绕组端部相互摩擦造成绝缘损坏;金属异物落入电动机内部和油污过多	外部观察法、探温检查法、通电实验法、电桥检查、短路侦察器法、万用表或兆欧表法、电压降法、电流法等	短路点在端部,可用绝缘材料将短路点隔开,也可重新包绝缘线,再上漆重新烘干;短路在线槽内,将其软化后,找出短路点修复,重新放入线槽后,再上漆烘干;对短路线匝少于1/12的每相绕组,串联匝数时切断全部短路线,将导通部分连接,形成闭合回路,供应急使用;绕组短路点匝数超过1/12时,要全部拆除重绕
	绕组断路	电动机不能启动,三相电流不平衡,有异常噪声或振动大,温升超过允许值或冒烟	绕组在检修和维护保养时被碰断或本身有制造质量问题;绕组各元件、极(相)组和绕组与引线等接头处焊接不良,长期运行过热脱焊;受机械力和电磁场力使绕组损伤或拉断;匝间或相间短路及接地造成绕组严重烧焦或熔断等	观察法、万用表法、试灯法、兆欧表法、电流表法、电桥法、电流平衡法、断笼侦察器检查法等	断路在端部时,连接好后焊牢,包上绝缘材料,套上绝缘管,绑扎好,再烘干;绕组由于匝间、相间短路和接地等原因而造成绕组严重烧焦的一般应更换新绕组;对断路点在槽内的,属少量断点的做应急处理,采用分组淘汰法找出断点,并在绕组断开部位将其连接好并测试绝缘合格后使用;对笼型转子断笼的可采用焊接法、冷接法或条条法修复
	绕组接错	电动机不能启动,空载电流过大或不平衡过大,温升太快或有剧烈振动并有很大的噪声,烧断保险丝等	误将三角形接成星形;维修保养时三相绕组有一相首尾接反;减压启动时抽头位置选择不合适或内部接线错误;新电动机在下线时,绕组连接错误;旧电动机出头判断不对	滚珠法、指南针法、万用表电压法、干电池法、毫安表剩磁法、电动机转向法等	一个线圈或线圈组接反,则空载电流有较大的不平衡,应进厂返修;引出线错误的应正确判断首尾后重新连接;减压启动接错的应对照接线图或原理图,认真校对重新接线;新电动机下线或重接新绕组后接线错误的,应送厂返修;定子绕组一相接反时,接反的一相电流特别大,可根据这个特点查找故障并进行维修;把星形接成三角形或匝数不够,则空载电流大,应及时更正

常见故障	故障名称	故障现象	产生原因	检查方法	处理方法
电动机其他故障			机械方面有扫膛、振动、轴承过热、损坏等故障。异步电动机定子、转子之间气隙很小，容易导致定子、转子之间相碰。一般由于端盖轴室内孔磨损或端盖止口与机座止口磨损变形，使机座、端盖、转子三者不同轴引起扫膛		有振动时应先区分是电动机本身引起的，还是传动装置不良所造成的，或者是机械负载端传递过来的，而后针对具体情况进行排除。属于电动机本身引起的振动，多数是由于转子动平衡不好，以及轴承不良，转轴弯曲，或端盖、机座、转子不同轴，或者电动机安装地基不平，安装不到位，紧固件松动造成的。振动会产生噪声，还会产生额外负荷
		电气方面故障有定子绕组缺相运行，定子绕组首尾反接，三相电流不平衡，绕组短路和接地，绕组过热和转子断条、断路等。缺相运行是常见故障之一。三相电源中只要有一相断路就会造成电动机缺相运行。缺相运行可能是由于线路上熔断器熔丝熔断，开关触点或导线接头接触不良等原因造成的		三相电动机缺一相电源后，如在停止状态，由于合成转矩为零而堵转。电动机的堵转电流比正常工作的电流大得多。因此，在此情况下接通电源时间过长或多次频繁地接通电源启动，将导致电动机被烧毁。运行中的电动机缺一相时，如负载转矩很小，仍可维持运转，仅转速略有下降，并发出异常响声；负载重时，运行时间过长，将会使电动机绕组被烧毁

7.1.9 异步电动机的电气控制

1. 三相笼型异步电动机的启动 三相笼型异步电动机的启动方式见表 7−16。

表 7−16 三相笼型异步电动机的启动方式

启动方式	直接启动	降压启动	软启动
定义	也就是全压启动，是一种最简单的启动方法。启动时，通过一些直接启动设备，把全部电源电压直接加到电动机的定子绕组上，显然，这时启动电流较大，可达额定电流的 4~7 倍	所谓降压启动是指在启动时降低加在电动机定子绕组上的电压，当电动机启动后，再将电压升到额定值，使之在额定电压下运转。由于电流与电压成正比，所以降压启动可以减小启动电流，进而减小了在供电线路上因电动机启动所造成的过电压降，减小了对线路电压的影响，这是降压启动的根本目的。一般降压启动时的启动电流控制在电动机额定电流的 2~3 倍	应用一些自动控制线路组成的软启动器可以实现笼型异步电动机的无级平滑启动，这种启动称为软启动方法。软启动器又分为磁控式与电子式两种。磁控式软启动器应用一些磁性自动化元件（如磁放大器、饱和电抗器等）组成，由于它们的体积大、较笨重、故障率高，现已被先进的电子软启动器取代

启动方式	直接启动	降压启动	软启动
各启动方法的特点及优缺点	对于经常启动的电动机，过大的启动电流将造成电动机发热，影响电动机寿命，同时电动机绕组在电动力的作用下，会发生变形，可能造成短路而烧坏电动机。过大的启动电流，会使线路压降增大，造成电网电压显著下降而影响接在同一电网的其他异步电动机的工作，有时甚至使它们停下来或无法带负载启动。一般规定，电源容量在 180 kV·A 以上，异步电动机的功率低于 7.5 kW 时允许直接启动	电阻降压或电抗降压启动：电动机启动过程中，在定子电路串联电阻或电抗，启动电流在电阻或电抗上将产生压降，降低了电动机定子绕组上的电压，从而启动电流也得到减小。 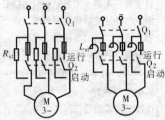 这两种启动方法具有启动平稳、运行可靠、构造简单等优点。如用电阻降压启动，则还有启动阶段功率因数较高等优点。但是，电压降低后，转矩和电压的二次方成正比地减小，因此这两种启动方法一般用在轻载启动的场合。电抗降压启动通常用于高压电动机，电阻降压启动一般用于低压电动机。电阻降压及电抗降压启动有手动及自动等多种控制线路。由于成本较高，启动时电能损耗较多，因此实际应用不多	限流或恒流启动方法：用电子软启动器实现启动时可限制电动机启动电流或保持恒定的启动电流，主要用于轻载软启动
		自耦降压启动：自耦降压启动是利用自耦变压器降低加到电动机定子绕组的电压，以减小启动电流。 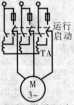 自耦减压启动适用于容量较大的低压电动机作降压启动用，应用很广泛，有手动及自动控制线路。其优点是电压抽头可供不同负载启动时选择。缺点是体积大，质量大，价格高，需维护检修	斜坡电压启动法：用电子软启动实现电动机启动时，定子电压由小到大呈斜坡线性上升，主要用于重载软启动

启动方式	直接启动	降压启动	软启动
各启动方法的特点及优缺点		星形－三角形启动：适用这种启动方法的异步电动机，在运行时是连接成三角形的，而且每相绕组引出两个出线端，三相共引出 6 个出线端。在启动时，先将三相定子绕组连接成星形，待转速近稳定时再改接成三角形。这样，启动时连接成星形的定子绕组电压与电流都只有三角形连接时的 $1/\sqrt{3}$，由于三角形连接时绕组内的电流是线路电流的 $1/\sqrt{3}$，而星形连接时两者则是相等的，因此，连接成星形启动时的线路电流只有连接成三角形直接启动时线路电流的 1/3。由于启动转矩降低到直接启动时的 1/3，因此这种启动方法只适用于空载或轻载启动 星形－三角形启动只能用于正常运转时定子绕组为三角形连接的电动机，即额定电压为 380 V/660 V 的电动机。其优点是体积小、重量轻、价廉物美、运行也可靠，而且检修方便。其缺点是启动电压只能降到 $1/\sqrt{3}$，不能像自耦降压启动那样，可按不同的负载选择不同的启动电压	转矩控制启动法：用电子软启动实现电动机启动时启动转矩由小到大线性上升，启动的平滑性好，能够降低启动时对电网的冲击，是较好的重载软启动方法

启动方式	直接启动	降压启动	软启动
各启动方法的特点及优缺点		延边三角形启动：延边三角形启动法是利用电动机引出的 9 个出线端的一种连接法，能达到降压启动的目的。 采用不同的抽头比例，可以改变延边三角形连接的相电压，其值比 Y - △ 启动时高，因此启动转矩较 Y - △ 启动时大，能用于重载启动。延边三角形启动具有体积小、质量小、允许经常启动、节省有色金属与黑色金属等优点，因此预期将获得进一步推广，并逐步取代自耦减压的启动方法。其缺点是电动机内部接线较为复杂	转矩加脉冲突跳控制启动法：此方法与转矩控制启动法类似，其差别在于，启动瞬间加脉冲突跳转矩以克服电动机的负载转矩，然后转矩平滑上升。此法也适用于重载软启动 电压控制启动法：用电子软启动器控制电压以保证电动机启动时产生较大的启动转矩，是较好的轻载软启动方法

2. 三相绕线转子异步电动机的启动方法 三相绕线转子异步电动机的启动方式见表 7 – 17。

表 7 – 17 三相绕线转子异步电动机的启动方式

启动方式	工作原理	特点
转子串联电阻启动	绕线转子异步电动机转子串联电阻启动，可达到减小启动电流的目的	绕线转子异步电动机转子串联启动电阻，既可限制启动时的转子及定子电流，还能增大启动转矩，减少启动时间。因此，绕线转子异步电动机比笼型异步电动机有较好的启动特性，适用于功率较大的重载启动。当功率较大时，转子电流很大，电阻逐段变化，转矩变化较大，对机械冲击较大，控制设备也较庞大，操作维修不便

启动方式	工作原理	特点
转子串联频敏变阻器启动	采用频敏变阻器代替上述启动电阻	频敏变阻器的特点是其电阻值随转速上升而自动减小，使电动机能平滑启动。绕线转子内串联频敏变阻器启动，具有结构简单、价格便宜、制造容易、运行可靠、维护方便、能自动操作等多种优点，目前已获得大量推广与应用

3. 三相异步电动机的调速

由异步电动机转速的表达式

$$n = n_s (1 - s) = \frac{60f_1}{p} (1 - s)$$

可见，要调节异步电动机的转速，可从改变下列三个参数入手，即改变定子绕组的极对数 p、供电电源的频率 f_1、转差率 s。三相异步电动机的调速方法见表 7 - 18。

表 7 - 18 三相异步电动机的调速方法

名称	调速方法	特点
变极调速	改变定子的极对数，可使异步电动机的同步转速改变，从而使电动机转速得到调节	变极调速的电动机一般称为多速异步电动机。改变定子对数，还可以在定子上装上两组独立的绕组，各连接成不同的极对数。如将两种方法配合，则可得更多的调速级数，但以采用一组独立绕组的变极调速比较经济
变频调速	采用改变供电电源频率的调速方法，可以得到很大的调速范围、很好的调速平滑性和有足够硬度的机械特性	变频调速具有优异的性能，调速范围较大，平滑性较高，变频时电源电压按不同规律变化可实现恒转矩或恒功率调速，以适应不同负载的要求，低速时特性的静差率较高，是异步电动机调速最有发展前途的一种方法。其缺点是必须有专用的变频电源，在恒转矩调速时，低速段电动机的过载倍数大为降低，甚至不能带动负载。变频电源目前都应用电力电子器件组成的变频装置。随着半导体变流技术的不断发展，已出现一些简单可靠、性能优异、价格便宜的变频调速线路，异步电动机变频调速方法的应用已日见广泛，从而可从根本上解决笼型异步电动机的调速问题

名称	调速方法	特点
调节转差能耗调速	调节转差能耗的调速方法包括转子电路串联电阻调速、改变定子电压调速、滑差电动机、串级调速及脉冲调速等	1) 转子电路串联电阻调速: 这种调速方法的调速上限是额定转速, 其下限受允许静差率的限制, 所以调速的范围仅能达到 2~3。当转速降低时, 电路效率下降, 转子损耗功率增高, 故经济性不高。但是, 这种方法的优点是方法简单、初期投资不高; 一般适用于恒转矩负载, 如起重机。对于通风机负载也可应用 2) 改变定子电压调速: 在闭环系统中, 如能平滑地改变定子电压, 即能平滑调节异步电动机的转速; 低速的特性较硬, 调整范围可较宽。调速时的效率较低, 功率因数比转子串联电阻时更低。由于低速时消耗于转子电路的功率很大, 电动机发热严重。因此, 改变定子电压的调速法一般适用于高转差笼型异步电动机, 也可用于绕线转子异步电动机, 在其转子电路中可串联一段电阻 3) 滑差电动机: 滑差电动机又名电磁调速异步电动机, 其特点是在笼型异步电动机轴上装有一个电磁滑差离合器, 并由晶闸管控制装置控制离合器励磁绕组的电流。改变这一电流, 即可调节离合器的输出转速。滑差电动机的优点为结构简单, 运行可靠, 维护方便, 加工容易, 能平滑调速, 用闭环系统可扩大笼型异步电动机的调速范围。其缺点是必须增加滑差离合器设备, 调速时效率低, 在负载转矩较小时, 可能失控 4) 串级调速: 中等以上功率的绕线转子异步电动机与其他电动机或电子设备串级连接以实现平滑调速, 称为串级调速。晶闸管串级调速具有调速范围宽, 效率高, 便于向大容量发展等优点, 是很有发展前途的绕线转子异步电动机的调速方法。它的应用范围很广, 适用于通风机负载, 也可用于恒转矩负载。其缺点是功率因数较差, 现采用电容补偿等措施, 功率因数可有所提高。总之, 晶闸管串级调速向大功率发展, 是很有前途的 5) 脉冲调速: 这种调速方法是用周期性闭合、断开触点的方法使异步电动机定子或转子的电气参数或者定子绕组的相序做周期性改变, 使电动机一直工作在电动状态与制动状态的相互转换的过渡过程中, 电动机周期性地加速或减速, 得到某一平均转速。改变脉冲作用的相对时间, 即可得到不同的平均转速

4. 三相异步电动机的制动 电动机的制动方式分为机械制动和电磁制动（又称为电气制动）两大类。机械制动是利用机械装置，靠摩擦力把电动机制动，如机械制动闸、电磁抱闸机构等。电磁制动是使电动机产生一个与其旋转方向相反的电磁转矩作为制动转矩，从而使电动机减速或停转。三相异步电动机的常用制动方法见表 7 - 19。

表 7 - 19　三相异步电动机的常用制动方法

制动方式	工作原理	特点
回馈制动	当三相异步电机作电动机运行时，如果由于外来因素，使转子的转速超过旋转磁场的同步转速，此时三相异步电机的电磁转矩方向与转子的转向相反，则电磁转矩变为制动转矩，电机由电动机状态变为发电机状态运行，故又称为发电机制动	回馈制动的优点是经济性能好，可将负载的机械能转换成电能反馈回电网。其缺点是应用范围窄，仅当电动机的转速大于额定转速时才能实现制动
反接制动	当三相异步电动机运行时，若电动机转子的转向与定子旋转磁场的转向相反，转差率 $s < 1$，则该异步电动机就运行于电磁制动状态，这种运行状态称为反接制动	三相异步电动机采用反接制动时，定子、转子电流很大，定子、转子铜耗也很大，将会使电动机严重发热。为了使反接制动时电流不致过大，若为绕线转子三相异步电动机，反接时应在转子回路中串入附加电阻，其作用是：一方面限制过大的制动电流，减轻电动机的发热；另一方面还可增大电动机的临界转差率，使电动机开始制动时能够产生较大的制动转矩，以加快制动过程，缩短制动时间。若为笼型三相异步电动机，反接时应在定子绕组电路中串联限流电阻
能耗制动	能耗制动是在电动机断电后，立即在定子两相绕组中通入直流励磁电流，产生制动转矩，使电动机迅速停转	当转子的转速降为零时，转子绕组中的感应电动势和电流为零，电动机的电磁转矩也降为零，制动过程结束。这种制动方法把转子的动能转变为电能消耗在转子上的铜耗中，故称为能耗制动

7.2 直流电动机

直流电动机是将直流电能转换为机械能的转动装置。电动机定子提供磁场,直流电源向转子的绕组提供电流,换向器使转子电流与磁场产生的转矩保持方向不变。

直流电动机具有以下特点:

(1) 调速性能好。所谓"调速性能",是指电动机在一定负载的条件下,根据需要,人为地改变电动机的转速。直流电动机可以在重载条件下,实现均匀、平滑的无级调速,而且调速范围较宽。

(2) 启动力矩大。直流电动机可以均匀而经济地实现转速调节。因此,凡是在重载下启动或要求均匀调节转速的机械,如大型可逆轧钢机、卷扬机、电力机车、电车等,都用直流电动机拖动。

7.2.1 直流电动机的分类及型号

1. 直流电动机的分类 直流电动机按类型主要分为直流有刷电动机和直流无刷电动机。根据励磁方式的不同,可分为他励直流电动机、并励直流电动机、串励直流电动机、复励直流电动机。

一般情况直流电动机的主要励磁方式是并励式、串励式和复励式,直流发电机的主要励磁方式是他励式、并励式和复励式。

2. 直流电动机的型号 国产电动机型号一般采用大写的英文、汉语拼音字母和阿拉伯数字组合在一起表示。

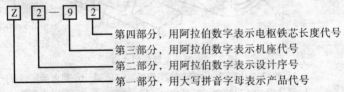

第一部分字符含义如下:

Z 系列:一般用途直流电动机(如 Z2、Z3、Z4 等系列);

ZY 系列:永磁直流电动机;

ZJ 系列:精密机床用直流电动机;

ZT 系列:广调速直流电动机;

ZQ 系列:直流牵引电动机;

ZH 系列:船用直流电动机;

ZA 系列:防爆安全型直流电动机;

ZKJ 系列：挖掘机用直流电动机；

ZZJ 系列：冶金起重机用直流电动机。

7.2.2 直流电动机的基本结构

直流电动机主要由定子、电枢、电刷装置、机械支撑、通风和防护装置等几部分组成。直流电动机的结构如图 7-6 所示。

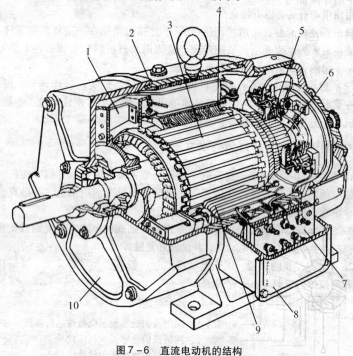

图 7-6 直流电动机的结构
1. 风扇 2. 机座 3. 电枢 4. 主磁极 5. 刷架 6. 换向器
7. 接线板 8. 出线盒 9. 换向极 10. 端盖

直流电动机的定子主要由主磁极、换向极、机座组成，大型直流电动机还有补偿绕组。直流电动机的电枢（又称为转子）主要由电枢铁芯、电枢绕组、换向器和转轴等组成。直流电动机的电刷装置包括电刷、刷握、刷杆、刷杆座等。其机械支撑部分主要包括轴承、端盖和底板等。其通风和防护装置包括风扇或风机、冷却器、过滤器、防护罩和挡风板等。

7.2.3 直流电动机的工作原理

假设由直流电源产生的直流电流从电刷 A 流入，经导体 *ab*、*cd* 后，从电刷 B 流出，如图 7–7a 所示。根据电磁力定律，载流导体 *ab*、*cd* 在磁场中就会受到电磁力的作用，其方向可用左手定则确定。在图 7–7 所示瞬间，位于 N 极下的导体 *ab* 受到的电磁力，其方向是从右向左；位于 S 极下的导体 *cd* 受到的电磁力，其方向是从左向右，因此电枢上受到逆时针方向的力矩，称为电磁转矩。在该电磁转矩的作用下，电枢将按逆时针方向转动。当电刷转过 180°，如图 7–7b 所示时，导体 *cd* 转到 N 极下，导体 *ab* 转到 S 极下。由于直流电源产生的直流电流方向不变，仍从电刷 A 流入，经导体 *cd*、*ab* 后，从电刷 B 流出。可见这时导体中的电流改变了方向，但产生的电磁转矩的方向并未改变，电枢仍然为逆时针方向旋转。实际的直流电动机中，电枢上也不是只有一个线圈，而是根据需要有许多线圈。但是，不管电枢上有多少个线圈，产生的电磁转矩却始终是单一的作用方向，并使电动机连续旋转。

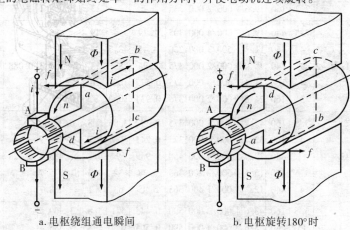

a.电枢绕组通电瞬间   b.电枢旋转180°时

图 7–7 直流电动机的工作原理模型

7.2.4 直流电动机的技术数据

Z4 系列直流电动机的技术数据见表 7–20。

表 7-20 Z4 系列直流电动机的技术数据

型号	额定功率/kW	额定电压/V	额定电流/A	额定转速（r/min）/最高转速（r/min）	励磁功率/W	电枢回路电阻(20 ℃)/Ω	电枢电感/mH	磁场电感/H	外接电感/mH	效率/%	转动惯量/(kg·m²)	质量/kg
	2.2	160	17.9	1 500/3 000	215	1.19	11.2	22	10	67.8		
	1.5	160	13.4	1 000/2 000	315	2.2	21.4	13	13	58.5		
Z4-100-1	4	440	10.7	3 000/4 000	250	2.85	26	18		80.1	0.044	60
	2.2	440	6.5	1 500/3 000	250	9.23	86	18		70.6		
	1.5	440	4.8	1 000/2 000	250	16.8	163	18		63.2		
	5.5	440	14.7	3 000/4 000	280	2.02	17.9	18		81.1		
	3	440	8.7	1 500/3 000	280	6.26	59	17		72.8		
Z4-112/2-1	2.2	440	7.1	1 000/2 000	335	11.7	110	13		63.5	0.072	78
	3	160	24	1 500/3 000	335	0.79	7.1	13	9	69.1		
	2.2	160	19.6	1 000/2 000	335	1.5	14.1	13	20	62.1		
	7.5	440	19.6	3 000/4 000	305	1.29	14	19		83.5		
	4	440	11.3	1 500/3 000	260	4.45	48.5	24		76		
Z4-112/2-2	4	440	9.3	1 000/2 000	375	7.94	83	14		67.3	0.088	86
	4	160	31.4	1 500/3 000	375	0.575	6.2	14	9	72.3		
	3	160	24.8	1 000/2 000	375	0.934	10.3	14	9	66.8		
	5.5	160	42.7	1 500/3 000	375	0.392	6.8	6.8	6	73		
	4	160	33.7	1 000/2 000	375	0.741	7.7	6.7	4	64.9		
Z4-112/4-1	11	440	28.9	3 000/4 000	450	0.939	9	6.8		83.3	0.128	84
	5.5	440	15.6	1 500/2 200	365	3.28	32	9.3		75.7		
	4	440	12.3	1 000/1 400	365	5.95	63	9.1		68.7		
	5.5	160	43.6	1 000/2 000	590	0.445	5.1	5.8	3	69.5		
	15	440	38.6	3 000/4 000	590	0.565	6.4	5.8		85.4		
Z4-112/4-2	7.5	440	20.6	1 500/2 200	480	2.2	24.1	7.8		78.4	0.156	94
	5.5	440	16.1	1 000/1 500	590	4	42.5	5.8		71.9		
	18.5	440	47.4	3 000/4 000	625	0.409	5.3	6.5		85.9		
Z4-132-1	11	440	29.6	1 500/2 500	505	1.31	18.9	9		80.9	0.32	123
	7.5	440	21.4	1 000/1 600	625	2.56	37.5	6.4		74.5		
	22	440	55.3	3 000/3 600	535	0.223	3.65	10		88.3		
Z4-132-2	15	440	39.3	1 500/2 500	635	0.806	13.5	7.9		83.4	0.4	142
	11	440	30.7	1 000/1 600	635	1.62	27.5	7.8		77.7		

续表

型号	额定功率/kW	额定电压/V	额定电流/A	额定转速(r/min)/最高转速(r/min)	励磁功率/W	电枢回路电阻(20℃)/Ω	电枢电感/mH	磁场电感/H	外接电感/mH	效率/%	转动惯量/(kg·m²)	质量/kg
Z4 - 132 - 3	30	440	75	3 000/3 600	780	0.168	2.75	7.2		88.6	0.48	162
	18.5	440	48	1 500/3 000	780	0.558	9.8	7.1		84.7		
	15	440	41	1 000/1 600	780	1.02	19.4	7		80.5		
Z4 - 160 - 11	37	440	93.4	3 000/3 500	620	0.183	3.15	10		88.5	0.64	202
	22	440	58.8	1 500/3 000	740	0.62	10.4	7.7		82.6		
Z4 - 160 - 21	45	440	113	3 000/3 500	670	0.143	2.7	10		89.1	0.76	224
Z4 - 160 - 22	18.5	440	51.1	1 000/2 000	810	0.915	17.7	7.9		79.4		
Z4 - 160 - 31	55	440	137	3 000/3 500	725	0.096 7	2.07	11		90.2	0.88	250
	30	440	77.8	1 000/2 000	725	0.376	8.3	10		85.7		
	22	440	59.2	1 000/2 000	870	0.675	15.2	8.2		81.7		
Z4 - 180 - 11	37	440	95	1 500/3 000	975	0.263	4.9	7.67		86.5	1.52	305
	18.5	440	51.2	750/1 900	1 150	0.912	16.2	6.36		78.1		
	15	440	43.8	600/2 000	975	1.41	22.7	7.85		74.1		
22 Z4 - 180 - 21	75	440	185	3 000/3 400	1 210	0.064	1.2	6.67		90.7	1.72	335
21	45	440	115	1 500/2 800	1 230	0.217	4.7	6.3		87		
21	30	440	79	1 000/2 000	1 060	0.423	9.2	7.96		83.7		
21	22	440	60.2	750/1 400	1 060	0.766	16.3	7.76		79.7		
21	18.5	440	52	600/1 600	1 210	0.973	19.9	6.96		76.8		
Z4 - 180 - 31	37	440	97.5	1 000/2 000	1 350	0.346	6.8	6.34		83.6	1.92	370
	22	440	62.1	600/1 250	1 350	0.87	18.3	6.18		76.6		
42 Z4 - 180 - 41	90	440	221	3 000/3 200	1 230	0.050 4	0.82	8.10		91.3	2.2	395
	55	440	140	1 500/3 000	1 230	0.159	3.2	8.03		87.1		
41	30	440	80.6	750/2 250	1 540	0.049 5	11.3	5.61		81.1		
12 Z4 - 200	110	440	270	3 000/3 000	1 260	0.0373	0.78	7.91		91.6	3.68	470
11	45	440	117	1 000/2 000	1 260	0.267	7.9	7.07		85.5		
11	37	440	97.8	750/2 000	1 260	0.354	9.9	8.12		83.5		
11	22	440	61.6	500/1 350	925	0.839	23.3	12		78.6		

7.2.5　直流电动机的选用

直流电动机以其良好的启动性能和调速性能著称。但是它与交流电动机相比，结构较复杂，成本较高，维护不便，可靠性稍差，尤其是换向问题，使得它的发展和应用受到限制。近年来，由于电力电子技术的迅速发展，与电力电子装置结合而具有直流电动机性能的电动机不断涌现。但是，交流调速技术替代直流调速还需要经历一个较长的过程。因此，在比较复杂的拖动系统中，仍有很多场合要使用直流电动机。目前，直流电动机仍然广泛应用于冶金、矿山、交通、运输、纺织印染、造纸印刷、制糖、化工和机床等工业中需要调速的设备上。

各种常用直流电动机的用途见表7-21。各种励磁方式的直流电动机的性能特点及典型应用见表7-22，供选择时参考。

表7-21　常用直流电动机的用途

序号	产品名称	主要用途
1	直流电动机	基本系列，一般工业应用
2	广调速直流电动机	供转速调节范围为3:1及4:1的电力拖动使用
3	冶金及起重用直流电动机	冶金设备动力装置和各种起重设备传动装置用
4	直流牵引电动机	电力传动机车、工矿电机车和蓄电池车
5	船用直流电动机	船舶上各种辅助机械用
6	精密机床用直流电动机	磨床、坐标镗床等精密机床用
7	汽车启动机	汽车、拖拉机、内燃机等用
8	挖掘机用直流电动机	冶金矿山挖掘机用
9	龙门刨用直流电动机	龙门刨床用
10	无槽直流电动机	在自动控制系统中作执行元件
11	防爆增安型直流电动机	矿井和有易燃气体场所用
12	力矩直流电动机	作为速度和位置伺服系统的执行元件
13	直流测功机	测定原动机效率和输出功率用

表7-22　各种励磁方式的直流电动机的性能特点及典型应用

产品名称	启动转矩倍数	转速特点	其他	典型应用
并（他）励直流电动机	较大	易调速，转速变化率为5%~15%	机械特性硬	用于驱动在不同负载下要求转速变化不大和调速的机械，如泵、风机、小型机床、印刷机械等

续表

产品名称	启动转矩倍数	转速特点	其他	典型应用
复励直流电动机	较大,与串励程度有关,常可达额定转矩的4倍	易调速,转速变化率与串励程度有关,可达 25% ~ 30%	短时过载转矩大,约为额定转矩的 3.5 倍	用于驱动要求启动转矩较大而转速变化不大或冲击性的机械,如压缩机、冶金辅助传动机械等
串励直流电动机	很大,常可达额定转矩的5倍以上	转速变化率很大,空载转速高,调速范围宽	不许空载运行	用于驱动要求启动转矩很大,经常启动,转速允许有很大变化的机械,如蓄电池供电车、电车、起重机等
永磁直流电动机	较大	可调速	机械特性硬	铝镍钴永磁直流电动机主要用于工业仪器仪表、医疗设备、军用器械等精密小功率直流驱动。铁氧体永磁直流电动机广泛用于家用电器、汽车电器、医疗器械、工农业生产的小型器械驱动
无刷直流电动机	较大	调速范围宽	无火花,噪声小,抗干扰性强	要求低噪声、无火花的场合,如宇航设备、低噪声摄影机、精密仪器仪表等

7.2.6　直流电动机的维护与保养

直流电动机的维护与保养见表 7 – 23。

表 7 - 23　直流电动机的维护与保养

直流电动机的 维护与保养	具体检查项目
电动机启动 前的检查	1）擦除电动机外表的灰尘和积垢。打开风窗盖，拿去防尘纸，用压缩空气吹净电动机内部灰尘 2）转动电枢，检查转动是否灵活，有无卡死现象，有无撞击或摩擦声 3）检查刷架是否固定在规定的标记位置上，电刷压力是否正常，电刷在刷握内是否太紧或太松，电刷与换向器工作表面接触是否良好 4）检查换向器工作表面的清洁度。如有油污，可用柔软的布或棉花蘸汽油擦除 5）用兆欧表测量电动机各绕组对机壳及各绕组相互间的绝缘电阻。如果低于 1 MΩ 必须进行干燥处理。对额定电压小于 500 V 的直流电动机，用 500 V 兆欧表；对额定电压在 500 ~ 3 000 V 的直流电动机，则用 1 000 V 兆欧表
电动机启动 时的检查	对直流电动机的启动有三点要求：第一，启动电流不能太大，应为电动机所允许；第二，启动转矩要尽可能大些，必须大于负载的阻转矩（带负载启动时）；第三，启动时间（电动机从静止到稳定运行所经历时间）要短 直流电动机的启动方法有三种：降压启动、电枢回路串电阻启动和直接启动。无论哪种启动方法，在启动时应注意励磁绕组与电源接线可靠，并达到满磁场启动。串励电动机不能空载启动
电动机运行 中的维护	1）应经常保持清洁。不允许水滴、油污等落入电动机内部 2）不应有长时间的过载运行 3）应经常检查轴承运行时的温度，并倾听其转动声音是否均匀、正常。对有注放油孔的电动机应定期加润滑脂 4）应注意电动机运行时的温升变化情况。可经常用温度计检查电动机进风口、出风口的温度和电动机表面温度，如有异常应停车检查 5）电动机在运转中不应有摩擦声、啸叫声或其他杂声。如发现有不正常的声音，应及时停车检查，消除故障后才可继续运行 6）电刷磨损不能过度 7）电动机必须通风良好，进风口和出风口必须保证畅通无阻

7.2.7　直流电动机的常见故障及其处理方法

直流电动机的常见故障及其处理方法见表 7 - 24。

表 7－24　直流电动机的常见故障及其处理方法

常见故障	故障名称	检查方法	处理方法
电枢绕组故障	电枢通地	测量换向片和轴间的电压降；测量换向片间的电压降；用校验灯或兆欧表检查；用逐步接近法确定通地故障点；对电枢进行耐电压试验的检查	在检查过程中应进一步区分是绕组通地，还是换向器通地。对绕组通地故障的处理应结合检查过程。注意观察电枢绕组产生火花、烟雾，发出响声和焦味的部位，找到故障点，对其做绝缘处理
	电枢绕组短路	电枢绕组短路的检查方法是采用毫伏表测量换向片间电压。如果毫伏表读数呈周期性，说明电枢绕组良好；如果毫伏表有较小读数，则说明该换向片间的绕组元件存在短路	换短路绕组元件
	电枢绕组断路	若毫伏表测得的数值明显大于其他片间压降平均值时，说明与换向片连接的绕组元件存在断路	找出断路元件故障点，对其进行连接处理或更换断路元件
	电枢绕组接反	若换向片 2～3 和 4～5 间测得的片间压降比正常值大两倍，而 3～4 间压降正常，但极性相反，表明与 3～4 换向片连接的绕组元件接反	更正接反元件与换向片的连接
定子绕组故障	并（他）励绕组短路	并（他）励绕组匝间短路可采用交流压降法检查。将 50 Hz 交流电通过调压器加到并（他）励组两端，然后用交流电压表分别测量每个线圈的交流压降。如果各磁极上的交流电压相等，则表示绕组无短路现象；如果某一磁极线圈的交流压降比其他磁极小，则这个线圈存在匝间短路。当通电时间稍长些时，这个线圈将明显发热	并（他）励绕组存在短路故障，一般必须重制绕组更换

常见故障	故障名称	检查方法	处理方法
换向器故障	换向片间短路	采用毫伏表法。在换向器工作表面近一个极距接一个低电压直流电源，用毫伏表逐片检查换向片间电压。如片间电压为零，则表明该换向片短路	炭粉或金属屑落入片间云母沟中或换向器端面涂封不好，导致炭粉或导电性灰尘进入换向片鸽尾槽。前一种情况仅出现某一换向片间有短路，后一种情况会出现短路片数较多现象。对前一种短路，一般用锯片清除片间云母沟里的垃圾；对后一种短路，则要拆开换向器
	换向器工作面变形	用千分表测量换向器工作表面跳动量。如果跳动量大于0.04 mm，则认为换向器工作面变形	换向器工作面变形产生的原因是电机长期运行后，云母绝缘材料中的有机物质挥发和收缩，使作用在鸽尾上的束紧力减小，换向片间压力减小。处理方法是先紧固换向器上的螺母或螺栓，再车削换向器外径
	换向器通地	用兆欧表检查。换向片组对地绝缘电阻接近零，即表明换向器通地	换向器通地产生的原因是V形绝缘环被击穿所致。处理方法是拆开换向器，检查V形绝缘环。如V形绝缘环仅局部被击穿，则需进行修复处理
其他故障	换向火花	如果换向火花大于1.5级，则直流电动机就不能正常运行，必须停车进行检查。产生换向火花的原因很多，检查一般从下面几个方面进行。如刷握安装是否固定牢靠，电刷在刷握中滑动是否太紧或太松，电刷与换向器工作面接触是否良好，电刷压力是否正常，电刷牌号是否一致，换向器工作表面是否清洁，换向器工作面圆跳动值是否大于0.04 mm，云母片是否凸出工作表面，刷架是否处于中性线上，换向极极性是否正确，换向极线圈是否存在短路情况，电枢绕组是否有短路和断路现象，电动机是否长时间过载运行等	
	电机动温升过高	当测得电动机温升超过规定值时，电动机就不能正常运行，否则易烧毁绕组。产生原因大致有：电动机长期过载运行，电动机未按铭牌上规定的额定数据运行，电动机进口、出风口存在阻塞现象，外鼓风风量、风压不足等	
	电动机转速不正常	当电动机在额定电压、额定电流、额定励磁电压或励磁电流下运行时，电动机的实际转速与铭牌上额定转速发生不允许偏差时，电动机转速就可认为不正常。产生电动机转速不正常的原因有：励磁绕组存在短路现象，并（他）励绕组与串励绕组两者产生磁场相反，主极气隙与原来的气隙不符，电枢绕组存在短路现象等	

7.2.8　直流电动机的电气控制

1. 直流电动机的启动　直流电动机的启动方法见表7-25。

表7-25　直流电动机的启动方法

启动方式	工作原理	特点
直接启动	直流电动机的直接启动只用在容量很小的电动机中。直接启动就是电动机全压直接启动，指不采取任何限流措施，把静止的电枢直接投入到额定电压的电网上启动	直接启动操作简单，无须采用其他启动设备，但启动电流非常大，可达额定电流的10～20倍，从而造成换向困难，出现强烈火花。很大的启动电流亦会使电源电压瞬时跌落，以致影响其他电力设备的正常运行。故此法只适用于小型直流电动机的启动
降压启动	降压启动是在开始启动时，将加在直流电动机电枢绕组两端的电压降低，以限制启动电流	采用降压启动时，需要一套专用的直流发电机或晶闸管整流电源作为电动机电枢绕组的电源。采用专用直流发电机时，通过改变发电机的励磁电流来控制发电机的端电压；采用晶闸管整流电源时，用触发信号去控制输出电压，以达到降压的目的。对于并励直流电动机，降压启动时，为使励磁不受电源电压的影响，可将并励改为他励，并配备两套电源设备：一套电源设备用于改变电枢绕组端电压；另一套电源设备作为励磁电源。降压启动法的优点是启动电流小、启动过程平滑、能量损耗少；缺点是启动设备投资较高
电枢回路串电阻启动	启动时可以将启动电阻串联至电枢回路，待转速上升后，再逐步将启动电阻切除	在电枢回路串电阻启动过程中，随着转速的上升，电枢电动势逐渐增大，电枢电流逐渐减小，电磁转矩也逐渐减小，转速上升也逐渐缓慢。为了缩短启动时间，加快启动过程，则需要在整个启动过程中保持较大的电磁转矩及较小的启动电流，因此可采用逐级切除启动电阻的分级启动方式

2. 直流电动机的调速　直流电动机的调速方法见表7-26。

表7-26 直流电动机的调速方法

调速方式	工作原理	特点
电枢串联电阻调速	电枢串联电阻后，在电阻上流过电枢电流而产生压降，电枢端电压因之而降低，达到调速的目的	这种方法能达到的调速指标不高，是很不经济的。调速范围不大，调速的平滑性不高，并且是有级调速。优点是方法比较简单，控制设备不复杂，一般用于串励或复励直流电动机拖动的电车、炼钢车间的浇铸吊车等生产机械上
降低电源电压调速	直流电动机往往是由单独的可调整流装置供电的。目前用得最多的可调直流电源是晶闸管整流装置。容量较大的直流电动机一般用机组作为可调直流电源，而用晶闸管装置调节发电机 G 的励磁电流，此时改变 G 的励磁电流就能调节发电机的感应电动势，从而改变电动机 M 的电源电压	采用反馈控制，机械特性的硬度可再提高，从而获得调速范围广、平滑性高的性能优良的调速系统。这种系统的主要缺点是设备投资大，在 G-M 机组中，能量经交流电动机、直流发电机 G 及直流电动机 M 三次变换，机组的效率不高
弱磁调速	减弱磁通，小容量系统可在励磁电路中串联可调电阻来实现，容量大时则用单独的晶闸管整流装置向电动机的励磁电路供电	弱磁调速的优点是，在功率较小的励磁电路中进行调节，控制方便，能量损耗小，调速的平滑性较高。由于调速范围不大，故常和额定转速以下的减压调速配合应用，以扩大调整范围。如果他励电动机在运行过程中励磁电路突然断路，此时不仅使电枢电流大大增加，而且由于严重弱磁，转速将上升到危险的飞逸转速，甚至可以把整个电枢破坏，因此必须有相应的保护措施

3. 直流电动机的制动 直流电动机的制动方法见表7-27。

表7-27 直流电动机的制动方法

制动方式	实现方法
能耗制动	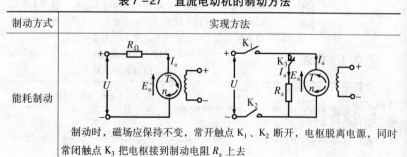 制动时，磁场应保持不变，常开触点 K_1、K_2 断开，电枢脱离电源，同时常闭触点 K_3 把电枢接到制动电阻 R_z 上去

续表

制动方式	实现方法
反接制动	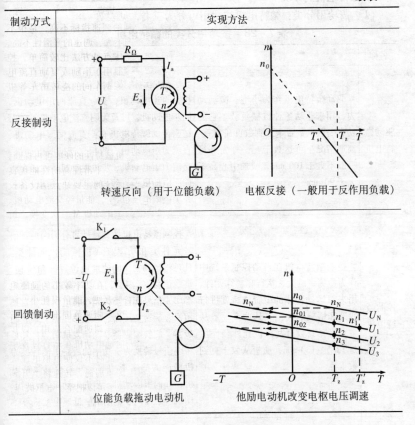
	转速反向（用于位能负载）　　　　电枢反接（一般用于反作用负载）
回馈制动	位能负载拖动电动机　　　　他励电动机改变电枢电压调速

7.3　微特电机

7.3.1　概述

微特电机，全称微型特种电机，简称微电机，一般是指直径小于 160 mm 或额定功率小于 750 W 的微型电机，以及具有特殊性能、特殊用途的微型电机。微特电机常用于控制系统中，实现机电信号或能量的检测、解算、放大、执行或转换等功能，或用于传动机械负载，也可作为设备的交、直流电源。

1. 微特电机的分类

（1）按功用分类：微特电机按功用可分为三类，见表 7 – 28。

表 7 – 28　按功用分类的微特电机

名称	特点	典型电机
驱动微特电机	驱动微特电机作为小型、微型动力，用来驱动各种机械负载。它的功率一般从数百毫瓦到数百瓦不等，高速情况下可达数千瓦，外壳外径一般不大于 160 mm，或轴中心高不大于 90 mm	一般驱动微特电机有：交流异步电动机，直流电动机，交、直流两用电动机，同步电动机，以及无刷直流电动机等；而精密传动微特电机有：直流伺服电动机、直流力矩电动机、两相交流伺服电动机、交流力矩电动机、步进电动机、永磁交流伺服电动机、直线电动机、低速电动机、开关磁阻电动机等
控制微特电机	控制微特电机在自动控制系统中作为检测、放大、执行和解算元件，用来对运动物体的位置或速度进行快速和精确的控制。其功率一般从数百毫瓦到数百瓦，机壳外径一般是 12.5 ~ 130 mm，质量从数十克到数千克	控制微特电机按其特性可分为两类：信号元件类和功率（或机械能）元件类。凡是将运动物体的速度或位置（角位移、直线位移）等物理信号转换成电信号的都属于信号元件类控制微特电机，如自整角机、旋转变压器、感应移相器、感应同步器、旋转编码器、测速发电机等；凡是将电信号转换为电功率的或将电能转换为机械能的都属于功率元件类控制微特电机，如伺服电动机、步进电动机、力矩电动机、磁滞同步电动机、低速电动机等
电源微特电机	电源微特电机作为独立的小型能量转换装置，用来将机械能转换成电能或将一种能量转换成另一种能量。它的功率一般从数百瓦到数十千瓦	电机扩大机

　　（2）按原理分类：按运行原理进行分类，可把微特电机共分 7 大类，37 小类。

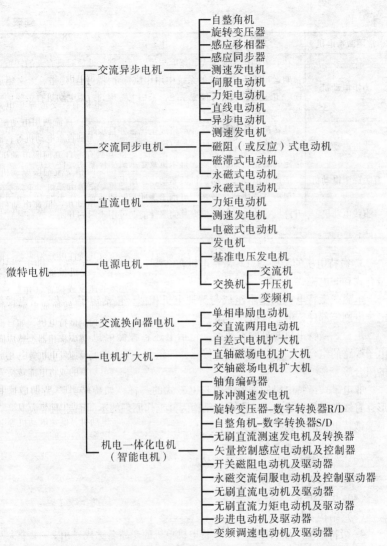

2. 微特电机的主要用途 微特电机的主要用途见表7-29。

表7-29 常用微特电机的主要用途

常用微特电机	主要用途
伺服电动机	数控机床、火炮、机载雷达等伺服系统，还可用作录像机、盒式录音机、电唱机、计算机外围设备及物镜变焦等驱动的执行元件

常用微特电机	主要用途
力矩电动机	在要求理论加速度大、速度与位置精度高、低速时具有大的转矩且长期运行于零速状态的系统中用作执行元件。例如炮塔、天文望远镜、卫星发射火箭等伺服系统，采用大转矩的力矩电动机直接驱动负载，而不用齿轮减速
步进电动机	其转速与施加的电脉冲严格成正比，并且步距误差不积累。适用于经济型数控机床、绘图机、自动记录仪中作执行元件，以及转速要求恒定的装置，如在手表、打印机及走纸机中作驱动元件
开关磁阻电动机	适用于电动车、纺织机械驱动、家用电器驱动等
直线电动机	根据其能快速加减速，可用于缓冲和制动装置；作为推力，可用于升降机、传送带等；根据其伺服性能，可用于门的开闭、送料装置及往复运动装置等

3. 微特电机的结构特点　微特电机在结构上大体可分为三类，即电磁式、组合式和非电磁式。

电磁式微特电机的基本组成与普通电机相似，包括定子、转子、电枢绕组、电刷等部件，但结构格外紧凑。

组合式微特电机常见的有两种，包括上述各种微电机的组合和微电机与电子线路的组合，如直流电动机与传感器的组合、X 方向与 Y 方向直线电动机的组合等。

非电磁式微特电机的外形结构与电磁式的一样，如旋转类产品做成圆柱形，直线类产品做成方形，但内部结构因其工作原理的不同而差别很大。

微特电机的结构特点主要有：

(1) 体积小、重量轻。

(2) 结构精密，加工精度要求较高。

(3) 零部件较多，较复杂。

(4) 稳定可靠。

(5) 结构多样性。

4. 微特电机产品名称代号　微特电机单机的产品名称代号由 2 ~ 4 个大写汉语的拼音字母组成，各类微特电机的产品名称及代号见表 7 - 30 ~ 表 7 - 36。

表 7 - 30　旋转变压器的产品名称及代号

产品名称	代号	含义	旧代号
正余弦旋转变压器	XZ	旋、正	XB
带补偿绕组的正余弦旋转变压器	XZB	旋、正、补	

产品名称	代号	含义	旧代号
线性旋转变压器	XX	旋、线	
单绕组线性旋转变压器	XDX	旋、单、线	
比例式旋转变压器	XL	旋、例	
磁阻式旋转变压器	XU	旋、阻	
特种函数旋转变压器	XT	旋、特	
旋变发送机	XF	旋、发	
无接触旋变发送机	XFW	旋、发、无	
旋变差动发送机	XC	旋、差	
旋变变压器	XB	旋、变	
无接触旋变变压器	XBW	旋、变、无	
无接触正余弦旋转变压器	XZW	旋、正、无	
无接触线性旋转变压器	XXW	旋、线、无	XB
无接触比例式旋转变压器	XLW	旋、例、无	
多极旋变发送机	XFD	旋、发、多	
无接触多极旋变发送机	XFDW	旋、发、多、无	
多极旋变变压机	XBD	旋、变、多	
磁阻式多极旋转变压器	XUD	旋、阻、多	
无接触多极旋转变压器	XBDW	旋、变、多、无	
双通道旋变发送机	XFS	旋、发、双	
无接触双通道旋变发送机	XFSW	旋、变、双、无	
双通道旋变变压器	XBS	旋、变、双	
无接触双通道旋变变压器	XBSW	旋、变、双、无	
传输解算器	XS	旋、输	

表7－31　自整角机的产品名称及代号

产品名称	代号	含义	旧代号
控制式自整角发送机	ZKF	自、控、发	KF
控制式自整角变压器	ZKB	自、控、变	KB
控制式差动自整角发送机	ZKC	自、控、差	KCF
控制式无接触自整角发送机	ZKW	自、控、无	
控制式无接触自整角变压器	ZBW	自、变、无	
力矩式自整角发送机	ZLF	自、力、发	LF
力矩式差动自整角发送机	ZCF	自、差、发	LCF
力矩式差动自整角接收机	ZCJ	自、差、接	

产品名称	代号	含义	旧代号
力矩式自整角接收机	ZLJ	自、力、接	LJ
力矩式自整角接收机发送机	ZJF	自、接、发	
力矩式无接触自整角发送机	ZFW	自、发、无	
力矩式无接触自整角接收机	ZJW	自、接、无	
控制力矩式自整角机	ZKL	自、控、力	LK
多极自整角发送机	ZFD	自、发、多	
多极差动自整角发送机	ZCD	自、差、多	
多极自整角变压器	ZBD	自、变、多	
双通道自整角发送机	ZFS	自、发、双	
双通道差动自整角发送机	ZCS	自、差、双	
双通道自整角变压器	ZBS	自、变、双	

表 7-32　步进电动机的产品名称及代号

产品名称	代号	含义	旧代号
电磁式步进电动机	BD	步、电	
永磁式步进电动机	BY	步、永	
感应子式步进电动机（混合式步进电动机）	BYG	步、永、感	BH、BD
磁阻式步进电动机（反应式步进电动机）	BC	步、磁	BF
印制绕组步进电动机	BN	步、印	
直线步进电动机	BX	步、线	
滚切步进电动机	BG	步、滚	
开关磁阻步进电动机	BK	步、开	
平面步进电动机	BM	步、面	

表 7-33　测速发电机的产品名称及代号

产品名称	代号	含义	旧代号
电磁式直流测速发电机	CD	测、电	CYM
脉冲测速发电机	CM	测、脉	
永磁式直流测速发电机	CY	测、永	
永磁式直流双测速发电机	CYS	测、永、双	
永磁式低速直流测速发电机	CYD	测、永、低	
鼠笼转子异步测速发电机（鼠笼转子交流测速发电机）	CL	测、笼	

产品名称	代号	含义	旧代号
空心杯转子异步测速发电机（空心杯转子交流测速发电机）	CK	测、空	
空心杯转子低速异步测速发电机（空心杯转子低速交流测速发电机）	CKD	测、空、低	
比率型空心杯转子测速发电机	CKB	测、空、比	
积分型空心杯转子测速发电机	CKJ	测、空、积	
阻尼型空心杯转子测速发电机	CKZ	测、空、阻	
感应子式测速发电机	CG	测、感	
直线测速发电机	CX	测、线	
无刷直流测速发电机	CW	测、无	CZW

表 7 – 34 **伺服电动机的产品名称及代号**

产品名称	代号	含义	旧代号
电磁式直流伺服电动机	SZ	伺、直	SD、SZD
宽调速直流伺服电动机	SZK	伺、直、宽	ZS
永磁式直流伺服电动机	SY	伺、永	
空心杯电枢永磁式直流伺服电动机	SYK	伺、永、空	
无槽电枢直流伺服电动机	SWC	伺、无、槽	
线绕盘式直流伺服电动机	SXP	伺、线、盘	SG
印制绕组直流伺服电动机	SN	伺、印	
无刷直流伺服电动机	SW	伺、无	
鼠笼转子两相伺服电动机	SL	伺、笼	
空心杯转子两相伺服电动机	SK	伺、空	
线绕转子两相伺服电动机	SX	伺、线	
直线伺服电动机（音圈电机）	SZX	伺、直、线	
永磁同步伺服电动机	ST	伺、同	

表 7 – 35 **力矩电动机的产品名称及代号**

产品名称	代号	含义	旧代号
电磁式直流力矩电动机	LD	力、电	
永磁式直流力矩电动机（铝镍钴）	LY	力、永	LZ
永磁式直流力矩电动机（铁氧体）	LYT	力、永、铁	
永磁式直流力矩电动机（稀土永磁）	LYX	力、永、稀	

产品名称	代号	含义	旧代号
无刷直流力矩电动机	LW	力、无	
鼠笼转子交流力矩电动机	LL	力、笼	
空心杯转子交流力矩电动机	LK	力、空	
有限转角力矩电动机	LXJ	力、限、角	

表 7-36　直流电动机的产品名称及代号

产品名称	代号	含义	旧代号
并激直流电动机	ZB	直、并	ZJ、Z、DP、ZD、DHZ
串激直流电动机	ZC	直、串	DZ
他激直流电动机	ZT	直、他	ZLC、SK、ZZD
永磁直流电动机	ZY	直、永	ZD
永磁直流电动机（铁氧体）	ZYT	直、永、铁	M、SYT、SHD、ZYW
无刷直流电动机	ZWS	直、无、刷	ZYR
无槽直流电动机	ZWC	直、无、槽	
空心杯电枢直流电动机	ZK	直、空	ZW、ZWH、ZWG
印制绕组直流电动机	ZN	直、印	
稳速直流电动机	ZW	直、稳	
稳速永磁直流电动机	ZYW	直、永、稳	BFG、DSY、SYWT、SYA
高速无刷直流电动机	ZWSG	直、无、刷、高	ZWG
稳速无刷直流电动机	ZWSW	直、无、刷、稳	ZWH
高速永磁直流电动机	ZYG	直、永、高	XD

7.3.2　伺服电动机

伺服电动机是在伺服系统中控制机械元件运转的电动机，是一种补助电动机间接变速装置。它可使控制速度，位置精度非常准确，将电压信号转化为转矩和转速以驱动控制对象。

伺服电动机按其使用的电源性质不同，可分为直流伺服电动机和交流伺服电动机两大类。

伺服电动机的种类多，用途也很广泛，其特点为：有宽广的调速范围、线性的机械特性和调节特性，无"自转"现象，快速响应，重量轻，体积小，控制功率小等。

1. 直流伺服电动机

(1) 直流伺服电动机的分类：直流伺服电动机是一种将直流电源的电能转换为机械能的电磁装置，采用直流电流励磁产生气隙磁场，或用永磁体获得。直流伺服电动机的分类见表7-37。

表7-37 直流伺服电动机的分类

分类方式	类型	
按励磁方式	电磁式直流伺服电动机	串励式
		并励式
		他励式
	永磁式直流伺服电动机	铝镍钴类磁钢
		铁氧体类磁钢
		稀土类磁钢
		钕铁硼磁钢
按电枢结构形式	通电枢型	
	印制绕组盘式电枢型	
	线绕盘式电枢型	
	空心杯绕组电枢型	
	无槽电枢型	
按有无换向器和电刷装置	有刷直流伺服电动机	
	无刷直流伺服电动机	

(2) 直流伺服电动机的特点：直流伺服电动机控制方便，有优良的调速特性和较宽的调速范围，调速线性度好，启动性能好，过载能力强，无自转现象，体积利用率高，效率高，直流信号和直流反馈没有相位关系及补偿简单。各种直流伺服电动机的特点见表7-38。

表7-38 直流伺服电动机的特点

类型	特点
电磁式直流伺服电动机	有磁极，结构较复杂但控制方便、灵活，既可以进行电枢控制，也可以采用磁场控制
永磁式直流伺服电动机	只能进行电枢控制，但结构较简单、体积小、出力大、效率高
印制绕组直流伺服电动机 线绕盘式直流伺服电动机	因电枢无铁芯，没有磁饱和效应和齿槽效应，换向性能好，时间常数小，快速响应性能好
杯型电枢直流伺服电动机	转动惯量非常小，具有较高的加速能力，时间常数可小于1 ms

类型	特点
无槽电枢直流伺服电动机	转动惯量小的，电磁时间常数小，反应快，启动转矩大，灵敏度高，转速平稳；转动惯量大的过载能力强，最大转矩可比额定转矩大10倍，低速性能好，转矩波动小，线性度好，调速范围宽
宽调速直流伺服电动机	调速范围宽，在闭环控制中调速比可做到1:2 000以上；过载能力强，最大转矩可为额定转矩的5～10倍；低速转矩大，可以与负载同轴连接，省掉了减速齿轮，提高了传动效率

（3）直流伺服电动机的结构：直流伺服电动机主要由定子机壳、磁极、端盖、电刷和转子电枢、换向器组成。电磁式直流伺服电动机的定子磁极由磁极铁芯和励磁绕组组成，其结构见图7-8；永磁式直流伺服电动机不需要定子磁极铁芯和励磁绕组，在定子磁极处用永磁磁钢代替，其结构见图7-9。

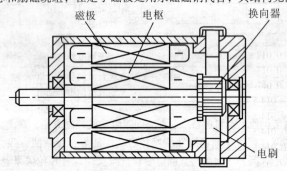

图7-8 电磁式直流伺服电动机的结构

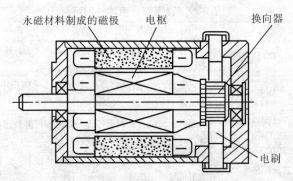

图7-9 永磁式直流伺服电动机的结构

串励式直流伺服电动机的励磁绕组和电枢绕组串联；并励式的励磁绕组与电枢绕组并联，接于同一供电电源；他励式直流伺服电动机的励磁绕组和电枢绕组彼此独立，由两个不同的直流电源供电，见图 7 - 10。

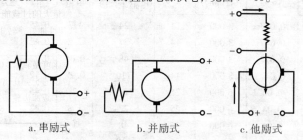

a. 串励式   b. 并励式   c. 他励式

图 7 - 10 直流伺服电动机励磁方式接线

（4）直流伺服电动机的技术数据：见表 7 - 39 ~ 表 7 - 41。

表 7 - 39 SZ 系列直流伺服电动机的技术数据

型号	转矩/ (N·m)	转速/ (r/min)	功率/W	电压/V		电流不大于/A		允许顺逆转 速差/(r/min)
				电枢	励磁	电枢	励磁	
36SZ01	0.017	3 000	5	24		0.55	0.32	200
36SZ02	0.017	3 000	5	27		0.47	0.3	200
36SZ03	0.017	3 000	5	48		0.27	0.18	200
36SZ04	0.014 5	6 000	9	24		0.85	0.32	300
36SZ05	0.014 5	6 000	9	27		0.74	0.3	300
36SZ06	0.014 5	6 000	9	48		0.4	0.18	300
36SZ07	0.014 5	6 000	9	110		0.17	0.085	300
36SZ51	0.024	3 000	7	24		0.7	0.32	200
36SZ52	0.024	3 000	7	27		0.61	0.3	200
36SZ53	0.024	3 000	7	48		0.33	0.18	200
36SZ54	0.020 5	6 000	12	24		1.15	0.32	300
36SZ55	0.020 5	6 000	12	27		1	0.3	300
36SZ56	0.020 5	6 000	12	48		0.55	0.18	300
36SZ57	0.020 5	6 000	12	110		0.22	0.1	300
45SZ01	0.034	3 000	10	24		1.1	0.33	200
45SZ02	0.034	3 000	10	27		1.0	0.30	200
45SZ03	0.034	3 000	10	48		0.52	0.17	200
45SZ04	0.034	3 000	10	110		0.22	0.082	200
45SZ05	0.029	6 000	18	24		1.60	0.33	300
45SZ06	0.029	6 000	18	27		1.40	0.30	300
45SZ07	0.029	6 000	18	48		0.80	0.17	300

型号	转矩/ (N·m)	转速/ (r/min)	功率/W	电压/V		电流不大于/A		允许顺逆转 速差/(r/min)
				电枢	励磁	电枢	励磁	
45SZ51	0.047	3 000	14	24		1.3	0.45	200
45SZ52	0.047	3 000	14	27		1.2	0.42	200
45SZ53	0.047	3 000	14	48		0.65	0.22	200
45SZ54	0.047	3 000	14	110		0.27	0.12	200
45SZ55	0.04	6 000	25	24		2	0.45	300
45SZ56	0.04	6 000	25	27		1.8	0.42	300
45SZ57	0.04	6 000	25	48		1	0.22	300
45SZ58	0.04	6 000	25	110		0.42	0.12	300
55SZ01	0.066	3 000	20	24		1.55	0.43	200
55SZ02	0.066	3 000	20	27		1.37	0.42	200
55SZ03	0.066	3 000	20	48		0.79	0.2	200
55SZ04	0.066	3 000	20	110		0.34	0.09	200
55SZ05	0.056	6 000	35	24		2.7	0.42	300
55SZ06	0.056	6 000	35	27		2.3	0.42	300
55SZ07	0.056	6 000	35	48		1.34	0.22	300
55SZ08	0.056	6 000	35	110		0.54	0.09	300
55SZ51	0.093	3 000	29	24		2.25	0.49	200
55SZ52	0.093	3 000	29	27		2	0.44	200
55SZ53	0.093	3 000	29	48		1.15	0.24	200
55SZ54	0.093	3 000	29	110		0.46	0.097	200
55SZ55	0.08	6 000	50	24		3.45	0.49	300
55SZ56	0.08	6 000	50	27		3.1	0.44	300
55SZ57	0.08	6 000	50	48		1.74	0.24	300
55SZ58	0.08	6 000	50	110		0.74	0.097	300
70SZ01	0.13	3 000	40	24		3	0.5	200
70SZ02	0.13	3 000	40	27		2.6	0.44	200
70SZ03	0.13	3 000	40	48		1.6	0.25	200
70SZ04	0.13	3 000	40	110		0.6	0.11	200
70SZ05	0.11	6 000	68	24		4.8	0.5	300
70SZ06	0.11	6 000	68	27		4.4	0.44	300
70SZ07	0.11	6 000	68	48		2.4	0.25	300
70SZ08	0.11	6 000	68	110		1	0.11	300

型号	转矩/ (N·m)	转速/ (r/min)	功率/W	电压/V		电流不大于/A		允许顺逆转 速差/(r/min)
				电枢	励磁	电枢	励磁	
70SZ51	0.18	3 000	55	24		4	0.57	200
70SZ52	0.18	3 000	55	27		3.5	0.5	200
70SZ53	0.18	3 000	55	48		1.9	0.31	200
70SZ54	0.18	3 000	55	110		0.8	0.13	200
70SZ55	0.15	6 000	92	24		6	0.57	300
70SZ56	0.15	6 000	92	27		5.4	0.5	300
70SZ57	0.15	6 000	92	48		3	0.31	300
70SZ58	0.15	6 000	92	110		1.2	0.13	300
90SZ01	0.33	1 500	50	110		0.66	0.2	100
90SZ02	0.33	1 500	50	220		0.33	0.11	100
90SZ03	0.3	3 000	92	110		1.2	0.2	200
90SZ04	0.3	3 000	92	220		0.6	0.11	200
90SZ51	0.52	1 500	80	110		1.1	0.23	100
90SZ52	0.52	1 500	80	220		0.55	0.13	100
90SZ53	0.49	3 000	150	110		2	0.23	200
90SZ54	0.49	3 000	150	220		1	0.13	200
110SZ01	0.8	1 500	123	110		1.8	0.27	100
110SZ02	0.8	1 500	123	220		0.9	0.13	100
110SZ03	0.65	3 000	200	110		2.8	0.27	200
110SZ04	0.65	3 000	200	220		1.4	0.13	200
110SZ51	1.2	1 500	185	110		2.5	0.32	100
110SZ52	1.2	1 500	185	200		1.25	0.16	100
110SZ53	1	3 000	308	110		4	0.32	200
110SZ54	1	3 000	308	200		2	0.16	200
130SZ01	2.3	1 500	355	110		4.4	0.28	100
130SZ02	2.3	1 500	355	220		2.2	0.18	100
130SZ03	1.95	3 000	600	110		7.6	0.28	200
130SZ04	1.95	3 000	600	220		3.8	0.18	200

表 7-40 SY 系列永磁直流伺服电动机的技术数据

型号	额定电压/V	额定电流/A	额定功率/W	额定转速/(r/min)	额定转矩/(N·m)
20SY004	27	0.12	1	4 000	—
20SY007	27	0.25	1.6	4 000	3.92×10^{-3}
24SY001	27	0.33	4.7	7 100	—
28SY003	27	0.5	8	6 000	—
28SY006	12	0.4	—	4 000 ~ 5 000	3.92×10^{-3}
36SY001	24	0.64	8	9 000 ~ 11 000	—
36SY002	24	0.64	8	9 000 ~ 11 000	—
36SY003	28	0.95	—	5 500 ± 10%	21.56×10^{-3}
40SY001	12	0.3	1.6	4 000 ~ 4 500	392×10^{-5}
40SY002	12	0.3	—	4 000	—
40SY003	28	2.6	—	6 400	$5 292 \times 10^{-5}$
40SY004	24	2.5	—	6 400	$3 430 \times 10^{-5}$
45SY002	36	1.4	19	3 000	—
45SY004	27	1.8	30	9 000	—
45SY003	27	1.6	24	6 000	$3 920 \times 10^{-5}$
40SY005	27	1.2	20	3 000	$6 800 \times 10^{-5}$
56SY002	6	8.5	—	5 000	39.2×10^{-3}
82SY001	65	12	短时 585(输出)	4 000	1.37
110SY002	18	—	50(输出)	1 500	—
110SY003	24	0.25	—	750	0.29

表 7-41 SYK 系列空心杯电枢永磁直流伺服电动机的技术数据

型号	额定电压/V	额定电流/A	空载电流/A	额定转速/(r/min)	空载转速/(r/min)	额定功率/W	额定转矩/(N·m)	堵转电流/A	堵转转矩/(N·m)	效率/%
16SYK001	6	—	0.025		15 000	—	—	0.18	649×10^{-5}	60
20SYK001	12	0.33	0.035	5 400 ± 600	6 800	1.8	343×10^{-5}	1.3	$1 471 \times 10^{-5}$	55

续表

型号	额定电压/V	额定电流/A	空载电流/A	额定转速/(r/min)	空载转速/(r/min)	额定功率/W	额定转矩/(N·m)	堵转电流/A	堵转转矩/(N·m)	效率/%
22SYK001	12	0.17	0.035	5 000 ± 500	6 000 ± 600	—	196×10^{-5}	0.8	882×10^{-5}	
24SYK001	12	0.4	—	3 000		2				50 ~ 80
24SYK002	12	—	—	4 800 ~ 6 000			343×10^{-5}		$1\,078 \times 10^{-5}$	53
24SYK004	12	0.4	—	2 500			490×10^{-5}			
28SYK001	24	0.6	0.06	9 300	12 000		—	3	$3\,728 \times 10^{-5}$	60
28SYK002	27	0.55		6 000 ~ 6 900			980×10^{-5}			
30SYK001	9	< 0.6	< 0.07	3 800 ± 500	<6 000		490×10^{-5}	< 1.8	0.016	
36SYK003	12	<2		6 000 ±600			$2\,453 \times 10^{-5}$	—	$9\,810 \times 10^{-5}$	65
70SYK001	24	3.8	—	4 600	7 000	50	0.103	11	0.294	—

（6）直流伺服电动机的选用：直流伺服电动机是在伺服系统中将电信号转变为机械运动的关键元件，首先应为系统提供足够的功率、转矩，使负载按所需要的速度规律运行，并保证所需的调速范围和转矩变化范围。即从电动机的功率着眼，考虑控制性能，兼顾电动机的过载能力和温升范围、使用环境条件等，来选择满足负载运动要求的直流伺服电动机。

几种不同电枢结构形式的直流伺服电动机的主要性能比较见表 7 – 42。

表 7 – 42　直流伺服电动机的性能比较

特性	普通电枢型	盘式印制绕组型 盘式线绕绕组型	线绕空心杯型	无槽电枢型	宽调速电动机
转动惯量	中	小	很小	小	中
机电时间常数	中	很小	很小	小	中
高速性能	好	差	中		
低速性能	中	很好	好	好	很好

特性	普通电枢型	盘式印制绕组型 盘式线绕绕组型	线绕空心杯型	无槽电枢型	宽调速电动机
固有阻尼损耗	中	大	小		
热时间常数	大	小	小	小	大
力矩惯量比	中	高	很高	大	大
相对成本	低	中	中	中	中
轴向尺寸	长	短	中	长	长

（7）直流伺服电动机的常见故障及其处理：直流伺服电动机的常见故障及其处理见表 7 - 43。

表 7 -43 直流伺服电动机的常见故障及其处理

故障现象	产生原因	判断和处理
电动机过热	过载	如果所给负载正确，应检查电动机和负载之间的联轴器
	电动机最大转速超过时间周期	重新检查电动机的额定最大转速
	环境温度高	重新检查电动机的额定环境温度，改善通风，降低环境温度
	轴承磨损	更换轴承
	电枢绕组短路	修理或换电枢
	电枢与定子相擦	检查相擦原因，排除阻碍，更换电枢或定子
电动机烧坏	同电动机过热的原因	如果不及时检修，"电动机过热"所列的任何条件都将使电动机烧坏
空载转速高	最大脉冲电流超过避免去磁的电流，磁场退磁	再充磁
空载电流大	轴承磨损	更换轴承
	电刷磨损或卡住	检查刷握，排除故障或更换电刷
	磁场退磁	再充磁
	电枢与定子相擦	检查相擦原因，排除故障
	轴承上预负载过大	排除过负载
	轴承不同轴	电枢校直或再装配

续表

故障现象	产生原因	判断和处理
输出转矩低	磁场退磁	再充磁
	电枢绕组短路或开路	修理或更换电枢
	电动机摩擦力矩大	找出增大摩擦转矩的原因,如轴承磨损,电枢与定子相擦,负载安装不同轴等。对症修理,排除原因
启动电流大	轴承磨损	更换轴承
	电刷磨损或卡住	检查刷握,排除故障,换电刷
	电枢与定子相擦	排除相擦原因
	磁场退磁	再充磁
	电枢绕组短路或开路	修理或更换电枢
	电动机轴承与负载不同轴	校正联轴器以减小阻力
转速不稳定	负载变化	重调负载
	电刷磨损或卡住	更换电刷,检查刷握卡住障碍
	电动机气隙中有异物	排除异物
	轴承磨损	更换轴承
	电枢绕组开路、短路或接触不良	修理或更换电枢
旋转方向相反	电动机引出线与电源接反	倒换接线
	磁极充反	转变电刷位置
电刷磨损快	弹簧压力不适当	调整弹簧压力
	整流子粗糙或脏	重新加工整流子或清理整流子
	电刷偏离中心	调整电刷位置
	过载	调整负载
	电枢绕组短路	修理或更换电枢
	电刷装置松动	调整电刷、刷握尺寸,使之配合适当
	振动	电枢应校动平衡,以免产生振动引起电刷跳动产生火花和过度磨损
	湿度差	在接近真空条件下工作将加速电刷磨损,用专用浸润或"高空"电刷
轴承磨损快	联轴器或驱动齿轮不同轴,联轴器不平衡或齿轮啮合太紧,使之径向负载过大	修正机械零件,限制径向负载使其达到要求值以下

2. 交流伺服电动机 长期以来，在要求调速性能较高的场合，一直占据主导地位的是应用直流电动机的调速系统。但直流电动机都存在一些固有的缺点，如电刷和换向器易磨损，需经常维护。换向器换向时会产生火花，使电动机的最高速度受到限制，也使电动机应用场合受到限制。而且直流电动机结构复杂，制造困难，所用钢铁材料消耗大，制造成本高。交流电动机特别是鼠笼型感应电动机没有上述缺点，且转子惯量较直流电动机小，使得其动态响应更好。在同样体积下，交流电动机的输出功率可比直流电动机提高10% ~ 70%，此外，交流电动机的容量可比直流电动机造得大，达到更高的电压和转速。现代数控机床都倾向于采用交流伺服驱动，交流伺服驱动已有取代直流伺服驱动之势。

（1）交流伺服电动机的分类：交流伺服电动机的分类见表7－44。

表7－44　交流伺服电动机的分类

异步伺服电动机	三相异步伺服电动机		
	两相异步伺服电动机		
同步伺服电动机	电磁式		
	非电磁式		磁滞式
			永磁式
			反应式

（2）交流伺服电动机的特点：交流伺服电动机性能优良，具有控制精度高、过载能力强、加速性能好等特点。它与直流伺服电动机的比较见表7－45。

表7－45　交流伺服电动机与直流伺服电动机的比较

种类	优点	缺点
交流伺服电动机	1）转子惯量小，响应快，始动电压低，灵敏度高 2）结构简单，维护方便，成本低 3）机械强度高，可靠性高 4）寿命长 5）不会产生无线电波干扰 6）使用交流伺服放大器无"零点飘移"现象，结构简单，体积小 7）适合于小功率随动系统作执行元件	1）机械特性线性度差 2）单位体积输出功率小 3）可能出现"自转" 4）不适用于大功率随动系统作执行元件

续表

种类	优点	缺点
直流伺服电动机	1）机械特性线性度好 2）单位体积输出功率大 3）无"自转" 4）适合于大功率随动系统作执行元件	1）始动电压高，灵敏度低 2）结构复杂，维护麻烦，成本高 3）机械强度低，可靠性差 4）寿命短 5）会产生无线电波干扰 6）使用直流伺服放大器有"零点漂移"现象，结构复杂，体积大

（3）两相交流伺服电动机的结构及工作原理：两相交流伺服电动机的定子结构同一般异步电动机的相似，但是，定子绕组是两相的，其中一相叫励磁相，另一相叫控制相。通常控制相分成两个独立且相同的部分，它们可以串联或并联，供选择两种控制电压用。两相绕组在空间相差 90° 电角度，见图 7 – 11。

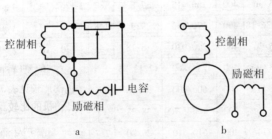

图 7 – 11　两相交流伺服电动机的电气接线

两相交流伺服电动机在运行中，控制电压经常是变化的，即电动机经常处于不对称状态。因此，两相绕组产生的磁动势幅值并不相等，相位差也不是 90° 电角度，故气隙中的合成磁场是椭圆形旋转磁场。两相交流伺服电动机就是靠不同程度的不对称运行来进行控制的。

（4）两相交流伺服电动机的技术数据：两相交流伺服电动机的技术数据见表 7 – 46。

表 7 - 46 SL 系列交流伺服电动机的技术数据

型号	电压(励磁/控制)/V	频率/Hz	堵转电流(励磁/控制)/mA	堵转输入功率(励磁/控制)/W	输出功率/W	堵转转矩/(N·m)	空载转速/(r/min)	极数	机电时间常数/ms
20SL003	36/36	400	115/115	2.7/2.7	0.5	166.6×10^{-5}	9 000	4	—
20SL004	36/36	400	110/110	2.8/2.8	0.32	156.8×10^{-5}	6 000	6	—
20SL005	26/26	400	143/143	3.3/3.3	0.23	147×10^{-5}	6 000	6	—
24SL001	36/36	400	180/180	4/4	1	313.6×10^{-5}	9 000	4	—
24SL002	36/36	400	167/167	3.6/3.6	0.7	323.4×10^{-5}	6 000	6	—
24SL003	115/115	400	80/80	5.7/5.7	2	576×10^{-5}	9 000	4	20
28SL004	115/115	400	66/66	4.7/4.7	0.6	490×10^{-5}	6 000	6	10
28SL005	115/36	400	90/300	6/6	1.1	576×10^{-5}	6 000	6	10
36SL004	36/36	400	415/415	8/8	1.4	$1\,176 \times 10^{-5}$	4 800	8	—
36SL005	115/115	400	200/200	7.7/7.7	2.8	842.8×10^{-5}	9 000	4	36
36SL006	115/36	400	130/415	7/8	1.7	$1\,176 \times 10^{-5}$	4 800	8	17
36SL010	115/36/18	400	170/550	9/9	1.8	$1\,176 \times 10^{-5}$	4 800	8	< 20
45SL001	115/36	400	290/930	18/18	4	$1\,770 \times 10^{-5}$	9 000	4	—
45SL002	115/36	400	255/800	12/12.75	2.5	$2\,352 \times 10^{-5}$	4 800	8	16
55SL001	115/115	400	600/600	36/36	13	$3\,920 \times 10^{-5}$	9 000	4	—
55SL002	36/36	400	1 700/1 700	38/38	15	$4\,410 \times 10^{-5}$	9 000	4	20
55SL003	115/115	400	610/610	20/20	7.7	$4\,557 \times 10^{-5}$	4 800	8	15
55SL004	36/36	400	220/220	32/32	7.4	$4\,312 \times 10^{-5}$	4 800	8	15
55SL005	115/115	400	—	—	6	$1\,960 \times 10^{-5}$	5 000	8	—
55SL006	110/110	50	350/350	28/28	7	0.09	2 400	2	—
70SL002	115/115	400	1 100/1 100	55/55	20	$6\,377 \times 10^{-5}$	9 000	4	—
70SL003	115/115	400	1 200/1 200	55/55	15	$11\,760 \times 10^{-5}$	4 800	8	15
90SL001	115/115	400	1 100/1 100	70/70	25	$7\,848 \times 10^{-5}$	9 000	4	—
90SL002	115/115	400	1 650/1 650	68/68	21	0.137	4 800	8	—

（5）永磁同步伺服电动机（PMSM）的结构：永磁同步伺服电动机分为圆柱形结构（径向气隙）和盘式结构（轴向气隙）两种。圆柱形结构又分为内转子型和外转子型两种。

（6）松下交流伺服电动机：Panasonic MINAS SERIES是松下全数字交流伺服系统，其中MINAS A5系列是其最新的交流伺服系统。MINAS A5系列伺服电动机的特点见表7-47，技术数据见表7-48，电动机内置制动器技术数据见表7-49。

表7-47 MINAS A5系列伺服电动机一览表

电动机	低惯量			中惯量		高惯量	
	MSMD 小型	MSME 小型	MSME 小型	MDME	MGME 低速大转矩	MHMD	MHME
额定输出容量/kW	0.05,0.1, 0.2,0.4, 0.75	0.05,0.1, 0.2,0.4, 0.75	1.0,1.5, 2.0,3.0, 4.0,5.0	1.0,1.5, 2.0,3.0, 4.0,5.0	0.9,2.0, 3.0	0.2,0.4, 0.75	1.0,1.5, 2.0,3.0, 4.0,5.0
额定转速（最高转速）/（r/min）	3 000（5 000）750 W为3 000（4 500）	3 000（6 000）	3 000（5 000）4.0 kW和5.0 kW为3 000（4 500）	2 000（3 000）	1 000（2 000）	3 000（5 000）750 W为3 000（4 500）	2 000（3 000）
旋转式编码器	20位增量式	○	○	○	○	○	○	○
	17位绝对值	○	○	○	○	○	○	○
保护结构	IP65	IP67	IP67	IP67	IP67	IP65	IP67
特点	导线型；小容量；适合需要高转速的用途，大多数情况下都可使用	小容量；最适合需要高转速的用途；大多数情况下都可使用	中容量；最适用于直接连接滚珠丝杠且机械刚性高的高频运转	中容量；最适用于皮带连接等机械刚性低的用途	中容量；最适用于皮带连接等机械刚性低的用途	导线型；小容量；最适用于皮带连接等机械刚性低的用途	中容量；最适用于大惯性，特别是负载转动惯量较大的皮带连接等机械刚性低的用途
用途	焊机，半导体制造设备，包装机等		安装设备，食品机械，液晶制造装置等	搬运装置，机械手，机床等	搬运装置，机械手，纤维机械等	搬运装置，机械手等	搬运装置，机械手，液晶制造装置等

注：表中"○"表示可以选配。

表 7-48　MINAS A5 系列伺服电动机的技术数据

电动机型号	适用驱动器 A5系列	A5E系列	外形符号	电源设备容量/(kV·A)	额定输出功率/W	额定转矩/(N·m)	瞬时最大转矩/(N·m)	额定电流/A	瞬时最大电流/A	额定转速/(r/min)	最高转速/(r/min)	转子转动惯量 ×10⁻⁴kg·m² 无制动器	有制动器	对应转子的推荐负载转动惯量比	旋转编码器规格	每一转的分辨率
AC100V (5AZG1□) 5AZS1□	MADHT1105	MADHT1105E	A型	0.4	50	0.16	0.48	1.1	4.7	3 000	6 000	0.025	0.027	30倍以下		
AC200V (5AZG1□) 5AZS1□	MADHT1105	MADHT1105E	A型	0.4	50	0.16	0.48	1.1	4.7	3 000	6 000	0.025	0.027			
AC100V (011G1□) 011S1□	MADHT1107	MADHT1107E	A型	0.4	100	0.32	0.95	1.6	6.9	3 000	6 000	0.051	0.054			
AC200V (012G1□) 012S1□	MADHT1505	MADHT1505E	A型	0.5	100	0.32	0.95	1.1	4.7	3 000	6 000	0.14	0.16			
AC200V (022G1□) 022S1□	MADHT1507	MADHT1507E	A型	0.5	200	0.64	1.91	1.5	6.5	3 000	6 000	0.14	0.16			
AC100V (041G1□) 041S1□	MCDHT3120	MCDHT3120E	C型	0.9	400	1.3	3.8	4.6	19.5	3 000	6 000	0.26	0.28			
AC200V (042G1□) 042S1□	MBDHT2510	MBDHT2510E	B型	0.9	400	1.3	3.8	2.4	10.2	3 000	6 000	0.26	0.28			
AC200V (082G1□) 082S1□	MCDHT3520	MCDHT3520E	C型	1.3	750	2.4	7.1	4.1	17.4	3 000	6 000	0.87	0.97	20倍以下		
AC200V (102G1□) 102S1□	MDDHT5540	MDDHT5540E	D型	1.8	1 000	3.18	9.55	6.6	28	3 000	5 000	2.03	2.35	15倍以下		
AC400V (104G1□) 104S1□	MDDHT3420	MDDHT3420E	D型	1.8	1 000	3.18	9.55	3.3	14	3 000	5 000	2.03	2.35			
AC200V (152G1□) 152S1□	MDDHT5540	MDDHT5540E	D型	2.3	1 500	4.77	14.3	8.2	35	3 000	5 000	2.84	3.17			
AC400V (154G1□) 154S1□	MDDHT3420	MDDHT3420E	D型	2.3	1 500	4.77	14.3	4.2	18	3 000	5 000	2.84	3.17		20位 增量式	1 048 576
AC200V (202G1□) 202S1□	MEDHT7364	MEDHT7364E	E型	3.3	2 000	6.37	19.1	11.3	48	3 000	5 000	3.68	4.01		17位 绝对值	131 072
AC400V (204G1□) 204S1□	MEDHT4430	MEDHT4430E	E型	3.3	2 000	6.37	19.1	5.7	24	3 000	5 000	3.68	4.01			
AC200V (302G1□) 302S1□	MFDHTA390	MFDHTA390E	F型	4.5	3 000	9.55	28.6	18.1	77	3 000	5 000	6.50	7.85			
AC400V (3041G1□) 304S1□	MFDHTS440	MFDHTS440E	F型	4.5	3 000	9.55	28.6	9.2	39	3 000	5 000	6.50	7.85			
AC200V (402G1□) 402S1□	MFDHTB3A2	MFDHTB3A2E	F型	6.0	4 000	12.7	38.2	19.6	83	3 000	4 500	12.9	14.2			
AC400V (404G1□) 404S1□	MFDHTA464	MFDHTA464E	F型	6.0	4 000	12.7	38.2	9.9	42	3 000	4 500	12.9	14.2			
AC200V (502G1□) 502S1□	MFDHTB3A2	MFDHTB3A2E	F型	7.5	5 000	15.9	47.7	24.0	102	3 000	4 500	17.4	18.6			
AC400V (504G1□) 504S1□	MFDHTA464	MFDHTA464E	F型	7.5	5 000	15.9	47.7	12	51	3 000	4 500	17.4	18.6			

注：左侧系列标识为 MSME。转子转动惯量分"无制动器""有制动器"两列。

续表

电动机型号	适用驱动器 A5系列	A5E系列	外形符号	电源设备容量 (kV·A)	额定输出功率 (W)	额定转矩 (N·m)	瞬时最大转矩 (N·m)	额定电流 (A)	瞬时最大电流 (A)	额定转速 (r/min)	最高转速 (r/min)	转子转动惯量 ×10⁻⁴ k·gm² 无制动器	有制动器	对应转子转动惯量的推荐负载转动惯量比	旋转编码器规格	每一转的分辨率
AC200V (102G1□ 102SI□)	MDDHT3530	MDDHT3530E	D型	1.8	1 000	4.77	14.3	5.7	24	2 000	3 000	4.60	5.90			
AC400V (104G1□ 104SI□)	MDDHT2412	MDDHT2412E	D型	1.8	1 000	4.77	14.3	2.8	12	2 000	3 000	4.60	5.90			
AC200V (152G1□ 152SI□)	MDDHT5540	MDDHT5540E	D型	2.3	1 500	7.16	21.5	9.4	40	2 000	3 000	6.70	7.99			
AC400V (154G1□ 154SI□)	MDDHT3420	MDDHT3420E	D型	2.3	1 500	7.16	21.5	4.7	20	2 000	3 000	6.70	7.99			
AC200V (202G1□ 202SI□)	MEDHT7364	HEDHT7364E	E型	3.3	2 000	9.55	28.6	11.5	49	2 000	3 000	8.72	10.0			
AC400V (204G1□ 204SI□)	MEDHT4430	MEDHT4430E	E型	3.3	2 000	9.55	28.6	5.9	25	2 000	3 000	8.72	10.0			
AC200V (302G1□ 302SI□)	MFDHTA390	MFDHTA390E	F型	4.5	3 000	14.3	43.0	17.4	74	2 000	3 000	12.9	14.2	10倍以下	20位增量式 17位绝对值	
AC400V (304G1□ 304SI□)	MFDHTS440	MFDHTS440E	F型	4.5	3 000	14.3	43.0	8.7	37	2 000	3 000	12.9	14.2			
AC200V (402G1□ 402SI□)	MFDHTB3A2	MFDHTB3A2E	F型	6.0	4 000	19.1	57.3	21.0	89	2 000	3 000	37.6	38.6			1 048 576
AC400V (404G1□ 404SI□)	MFDHTA464	MFDHTA464E	F型	6.0	4 000	19.1	57.3	10.6	45	2 000	3 000	37.6	38.6			131 072
AC200V (502G1□ 502SI□)	MFDHTB3A2	MFDHTB3A2E	F型	7.5	5 000	23.9	71.6	25.9	110	2 000	3 000	48.0	48.8			
AC400V (504G1□ 504SI□)	MFDHTA464	MFDHTA464E	F型	7.5	5 000	23.9	71.6	13	55	2 000	3 000	48.0	48.8			
AC200V (092G1□ 092SI□)	MDDHT5540	MDDHT5540E	D型	1.8	900	8.59	19.3	7.6	24	1 000	2 000	6.70	7.99			
AC400V (094G1□ 094SI□)	MDDHT3420	MDDHT3420E	D型	1.8	900	8.59	19.3	3.8	12	1 000	2 000	6.70	7.99			
AC200V (202G1□ 202SI□)	MFDHTA390	MFDHTA390E	F型	3.8	2 000	19.1	47.7	17.0	60	1 000	2 000	30.3	31.4			
AC400V (204G1□ 204SI□)	MFDHTS440	MFDHTS440E	F型	3.8	2 000	19.1	47.7	8.5	30	1 000	2 000	30.3	31.4			
AC200V (302G1□ 302SI□)	MFDHTB3A2	NFDHTB3A2E	F型	4.5	3 000	28.7	71.7	22.6	80	1 000	2 000	48.4	49.2			
AC400V (304G1□ 304SI□)	MFDHTA464	MFDHTA464E	F型	4.5	3 000	28.7	71.7	11.3	40	1 000	2 000	48.4	49.2			

（左侧分组标记：M D M E、M G M E）

续表

电动机型号	适用驱动器 A5系列	适用驱动器 A5E系列	外形符号	电源设备容量/(kV·A)	额定输出功率/W	额定转矩/(N·m)	瞬时最大转矩/(N·m)	额定电流/A	瞬时最大电流/A	额定转速/(r/min)	最高转速/(r/min)	转子转动惯量×10⁻⁴k·gm² 无制动器	有制动器	对应转子转动惯量的推荐负载转动惯量比	旋转编码器规格	每一转的分辨率
AC200V (102G1□ 102Sl□)	MDDHT3530	MDDHT3530E	D型	1.8	1 000	4.77	14.3	5.7	24	2 000	3 000	24.7	26.0	5 倍以下	20 位 增量式 17 位 绝对值	1 048 576 131 072
AC400V (104G1□ 104Sl□)	MDDHT2412	MDDHT2412E	D型	1.8	1 000	4.77	14.3	2.9	12	2 000	3 000	24.7	26.0			
AC200V (152Sl□)	MDDHT5540	MDDHT5540E	D型	2.3	1 500	7.16	21.5	9.4	40	2 000	3 000	37.1	38.4			
AC400V (154Sl□)	MDDHT3420	MDDHT3420E	D型	2.3	1 500	7.16	21.5	4.7	20	2 000	3 000	37.1	38.4			
AC200V (202Sl□)	MEDHT7364	MEDHT7364E	E型	3.3	2 000	9.55	28.6	11.1	47	2 000	3 000	57.8	59.6			
AC400V (204Sl□)	MEDHT4430	MEDHT4430E	E型	3.3	2 000	9.55	28.6	5.5	24	2 000	3 000	57.8	59.6			
AC200V (302G1□)	MFDHTA390	MFDHTA390E	F型	4.5	3 000	14.3	43.0	16.0	68	2 000	3 000	90.5	92.1			
AC400V (304G1□)	HFDHT5440	MFDHT5440E	F型	4.5	3 000	14.3	43.0	8	34	2 000	3 000	90.5	92.1			
AC200V (402G1□)	MFDHTB3A2	MFDHTB3A2E	F型	6.0	4 000	19.1	57.3	21.0	89	2 000	3 000	112	114			
AC400V (404G1□)	MFDHTA464	MFDHTA464E	F型	6.0	4 000	19.1	57.3	10.5	45	2 000	3 000	112	114			
AC200V (502G1□)	MFDHTB3A2	MFDHTB3A2E	F型	7.5	5 000	23.9	71.6	25.9	110	2 000	3 000	162	164			
AC400V (504G1□)	MFDHTA464	MFDHTA464E	F型	7.5	5 000	23.9	71.6	13	55	2 000	3 000	162	164			
AC100V (5AZG1□)	HADHT1105	HADHT1105E	A型	0.5	50	0.16	0.48	1.1	4.7	3 000	5 000	0.025	0.027	30 倍以下		
AC200V (5AZG1□)	HADHT1105	HADHT1105E	A型	0.5	50	0.16	0.48	1.1	4.7	3 000	5 000	0.025	0.027			
AC100V (011Sl□)	MADHT1107	MADHT1107E	A型	0.4	100	0.32	0.95	1.7	7.2	3 000	5 000	0.051	0.054			
AC200V (012Sl□)	HADHT1505	HADHT1505E	A型	0.5	100	0.32	0.95	1.1	4.7	3 000	5 000	0.051	0.054			
AC100V (021G1□)	MBDHT2110	MBDHT2110E	B型	0.5	200	0.64	1.91	2.5	10.6	3 000	5 000	0.14	0.16			
AC400V (022Sl□)	MADHT1507	MADHT1507E	A型	0.5	200	0.64	1.91	1.6	6.9	3 000	5 000	0.14	0.16			
AC100V (041Sl□)	MCDHT3120	MCDHT3120E	C型	0.9	400	1.3	3.8	4.6	19.5	3 000	5 000	0.26	0.28			
AC400V (042G1□)	MBDHT2510	MBDHT2510E	B型	0.9	400	1.3	3.8	2.6	11.0	3 000	5 000	0.26	0.28			
AC200V (082G1□)	MCDHT3520	MCDHT3520E	C型	1.3	750	2.4	7.1	4.0	17.0	3 000	4 500	0.87	0.97	20 倍以下		

M H M E

M S M D

续表

电动机型号	适用驱动器型号 A5系列	A5E系列	外形符号	电源设备容量/(kV·A)	额定输出功率/W	瞬时转矩/(N·m)	额定转矩/(N·m)	瞬时最大电流/A	额定电流/A	额定转速/(r/min)	最高转速/(r/min)	转子转动惯量/×10⁻⁴ kg·m² 无制动器	有制动器	对应转子转动惯量的推荐负载转动惯量比	旋转编码器规格	每一转的分辨率
M AC100V (021G1□ 021S1□)	MBDHT2110	MBDHT2110E	B型	0.5	200	1.91	0.64	10.6	2.5	3 000	5 000	0.42	0.45	30倍以下	20位 增量式	1 048 576
H AC200V (022G1□ 022S1□)	MADHT1507	MADHT1507E	A型	0.5	200	1.91	0.64	6.9	1.6	3 000	5 000	0.42	0.45		17位 绝对值	131 072
M AC100V (041G1□ 041S1□)	MCDHT3120	MCDHT3120E	C型	0.9	400	3.8	1.3	19.5	4.6	3 000	5 000	0.67	0.70			
D AC400V (042G1□ 042S1□)	MBDHT2510	MBDHT2510E	B型	0.9	400	3.8	1.3	11.0	2.6	3 000	5 000	0.67	0.70	20倍以下		
AC200V (082G1□ 082S1□)	MCDHT3520	MCDHT3520E	C型	1.3	750	7.1	2.4	17.0	4.0	3 000	4 500	1.51	1.61			

表7-49 电机内置制动器的技术数据

电动机系列	电动机输出	静摩擦转矩/(N·m)	惯量/×10⁻⁴ kg·m²	吸引时间/ms	释放时间/ms	励磁电流 DCA(冷时)	释放电压	每一次制动的容许功率/J	容许总功率/×10³ J	容许角加速度/(rad/s²)
MSMD	50 W,100 W	0.29以上	0.002	35以下	20以下	0.3	DC1V以上	39.2	4.9	30 000
	200 W,400 W	1.27以上	0.018	50以下	15以下	0.36		137	44.1	
	750 W	2.45以上	0.075	70以下	20以下	0.42		196	147	
	50 W,100 W	0.29以上	0.002	35以下	20以下	0.3	DC1V以上	39.2	4.9	30 000
	200 W,400 W	1.27以上	0.018	50以下	15以下	0.36		137	44.1	
	750 W	2.45以上	0.075	70以下	20以下	0.42		196	147	
MSME	1.0 kW,1.5 kW,2.0 kW	7.8以上	0.33	50以下	15以下 (100)	0.81	DC2V以上	392	490	10 000
	3.0 kW	11.8以上		80以下	(100)					
	4.0 kW,5.0 kW	16.1以上	1.35	110以下	50以下 (130)	0.9		1 470	2 200	

续表

电动机系列	电动机输出	静摩擦转矩/(N·m)	惯量/×10⁻⁴kg·m²	吸引时间/ms	释放时间/ms	励磁电流 DCA(冷时)	释放电压	每一次制动的容许功量/J	容许总功量/×10³J	容许角加速度/(rad/s²)
MDME	1.0 kW	4.9以上	1.35	80以下	70以下(200)	0.59		588	780	10 000
	1.5 kW,2.0 kW	13.7以上	1.35	100以下	50以下(130)	0.79	DC2 V以上	1 176	1 500	10 000
	3.0 kW	16.2以上		110以下		0.9		1 470	2 200	
	4.0 kW,5.0 kW	24.5以上	4.7	80以下	25以下(200)	1.3		1 372	2 900	5 440
MGME	900 W	13.7以上	1.35	100以下	50以下(130)	0.79		1 176	1 500	10 000
	2.0 kW	24.5以上		80以下	25以下(200)	1.3	DC2 V以上	1 372	2 900	5 440
	3.0 kW	58.8以上	4.7	150以下	50以下(130)	1.4		1 372	2 900	
MHMD	200 W,400 W	1.27以上	0.018	50以下	15以下(200)	0.36	DC1 V以上	137	44.1	30 000
	750 W	2.45以上	0.075	70以下	20以下(130)	0.42		196	147	
MHME	1.0 kW	4.9以上	1.35	80以下	70以下(200)	0.59	DC2 V以上	588	780	10 000
	1.5 kW	13.7以上	1.35	100以下	50以下(130)	0.79		1 176	1 500	
	2.0 kW~5.0 kW	24.5以上	4.7	80以下	25以下(200)	1.3		1 372	2 900	5 440

（7）交流伺服电动机的选用：主要是根据系统（装置）的使用性能指标要求和环境条件，来选择能满足其功能的不同结构类型的交流伺服电动机。伺服电动机应能满足负载运动的要求，提供足够的转矩和功率，使负载达到要求的运行性能；能快速起停，保证系统的快速运动；有较宽的调速范围，调速线性度好；电动机本身的消耗功率小、体积小、质量轻。三类伺服电动机的性能比较见表7-50。

表7-50 三类伺服电动机的性能比较

项目	直流伺服电动机	同步交流伺服电动机	异步交流伺服电动机
驱动电流波形	直流	矩形波 正弦波	正弦波
转子位置传感器	不需要	需要	不需要
速度传感器	直流测速发电机	无刷测速发电机 光电编码器 旋转变压器	
伺服驱动器	较简单	复杂	更复杂
寿命的决定因素	电刷和换向器轴承	轴承	轴承
高速运行	不宜	适宜	最适宜
停电后能耗制动	可	可	不可
耐受环境条件能力	差	良	良
提高电动机性能的限制条件	永磁去磁换向 换向器电压 绕组温升	永磁去磁 绕组温升	绕组温升 转子温升
弱磁控制	难	难	容易
无功功率	不需要	不需要	需要，增大驱动器体积和成本
效率	高	高	较低

（8）交流伺服电动机常见故障及其排除：通常应按照制造厂提供的使用维护说明书中的要求正确存放、使用和维护交流伺服电动机。对超过制造厂保证期的交流伺服电动机，必须对轴承进行清洗并更换润滑油脂，有时甚至需要更换轴承。经过这样的处理并重新进行出厂项目的性能测试后，便可以作为新出厂的电动机来使用。交流伺服电动机的常见故障及其排除见表7-51。

表 7－51 交流伺服电动机的常见故障及其排除

常见故障	产生原因	避免或排除办法
定子绕组不通	固定螺钉伸入机壳过长，损伤了定子绕组端部	使用的固定螺钉不宜过长，或在机壳内侧同定子绕组端部之间加保护垫圈
	引出线拆断或接线柱脱焊	检查引出线或接线柱并消除缺陷
始动电压增大	轴承润滑油脂干成固体，或轴承出现锈蚀	存放时间长时清洗轴承，加新润滑油脂，或更换新轴承
	轴向间隙太小	适当调整增大轴向间隙
转子转动困难，甚至卡死转不动	电动机过热后定子灌注的环氧树脂膨胀，使定子、转子间产生摩擦	电动机不能过热，拆开定子、转子，将定子内圆膨胀后的环氧树脂清除
定子绕组对地绝缘电阻降低	定子绕组或接线板吸收潮气	将嵌有定子绕组的部件或接线板放入烘箱（温度 80 ℃左右）除去潮气
	引出线受伤或碰端盖、机壳	清理干净引出线或接线板，必要时对接线板进行电木化处理
	接线板有油污，不干净	清理干净接线板
发生单相运转现象	电动机本身固有的特性	拆下转子，磨转子铁芯外圆，适当增大电动机气隙，或者适当将转子端环车薄
	供电频率增高	调整供电频率
	控制绕线两端并联电容器的电容量不合适	调整并联电容器的电容量
	控制电压中存在有干扰信号的基波分量和高次谐波分量过大	伺服放大器设置补偿电路，使具有超前特性，消除干扰信号中的基波分量；控制绕线两端并联电容器滤掉干扰信号中的高次谐波分量
	伺服放大器内阻过大	降低伺服放大器内阻；伺服放大器功率输出级加电压负反馈

7.3.3 力矩电动机

　力矩电动机是一种具有软机械特性和宽调速范围的特种电动机，它具有低转速、大扭矩、过载能力强、响应快、特性线性度好、力矩波动小等特点。力矩电动机的轴不是以恒功率输出动力，而是以恒力矩输出动力。

力矩电动机包括直流力矩电动机、交流力矩电动机和无刷直流力矩电动机。它广泛应用于机械制造、纺织、造纸、橡胶、塑料、金属线材和电线电缆等工业中。

1. 直流力矩电动机

(1) 直流力矩电动机的分类：按励磁方式分类，可分为电磁式直流力矩电动机和永磁式直流力矩电动机。永磁式直流力矩电动机因结构简单、励磁磁通不受电源电压的影响等优点被首选采用。

直流力矩电动机按结构形式分类，可分为组装式和分装式两种。直流力矩电动机按其电枢结构分类，还可分为有槽电枢和光滑电枢两种。直流力矩电动机按有无电刷装置分类，又可分为有刷和无刷两种，另外，还有有限转角直流力矩电动机和双力矩电动机。

(2) 直流力矩电动机的结构：直流力矩电动机的外形一般呈圆饼形，总体结构有分装式和组装式两种。分装式直流力矩电动机的结构包括定子、转子和电刷架三大部件，机壳和转轴由用户根据安装方式自行选配；组装式直流力矩电动机和一般直流伺服电动机相同，机壳和转轴由制造厂家制成，并与定子、转子等部件组装成一个整体。其典型结构见图7-12。

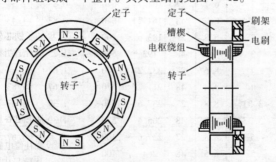

图7-12　直流力矩电动机的结构

(3) 直流力矩电动机的工作原理：直流力矩电动机的基本原理如同普通直流伺服电动机，但这种电动机是为了满足高精度伺服系统的要求而特殊设计制造的，在结构和外形尺寸的比例上与一般直流伺服电动机有较大不同。一般直流伺服电动机为了减小电动机的转动惯量，大都做成细长圆柱形，而直流力矩电动机为了能在相同体积和电枢电压下产生比较大的转矩及较低的转速，一般做成扁平状。考虑结构的合理性，它一般做成永磁多极的；为了减少转矩和转速的脉动，选取较多的电枢槽数、换向片数和串联导体数。

(4) 直流力矩电动机的技术数据：常见的直流力矩电动机的技术数据见表7-52～表7-55。

表 7 - 52　**LYX 系列稀土永磁直流力矩电动机的技术数据**

型号	峰值堵转				最大空载转速/	连续堵转			
	转矩/	电流/	电压/	功率/		转矩/	电流/	电压/	功率/
	(N·m)	A	V	W	(r/min)	(N·m)	A	V	W
45LYX01	0.22	7.7	12	92.4	3 300	0.064	2.26	3.53	7.8
45LYX02	0.22	3.4	27	91.8	3 300	0.064	1.00	7.94	7.94
45LYX03	0.44	9.7	12	116.4	2 700	0.13	2.85	3.53	10
45LYX04	0.44	5.6	27	151.2	2 700	0.13	1.65	7.94	13.1
55LYX01	0.42	8.9	12	106.8	2 000	0.14	2.97	4	11.9
55LYX02	0.42	4.2	27	113.4	2 000	0.14	1.4	9	12.6
55LYX03	0.84	11	12	132	1 500	0.28	3.7	4	14.8
55LYX04	0.84	5.6	27	151.2	1 500	0.28	1.87	9	16.8
70LYX01	1.2	5.8	27	156.6	1 100	0.455	2.2	10.2	22.4
70LYX02	1.2	3.1	48	148.8	1 100	0.455	1.18	18.2	21.5
70LYX03	1.8	7.2	27	194.4	900	0.68	2.73	10.2	27.8
70LYX04	1.8	4.6	48	220.8	900	0.68	1.74	18.2	31.7
90LYX01	2	6.1	27	164.7	640	0.83	2.54	11.25	28.6
90LYX02	2	3.42	48	164.2	640	0.83	1.43	20	28.6
90LYX03	3	6.8	27	183.6	500	1.25	2.83	11.25	31.8
90LYX04	3	4	48	192	500	1.25	1.67	20	33.4
90LYX05	4	8.6	27	232.2	470	1.67	3.6	11.25	40.5
90LYX06	4	4.4	48	211.2	470	1.67	1.83	20	36.6
110LYX01	3.33	8.8	27	237.6	520	1.39	3.67	11.25	41.3
110LYX02	3.33	4.3	48	206.4	520	1.39	1.79	20	35.8
110LYX03	5	8.8	27	237.6	400	2.1	3.67	11.25	41.3
110LYX04	5	5.5	48	264	400	2.1	2.29	20	45.8
110LYX05	6.66	10.6	27	286.2	350	2.78	4.42	11.25	49.7
110LYX06	6.66	6.25	48	300	350	2.78	2.6	20	52
130LYX01	5.5	10	27	270	420	2.3	4.17	11.25	46.9
130LYX02	5.5	5.85	48	280.8	420	2.3	2.44	20	48.8
130LYX03	8.25	11.3	27	305.1	330	3.44	4.7	11.25	52.9
130LYX04	8.25	6.7	48	321.6	330	3.44	2.8	20	56
130LYX05	11	15	27	405	300	4.58	6.25	11.25	70.3
130LYX06	11	8	48	384	300	4.58	3.33	20	66.6
160LYX01	11.8	10.2	27	275.4	190	5.9	5.1	13.5	68.8
160LYX02	11.8	5.9	48	283.2	190	5.9	2.95	24	70.8
160LYX03	23.6	15.1	27	407.7	140	11.8	7.55	13.5	101.9

型号	峰值堵转				最大空载转速/	连续堵转			
	转矩/(N·m)	电流/A	电压/V	功率/W	(r/min)	转矩/(N·m)	电流/A	电压/V	功率/W
160LYX04	23.6	8.7	48	417.6	140	11.8	4.35	24	104.4
160LYX09	19.6	5	48	240	120	11.76	3	28.8	86.4
200LYX01	19	7.2	48·	345.6	155	9.5	3.65	24	87.8
200LYX02	19	5.45	60	327	155	9.5	2.72	30	81.6
200LYX03	38	9.64	48	462.7	110	19	4.82	24	115.7
200LYX04	38	7.9	60	474	110	19	3.95	30	118.5
250LYX01	30	9.3	48	446.4	120	15	4.65	24	111.6
250LYX02	30	7.1	60	426	120	15	3.55	30	106.5
250LYX03	60	12.6	48	604.8	100	30	6.3	24	151.2
250LYX04	60	10.8	60	648	100	30	5.4	30	162
250LYX05	90	17.5	48	840	80	45	8.75	24	210
250LYX06	90	14.5	60	870	80	45	7.25	30	217.5

表 7–53 SYL 系列直流力矩电动机的技术数据

型号	峰值堵转转矩/(N·m)	峰值堵转电流/A	峰值堵转电压/V(≈)	空载转速/(r/min)	峰值堵转功率/W	外形尺寸/mm						质量/kg	
						总长		外径		轴径	内孔	组装	分装
						组装	分装	组装	分装				
SYL – 0.5	0.049	0.65	20	1 300	15	70	—	56	—	5	—	0.35	—
SYL – 1.5	0.147	0.9	20	800	20	80	—	76	—	7		0.6	—
SYL – 2.5	0.245	1.6	20	700	34	80	—	85	—	7		0.85	—
SYL – 5	0.490	1.8	20	500	38	88	—	85	—			1.1	—
SYL – 10	0.981	2.32	23.5	510	54.5	—	25	—	130		56	—	0.72
SYL – 15	1.471	2.45	23	349	56.4	—	29	—	130		56	—	0.97
SYL – 20	1.962	2.43	24	260	58.4	—	33	—	130		56	—	1.24
SYL – 30	2.943	2.8	28	230	80	—	40	—	130		56	—	1.73
SYL – 50	4.905	2.8	30	140	90	—	42	—	170		60	—	2.5
SYL – 100	9.810	3	36	80	108	—		—				—	5.2
SYL – 200	19.620	5	30	50	150	—	52	—	300		165	—	8.4
SYL – 400	39.240	10	30	50	300	—		—				—	17

表 7 –54 LZ、LY 系列直流力矩电动机的技术数据

型号	峰值堵转转矩/(N·m)	峰值堵转电流/A	空载转速/(r/min)	转矩波动系数/%	峰值堵转电压/V	外形尺寸/mm		
						总长	外径	轴径
110LZA	0.98	≤1.8	≤300	≤6	≤24	66	120	8
110LZB	1.67	≤2.5	≤250	≤6	≤24	71	120	8
270LZ1	24.5	≤10	≤180	≤6	≤60	248	270	30
110LY – 03	1.67	≤3.6	≤400	≤8	≤13	78	120	80
130LY – 01	1.47	≤2.45	≤349	≤8	≤23	30.5	130	56(孔径)
130LY – 02	2.94	≤2.8	≤230	≤8	≤28	40.5	130	56(孔径)

表 7 –55 SYZ 系列直流力矩电动机的技术数据

型号	连续堵转转矩/(N·m)	堵转电压/V	堵转电流/A	空载转速/(r/min)	堵转输入功率/W	转矩波动/%	转矩灵敏度/(N·m/A)	外形尺寸/mm			质量/kg
								总长	外径	孔径	
SYZ – 01	0.117 6	15	0.5	600	7.5	10	0.235 2	19	72	20	0.5
SYZ – 02	0.274 4	28	0.6	330	16.8	7	0.460 6	24	88	50	0.7
SYZ – 03	0.49	24	1	300	24	7	0.49	29	35	12	0.9
SYZ – 20A	2.058	24	2.4	220	57.6	7	0.882	25	143	30	1.8

(5) 直流力矩电动机的选用:直流力矩电动机的选用原则是根据系统装置的结构、空间位置大小,选用适合的电动机结构形式、安装方式;根据系统装置的使用环境条件及特殊要求,选择能在此条件下可靠使用的产品;根据系统装置的技术参数要求,选择能满足此要求的电动机技术参数。在实际使用选型中着重考虑的是直流力矩电动机的技术参数,因为它对保证系统稳定运行起着重要的作用。

2. 交流力矩电动机 交流力矩电动机主要分为导辊型交流力矩电动机和卷绕型交流力矩电动机两种。它在控制装置和低速场合中的应用很多。在使用条件不允许有换向器和电刷的场合,交流力矩电动机的优点更显著。

其制造成本比直流力矩电动机低,结构简单、维护方便,有如下特点:运转是连续的;能够迅速产生无振荡的动作;在应用上能够获得线性的转矩 – 速度特性曲线,能够在低速时得到大的转矩。

(1) 交流力矩电动机的结构与工作原理:交流力矩电动机的机械结构与一般电动机没有显著的差异,有全封闭型、全封闭外加强迫通风冷却型及开启型等几种。

　　交流力矩电动机的转子结构多为鼠笼型，在要求高的场合，大都采用表面光滑的铁磁杯转子结构，这是由于采用杯形结构可进一步减小转动惯量。

　　交流力矩电动机的转矩随着转子损耗的产生而产生，因此它的效率比普通电动机低很多，温升也较高，冷却方式就要特别加以考虑。另外，还必须采用能够耐受高温的特殊绝缘处理，以适应长期堵转工作状态的要求。

　　交流力矩电动机的工作原理与一般的三相鼠笼型感应电动机的原理相同。

　　(2) 交流力矩电动机的技术数据：AJ 系列三相交流力矩电动机广泛用于需要恒定张力传动和恒定线速度的机械上，如电影放映机、数控机床，以及造纸、印染等机械，其技术数据见表 7 - 56。LL 系列交流力矩电动机主要应用于恒张力和恒线速度传动的卷绕机械，如塑料编织机、冶金、造纸、橡胶、电线电缆机械，以及数控机床等，其技术数据见表 7 - 57。

表 7 - 56　AJ 系列三相交流力矩电动机的技术数据

型号	额定电压/V	启动电流/A	启动转矩/(mN·m)	空载转速/(r/min)	外形尺寸/mm			质量/g
					总长	宽	高	
AJ5618 - 3	380	0.15	294.21	670	191	133	114	3 500
AJ5618 - 5	380	0.20	490.35	670	191	133	114	3 500
AJ5618 - 7	380	0.25	686.47	670	191	133	114	3 500
AJ5638 - 10	380	0.35	980.66	670	191	133	114	4 000
					170	133	114	4 000
AJ5638B - 10	220	0.55	980.66	670	191	133	114	4 000
AJ5638 - 10	380	1.5	980.66	1 200	191	133	114	
AJ6338 - 15	380	0.36	1 470.99	670	212	148	128	5 500
AJ6338 - 15	380/220	0.36/0.62	1 470.99	670	212	148	128	5 500
AJ6334B - 20	220	1.15	1 961.33	1 200	228	146	128	4 500
AJ7114B - 20	220	1.1	1 961.33	1 200	260	185	126	7 000
AJT6338 - 7	380	0.2	686.46		228	146	128	
AJC5618 - 80	380	0.15	7 845.32	22	236	133	114	4 500
AJC5618 - 140	380	0.2	13 729.31	22	236	133	114	4 500
AJC5618 - 200	380	0.25	19 613.3	22	236	133	114	4 500
AJ5618 - 280	380	0.35	27 458.62	22	230	133	114	4 500
AJC6338 - 440	380	0.36	43 149.26	22				
AJC6334 - 580	380	—	56 878.57	40				
60A2J	380	0.07	392.26	400	130	64	64	1 000

表7-57 LL 系列交流力矩电动机的技术数据

型号	额定电压/V	额定频率/Hz	空载转速/(r/min)(不小于)	堵转转矩/(N·m)(不小于)	堵转电流/A(不大于)	相数	减速比	外形尺寸/mm 总长	宽	高
139LL01	190	50	2 800	0.7	1.3	1	—	237	139	16
156LL01	380	50	0～8*	294*	1.3	3	1:60	459.5	156	35
160LL01	380	50	0～19*	60*	0.35	3	1:48.3	504	160	20
LL-80	220	50	1 200	1.6	2.8	1	—	335	160	19.2

注:带 * 号的数据表示经减速后的输出转矩、转速。

7.3.4 步进电动机

步进电动机是将电脉冲信号转变为角位移或线位移的开环控制元件。由于步进电动机具有易于控制、响应性好、精度高等特点,被广泛应用在自动控制的各个领域,尤其在计算机外围设备、办公设备、加工机械、包装机械、食品机械中的应用更为广泛。从发展趋势来讲,步进电动机已经能与直流电动机、异步电动机及同步电动机并列,成为电动机的一种基本类型。随着计算机技术进一步的发展,步进电动机必将成为机电一体化不可缺少的元件之一。

1. 步进电动机的分类 各类步进电动机的产品名称及代号见表7-58,其中永磁式、磁阻式和感应子式(或混合式)应用较多。

表7-58 步进电动机的产品名称及代号

产品名称	代号	含义
电磁式步进电动机	BD	步、电
永磁式步进电动机	BY	步、永
感应子式(混合式)步进电动机	BYG	步、永、感
磁阻式步进电动机	BC	步、磁
盘式永磁步进电动机	BPY	步、盘、永
印刷绕组步进电动机	BN	步、印
直线步进电动机	BX	步、线
滚切式步进电动机	BG	步、滚

2. 步进电动机的特点

(1)电动机旋转的角度正比于脉冲数。

(2)电动机停转的时候具有最大的转矩(当绕组励磁时)。

（3）由于每步的精度在3%～5%，而且不会将一步的误差积累到下一步，因而有较好的位置精度和运动的重复性。

（4）优秀的启停和反转响应。

（5）由于没有电刷，可靠性较高，因此电动机的寿命仅仅取决于轴承的寿命。

（6）电动机的响应仅由数字输入脉冲确定，因而可以采用开环控制，这使得电动机的结构可以比较简单，进而控制成本。

（7）仅仅将负载直接连接到电动机的转轴上也可以极低的速度同步旋转。

（8）由于速度正比于脉冲频率，因而有比较宽的转速范围。

（9）如果控制不当容易产生共振。

（10）难以运转到较高的转速。

3. 步进电动机的结构　磁阻式步进电动机也叫作反应式步进电动机，其定子、转子均由软磁材料冲制、叠压而成。定子上安装多相励磁绕组，转子上无绕组，转子圆周外表面均匀分布若干齿和槽。定子上均匀分布若干个大磁极，每个大磁极上有数个小齿和槽，图7-13为三相磁阻式步进电动机的结构示意。

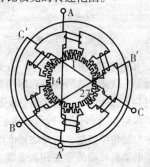

图7-13　三相磁阻式步进电动机的结构

转子或定子任何一方具有永磁材料的步进电动机叫永磁式步进电动机，其结构见图7-14。永磁步进电动机中没有永磁材料的一方有励磁绕组，绕组通电后，建立的磁场与永磁材料的恒定磁场相互作用产生电磁转矩，励磁绕组一般为二相或四相。

感应子式（混合式）步进电动机的结构见图7-15，其定子和四相磁阻式步

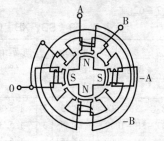

图7-14　永磁式步进电动机的结构

进电动机没有区别，只是每极下同时绕有二相绕组或者绕一相绕组，用桥式电路的正负脉冲供电。转子上有一个圆柱形磁钢，沿轴向充磁，两端分别放置由软磁材料制成的有齿的导磁体，并沿圆周方向错开半个齿距。当某相绕组通以励磁电流后，就会使一端磁极下的磁通增强，而使另一端减弱。异性磁极的情况也是同样的，一端增强而另一端减弱。改变励磁绕组通电的相序，产生合成转矩，可以使转子转过1/4齿距达到稳定平衡位置。这种步进电动机

不仅具有磁阻式步进电动机步距小、运行频率高的特点，还具有消耗功率小的优点，是目前发展较快的一种步进电动机。

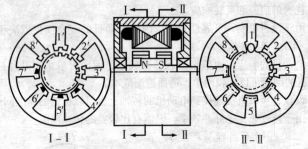

图7-15 感应子式（混合式）步进电动机的结构

4. 步进电动机的工作原理 在非超载的情况下，电动机的转速、停止的位置只取决于脉冲信号的频率和脉冲数，而不受负载变化的影响，当步进驱动器接收到一个脉冲信号，它就驱动步进电动机按设定的方向转动一个固定的角度，称为"步距角"，它的旋转是以固定的角度一步一步运行的。可以通过控制脉冲个数来控制角位移量，从而达到准确定位的目的；同时可以通过控制脉冲频率来控制电动机转动的速度和加速度，从而达到调速的目的。它具有较好的开环稳定性，当速度控制精度要求更高时，也可采用闭环控制技术。

5. 步进电动机的技术数据 各种型号的步进电动机技术数据见表7-59～表7-62。

表7-59 SB、XB、GB系列步进电动机的技术数据

型号	电压/ V	电流/ A	相数	步距角/ (°)	负载力矩/ (N·m)	负载启动频率/ (步/s)	使用条件		
							相对湿度/%	环境温度/ ℃	海拔高度/m
SB3C-3B-500	-28	3	3	1.5/3	0.05	800	98%	-30~+40	<1 000
SB3-3B-1000	-28	5	3	1.5/3	0.1	1 000	98%	~30~+40	<1 000
SB3-3D-2000	-28	5	3	1.5/3	0.2	400	98%	-30~+40	<1 000
SB3-6D-2000	-28	2.5	6	0.75/1.5	0.2	2 000	98%	-30~+40	<1 000
SB5A-3D-150	-28	0.8	3	1.5	0.015	160	98%	-30~+40	<1 000
XB1-6B-500	110	5	6	1.5/3	0.5	1 500	90%±5%	-30~+40	<1 000
XB1-6D-10000	110	5	6	1.5/3	1	850	90%±5%	-30~+40	<1 000
XB1G-6D-2000	110	5	6	1.5/3	2	650	90%±5%	-30~+40	<1 000
GB1-6D-1	110	6	6	0.75/1.5	10	1 000	90%±5%	-30~+40	<1 000
GB2-6D-5	110	8	6	0.375/0.75	50	160	90%±5%	-30~+40	<1 000

表7-60 BF系列步进电动机的技术数据

型号	相数	步距角/(°)	电压/V	相电流/A	最大静转矩/(N·m)	空载启动频率/(步/s)	空载运行频率/(步/s)	电感/mH	电阻/Ω	分配方式	外形尺寸/mm	质量/kg
28BF001	3	3	27	0.8	0.0245	1 800	—	10	2.7	三相六拍	φ28×32	<0.1
36BF002-Ⅱ	3	3	27	0.6	0.049	1 900	—	—	6.7	三相六拍	φ36×42	<0.2
36BF003	3	1.5	27	1.5	0.078	3 100	—	15.4	1.6	三相六拍	φ36×43	<0.22
45BF003-Ⅱ	3	1.5	60	2	0.196	3 700	12 000	15.8	0.94	三相六拍	φ45×82	0.38
45BF005-Ⅱ	3	1.5	27	2.5	0.196	3 000	—	15.8	0.94	三相六拍	φ45×58	0.4
55BF001	3	7.5	27	2.5	0.245	850	—	27.6	1.2	三相六拍	φ55×60	0.65
75BF001	3	1.5	24	3	0.392	1 750	—	19	0.62	三相六拍	φ75×53	1.1
75BF003	3	1.5	30	4	0.882	1 250	—	35.5	0.82	三相六拍	φ75×75	1.58
90BF001	4	0.9	80	7	3.92	2 000	8 000	17.4	0.3	四相八拍	φ90×145	4.5
90BF006	5	0.36	24	3	2.156	2 400	—	—	0.76	五相十拍	φ90×65	2.2
110BF003	3	0.75	80	6	7.84	1 500	7 000	35.5	0.37	三相六拍	φ110×160	6
110BF004	3	0.75	30	4	4.9	500	—	56.5	0.72	三相六拍	φ110×110	5.5
130BF001	5	0.75	80/12	10	9.31	3 000	16 000	—	0.162	五相十拍	φ130×170	9.2
150BF002	5	0.75	80/12	13.72	13.72	2 800	80	—	0.121	五相十拍	φ150×155	14
150BF003	5	0.75	80/12	13	15.64	2 600	8 000	—	0.127	五相十拍	φ150×178	16.5
200BF006	5	0.16(10′)	24	4	14.7	1 300	—	—	0.77	五相十拍	φ200×93	16

表 7-61　BYG 系列感应子式永磁步进电动机的技术数据

型号	相数	电压/V	相电流/A	步距角/(°)	步距角误差/%	每转步数	每相电阻/Ω	每相电感/mH	启动频率/Hz	运行频率/Hz	静态转矩/(N·m)	定位转矩/(N·m)
35BYG001	2	12	0.35	1.8/0.9	±3/±6	200/400	9	—	2 000	7 500	4.9×10^{-2}	—
39BYG001	4	12	0.16	3.6	—	—	75	70	500	—	4.9×10^{-2}	5.8×10^{-3}
39BYG002	4	12	0.16	1.8	—	—	75	65	800	—	5.9×10^{-2}	4.9×10^{-3}
42BYG111	2	12	0.24	0.9	—	—	38	22	800	—	7.8×10^{-2}	2.4×10^{-3}
46BYG001	2	12	0.09	1.8	±3	200	130	—	—	1 000	2×10^{-2}	3.4×10^{-3}
50BYG001	5	12	0.1	20′22″	±8	1 060	18.5	—	7 500	12 000	2.8×10^{-2}	0.1×10^{-2}
55BYG002	4	15	0.44	1.8/0.9	±20	200/400	22	90	1 000	1 000	34.3×10^{-2} 单	—
55BYG004	4	27	4	1.8/0.9	±20	200/400	1.2	—	1 500	3 000	53.9×10^{-2}	2×10^{-2}
55BYG005	4	27	1	1.8/0.9	±20	200/400	4.8	—	1 500	1600	双	
55BYG006	4	27	1	1.8/0.9	±20	200/400	4.5	—	1 500	—	19.6×10^{-2}	—
70BYG001	4	28	3	1.8/0.9	±20	200/400	0.9	8.25	1 200	1 500	127.5×10^{-2}	127.5×10^{-2}
70BYG002	4	27	5	1.8/0.9	±20	200/400	0.3	2.83	1 500	2 300	127.5×10^{-2}	127.5×10^{-2}
70BYG003	4	16	1	1.8/0.9	±10	200/400	8	—	500	600	98×10^{-2}	6.87×10^{-2}
86BYG001	4	5	1.9	1.8	±0.13	200	2.75	—	—	—	7.4×10^{-2}	—
90BYG001	4	24	3	1.8/0.9	±20	200/400	1.55	16	1 000	1 000	353×10^{-2}	8.8×10^{-2}

表7-62 BY 系列永磁步进电动机的技术数据

型号	电压/V	相电流/A	步矩角/(°)	每转步数	每相电阻/Ω	启动频率/Hz	运行频率/Hz	最大静态转矩/(N·m)	定位转矩/(N·m)	相数
20BY001	6	0.12	18	20	55±5%	300	350~400	0.1×10^{-2}	0.02×10^{-2}	4
32BY001	15	0.12	90	—	80	150	—	0.39×10^{-2}	<0.001	2
36BY001	10	0.175	7.5	—	—	700	—	0.78×10^{-2}	<0.003	4
42BY001	24	0.5	7.5	—	—	600	—	0.034	<0.003	4
42BY002	24	0.17	7.5	—	—	450	—	0.044	<0.003	4
42BY003	24	0.3	7.5	—	—	430	—	0.026	<0.003	4
55BY001	16	0.22	7.5	—	—	300	—	0.78	<0.005	4
66BY001	12	0.14	1.8	—	—	400	—	0.044	<0.002	4

6. 步进电动机的选用 步进电动机作为控制元件或驱动元件来使用,通常同驱动机构组合来实现所要求的功能。步进电动机系统的性能,除取决于电动机本体的特性外,还受驱动器的影响。在实际应用场合,步进电动机系统是由电动机本体、驱动器及推动负载用的机械驱动机构所构成,见图7-16。

驱动器 → 步进电动机 → 驱动机构

图7-16 步进电动机系统结构框图

步进电动机不能直接接到交、直流电源上工作,而必须使用专用的驱动器。对步进电动机驱动器的研究几乎是与步进电动机的研究同步进行的。

步进电动机驱动器的主要结构框图见图7-17,它一般由环形分配器、信号处理器、推动级、驱动级等部分组成,用于大功率步进电动机的驱动器还要有多种保护线路。

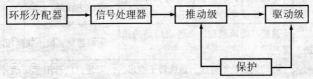

图7-17 步进电动机驱动器的结构框图

目前，步进电动机的驱动方式较多，常用的方式主要有单电压驱动、双电压驱动和恒流斩波驱动三种方式。其特点见表7-63。

表7-63 步进电动机驱动的特点

驱动方式	特点
单电压驱动	线路简单，成本低；低频响应较好，电动机速度不高
双电压驱动	在很宽的频段内响应好，功率大，可驱动的电动机速度较高，但驱动系统的体积较大
恒流斩波驱动	高频响应性好，输出转矩均匀，共振现象可消除，能充分发挥电动机的性能

一般说来，步进电动机驱动机构通常是减速机构，其主要有齿轮减速、牙轮皮带减速、螺杆减速和钢丝减速等方式。因此步进电动机的选择必须满足整个运动系统的要求。

通常，在选定步进电动机时，从机械角度出发考虑的是：分辨率，它由移动速度、每步所移动角度距离来决定；负载刚度和移动物理质量；电动机的体积和质量；环境的温度、湿度等。

从加减速运动要求出发，在选定步进电动机时要考虑在短时间内定位所需要的加速和减速的适当设定，以及最高速度的适当设定；根据加速转矩和负载转矩设定电动机的转矩；使用减速机构时，则要考虑电动机速度和负载速度的关系。

对于步进电动机本体来说，要根据系统的控制精度来选用不同步距角的步进电动机，根据负载的要求选择电动机的转矩大小，同时，步进电动机在运行时存在振荡，因此应选择满意的阻尼方法。

7. 步进电动机的常见故障及其排除 步进电动机的常见故障及其排除方法见表7-64。

表7-64 步进电动机的常见故障及排除方法

常见故障	可能原因	排除方法
不能启动	驱动线路的电参数没有达到样本规定值，致使电动机出力下降	需改进线路
	遥控时距离较远，未考虑线路的压降	采取措施，减小线路压降
	电动机安装不合理，造成转子变形，使定子、转子卡住	安装好后可用手旋动转子检查，应能自由转动
	接线差错，即 N、S 极的极性接错	查出后，重新改装

续表

常见故障	可能原因	排除方法
不能启动	电动机存放不善，造成定子、转子生锈卡住	检修电动机，使其转动灵活
	驱动电源有故障	检查驱动电源，对症处理
	电动机绕组匝间短路或接地	查出短路或接地处加强绝缘，或重新绕制
	电动机绕组烧坏	重新绕制
	外电源压降太多，致使电源电压过低	检查原因，予以解决
	没有脉冲控制信号	查出控制电路
严重发热	说明书提供的性能，一般是指三相六拍工作方式，如果使用时改为双三拍工作，则温升将很高	可降低参数指标使用或改选合适的步进电动机
	为提高电动机的性能指标，采用了加高电压，或加大工作电流等办法	改变使用条件后，必须补做温升试验，证明无特高温升时才能使用
	电动机工作在高温和密闭的环境中，无法散热或散热条件非常差	加强散热通风，改善使用条件
绕组烧坏	使用不慎，误将电动机接入市电工频电源	按说明书，正确使用
	高频电动机在高频下连续工作时间过长	适当缩短连续工作时间
	长期在温度较高的环境下运行，造成绕组绝缘老化	应改善使用条件，加强散热通风
	在使用高低压驱动电源时，线路已坏，致使电动机长期在高压下工作	检修线路
噪声大	电动机运行在低频区或共振区	消除齿轮间隙或其他间隙；采用尼龙齿轮；使用细分线路；使用阻尼器；降低电压，以降低出力
	纯惯性负载，短程序，正反转频繁	可改长程序，并增加适当摩擦阻尼以消振
	磁路混合式或永磁式步进电动机的磁钢退磁	只需重新充磁即可改善
	永磁单向旋转步进电动机的定向机构已坏	检修定向机构

常见故障	可能原因	排除方法
失步或多步	负载过大，超过电动机的承载能力	更换大电动机
	负载的转动惯量过大，则在启动时出现失步，而在停车时则可能停不住	减小负载的转动惯量，或采用逐步升频来加速启动，停车时采用逐步减速
	由于传动间隙有大有小，因此失步数也有多有少	可采用机械消隙结构，或采用电子间隙补偿信号发生器，即当系统反向运转时，人为地多增加几个脉冲，用于补偿
	传动间隙中的零件有弹性变形，如绳传动中，传动绳的材料弹性变形较大	增加绳传动的张紧轮和张紧力，同时增大阻尼或提高传动零件的精度
	电动机工作在振荡失步区	可用降低电压或增大阻尼的办法解决
	线路总清零使用不当	电动机执行程序的中途暂停时不应再使用总清零
	定子、转子局部摩擦	查明原因，予以排除
无力或出力降低	驱动电源故障	检修驱动电源
	电源电压过低	查明原因，予以排除
	定子、转子间隙过大	更换转子
	电动机输出轴有断裂隐伤	检修电动机输出轴
	电动机绕组内部接线有误	可用指南针来检查每相磁场方向，而接错的一相指南针无法定位，应将其改接
	电动机绕组线头脱落、短路或接地	查出故障点，并修复或重新绕制

7.3.5　直线电动机和直线驱动器

直线电机按工作原理分为直线电动机和直线驱动器，见图 7 - 18。此处主要介绍直线电动机。

直线电动机是一种将电能直接转换成直线运动机械能，而不需要任何中间转换机构的传动装置。它可以看成是将一台旋转电动机按径向剖开，并展成平面而成。

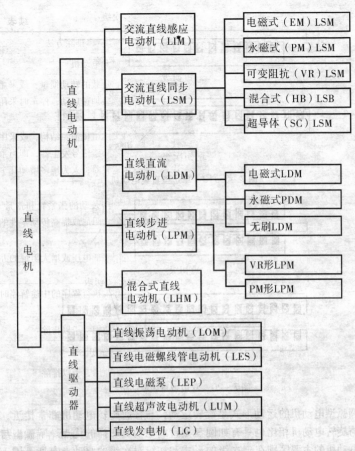

图7-18 直线电机的分类

1. 直线电动机的分类 按结构分类，直线电动机可分为扁平型、圆筒型、圆盘型和圆弧型四种。每种还可分为单边型和双边型，见图7-19、图7-20。

扁平型直线电动机为一种扁平的矩形结构的直线电动机。每种形式的扁平型直线电动机又分别有短初级长次级和长初级短次级。

圆筒型直线电动机为一种外形如旋转电动机的圆柱形的直线电动机。旋转电动机与直线电动机的区别见图7-21。直线电动机一般均为短初级长次级形式。

圆盘型直线电动机的次级是一个圆盘，不同形式的初级驱动圆盘次级做圆周运动，其初级可以是单边型也可以是双边型。

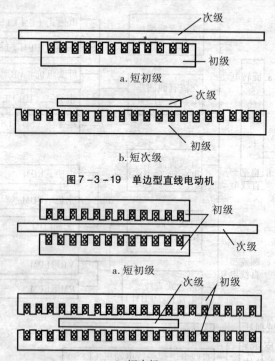

图7-3-19　单边型直线电动机

图7-20　双边型直线电动机

　　圆弧型电动机的运动形式是旋转运动，与普通旋转电动机非常接近，然而它与旋转电动机相比也具有如圆盘型直线电动机那样的优点。圆弧型与圆盘型电动机的主要区别在于次级的形式和初级对次级的驱动点有所不同。直线电动机按结构的分类见图7-22。

2. 直线电动机的特点

　　（1）结构简单。圆筒型直线电动机不需要经过中间转换机构而直接产生直线运动，使结构大大简化，运动惯量减少，动态响应性能和定位精度大大提高；同时也提高了可靠性，节约了成本，使制造和维护更加简便。它的初次级可以直接成为机构的一部分，这种独特的结合使得这种优势进一步体现出来。

　　（2）适合高速直线运动。因为不存在离心力的约束，普通材料亦可以达到较高的速度。而且如果初级、次级间用气垫或磁垫保存间隙，运动时无机械接触，因而运动部分也就无摩擦和噪声。这样，传动零部件没有磨损，可

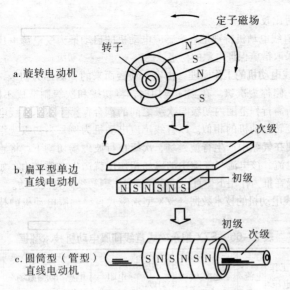

图 7 – 21 旋转电动机与直线电动机的区别

大大减小机械损耗，避免拖缆、钢索、齿轮与皮带轮等所造成的噪声，从而提高整体效率。

（3）初级绕组利用率高。在圆筒型直线感应电动机中，初级绕组是饼式的，没有端部绕组，因而绕组利用率高。

（4）无横向边缘效应。横向效应是指由于横向开断造成的边界

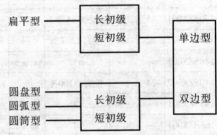

图 7 – 22 直线电动机按结构的分类

处磁场的削弱，而圆筒型直线电动机横向无开断，所以磁场沿周向均匀分布。

（5）容易克服单边磁拉力问题。径向拉力互相抵消，基本不存在单边磁拉力的问题。

（6）易于调节和控制。通过调节电压或频率，或更换次级材料，可以得到不同的速度、电磁推力，适用于低速往复运行场合。

（7）适应性强。直线电动机的初级铁芯可以用环氧树脂封成整体，具有较好的防腐、防潮性能，便于在潮湿、有粉尘和有害气体的环境中使用；而且可以设计成多种结构形式，以满足不同情况的需要。

（8）与同容量旋转电动机相比，直线电动机的效率和功率因数要低，尤

其在低速时比较明显。

（9）直线电动机特别是直线感应电动机的启动推力受电源电压的影响较大，故需采取措施保证电源的稳定。

3. 直线电动机的工作原理 由定子演变而来的一侧称为初级，由转子演变而来的一侧称为次级。在实际应用时，将初级和次级制造成不同的长度，以保证在所需行程范围内初级与次级之间的耦合保持不变。直线电动机的工作原理与旋转电动机的相似。以直线感应电动机为例，当初级绕组通入交流电源时，便在气隙中产生行波磁场，次级在行波磁场切割下，将感应出电动势并产生电流，该电流与气隙中的磁场相作用就产生电磁推力。如果初级固定，则次级在推力作用下做直线运动；反之，则初级做直线运动。

4. 直线电动机的技术数据 SZX 型永磁式直线伺服电动机的技术数据见表7–65。

表7–65 SZX 型永磁式直线伺服电动机技术数据

型号	工作电压/ V	电流/ A	比推力/ （N/A）	不均匀度/ %	电阻/ Ω	电感/ mH	漏磁场/ T	工作行程/ mm	
								有效行程	附加行程
180SZX001	45	2	推力≥34.3 N	1	—	—	≤5×10⁻⁴	2	
100SZX001	12	≤1	推力13.7 N					±3.5	
140SZX001	—	—	≥12	≤±5	3			60	40
140SZX002	24		推力≥100N		1.6±0.2			50	
145SZX001		13		≤±5	1.5	1	5×10⁻⁴	52	46
168SZX001		20①	14	≤±5	<3	<3	5×10⁻⁴	52	38
180SZX001	—	—	14	≤±10		≤2.5	15×10⁻⁴	52	38

西门子 1FN 系列直线电动机是国际上知名的直线伺服电动机之一，主要包括 1FN1、1FN3、1FN4、1FN5 和 1FN6 五大系列直线电动机，各系列电动机特点见表7–66。西门子 1FN 系列直线电动机可应用于各种数控机床、电子设备生产线、机器人、印刷机械、测量机等领域，与西门子公司的 SIMOTION 运动控制系统配合使用，可实现高精度的直线伺服控制系统。

表 7 – 66　西门子各系列直线电动机的特点

电机系列	1FN1	1FN3	1FN4	1FN5
特点	具有最高的精度，电动机与机床的连接处的最大温升限制在 2 K，适合应用于较轻的物体以非常均匀的速度移动的场合	通用的动力装置，具有非常高的峰值负载与连续负载的比值，所以该电动机是一种优秀的加速载荷驱动器，电动机与机床连接处的最大温升可限制在 4 K	在连续负荷条件下的低功率损失，使得它成为长时间变化负载、高速加工或强力加工应用场合下最适合的驱动器	具有很高的连续加工力，而且机壳尺寸小。它不需要水冷却。适合于受限的空间内移动小质量物体
主要技术参数	密封等级达 IP65；额定力为 790 ~ 6 600 N；极限力为 1 720 ~ 14 500 N；最大速度为 95 m/min	密封等级达 IP65；额定力为 200 ~ 8 100 N；极限力为 550 ~ 20 700 N；最大速度为 370 m/min	（1）使用水冷却时，额定力为 550 ~ 4 620 N；最大力为 660 ~ 5 544 N（2）不使用水冷却时，额定力为 250 ~ 2 100 N；最大力为 660 ~ 5 544 N；最大速度为 250 m/min	300 V 直流母线电压；密封等级 IP20；额定力为 180 ~ 1 240 N最大力为 180 ~ 1 240 N最大速度为 370 m/min

1FN6 是最新系列的直线电动机，适合长行程的直线电动机，其技术数据见表 7 – 67 和表 7 – 68。

表 7 – 67　1FN6 系列直线电动机（自然冷却）的技术数据

初级部件型号	额定力 F_n/N	最大力 F_{max}/N	额定电流 I_n/A	最大电流 I_{max}/A	额定进给力时最大速度 $V_{max,fn}$/（m/min）	最大进给力时最大速度 $V_{max,fmax}$/（m/min）
1FN6003 – 1LC57 – 0FA1	66. 3	157	1. 61	5. 18	748	345
1FN6003 – 1LC84 – 0FA1	66. 3	157	2. 31	7. 45	1 080	503
1FN6003 – 1LE38 – 0FA1	133	315	2. 31	7. 45	515	226
1FN6003 – 1LE88 – 0FA1	133	315	5. 63	18. 2	1 280	572
1FN6003 – 1LG24 – 0FA1	199	472	2. 31	7. 45	333	141
1FN6003 – 1LG61 – 0FA1	199	472	5. 63	18. 2	836	366

初级部件型号	额定力 F_n/N	最大力 F_{max}/N	额定电流 I_n/A	最大电流 I_{max}/A	额定进给力时最大速度 $V_{max,fn}$/(m/min)	最大进给力时最大速度 $V_{max,fmax}$/(m/min)
1FN6003 – 1LJ17 – 0FA1	265	630	2.31	7.45	243	99.6
1FN6003 – 1LJ44 – 0FA1	265	630	5.63	18.2	618	267
1FN6003 – 1LL12 – 0FA1	332	787	2.31	7.45	190	74.7
1FN6003 – 1LL35 – 0FA1	332	787	5.63	18.2	488	208
1FN6003 – 1LN10 – 0FA1	398	945	2.31	7.45	155	57.9
1FN6003 – 1LN28 – 0FA1	398	945	5.63	18.2	402	169
1FN6007 – 1LC31 – 0KA1	133	315	1.61	5.18	386	187
1FN6007 – 1LC46 – 0KA1	133	315	2.31	7.45	562	276
1FN6007 – 1LE20 – 0KA1	265	630	2.31	7.45	265	120
1FN6007 – 1LE53 – 0KA1	265	630	5.63	18.2	668	315
1FN6007 – 1LG12 – 0KA1	398	945	2.31	7.45	169	71.7
1FN6007 – 1LG33 – 0KA1	398	945	5.63	18.2	435	200
1FN6007 – 1LJ08 – 0KA1	531	1 260	2.31	7.45	122	47.4
1FN6007 – 1LJ24 – 0KA1	531	1 260	5.63	18.2	320	143
1FN6007 – 1LL05 – 0KA1	663	1 570	2.31	7.45	93.9	32.4
1FN6007 – 1LL18 – 0KA1	663	1 570	5.63	18.2	251	110
1FN6007 – 1LN15 – 0KA1	796	1 890	5.63	18.2	206	87.9
1FN6007 – 1LN32 – 0KA1	796	1 890	11.3	36.3	429	194
1FN6008 – 1LC17 – 0KA1	374	898	2.71	8.64	218	98.5
1FN6008 – 1LC37 – 0KA1	374	898	5.65	18	473	224
1FN6008 – 1LE16 – 0KA1	749	1 800	5.65	18	221	96.8
1FN6008 – 1LE34 – 0KA1	749	1 800	11.3	36	456	207

初级部件型号	额定力 F_n/N	最大力 F_{max}/N	额定电流 I_n/A	最大电流 I_{max}/A	额定进给力时最大速度 $V_{max,fn}$/（m/min）	最大进给力时最大速度 $V_{max,fmax}$/（m/min）
1FN6008－1LG16－0KA1	1 120	2 690	8.69	27.7	224	96.7
1FN6008－1LG33－0KA1	1 120	2 690	17	54	449	200
1FN6016－1LC18－0KA1	692	1 800	5.2	18	241	110
1FN6016－1LC30－0KA1	692	1 800	8	27.7	377	176
1FN6016－1LE17－0KA1	1 380	3 590	10.4	36	233	101
1FN6016－1LE27－0KA1	1 380	3 590	16	55.4	365	162
1FN6016－1LG16－0KA1	2 070	5 390	15.6	54.1	230	98.2
1FN6016－1LG26－0KA1	2 070	5 390	24	83.1	360	156
1FN6024－1LC12－0KA1	1 000	2 690	5	18	160	70.1
1FN6024－1LC20－0KA1	1 000	2 690	7.69	27.7	252	115
1FN6024－1LE11－0KA1	2 000	5 390	10	36	155	64.8
1FN6024－1LE18－0KA1	2 000	5 390	15.4	55.4	244	106
1FN6024－1LG10－0KA1	3 000	8 080	15	54.1	153	62.8
1FN6024－1LG17－0KA1	3 000	8 080	23.1	83.1	241	102

表 7－68 1FN6 系列直线电动机（标准水冷）技术数据

初级部件型号	额定力 F_n/N	最大力 F_{max}/N	额定电流 I_n/A	最大电流 I_{max}/A	额定进给力时最大速度 $V_{max,fn}$/（m/min）	最大进给力时最大速度 $V_{max,fmax}$/（m/min）
1FN6003－1WC57－0FA1	119	157	3.2	5.18	509	345
1FN6003－1WC84－0FA1	119	157	4.6	7.45	740	503
1FN6003－1WE38－0FA1	239	315	4.6	7.45	339	226
1FN6003－1WE88－0FA1	239	315	11.2	18.2	852	572

初级部件型号	额定力 F_n/N	最大力 F_{max}/N	额定电流 I_n/A	最大电流 I_{max}/A	额定进给力时最大速度 $V_{max,fn}$/(m/min)	最大进给力时最大速度 $V_{max,fmax}$/(m/min)
1FN6003 – 1WG24 – 0FA1	358	472	4.6	7.45	215	141
1FN6003 – 1WG61 – 0FA1	358	472	11.2	18.2	549	366
1FN6003 – 1WJ17 – 0FA1	477	630	4.6	7.45	155	99.6
1FN6003 – 1WJ44 – 0FA1	477	630	11.2	18.2	402	267
1FN6003 – 1WL12 – 0FA1	597	787	4.6	7.45	119	74.7
1FN6003 – 1WL35 – 0FA1	597	787	11.2	18.2	316	208
1FN6003 – 1WN10 – 0FA1	716	945	4.6	7.45	95.1	57.9
1FN6003 – 1WN28 – 0FA1	716	945	11.2	18.2	258	169
1FN6007 – 1WC31 – 0KA1	239	315	3.2	5.18	272	187
1FN6007 – 1WC46 – 0KA1	239	315	4.6	7.45	399	276
1FN6007 – 1WE20 – 0KA1	477	630	4.6	7.45	180	120
1FN6007 – 1WE53 – 0KA1	477	630	11.2	18.2	462	315
1FN6007 – 1WG12 – 0KA1	716	945	4.6	7.45	111	71.7
1FN6007 – 1WG33 – 0KA1	716	945	11.2	18.2	296	200
1FN6007 – 1WJ08 – 0KA1	955	1 260	4.6	7.45	77.6	47.4
1FN6007 – 1WJ24 – 0KA1	955	1 260	11.2	18.2	215	143
1FN6007 – 1WL05 – 0KA1	1 190	1 570	4.6	7.45	57.5	32.4
1FN6007 – 1WL18 – 0KA1	1 190	1 570	11.2	18.2	167	110
1FN6007 – 1WN15 – 0KA1	1 430	1 890	11.2	18.2	135	87.9
1FN6007 – 1WN32 – 0KA1	1 430	1 890	21	36.3	288	194

5. 直线电动机的选用 尽管直线电动机在结构和使用上具有特殊性，但不同系统选用电动机时仍可以从以下几方面考虑：

（1）在一般直线驱动系统中，若对运行过程中的速度要求不严，可采用直线感应电动机。

（2）在按照输入脉冲个数产生直线位移并需精密定位的场合，可采用直线步进电动机,可用开环控制或闭环控制。它具有控制简单、运行速度高、定位精度高等特点,在绘图仪、机器人及其他自动控制系统中得到较广泛的应用。

(3)直流直线伺服电动机在自动控制系统中作为执行元件,在需要将输入电信号变成直线运动的定位驱动中,一般采用直流直线电动机。该种电动机有定位精度高、结构简单、控制方便、速度和加速度控制范围广、调速平滑等优点,适用于驱动磁盘存储器磁头、记录仪记录头等的场合,在大型绘图仪中也得到应用。

(4)需要产生高频往复直线运动的场合,可选用直线振荡电动机。应用直线振荡电动机驱动空气压缩机已获得成功,并将得到继续开发。

(5)在需要微步驱动的短行程场合,可采用压电直线电动机。它具有步距小、精度高、速度易控、结构简单、推力不大等特点,并适用于精密测量和计量系统、光学系统的聚焦驱动、激光干涉仪和光刻机。

7.3.6 自整角机

自整角机是利用自整步特性将转角变为交流电压,或由转角变为转角的感应式微型电机,在伺服系统中被用作测量角度的位移传感器。自整角机还可用以实现角度信号的远距离传输、变换、接收和指示。两台或多台电动机通过电路的联系,使机械上互不相连的两根或多根转轴自动地保持相同的转角变化,或同步旋转。电动机的这种性能称为自整步特性。在伺服系统中,产生信号一方所用的自整角机称为发送机,接收信号一方所用的自整角机称为接收机。自整角机广泛应用于冶金、航海等的位置和方位同步指示系统和火炮、雷达等的伺服系统中。

1. 自整角机的分类 自整角机若按功能和使用要求不同,可分为力矩式自整角机和控制式自整角机两大类。若按结构、原理的特点又可将自整角机分为控制式、力矩式、霍尔式、多极式、固态式、无刷式、四线式等七种,而最常见的是控制式自整角机和力矩式自整角机。

(1)力矩式自整角机:力矩式自整角机的功用是直接达到转角随动的目的,即将机械角度变换为力矩输出,但无力矩放大作用,接收误差稍大,负载能力较差,其静态误差范围一般为 $0.5° \sim 2°$。因此,力矩式自整角机只适用于轻负载转矩及精度要求不太高的开环控制伺服系统。按其用途又可分为四种:

1)力矩式发送机:将其转子的转角变化(角位移)转变为电信号输出。

2)力矩式接收机:将接收到的电信号转变成其转子的角位移。

3)力矩式差动发送机:一般串联在力矩式发送机与力矩式接收机之间,

其功能是将力矩式发送机的转子转角与其自身的转子转角叠加后（相加或相减）变换成电信号输出。

4）力矩式差动接收机：通常串联在两台力矩式发送机之间，其功能是将接收到的电信号叠加并转变为其转子的角位移。显然此角位移就是两台力矩式发送机角位移之和（或差）。

（2）控制式自整角机：控制式自整角机的功用是作为角度和位置的检测元件，它可将机械角度转换为电信号，或将角度的数字量转变为电压模拟量，而且精密程度较高，误差范围一般为 $3' \sim 14'$。因此，控制式自整角机多用于闭环控制的伺服系统中。按其用途可分为三种：

1）控制式自整角发送机：其功能是将其转子的转角转变为电信号输出。

2）控制式自整角变压器：其功能是将接收到的发送机的电信号，转变成与失调角成正弦函数关系的电信号输出。

3）控制式差动发送机：串联在控制式发送机与控制式变压器之间。其功能是把控制式发送机与其自身的转子转角之和（或差）转变成电信号输出到后接的控制式变压器。

2. 自整角机的结构　自整角机的典型结构见图 7-23。定子中安放三相对称绕线，转子中安放单相绕组（差动式自整角机为三相绕组），通常均制成一对极。

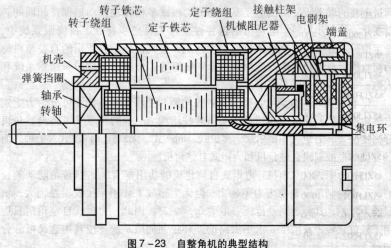

图 7-23　自整角机的典型结构

3. 自整角机的技术数据　常见自整角机的技术数据见表 7-69 ~ 表 7-71。

表 7 - 69 ZLF 和 ZLJ 系列力矩式自整角发送机和接收机的技术数据

型号	频率/Hz	励磁电压/V	最大输出电压/V	开路输入电流/mA	开路消耗功率/W	比整步转矩/[N·m/(°)]
20ZLF001	400	36	16	130	0.9	2.9×10^{-5}
20ZLJ001	400	36	16	130	0.9	2.9×10^{-5}
28ZLF001	400	36	16	155	1.3	5.9×10^{-5}
28ZLJ001	400	36	16	155	1.3	5.9×10^{-5}
28ZLJ002	400	115	90	49	1.4	5.9×10^{-5}
28ZLF003	400	115	90	49	1.4	5.9×10^{-5}
28ZLF004[①]	400	115	90	49	1.4	5.9×10^{-5}
28ZLJ004	400	115	90	46	1	6.9×10^{-5}
28ZLF005	400	115	90	46	1	6.9×10^{-5}
28ZLJ005	400	36	16	300	2	5.9×10^{-5}
28ZLF006	400	36	16	300	2	5.9×10^{-5}
36ZLF001[①]	400	115	90	187	3.1	23.5×10^{-5}
36ZLJ001[①]	400	115	90	187	3.1	23.5×10^{-5}
36ZLF002	400	115	90	187	3.1	23.5×10^{-5}
36ZLJ002	400	115	90	187	3.1	23.5×10^{-5}
36ZLF003	400	115	90	250	4	0.25
36ZLJ003	400	115	90	250	4	0.25
45ZLF001	400	115	90	500	7	88.2×10^{-5}
45ZLJ001	400	115	90	500	7	88.2×10^{-5}
45ZLF002[①]	50	110	90	160	5	29.4×10^{-5}
45ZLJ002[①]	50	110	90	160	5	29.4×10^{-5}
45ZLF003	400	115	90	780	10	196×10^{-5}
55ZLF001	400	115	90	900	12	196×10^{-5}
55ZLJ001	400	115	90	900	12	196×10^{-5}
55ZLF002	50	110	90	250	5.5	107.8×10^{-5}
55ZLJ002	50	110	90	250	5.5	107.8×10^{-5}
55ZLJ004[①]	50	110	90	250	5.5	490×10^{-5}
70ZLF001	400	115	90	1 700	16	490×10^{-5}

型号	频率/Hz	励磁电压/V	最大输出电压/V	开路输入电流/mA	开路消耗功率/W	比整步转矩/[N·m/(°)]
70ZLJ001	400	115	90	1 700	16	490×10^{-5}
70ZLF002	50	110	90	500	8	294×10^{-5}
70ZLJ002	50	110	90	500	8	294×10^{-5}
90ZLJ002	50	110	90	850	10	834×10^{-5}
90ZLF004	400	115	90	2 000	22	784×10^{-5}
90ZLF005	50	110	90	850	10	834×10^{-5}

①表示伸光轴。

表7-70　ZKC系列控制式差动自整角发送机、ZCF系列力矩式差动自
整角发送机和ZCJ系列力矩式差动自整角接收机的技术数据

型号	频率/Hz	励磁电压/V	最大输出电压/V	开路输入电流/mA	开路消耗功率/W	比整步转矩/[N·m/(°)]
20ZKC001	400	16	16	158	0.5	—
28ZKC001	400	16	16	190	0.6	—
28ZKC002	400	90	90	34	0.6	—
28ZKC003①	400	90	90	34	0.6	—
36ZCF001	400	90	90	255	2	—
36ZKC001	400	90	90	115	1.1	—
36ZKC002	400	36	11.8	10	0.041 3	3.92×10^{-5}
45ZCF001	400	90	90	600	8	3.92×10^{-5}
45ZCJ001	400	90	90	600	8	3.92×10^{-5}
45ZKC001	400	90	90	276	2.3	—
55ZCF001	400	90	90	1 500	10	39.2×10^{-5}
55ZCF002	50	90	90	300	5.5	29.4×10^{-5}
55ZKC001	400	90	90	800	6	—
70ZCF001	50	90	90	780	11.4	177×10^{-5}
90ZCJ001	50	90	90	1 200	14	392×10^{-5}

①表示伸长轴。

表 7-71 ZKF 和 ZKB 系列控制式自整角发送机和变压器的技术数据

型号	频率/Hz	励磁电压/V	最大输出电压/V	开路输入电流/mA	开路消耗功率/W
28ZKF001	400	115	90	28	1.3
28ZKB001	400	16	32	82	0.25
28ZKF002	400	115	90	28	1.3
28ZKB002	400	90	58	23	0.5
28ZKF003	400	115	90	30	0.6
28ZKB003[①]	400	90	58	11	0.2
28ZKF004	400	115	90	40	1.4
28ZKB004	400	90	58	11	0.2
28ZKF005	400	26	12	—	—
28ZKB005	400	90	58	20	0.2
28ZKF006	400	115	90	—	—
28ZKB006	400	90	58		
28ZKB007	400	90	58	50	0.5
36ZKF001	400	115	90	90	2
36ZKB001[①]	400	90	58	56	0.6
36ZKF002	400	115	90	90	2
36ZKB002	400	90	58	56	0.6
36ZKF003	400	115	90	60	2
36ZKB003	400	90	58	22	0.6
45ZKF001	400	16	16	—	—
45ZKB001	400	90	58	150	1.2
45ZKF002	400	115	90	200	2.5
45ZKB002[①]	50	90	58	45	1.2
45ZKF003	50	110	90	40	2
45ZKB003[①]	50	90	58	45	1.2
45ZKB004[①]	50	90	58	35	1.2
45ZKB005[①]	400	90	58	120	1.5
45ZKB006	50	90	58	35	1.2

型号	频率/Hz	励磁电压/V	最大输出电压/V	开路输入电流/mA	开路消耗功率/W
55ZKF001	400	115	90	700	12
55ZKB001	400	90	58	400	3
55ZKB002	50	90	58	18	0.4

①表示伸长轴。

4. 自整角机的选用

（1）根据实际需要合理选择。表 7 - 72 对控制式自整角机和力矩式自整角机的特点进行了比较。分析可知，控制式自整角机适用于精度较高、负载较大的伺服系统，力矩式自整角机适用于精度较低的测位系统。

（2）尽量选用电压较高、频率为 400 Hz 的自整角机。

（3）相互连接使用的自整角机，其对接绕组的额定电压和频率必须相同。

（4）在电源容量允许的情况下，应选用输入阻抗较低的发送机，以获得较大的负载能力。

（5）选用自整角变压器和差动发送机时，应选输入阻抗较高的产品，以减轻发送机的负载。

表 7 - 72 两类自整角机的比较

项目	控制式自整角机	力矩式自整角机
负载能力	自整角变压器只输出信号，负载能力取决于系统中的伺服电动机及放大器的功率	接收机的负载能力受到精度及比步转矩的限制，故只能带动指针、刻度盘等轻负载
系统结构	较复杂，需要用伺服电动机、放大器、减速齿轮等	较简单，不需要用其他辅助元件
精度	较高	较低
系统造价	较高	较低

7.3.7 旋转变压器

旋转变压器是一种电磁式传感器，又称为同步分解器。它是一种测量角度用的小型交流电动机，用来测量旋转物体的转轴角位移和角速度，由定子和转子组成。旋转变压器是一种精密的角度、位置、速度检测装置，适用于所有使用旋转编码器的场合，特别是在高温、严寒、潮湿、高速、高振动等旋转编码器无法正常工作的场合。由于旋转变压器的以上特点，它可完全替代光电编码器，被广泛应用在伺服控制系统、机器人系统、机械工具、汽车、电力、冶金、纺织、印刷、航空航天、船舶、兵器、电子、冶金、矿山、油田、水利、化工、轻工、建筑等领域的角度、位置检测系统中。也可用于坐标变换、三角运算和角度数据传输，以及作为两相移相器用在角度 – 数字转换装置中。

1. 旋转变压器的分类　旋转变压器的分类见图 7 – 24。

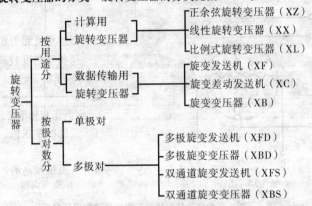

图7 – 24　旋转变压器的分类

若按旋转变压器极对数的多少来分，可将旋转变压器分为单极和多极两种。采用多极对数是为了提高输出精度，常用极对数为 4、5、8、15、16、25、30、32、36、40、64，最多可达 128 对。在多极旋转变压器中，通常也含有一套单极绕组，组成双通道多极旋转变压器。其特点是结构简单、体积小、精度高。

若按有无电刷与滑环间的滑动接触来分，旋转变压器可分为接触式和无接触式（无刷）两种。采用无刷结构，是为了提高可靠性，使变压器更能适应恶劣的环境条件。

2. 旋转变压器的工作原理　图 7 – 25 是正余弦旋转变压器的电气原理和电压向量。图中原方为定子的两相绕组 S_1S_3 和 S_2S_4，副方为转子的两相绕组 R_1R_3 和 R_2R_4。若在 S_1S_3 和 S_2S_4 绕组上施加励磁电压 U_{S_1}、U_{S_2}，则转子（副方）两相绕组的输出电压 U_{R_1} 和 U_{R_2} 分别是

$$U_{R_1} = K(U_{S_1}\cos\theta + U_{S_2}\sin\theta)$$
$$U_{R_2} = K(U_{S_2}\cos\theta - U_{S_1}\sin\theta)$$

式中，K 为变压比，即副边绕组最大输出电压与励磁电压之比；θ 为转子位置

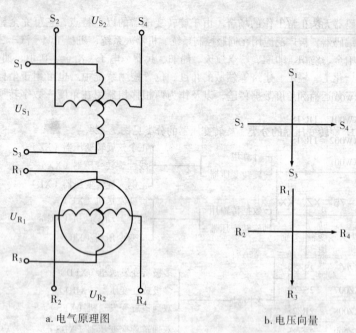

a. 电气原理图　　　　　　　　b. 电压向量

图 7 - 25　正余弦旋转变压器的电气原理和电压向量

偏离基准电气零位的角度。

3. 旋转变压器的技术数据　各类型旋转变压器的技术数据见表 7 - 73 ~ 表 7 - 76。

表 7 - 73　XZW 型无接触式正余弦旋转变压器的技术数据

型号	绕组类型	励磁电压/V	频率/Hz	开路输入阻抗/Ω	变压比	引线方式	零位电压/mV	电气误差/(′)
28XZW003	1R/2S	10	5 000	400	0.500	接线片	8	3,8
28XZW004	2S/1R	12	2 000	6 000	0.500	引出线	10	3,8
28XZW005	2S/1R	12	2 000	6 000	0.500	引出线	10	3,8
28XZW006	1R/2S	2	2 000	800	1.000	接线片	2	3,8
36XZW001	1R/2S	26	400	1 300	1.000	接线片	13,26	3,8
45XZW001	1R/2S	36	400	300	0.900	接线片	32	3,8

表7-74 XXW型无接触式线性旋转变压器的技术数据

型号	绕组类型	励磁电压/V	频率/Hz	开路输入阻抗/Ω	输出斜率/[V/(°)]	线性误差/%	工作转角/(°)	引线方式
28XXW001	1R/1S	6(方波)	2 000	—	0.025	0.5	±45	接线片
36XXW001	1R/1S	15	1 000	1 700	0.13	0.3,0.5	±15	接线片
36XXW002	1R/1S	15	400	800	0.13	0.3,0.5	±30	接线片
45XXW001	—	36	400	700	0.35	0.5	±60	引出线

表7-75 XZ、XX、XL正余弦、四绕组线性、比例式旋转变压器的技术数据

型号	绕组类别	励磁电压/V	频率/Hz	开路输入阻抗/Ω	变压比	相位移/(°)	引线方式	质量/kg
20XZ006	2S/2R	12	400	2 500	1.000	8.5		
20XZ007	2S/2R	12	400	1 000	1.000	8.5		0.055
20XZ008	2R/2S	12	400	2 000	1.000	1.4		
20XZ009	2R/2S	12	2 000	1 000	1.000	4		
28X2011	2S/2R	26	400	4 000	1.000	4		
28XZ012	2S/2R	36	400	1 000	0.565	4		
28XZ013	2R/2S	10	1 000		1.000	±1		
28XZ014	2R/2S	26	400	400	0.454	6	接线片	0.140
28XZ015	2R/2S	26	400	2 000	0.454	6		
28XZ016	2S/2R	12	400	2 000	1.000	4		
28XZ017	2S/2R	36	400	600	0.565	4		
28XZ018	2S/2R	26	400	2 000	1.000	4		
28XZ019	2S/2R	26	2 000	4 000	1.000	1		
28XZ020	2S/2R	26	2 000	4 000	0.454	1		
36XZ011	2S/2R	60	400	600	0.454	3		
36XZ012	2S/2R	60	400	2 000	1.000	3		0.280
36XZ013	2S/2R	60	400	3 000	0.565	3		
36XZ014	2S/2R	60	400	4 000	1.000	3		

型号	绕组类别	励磁电压/ V	频率/ Hz	开路输入 阻抗/Ω	变压比	相位移/ (°)	引线 方式	质量/ kg
36XZ015	2S/2R	26	400	1 000	1.000	3		
36XZ016	2S/2R	12	400	1 000	1.000	3		
36XZ017	2S/2R	26	400	1 000	0.454	3		
36XZ018	2S/2R	60	400	3 000	1.000	3		0.280
36XZ019	2S/2R	60	400	0.565	0.565	3		
36XX004	2S/2R	60	400	600	0.565	—		
36XX005	2S/2R	60	400	1 000	0.565	—		
36XX006	2S/2R	60	400	2 000	0.565	—		
36XL001	2S/2R	60	400	600	0.565	3		
36XL002	2S/2R	60	400	2 000	0.565	3	接 线 片	
45XZ010	2S/2R	115	400	1 000	0.565	2.5		
45XZ011	2S/2R	115	400	1 000	0.565	2.5		
45XZ012	2S/2R	115	400	4 000	0.565	3.0		
45XZ013	2S/2R	115	400	600	0.565	3.0		
45XZ014	2S/2R	115	400	2 000	0.565	2.5		
45XZ015	2S/2R	36	400	400	1.000	3.5		0.480
45XZ016	2S/2R	26	1 000	1 500	1.000	1.5		
45XZ017	2S/2R	115	400	1 000	1.000	2.5		
45XZ018	2S/2R	115	400	4 000	1.000	—		
45XX005	2S/2R	115	400	600	0.565	—		
45XX006	2S/2R	115	400	2 000	0.565	—		
45XX007	2S/2R	115	400	1 000	0.565	—		
45XL006	2S/2R	115	400	600	0.565	3.0		
45XL007	2S/2R	115	400	1 000	0.565	2.5		
45XL008	2S/2R	115	400	4 000	0.565	3.0		

表 7 −76 XDX 单绕组线性旋转变压器的技术数据

型号	绕组类型	励磁电压/V	频率/Hz	开路输入阻抗/Ω	输出斜率/[V/(°)]	线性误差/%	工作转角/(°)	引线方式	质量/kg
20XDX003	1R/1S	26	400	1 500	0.3	0.5	±50		
20XDX004	1R/1S	26	400	1 500	0.2	0.5	±30	接线柱	≤0.055
20XDX005	1R/1S	26	400	1 500	0.2	0.5	±15		
28XDX005	1R/1S	26	400	—	0.3	0.3	±15		
28XDX006	1S/1R	26	400	—	0.3	0.3	±65		
28XDX007	1S/1R	26	400	600	0.3	0.3	±60		
28XDX008	1S/1R	26	400	1 000	0.3	0.3	±60	接线片	≤0.14
28XDX009	1S/1R	26	400	2 000	0.3	0.3	±60		
28XDX010	1R/1S	26	400	600	0.3	0.3	±15		
28XDX011	1R/1S	26	400	600	0.3	0.3	±40		

4. 旋转变压器的选用

（1）应根据系统要求及各类型旋转变压器在系统中的不同功用，选择相应的品种。

（2）选用的旋转变压器的额定电压和频率必须与励磁电源相匹配，否则会导致旋转变压器的精度下降，变比和相位移改变，严重时甚至会使旋转变压器损坏。旋转变压器串联使用时，后级的额定输入电压应与前级的最大输出电压相等。

（3）旋转变压器在串联使用时，前、后级旋转变压器的阻抗应匹配，以保证精度。后级旋转变压器的空载阻抗值应为前级旋转变压器输出阻抗值的20 倍以上。

（4）旋转变压器在串联使用时，后级旋转变压器的励磁电压变化范围大，故在后级中应尽可能选用以坡莫合金为铁芯的旋转变压器。

5. 旋转变压器的常见故障及其处理 旋转变压器常见故障的现象、产生原因及处理方法见表 7 −77。

表 7 −77　旋转变压器常见故障的现象、产生原因及处理方法

故障现象	产生原因	判断和处理
原方电流大，机壳发热或噪声大	原方绕组短路	分别测量两个原方绕组的电阻值是否相等并符合技术条件，若电阻值低于技术条件，该绕组即短路，应更换电动机
	副方绕组短路	分别测量两个副方绕组的电阻值是否相等并符合技术条件，若电阻值低于技术条件，该绕组即短路，应更换电动机
副方输出电压为零	原方绕组开路	测量原方绕组的电阻值，若为无穷大，则该绕组为开路，应更换电动机
	副方绕组开路	测量副方绕组的电阻值，若为无穷大，则该绕组为开路，应更换电动机
	副方绕组出线端短路	原方电流远超出额定值或有较大噪声，排除短路点后可继续使用
副方输出电压过大	励磁电压过高	检查励磁电压并调整到额定值
	原方绕组匝间短路	励磁电流大于额定值；原方绕组小于技术条件规定值，应更换电动机
副方输出电压过小	励磁电压过低	检查励磁电压并调整到额定值
	副方绕组匝间短路	原方一相绕组励磁（有可能时提高励磁频率），副方两相绕组开路，缓慢地转动转子并监测励磁电流，若励磁电流变化的幅度很大，则可判定副方绕组有匝间短路，应更换电动机
精度下降	励磁电压过高	检查励磁电压并调整到正常值
	电刷与滑环接触不良	个别位置精度严重下降，其他位置正常。可小心调整电刷的位置和压力，使其接触电阻变化符合技术条件要求

7.3.8　测速发电机

测速发电机是一种将机械转速转换为电信号的机电元件。从原理上来讲，几乎各种工作原理的发电机都可设计成测速发电机。测速发电机的特点是输出电信号（电压的幅值或者频率）与它们自身运动部分的速度（直线运动或旋转运动）成正比。

为保证发电机性能可靠，测速发电机的输出电动势具有斜率高、特性成线性、无信号区小或剩余电压小、正转和反转时输出电压不对称度小、对温度敏感低等特点。此外，直流测速发电机要求在一定转速下输出电压交流分量小，无线电干扰小；交流测速发电机要求在工作转速变化范围内输出电压相位变化小。

测速发电机广泛用于各种速度或位置控制系统。在自动控制系统中作为检测速度的元件，以调节电动机转速或通过反馈来提高系统的稳定性和精度；在解算装置中可作为微分、积分元件，也可作加速或延迟信号用或用来测量各种运动机械在摆动或转动以及直线运动时的速度。

1. 测速发电机的分类　测速发电机的分类见图 7-26。

图 7-26　测速发电机的分类

2. 测速发电机的技术数据　各类型测速发电机的技术数据见表 7-78～表7-83。

表 7-78　JCY 系列永磁式三相同步测速发电机的技术数据

型号	线电压/V（不小于）	电流/A	功率/W	频率/Hz	转速/（r/min）	线性误差/%（不大于）	负载	质量/kg（不大于）
JCY264	44	0.2	15	100	3 000	1	纯电阻	1.2
JCY264T	44	0.2	15	120	3 600	1	纯电阻	1.3

表 7-79　GGT-250 型感应子式测速发电机的技术数据

型号	直流励磁电压/V	额定转速/（r/min）	额定频率/Hz	三相额定线电压/V	三相整流后直流输出电压/V	线性误差/%	正反转误差/%	稳定度/%
GGT-250 GGT-250s	60	1 500	1 000	380	510	≤0.45	≤0.3	≤0.2

表 7 - 80 CK 系列空心杯转子异步测速发电机的技术数据

型号	励磁电压/ V	频率/ Hz	励磁电流/ A	励磁功率/ W	输出斜率/ [V/(kr/min)]	剩余电压/ mV (≤)	线性误差/ % (≤)	线性转速范围/ (r/min)
20CK4A	26	400	0.045	0.65	0.5	20	0.3	0 ~ 3 600
20CK4E0. 25	36	400	0.12	—	0.25	20	0.5	0 ~ 3 600
20CK4E0. 4	36	400	0.12	—	0.4	25	0.5	0 ~ 3 600
28CK4A	115	400	0.08	4.5	2.6 ~ 2.75	40 ,60	0.3	0 ~ 3 600
28CK4B	36	400	0.25	5.0	0.8	20	0.3	0 ~ 3 600
36CK4A	36	400	0.13	—	0. 35 ~ 3. 5	100	1	
28CK4B0. 8	115	400	0.075	—	0.8	30	0.1	0 ~ 3 600
28CK4E0. 8	36	400	0.14	—	0.8	30	0.5	0 ~ 3 600
28CK4B2. 5	115	400	0.075	—	2.5	60	0.2	0 ~ 3 600
28CK4B1. 5	115	400	0.075	—	1.5	40	0.2	0 ~ 3 600
36CK4A	115	400	0.08	4.0	2. 85 ~ 3. 0	40 ,60	0.3	0 ~ 3 600
36CK4B	36	400	0.25	4.0	1.0	15	0.2	0 ~ 3 600
36CK4B2	115	400	0.075	—	2	60	0.2	0 ~ 3 600
36CK4E1	36	400	0.24	—	1	25	0.2	0 ~ 3 600
36CK4B3	115	400	0.075	—	3	70	0.3	0 ~ 3 600
36CK4B2	115	400	0.075	—	2	60	0.2	0 ~ 3 600
45CK5A	110	50	0.11	7.5	3.0	25	0.5	0 ~ 1 800
45CK4A	115	400	0.23	6.0	3.0	40 ,60	0. 1 ~ 0. 2	0 ~ 3 600
45CK4B	36	400	0.29	—	1	40	0.2	0 ~ 3 600
45CK4B4	115	400	0.1	—	4	8	0.5	0 ~ 3 600
45CK5C4	110	50	0.045	—	4	50	1	0 ~ 1 800
45CK5C3	110	50	0.045	—	4	50	0.5	0 ~ 1 800
45CK4B3	115	50	0.1	—	3	70	0.2	0 ~ 3 600
45CK5C2	115	400	0.045	—	2	50	0.5	0 ~ 1 800
55CK5B	110	50	0.1	—	6	60	1	—
55CK5C5	110	50	0.05	—	5	70	1	0 ~ 1 800
55CK5A	110	50	0.05	2.5	5. 0	50	1.0	0 ~ 1 800

表7-81 ZCF系列直流测速发电机的技术数据

型号		激磁		电枢电压/V	负载电阻/Ω	转速/(r/min)	输出电压不对称度/%（≤）	输出电压线性误差/%	质量/kg（≤）
新	旧	电流/A	电压/V						
ZCF121	ZCF5	0.09	—	50±2.5	2 000	3 000	1	±1	±0.44
ZCF121A	ZCF5A	0.09	—	50±2.5	2 000	3 000	1	±1	±0.44
ZCF221	ZCF16J	0.3	—	51±2.5	2 000	2 400	1	±1	±0.9
ZCF221A	ZCF16	0.3	—	51±2.5	2 000	2 400	1	±1	±0.9
2CF221C	—	0.3	—	51±2.5	2 000	2 400	1	±1	±0.9
ZCF221AD	—	0.3	—	≥16	2 000	2 400	1	±1	±0.9
ZCF222	S221F	0.06	—	74±3.7	2 500	3 500	2	±3	±0.9
ZCF321	—	—	110	$100 ^{+10} _{-5}$	1 000	1 500	3	±3	1.7
ZCF361	ZCF33	0.3	—	106±5	1 000	1 100	1	±1	2.0
ZCF361C	—	0.3	—	174±8.7	9 000	1 100	1	±1	2.0

表7-82 CY系列永磁式直流测速发电机的技术数据

型号	输出斜率/[V/(kr/min)]	纹波系数/%	最大线性工作转速/(r/min)	线性误差/%	电枢电阻/Ω（±12.5%）
20CY002	3	1	0~3 500	1.2~3	120
28CY001	7	3（在100 r/min下）	0~12 000	0.1	580
36CY001	10	1	0~6 000	0.5~0.1	160
45CY002	15	3	0~3 600	0.1	50
45CY003	15	3	0~3 600	0.1	50
45CY004	15	3	0~3 600	0.1	50
75CY001	120	≤1	0~2 500	≤1	190
96CY001	60	5	0~4 000	0.5	150

表7-83 CYD系列永磁式低速直流测速发电机的技术数据

型号	输出斜率/[V/(kr/min)]	线性误差/%	最大工作转速/(r/min)	纹波系数/%	输出电压不对称度/%	最小负载电阻/kΩ
130CYD-27	≥0.283	1	100	1	1	12
130CYD-60	≥0.623	1	100	1	1	50
130CYD-602	0.628	1	100	1	1	50
130CYD-110	1.15	1	30	1	1	200
130CYD-272	0.283	1	300	1	1	—
200CYD01	2	0.5	10	0.8	1	—

7.3.9　旋转编码器

旋转编码器按信号产生原理可分为光电式、磁电式、容电式和机械式等四种类型，其中以光电式旋转编码器（简称光电编码器）应用最为广泛。光电编码器通过光电转换，可将输出轴的角位移、角速度等机械量转换成相应的电脉冲后以数字量输出。它分为单路输出和双路输出两种。单路输出是指旋转编码器的输出是一组脉冲，而双路输出是指旋转编码器输出两组 A/B 相位差为 90° 的脉冲，通过这两组脉冲不仅可以测量转速，还可以判断旋转的方向。

光电编码器按编码方式又可分为增量式和绝对式两种。增量式光电编码器亦称为相对编码器，它对应于回转轴的旋转角以累计的输出脉冲数为依据，应用比较方便；绝对式光电编码器是根据旋转角或位置检测其绝对角度或绝对位移量，并以二进制或十进制信号输出。两种光电编码器一般根据使用需要而选择，例如机床上大多采用增量式光电编码器，而航空航天的位置检测装置选用绝对式光电编码器较多。两种编码器内可做成角度或位移的检测方式。

1. 增量式光电编码器　增量式光电编码器的结构见图 7 - 27，工作原理见图 7 - 28。

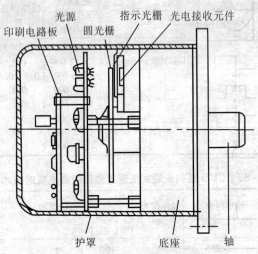

图 7 - 27　增量式光电编码器的结构

当光源的光线通过圆光栅和指示光栅的光栅线纹，在光电接收元件上形成交替变化的条纹，产生两组近似于正弦波的电流信号 A 与 B，两者相位差为 90°，该信号经放大、整形后变成方波脉冲（图 7 - 29）。若 A 相超前 B 相，对

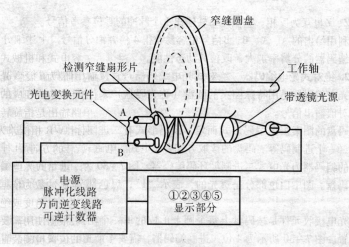

图 7-28 增量式光电编码器的工作原理

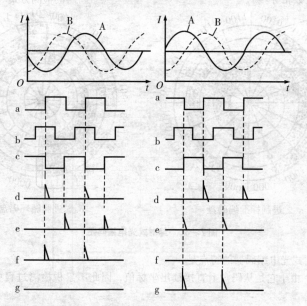

图 7-29 增量式光电编码器的输出波形

应编码器正转，若 B 相超前 A 相，对应编码器反转。若以该方波的前沿或后沿产生计数脉冲，可形成代表正向位移或反向位移的脉冲序列。增量式光电编码器通常给出：A、$\overline{A}$、B、$\overline{B}$、Z、$\overline{Z}$ 六个信号。$\overline{A}$、$\overline{B}$ 分别为 A、B 的反相信号。Z、$\overline{Z}$也互为反相。它们是每转输出1个脉冲的零位参考信号。

利用给出的A、$\overline{A}$、B、$\overline{B}$信号很容易获得4倍频细分信号。上述细分可使光电编码器的分辨率加大，改善其动态性能。

2. 绝对式光电编码器   绝对式光电编码器是直接输出的位置传感器。绝对式光电编码器是用特殊图案的圆盘（称为码盘）来代替等窄缝的圆盘，实现绝对值输出信号。

码盘的图案根据编码形式而定，编码形式有二进制标准码、二进制循环码、二一十进制码等。码盘的读取方式有光电式、电磁式、接触式等几种。最常用的编码器为光电式二进制循环码编码器。图7-30为二进制的两种编码方式的码盘。图中白色部分是透光的，表示"1"；黑色部分是不透光的，表示"0"。

光电接收元件是按码盘上每个圆上形成的每一个用黑点表示的二进位位置配置。图7-30所示为4位二进制编码器，需要4个光电接收元件，即接收元件与位数相等。

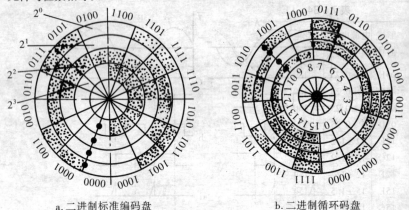

a. 二进制标准编码盘   b. 二进制循环码盘

图7-30   绝对式光电编码器

绝对式光电编码器的特点是：

（1）由于它是从码盘上直接读出坐标值，因此不累积检测过程中的计数误差。

（2）不需要考虑接收元件和电路的频率特性，允许在高转速下运行。

（3）不会因停电及其他原因导致读出坐标值的清除，具有机械式存储功能。

（4）为了提高分辨率和精度，必须提高二进制的位数，故结构复杂，成本高。

3. 磁性编码器 磁性编码器是利用磁效应的另外一种数字式位置传感器。磁性编码器的应用与光电编码器相似，可以根据不同的使用要求，将它制成增量式或绝对式，以及角度或位移等形式。磁性编码器有突出优点，深受用户欢迎，下面列出其主要特点：

（1）环境适应性强，可靠性高。磁性编码器不怕灰尘、油、水，具有耐温、抗冲击、抗振动等优良性能。

（2）频响特性好，适用于高速运行。

（3）耐用性好，维护简便。

根据磁效应不同，磁性编码器可分为多种类型。目前，磁性编码器主要有磁敏电阻式和励磁磁环式两种，后者又称为磁栅式。磁敏电阻式编码器有强磁金属磁敏电阻式编码器和半导体磁敏电阻式编码器，其中强磁金属磁敏电阻发展很快，故以这种材料制成的编码器用得较多。

4. 光电编码器的技术数据 旋转编码器的技术数据见表7-84～表7-91。

表7-84 LEC、LMA、LF型光电编码器的电气技术数据

形式记号	电源电压/V	消耗电流/mA	输出电压/V		注入电流/mA	最小负荷阻抗/Ω	上升、下降时间/μs	响应频率/kHz
			V_H	V_L				
05E	5 ± 0.25	150	3.5	0.5	—	—	1	100
05C	5 ± 0.25	150	—	—	40	—	1	100
05P	5 ± 0.25	150	2.5	0.5	—	—	1	100
05D	5 ± 0.25	250	2.5	0.5	—	—	1	100
12E	12 ± 1.2	150	8.0	0.5	—	—	1	100
12C	12 ± 1.2	150	—	—	40	—	1	100
12F	12 ± 1.2	150	8.0	1.0	—	500	1	100
15E	15 ± 1.5	150	10.0	0.5	—	—	1	100
15C	15 ± 1.5	150	—	—	40	—	1	100
15F	15 ± 1.5	150	10.0	1.0	—	500	1	100

表7-85 LEC型光电编码器的机械技术数据

输出轴直径/mm	机械最大允许转数/(r/min)	启动力矩(25℃)/(N·m)	允许轴负载/N		惯性力矩/(N·m·s²)	允许角加速度/(rad/s²)
			径向	轴向		
5		3×10^{-3}	20	10	3.5×10^{-6}	
8	5 000	10×10^{-3}	40	30	4×10^{-6}	10^4
10					4.2×10^{-6}	

表 7 – 86　LMA 型光电编码器的机械技术数据

机械最大允许转数/ (r/min)	启动力矩(25 ℃)/ (N · m)	允许轴负载/N		惯性力矩/ (N · m · s²)	允许角加速度/ (rad/s)
		径向	轴向		
5 000	3×10^{-4}	30	10	3.5×10^{-6}	10^4

表 7 – 87　LF 型光电编码器的机械技术数据

机械最大允许转数/ (r/min)	启动力矩(25 ℃)/ (N · m)	允许轴负载/N		惯性力矩/ (N · m · s²)	允许角加速度/ (rad/s)
		径向	轴向		
6 000	5×10^{-2}	50	50	1.3×10^{-5}	10^4

表 7 – 88　LBJ 型空心轴光电编码器的机械技术数据

机械最大允许转数/ (r/min)	启动力矩(25 ℃)/ (N · m)	允许轴负载/N		惯性力矩/ (N · m · s²)	允许角加速度/ (rad/s)
		轴向	径向		
5 000	1.5×10^{-3}	20	10	4×10^{-7}	10^4

表 7 – 89　LBJ 型空心轴光电编码器的电气技术数据

性能 代号	电源电压/ V	消耗电 流/mA	输出电压/V		注入 电流/ mA	最小负 荷阻抗/ Ω	上升 时间/ μs	下降 时间/ μs	响应 频率/ kHz	输出形式
			V_H	V_L						
001	5 ± 0.5	80	4.0	0.5	—	—	350	30	100	电压
002	12 ± 1.2	120	10.0	0.5	—	—	350	30	100	电压
003	15 ± 1.5	120	12.0	0.5	—	—	350	30	100	电压
004	5 ± 0.5	80	—	—	40	—	350	50	100	集电极开路
005	12 ± 1.2	80	—	—	60	—	350	50	100	集电极开路
006	15 ± 1.5	80	—	—	60	—	350	50	100	集电极开路
007	5 ± 0.25	160	2.5	0.5	—	—	100	100	100	长线驱动器
084	12 ± 1.2	120	8.0	1.0	—	500	100	200	100	互补输出
085	15 ± 1.5	120	10.0	1.0	—	500	100	200	100	互补输出

表 7 – 90　AT – Z 型光电编码器的电气技术数据

电源电压/V	消耗电流/mA	输出形式	响应频率/kHz
DC5 ± 0.25	300	集电极开路	10

表7-91　AT-Z型光电编码器的机械技术数据

允许转速/ (r/min)	启动力矩(25 ℃)/ (N·m)	允许轴负载/N		惯性力矩/ (N·m·s²)	允许角加速度/ (rad/s)
		轴向	径向		
5 000	2.5×10^{-4}	49	49	7×10^{-6}	10^4

5. 光电编码器的选用　光电编码器作为传感器在各行业自动化控制上得到广泛应用，种类繁多，如何正确选用至关重要。

(1) 按不同用途选择不同的编码器。绝对式光电编码器输出二进制码，数据在1周内有效，并有数据记忆功能，适合作角度测量用；增量式光电编码器可以进行多周数据递增或递减记数，适合对速度、加速度、线位移量、角度量进行测量；混合式编码器是在增量式光电编码器上附有电动机电极位置信号，最适合与永磁交流伺服电动机配套。

(2) 适当选择分辨率。编码器的分辨率有高有低，选择的原则是在满足测量精度的前提下，分辨率应就低不就高，不可盲目追求高分辨率。

(3) 选择机械接口。编码器的主轴有三种：实心轴、空心轴、无轴。空心轴适合与电动机轴直接连，便于安装；无轴式适合与轴向窜动量小的电动机相配；一般情况下选择空心轴即可。

(4) 电气接口的选择。编码器的电气指标有电源电压、响应频率、消耗电流、脉冲上升及下降时间和输出形式等。这里主要谈输出形式的选择。

编码器输出形式分为电压输出、集电极开路输出、互补输出和长线驱动器输出等。一般在传输距离较近、电气干扰少的场合，选择电压输出或集电极开路输出。在传输距离相对较远或电气干扰较严重的场合，应选择互补输出及长线驱动器输出。

7.4　变频器

7.4.1　概述

变频器是利用电力半导体器件的通断作用，将工频电源变换为另一频率的电能控制装置，能实现对交流异步电动机的软启动，还能够对其进行变频调速，提高其运转精度，改变其功率因数，以及对其进行过流、过压、过载保护等。

1. 变频器的构成　异步电动机调速运转时的结构见图7-31。通常由变频器主电路（IGBT、GTR或GTO作逆变元件）给异步电动机提供调压调频电源。此电源输出的电压或电流及频率，由控制回路的控制指令进行控制，而控制指令则根据外部的运转指令进行运算获得。对于需要更精密速度控制或快速响应的场合，运算还应包含由变频器主电路和传动系统检测出来的信号。保护电路的构成，除应防止因变频器主电路的过电压、过电流引起的损坏外，还应保护异步电动机及传动系统等。变频器各组成部分的功能见表7-92。

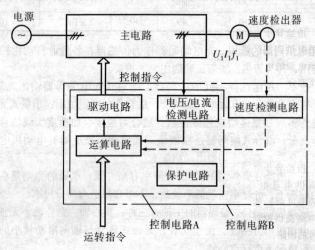

图7-31 变频器的构成

表7-92 变频器各组成部分的功能

变频器的组成	功能	电路组成	各组成部分的功能
主电路	指给异步电动机提供调压、调频电源的电力变换部分	整流器	最近大量使用的是二极管的变流器，它把工频电源变换为直流电源。也可用两组晶体管变流器构成可逆变流器，由于其功率方向可逆，可以进行再生运转
		平波电路	在整流器整流后的直流电压中，含有电源6倍频率的脉动电压，此外逆变器产生的脉动电流也使直流电压变动。为了抑制电压波动，采用电感和电容吸收脉动电压（电流）。装置容量小时，如果电源和主电路构成器件有余量，可以省去电感而采用简单的平波回路
		逆变器	同整流器相反，逆变器是将直流功率变换为所要求频率的交流功率，以所确定的时间使6个开关器件导通、关断，就可以得到三相交流输出

变频器的组成	功能	电路组成	各组成部分的作用
主电路	指给异步电动机提供调压、调频电源的电力变换部分	制动电路	异步电动机在再生制动区域使用时，再生能量储存于平波电路的电容中，使直流电压升高。由于机械系统惯量积蓄的能量比电容能储存的能量大，需要快速制动，可用可逆变流器向电源反馈或设置制动电路把再生功率消耗掉，以免直流电路电压上升
控制电路	指给异步电动机供电（电压、频率可调）的主电路提供控制信号的回路	运算电路	将外部的速度、转矩等指令同检测电路的电流、电压信号进行比较运算，决定逆变器的输出电压、频率
		电压、电流检测电路	与主回路电位隔离检测电压、电流等
		驱动电路	驱动主电路器件的电路。它与控制电路隔离使主电路器件导通、关断
		速度检测电路	以装在异步电动机轴机上的速度检测器的信号为速度信号，送入运算回路，根据指令和运算可使电动机按指令速度运转
保护电路	检测主电路的电压、电流等，当发生过载或过电压等异常时，为了防止逆变器和异步电动机损坏，使逆变器停止工作或抑制电压、电流值	逆变器保护	1）瞬时过电流保护 2）过载保护 3）再生过电压保护 4）顺时停电保护 5）接地过电流保护 6）冷却过电流保护
		异步电动机保护	1）过载保护 2）超频（超速）保护
		其他保护	1）防止失速过电流 2）防止失速再生过电压

2. 变频器的分类

（1）按变换的环节分类：

1）交 - 直 - 交变频器：是先把工频交流通过整流器变成直流，然后再把直流变换成频率电压可调的交流，又称为间接式变频器，是目前广泛应用的通用型变频器。它按电路拓扑结构又可分为电流源型变频器和电压源型变频器。

　　电流源型变频器采用大电感作为中间直流滤波环节，采取电流 PWM 控制，以改善输入电流波形，由于存在着大的平波电抗器和快速电流调节器，所以过电流保护比较容易，其典型电路见图 7－32。

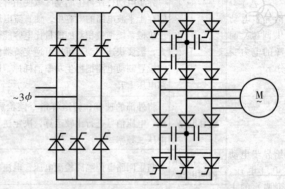

图 7－32　交－直－交电流源型变频器典型电路

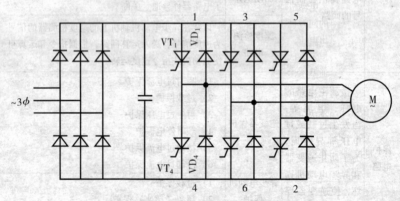

图 7－33　交－直－交电压源型变频器典型电路

　　电压源型变频器的典型电路见图 7－33，其拓扑电路结构有两电平、三电平、多电平、多脉波、多重化等。三电平变频器见图 7－34。

　　2）交－交变频器：即将工频交流直接变换成频率电压可调的交流，又称为直接式变频器。

　　(2) 按对电动机的控制方式分类：变频器对电动机的控制是按电动机的特性及拖动负载特性的要求而进行的，因此，变频器以控制方式来平衡变频器的水平。控制方式的分类见表 7－93。

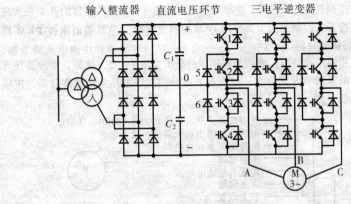

输入整流器 直流电压环节 三电平逆变器

图7-34 三电平变频器

表7-93 变频器控制方式的分类

控制方式名称	内容	实现难度	效果	适用场合
v/f 恒定	电动机的电源频率变化的同时也控制变频器的输出电压,并使两者之比为恒定,从而使电动机的磁通基本保持恒定	容易	低速性能较差,可开环控制	节能型
转差频率	转矩及电流由转差角频率决定	要检出电动机的转速	静态误差小,得不到动态性能	单机运转
矢量控制	高性能控制电动机的转矩电流和励磁电流	要建数学模型及与复杂软件相应的硬件	有良好的静动态性能	恒转矩恒功率四象限运转负载
直接转矩控制	是利用空间电压矢量PWM(SVPWM)通过磁链、转矩的直接控制、确定逆变器的开关状态来实现的	直取交流电动机参数控制更简单准确	同样有良好的静动态性能	恒转矩恒功率四象限运转负载
直接速度控制	通过对变频器的输出电压、输出电流进行检测经坐标变换处理	坐标变换	更快的响应速度,更小的转矩脉动,更稳定的精度	恒转矩恒功率四象限运转负载

（3）按照开关方式分类：变频器是通过控制电力半导体器件的开关来实现变流的，按开关控制方式主要分为 PAM 控制变频器、PWM 控制变频器和高载频 PWM 控制变频器。

（4）按照用途分类：变频器按用途的分类见图 7–35。此外，变频器还可以按输出电压调节方式分类，按控制方式分类，按主开关元器件分类，按输入电压高低分类。

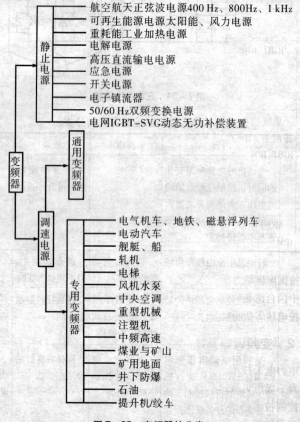

图 7–35　变频器的分类

（5）按变频器使用电力电子器件的种类分类：表 7–94 给出了变频器按其使用的电力电子器件分类的情况。

表 7 – 94　变频器按使用的电力电子器件的分类

应用	器件	变频器	控制电动机	行业	额定值
重耗能、精度要求不高	晶闸管	交 – 直变流器（斩波器）交 – 交	直流电动机、交流电动机、整流电源	石油化工、冶金	高压大功率
低性能（Ⅱ象限运行）	晶体管（GTR）	交 – 交变频器，交 – 直 – 交 VSI、CSI	异步电动机（笼型和绕线转子）	各行业	中小功率
高性能（Ⅳ象限运行）	IGBT、IGCT	变频器	异步电动机、同步电动机	各行业采矿、船舶	高、中压；中大功率 1 ~ 50 MW
伺服	集成门极换向晶闸管（IGCT）、IGBT、IPM	变频器	特殊电动机:开关磁阻电动机(SRM)、无刷直流电动机(BDCM)、步进电动机、执行机构、直线电动机	加工工业	
轻微电源	MOSFET、IGBT、IPM	变频器、电源		航空航天	

（6）按国际区域分类：分为国产变频器、欧美变频器、日本变频器、韩国变频器、中国台湾变频器、中国香港变频器。

（7）按电压等级分类：分为高压变频器、中压变频器、低压变频器。

7.4.2　变频调速系统

随着电力电子技术、计算机技术、自动控制技术的迅速发展，电气传动技术面临着一场历史革命，即交流调速取代直流调速和计算机数字控制技术取代模拟控制技术已成为发展趋势。电动机交流变频调速技术是当今节电、改善工艺流程以提高产品质量和改善环境、推动技术进步的一种主要手段。变频调速以其优异的调速和启动、制动性能，高效率、高功率因数和节能效果，广泛的适用范围及其他许多优点，而被国内外公认为最有发展前途的调速方式。

1. 变频调速控制方式　变频器对电动机的控制，是根据电动机的特性参数及运转要求，对电动机提供的电压、电流、频率进行控制，以达到负载的要求。因此即使两个变频器的主电路一样，逆变器件一样，单片机的位数也相同，只是控制方式不同，它们的控制效果也是不一样的。所以控制方式是很重要的，它代表变频器的水平。目前变频器对电动机的控制方式大体可分为：v/f 恒定控制、转差频率控制、矢量控制、直接转矩控制、非线性控制、自适应控制、滑模变结构控制、智能控制。前四种已获得成功应用，并有商品化产品。变频器的几种调速控制方式见表 7 - 95。

表 7 - 95　变频器的几种调速控制方式

控制方式	控制原理	特点
v/f 恒定控制	v/f 控制是在改变电动机电源频率的同时改变电动机电源的电压，使电动机磁通保持一定，在较宽的调速范围内，电动机的效率、功率因数不下降。因为是控制电压与频率的比，故称为 v/f 控制	控制电路结构简单、成本较低，机械特性硬度也较好，能够满足一般传动的平滑调速要求，已在产业的各个领域得到广泛应用
转差频率控制	转差频率控制需要检出电动机的转速，构成速度闭环，速度调节器的输出为转差频率，然后以电动机速度与转差频率之和作为变频器的给定输出频率	由于通过控制转差频率来控制转矩和电流，与 v/f 控制相比，其加、减速特性和限制过电流的能力得到了提高。另外，它有速度调节器，利用速度反馈速度闭环控制，速度的静态误差小。它适用于自动控制系统、稳态控制
矢量控制	矢量控制是将异步电动机的定子电流矢量分解为产生磁场的电流分量（励磁电流）和产生转矩的电流分量（转矩电流）分别加以控制，并同时控制两分量间的幅值和相位，即控制定子电流矢量，所以称这种控制为矢量控制	矢量控制方式有基于转差频率控制的矢量控制方式、无速度传感器矢量控制方式和有速度传感器的矢量控制方式等。这样就可以将一台三相异步电动机等效为直流电动机来控制，因而获得与直流调速系统同样的静、动态性能
直接转矩控制	直接转矩控制是以转矩为中心来进行综合控制，不仅控制转矩，也用于磁链量的控制和磁链自控制	这种控制方法不需要复杂的坐标变换，而是直接在电动机定子坐标上计算磁链的模和转矩的大小，并通过磁链和转矩的直接跟踪实现 PWM 脉宽调制和系统的高动态性能

2. 变频器的选用　负载被转动时要求电动机产生转矩，其大小随负载各种条件而变化。但如果负载侧其他条件不变，或者负载侧处于有效地进行正

规控制的状态下，表示各种转速下转矩大小的转矩－转速曲线，根据其形状大体可分为三类，见图7－36。

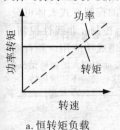

a.恒转矩负载

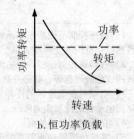

b.恒功率负载

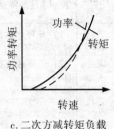

c.二次方减转矩负载

图7－36　负载转矩特性

（1）恒转矩负载：负载具有恒转矩特性。例如，起重机械之类的位能性负载，需要电动机提供与速度基本无关的恒定转矩－转速特性，即在不同转速时负载转矩不变。当然负载的转矩－转速特性随负载自身的变化而变化。电动机在速度变化的动态过程中，具有输出恒定转矩能力。

v/f 恒定控制只能在一定调速范围内近似维持磁通为恒定，在相同的转矩相位角的条件下，如果能够控制电动机的电流为恒定，即可控制电动机的转矩为恒定。如在低速区需要恒转矩，可以采用矢量控制方式达到在全速范围内额定的转矩控制。

（2）恒功率负载：与恒转矩调速相类似，恒功率调速亦包含两种含义：

1）负载具有恒功率的转矩－转速特性，恒功率的转矩－转速特性指的是负载在速度变化时，需要电动机提供的功率为恒定。

2）电动机具有输出恒功率能力，当电动机的电压随着频率的增加而升高时，若电动机的电压达到额定电压，即使频率增加仍能维持电动机电压不变。这样电动机所能输出的功率，由电动机的额定电压和额定电流的乘积所决定，不随频率的变化而变化，即具有恒功率特性。

异步电动机变压变频调速时，通常在基频以下采用恒转矩调速，基频以上时采用恒功率调速。

（3）二次方减转矩负载：以风机、泵类为代表的二次方减转矩负载，在低速下负载转矩非常小，用变频器运转在温度、转矩方面都不存在问题，只考虑在额定点变频器运转引起的损耗增大即可。一般厂家都生产有节能型变频器，既经济又能达到节能要求。

（4）根据不同的控制量选用变频器：根据不同的控制量选用变频器，表7－96给出了各控制系统的特点，以及变频选用的基本原则。

表 7 - 96   根据不同的控制量选用变频器

控制量名称	控制系统的特点	变频器选用原则
速度	1）开环速度控制 2）闭环速度控制	1）转速控制范围应根据系统要求，必须选择能覆盖所需转速控制范围的变频器 2）在转速控制范围内，如果存在能引起大的扭转谐振的转速或危险转速等，就必须避免在这些转速下连续运转 3）电动机在低速区的冷却能力。对于自冷方式，转速下降则电动机的冷却能力降低 4）在低速区轴承的润滑 5）转速传感器和调节器的使用。作为构成闭环系统的器件，有电动机转速检测器和调节器。为充分发挥闭环的性能，对于这些器件及其接线要考虑温度漂移和干扰的影响
位置	1）开环位置控制 2）手动位置控制 3）闭环位置控制	1）爬行速度要低，即速度控制范围要广，从爬行到停止的速度模式要相同，减速开始点定时器精度要高。作为实现开环控制的手段，根据所要求的标准可考虑下列组合：通用变频器、通用变频器 + 制动单元、通用变频器 + 制动单元 + 机械制动器 2）手动决定位置的控制方式。变频器的控制是开环的，但借助于人手进行反馈控制，在起重机等机械上也常被采用。此时变频器具有寸动功能、微动功能 3）闭环位置控制。为了提高停止精度，应当选用位置偏差小也能输出适当转矩的变频器，补偿齿轮、滚珠丝杠等的齿隙，根据所要求的精度减小滚珠丝杠的螺距，确定进行基准点的校正
张力	1）采用转矩电流控制张力 2）采用拉延控制张力 3）采用调节辊控制张力 4）采用张力检测器控制张力	1）转矩电流控制张力系统，可以采用频率或速度控制的通用变频器和具有转矩控制功能的矢量控制方式的变频器，变频器除了具有速度控制功能，还应有限速功能 2）为了提高张力精度，就需要提高拉延精度，也就是提高两台电动机的转速精度。根据材料的种类，通常应该使用具有速度反馈控制的变频器，同时具有制动功能 3）在调节辊张力控制方式中，变频器传动电动机的作用就是使调节辊在容许行程以内。这种张力控制过渡误差可以在机械侧被吸收，所以用简单的 v/f 控制通用变频器就可以构成系统 4）对于要求张力精度高或在调节辊失调对产品质量影响很大的场合，可采用张力检测器的反馈控制。检测器有差动变送器式和测力传感器式等种类。基本上是以前述的利用转矩电流的张力控制为基本，加上利用检测器的反馈补偿电路构成

续表

控制量名称	控制系统的特点	变频器选用原则
流量	除螺旋泵等以外，风、泵机械为二次方转矩特性	1）水泵在无供水状态下，运转温度会升高，因此要具有无供水保护 2）对于用逆变器控制电动机转速的系统，当逆变器发生故障时，可以设置不用逆变器运转的电路，提高可靠性 3）瞬停再启动电路应自动地检测出以惯性运转的电动机的转速，使逆变器频率与电动机转速一直进行再加大 4）电路应具有启动联锁功能 5）负载具有恒转矩特性时，应防止电动机在低速运转时过热
温度	1）控制系统热容量大、响应慢，易受外面气温的影响 2）控制系统不是绝对的，而是由人的感觉评价 3）改善设备可以获得大的节能效果	设计变频器温度控制系统，需要研究整个系统的热量、电量的流向和损耗，使变频器传动电动机的耗电量与电动机采用转速控制所调节的热量之和最为经济
压力	1）不要求高准确度 2）压力与电动机的转速为非线性关系 3）不同的流体压力，响应性不同 4）与流量控制密切相关	1）要具有无供水保护 2）提高可靠性 3）瞬停对策 4）电路应具有启动联锁功能
响应快速	1）缩短运转的周期时间，提高单位时间的处理能力 2）改善运转的性能，提高生产系统中的产品质量	1）所选用的变频器，其主电路的开关频率要高，采用的控制方式应能满足快速响应 2）电动机和机械系统的转动惯量要小 3）瞬时选用过载容量大的变频器 4）电动机、机械系统的谐振频率要高

控制量 名称	控制系统的特点	变频器选用原则
调节准 确度高	1）定常准确度 系统 2）过度准确度 系统	1）定常准确度系统要求变频器能够充分抑制转速给定误差、转速反馈误差、转速控制器误差和定常偏差 2）过度准确度系统要求变频器尽可能使转速控制环响应快，抑制转速响应的超调，在转速指令变化停止时也能按平滑曲线状进行

（5）按电动机的种类选用变频器：按不同种类的电动机来选用变频器的原则见表 7 – 97。

表 7 –97　按不同种类电动机选用变频器的原则

电动机的 种类	特点	变频器选用原则
笼型 电动机	1）恒转矩 2）恒功率 3）电动机最大转矩受限制	1）根据电动机电流选择变频器的容量 2）变频器输出电压按电动机额定电压选择，对于 3 kV 以上的高压电动机可选用高压变频器 3）电动机低速运转时应考虑转矩特性 4）选择变频器的容量应考虑电动机短时最大转矩 5）须确认电动机容许的最高频率范围
绕线转 子异步 电动机	1）定子频率控制转速 2）转子频率控制转速 3）转子电阻控制转速 4）转差功率回馈	基本选用原则与笼型电动机所用变频器的选用原则相同，后两种是传统的控制方法，由于使用中存在额外的损耗，可以选用便宜的逆变器，适用于调速范围小的大功率传动系统
同步 电动机	与异步电动机传动一样，调速要求保持 v/f 比为常量	与异步电动机不同的是，同步电动机调速系统需要两种类型的变流器，一种是用于实现主功率变换的变流器，另外一种是用于励磁的小功率变流器。同步电动机所使用的变流器可采用晶闸管，不需要复杂的强迫换相电路和快速的门极关断晶闸管，该类型逆变器的功率等级可以做得很大，适用于大功率调速系统。在低功率范围，永磁同步电动机的应用更普遍。采用现代的大功率 PWM 电压源变频器传动技术，同步电动机可以使用矢量控制方法进行传动

电动机的种类	特点	变频器选用原则
无刷直流电动机	永久磁铁是该电动机的励磁源,因此可以看作是一个恒磁通的电动机	该电动机的体积功率密度要高于其他类型的电动机,适用于需要高加速度的传动系统中,此类系统经常短时间运行在大加速度下,较长时间工作在低转矩条件下。因此,选用变频器时,主要考虑如何让电动机得到最大的加速度
开关磁阻电动机	可以看作是凸极同步电动机的一个特例,此类电动机中磁场的磁动势为零,转矩仅是由于磁阻或凸极的作用而产生的	由于其转速不随负载的增加而降低,应用在采用开环速度控制的动态特性要求不高的变速传动中,该电动机的功率因数不高,所需的功率变流器的容量较大
直线电动机	1)直线异步电动机 2)永磁直线异步电动机	直线电动机的工作原理和其他旋转电动机相同,因此该电动机的控制原理和 PWM 电压源变流器同样适用于此类电动机
步进电动机	将电脉冲信号转变为角位移或线位移的开环控制步进电动机	在非超载的情况下,电动机的转速、停止的位置只取决于脉冲信号的频率和脉冲数,而不受负载变化的影响,始终以最大转矩运行。当步进驱动器接收到一个脉冲信号,它就驱动步进电动机按设定的方向转动一个固定的角度,它的旋转是以固定的角度一步一步运行的。可以通过控制脉冲个数来控制角位移量,从而达到准确定位的目的;同时可以通过控制脉冲频率来控制电动机转动的速度和加速度,从而达到调速的目的
变频电动机	在运转频率区域内低噪声、低振动化;恒转矩式电动机;用于闭环控制的带测速发电机的电动机;矢量控制用电动机	变频电动机是变频器专用电动机,适用于变频器传动,选用时应根据实际用途及要求来选用
多速电动机	多速电动机可以实现变极变速,采用变频器运转可以在要求更广的调速范围时使用	1)变极时一定要在电动机停止后进行,突然切换时将流过大电流,变频器过流保护动作,将不能继续运转 2)需要容量大的变频器 3)要注意使用频率

（6）根据用途选用变频器：各变频器制造公司根据不同的用途和实际要求，推出了各个系列的变频器，主要包括通用变频器和专用变频器，在选用时，也可根据其用途来选用，表7-98给出了部分变频器公司常用变频器的型号及特点。

表7-98　根据用途选用变频器

变频器类别		常见型号举例	主要特点
通用变频器	普通型	康沃：CVF – G1、G2 森兰：SB40、SB61 安邦信：AMB – G7 英威腾：INVT – G9 时代：TVF2000	只有 v/f 控制方式，故： （1）机械特性略"软" （2）调速范围较小 （3）轻载时磁路容易饱和
	高性能型	康沃：CVF – V1 森兰：SB80 英威腾：CHV 台达：VFD – A、B 艾默生：VT3000 富士：5000G11S 安川：CIMR – G7 ABB：ACS800 A—B：Power Flex 700 瓦萨：VACON NX 丹佛士：VLT5000 西门子：440	具有矢量控制功能，故： （1）机械特性"硬" （2）调速范围大 （3）不存在磁场饱和问题 如有转速反馈，则： （1）机械特性很"硬" （2）动态响应能力强 （3）调速范围很大 （4）可进行四象限运行
专用变频器	风机水泵用	康沃、富士、安川等：P系列 森兰：SB12 三菱：FR – A140 艾默生：TD2100 西门子：430	只有 v/f 控制方式，但增加了： （1）节能功能 （2）和工频的切换功能 （3）睡眠和唤醒功能等
	起重机械用	三菱：FR241E ABB：ACC600	
	电梯用	艾默生：TD3100 安川：VS—676GL5	
	注塑机用	康沃：CVF – ZS/ZC 英威腾：INVT – ZS5/ZS7	
	张力控制用	艾默生：TD3300 三垦：SAMCO – vm05	

7.4.3　变频器的技术数据

1. 西门子公司常见变频器的技术数据　西门子公司常见变频器的技术数据见表 7 – 99 ~ 表 7 – 103。

表 7 – 99　西门子 MICROMASTER 系列变频器的技术数据

	MICROMASTER 410	MICROMASTER 420	MICROMASTER 430	MICROMASTER 440
主要应用领域	廉价型。供电电源电压为单相交流，用于三相电动机的变速驱动，如泵类、风机、广告牌、移动小屋、大门和自动化机械的驱动	通用型。供电电源电压为三相交流（或单相交流），具有现场总线接口的选件，可以用于传送带、材料运输机、泵类、风机和机床的驱动	水泵和风机专用型。具有优化的操作面板（OP）（可以实现手动/自动切换），用于特定控制功能的软件，以及优化的运行效率（节能运行）	适用于一切传动装置。具有高级的矢量控制功能（带有或不带编码器反馈），可用于多种部门的各种用途，如传送带系统、纺织机械、电梯、卷扬机及建筑机械等
功率范围	0.12 ~ 0.75 kW	0.12 ~ 11 kW	7.5 ~ 90 kW	0.12 ~ 50 kW
电压范围	1)100 ~ 120 V 单相交流 2)200 ~ 240 V 单相交流	1)200 ~ 240 V 单相交流 2)200 ~ 240 V 三相交流 3)380 ~ 480 V 三相交流	380 ~ 480 V 三相交流	1)200 ~ 240 V 单相交流 2)200 ~ 240 V 三相交流 3)380 ~ 480 V 三相交流 4)500 ~ 600 V 三相交流
控制	线性 v/f 控制特性，多点设定的 v/f 控制特性（可编程的 v/f 控制特性），FCC（磁通电流控制）	线性 v/f 控制特性，多点设定的 v/f 控制特性（可编程的 v/f 控制特性），FCC（磁通电流控制）	线性 v/f 控制特性，多点设定的 v/f 控制特性（可编程的 v/f 控制特性），FCC（磁通电流控制）	线性 v/f 控制特性，多点设定的 v/f 控制特性（可编程的 v/f 控制特性），矢量控制
过程控制	—	内置 PI 控制器	内置的 PID 控制器	内置的 PID 控制器（带参数自整定功能）

续表

	MICROMASTER 410	MICROMASTER 420	MICROMASTER 430	MICROMASTER 440
输入	1)3 个数字输入 2)1 个模拟输入	1)3 个数字输入 2)1 个模拟输入	1)6 个数字输入 2)2 个模拟输入 3)1 个用于电动机过热保护的 PTC/KTY 输入	1)6 个数字输入 2)2 个模拟输入 3)1 个用于电动机过热保护的 PTC/KTY 输入
输出	1 个继电器输出	1)1 个模拟输出 2)1 个继电器输出	1)2 个模拟输出 2)3 个继电器输出	1)2 个模拟输出 2)3 个继电器输出
与自动化系统的接口	可以与 PLC LOGO 和 SIMATIC S7 - 200 配套使用	是 SIMATIC S7 - 200, SIMATIC S7 - 300/400（TIA）或 SIMOTION 自动化系统的理想配套设备	是 SIMATIC S7 - 200, SIMATIC S7 - 300/400（TIA）或 SIMOTION 自动化系统的理想配套设备	是 SIMATIC S7 - 200, SIMATIC S7 - 300/400（TIA）或 SIMOTION 自动化系统的理想配套设备
附加特点	1)自然通风（不带冷却风机） 2)接线端子的位置与常用的开关器件一致（例如接触器），便于接线	具有二进制互联连接（BiCo）功能	1)节能运行方式 2)负载转矩监控（水泵的无水空转运行检测） 3)电动机的分级（多泵循环）控制	1)有 3 组驱动数据可供选择 2)集成的制动斩波器（可达 75 kW） 3)转矩控制

表 7 - 100   西门子变频器 MM410 的技术数据

特性	技术规格
电源电压和功率范围	200 ~ 240 V（1 ±10%），单相，交流； 0.12 ~ 0.75 kW 100 ~ 120 V（1 ±10%），单相，交流； 0.12 ~ 0.55 kW
输入频率/Hz	47 ~ 63
输出频率/Hz	0 ~ 650
功率因数	0.98
变频器效率	96% ~ 97%
过载能力	可达额定电流的 150%，持续时间 60 s，可后续额定电流的 85%，持续时间 240 s，周期时间 5 min
合闸冲击电流	小于额定输入电流

特性	技术规格
控制方法	线性 v/f 控制；平方 v/f 控制；多点设定 v/f 控制（可编程的 v/f 控制特性）
脉冲调制频率	8 kHz（标准的设置）；2～16 kHz（每级可调整 2 kHz）
固定频率	3 个，可编程
跳转频率	1 个，可编程
设定值的分辨率	10 位二进制的模拟输入，0.01 Hz 串行通信输入
数字输入	3 个可自由编程的数字输入，不带隔离，PNP 型接线；可与 SIMATIC 兼容
模拟输入	1 个（0～10 V），可标定或作为第 4 个数字输入使用
继电器输出	1 个，可编程，30 V DC /5 A（电阻性负载），250 V DC/2 A（电感性负载）
串行接口	RS－485，按 USS 协议操作
电动机电缆的长度	最长 30 m（屏蔽电缆）；最长 50 m（非屏蔽电缆）
电磁兼容性	变频器带有 EMC 滤波器时符合 EN61800—3 标准（EN55011 B 级标准的限定值）的要求
制动	直流注入制动，复合制动
防护等级	IP20
温度范围	－10～＋50℃
存放温度	－40～＋70℃
相对湿度	<95％，无结露
工作地区的海拔高度	海拔 1 000 m 以下使用时不需要降低额定值运行
保护功能	欠电压、过电压、过负载、接地、短路、电动机失步、电动机过温、变频器过温
标准	UL，CUL，CE，C－tick
标记	符合 EC 低电压规范 73/23/EEC 的要求，带有滤波器时符合电磁兼容性规范 89/336/EEC 的要求
外形尺寸和重量	外形尺寸：150 mm×69 mm×118 mm，重量 0.8 kg 外形尺寸：150 mm×69 mm×138 mm，重量 1.0 kg

表 7 – 101 西门子变频器 MM420 的技术数据

特性	技术规格
电源电压和功率范围	1) 单相交流 200～240 V（1 ±10%），0.12～3 kW 2) 三相交流 200～240 V（1 ±10%），0.12～5.5 kW 3) 三相交流 380～480 V（1 ±10%），0.37～11 kW
输入频率	47～63 Hz
输出频率	0～650 Hz
功率因数	0.98
变频器效率	96%～97%
过载能力	1.5 倍额定输出电流，60 s（重复周期每 300 s 一次）
合闸冲击电流	小于额定输入电流
控制方式	线性 v/f；平方 v/f；多点 v/f 特性（可编程的 v/f）； 磁通电流控制（FCC）
PWM 频率	1) 16 kHz（230 V，单相/三相交流变频器的标准配置） 2) 4 kHz（400 V，三相交流变频器的标准配置） 3) 2～16 kHz（每级调整 2 kHz）
固定频率	7 个，可编程
跳转频率	4 个，可编程
频率设定值的分辨率	0.01 Hz，数字设定，0.01 Hz，串行通信设定，10 位二进制，模拟设定
数字输入	3 个完全可编程的带隔离的数字输入；可切换为 PNP/NPN
模拟输入	1 个，用于设定值输入或 PI 控制器输入（0～10 V），可标定；也可以作为第 4 个数字输入使用
继电器输出	1 个，可组态为 30 V DC/5 A（电阻负载），或 250 V AC/2 A（感性负载）
模拟输出	1 个，可编程（0～20 mA）
串行接口	RS485，RS232，可选
电动机电缆的长度	不带输出电抗器时，带屏蔽的最大 50 m，不带屏蔽的最大 100 m；带有输出电抗器时，带屏蔽的最大 200 m，不带屏蔽的最大 300 m
电磁兼容性	变频器可以带有内置 A 级 EMC 滤波器；作为选件，可以带有 EMC 滤波器，使之符合 EN55011A 级或 B 级标准的要求
制动	直流制动，复合制动

特性	技术规格
防护等级	IP20
工作温度范围	-10 ~ +50 ℃
存放温度	-40 ~ +70 ℃
湿度	相对湿度 <95%，无结露
海拔高度	海拔 1 000 m 以下使用时不降低额定参数
保护功能	欠电压、过电压、过负载、接地故障、短路、防止电动机失速、闭锁电动机、电动机过温、变频器过温、参数 PIN 编号保护
标准	UL，CUL，C – tick
标记	通过 EC 低电压规范 73/23/EEC 和电磁兼容性规范 89/336/EEC 的确认
外形尺寸和重量（不带选件）	外形尺寸：73 mm × 173 mm × 149 mm，重量 1.0 kg；外形尺寸：149 mm × 202 mm × 172 mm，重量 3.3 kg；外形尺寸：185 mm × 245 mm × 195 mm，重量 5.0 kg

表 7 – 102　西门子变频器 MM430 的技术数据

特性	技术规格
电源电压和功率范围	380 ~ 480 V（1 ± 10%）三相交流；7.5 ~ 90.0 kW（变转矩）
输入频率	47 ~ 63 Hz
输出频率	0 ~ 650 Hz
功率因数	0.98
变频器效率	96% ~ 97%
过载能力	可达 1.4 × 额定输出电流（允许过载 140%），持续时间 3 s，重复周期时间 300 s；或 1.1 × 额定输出电流（允许过载 110%），持续时间 60 s，重复周期时间 300 s
合闸冲击电流	小于额定输入电流
控制方法	线性 v/f 控制；平方 v/f 控制；多点 v/f 控制（可编程的 v/f 控制）；磁通电流控制（FCC）；节能控制方式
脉冲调制频率	4 kHz（标准的设置），2 ~ 16 kHz（每级可调整 2 kHz）
固定频率	15 个，可编程

特性	技术规格
跳转频率	4 个，可编程
设定值的分辨率	0.01 Hz 数字输入，0.01 Hz 串行通讯输入，10 位二进制的模拟输入
数字输入	6 个可自由编程的数字输入，带电位隔离，可以切换为 PNP/NPN 型接线
模拟输入	2 个，可编程 0～10 V，0～20 mA，－10～＋10 V（AIN1） 0～10 V，和 0～20 mA（AIN2） 两个模拟输入可以作为第 7 个和第 8 个数字输入
继电器输出	3 个，可编程，电阻性负载 30 V DC/5 A，电感性负载 250 V AC/2 A
模拟输出	2 个，可编程，（0/4 mA 至 20 mA）
串行接口	RS－485，可选 RS－232
电动机电缆的长度	不带输出电抗器时，带屏蔽的最大 50 m，不带屏蔽的最大 100 m；带有输出电抗器时，带屏蔽的最大 200 m，不带屏蔽的最大 300 m
电磁兼容性	作为选件的 B 级 EMC 滤波器，符合 EN55011 标准（适用于外形尺寸为 C 的变频器），变频器可以带有各种内置的 A 级 EMC 滤波器
制动	直流注入制动，复合制动
防护等级	IP20
温度范围	－10～＋40 ℃
存放温度	－40～＋70 ℃
相对湿度	＜95%，无结露
工作地区的海拔高度	海拔 1 000 m 以下不需要降低额定值运行
保护的特征	欠电压、过电压、过负载、接地、短路、防止电机失步、电动机闭锁、电动机过温、变频器过温、参数 PIN 编号保护
标准	UL，CUL，CE，C－tick
标记	符合 EC 低电压规范 73/23/EEC 的要求；变频器带有滤波器时，也符合电磁兼容性规范 89/336/EEC 的要求

特性	技术规格		
	外部尺寸	W×H×D/mm	重量/kg
外形尺寸和重量 （不带选件）	C	245×185×195	5.7
	D	520×275×245	17
	E	650×275×245	22
	F（不带滤波器）	850×350×320	56
	F（带滤波器）	1 150×350×320	75

表7-103 西门子变频器 MM440 的技术数据

特性		技术规格	
		CT（恒转矩）	VT（变转矩）
电源电压和功率范围		1AC 200~240 V（1±10%），0.12~3 kW	
		3AC 200~240 V（1±10%），0.12~45 kW，5.5~45 kW	
		3AC 380~480 V（1±10%），0.37~200 kW，7.5~250 kW	
		3AC 500~600 V（1±10%），0.75~75 kW，1.5~90 kW	
输入频率		47~63 Hz	
输出频率		0~650 Hz（在 v/f 方式下）	
功率因数		0.98	
变频器效率		96%~97%	
过载能力	恒转矩	0.12~45 kW：1.5×额定输出电流（150%过载），持续时间60 s，间隔周期时间300 s，以及2.0×额定输出电流（200%过载），持续时间3 s，间隔周期时间300 s	
		90~200 kW：1.36×额定输出电流（136%过载），持续时间57 s，间隔周期时间300 s，以及1.60×额定输出电流（160%过载），持续时间3 s，间隔周期时间300 s	
	变转矩	5.5~90 kW：1.4×额定输出电流（140%过载），持续时间3 s，间隔周期时间300 s，以及1.1×额定输出电流（110%过载），持续时间60 s，间隔周期时间300 s	
		110~250 kW：1.5×额定输出电流（150%过载），持续时间1 s，间隔周期时间300 s，以及1.1×额定输出电流（110%过载），持续时间59 s，间隔周期时间300 s	

特性			技术规格
合闸冲击电流			小于额定输入电流
控制方式			矢量控制，转矩控制、线性 v/f 控制特性，平方 v/f 控制特性，多点 u/f 控制特性（可编程 v/f 控制），磁通电流控制（FCC）
脉冲宽度调制频率	0.12~75 kW		4 kHz（标准配置）；16 kHz（230V，0.12~5.5 kW 变频器的标准配置）2~16 kHz（每级调整 2 kHz）
	90~200 kW		2 kHz（VT 运行方式下的标准配置）；4 kHz（CT 运行方式下的标准配置）；2~8 kHz（每级调整 2 kHz）
固定频率			15 个，可编程
跳转频率			4 个，可编程
设定值的分辨率			0.01 Hz 数字输入，0.01 Hz 串行通信输入，10 位二进制模拟输入
数字输入			6 个，可编程（带电位隔离），可切换为高电平/低电平有效（PNP/NPN 线路）
模拟输入			2 个可编程的模拟输入 0~10 V，0~20 mA 和 -10~+10 V（AIN1） 0~10 V 和 0~20 mA（AIN2） 两个模拟输入可以作为第 7 个和第 8 个数字输入使用
继电器输出			3 个可编程 30 V DC/5 A（电阻性负载），250 V AC/2 A（电感性负载）
模拟输出			2 个，可编程（0~20 mA）
串行接口			RS-485，可选 RS-232
电动机电缆长度	0.12~75 kW	不带输出电抗器	带屏蔽的最长 50 m，不带屏蔽的最长 100 m
		带输出电抗器	带屏蔽的最长 200 m，不带屏蔽的最长 300 m
	90~250 kW	不带输出电抗器	带屏蔽的最长 100 m，不带屏蔽的最长 150 m
		带输出电抗器	
电磁兼容性			可选用 EMC 滤波器符合 EN55011，A 级或 B 级标准的要求（外形尺寸 A，B，C）也可采用带有内置 A 级滤波器的变频器（外形尺寸 A，B，C，D，E，F）
制动			带直流注入制动的电阻制动，复合制动，集成的制动斩波器（集成的制动斩波器仅限功率为 0.12~75 kW 的变频器）

特性		技术规格	
防护等级		IP20	
温度范围 0.12 ~ 75 kW		-10 ~ +50 ℃（CT）	
		-10 ~ +40 ℃（VT）	
（不降格）90 ~ 200 kW		0 ~ +40 ℃	
存放温度		-40 ~ +70 ℃	
相对湿度		<95%，无结露	
工作地区的海拔高度	0.12 ~ 75 kW	海拔 1 000 m 以下不需要降低额定值运行	
	90 ~ 200 kW	海拔 2 000 m 以下不需要降低额定值运行	
保护的特征		欠电压，过电压，过负载，接地，短路，电动机失步保护，电动机锁定，电动机过温，变频器过温，参数 PIN 保护	
标准		UL，CUL，CE，C - tick	
标记		符合 EC 低电压规范 72/73/EEC 的要求，带有滤波器的变频器符合电磁兼容性规范 89/336/EEC 的要求	
外形尺寸和重量（不包含选件）	外形尺寸（FS）	高×宽×深（最大值）/mm	重量（约）/kg
	A	173 ×73 ×149	1.3
	B	202 ×149 ×172	3.4
	C	245 ×185 ×195	5.7
	D	520 ×275 ×245	17
	E	650 ×275 ×245	22
	F（不带滤波器）	850 ×350 ×320	56
	F（带有滤波器）	1 150 ×350 ×320	75
	FX	1 555 ×330 ×360	110
	GX	1 875 ×330 ×560	190

2. ABB 公司常见变频器的技术数据　ACS550 系列变频器是 ABB 传动公司推出的一款低压传动产品。它采用的是矢量型（VVVF）的控制方式，功率为 0.75 ~ 110 kW，矢量型的应用使其具有更好的转矩特性。其技术数据见表 7 - 104。

表 7 – 104　ACS550 系列变频器的技术数据

主电源连接		
电压及功率范围	3 相，380 ~ 480 V，+ 10/ – 15%，0. 75 ~ 160 kW，自动识别输入电压	
频率	48 ~ 63 Hz	
功率因数	0. 98	
电动机连接		
电压	3 相，从 0 ~ U_{SUPPLY}	
频率	0 ~ 500 Hz	
连续负载能力（环境温度 40 ℃ 时恒转矩应用）	额定输出电流 I_{2N}	
过载能力（环境温度 40 ℃）	一般应用 1. 1 × I_{2N}（每十分钟允许一分钟）重载应用 1. 5 × I_{2hd}（每十分钟允许一分钟）所有工况 1. 8 × I_{2hd}（每六十秒允许两秒）	
开关频率	默认为 4 kHz，可选 1 kHz，2 kHz，4 kHz，8 kHz，12 kHz	
加速时间	0. 1 ~ 1 800 s	
减速时间	0. 1 ~ 1 800 s	
速度控制	开环	精度控制为电动机额定滑差的 20%
	闭环	精度控制为电动机额定转速的 0. 1%
	开环	100% 转矩阶跃动态精度 < 1% 秒
	闭环	100% 转矩阶跃动态精度 < 0. 5% 秒
转矩控制	开环	额定转矩 < 10 ms
	闭环	额定转矩 < 10 ms
	开环	± 5% 额定转矩
	闭环	± 2% 额定转矩
环境限制		
环境温度 – 15 ~ 50 ℃	不允许结霜。从 40 ~ 50 ℃ 要降容使用	
海拔高度	0 ~ 1 000 m 按额定电流	
输出电流	1 000 ~ 2 000 m，每升高 100m 降容 1%	
相对湿度	5% ~ 95%，不允许结露	

环境限制

	防护等级	IP21 或 IP54
	外壳颜色	NCS 1502 - Y，RAL 9002，PMS 420C
	污染等级	IEC 721 - 3 - 3

可编程的控制端口

两路模拟输入	电压信号	0（2）～10 V，$R_{in}>312$ kΩ，单极性
	电流信号	0（4）～20 mA，$R_{in}=100$ Ω，单极性
	电位计给定	10 V（1±2%），最大 10 mA，$R<10$ kΩ
	最大延迟时间	12～32 ms
	分辨率	0.1%
	精度	±1%
两路模拟输出		0（4）～20 mA，负载 <500 Ω 精度为 ±3%
辅助电压		24 V DC，±10%，最大 250 mA
六路数字输入端		12～24 V DC 由内部或外部供电，PNP 和 NPN 类型 输入阻抗为 2.4 kΩ；最大延迟为 5 ms ±1 ms
三路继电器输出	最大开关电压	250 V AC/30 V DC
	最大开关电流	6 A/30 V DC；1 500 A/230 V AC
	最大连续电流	2A rms
串行通信 EIA - 485		Modbus 协议

产品标准

低压产品标准 2006/95/EC、机械标准 2006/42/EC、EMC 标准 2004/108/EC、质量标准 ISO 9001、环保标准 ISO 14001、UL，CUL，CE，C - Tick 和 GOSTR 认证、RoHS 认证

ASC800 的核心技术就是直接转矩控制（DTC）。它是目前最先进的交流异步电动机的控制方式。DTC 稳定的性能，使 ASC800 系列传动产品适用于各种工业领域。其技术数据见表 7 - 105。

表 7 - 105 ASC800 系列变频器的技术数据

进线电源

三相供电电压	$U_{3IN}=380～415$ V，±10%
	$U_{5IN}=380～500$ V，±10%

进线电源		
频率		$48 \sim 63$ Hz
功率因数		$\cos\varphi_1 = 0.98$ （基本）
		$\cos\varphi = 0.93 \sim 0.95$ （总体）
效率		
额定功率时		$>98\%$
输出特性		
三相输出电压		$0 \sim U_{3IN}/U_{5IN}$
频率控制		$0 \sim \pm 300$ Hz
		$0 \sim \pm 120$ Hz （带 du/dt 滤波器时）
弱磁点频率范围		$8 \sim 300$ Hz
电动机控制软件		直接转矩控制（DTC）
转矩控制	开环	转矩阶跃响应时间 <5 ms 到额定转矩，非线性度（额定转矩时）为 $\pm 4\%$
	闭环	转矩阶跃响应时间 <5 ms 到额定转矩，非线性度（额定转矩时）为 $\pm 1\%$
速度控制	开环	精度控制为电动机滑差的 10%，动态精度为 $0.3\% \sim 0.4\%$ 秒
	闭环	精度控制为额定转速的 0.01%，动态精度为 $0.1\% \sim 0.2\%$ 秒
机壳颜色		浅米色 NCS1502 – Y（RAL90021/PMS420C），黑色 ES900'
环境要求	环境温度	$40 \sim 50$ ℃时输出功率降低（每摄氏度降低 1%）
	运输	$-40 \sim +70$ ℃
	储存	$-40 \sim +70$ ℃
	运行	$-15 \sim +50$ ℃
相对湿度		$5\% \sim 95\%$，没有结露
冷却方式		空气冷却
海拔高度		$0 \sim 1\,000$ m 不需要降容，$1\,000 \sim 4\,000$ m 需要降容

3. 三菱公司常见变频器技术数据　FR – 700 系列变频器是三菱公司的最新产品，其中的 A700 产品适合于各类对负载要求较高的设备，如起重、电梯、印包、印染、材料卷取及其他通用场合；E700 产品为可实现高驱动性能的经济型

产品；F700 产品除了应用在很多通用场合外，特别适用于风机、水泵、空调等行业；D700 产品为多功能、紧凑型产品。该系列产品的介绍见表 7 - 106。FR - A700、FR - E700、FR - F700 和 FR - D700 系列产品的技术数据见表 7 - 107 ~ 表 7 - 110。

表 7 - 106　FR - 700 系列产品介绍

	项目	FR - A700	FR - F700	FR - E700	FR - D700
容量范围	三相 200 V	0.4 ~ 90 kW	0.75 ~ 110 kW	0.1 ~ 15 kW	0.1 ~ 15 kW①
	三相 400 V	0.4 ~ 500 kW	0.75 ~ 630 kW	0.4 ~ 15 kW	0.4 ~ 15 kW②
	单相 200 V	—	—	0.1 ~ 2.2 kW	0.1 ~ 2.2 kW
	控制方式	v/f 控制、先进磁能矢量控制、无传感器矢量控制、矢量控制（需选择 FR - A7AP）	v/f 控制、最佳励磁控制、简易磁通矢量控制	v/f 控制、先进磁通矢量控制、通用磁通矢量控制、最佳励磁控制	v/f 控制、通用磁通矢量控制、最佳励磁控制
	转矩限制	○	×	○	×
	内制制动晶体管	0.4 ~ 0.22 kW	—	0.4 ~ 15 kW	0.4 ~ 7.5 kW
	内制制动电阻	0.4 ~ 7.5 kW	—	—	—
瞬时停电	再启动功能	有频率搜索方式	有频率搜索方式	有频率搜索方式	有频率搜索方式
	停电时继续	○	○	○	○
	停电时减速	○	○	○	○
运行特性	多段速	15 速	15 速	15 速	15 速
	极性可逆	○	○	×	×
	PID 控制	○	○	○	○
	工频运行切换功能	○	○	×	×
	制动序列功能	○	×	○	×
	高速频率控制	○	×	○	○
	挡块定位控制	○	×	○	○
	输出电流检测	○	○	○	○
	冷却风扇 ON - OFF 控制	○	○	○	○
	异常时再试功能	○	○	○	○

续表

	项目	FR – A700	FR – F700	FR – E700	FR – 700
运行特性	再生回避功能	○	×	×	×
	零电流检测	○	○	○	○
	机械分析器	○③	×	×	×
	其他功能	最短加减速、最佳加减速、升降机模式、节电模式	节电模式、最佳励磁控制	最短加减速、节电模式、最佳励磁控制	节电模式、最佳励磁控制
操作面板·参数单元	标准配置	FR – DU07	FR – DU07	操作面板固定	操作面板固定
	复制功能	○	○	×	×
	FR – PU04	△（参数不能复制）	△（参数不能复制）	△（参数不能复制）	△（参数不能复制）
	FR – DU04	△（参数不能复制）	△（参数不能复制）	△（参数不能复制）	△（参数不能复制）
	FR – PU07	○（可保存三台变频器参数）	○（可保存三台变频器参数）	○（可保存三台变频器参数）	○（可保存三台变频器参数）
	FR – DU07	○（参数能复制）	○（参数能复制）	×	×
	FR – PA07	△（有些功能不能使用）	△（有些功能不能使用）	○	○
通信	RS – 485	○标准2个	○标准2个	○标准1个	○标准1个
	Modbus – RTU	○		○	○
	CC – Link	○（选件 FR – A7NC）	○（选件 FR – A7NC）	○（选件 FR – A7NC E kit）	—
	PROFIBUS – DP	○（选件 FR – A7NP）	○（选件 FR – A7NP）	○（选件 FR – A7NP E kit）	—
	Device Net	○（选件 FR – A7ND）	○（选件 FR – A7ND）	○（选件 FR – A7ND E kit）	—
	LONWORKS	○（选件 FR – A7NL）	○（选件 FR – A7NL）	○（选件 FR – A7NL E kit）	—
	USB	○	—	○	—
构造	控制电路端子	螺钉式端子	螺钉式端子	螺钉式端子	螺钉式端子
	主电路端子	螺钉式端子	螺钉式端子	螺钉式端子	螺钉式端子

	项目	FR - A700	FR - F700	FR - E700	FR - 700
构造	控制电路电源与主电路分开	○	○	×	×
	冷却风扇更换方式	○(风扇位于变频器上部)	○(风扇位于变频器上部)	○(风扇位于变频器上部)	○(风扇位于变频器上部)
	可脱卸端子排	○	○	○	×
内制 EMC 滤波器		○	△(55 kW 以下不带)	—	—
内制选件		可插 3 个不同性能的选件卡	可插 1 个选件卡	可插 1 个选件卡	—
设置软件		FR Configurator (FR - SW3、FR - SW2)	FR Configurator (FR - SW3、FR - SW2)	FR Configurator (FR - SW3)	FR Configurator (FR - SW3)
高次谐波对策	交流电抗器	○(选件)	○(选件)	○(选件)	○(选件)
	直流电抗器	○(选件,75 kW以上标准配备)	○(选件,75 kW以上标准配备)	○(选件)	○(选件)
	高功率因数变流器	○(选件)	○(选件)	○(选件)	○(选件)

①尚未发布。

②11 kW、15 kW 未发布。

③使用 FR - configurator（SW^2）时具有此功能。

表 7 - 107　FR - A700 系列的技术数据

控制特性	控制方式	高载波 PWM 控制(v/f 控制,先进磁通矢量控制和无传感矢量控制)/带编码器的矢量控制(需选件 FR - A7AP)
	输出频率范围	0.5 ~ 400 Hz
	频率设定分辨率 模拟输入	0.015 Hz/0 ~ 60 Hz(端子 2、4:0 ~ 10 V/12bit)
		0.03 Hz/0 ~ 60 Hz(端子 2、4:0 ~ 5 V11bit,0 ~ 20 mA/11bit,端子 1: - 10 ~ + 10 V/12bit)
		0.06 Hz/0 ~ 60 Hz(端子 1:0 ~ ±5 V/11bit)
	频率设定分辨率 数字输入	0.01 Hz
	频率精度 模拟输入	最大输出频率的 ±0.2% 以内(25 ±10 ℃)
	频率精度 数字输入	设定输出频率的 0.01% 以内

控制特性	电压/频率特性		基准频率可以在 0~400 Hz 任意设定,可以选择恒转矩曲线,变转矩曲线,v/f 5 点可调整
	启动转矩		200% 时 0.3 Hz(0.4~3.7kW),150% 时 0.3 Hz(5.5 kW 及以上)(无传感器矢量控制或矢量控制)
	加/减速时间设定		0~3 600 s(可分别设定加速与减速时间),可以选择直线或 S 形加减速模式
	直流制动		动作频率(0~120 Hz)、动作时间(0~10 s)、动作电压(0~30%)可变
	失速防止动作水平		动作电流水平可以设定(0~220%可变),可以选择有或无
运行特性	频率设定信号	模拟量输入	端子 2、4:可在 0~10 V、0~5 V、4~20 mA 选择 端子 1:可在 -10~+10 V,-5~+5 V 选择
		数字量输入	用操作面板的 M 旋钮、参数单元及 BCD4 位或者 16 bit 二进位制(使用选件 FR-A7AX 时)
	启动信号		正转、反转分别控制,启动信号自动保持输入(3 线输入)可以选择
	输入信号		在多段速选择,第 2 功能选择,端子 4 输入选择,点动运行选择,瞬间停电再启动选择,外部热保护输入,HC 连接(变频器运行许可信号),HC 选择(瞬间停电检测),PU 操作外部互锁信号,PID 控制有效端子,PU 操作,外部操作切换,输出停止,启动自保持,正转指令,反转指令,复位变频器,PTC 热电阻输入,PID 热电阻输入,PID 正反动作切换,PU-NET 操作,NET 外部操作切换,指令权切换可以用 Pr178~189(输出端子功能选择)选择任意的 12 种
		脉冲串输入	100 kpps
	运行功能		上下限频率设定,频率跳变,外部热保护输入选择,极性可逆操作,瞬间停电再启动运行,瞬间停电运行继续,工频切换运行,防止正转或反转,操作模式选择,PID 控制,计算机通信操作(RS-485),在线自整定,离线自整定,电机轴定位,机械轴定位,预励磁,机械共振抑制滤波器,机械分析器,简单增益调整,速度前置反馈和转矩偏置等

运行特性	输出信号	运行状态	在变频器运行中,速度到达,瞬间停电,欠电压,过负载报警,输出频率检测,第2输出频率检测,再生制动预报警,电子热继电器报警,PU 操作模式,变频器运行准备完毕,输出电流检测,零电流检测,PID 下限,PID 上限,PID 正转反转输出,工频切换 MC1~MC3,定位完成,制动打开请求,工频侧电动机 1~4 连接,变频器侧电动机 1~4 连接,风扇故障输出,散热器过热预报警。变频器运行中,启动指令 ON,停电减速时,PID 控制动作中,重试中,PID 输出中断,寿命报警,异常输出 3(电源切断信号),省电计时器值更新时间,电流平均值监视器,异常输出 2,变频器维护时间报警,远程输出,正转输出,反转输出,低速输出,转矩检测,再生状态输出,启动时自调整完成,定位完成信号,轻故障输出,再生制动预报警,异常输出中可以用 Pr. 190~Pr. 196(输出端子功能选择)选择 7 种,集电极开路输出(5 点),继电器输出(2 点),变频器的报警代码可用集电极开路输出(4 位)
		FR – A7AY, FR – A7AR (安装时选择)	还有除了上述功能之外可以在控制电路电容寿命、主电路电容寿命、冷却风扇寿命、浪涌电流抑制电路寿命中使用 Pr. 313~Pr. 319(增设输出端子功能选择)选择。对于(FR – A7AR 增设的端子,只可以进行正逻辑的设定)
		脉冲串输出	50 kpps
		脉冲/模拟输出	输出频率,电机电流(平均值或峰值),输出电压,异常显示,频率设定值,运行速度,电机转矩,直流侧电压(平均值或峰值),电子过电流保护负载率,输出功率,输入功率,负载表,基准电压输出,电机负载率,再生制动使用率,省电效果,PID 目标值,PID 测定值,电机输出,转矩命令,转矩电流指令和转矩监视,用 Pr. 54"FM 端子功能选择(脉冲输出)",Pr. 158"AM 端子功能选择(模拟电压输出)",选择 PID 目标值,PID 测定值
显示	PU –(FR – DU071 FR – PU07)	运行状态	输出频率,电机电流(平均值或峰值),输出电压,异常显示,频率设定值,运行速度,电机转矩,直流侧电压(平均值或峰值),电子过电流保护负载率,输入功率,输出功率,负载大小,电机励磁电流,累计通电时间,运行时间,电机负载率,累计电量,省电效果,累计省电,再生制动使用率,PID 目标值,PID 测定值,PID 偏差,变频器输出端子监视器,输入端子可选监视器,输出端子可选监视器,选件安装状态,端子安装状态,转矩指令,转矩电流指令,反馈脉冲,电机输出
		报警记录	保护功能启动时显示报警记录。可以监视保护功能启动前的输出电压、电流、频率、累计通电时间,记录近 8 次异常内容
		对话式引导	借助于帮助功能进行故障分析

保护/报警功能	加速时过电流,恒速时过电流,减速时过电流,加速时过电压,恒速时过电压,减速时过电压,变频器过热保护继电器动作,电机保护热继电器动作,风扇过热,发生瞬时停电,制动晶体管异常,电压不足,输出缺相,电机过载,输出侧直接接地过电流,输出短路,主回路元器件过热,输出缺相,外部热继电器动作,PTC 热敏电阻动作,选件异常,参数错误,PU 脱离,重试次数溢出,CPU 异常,操作面板用电源短路,DC24V 电源输出短路,超过输出电流检测值,防入侵电阻过热,通信异常(主机)、USB 出错,模拟输入异常,内部电路异常(15 V 电源),风扇故障,过电流失速防止,过电压失速防止,电子过流保护预报警,PU 停止,维持时间报警,制动晶体管异常,参数写入错误,复制操作错误,操作面板锁,参数复制报警,编码器没有信号,速度偏差过大,过速,位置偏差过大,编码器相位出错

环境	周围温度	LD. ND. HD	– 10 ~ + 50 ℃(不结冰)
		SLD	– 10 ~ + 40 ℃(不结冰)
	周围湿度	相对湿度在 90% 以下(无凝露)	
	储存温度	– 20 ~ + 65 ℃	
	周围环境 海拔高度、振动	室内(无腐蚀性气体、可燃性气体、油雾、尘埃) 海拔 1 000 m 以下,5.9 m/s^2 以下(根据 JIS C 0040)	

表 7 –108 FR – E700 系列技术数据

控制特性	控制方式		柔性 PWM 控制/高载波 PWM 控制(v/f 控制、先进磁通矢量控制、通用磁通矢量控制、最佳励磁控制)
	输出频率范围		0.2 ~ 400 Hz
	频率设定 分辨率	模拟量输入	0.06 Hz/60 Hz(端子 2、4:0 ~ 10 V/10 bit)
			0.12 Hz/60 Hz(端子 2、4:0 ~ 5 V/9 bit)
			0.06 Hz/60 Hz(端子 4:4 ~ 20 mA/10 bit)
		数字输入	0.01 Hz
	频率精度	模拟量输入	最大输出频率的 ± 0.5% 以内(25 ℃ ± 10 ℃)
		数字输入	设定输出频率的 0.01% 以内
	电压/频率 特性		基底频率可以在 0 ~ 400 Hz 任意设定 可选择恒转矩曲线或变转矩曲线

控制特性	启动转矩	200%以上(0.5 Hz时)……已设定先进磁通矢量控制时(3.7 kW以下)
	转矩提升	手动转矩提升
	加/减速时间设定	可选择0.01~360 s,0.1~3 600 s(可分别设定加速与减速时间)、直线或S形加减速模式
	直流制动	动作频率(0~120 Hz)、动作时间(0~10 s)、动作电压(0~30%)可变
	失速防止动作水平	可设定动作电流水平(0~200%可变),可选择有无
运转特性	频率设定信号	模拟量输入	2点
			端子2:可选择0~10 V、0~5 V
			端子4:可选择0~10 V、0~5 V、4~20 mA
		数字输入	通过操作面板及参数单元输入
	启动信号		正转、反转单独控制,启动信号自动保持输入(3线输入)可以选择
	输入信号		7点 可选择多段速,远程设定,挡块定位控制,第2功能选择,端子4输入选择,JOG运行选择,PID控制,制动开启功能,外部热保护输入,PU-外部操作切换,v/f切换,输出停止,启动自保持,正转、反转指令,复位变频器,PU-NET操作切换,外部-NET操作切换,指令权切换,变频器运行许可信号,PU运行外部互锁信号
	运行功能		上下限频率设定,频率跳变,外部热保护输入选择,瞬间停电再启动运行,正转及反转防止,远程设定,制动序列,第2功能,多段速运行,挡块定位控制,固定偏差控制,再生回避,滑差补偿,操作模式选择,离线自动调谐功能,PID控制,计算机通信操作(RS-485)
	输出信号	输出信号点数	集电极开路输出	2点
			继电器输出	1点
		运行状态	在变频器运行中,频率到达,过载报警,输出频率检测,再生制动预警,电子热继电器预警,变频器运行准备完毕,输出电流检测,零电流检测,PID下限,PID上限,PID正转反转输出,制动打开请求,风扇故障输出,散热器过热预警,停电减速停止,PID控制动作中,重试中,寿命报警,电流平均值监控,远程输出,轻故障输出,异常输出、维护定时器报警

运转特性	输出信号	显示仪用	模拟量输出	可以在以下中选择:输出频率,电动机电流(平均值或峰值),输出电压,频率设定值,电动机转矩,直流侧电压,再生制动使用率,电子过电流保护负载率,输出电流峰值,输出电压峰值,基准电压,电机负载率,PID目标值,PID测定值
			脉冲输出	最大2.4 kHz:1点
显示	操作面板参数单元 (FR-PU07)		运行状态	可以从输出频率,电动机电流(平均值或峰值)输出电压,频率设定值,累计通电时间,实际运行时间,电动机转矩,输出电压,再生制动使用率,电子过电流保护负载率,输出电流峰值,输出电压峰值,电动机负载率,PID目标值,PID测定值,PID偏差,变频器输入输出端子监控,选择输入输出端子监控,输出功率,累计电量,电动机热负载率,变频器热负载率等状态中进行选择
			报警内容	保护功能启动时将显示报警内容,并存储8次报警内容(保护功能启动前的输出电压、电流、频率以及累计通电时间)
	仅在参数单元(FR-PU04/FR-PU07中可实现的追加显示)		运行状态	无
			报警内容	保护功能启动前的输出电压、电流、频率及累计通电时间
			对话式引导	FUNCTION(帮助)功能的操作指南
	保护与报警功能			<保护功能> 加速中过电流,恒速中过电流,减速中过电流,加速中过电压,恒速中过电压,减速中过电压,变频器过热保护继电器动作,电动机保护热继电器动作,散热片过热,输入缺相,启动时输出端直接接地过电流,输出短路,输入缺相,外部热继电器动作,选件异常,参数错误,PU脱落,重试次数超限,CPU异常,制动晶体管异常,浪涌保护电阻过热,通信异常,模拟输入异常,USB通信异常,制动序列错误 <报警功能> 风扇故障,过电流失速防止,过电压失速防止,PU停止,参数写入错误,再生制动预警,电子热继电器预警,维护输出,欠压

环境	环境温度	−10 ～ +50 ℃（不结冰）
	环境湿度	相对湿度 <90%（无凝露）
	存放温度	−20 ～ +65 ℃
	周围环境	室内（无腐蚀性气体、可燃性气体、油雾及尘埃）
	海拔及振动	海拔 1 000 m 以下，5.9 m/s^2 以下

表 7 – 109　FR – F700 系列技术数据

控制特性	控制方式		高载波频率 PWW 控制（v/f 控制）/最佳励磁控制/简易磁通矢量控制
	输出频率范围		0.5 ～400 Hz
	频率设定分辨率	模拟输入	0.015 Hz/0 ~ 60 Hz（端子 2、4：0 ~ 10 V/约 12 bit） 0.03 Hz/0 ~ 60 Hz（端子 2、4：0 ~ 5 V 11 bit. 端子 1：−10 ~ ±10V/12 bit） 0.06 Hz/0 ~ 60 Hz（端子 1：0 ~ ±5 V/11 bit）
		数字输入	0.01 Hz
	频率精度	模拟输入	最大输出频率的 ±0.2% 以内（25 ℃ ±10 ℃）
		数字输入	设定输出频率的 0.01% 以内
	电压/频率特性		基准频率可以在 0 ~ 400 Hz 任意设定，可以选择恒转矩曲线，变转矩曲线、v/f 5 点可调整
	启动转矩		设定转差率补偿时 120%（3 Hz 时），（使用简易磁通矢量控制）
	加/减速时间设定		0 ~ 3 600 s（可分别设定加速与减速时间），可以选择直线或 S 形加减速模式
	直流制动		动作频率（0 ~ 120 Hz），动作时间（0 ~ 10 s），动作电压（0 ~ 30%）可变
	失速防止动作水平		动作电流水平可以设定（0 ~ 150% 间可变），可以选择有或无
	频率设定信号	模拟输入	端子 2、4：可在 0 ~ 10 V、0 ~ 5 V、4 ~ 20 mA 间选择 端子 1：可在 −10 ~ +20V、−5 ~ + 5 V 间选择
		数字输入	用操作面板的 M 旋钮，参数单元及 BCD4 位或者 16 bit 二进位制（使用选购件 FR – A7AX 时）
	启动信号		正转、反转分别控制，启动信号自动保持输入（3 线输入）可以选择

	输入信号		在多段速选择,第2功能选择,端子4输入选择,点动运行选择,瞬间停电再启动选择,外部热保护输入,HC连接(变频器运行许可信号),HC选择(瞬间停电检测),PU操作外部互锁信号,PID控制有效端子,PU操作,外部操作切换,输出停止,启动自保持,正转指令,反转指令,复位变频器,PTC热电阻输入,PID热电阻输入,PID正反动作切换,PU-NET操作,NET-外部操作切换,指令权切换中可以用Pr. 178~Pr. 189(输入端子功能选择)选择任意的12种
	运行功能		上下限频率设定,频率跳变操作,外部热继电器输入选择,极性可逆操作,瞬时停电再启动运行,瞬时停电运行继续,工频切换运行,防止正转或反转,操作模式选择,PID控制,计算机通信操作(RS-485)
运行特性	输出信号	运行状态	在变频器运行中,速度到达,瞬间停电,欠电压,过负载报警,输出频率检测,第2输出频率检测,再生制动预警,电子热继电器报警,PU操作模式,变频器运行准备完毕,输出电流检测,零电流检测,PID下限,PID上限,PID正转反转输出,工频切换MC1~MC3,工频侧电动机1~4连接,变频器侧电动机1~4连接,风扇故障输出,风扇过热预报警,变频器运行中,启动指令ON,停电减速时,PID控制动作中,重试中,PID输出中断,寿命报警,异常输出3(电源切断信号),省电计时器值更新时间,电流平均值监视器,异常输出2,变频器维持时间报警,远程输出,轻故障输出,再生制预报警,异常输出中可以用Pr. 190~Pr. 196(输出端子功能选择)选择7种,集电极开路输出(5点),继电器输出(2点),变频器的报警代码可用集电极开路输出(4位)
		FR-A7AY,FR-A7AR(选件安装时)	除了上述功能之外,还可以在控制电路电容寿命,主电路电容寿命,冷却风扇寿命,浪涌电流抑制电路寿命中使用Pr. 313~Pr. 319(增设输出端子功能选择)选择。(对于FR-A7AR的增设的端了,只可以进行正逻辑的设定)
		模拟量输出	输出频率,电动机电流(恒定或峰值),输出电压,异常显示,频率设定值,运行速度,直流侧电压(恒定或峰值),电子过电流保护负载率,输入功率,输出功率,负载表,基准电压输出,电动机负载率,再生制动使用率,省电效果,PID目标值,PID测定值用Pr. 54"CA端子功能选择(模拟电流输出)",Pr. 158"AM端子功能选择(模拟电压输出)",选择PID目标值,PID测定值

显示	PU - (FR - DU07/ FR - PU07)	运行状态	输出频率,电动机电流(平均值或峰值),输出电压,异常显示,频率设定值,运行速度,整流桥输出电压(平均值或峰值),电子过电流保护负荷率,累计电力,省电效果,累计省电,PID 目标值,PID 测定值,PID 偏差,输入输出端子监视,输入输出选件端子监视,选件安装状态,端子安装状态
		报警记录	保护功能启动时显示报警记录,保护功能启动前的输出电压、电流、频率、累计通电时间,记录近 8 次报警记录
		对话式引导	借助于帮助功能进行故障分析
	保护/报警功能		加速时过电流,恒速时过电流,减速时过电流,加速时过电压,恒速时过电压,减速时过电压,变频器过热保护继电器动作,电动机保护热继电器动作,风扇过热,发生瞬时停电,制动晶体管异常,电压不足,输入缺相,电机过载,输出侧直接接地过电流,输出缺相,外部热继电器动作,PTC 热敏电阻动作,选件异常,参数错误,PU 脱离,重试次数溢出,CPU 异常,操作面板用电源短路,DC24 V 电源输出短路,超过输出电流检测值,防入侵电阻过热,通信异常(主机),模拟输入异常,内部电路异常(15 V 电源),风扇故障,过电流失速防止,过电压失速防止,电子过流保护预报警,PU 停止,维持时间报警,参数写入错误,复制操作错误,操作面板锁,参数复制出错
环境	周围温度	LD	-10 ~ +50 ℃(不结冰)
		SLD	-10 ~ +40 ℃(不结冰)
	周围湿度		相对湿度 <90%(无凝露)
	保存温度		-20 ~ +65 ℃
	周围环境		室内(无腐蚀气体、可燃性气体、油雾、尘埃)
	海拔高度、振动		海拔 1 000 m 以下,5.9 m/s² 以下(根据 JIS C 0040)

表 7 - 110　FR - D700 系列技术数据

控制特性	控制方式		柔性 PWM 控制/高载波 PWM 控制(v/f 控制,通用磁能矢量控制, 最佳励磁控制)
	输出频率范围		0.2 ~ 400 Hz
	频率设定分辨率	模拟式输入	0.06 Hz/60 Hz(端子 2、4:0 ~ 10 V/10 bit)
			0.12 Hz/60 Hz(端子 2、4:0 ~ 5 V/9 bit)
			0.06 Hz/60 Hz(端子 4:4 ~ 20 mA/10 bit)
		数字输入	0.01 Hz

控制特性	频率精度	模拟量输入	最大输出频率的 ±0.1% 以内（25 ℃ ±10 ℃）
		数字输入	设定输出频率的 0.01% 以内
	电压/频率特性		基底频率可以在 0～400 Hz 任意设定 可选择和转矩曲线或变转矩曲线
	启动转矩		150% 以上（1 Hz 时）……已设定通用磁能矢量控制和转差补偿时
	转矩提升		手动转矩提升
	加/减速时间设定		可选择 0.1～3 600 s（可分别设定加速与减速时间）、直线或 S 形加减速模式
	直流制动		动作频率（0～120 Hz）、动作时间（0～10 s）、动作电压（0～30%）可变
	失速防止动作水平		可设定动作电流水平（0～200% 可变），可选择有/无
运转特性	频率设定信号	模拟量输入	2 点 端子 2：可选择 0～10 V、0～5 V 端子 4：可选择 0～10 V、0～5 V、4～20 mA
		数字输入	通过操作面板及参数单元输入
	启动信号		正转、反转单独控制、启动信号自动保持输入（3 线输入）可以选择
	输入信号		5 点 可从多段速、远程设定、第 2 功能选择、端子 4 输入选择、JOG 运行选择、PID 控制有效端子、外部热保护输入、PU - 外部操作切换、v/f 切换、输出停止、启动自保持、简易浮动辊功能、正转、反转指令、复位变频器、PU - NET 操作切换、外部 - NET 操作切换、指令权切换、变频器运行许可信号、PU 操作外部锁定、三角波功能中选择
	运行功能		上下限频率设定、频率跳变、外部热保护输入选择、瞬间停电再启动运行、正转及反转防止、远程设定、制动序列、第 2 功能、多段速运行、挡块定位控制、固定偏差控制、再生回避、滑差补偿、操作模式选择、离线自动调谐功能、PID 控制、计算机通信操作（RS -485）
输出信号	输出信号点数	开路集电器	1 点
		继电器输出	1 点

运转特性	输出信号	运行状态	可从变频器运行中、频率到达、过载报警、输出频率检测、再生制动预警、电子过电流保护预警、变频器运行准备完毕、输出电流检测、零电流检测、PID 下限、PID 上限、PID 正转反转输出，风扇故障[2]、PIN 过热预警、停电减速停止、PID 控制动作中、PID 输出中断、重试中、寿命报警、电流平均值监控、远程输出、轻故障输出、异常输出[3]、维护定时器报警中选择
		显示仪用	模拟量输出"5"	从输出频率、输出电流(恒定)、输出电压、频率设定值、变频器输出电压、再生制动使用率、电子过电流保护负载率、输出电流峰值、变频器输出电压峰值、基准电压输出、电机负载率、PID 目标值、PID 测定值、输出电力、PID 偏差、电机过电流保护负载率、变频器过电流保护负载率中选择
			脉冲输出"5"	最大 2.4 kHz:1 点
显示	操作面板参数单元(FR – PU07)	运行状态	从输出频率、输出电流(恒定)、输出电压、频率设定值、累计通电时间、实际运行时间、变频器输出电压、再生制动使用率、电子过电流保护负载率、输出电流峰值、变频器输出电压峰值、电机负载率、PID 目标值、PID 测定值、PID 偏差、变频器输入输出端子监视、输入输出端子选择监视、输出电力、累计电力电机过电流保护负载率、变频器过电流保护负载率、PIC 热敏电阻器电阻值中选择
		报警内容	保护功能启动时将显示报警内容，并存储 8 次报警内容(保护功能启动前的输出电压、电流、频率以及累计通电时间)
	仅在参数单元(FR – PU04/FR – PU07)中实现的追加显示	运行状态	无
		报警内容	保护功能启动前的输出电压、电流、频率以及累计通电时间
		对话式引导	借助于帮助功能运行的操作指南
	保护与报警功能		＜保护功能＞ 加速中过电流、恒速中过电流、减速中过电流、加速中过电压、恒速中过电压、减速中过电压、变频器过热保护继电器动作、电机保护热继电器动作、散热片过热、输入缺相、启动时输出端直接接地过电流、输出短路、输出缺相、外部热继电器动作、PTC 热敏电阻器动作、参数错误、PU 脱落、重试次数超限、CPU 异常、制动晶体管异常、浪涌保护电阻过热、模拟输出异常、失速防止超过输出电流检测 ＜报警功能＞ 风扇故障、过电流失速防止、过电压失速防止、PU 停止、参数写入错误、再生制动预警、电子热继电器预警、维护输出、欠压、操作面板锁定、变频器复位中

续表

	环境温度	– 10 ~ + 50 ℃（不结冰）
环境	环境湿度	相对湿度 <90%（无凝露）
	存放温度	– 20 ~ + 65 ℃
	周围环境	室内（无腐蚀性气体、可燃性气体、油雾及尘埃）
	海拔及振动	海拔 1 000 m 以下,5.9 m/s² 以下

7.4.4　变频器的安装与运行

变频器安装与运行的注意事项见表 7 – 113。

表 7 – 113　变频器安装与运行的注意事项

变频器的安装	
变频器安装前的检查	检查变频器是否在运输过程中造成损伤，查看铭牌，确认与订货是否相符
变频器安装环境的要求	1）电气室湿气少，无水侵入，推荐相对湿度为 40% ~ 90% 2）无爆炸性、燃烧性或腐蚀性气体和液体，粉尘少 3）周围环境温度为 0 ~ 40 ℃ 或 – 10 ~ 50 ℃ 4）装置容易搬入 5）维修检查容易进行 6）应备有通风口或换气装置以排出变频器产生的热量 7）同易受变频器产生的谐波和无线电干扰影响的装置分离 8）安装在室外必须按户外配电装置设置 9）设置场所的振动加速度被限制在 0.3 g ~ 0.5 g（g 为重力加速度）以下 10）设置场所的海拔规定在 1 000 m 以下
变频器的运行	
变频器通电前的检查	1）检查变频器的安装空间和安装环境是否符合要求 2）检查铭牌上的数据是否与所控制的电动机相匹配 3）检查电源电压是否在容许值内 4）检查变频器的主电路接线和控制电路接线是否符合要求
变频器的空载通电检查	1）将变频器的电源输入端子经过漏电保护开关接到电源上，以使机器发生故障时能迅速切断电源 2）检查变频器显示窗的出厂显示是否正常，如果不正确，则复位。复位仍不能解决的，则要求退换 3）熟悉变频器的操作键

续表

变频器的运行	
变频器带电动机空载运行	1）设置电动机的功率、极数，要综合考虑变频器的工作电流、容量和功率，根据系统的工况要求来选择设定功率和过载保护值 2）设定变频器的最大输出频率、基频，设置转矩特性。如果是风机和泵类负载，要将变频器的转矩运行代码设置成变转矩和降转矩运行特性 3）将变频器设置为自带的键盘操作模式，按运行键、停止键，观察电动机是否能正常的启动、停止。检查电动机的旋转方向是否正确 4）熟悉变频器运行发生故障时的保护代码，观察热保护继电器的出厂值，观察过载保护的设定值，需要时可以修改 5）变频器带电动机空载运行可以在5 Hz、10 Hz、15 Hz、20 Hz、25 Hz、35 Hz、50 Hz等几个频率点进行
变频器带负载运行	1）手动操作变频器面板的运行、停止键，观察电动机运行、停止过程及变频器的显示窗，看是否有异常现象 2）如果启动/停止电动机过程中变频器出现过电流动作，重新设定加速/减速时间，当电动机负载惯性较大时，应根据负载特性设置运行曲线类型 3）如果变频器仍然存在运行故障，尝试增加最大电流的保护值，但是不能取消保护，应留有至少10% ~ 20%的保护余量。如果变频器运行故障仍没解除，请更换更大一级功率的变频器 4）如果变频器带动电动机在启动过程中达不到预设速度，可能有两种原因，一是系统发生机电共振，二是电动机的转矩输出能力不够 5）运行时还应该检查以下几点，电动机是否有不正常的振动和噪声，电动机的温升是否过高，电动机轴旋转是否平稳，电动机升降速时是否平滑等

7.4.5 变频器的维护与保养

通用变频器在长期运行中，由于使用环境温度、湿度、灰尘、振动等的影响，内部零部件会发生变化或老化。为了确保变频器的正常运行，必须进行维护保养。通用变频器维护保养项目与定期检查的周期标准见表7–114。

表 7-114 变频器维护保养与定期检查的周期标准

检查部位	检查项目	检查事项	变频检查周期		检查方法	使用仪器	判定基准
			日常	定期1年			
整机	周围环境	确认周围温度、湿度,有毒气体、油雾等	√		注意检查现场情况是否与变频器防护等级相匹配。是否有灰尘、水汽,有害气体影响变频器。通风或换气装置是否完好	温度计、湿度计,红外线温度测量仪	温度在 -10~40 ℃内,相对湿度在90%以下,不凝露。如有积尘应用压缩空气清扫并考虑改善安装环境
	整机装置	是否有异常振动、温度、声音等	√		观察法和听觉法,振动测量仪	振动测量仪	无异常
	电源电压	主回路电压、控制电压是否合正常	√		测定变频器电源输入端子排上的相间电压和不平衡度	万用表,数字式多用仪表	根据变频器的不同电压级别,测量线电压。不平衡度≤3%
主回路		检查接线端子与接地端子间回阻		√	拆下变频器接线,将端子 R,S,T,U,V,W一起短路,用绝缘电阻表测量它们与接地端子之间的绝缘电阻	500 V 绝缘电阻表	接地端子之间的绝缘电阻应大于 5 MΩ
	整体	各个接线端子有无松动		√	加强紧固件		没有异常
		各个零件有无过热的迹象		√	观察连接导体、导线		无异常
		清扫	√		清扫各个部位		无油污
	连接导体、导线	导体有无移位	√		观察法		没有异常
	电线	电线表皮有无破损、劣化、裂缝、变色		√			没有异常

续表

检查 部位	检查 项目	检查事项	变频检查周期		检查方法	使用仪器	判定基准
			日常	定期 1年			
主回路	变压 器、电 抗器	有无异味、异常声 音	√	√	观察法和听觉法		没有异常
	端子 排	有无脱落、损伤和 锈蚀		√	观察法		没有异常。如果锈蚀应清洁， 并减少湿度
	IGBT 模块、 整流 模块	检查各端子间电 阻。测漏电流		√	拆下变频器接线，在端子 R、 S、T 与 PN 间，U、V、W 与 PN 间 用万用表测量。0 运行时测量	指针式万用表、整 流型电压表	没有异常
	滤波 电容	有无漏液	√		观察法		没有异常
		安全阀是否突出， 表面是否有膨胀现 象	√		观察法	电容表、LCR 测量 仪	没有异常
	器	测定电容量和绝 缘电阻		√	用电容表测量		额定容量的 85% 以上。与接地 端子的绝缘电阻不小于 5 MΩ。 有异常时及时更换新件，一般寿 命为 5 年
	继电 器、接 触器	动作时是否有异 常声音		√	观察法，用万用表测量	指针式万用表	没有异常。有异常时及时更换 新件
		触点是否有氧化、 粗糙、接触不良等现 象		√			

续表

检查部位	检查项目	检查事项	变频检查周期 日常	变频检查周期 定期1年	检查方法	使用仪器	判定基准
主回路	电阻器	电阻的绝缘是否损坏	√		观察法	万用表、数字式用仪表	没有异常
		有无断线		√	对可疑点的电阻拆下一侧连接，用万用表测量		误差在标称阻值的±10%以内。有异常应及时更换
	动作检查	变频器单独运行		√	测量变频器输出端子U、V、W间电压，各相输出电压是否平衡		相间电压平衡，200 V级在4 V以内，400 V级在8 V以内，各相之间的差值应在2%以内
控制回路、电源、驱动与保护回路		顺序作回路保护动作试验，显示、判断保护回路是否异常		√	模拟故障，观察或测量变频器保护回路输出状态	数字式多用仪表、整流型电压表	显示正确，动作正确
	零件	全体 有无异味、变色		√	观察法		没有异常。如电容器顶部有凸起，体部中间有膨胀现象应更换
		有无明显锈蚀		√			
		铝电解电容器 有无漏液、变形现象		√			没有异常。有异常时及时更换新件，一般使用2~3年应考虑更换
冷却系统	冷却风扇	有无异常声音、异常振动、旋转	√	√	在不通电时用手拨动、旋转		
		接线有无松动			加强固定		
		清扫			必要时拆下清扫		

续表

检查部位	检查项目	检查事项	变频检查周期 日常	变频检查周期 定期 1 年	检查方法	使用仪器	判定基准
显示	显示	显示是否缺损或变淡	√		LED 的显示是否有断点		确认其能发光。显示异常或变暗时更换新板
		清扫		√	用棉纱清扫		
	外接仪表	指示值是否正常	√		确认盘面仪表的指示值满足规定值	电压表、电流表等	指示正常
	全部	是否有异常振动、温度和声音	√		听觉、触觉、观察		没有异常
		是否有异味		√	由于过热等产生的异味		没有异常
电动机		清扫	√		清扫		无污垢、油污
	绝缘电阻	全部端子与接地端子之间，外壳对地之间			拆下 U V W 的连接线，包括电动机接线在内	500 V 绝缘电阻表	应在 5 MΩ 以上

第8章 电力低压配电线路

低压配电线路适用于输送电能距离较近的地方，一般指相电压为 220 V，线电压为 380 V 的线路。农村一般采用放射形供电方式，动力与照明混合的供电线路采用 380 V/220 V 三相四线制，排灌动力专用线路采用三相三线制供电方式。低压配电线路主要由架空线路、接户线、进户线、配电装置等构成。

8.1 低压架空线路

架空线路具有成本低、投资少、安装简便、维护和检修方便、易于发现和排除故障等优点，故在农村及中小型企业得到广泛应用。低压架空线路主要由导线、电杆、横担、绝缘子、拉线和金具构成，另有拉杆、拉盘、接线把等，结构见图 8-1。

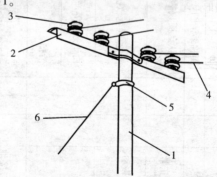

图 8-1 低压架空线路的结构

1. 电杆 2. 横担 3. 绝缘子 4. 导线 5. 拉线抱箍（金具） 6. 拉线

8.1.1 电杆、横担、拉线

1. 电杆

（1）电杆的材料：低压架空线路常用钢筋混凝土电杆和木电杆。目前木电杆由于易腐朽等缺点而越来越少应用。常用的钢筋混凝土电杆的规格和埋设深度等技术数据见表 8-1。

表 8-1　钢筋混凝土电杆的技术数据

长度/ m	梢径/ mm	壁厚/ mm	配筋(根)/ 直径(mm)	重量/ kg	高杆顶(m)/ 允许弯矩(N·m)	重心离杆顶距离/ m
8	150	35	12/6 + 6/6	392	6.2/11 760	4.4
8	190	40	16/6 + 8/10	590	6.0/28 420	4.4
9	150	35	12/6 + 6/6	480	7.0/12 740	5.0
10	150	35	12/6 + 6/6	600	8.2/13 524	5.6
10	190	35	16/6 + 6/6	650	8.2/22 148	5.5
11	150	35	12/6 + 6/6	610	9.0/14 700	6.2
11	190	35	16/6 + 6/6	750	9.0/21 560	6.1
13	190	40	18/6 + 6/7	980	11.0/25 480	7.3
13	190	40	18/6 + 9/10	1 120	10.4/11 760	7.3
15	190	40	24/6 + 12/10	1 250	12.4/51 940	8.5
15	190	40	24/6 + 12/10	1 250	12.4/59 094	8.5

（2）电杆的形式：根据架空线路的各种要求，在不同处要应用不同的形式。直线杆用在架空线路的直线部分，转角杆用在架空线路的转角部分，分支杆用在架空线路的分接支线处，耐张杆为架空线路分段结构的支撑点，终端杆用在架空线路的始端和终端。几种电杆的形式见图 8-2，用途见表 8-2。

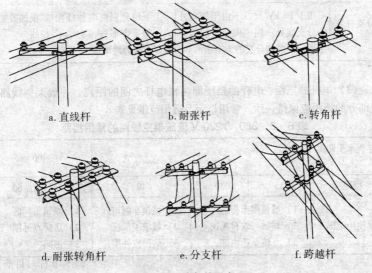

a. 直线杆　　　　b. 耐张杆　　　　c. 转角杆

d. 耐张转角杆　　　e. 分支杆　　　　f. 跨越杆

图 8-2　电杆的形式

表8-2 电杆的种类和用途

电杆形式	用途	杆顶结构	拉线
直线杆	支持导线、绝缘子、金具等的重量,承受侧面的风力。占全部电杆数的80%以上	单担、针式绝缘子、悬式绝缘子或陶瓷担	根据需要加拉线
轻承力杆	能承受部分导线断线的拉力,用在跨越和交叉处(10 kV及以下线路,不考虑断线)	横担要加强,采用双绝缘子或双陶瓷担固定	有拉线
转角杆	用在线路转角处,承受两侧导线的合力	转角在30°以下,可采用双担双针式绝缘子,45°以上的采用悬式绝缘子耐张线夹;6 kV以下可采用蝶式绝缘子	有导线反向拉线及反合力方向的拉线
耐张杆	能承受一侧导线的拉力,用于: 1)限制断线事故影响范围 2)用于架线时紧线	双担、悬式绝缘子、耐张线夹或蝶式绝缘子	有四面拉线
终端杆	承受全部导线的拉力。用于线路的首端或终端	双担、悬式绝缘子、耐张线夹或蝶式绝缘子	有导线反向拉线
分支杆及十字杆	用于10 kV及以下由干线向外的分支线处。同一侧分支的为丁字形,向两侧分支的为十字形	上下层分别由两种杆构成,如丁字形杆,上层不限,下层为终端等	根据需要加拉线

（3）电杆的挡距:电杆的挡距即两根电杆之间的距离,一般架空线路直线部分的挡距应保持一致。常用挡距及适用范围见表8-3。

表8-3 380 V/220 V低压架空线路的常用挡距

导线水平距离/mm	300			400	
挡距/m	25	30	40	50	60
使用范围	1)城镇闹市街道 2)城镇、农村居民点 3)乡镇企业内部		1)城镇非闹市区 2)城镇工厂区 3)居民点外围	1)城镇工厂区 2)居民点外围 3)田间	

2. 横担 横担是保持导线间距的排列架和绝缘子的安装架。常用的横担外形结构和规格分别见图8-3、图8-4和表8-4。低压架空线路同杆架设的线路横担之间的最小垂直距离有：直线杆上横担垂直间距应不小于0.6 m，分支杆或转角杆上横担垂直间距应不小于0.3 m。

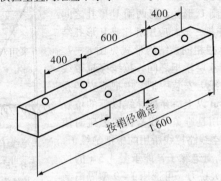

图8-3 四线木横担（单位：mm）

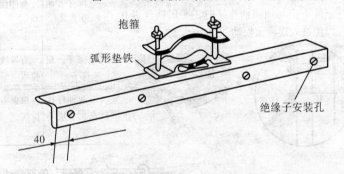

图8-4 四线角钢横担（单位：mm）

表8-4 常用横担的规格

名称	长度/mm	截面/mm
四线角钢横担	1 480	长×宽×高：50×50×5
四线方木横担	1 600	边长×边长：70×90
两线角钢横担	750	长×宽×高：50×50×5
两线方木横担	880	边长×边长：70×90

3. 拉线

（1）拉线的结构：拉线的一般结构见图 8 - 5。其中，上把应选用图 8 - 6 所示的 3 种结构形式，其中绑扎上把的绑扎长度应为 150 ~ 200 mm；U 形扎上把必须用三副 U 形扎，每两副 U 形扎之间应相隔 150 mm；中把一般都应用绑扎或 U 形扎结构，安装要求与上把相同，结构形式见图 8 - 7。凡拉线的上把装于双层横担之间，拉线穿越带线导线时，必须在拉线上安装中把。中把应安装在垂直距离地面 2.5 m 以上、穿越导线以下的位置上。安装中把的作用是避免导线与拉线触碰时使拉线带电。低压架空线路拉线所用的中把绝缘子，多数为 J - 4.5 型隔离绝缘子，能承受 4.5 t 的拉力，若必须承受更大拉力，可选用 J - 9 型隔离绝缘子；下把应选用图 8 - 8 所示的 3 种结构形式。其中花篮轧下把与地锚柄连接时，要用铁丝绑扎定位，以免被人误弄而松动。

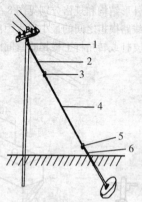

图 8 - 5　拉线的结构
1. 拉线抱箍　2. 上把
3. 拉线绝缘子　4. 中把
5. 花篮螺栓　6. 下把

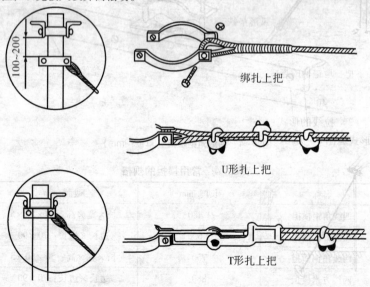

100~200

绑扎上把

U形扎上把

T形扎上把

图 8 - 6　上把的结构（单位：mm）

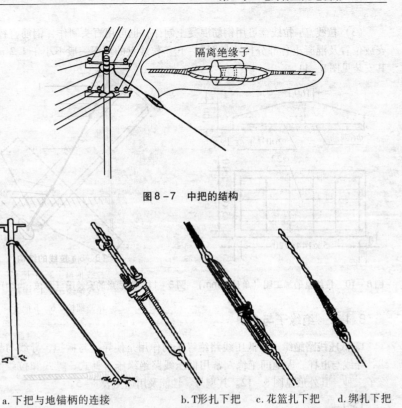

图 8-7 中把的结构

a. 下把与地锚柄的连接　　　　b. T 形扎下把　c. 花篮扎下把　d. 绑扎下把

图 8-8 下把的结构

（2）拉线的形式：因用于不同地方而需要采用不同的拉线形式，各种拉线形式见图 8-9。

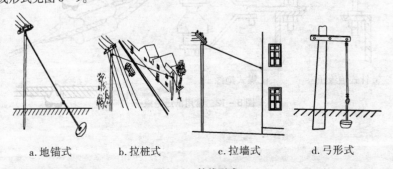

a. 地锚式　　　b. 拉桩式　　　c. 拉墙式　　　d. 弓形式

图 8-9 拉线形式

（3）拉线盘：拉线盘可用钢筋混凝土制作，也可用石头制作，钢筋直径、安放位置及混凝土各部分尺寸见图 8 - 10。拉线盘的埋深一般不小于 1.2 m，其安装见图 8 - 11。

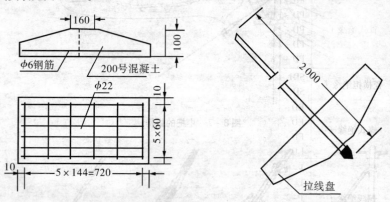

图 8 - 10　拉线盘的加工图（单位：mm）　图 8 - 11　拉线盘的安装图（单位：mm）

8.1.2　绝缘子与金具

1. 低压线路绝缘子　低压线路绝缘子的作用是使导线与横担，导线与导线，导线与电杆、大地间绝缘。常用低压线路绝缘子有针式、蝶式和拉线绝缘子三种，其外形见图 8 - 12。其型号、性能及用途见表 8 - 5。

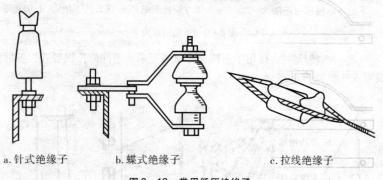

a. 针式绝缘子　　　　　b. 蝶式绝缘子　　　　　　　c. 拉线绝缘子

图 8 - 12　常用低压绝缘子

表 8-5 常用低压线路绝缘子的种类、型号、性能及用途

种类	型号	额定电压/kV	弯曲破坏负荷/kN	用途
针式绝缘子	PD-1T PD-1M PD-2T PD-2M PD-2W	—	7.8 7.8 4.9 4.9 4.9	直线杆
瓷横担绝缘子	SD1-1 SD1-2	0.5	2 2	直线杆
蝶式绝缘子	ED-1 ED-2 ED-3 ED-4	—	11.8 9.8 7.8 4.9	耐张杆、转角杆、 终端杆
拉线绝缘子	J-0.5 J-1 J-2 J-4.5 J-9	—	4.9 9.8 19.6 44 88	拉紧绝缘

2. 架空线路金具 架空电力线路上用的铁制或铝制金属部件，统称为金具。金具需承受较大的拉力，还要保证电气方面接触良好。为了防止腐蚀，应经过镀锌处理，低压架空导线常用的金具见图 8-13。

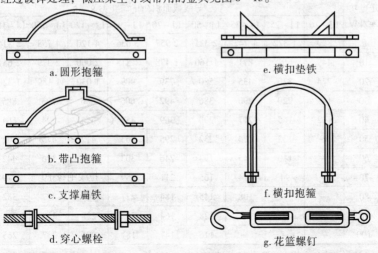

a. 圆形抱箍　　　　　　　　e. 横扣垫铁

b. 带凸抱箍

c. 支撑扁铁　　　　　　　　f. 横扣抱箍

d. 穿心螺栓

g. 花篮螺钉

图 8-13 常用金具

8.1.3 架空导线

1. 架空导线的选用

（1）根据导线实际载流量选择：在选用导线负载量时，导线实际负荷电流量小于导线允许的载流量。具体可根据表8-6选用。

表8-6 铝绞线和钢芯铝绞线的允许载流量（环境温度为25℃）

铝绞线		钢芯铝绞线	
型号	导线温度为70℃时户外载流量/A	型号	导线温度为70℃时户外载流量/A
LJ-16	105	LGJ-16	105
LJ-25	135	LGJ-25	135
LJ-35	170	LGJ-35	170
LJ-50	215	LGJ-50	220
LJ-70	265	LGJ-70	275
LJ-95	325	LGJ-95	350

（2）根据输电距离选择：由于输电距离越远，电压损失越大，因此，选择导线时还应根据输电距离远近来选择导线规格，一般应保证线路电压损失不超过10%为宜。380 V的低压架空线路中LJ系列铝绞线的送电距离见表8-7。

表8-7 LJ系列铝绞线低压架空线路横送电距离（单位：m）

送电功率/kW	导线截面积/mm²								
	LJ-16	LJ-25	LJ-35	LJ-50	LJ-70	LJ-95	LJ-120	LJ-150	LJ-185
5	899	1 322	1 742	2 321	2 957	3 636	4 120	4 758	5 314
10	449	661	871	1 160	1 478	1 818	2 060	2 379	2 657
20	224	330	435	580	739	909	1 030	1 189	1 328
30	149	220	290	386	492	606	686	793	885
40	112	165	217	290	369	454	515	594	664
50	89	132	174	232	295	363	412	475	531
60	—	110	145	193	246	303	343	396	442
70	—	94	124	165	211	259	294	339	379
80	—	—	108	145	184	227	257	297	332
90	—	—	96	128	164	202	228	264	295
100	—	—	—	116	147	181	206	237	265

注：本表按允许电压降为7%，首端电压为380 V，cosφ=0.8，线间距离为0.6 m计算编制。

（3）根据导线要求的机械强度来选择：为了避免断线事故，导线的最小允许横截面积应大于 16 mm²。具体见表 8 - 8。

表 8 - 8　导线允许的最小横截面积　（单位：mm²）

导线材料	允许的最小横截面积			
	380 V	10 kV		35 kV
		居民区	非居民区	
铝及铝合金线	16	35	25	35
钢芯铝绞线	16	25	16	35
铜绞线	直径 3.2 mm	16	16	—

2. 低压架空导线的弧垂　两根电杆之间导线悬挂点与导线最低点的垂直距离称为导线的弧垂。导线的弧垂与挡距、导线重量、松紧及风、雪、温度等有关。导线弧垂有一定限制。同一挡距内导线材料和弧垂应相同，以免刮风时发生线路间短路、导线拉断或倒杆事故。铝绞线和钢芯铝绞线的弧垂数据见表 8 - 9 和表 8 - 10。

表 8 - 9　铝绞线弧垂表　（单位：cm）

挡距/m	温度/℃										
	-10	-5	0	5	10	15	20	25	30	35	40
LJ - 16 ~ LJ - 95											
30	6.8	8.0	9.7	12.1	15.4	19.7	24.2	29.5	34.4	38.9	43.2
38	11.9	13.8	17	20.9	25.9	31.5	37.4	43.2	48.7	53.9	58.8
45	18.2	21.6	26	31.4	37.6	44.2	50.9	57.2	63.4	69.1	74.5
50	24.2	28.8	34	39.4	47.2	54.6	61.1	68.2	74.6	80.8	86.5
60	40.3	47.3	54.7	62.6	70.5	78	86	93.5	100.4	107	113.3
LJ - 120 ~ LJ - 240											
30	12.5	15.9	20.3	25.3	30.3	35.1	39.5	43.7	47.6	51.3	54.8
38	20	24.8	30.3	36.1	42	47.5	52.9	57.9	62.6	67.1	71.3
45	28.1	33.9	40.3	47	53.5	59.7	65.7	71.3	76.6	81.6	86.5
50	34.7	41.1	48.1	55.2	62.1	68.8	75.3	81.2	87	92.1	97.9
60	49.9	57.6	65.6	73.6	81.4	88.9	95.1	103	109.5	116	121.7

表 8 - 10　钢芯铝绞线弧垂表　　（单位：cm）

挡距/	温度/℃											
m	-10	0	10	20	30	40	-10	0	10	20	30	40
	LGJ - 25，K = 3						LGJ - 35，K = 3					
40	6	9	12	16	20	28	10	12	15	20	27	37
50	9	12	16	22	32	43	15	17	19	28	38	50
60	17	21	25	32	42	55	20	23	30	40	51	62
70	22	28	34	42	55	70	26	31	40	51	64	80
80	30	35	42	55	68	88	32	38	51	63	80	95
90	40	48	58	70	85	105	44	52	63	78	93	112
100	55	65	82	95	115	132	55	68	82	98	115	135
	LGJ - 50，K = 3						LGJ - 70，K = 3					
40	9	12	15	20	28	38	8	11	14	17	25	34
50	14	18	22	30	40	52	13	16	20	26	36	48
60	20	24	32	41	53	66	18	23	29	37	48	64
70	27	33	42	53	58	85	26	31	39	49	62	78
80	35	44	54	66	84	100	34	41	50	64	77	94
90	45	54	66	82	100	118	44	51	64	76	93	110
100	56	66	80	98	118	136	52	62	75	91	109	128
	LGJ - 95，K = 3						LGJ - 95，K = 4					
40	7	9	11	15	20	29	10	14	18	24	34	44
50	11	14	18	24	30	41	16	21	27	36	46	59
60	17	20	25	33	42	54	23	29	37	48	61	74
70	24	28	34	43	53	68	31	39	49	64	76	91
80	30	36	44	54	66	84	40	50	62	76	92	110
90	39	46	55	67	81	99	52	63	76	92	112	128
100	48	56	67	80	97	116	64	75	91	110	130	148

3. 架空导线的安全净距　为了保证低压架空导线的安全运行，在不同地区通过时，架空导线对水面、道路、地面建筑物等应保持一定的安全净距。

（1）导线对地面（或水面）的安全净距见表 8 – 11。

表 8 – 11　导线与地面(或水面)的最小距离　（单位：m）

线路经过地区	线路电压/kV		
	1 以下	10	35
居民区	6	6.5	7
非居民区	5	5.5	6
不能通航或浮运的河面（冬季）	5	5.0	—
不能通航或浮运的河湖	3	3.0	—
交通困难地区	4	4.5	5

（2）空导线与各种设施的安全净距见表 8 – 12。

（3）架空导线对树木、房屋及山岳的安全净距见表 8 – 13。

表 8 – 12　架空线路与工业设施的最小距离（单位：m）

项目				线路电压/kV		
				1 以下	10	35
铁路	标准轨距	垂直距离	至轨顶面	7.5	7.5	7.5
			至承力索或接触线	3.0	3.0	3.0
		水平距离	电杆外缘	5.0		
			至轨道中心	杆加高 3.0		
	窄轨	垂直距离	至轨顶面	6.0	6.0	6.0
			至承力索或接触线	3.0	3.0	3.0
		水平距离	电杆外缘	5.0		
			至轨道中心	杆加高 3.0		
道路			垂直距离	6.0	7.0	7.0
			水平距离（电杆至道路边缘）	0.5	0.5	0.5
通航河流		垂直距离	至 50 年一遇洪水位	6.1	6.0	6.0
			至最高航行水位的最高桅顶	1.0	1.5	2.0
		水平距离	边导线至河岸上缘	最高杆（塔）高		

续表

项目			线路电压/kV		
			1 以下	10	35
弱电线路	垂直距离		1.0	2.0	3.0
	水平距离（两线路边导线间）		1.0	2.0	4.0
电力线路	1 kV 以下	垂直距离	1.0	2.0	3.0
		水平距离（两线路边导线间）	2.5	2.5	5.0
	10 kV	垂直距离	2.0	2.0	3.0
		水平距离（两线路边导线间）	2.5	2.5	5.0
	35 kV	垂直距离	3.0	3.0	3.0
		水平距离（两线路边导线间）	5.0	5.0	5.0
特殊管道	垂直距离	电力线在上方	1.5	3.0	3.0
		电力线在下方	1.5	—	—
	水平距离（边导线至管道）		1.5	2.0	4.0
索道	垂直距离	电力线在上方	1.5	2.0	3.0
		电力线在下方	1.5	2.0	3.0
	水平距离（边导线至管道）		1.0	2.0	4.0

表 8-13　导线对房屋、树木和山岳的最小允许距离

线路经过地区的特点		最小允许距离/m
对房屋	在最大弧垂时的垂直距离	2.5
	边线最大风吹偏斜时与房屋突出部分的距离	1.0
对树木	在最大弧垂时的垂直距离	1~1.5
	在最大风吹偏斜时的水平距离	1~1.5
对山岳突出部分	在最大风吹偏斜时步行可以到达的山坡	3.0
	在最大风吹偏斜时步行不能到达的陡坡、峭壁和岩石	1.0

注：表中导线对树木的距离，应考虑修剪周期内树木的生长高度。

8.2 接户线与进户线

由低压架空线路至用户建筑物第一个支点之间的架空线称为接户线。由接户线至室内第一个配电设备的一段低压线路称为进户线。这两种导线不应采用软线，而应采用绝缘良好的钢芯或铝芯导线。

8.2.1 低压线引入建筑物装置的安装方式

低压线引入建筑物装置的安装通常有四种形式。

1. "一式"引入装置安装法 这种方法是采用架空线从正面引向建筑物，采用三相四线制供电。引入装置的安装示意见图 8-14。横担规格应符合表 8-4 中的规定。

图 8-14 "一式"引入装置安装示意

2. "二式"引入装置安装法 这种方法适用于单相供电方式，引入装置的安装见图 8-15。

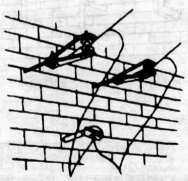

图 8-15 "二式"引入装置安装示意

3. "三式"引入装置安装法 这种方法适用于架空线沿建筑物敷设的场所。其做法见图8-16，其横担规格见表8-4。

图8-16 "三式"引入装置安装示意

4. "四式"引入装置安装法 由于低压接户线离开地面的高度不应小于2.7 m，当建筑物较低时，可采用抬高支架和进户管来架高线，见图8-17。其横担规格见表8-4。

图8-17 "四式"引入装置安装示意

8.2.2 接户线

由于接户线是架空敷设，低压接户线的挡距不宜超过23 m，若低压线路至建筑物第一支点的距离大于25 m，就要设置接户杆。接户杆的挡距不应超过40 m。低压接户线应用绝缘导线，不能用裸导线。接户线的最小横截面积应符合表8-14中的规定。低压接户线的线间距离不应小于表8-15中的规定。

表 8 – 14　低压接户线的最小横截面积

接户线架设方式	挡距/m	最小横截面积/mm²	
		绝缘铜线	绝缘铝线
自电杆上引下	10 以下	2.0	4.0
	10 ~ 25	4.0	6.0
沿墙敷设		2.5	4.0

表 8 – 15　接户线的线间距离

架设方式	挡距/m	线间距离/mm
自电杆上引下	25 及以下	150
	25 以上	200
沿墙敷设	6 及以下	100
	6 以上	150

低压接户线的进线处对地距离应不小于 2.7 m。接户线对道路、建筑物、树木的距离应保证表 8 – 16 中规定的最小距离。在引接线时，接户线应从接户杆上引接，不能从挡距中间悬空连接。

表 8 – 16　接户线对道路、建筑物和树木的最小距离

类别	最小距离/m
到汽车道、大车道中心的垂直距离	5
到不通车小道中心的垂直距离	3
到屋顶的垂直距离	2.5
在窗户上	0.3
在窗户或阳台以下	0.8
到窗户或阳台的水平距离	0.75
到墙壁或构架的距离	0.05
到树木的距离	0.6

8.2.3　进户线

进户线的长度如超过 1 m，应用绝缘子在导线中间固定。如要穿墙，应穿保护套管。保护管的室外部分离地应大于 2.7 m。套管露出墙外部分不应小于 10 mm，外低内高。每根进户线外部应套上软塑料管，并在进户线弯曲线最低点剪一圆孔，以防存水。进户线应选用最小横截面积不小于 1.5 mm² 的铜芯

绝缘线，如用铝芯绝缘线，其最小横截面积不宜小于 2.5 mm^2。

8.3 低压配电线路的敷设

8.3.1 敷设的要求和路径选择

敷设低压配电线路的施工过程中，要采取有效的安全措施，特别是立杆、组装和架线时，更要注意安全。竣工以后，要进行检查和试验，确保工作质量。选择架空线路的路径时，应按下列原则进行：

(1) 路径要短，转角要小，少占农田。

(2) 交通运输方便，便于施工架设和维护。

(3) 尽量避开河洼、雨水冲刷地带，以及有易撞、易爆、易燃危险的场所。

(4) 不引起交通、人行困难，并应与建筑物保持一定的安全距离。

8.3.2 导线放线与绑扎

1. 放线 导线在展放过程中，应注意不使磨伤、断股等现象出现。放线时应注意外观检查。发现线有损伤时，应及时做出明显标记，以便处理。

2. 绑扎 以瓷绝缘子为例，介绍低压绝缘导线在绝缘子上的绑扎。在瓷绝缘子上敷设导线，应从一端开始，只将一端的导线绑扎在瓷绝缘子的颈部，如果导线弯曲，应提前矫直，然后将导线的另一端收紧绑扎固定，最后把中间导线也绑扎固定。导线在瓷绝缘子上绑扎固定的方法如下。

(1) 终端导线的绑扎：见图 8-18。导线的终端可用回头线绑扎，绑扎线宜用绝缘线，绑扎线的线径和绑扎圈数见表 8-17。

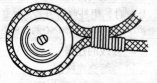

a. 放线架　　b. 手工放线

图 8-18 终端导线的绑扎

表 8-17 绑扎线的线径和绑扎圈数

导线横截面积 /mm^2	绑扎线直径/mm			绑扎圈数	
	纱包铁芯线	铜芯线	铝芯线	公圈数	单圈数
1.5~10	0.8	1.0	2.0	10	5
10~35	0.89	1.4	2.0	12	5
50~70	1.2	2.0	2.6	16	5
95~120	1.24	2.6	3.0	20	5

（2）直线段导线与鼓形瓷绝缘子、蝶形瓷绝缘子的绑扎：直线段导线一般采用单绑法或双绑法，单绑线法见图 8 - 19。横截面积为 10 mm² 及以上的导线多采用双绑法，见图 8 - 20。

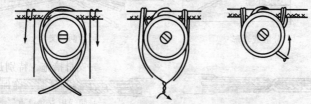

图 8 - 19　直线段导线的单绑法

图 8 - 20　直线段导线的双绑法

8.3.3　导线的修补与连接

1. 导线的修补　对于钢芯铝线，当同一处损伤的面积占铝线总面积的 7%～25% 时，用补修管补修；当同一截面处损伤超过免处理范围，但面积占铝线面积 7% 以下时，用缠绕方法修理。

2. 导线的连接

（1）缠绕连接法：这种方法用于电流容量小的铝、铜绞线连接，其方法见图 8 - 21，接头长度见表 8 - 18。

表 8 - 18　铝、铜绞线的缠绕连接法的接头长度

导线横截面积/mm²	16	25	50	70	95
接头长度/mm	200	300	400	500	600

（2）压接法：此法适用于铝、铜绞线、钢芯铝绞线的连接，其步骤如下：

1）先用汽油清洗导线接触表面，用钢丝刷清除表面的氧化膜，并涂上凡士林锌粉膏，然后把两线端相对穿入所选规格的钳接管，并让线端穿出钳接管 25～30 mm。

2）压接。压接铝绞线时应注意：第一道压坑应压在线端一侧，不能压

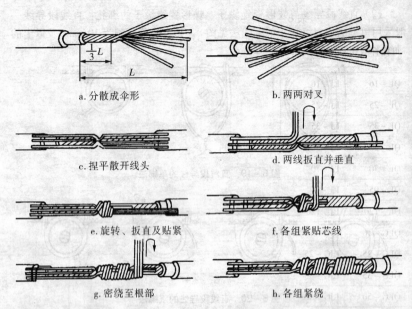

a. 分散成伞形

b. 两两对叉

c. 捏平散开线头

d. 两线扳直并垂直

e. 旋转、扳直及贴紧

f. 各组紧贴芯线

g. 密绕至根部

h. 各组紧绕

图 8-21 铝绞线的缠绕连接步骤

反；每道压坑压接时应保持钳接管位置正确，压坑不可偏斜。压接方法和步骤见图 8-22。

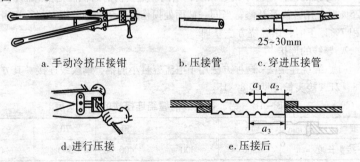

a. 手动冷挤压接钳

b. 压接管

c. 穿进压接管

25~30mm

d. 进行压接

e. 压接后

图 8-22 绞线的压接法及压接步骤

钳接管的压坑技术要求见表 8-19 和图 8-23。

表8-19 钳接管的压坑技术数据要求

母接管型号	绞线型号	钳压部位尺寸/mm			钳压处高度/mm	压坑数量
		a_1	a_2	a_3		
QL-16	LJ-16	28	20	34	10.5	6
QL-25	LJ-25	32	20	36	12.5	6
QL-35	LJ-35	38	25	43	14	6
QL-50	LJ-50	40	25	45	16.5	8
QL-70	LJ-70	44	28	50	19.5	8
QL-95	LJ-95	48	32	56	23.5	10
QL-120	LJ-120	52	33	59	26	10
QLG-16	LJG-16	28	14	28	12.5	12
QLG-25	LJG-25	32	15	31	14.5	14
QLG-35	LJG-35	34	42.5	93.5	17.5	14
QLG-50	LJG-50	38	48.5	105.5	2.05	16
QLG-70	LJG-70	46	54.5	123.5	25	16
QLG-95	LJG-95	54	61.5	142.5	29	20
QLG-120	LJG-120	62	67.5	160.5	33	24

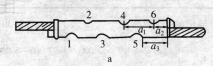

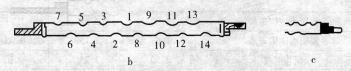

图8-23 钳接管压坑技术要求示意

注：（1）钢芯铝绞线的横截面积>35 mm² 时，按图 c 在两端各压两坑。

（2）钢芯铝绞线从中间开始，按图 b 所示顺序压接。

（3）铝绞线从一端开始，按图 a 所示顺序压接。

8.4 降低配电线路损耗的措施

电能在线路上的传送过程中，存在着电能损耗，这种损耗叫作线路损耗，简称线损。线损既可以用功率损耗来衡量，又可以用电压损耗（跌落）来衡量。在一般用电环境中，大多数都用电压损耗来衡量。在高压配电线路上，规定线损的电压值应不超过额定值的5%，如10 kV配电线路的末端电压应不低于9.5 kV；在低压配电线路上，规定线损的电压值一般不可超过额定值的4%，如380 V配电线路末端电压不可低于365 V。

降低线损是一项不容忽视的节电项目。如果线路设计不合理，负荷密度安排不妥，或线路上的无功分量过高，都会出现较高的线损。在一般用电单位，通常可采取以下一些措施来降低线损。

1. 合理安排线路负荷 根据线损的基本计算公式 $\Delta P = 3I^2R$ 可知，要降低线损，除了降低线路导线的电阻值外，更重要的是在输送同样功率电能时，尽量减小电流值。为此，合理安排线路负荷是基本而有效的一项降低线损的措施。这项措施通常应从以下两方面着手。

（1）按经济电流密度调整每条线路的负荷：为提高线路运行的经济效益，故需采用导线的经济横截面积原则。经济横截面积是按年运行总费用最小这一指标来选取的。导线载流的经济电流密度就是对应于经济横截面积的电流密度。经济电流密度与导线材料及线路最大利用时间有关，见表8-20。

表8-20 经济电流密度值

经济电流密度/ (A/mm^2) 导线材料 \ 年最长利用时间/h	<3 000	3 000~5 000	>5 000
裸铜线或铜母线	3.00	2.25	1.75
裸铝线或铝母线	1.65	1.15	0.90
铜芯电缆	2.50	2.25	2.0
铝芯电缆	1.95	1.73	1.54

按经济电流密度来选择线路导线的横截面积时，可用下式进行计算：

$$S = I_g/J$$

式中，S 为导线横截面积（mm^2）；I_g 为最大负荷电流（A）；J 为经济电流密度（A/mm^2）。

（2）合理分布线路的负载：既要考虑到负载功率分布的平衡，尤其是单相负载在三个相位上需平均分配，使之平衡，又要考虑到负载的使用时间分布状况的均匀性。总之，要两个因素综合起来去分布线路上的负载，方能提高线路的负荷率。

（3）调整线路负荷：尤其是日夜负荷不均匀的用电单位，宜适当调整主要负载的用电时间，予以错开使用，使线路的导线载流量在一天中尽量多的时间内处于均匀状态。在多条线路并列传送电能的，也需随负荷的增减而进行及时切换。

2. 提高线路的功率因数　一条线路输送一定的有功功率时，线路上的无功电流越大，则线损也就越高。因损耗功率与功率因数的平方成反比，如下式所示：

$$\frac{\Delta P_2}{\Delta P_1} = \left(\frac{\cos\varphi_1}{\cos\varphi_2}\right)^2$$

式中，ΔP_1，ΔP_2 分别为相对于 $\cos\varphi_1$ 和 $\cos\varphi_2$ 下的功率损耗。

一条线路的功率因数若从 $\cos\varphi_1$ 变化到 $\cos\varphi_2$，其线损降低的百分率可由下式算出：

$$\Delta P\ (\%) = \left[1 - \left(\frac{\cos\varphi_1}{\cos\varphi_2}\right)^2\right] \times 100\%$$

也可由表 8 – 21 查出。

表 8 – 21　提高功率因数与线损降低的百分数

功率因数	0.6	0.65	0.7	0.75	0.8	0.85	0.9
功率因数由上一行数值提高到 0.95 时功率损耗减少/%	60	53	46	38	29	20	10

3. 加强维修，提高线路质量　如果线路因绝缘结构破损或老化而存在漏电、爬电和放电等现象，或者存在连接点接触电阻增大以及线路走向存在不必要的迂回等现象，都会较严重地增加线损，所以加强维修是降低线损的一个不可忽视的环节，具体要注意以下两个方面。

（1）加强线路绝缘结构的维修：要定期测量线路的绝缘电阻，当出现绝缘电阻值低于规定标准时，必须进行检查，并及时排除故障或故障苗子。线路绝缘结构较易受损的部位（如裸导线的支持瓷瓶和处于高温、腐蚀或潮湿环境的绝缘导线等）应作为重点维修对象。

（2）重视线路维修工艺的规范化：许多线路因在敷设施工时采用了不正规的加工工艺，如连接点连接加工不紧密或不具有足够的接触面积，或铜铝导线连接没有采用正确的铜铝过渡等，使连接点存在较大的接触电阻，甚至载流后形成导线的热点。又如导线在线路终、始端瓷瓶上缠绕一两圈后直接通向负载，使每只瓷瓶上缠绕的导线形成螺旋管状电磁线圈，从而浪费了大量电能。

不管线路原有的加工工艺正确与否，在维修时应一律采用正规的、规范化的操作工艺。值得引起注意的是，加强线路维修不但是降低线损的一项重要措施，而且也是一个保障安全供电的可靠手段。

第 9 章 电力无功补偿

9.1 电力无功补偿的基本概念

9.1.1 交流电的能量转换

电力工程中常用的电流、电压、电势等均按正弦波规律变化，即它们都是时间的正弦函数。以电压 u 为例，可用下式表达：

$$u = U_m \sin (\omega t + \varphi) \qquad (9-1)$$

式中，u 为电压瞬时值；U_m 为电压最大值；$\omega = 2\pi f$ 为角频率，表示电压每秒变化的弧度数；f 为电网频率，为每秒变化的周数，我国电网 $f = 50$ Hz，国外为 50 Hz 和 60 Hz。

当 $t = 0$ 时，相角为 φ，称之为初相角，若选择正弦电压通过零点作为时间起点，则 $\varphi = 0$，有

$$u = U_m \sin \omega t \qquad (9-2)$$

如果将此电压加于电阻 R 两端，按欧姆定律，通过电阻的电流 i 为

$$i = \frac{u}{R} = \frac{U_m}{R} \sin \omega t = I_m \sin \omega t \qquad (9-3)$$

由上式可见，电阻器上的电压 u 和电流 i 同相位，电压和电流同时达到最大值和零，电阻电路中的功率：

$$P_R = ui = U_m I_m \sin^2 \omega t = UI \ (1 - \cos 2\omega t) \qquad (9-4)$$

式中，U、I 分别为电压和电流的有效值，由于电压和电流的方向始终相同，故功率始终为正值，电阻电路始终吸收功率，转换为热能或光能等被消耗掉。

当正弦电流 $I = I_m \sin \omega t$ 通过电感器时，则电感器两端的电压为

$$u_L = L \frac{di}{dt} = \omega L I_m \cos \omega t = U_m \sin \ (\omega t + \frac{\pi}{2}) \qquad (9-5)$$

式中，$U_m = \omega L I_m$。可见电感器两端的电压 u_L 和电流 i 都是频率相同的正弦量，其相位超前于电流 $\frac{\pi}{2}$ 或 90°，即电压达最大值时电流为零，电感器的功率为

$$P_L = u_L i = U_m I_m \sin\omega t \ (\omega t + \frac{\pi}{2})$$

$$= U_m I_m \sin\omega t \cos\omega t = UI\sin2\omega t \qquad (9-6)$$

它也是时间的正弦函数，但频率为
电流频率的两倍。由图 9 - 1 可见，在
第一、三个 1/4 周期内，电感器吸收功
率（$P_L > 0$），并把吸收的能量转化为
磁场能量。但在第二、四个 1/4 周期
内，电感器释放功率（$P_L < 0$），磁场能
量全部放出。磁场能量和电源能量的转
换反复进行，电感器的平均功率为零，
不消耗功率。

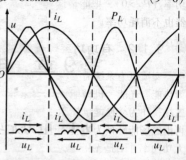

图 9 - 1　电感器中电流、电压和功率的变化

把正弦电压 $u = U_m \sin\omega t$ 接在电容
器 C 的两端，流过电容器 C 中的电流为

$$i_C = C \frac{\mathrm{d}u}{\mathrm{d}t} = \omega C U_m \cos\omega t = I_m \sin \ (\omega t + \frac{\pi}{2}) \qquad (9-7)$$

电容器上电流 i_C 和电压 u 为频率相同的正弦量，电流最大值 $I_m = \omega C U_m$，
电流相位超前电压 $\frac{\pi}{2}$ 或 90°，即电压滞后于电流 $\frac{\pi}{2}$，电容器的功率

$$P_C = ui_C U_m I_m \sin\omega t \cos\omega t = UI\sin2\omega t \qquad (9-8)$$

可见功率也是时间的正弦函数，其频率为电压频率的两倍。为与图 9 - 1
比较，取 i_C 起始相位为零，电压 u 滞后于电流 $\frac{\pi}{2}$。由图 9 - 2 可见，P_C 在一

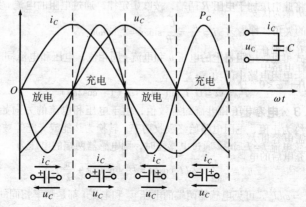

图 9 - 2　电容器中的电流、电压和功率的变化

周期内交变两次,第一、三个1/4周期内,电容放电释放功率($P_C < 0$),储存在电场中的能量全部送回电源;在第二、四个1/4周期内,电容器充电吸收功率($P_C > 0$),把能量储存在电场中。在一个周期内,平均功率为零,电容器也不消耗功率。

9.1.2 有功功率和无功功率

交流电力系统需要两部分能量,一部分电能用于做功被消耗,它们转化为热能、光能、机械能或化学能等,称为有功功率;另一部分电能用来建立磁场,作为交换能量使用,对外部电路并未做功,它们由电能转换为磁场能,再由磁场能转换为电能,周而复始,并未消耗,这部分能量称为无功功率。无功功率并不是无用之功,没有这部分功率,就不能建立感应磁场,电动机、变压器等设备就不能运行。除负荷需要无功功率外,线路电感、变压器电感等也需要。在电力系统中,无功电源有同步发电机、同步调相机、电容器、电缆及架空线路电容器、静止补偿装置等,而主要无功负荷有变压器、输电线路、异步电动机、并联电抗器等。

设负荷视在功率为S,有功功率为P,无功功率为Q,电压有效值为U,电流有效值为I,则功率三角形如图9-3所示。

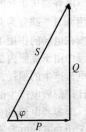

图中,

$$P = S\cos\varphi = UI\cos\varphi$$
$$Q = S\sin\varphi = UI\sin\varphi$$
$$S = UI$$

有功功率常用单位为瓦或千瓦,无功功率为乏或千乏,视在功率为伏安或千伏安。相位角φ为有功功率与视在功率的夹角,称为力率角或功率因数角。$\cos\varphi$表示

图9-3 功率三角形

有功功率P和视在功率S的比值,称为力率或功率因数。

在感性电路中,电流落后于电压,$\varphi > 0$,Q为正值;在容性电路中,电流超前于电压,$\varphi < 0$,Q为负值。

9.1.3 电容器的串联和并联

当所需电容量大于单台电容器的电容量时,可采用并联方式解决,各单台电容器充电后的电量分别为q_1,q_2,q_3,$\cdots q_n$,而总电量q为各单台电量之和,即

$$q = q_1 + q_2 + q_3 + \cdots q_n$$

因
$$q_1 = UC_1, \quad q_2 = UC_2, \quad q_3 = UC_3, \cdots$$

故
$$q = UC = UC_1 + UC_2 + UC_3 + \cdots$$

总电容量 $$C = C_1 + C_2 + C_3 + \cdots \qquad (9-9)$$

当 m 个电容量相等的单元并联时，设单元电容量为 C_0，则 $C = mC_0$，可见总电容量为各单元电容量之和。

当单台电容器电压低于运行电压时，往往将其串联，若各单元承受的电压分别为 U_1，U_2，U_3 时，串联后的总电压为 $U = U_1 + U_2 + U_3$，由于串联回路中各单元充电的电量相等，则

$$q = q_1 = q_2 = q_3$$

故 $$U = \frac{q}{C} = \frac{q_1}{C_1} + \frac{q_2}{C_2} + \frac{q_3}{C_3}$$

$$\frac{1}{C} = \frac{1}{C_1} + \frac{1}{C_2} + \frac{1}{C_3} \qquad (9-10)$$

若 n 台电容值为 C_0 的单元串联，则总电容 $C = \dfrac{C_0}{n}$。

9.1.4　并联电容器的容量和损耗

电容器接于交流电压时，大部分电流为容性电流 I_C，作为交换电场能量之用，另一部分为介质损失引起的电流 I_R，通过介质转换为热能而消耗掉。介质在电场的作用下可能产生三种形式的损耗：①极化损耗——介质在极化过程中由于克服内部分子间的阻碍而消耗的能量；②漏导损耗——介质的漏导电流产生的损耗；③局部放电损耗——在介质内部或极板边缘产生的非贯穿性局部放电产生的损耗。

电容器电流的向量图见图 9-4，电容器的无功功率即电容器的容量为

$$Q = UI_C = UI\sin\varphi$$

因 $$I_C = U/X_C = \omega CU$$

故 $$Q = \omega CU^2 \qquad (9-11)$$

电容器的有功损耗

$$P_R = UI_R = UI\cos\varphi = UI_C\tan\delta$$

$$= Q\tan\delta = \omega CU^2\tan\delta \qquad (9-12)$$

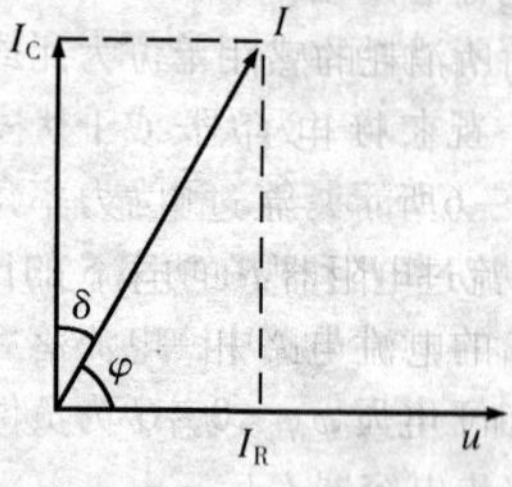

图 9-4　介质损耗电流向量表

式中，U 为外施交流电压（kV）；C 为电容器的电容量（μF）；ω 为角频率，$\omega = 2\pi f$，其中 f 为频率（Hz）；Q 为电容器容量（var）；P_R 为电容器损耗功率（W）；$\tan\delta$ 为电容器介质损耗角正切值，用百分数表示。

各种并联电容器损耗角正切值百分数如下（在额定电压、额定频率和 20 ℃时测量）：

（1）纯纸介质：额定电压为 1 kV 及以下者，不大于 0.4%；额定电压为

1 kV 以上者，不大于 0.3%。

（2）膜纸复合介质：额定电压为 1 kV 及以上者，不大于 0.12%。

（3）全膜介质：额定电压为 1 kV 及以上者，不大于 0.05%。

（4）低压金属化膜电容器：不大于 0.08%。

9.2　并联电容器无功补偿

9.2.1　并联电容器的无功补偿作用

由图 9－1 和图 9－2 可见，在第一个 1/4 周期内，电流由零逐渐增大，电感器吸收功率，转化为磁场能量，而电容器放出储存在电场中的能量；在第二个 1/4 周期，电感器放出磁场能量，电容器吸收功率。以后的每 1/4 周期重复上述循环。因此当电感器和电容器并联接在同一电路时，电感器吸收功率时正好电容器放出能量，电感器放出能量时正好电容器吸收功率，能量在它们之间相互交换，即感性负荷所需的无功功率，可由电容器的无功输出得到补偿，这就是并联电容器的无功补偿作用。

如图 9－5 所示，并联电容器 C 与供电设备（如变压器）或负荷（如电动机）并联，则供电设备或负荷所需要的无功功率，可以全部或部分由并联电容器供给，即并联电容器发出的容性无功功率，可以补偿负荷所消耗的感性无功功率。

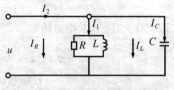

图 9－5　并联电容器补偿原理

当未接电容器 C 时，向量图如图 9－6 所示，流过电感器 L 的电流为 I_L，流过电阻器 R 的电流为 I_R。电源所供给的电流与 I_1 相等。$I_1 = I_R + jI_L$，此时相位角为 φ_1，功率因数为 $\cos\varphi_1$。并联接入电容器 C 后，由于电容器电流 I_C 与电感器电流 I_L 方向相反，电容器电流 I_C 超前电压 90°，而电感器电流滞后电压 90°，使电源供给的电流由 I_1 减小为 I_2，$I_2 = I_R + j(I_L - I_C)$，相角由 φ_1 减小到 φ_2，功率因数则由 $\cos\varphi_1$ 提高到 $\cos\varphi_2$。

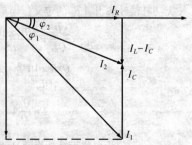

图 9－6　并联电容器补偿向量图

9.2.2 无功补偿经济当量

所谓无功补偿经济当量，就是无功补偿后，当电网输送的无功功率减少 1 kvar 时，使电网有功功率损耗低的千瓦数。

众所周知，线路的有功功率损耗值如式（9－13）：

$$P_{L} = I^2 R \times 10^{-3} = \frac{S^2}{U^2} R \times 10^{-3} = \frac{P^2 + Q^2}{U^2} R \times 10^{-3}$$

$$= \frac{P^2 R \times 10^{-3}}{U^2} + \frac{Q^2 R \times 10^{-3}}{U^2} = P_{LP} + P_{LQ} \qquad (9-13)$$

式中，P_L 为线路有功功率损耗（kW）；P 为线路传输的有功功率（kW）；Q 为线路传输的无功功率（kvar）；U 为线路电压（kV）；R 为线路电阻（Ω）；S 为线路的视在功率（kV·A）；P_{LP} 为线路传输有功功率产生的损耗（kW）；P_{LQ} 为线路传输无功功率产生的损耗（kW）。

装设并联电容器无功补偿装置后，使传输的无功功率减少 Q_b 时，则有功功率损耗为

$$P'_{L} = \frac{P^2 R \times 10^{-3}}{U^2} + \frac{(Q - Q_b)^2 R \times 10^{-3}}{U^2}$$

因此减少的有功功率损耗为

$$\Delta P_{L} = P_L - P'_L = \frac{(2QQ_b - Q_b^2)\ R \times 10^{-3}}{U^2}$$

$$= \frac{Q_b\ (2Q - Q_b)\ R \times 10^{-3}}{U^2}$$

按无功补偿经济当量 c_b 的定义，则

$$c_b = \frac{\Delta P_L}{Q_b} = \frac{2QR \times 10^{-3}}{U^2} - \frac{Q_b R \times 10^{-3}}{U^2}$$

$$= \frac{Q^2 R \times 10^{-3}}{QU^2} \left(2 - \frac{Q_b}{Q}\right) = \frac{P_{LQ}}{Q} \left(2 - \frac{Q_b}{Q}\right)$$

$$= c_y \left(2 - \frac{Q_b}{Q}\right) \qquad (9-14)$$

式中，$c_y = \dfrac{P_{LQ}}{Q}$ 为单位无功功率通过线路电阻器引起的有功损耗值；$\dfrac{Q_b}{Q}$ 为无功功率的相对降低值，即补偿度。

由上式可见，当 $Q_b \ll Q$，即无功补偿的容量比线路原来传输的无功功率小很多时，$c_b = 2c_y$，无功补偿使线路损耗减少的效果显著，无功补偿经济当量大。而当 $Q_b \approx Q$ 时，$c_b \approx c_y$，说明补偿容量大时，减少有功损耗的作用变

小，即补偿装置使功率因数提高后的经济效益降低。

实际情况中，无功补偿经济当量由用电单位确定，无详细资料时，可按图 9 – 7 和表 9 – 1 确定。

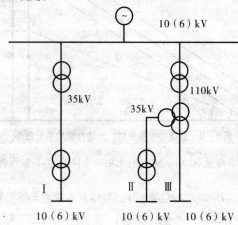

图 9 – 7 确定系统无功补偿经济当量的接线

表 9 – 1 各类供电方式的无功补偿经济当量

功率因数	无功补偿经济当量 kW/kvar		
	供电方式		
	c_{bI}	c_{bII}	c_{bIII}
0.75	0.086	0.13	0.08
0.8	0.076	0.12	0.07
0.9	0.062	0.09	0.06

例如，在 I 处安装 1 000 kvar 并联电容器装置，该处在功率因数为 0.9 时，无功经济当量为 0.062 kW/kvar，则每小时可节电 62 kW·h。全年按实际运行 4 000 h 计算，可节电 24.8 万 kW·h。每度电成本按 0.04 元计算，全年节电价值为 9 920 元。安装电容器费用（包括配套设备）按 35 元/kvar 计算，约需投资 3.5 万元。仅此一项三年多时间便可收回投资。

9.2.3 最佳功率因数的确定

设系统输送的有功功率为 P_1，无功功率为 Q_1，相应的视在功率为 S_1，其功率三角形见图 9 – 8。

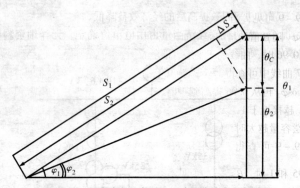

图9-8 有功功率不变时，无功补偿功率三角形

　　安装无功补偿容量 Q_C 后，输送的无功功率降为 Q_2，在维持有功功率不变时，有

$$Q_C = Q_1 - Q_2 = P\tan\varphi_1 - P\tan\varphi_2 = P\ (\tan\varphi_1 - \tan\varphi_2) \qquad (9-15)$$

令

$$\beta = \frac{Q_C}{P} = \tan\varphi_1 - \tan\varphi_2 = \frac{\sqrt{1 - \cos^2\varphi_1}}{\cos\varphi_1} - \frac{\sqrt{1 - \cos^2\varphi_2}}{\cos\varphi_2} \qquad (9-16)$$

按式（9-15），对应于每一个 $\cos\varphi_1$ 值，以 $\cos\varphi_2$ 为纵坐标，β 为横坐标，可绘出一组 $\cos\varphi_2 - \beta$ 曲线，见图9-9。如果 $\cos\varphi_1 = \dfrac{\sqrt{2}}{2}$，$\cos\varphi_2 = 1$，则 $P = Q_C$。

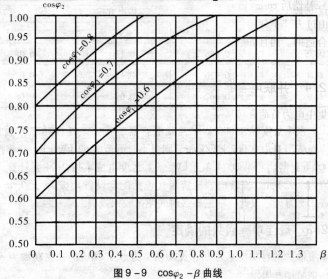

图9-9 $\cos\varphi_2 - \beta$ 曲线

由图 9-9 可见，当 $\cos\varphi_2 < 0.96$ 时，$\cos\varphi_2 - \beta$ 基本为直线，即补偿后的功率因数 $\cos\varphi_2$ 随 β 值的增加而增加，也即随 Q_C 容量的增加近似成比例增加，但在 $\cos\varphi_2 > 0.96$ 时，曲线趋于平缓，即随 Q_C 容量的增加，$\cos\varphi_2$ 增加缓慢。如从 $\cos\varphi_1 = 0.7$ 曲线中可查得，$\cos\varphi_2$ 由 0.7 提高到 0.96 时，相对提高 37%，β 值为 0.70；而 $\cos\varphi_2$ 再从 0.96 提高到 1 时，相对提高 4.16%，β 值需相应增大 0.3，因此 $\cos\varphi_2$ 越接近于 1，无功补偿容量 Q_C 越大，投资高，但效益越小。这与上节所述补偿容量越大时，对减少有功功率损耗的作用越小的结论一致。

由图 9-9 可查得，要求从 $\cos\varphi_1 = 0.6$，0.7，0.8 分别补偿到 $\cos\varphi_2 = 0.90$，0.95 和 1 时，$\beta = \dfrac{Q_C}{P}$ 的值见表 9-2。

表 9-2　从不同的 $\cos\varphi_1$ 补偿到不同的 $\cos\varphi_2$ 时的 β 值

		0.6	0.7	0.8
	$\cos\varphi_1$			
β 值		0.90	0.82	0.53	0.25
	$\cos\varphi_2$	0.95	1	0.69	0.42
		1.00	1.3	0.96	0.75

由以上分析可得：

（1）用户功率因数 $\cos\varphi_2$ 提高到 1 是不经济和不适宜的。

（2）最佳的 $\cos\varphi_2$ 值与负荷的供电方式有关，需根据技术经济比较确定。

（3）补偿后 $\cos\varphi_2$ 值一般不宜超过 0.96，因此规定电费按功率因数的奖惩制度由过去"不封顶"改在 0.95 封顶（$\cos\varphi_2$ 超过 0.95 时不再另行增加奖励）是合适的。而且如后面所述，无功倒送会造成系统不稳定和出现谐振等问题。

9.2.4　并联电容器改善电网电压质量

当集中电力负荷直接从电力线路受电时，典型接线和向量图见图 9-10。

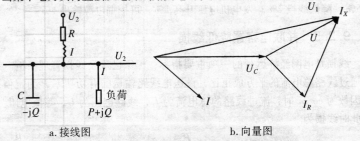

a.接线图　　　　　　　　　b.向量图

图 9-10　由电力线路集中供电的接线和向量图

线路电压降 ΔU 的简化计算见式 (9-17)。

没有无功补偿装置时，线路电压降为 ΔU_1，有

$$\Delta U_1 = \frac{PR + QX}{U} \qquad (9-17)$$

式中，P、Q 分别为负荷有功功率和无功功率；R、X 分别为线路等值电阻和电抗；U 为线路额定电压。

安装无功补偿装置 Q_C 后，线路电压降为 ΔU_2，有

$$\Delta U_2 = \frac{PR + (Q - Q_C)X}{U} \qquad (9-18)$$

显然 $\Delta U_2 < \Delta U_1$，一般情况下，因 $X \gg R, QX \gg PR$，因此安装无功补偿装置 Q_C 后，引起母线的稳态电压升高为

$$\Delta U = \Delta U_1 - \Delta U_2 = \frac{Q_C X}{U} \qquad (9-19)$$

若补偿装置连接处母线三相短路容量为 S_K，则 $X = \dfrac{U^2}{S_K}$，代入上式，得

$$\Delta U = U \frac{Q_C}{S_K} \qquad (9-20)$$

或

$$\frac{\Delta U}{U} = \frac{Q_C}{S_K}$$

式中，ΔU 为投入并联电容器装置的电压升高值（kV）；U 为并联电容器装置未投入时的母线电压（kV）；Q_C 为并联电容器装置容量（Mvar）；S_K 为并联电容器装置连接处母线三相短路容量（MV·A）。

由上式可见，Q_C 越大，S_K 越小，ΔU 越大，即升压效果越显著，而与负荷的有功功率、无功功率关系不大。因此越接近线路末端，系统短路容量 S_K 越小的场合，安装并联电容器装置的效果愈显著。统计资料表明，用电电压升高 1%，可平均增产 0.5%；电网电压升高 1%，可使送变电设备容量增加 1.5%，降低线损 2%；发电机电压升高 1%，可挖掘电源输出 1%。

9.2.5 并联电容器降低线损

线损是电网经济运行的一项重要指标，国家已颁发线损管理条例。线损与通过线路总电流的平方成正比，设送电线路输送的有功功率 P 为定值，功率因数为 $\cos\varphi_1$ 时，流过线路的总电流为 I_1，线路电压为 U，等值电阻为 R，则此时线损为

$$P_{L1} = 3I_1^2 R = 3\left(\frac{P}{\cos\varphi_1 \sqrt{3}U}\right)^2 \cdot R$$

$$= \frac{P^2}{U^2 \cdot \cos^2\varphi_1} R \tag{9-21}$$

装设并联电容器装置后,功率因数提高为 $\cos\varphi_2$,则线损为

$$P_{L2} = 3I_2^2 R = 3\left(\frac{P}{\cos\varphi_2 \sqrt{3}U}\right)^2 \cdot R$$

$$= \frac{P^2}{U^2 \cos^2\varphi_2} R \tag{9-22}$$

线损降低值为

$$\Delta P_L = P_{L1} - P_{L2} = \frac{P^2}{U^2} R \left(\frac{1}{\cos^2\varphi_1} - \frac{1}{\cos^2\varphi_2}\right) \tag{9-23}$$

设 $K_P = \left(\frac{1}{\cos^2\varphi_1} - \frac{1}{\cos^2\varphi_2}\right)$,$K_P$ 称为线损降低功率系数或节能功率系数,则式 (9-23) 为

$$\Delta P_L = \frac{P^2}{U^2} R \cdot K_P$$

线损降低的比例为

$$\frac{\Delta P_L}{P_{L1}} = \frac{P^2}{U^2} R \cdot K_P \cdot \frac{1}{P^2 R}\cos^2\varphi_1 = K_P \cos^2\varphi_1$$

$$= \left(\frac{1}{\cos^2\varphi_1} - \frac{1}{\cos^2\varphi_2}\right) \cos^2\varphi_1 \tag{9-24}$$

由式 (9-24) 可得,补偿后功率因数 $\cos\varphi_2$ 越高,线损降低功率系数越大,节能效果越好,在不同的 $\cos\varphi_1$ 和 $\cos\varphi_2$ 时,K_P 值可由图 9-12 查出。

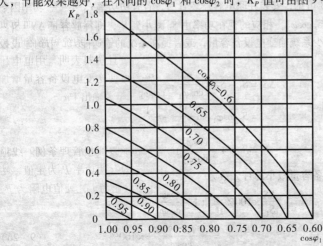

图 9-12 线损降低功率系数 K_P 值

例：某厂用电负荷 $P = 1\,000$ kW，$\cos\varphi_1 = 0.8$，线损 $P_{L1} = 80$ kW，装并联电容器装置 $Q_C = 400$ kvar 后，求 $\cos\varphi_2$ 和 K_P。

则装设并联电容器装置前，该厂的视在功率为

$$S_1 = \frac{P}{\cos\varphi_1} = \frac{1\,000}{0.8} = 1\,250 \text{ kV} \cdot \text{A}$$

无功功率为

$$Q_1 = S\sin\varphi_1 = S\sqrt{1 - \cos^2\varphi_1} = 1\,250\sqrt{1 - 0.8^2}$$
$$= 750 \text{ kvar}$$

装设并联电容器装置后，视在功率 S_2 和功率因数 $\cos\varphi_2$ 为

$$S_2 = \sqrt{P^2 + (Q_1 - Q_C)^2}$$
$$= \sqrt{1\,000^2 + (750 - 400)^2} = 1\,060 \text{ kV} \cdot \text{A}$$
$$\cos\varphi_2 = \frac{P}{S_2} = \frac{1\,000}{1\,060} = 0.943$$

线损降低的比例：

$$\frac{\Delta P_L}{P_{L1}} = K_P \cdot \cos^2\varphi_1 = \left(\frac{1}{\cos^2\varphi_1} - \frac{1}{\cos^2\varphi_2}\right)\cos^2\varphi_1$$
$$= \left(\frac{1}{0.8^2} - \frac{1}{0.943^2}\right) \times 0.8^2 = 0.28$$

则每小时节能效果 $\Delta P_L = P_{L1} \times 0.28 = 80 \times 0.28 = 22.4$ kW $\cdot$ h。

9.2.6 并联电容器释放发供电设备容量

由图 9 - 8 可见，安装并联电容器装置后，若有功功率 P_1 不变，功率因数由 $\cos\varphi_1$ 提高到 $\cos\varphi_2$，相应的视在功率由 S_1 减小到 S_2，即释放容量 $\Delta S = S_1 - S_2$，因此可减少系统输变电设备容量，或者提高系统的输送能力，节约建设投资。

$$\Delta S = S_1 - S_2 = \frac{P}{\cos\varphi_1} - \frac{P}{\cos\varphi_2}$$
$$= S_1\cos\varphi_1\left(\frac{1}{\cos\varphi_1} - \frac{1}{\cos\varphi_2}\right)$$
$$= S_1\left(1 - \frac{\cos\varphi_1}{\cos\varphi_2}\right) \tag{9-25}$$

输变电设备容量减小的百分数为

$$\frac{\Delta S}{S_1} \times 100\% = \left(1 - \frac{\cos\varphi_1}{\cos\varphi_2}\right)$$
$$= \frac{\cos\varphi_2 - \cos\varphi_1}{\cos\varphi_2} \times 100\% \tag{9-26}$$

每千乏无功补偿容量可释放的输变电设备容量为

$$\frac{\Delta S}{Q_C} = \frac{P\left(\frac{1}{\cos\varphi_1} - \frac{1}{\cos\varphi_2}\right)}{P\left(\tan\varphi_1 - \tan\varphi_2\right)}$$

$$= \frac{\cos\varphi_2 - \cos\varphi_1}{\cos\varphi_1\cos\varphi_2\left(\tan\varphi_1 - \tan\varphi_2\right)} \tag{9-27}$$

如果维持视在容量 S_1 不变，有功输送容量增加时，ΔP 的计算，见图 9-13，表示为

$$\Delta P = P_2 - P_1 = S_1\left(\cos\varphi_2 - \cos\varphi_1\right) \tag{9-28}$$

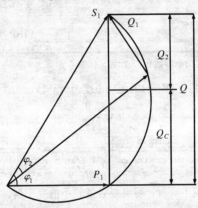

图 9-13 视在容量 S_1 不变时，补偿后有功容量的增加

有功容量增加的百分数为

$$\frac{\Delta P}{P_1} \times 100\% = \frac{S_1\left(\cos\varphi_2 - \cos\varphi_1\right)}{S_1\cos\varphi_1} \times 100\%$$

$$= \left(\frac{\cos\varphi_2}{\cos\varphi_1} - 1\right) \times 100\% \tag{9-29}$$

投入的无功补偿容量为

$$Q_c = S_1\left(\sin\varphi_1 - \sin\varphi_2\right) \tag{9-30}$$

每千乏无功补偿容量可增加输送设备容量 $\dfrac{\Delta P}{Q_C}$ 为

$$\frac{\Delta P}{Q_C} = \frac{S_1\left(\cos\varphi_2 - \cos\varphi_1\right)}{S_1\left(\sin\varphi_1 - \sin\varphi_2\right)} = \frac{\cos\varphi_2 - \cos\varphi_1}{\sin\varphi_1 - \sin\varphi_2} \tag{9-31}$$

9.2.7 并联电容器减少电费支出

并联电容器无功补偿减少电费支出主要有：

（1）供电部门按有功电度和无功电度折算求出平均功率因数调整电费，见表9-3。

表9-3 按平均功率因数调整电费

用户实际月平均功率因数	0.85	0.86	0.87~0.88	0.89~0.90	0.91~0.92	0.93~0.94	0.95~0.96
用户当月电费减少/%	0	0.5	1.0	1.5	2.0	2.2	2.5

用户实际月平均功率因数		0.84~0.65		0.64~0.60		0.59及以下	
功率因数每降低1%，用户当月电费增加/%		0.5		1.0		2.0	

注：此表按原规定功率因数0.85计算，供参考。

设有功电度为 W_P（kW·h），无功电度为 W_Q（kvar·h），则

$$\tan\varphi = \frac{W_Q}{W_P} \tag{9-32}$$

$$\cos\varphi = \frac{\cos\varphi}{\sqrt{\sin^2\varphi + \cos^2\varphi}} = \frac{1}{\sqrt{1 + \tan^2\varphi}} = \frac{1}{\sqrt{1 + (\frac{W_Q}{W_P})^2}} \tag{9-33}$$

（2）在有功负荷不变时，可更换容量较小的变压器，因此可减少按变压器容量支付的基本电费。

9.3 常用无功补偿电容器的类型及技术数据

9.3.1 无功补偿用电容器型号的表示方法及意义

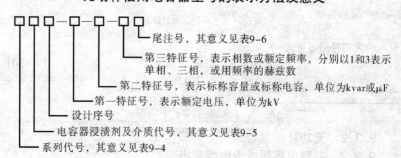

表 9-4　电容器产品系列代号的含义

系列代号	代号含义	系列代号	代号含义	系列代号	代号含义
A	交流滤波电容器	F	防护电容器	X	谐振电容器
B	并联电容器	J	均压电容器	Y	标准电容器
C	串联电容器	M	脉冲电容器	Z	直流电容器
D	直流滤波电容器	O	耦合电容器		
E	交流电动机电容器	R	电热电容器		

表 9-5　电容器介质代号含义

介质代号	代号含义	介质代号	代号含义
Y	矿物油浸纸介质	WF	十二烷基苯浸复合介质
W	十二烷基苯浸纸介质	GF	硅油浸复合介质
G	硅油浸纸介质	FF	二芳基乙烷浸复合介质
C	植物油浸纸介质	BF	异丙基联苯浸复合介质
F	偏苯浸纸介质	FM	二芳基乙烷浸纯膜介质
L	六氟化硫介质	BM	异丙基联苯浸纯膜介质
K	空气介质	KJ	干式金属化膜（纸）介质
D	氮气介质	GJ	硅油浸金属化膜（纸）介质
MJ	金属化聚丙烯膜介质		

表 9-6　尾注号含义

尾注号	含义	尾注号	含义
W	户外式电容器（户内不用字母表示）	H	污秽地区用电容器
S	水冷式电容器（自冷式不用字母表示）	Y	专用于测量的电容器
G	高原用电力电容器	D	专用于电焊机的电容器
TH	湿热带用电力电容器	K	专用于矿井的电容器

9.3.2　无功补偿电容器的类型

无功补偿电容器的分类方法有很多种：

（1）按安装地点可分为户内式和户外式。

（2）按相数可分为单相式和三相式。

（3）按额定电压可分为高压式（1.05 kV 及以上）和低压式（0.525 kV 及以下）。

（4）按外壳材料可分为金属外壳、瓷外壳和胶木外壳。

（5）无功补偿电容器的主要种类及用途见表 9 - 7。

表 9 - 7 无功补偿电容器的种类及用途

型号	类别		额定电压/kV	主要用途
BW	并联电容器	高压	1.05 ~ 19.0	提高电力系统及负荷的功率因数，调整电压
BWF				
BGF				
BBF				
BBM		低压	0.23 ~ 1.0	
BFF				
BFM				
CY	串联电容器		0.6 ~ 2.0	降低线路电压降，提高输电线的输送容量和稳定性，控制电力潮流分布
CGF				
CWF				

9.3.3 常用无功补偿电容器的技术数据

常用无功补偿电容器的技术数据见表 9 - 8 ~ 表 9 - 18。

表 9 - 8 BAM（BFM）全膜高压并联电容器的主要技术数据

额定电压	AC 1 ~ 12 kV 50 Hz 或 60 Hz	最高允许过电压	1.1U_n
额定容量	30 ~ 200 kvar	最大允许过电流	1.3I_n
电容偏差	−5% ~ +10%	使用条件	环境空气温度为 −40 ~ +45 ℃；海拔高度≤1 000 m
介质损耗角正切值	≤0.000 3	内装放电电阻的自放电特性	断电后 10 min 内从 2U_n 下降至 75V 以下

表 9-9　BCMJ、BSMJ、BKMJ、BZMJ 系列低压自愈式并联电容器的技术数据

名称		低压自愈式并联电容器	型号	BCMJ、BSMJ、BKMJ、BZMJ
适用环境	温度	最低 -25 ℃，最高 +50 ℃（特殊设计最低 -40 ℃，最高 +60 ℃）		
	海拔高度	不超过 2 000 m（特殊设计不超过 3 000 m）		
	相对湿度	不大于 95%		
常规参数	介质损失	不大于 0.001 kV·A，介质采用聚丙烯薄膜损耗小于 0.5 W		
	容差	标称容量的 0~+10%，相间不平衡不大于 1.05%		
	试验电压	极间 $2.15U_1 + 1.5U_H$，5s；极壳间 3 600 V，2s		
	放电	断电后，1 min 或 3 min 内使放电至 50 V 以下		
	密封性能	80±2 ℃，3 h，无渗漏		
	安全性能	100% 电容器切断保护。国标为 GB 12747—2004，满足 IEC60831-2 标准的破坏试验要求。满足 UL810 标准的 10 000 AFC 要求		
运行参数	过负荷	允许过电压为 $1.10U_n$；允许过电流不大于 $1.3I_n$，额定电流连续运行 [特殊设计可满足 $(1.6~2.5)I_n$]		
	产品可靠性	在额定电压及标称类别温度下运行 60 000 h/5 000 h，对应产品失效小于 6%/0.5%（1 ppm/h）。满足美国电气工业协会 EIA—456—A 标准		

表 9-10　BCMJ、BSMJ、BKMJ、BZMJ 系列低压自愈式并联电容器的产品规格

产品型号 BCMJ、BSMJ、BKMJ、BZMJ	额定电压/kV	额定容量/kvar	总电容量/μF	额定电流/A	外形尺寸（长×宽×高）/mm	安装尺寸（长×宽）/mm
400 V、AC、50 Hz 系列，三相自愈式并联电容器，三角形接线						
0.4-10-3	0.4	10	198	14.4	170×57×180	185×40
0.4-15-3	0.4	15	298	21.7	170×57×180	185×40
0.4-20-3	0.4	20	398	28.9	170×57×240	185×40
0.4-25-3	0.4	25	498	36	170×85×210	200×60
0.4-30-3	0.4	30	597	43.3	170×85×250	200×60
0.4-40-3	0.4	40	796	57.6	240×120×200	280×70
0.4-50-3	0.4	50	995	72	240×120×260	280×70
0.4-60-3	0.4	60	1 194	86.4	240×120×300	280×70

产品型号 BCMJ、BSMJ、 BKMJ、BZMJ	额定 电压/kV	额定 容量/kvar	总电 容量/μF	额定 电流/A	外形尺寸 （长×宽×高）/ mm	安装尺寸 （长×宽）/mm
0.4 – 80 – 3	0.4	80	1 592	100.8	240×120×300	280×70
0.4 – 90 – 3	0.4	90	1 790	129.6	300×120×310	280×70
0.4 – 100 – 3	0.4	100	1 989	144	300×120×330	280×70
450 V、AC、50 Hz 系列，三相自愈式并联电容器，三角形接线						
0.45 – 10 – 3	0.45	10	157.3	12.8	170×57×180	185×40
0.45 – 15 – 3	0.45	15	236	19.2	170×57×180	185×40
0.45 – 20 – 3	0.45	20	314.6	25.7	170×57×240	185×40
0.45 – 30 – 3	0.45	30	471.6	38.5	170×85×210	200×60
0.45 – 40 – 3	0.45	40	628.8	51.3	170×85×250	200×60
0.45 – 50 – 3	0.45	50	786	64.2	240×120×200	280×70
0.45 – 60 – 3	0.45	60	943.1	77	240×120×260	280×70
0.45 – 80 – 3	0.45	80	1 258	102.6	240×120×300	280×70
0.45 – 90 – 3	0.45	90	1 415	115.5	240×120×300	280×70
0.45 – 100 – 3	0.45	100	1 572	128.3	300×120×310	280×70
480 V、AC、50 Hz 系列，三相自愈式并联电容器，三角形接线						
0.48 – 10 – 3	0.48	10	138.2	12.02	170×57×180	185×40
0.48 – 15 – 3	0.48	15	207.3	18.04	170×57×210	185×40
0.48 – 20 – 3	0.48	20	276.5	24.05	170×57×240	185×40
0.48 – 30 – 3	0.48	30	414.7	36.08	170×85×250	200×60
0.48 – 40 – 3	0.48	40	552.9	48.11	240×120×200	280×70
0.48 – 50 – 3	0.48	50	691.1	60.14	240×120×260	280×70
0.48 – 60 – 3	0.48	60	829.4	72.17	240×120×300	280×70
0.48 – 80 – 3	0.48	80	1 105.8	96.22	240×120×300	280×70
0.48 – 90 – 3	0.48	90	1 244	108.25	300×120×310	280×70
0.48 – 100 – 3	0.48	100	1 382.3	120.28	300×120×330	280×70

产品型号 BCMJ、BSMJ、 BKMJ、BZMJ	额定 电压/kV	额定 容量/kvar	总电 容量/μF	额定 电流/A	外形尺寸 (长×宽×高)/ mm	安装尺寸 (长×宽)/mm
525V、AC、50 Hz 系列,三相自愈式并联电容器,三角形接线						
0.525 - 10 - 3	0.525	10	115.5	11	170×57×180	185×40
0.525 - 15 - 3	0.525	15	173.3	16.5	170×57×210	185×40
0.525 - 20 - 3	0.525	20	231.1	22	170×57×240	185×40
0.525 - 30 - 3	0.525	30	346.5	33	170×85×250	200×60
0.525 - 40 - 3	0.525	40	426	44	240×120×200	280×70
0.525 - 50 - 3	0.525	50	577.4	55	240×120×260	280×70
0.525 - 60 - 3	0.525	60	693	66	240×120×300	280×70
0.525 - 80 - 3	0.525	80	923.9	88	240×120×300	280×70
0.525 - 90 - 3	0.525	90	1 039	99	300×120×310	280×70
0.525 - 100 - 3	0.525	100	1 155	110	300×120×330	280×70
690V、AC、50 Hz 系列,三相自愈式并联电容器,三角形接线						
0.69 - 10 - 3	0.69	10	66.9	8.3	170×57×180	185×40
0.69 - 12 - 3	0.69	12	80.3	10	170×57×180	185×40
0.69 - 15 - 3	0.69	15	100.3	12.5	170×57×210	185×40
0.69 - 20 - 3	0.69	20	133.8	16.7	170×57×240	185×40
0.69 - 25 - 3	0.69	25	167.2	20.8	170×85×210	200×60
0.69 - 30 - 3	0.69	30	200.7	25	170×85×250	200×60
0.69 - 35 - 3	0.69	35	234.2	29.1	170×85×280	200×60
0.69 - 40 - 3	0.69	40	267.3	33.3	240×120×200	280×70
0.69 - 50 - 3	0.69	50	334.5	41.7	240×120×260	280×70
0.69 - 60 - 3	0.69	60	401.4	50.2	240×120×300	280×70
0.69 - 65 - 3	0.69	65	434.9	54	240×120×300	280×70
分相补偿并联电容器(出线两个端子)						
0.25 - 3 - 1	0.25	3	153	12.0	170×57×130	185×40

产品型号 BCMJ、BSMJ、 BKMJ、BZMJ	额定 电压/kV	额定 容量/kvar	总电 容量/μF	额定 电流/A	外形尺寸 （长×宽×高)/ mm	安装尺寸 （长×宽)/mm
0.25－5－1	0.25	5	245	20.0	170×57×180	185×40
0.25－7.5－1	0.25	7.5	382	30.0	170×57×210	185×40
0.25－10－1	0.25	10	509	40.0	170×57×210	185×40
0.25－15－1	0.25	15	764	60.0	170×85×250	200×60
0.25－20－1	0.25	20	1 019	80.0	240×120×200	280×70
0.25－25－1	0.25	25	1 273	100.0	240×120×260	280×70
0.25－30－1	0.25	30	1 528	120.0	240×120×260	280×70
0.25－35－1	0.25	35	1 783	140.0	240×120×260	280×70
0.25－40－1	0.25	40	2 037	160.0	240×120×260	280×70
分相补偿并联电容器(出线四个端子)						
0.25－3－1YN	0.25	3	153	12.0	170×57×130	185×40
0.25－5－1YN	0.25	5	245	20.0	170×57×180	185×40
0.25－7.5－1YN	0.25	7.5	382	30.0	170×57×210	185×40
0.25－10－1YN	0.25	10	509	40.0	170×57×210	185×40
0.25－15－1YN	0.25	15	764	60.0	170×85×250	200×60
0.25－20－1YN	0.25	20	1019	80.0	240×120×200	280×70
0.25－25－1YN	0.25	25	1 273	100.0	240×120×260	280×70
0.25－30－1YN	0.25	30	1 528	120.0	240×120×260	280×70
0.25－35－1YN	0.25	35	1 783	140.0	240×120×260	280×70
0.25－40－1YN	0.25	40	2 037	160.0	240×120×260	280×70

表9－11 MKP（400 V、AC、50 Hz）系列三相自愈式并联电容器的产品规格

型号规格	额定 容量/kvar	额定电 容量/μF	额定 电流/A	尺寸/mm 外径（D）×高度（H）	安装尺寸 mm
400－5－3	5	3×33	3×7.2	76×120	
400－6－3	6	3×40	3×8.6	76×120	M12×16
400－10－3	10	3×66	3×14.4	76×235	
400－15－3	15	3×100	3×21.7	76×235	

型号规格	额定容量/kvar	额定电容量/μF	额定电流/A	尺寸/mm 外径（D）×高度（H）	安装尺寸/mm
400 – 20 – 3	20	3 ×133	3 ×29	116 ×235	
400 – 25 – 3	25	3 ×166	3 ×36	116 ×285	M16 ×25
400 – 30 – 3	30	3 ×199	3 ×43.3	116 ×285	

表 9 – 12　MKP（440 V、AC、50 Hz）系列三相自愈式并联电容器的产品规格

型号规格	额定容量/kvar	额定电容量/μF	额定电流/A	尺寸/mm 外径（D）×高度（H）	安装尺寸/mm
440 – 5 – 3	5	3 ×27	3 ×6.6	76 ×120	
440 – 6 – 3	6	3 ×33	3 ×7.8	76 ×120	
440 – 0 – 3	10	3 ×54.8	3 ×13	76 ×235	M12 ×16
440 – 15 – 3	15	3 ×82	3 ×19.7	76 ×235	
440 – 20 – 3	20	3 ×110	3 ×26.2	116 ×235	
440 – 25 – 3	25	3 ×137	3 ×33	116 ×286	M16 ×25
440 – 30 – 3	30	3 ×164	3 ×39.4	116 ×286	

表 9 – 13　MKP 系列电容器的技术数据

电容额定电压	400 V、415 V、440 V、450 V、480 V、525 V、690 V、750 V/1 200 V，50/60 Hz 工频交流电压
额定容量	3 ~30 kvar
过电压	U_n +10%（8 h/24 h）/U_n +30%（连续 1 min）
过电流	$1.3 ×I_n$
浪涌电流	200 倍额定电流
损耗（介质）	<0.2 W/kvar
容差	–5/ +10%
极间耐压	$2.15 U_n$、AC、10s
极壳耐压	3 000 V、AC、10s
设计寿命	正常工作条件下工作 170 000 h
环境温度	–40/D（最高 +65 ℃）
冷却	自然冷却（或强制风冷）
最高允许湿度	95%

电容额定电压	400 V、415 V、440 V、450 V、480 V、525 V、690 V、750 V/1 200 V、50/60 Hz 工频交流电压
海拔高度	小于海拔 4 000 m
安装方式	垂直安装
介质损失	不大于 0.001 2
安全性	干式技术，过压力保护装置，自愈合技术，过电流保护器
放电器件	内置放电电阻
外壳	优质铝外壳
防污等级	IP20，户内安装，加装特殊的防护罩可以满足户外安装
介质材料	金属覆膜聚丙烯介质
填充材料	干式阻燃矿物
端子	M6/M8 铜螺栓，带防触电保护罩

表 9-14 MKP（450 V、AC、50 Hz）系列三相自愈式并联电容器的技术规格

型号规格	额定容量/kvar	额定电容量/μF	额定电流/A	尺寸/mm 外径(D)×高度(H)	安装尺寸/mm
450-5-3	5	3×26.2	3×6	76×120	M12×16
450-6-3	6	3×31.5	3×7.5	76×120	
450-10-3	10	3×52.4	3×12.8	76×235	
450-15-3	15	3×78.6	3×19.2	76×235	
450-20-3	20	3×105	3×25.65	116×235	M16×25
450-25-3	25	3×131	3×32	116×286	
450-30-3	30	3×157	3×38.5	116×286	

表 9-15 MKP（480 V、AC、50 Hz）系列三相自愈式并联电容器的产品规格

型号规格	额定容量/kvar	额定电容量/μF	额定电流/A	尺寸/mm 外径(D)×高度(H)	安装尺寸/mm
480-5-3	5	3×23	3×2	76×120	M12×16
480-6-3	6	3×27.6	3×2.4	76×120	
480-10-3	10	3×46	3×4	76×235	
480-15-3	15	3×69	3×6	76×235	

型号规格	额定 容量/kvar	额定电 容量/μF	额定 电流/A	尺寸/mm 外径(D)×高度(H)	安装尺寸/ mm
480 – 20 – 3	20	3 ×92	3 ×8	116 ×235	
480 – 25 – 3	25	3 ×115	3 ×10	116 ×286	M16 ×25
480 – 30 – 3	30	3 ×138	3 ×12	116 ×286	

表 9 – 16　MKP（525 V、AC、50 Hz）系列三相自愈式并联电容器产品规格

型号规格	额定 容量/kvar	额定电 容量/μF	额定 电流/A	尺寸/mm 外径(D)×高度(H)	安装尺寸/ mm
525 – 5 – 3	5	3 ×19	3 ×5.5	76 ×120	
525 – 6 – 3	6	3 ×23	3 ×6.6	76 ×120	
525 – 10 – 3	10	3 ×38.5	3 ×11	86 ×235	M12 ×16
525 – 15 – 3	15	3 ×57.7	3 ×16.5	100 ×235	
525 – 20 – 3	20	3 ×77	3 ×22	116 ×235	
525 – 25 – 3	25	3 ×96.2	3 ×27.5	116 ×285	M16 ×25
525 – 30 – 3	30	3 ×115.5	3 ×33	116 ×285	

表 9 – 17　MKP（690 V、AC、50 Hz）系列三相自愈式并联电容器产品规格

型号规格	额定 容量/kvar	额定电 容量/μF	额定 电流/A	尺寸/mm 外径(D)×高度(H)	安装尺寸/ mm
690 – 5 – 3	5	33	3 ×4	76 ×120	
690 – 6 – 3	6	40	3 ×5	76 ×120	
690 – 10 – 3	10	66	3 ×8.3	86 ×235	M12 ×16
690 – 15 – 3	15	100	3 ×12.6	100 ×235	
690 – 20 – 3	20	134	3 ×16.7	116 ×235	
690 – 25 – 3	25	167	3 ×21	116 ×285	M16 ×25
690 – 30 – 3	30	199	3 ×25.1	116 ×285	

表 9 –18　MKP（230 V、AC、50 Hz）系列单相自愈式并联电容器产品规格

型号规格	技术参数				尺寸/mm	
	额定容量/kvar	额定电流/A	额定电容量/μF	接线端子	外壳尺寸	安装
0. 25 – 1 – 1	1	4. 0	50	M6	$\phi 70 \times 120$	
0. 25 – 2 – 1	2	8. 0	100	M6	$\phi 70 \times 120$	
0. 25 – 3 – 1	3	12. 0	150	M6	$\phi 70 \times 120$	
0. 25 – 4 – 1	4	16. 0	200	M6	$\phi 70 \times 160$	底部 M12 ×16 安装螺栓
0. 25 – 5 – 1	5	20. 0	250	M6	$\phi 70 \times 200$	
0. 25 – 6 – 1	6	24. 0	300	M6	$\phi 70 \times 200$	
0. 25 – 6. 7 – 1	6. 7	26. 4	330	M6	$\phi 70 \times 200$	
0. 25 – 8 – 1	8	32. 0	400	M6	$\phi 75 \times 240$	
0. 25 – 10 – 1	10	40. 0	500	M8	$\phi 120 \times 180$	
0. 25 – 12 – 1	12	48. 0	600	M8	$\phi 120 \times 240$	底部 M16 ×25 安装螺栓
0. 25 – 15 – 1	15	60. 0	750	M8	$\phi 120 \times 240$	
0. 25 – 20 – 1	20	80. 0	1 000	M8	$\phi 120 \times 240$	

第10章 电力电子技术

电力电子技术是应用于电力领域的电子技术。具体地说，就是使用电力电子器件对电能进行变换和控制的技术。目前所使用的电力电子器件均用半导体制成，故也称为电力半导体器件。通常所说的电力有交流和直流两种。从公用电网直接得到的电力是交流的，从蓄电池和干电池得到的电力是直流的，从这些电源得到的电力往往不能直接满足要求，需要进行电力变换。电力变换可划分为四类基本变换，相应的有四种电力变换电路或电力变换器。

（1）交流（AC）/直流（DC）整流电路或整流器：将频率为 f_1、电压为 v_1 的交流电变换为频率为 $f_2 = 0$、电压为 v_2 的直流电。

（2）直流（DC）/交流（AC）逆变电路或逆变器：将频率为 $f_1 = 0$、电压为 v_1 的直流电变换为频率为 $f_2 \neq 0$、电压为 v_2 的交流电。

（3）直流（DC）/直流（DC）电压变换电路：将频率为 $f_1 = 0$、直流电压为 v_1 的直流电变换为频率为 $f_2 = 0$、直流电压为 v_2 的直流电。此电路又称为直流斩波电路、直流斩波器。

（4）交流（AC）/交流（AC）电压或频率变换电路：将频率为 f_1 的交流电压 v_1 变换成频率为 f_2 的交流电压 v_2。如果频率不变 $(f_1 = f_2)$，仅改变电压，则称为交流电压变换器或交流斩波器。如果频率、电压均改变，则称为直接变频器。

10.1 常用电力电子器件

10.1.1 概述

电力电子器件是指可直接用于处理电能的主电路中，实现电能的变换或控制的电子器件，它一般具有如下的特征：

（1）电力电子器件所能处理的电功率大小，也就是其承受电压和电流的能力，是其最重要的参数。

（2）因为处理的电功率较大，所以为了减小本身的损耗，提高效率，电力电子器件一般都工作在开关状态。

（3）在实际应用中，电力电子器件往往需要由信息电子电路来控制。

（4）尽管工作在开关状态，但是电力电子器件自身的功率损耗通常仍远大于信息电子器件，因而为了保证不至于因损耗散发的热量导致器件温度过高而损坏，不仅在器件封装上比较讲究散热设计，而且在其工作时一般都还需要安装散热器。

按照电力电子器件被控制信号所控制的程度，可分为三大类，不可控器件、半控型器件、全控型器件。不可控器件是指不能通过控制信号来控制其导通和关断的电力电子器件；半控型器件是指通过控制信号可以控制其导通，而不能控制其关断的电力电子器件；全控器件是指控制信号既能控制其导通，也能控制其关断的电力电子器件。

按照器件内部电子和空穴两种载流子参与导电的情况，电力电子器件分为单极型、双极型和混合型。单极型是指器件内部只有一种极性载流子参与导电；双极型是指器件内部的电子和空穴两种极性载流子均参与导电；混合型器件是由单极型和双极型两种器件混合而成的器件。双极型器件一般通态压降低，电流容量大，单极型器件则开关速度高，混合型器件是二者混合而成，因而兼有两者的优点，性能更为优良。

按照控制信号的性质，还可以将电力电子器件分为电流控制型和电压控制型，后者又称为场控器件或场效应器件。

根据器件的冷却方式不同，可分为自冷型、风冷型、水冷型等。

根据器件的结构形式不同，可分为螺栓式、平板式、模块式。

各种类型电力电子器件的名称见表 10 - 1。常用的电力电子器件基本特性见表 10 - 2。

表 10 - 1　各种类型电力电子器件的名称

类型		缩写	名称
不可控器件		D	二极管（Diode）
半控器件		SCR	普通晶闸管（Thyristor） 可控硅整流器（Silicon Controlled Rectifier）
全控器件	电流控制器件	BJT（GTR）	双极结型晶体管（Bipolar Junction Transistor） 电力晶体管（Giant Transistor）
		GTO	门极关断晶闸管（Gate Turn-Off Thyristor）
	场控器件	P - MOSFET	电力场效应晶体管（Power MOS Field-Effect Transistor）
		IGBT	绝缘栅双极晶体管（Insulated Gate Bipolar Transistor）
		MCT	场控晶体管（MOS-Controlled Thyristor）
		SIT	静电感应晶体管（Static Induction Transistor）
		SITH	静电感应晶闸管（Static Induction Thyristor）
功率集成电路		IPM	智能功率模块（Intelligent Power Module）

表10-2 常用电力电子器件的基本特性

类别	名称	IEC名称	特征	符号	型号	伏安特性	主要用途
整流管类	整流二极管 (SR)	Semiconductor Rectifier Diode	正向导通 反向阻断	A—▷⊢—K	ZP	I ~ U	各种直流电源、整流器
	快速整流二极管 (FRD)	Fast Recovery Rectifier Diode	反向恢复 时间短	A—▷⊢—K	ZK	I ~ U	高频电源、斩波器、逆变器
	肖特基势垒二极管 (SBD)	Schottky Barrier Diode	正向电压 低	A—▷⊢—K		I ~ U	计算机电源、仪表电源、高频开关电源
晶闸管类	普通晶闸管 (Th)	Thyristor	反向阻断，给正向门极信号时开通	A—▷⊩—K G	KR	I ~ U（L—门极电流）	整流器、逆变器、变频器、斩波器
	快速晶闸管 (FST)	Fast Switching Thyristor	开通、关断时间同短	A—▷⊩—K G	KK	I ~ U	中频电源、超声波电源
	双向晶闸管 (TRIAC)	Bidirectional Triode Thyristor	双方向均可由门极信号触发开通	T_1 ◁▷ T_2 G	KS	I ~ U（L—门极电流）	电子开关、调光器、调温器
	逆导晶闸管 (RCT)	Reverse Conducting Thyristor	给正向门极信号开通、反向导电	A—▷⊩—K G	KN	I ~ U（L—门极电流）	逆变器、斩波器
	光控晶闸管 (LATT)	Light Activated Triode Thyristor	光信号触发开通	A—▷⊩—K G	KL	I ~ U（L—光功率）	HVDC、无功补偿、高压开关

续表

类别	名称	IEC 名称	特征	符号	型号	伏安特性	主要用途
晶闸管类	静电感应晶闸管 (SITH)	Static Induction Thyristor	常开型，栅极控制开通和关断		KY		高频谐振器、高频逆变器、高频脉冲开关
	门极关断晶闸管 (GTO)	Gate Turn-Off Thyristor	电流控制；给门极正信号开通，负信号关断		KG		逆变器、斩波器、直流开关、汽车点火系统
	MOS 控制晶闸管 (MCT)	MOS Controlled Thyristor	栅极控制开通和关断		KV		高频、大功率电力变换
电力晶体管类	电力晶体管 (GTR)	Giant Transistor	电流控制；基极电流控制开通及关断		JA JB JC		中小功率逆变器、<600 kW 和 <400 kHz 的各种电源

续表

类别	名称	IEC 名称	特征	符号	型号	伏安特性	主要用途
电力晶体管类	电力场效应晶体管(PMOSFET)	Power MOSFET	电压关断	D／G／S	BUT		汽车电器、小功率逆变器、高频(<1 GHz)、低压、中电流电源
	绝缘栅双极型晶体管(IGBT)	Insulated Gate Bipolar Transistor	栅极控制开通和关断	C／G／E	JI		高频开关、大功率逆变电源、高频开关频率(<100 kHz)、高压、中电流电源
	静电感应晶体管(SIT)	Static Induction Transistor	常开型，栅极控制开通和关断	D／G／S	JE		高频感应加热、高频逆变器、高频开关(<100 kHz)
功率集成电路	高压集成电路(HVIC)	High Voltage IC	集功率开关器件、驱动、缓冲、保护、检测和传感等电路于一体				汽车电器、家用电器、办公设备、自动化设备和变换设备
	智能功率集成电路(SPIC)	Smart Power IC					

10.1.2　电力二极管

电力二极管也称为半导体整流器，虽然是不可控器件，但其结构和原理简单，工作可靠，所以，直到现在电力二极管仍然大量应用于许多电气设备当中，可用于电路的整流、钳位、续流等。

1. 电力二极管的结构特点　电力二极管是由一个面积较大的 PN 结和两端引线及封装组成的，图 10-1 为电力二极管的外形、结构和电气图形符号。从外形上看，电力二极管主要有螺栓型和平板型两种封装。

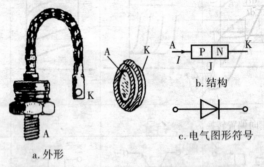

a. 外形　　b. 结构　　c. 电气图形符号

图 10-1　电力二极管的外形、结构和电气图形符号

2. 电力二极管的基本特性

（1）静态特性：电力二极管的静态特性主要是指其伏安特性，如图 10-2 所示。当电力二极管承受的正向电压大到一定值（门槛电压 U_{TO}），正向电流才开始明显增加，处于稳定导通状态。与正向电流 I_F 对应的电力二极管两端的电压 U_F 即其正向电压降。当电力二极管承受反向电压时，只有少数载流子（少子）引起的微小而数值恒定的反向漏电流。

（2）动态特性：因为结电容的存在，电力二极管在零偏置（外加电压为零）、正向偏置和反向偏置这

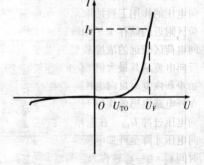

图 10-2　电力二极管的伏安特性

三种状态之间转换的时候，必然经历一个过渡过程。在这些过渡过程中，PN结的一些区域需要一定时间来调整其带电状态，因而其电压-电流特性不能用前面的伏安特性来描述，而是随时间变化的，这就是电力二极管的动态特

性，并且往往专指反映通态和断态之间转换过程的开关特性。

图 10-3 给出了电力二极管由正向偏置转换为反向偏置时其动态过程的波形。当原处于正向导通状态的电力二极管的外加电压突然从正向变为反向时，该电力二极管并不能立即关断，而是经过一段短暂的时间后才能重新获得反向阻断能力，进入截止状态。在关断之前有较大的反向电流出现，并伴随有明显的反向电压过冲。这是因为正向导通时在 PN 结两侧储存的大量少子需要被清除掉以达到反向偏置稳态的缘故。

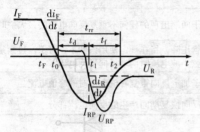

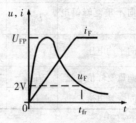

a. 正向偏置转换为反向偏置　　　　　b. 零偏置转换为正向偏置

图 10-3　电力二极管的动态特性

t_F 时刻外加电压突然由正向变为反向，正向电流在此反向电压作用下开始下降，下降速率由反向电压大小和电路中的电感决定，而管压降由于电导调制效应基本变化不大，直至正向电流降为零的时刻 t_0。此时电力二极管由于在 PN 结两侧储存有大量少子而并没有恢复反向阻断能力，这些少子在外加反向电压的作用下被抽取出电力二极管，因而形成较大的反向电流。当空间电荷区附近的储存少子即将被抽尽时，管压降变为负极性，于是开始抽取离空间电荷区较远的浓度较低的少子。因而在管压降极性改变后不久的 t_1 时刻，反向电流从其最大值 I_{RP} 开始下降，空间电荷区开始迅速展宽，电力二极管开始重新恢复对反向电压的阻断能力。在 t_1 时刻以后，由于反向电流迅速下降，在外电路电感的作用下会在电力二极管两端产生比外加反向电压大得多的反向电压过冲 U_{RP}。在电流变化率接近于零的 t_2 时刻，电力二极管两端承受的反向电压才降至外加电压的大小，电力二极管完全恢复对反向电压的阻断能力。时间 $t_d = t_1 - t_0$ 被称为延迟时间，$t_f = t_2 - t_1$ 被称为电流下降时间，而时间 $t_{rr} = t_d + t_f$ 则被称为电力二极管的反向恢复时间。按照反向恢复特性的不同，分为普通整流二极管和快速整流二极管。

3. 电力二极管的主要技术参数　电力二极管主要技术参数见表 10-3。

表 10 - 3 电力二极管主要技术参数

名称	符号	定　义
额定正向平均电流	$I_{F(AV)}$	即额定电流，指在规定散热条件下，允许长时间流过工频正弦半波电流的平均值
正向浪涌电流	I_{FSM}	电路异常引起的使结温超过额定值的不重复最大正向过载电流
反向重复峰值电压	U_{RRM}	即额定电压，指管子反向能重复施加电压的最大瞬时值
反向不重复峰值电压	U_{RSM}	管子两端出现的任何不重复反向电压的最大瞬时值
正向平均电压	U_F	即管压降，指在规定使用条件下，管子流过额定工频正弦半波电流时两端正向平均电压
反向重复峰值电流	I_{RRM}	管子加上反向重复峰值电压时的峰值电流
反向恢复电流	I_{RR}	在反向恢复期间产生的反向电流部分

二极管的型号及其含义如下：

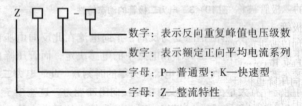

数字：表示反向重复峰值电压级数
数字：表示额定正向平均电流系列
字母：P—普通型；K—快速型
字母：Z—整流特性

4. 普通整流二极管　多用于开关频率不高（1 kHz 以下）的整流电路中。其反向恢复时间较长，一般在 5 μs 以上，这在开关频率不高时并不重要，在参数表中甚至不列出这一参数。但其正向电流定额和反向电压定额却可以达到很高，分别可达数千安和数千伏以上。

普通整流二极管的型号及主要参数见表 10 - 4。

表 10 - 4 普通整流二极管

参数 型号	$I_{F(AV)}/$ VA	$U_{RRM}/$ V	$U_{F(AV)}/$ V	$I_{RR(AV)}/$ mA	$I_{RRM}/$ mA	$I_{FSM}/$ A	螺栓型	平板型
ZP1	1	100 ~ 2 000	≤0.8	<1	≤1	40	M5	—
ZP3	3	100 ~ 2 000	≤0.8	<1	≤2	100	M6	—
ZP5	5	100 ~ 2 000	≤0.8	<1	≤2	80	M6	—
ZP10	10	100 ~ 2 000	≤0.8	<1.5	≤5	310	M10	—

续表

参数 型号	$I_{F(AV)}/$ A	$U_{RRM}/$ V	$U_{F(AV)}/$ V	$I_{RR(AV)}/$ mA	$I_{RRM}/$ mA	$I_{FSM}/$ A	螺栓型	平板型
ZP20	20	100 ~ 2 000	≤0.8	<2	≤10	570	M10	—
ZP30	30	100 ~ 2 500	≤0.8	<3	≤20	750	M12	—
ZP50	50	100 ~ 2 500	≤0.8	<4	≤20	1 200	M12	—
ZP100	100	100 ~ 3 000	≤1	<6	≤30	2 200	M16	—
ZP200	200	100 ~ 3 000	≤1	<8	≤40	4 000	M20	△
ZP300	300	100 ~ 3 000	≤1	<10	≤40	5 600	M20	△
ZP400	400	100 ~ 3 000	≤1	<12	≤50	7 500	M20	△
ZP500	500	100 ~ 3 000	≤1	<15	≤50	9 400	—	△
ZP600	600	100 ~ 3 000	≤1	<20	≤50	11 000	—	△
ZP800	800	100 ~ 3 000	≤1	<20	≤60	15 000	—	△
ZP1 000	1 000	1 000 ~ 3 000	≤1	<25	≤60	19 000	—	△

5. 快速整流二极管　恢复过程很短，特别是反向恢复过程很短，一般在 5 μs 以下的二极管被称为快速整流二极管（Fast Recovery Diode-FRD），简称为快恢复二极管。工艺上多采用了掺金措施，结构上有的采用 PN 结型，也有的采用对此加以改进的 PiN 结构。特别是采用外延型 PiN 结构的所谓快恢复外延二极管（Fast Recovery Epitaxial Diode-FRED），其反向恢复时间更短，可低于 50 ns，正向压降也很低，约为 0.9 V，但其反向耐压值多在 1 200 V 以下。不管是什么结构，快恢复二极管从性能上可分为快速恢复和超快速恢复两个等级。前者反向恢复时间为数百纳秒或更长，后者则在 100 ns 以下，甚至达到 20 ~ 30 ns。

快速整流二极管的型号及主要参数见表 10 - 5。

表 10 - 5　快速整流二极管

参数 型号	$I_{F(AV)}/$ A	$U_{RRM}/$ V	$U_{F(AV)}/$ V	$I_{RR(AV)}/$ mA	$I_{RRM}/$ mA	$I_{FSM}/$ A	$t_{rr}/$ μs	螺栓型	平板型
ZK3	3	100 ~ 2 000	≤1	<1	≤2	100	1 ~ 3	M6	—
ZK5	5	100 ~ 2 000	≤1	<1	≤2	180	1 ~ 3	M6	—
ZK10	10	100 ~ 2 000	≤1	<2	≤5	310	1 ~ 3	M10	—
ZK20	20	100 ~ 2 000	≤1	<2	≤10	570	1 ~ 3	M10	—
ZK30	30	100 ~ 2 000	≤1	<3	≤20	750	1 ~ 3	M12	—
2K50	50	100 ~ 2 000	≤1	<4	≤20	1200	1 ~ 3	M12	—
2K100	100	100 ~ 2 000	≤1.2	<6	≤30	2200	1 ~ 3	M16	—

参数 型号	$I_{F(AV)}$/ A	U_{RRM}/ V	$U_{F(AV)}$/ V	$I_{RR(AV)}$/ mA	I_{RRM}/ mA	I_{FSM}/ A	t_{rr}/ μs	螺栓型	平板型
ZK200	200	100～2 000	≤1.2	<8	≤40	4 000	1～3	M20	△
ZK300	300	100～2 000	≤1.2	<10	≤40	5 600	1～3	M20	△
ZK400	400	100～2 000	≤1.2	<12	≤50	7 500	1～3	—	△
ZK500	500	100～2 000	≤1.2	<15	≤40	9 400	1～3	—	△

6. 整流二极管使用时的注意事项 在选用整流二极管时，要考虑两个主要参数，即：

（1）反向工作峰值电压：习惯被称为额定电压或最大反向电压。指在规定的使用条件下，对整流二极管所允许施加的最大反向峰值电压，它一般规定为整流二极管反向击穿电压的一半。

（2）正向平均电流：习惯被称为额定电流或最大整流电流。指在规定环境和标准散热条件下，允许连续通过的工频正弦半波电流的平均值。

还要考虑整流二极管的散热和冷却。冷却方式有自冷、风冷和水冷三种。

7. 肖特基二极管 以金属和半导体接触形成的势垒为基础的二极管称为肖特基势垒二极管（Schottky Barrier Diode—SBD），简称为肖特基二极管。与以 PN 结为基础的电力二极管相比，肖特基二极管的优点在于：反向恢复时间很短（10～40 ns），正向恢复过程中也不会有明显的电压过冲，在反向耐压较低的情况下其正向压降也很小，明显低于快恢复二极管。因此，其开关损耗和正向导通损耗都比快恢复二极管还要小，效率高。肖特基二极管的弱点在于：当所能承受的反向耐压提高时，其正向压降也会高得不能满足要求，因此多用于 200 V 以下的低压场合；反向漏电流较大且对温度敏感，因此反向稳态损耗不能忽略，而且必须更严格地限制其工作温度。

10.1.3 晶闸管

晶闸管是晶体闸流管的简称，又称为可控硅整流器，简称为可控硅。晶闸管具有体积小、重量轻、效率高、使用和维护方便等优点，应用于整流、逆变、调压和开关等方面。由于其能承受的电压和电流容量仍然是目前电力电子器件中最高的，而且工作可靠，因此在大容量的应用场合仍然具有比较重要的地位。

1. 晶闸管的结构特点 图 10－4 为晶闸管的外形、结构和电气图形符号。从外形上来看，晶闸管也主要有螺栓型和平板型两种封装结构，均引出阳极 A、阴极 K 和门极 G 三个连接端。对于螺栓型封装，通常螺栓是其阳极，做成螺栓状是为了能与散热器紧密连接且安装方便。另一侧较粗的端子为阴极，细的为门极。平板型封装的晶闸管可由两个散热器将其夹在中间，其两个平面分别是阳极和阴极，引出的细长端子为门极。

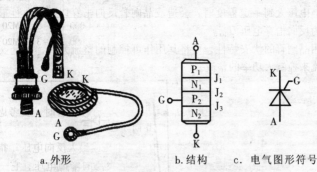

a. 外形   b. 结构   c. 电气图形符号

图 10 - 4　晶闸管的外形、结构和电气图形符号

晶闸管内部是 PNPN 四层半导体结构，分别命名为 P_1、N_1、P_2、N_2 四个区。P_1 区引出阳极 A，N_2 区引出阴极 K，P_2 区引出门极 G。四个区形成 J_1、J_2、J_3 三个 PN 结。如果正向电压加到器件上，则 J_2 处于反向偏置状态，器件 A、K 两端之间处于阻断状态，只能流过很小的漏电流。如果反向电压加到器件上，则 J_1 和 J_3 反偏，该器件也处于阻断状态，仅有极小的反向漏电流通过。

2. 晶闸管的伏安特性　晶闸管的伏安特性是指晶闸管的阳极电压 U_A 和阳极电流 I_A 之间的关系。普通晶闸管的伏安特性曲线见图 10 - 5。位于第一象限的是正向特性，分为正向阻断区和正向导通区，位于第三象限的是反向特性，分为反向阻断区和反向击穿区。

（1）正向阻断特性：当晶闸管的门极开路（$I_G = 0$）时，晶闸管两端虽加正向阳极电压，但不导通，晶闸管处于正向阻断状态，只有很小的正向漏电流通过，见图 10 - 5 中曲线 Ⅰ。当阳极电压达到一定值时，晶闸管会突然由关断状态转化为导通状态，该电压称为正向转折电压 U_B。

（2）导通工作特性：当晶闸管两端施加一定大小的正向阳极电压，同时门极流过足够大的正向门极电流 I_G 时，晶闸管才能在较低的正向阳极电压下导通，见图 10 - 5 中曲线 Ⅱ，门极电流 I_G 越大，对应的转折电压 U_B 越小。

晶闸管一旦导通，门极就失去控制作用，即无论有无正向控制电压，晶闸管始终处于导通状态，故导通的控制信号只需正向脉冲电压（称之为触发脉冲）即可。

要使晶闸管关断，就必须降低正向阳极电压，使晶闸管的正向阳极电流

I_A 小于维持电流 I_H，也可去掉阳极电压或施加反向阳极电压。

（3）反向阻断特性：当晶闸管两端施加反向阳极电压时，不论门极承受何种电压，晶闸管都不会导通，处于反向阻断状态，见图 10 - 5 中曲线 Ⅲ。当反向阳极电压大到一定程度时，会造成晶闸管反向击穿以致永久性破坏，该电压称为反向击穿电压 U_{RO}。

利用晶闸管的伏安特性，可将其用作可控制的整流元件，以毫安级的控制极电流来控制大功率的整流。

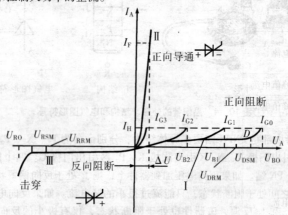

图 10 - 5　晶闸管的伏安特性曲线

3. 晶闸管的主要参数

（1）晶闸管的主要参数见表 10 - 6。

（2）晶闸管的型号：晶闸管的型号由五个部分组成，各部分含义如下：

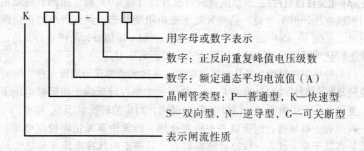

晶闸管型号命名中第五部分的含义见表 10 - 7。

（3）普通晶闸管的主要型号及参数见表 10 - 8。

表 10 - 6　晶闸管主要参数

名称	符号	定　义
额定通态平均电流	$I_{T(AV)}$	即额定电流，指在环境温度 40 ℃规定冷却条件下，在电阻性负载、工频正弦半波、导通角不小于 170°的电路中，不超过额定结温时允许的最大通态平均电流
通态浪涌电流	I_{TSM}	电路异常引起的使结温超过额定值的不重复性最大通态过载电流
反向重复峰值电流	I_{RRM}	管子加上反向重复峰值电压时的峰值电流
断态重复峰值电流	I_{DRM}	管子加上断态重复峰值电压时的峰值电流
维持电流	I_H	晶闸管维持通态必需的最小阳极电流
擎住电流	I_L	晶闸管刚从断态进入通态，去掉门极的触发信号后，能维持通态所需的最小阳极电流
门极触发电流	I_{GT}	在规定条件下，使管子由断态进入通态所必需的最小门极直流电流
通态电流临界上升率	di/dt	在规定条件下，晶闸管被触发导通时能承受而不导致损坏的最大通态电流上升率
反向重复峰值电压	U_{RRM}	反向阻断晶闸管两端出现的能重复的最大瞬时值，通常定义为 90% 的反向击穿电压
反向不重复峰值电压	U_{RSM}	反向阻断晶闸管两端出现的任何不重复反向电压的最大瞬时值
断态重复峰值电压	U_{DRM}	正向阻断状态下任何不重复反向电压的最大瞬时值的 80% 为断态重复峰值电压
断态不重复峰值电压	U_{DSM}	正向阻断状态下可重复施加而不是器件导通的最大电压，通常定义为 90% 的正向转折电压
额定电压	U_{Tn}	通常取反向重复峰值电压和断态重复峰值电压中较小的那个值，并按标准等级取整数值

名　　称	符号	定　　义
通态平均电压	$U_{T(AV)}$	即管压降，指在额定结温条件下，管子通以额定通态平均电流，阳极与阴极之间电压降的平均值
门极触发电压	U_{GT}	对应门极触发电流时的最小门极电压
断态电压临界上升率	du/dt	在额定结温下，门极断开，不使晶闸管由断态进入通态的最大阳极电压上升率
开通时间	t_{gt}	从晶闸管门极加上触发信号到其真正导通的时间间隔
关断时间	t_q	从阳极电流下降到零瞬间起，到晶闸管恢复正向阻断能力能承受规定的断态电压而不致过零开通时的时间间隔
额定结温	T_{JM}	管子正常工作时允许的最高结温

表 10 - 7　晶闸管型号命名中第五部分的含义

	级别	A	B	C	D	E	F	G	H	I
KP	通态平均电压/V	≤0.4	0.4 ~ 0.5	0.5 ~ 0.6	0.6 ~ 0.7	0.7 ~ 0.8	0.8 ~ 0.9	0.9 ~ 1	1 ~ 1.1	1.1 ~ 1.2
KK	级数	0.5	1		2	3	4	5		6
	换向关断时间/μs	≤5	5 ~ 10		10 ~ 20	20 ~ 30	30 ~ 40	40 ~ 50		50 ~ 60
KS	断态电压临界上升率级数	0.2			0.5		2			5
	$du/dt/$（V/μs）	20 ~ 50			50 ~ 2 200		2 200 ~ 2 500			≥2 500

表10-8 普通晶闸管的主要型号及参数

型号	通态平均电流 $I_{T(AV)}$/A	通态峰值电压 U_{TM}/V	维持电流 I_H/mA	门极触发电流 I_{GT}/mA	门极触发电压 U_{GT}/V	门极不触发电压 U_{GD}/V	门极正向峰值电压 U_{FGM}/V	门极正向峰值电流 I_{FGM}/A	工作温度 T_j/℃	断态、反向重复峰值电压 U_{DRM}、U_{RRM}/V	断态、反向重复峰值电流 I_{DRM}、I_{RRM}/mA	I^2t/(A²·s) 低	I^2t/(A²·s) 高	通态电流临界上升率 di/dt/(A/μs)	断态电压临界上升率 du/dt/(V/μs)
KP1	1	≤2.0	≤10	≤20	≤2.5	≥0.2	6	—	-40~+100	50~1600	≤3	0.85	1.8	—	25~800
KP3	3		≤30	≤60							≤8	7.2	15		
KP5	5	≤2.2	≤60		≤3		10	1		100~2000	≤10	20	40		
KP10	10		≤100	≤100								85	180		
KP20	20	≤2.4	≤150	≤150				2			≤20	280	720		50~1000
KP30	30		≤200	≤250	≤3.5			3		100~2400	≤40	720	1600	25~50	
KP50	50											2000	5000		
KP100	100	≤2.6	≤300	≤350			16	4	-40~+125	100~3000	≤50	8.5×10³	18×10³	25~100	100~1000
KP200	200										≤60	31×10³	72×10³	50~200	
KP300	300				≤4							0.7×10⁵	1.6×10⁵		
KP400	400		≤400	≤450								1.3×10⁵	2.8×10⁵		
KP500	500											2.1×10⁵	4.4×10⁵	50~300	
KP600	600		≤500								≤80	2.9×10⁵	6.0×10⁵		
KP800	800											5.0×10⁵	11×10⁵		
KP1000	1000										≤120	8.5×10⁵	18×10⁵		

4. 晶闸管使用时的注意事项　使用晶闸管时应注意以下几点：

（1）注意晶闸管的散热。在晶闸管上要配用具有规定散热面积的散热器，并使散热器与晶闸管之间有良好的接触。对于大功率的晶闸管，要按规定进行风冷或水冷。

（2）采用适当的保护措施、闲置电压，以及电流的变化率。

（3）要防止门极的正向过载和反向击穿。

（4）使用中要避免剧烈振动和冲击。

10.1.4　派生晶闸管

1. 快速晶闸管　快速晶闸管包括所有专为快速应用而设计的晶闸管，有常规的快速晶闸管和工作在更高频率的高频晶闸管，可分别应用于 400 Hz 和 10 kHz 以上的斩波或逆变电路中。由于对普通晶闸管的管芯结构和制造工艺进行了改进，快速晶闸管的开关时间及 du/dt 和 di/dt 的值都有了明显改善。从关断时间来看，普通晶闸管一般为数百微秒，快速晶闸管为数十微秒，而高频晶闸管则为 10 μs 左右。与普通晶闸管相比，高频晶闸管的不足在于其电压和电流定额都不易做高。由于工作频率较高，选择快速晶闸管和高频晶闸管的通态平均电流时不能忽略其开关损耗的发热效应。

2. 双向晶闸管　双向晶闸管可以认为是一对反并联连接的普通晶闸管的集成，其电气图形符号和伏安特性如图 10-6 所示。它有两个主电极 T_1 和 T_2，一个门极 G。

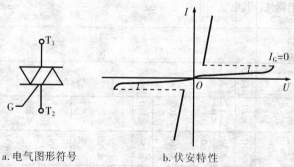

a.电气图形符号　　　　b.伏安特性

图 10-6　双向晶闸管的电气图形符号和伏安特性

由于门极具有短路发射极结构，使在主电极的正、反两个方向均可用正或负的电流触发，所以双向晶闸管在第Ⅰ和第Ⅲ象限有对称的伏安特性。图 10-7 所示为双向晶闸管的四种触发方式，一般推荐采用Ⅰ₋和Ⅲ₋两种触发方式。双向晶闸管与一对反并联晶闸管相比是经济的，而且控制电路比较简单，所以在交流调压电路、固态继电器和交流电动机调速等领域应用较多。由于双向晶闸管通常用在交流电路中，因此不用平均值而用有效值来表示其额定电流值。

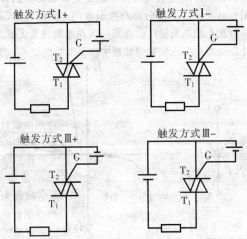

图 10-7　双向晶闸管的触发方式

3. 逆导晶闸管　在逆变电路、斩波电路中，常将晶闸管和整流管反并联使用，逆导晶闸管就是需要将一个单向晶闸管和一个整流管反并联构成的整体电力电子器件，其电气图形符号和伏安特性如图 10-8 所示。

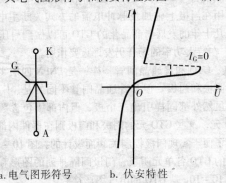

a. 电气图形符号　　　b. 伏安特性

图 10-8　逆导晶闸管的电气图形符号和伏安特性

与普通晶闸管相比较，逆导晶闸管具有正向压降小、关断时间短、高温特性好、额定结温高等优点，尤其是消除了晶闸管与整流管之间的配线电感，有助于减小晶闸管关断时承受的峰值电压。

4. 光控晶闸管 光控晶闸管又称为光触发晶闸管，是利用一定波长的光照信号触发导通的晶闸管，其电气图形符号和伏安特性如图 10-9 所示。大功率光控晶闸管带有光缆，光缆上装有作为触发光源的发光二极管或半导体激光器。由于采用光触发保证了主电路与控制电路之间的绝缘，而且可避免电磁干扰的影响，因此光控晶闸管目前在高压大功率的场合，如高压直流输电、无功功率静止补偿装置和高压核聚变装置中占据重要地位。

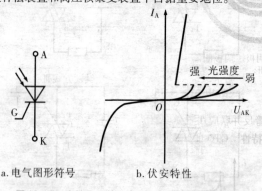

a. 电气图形符号　　　　b. 伏安特性

图 10-9　光控晶闸管的电气图形符号和伏安特性

10.1.5　门极可关断晶闸管

门极可关断晶闸管（GTO）是在普通晶闸管问世不久就出现的一种派生器件，它可以利用在门极上施加负脉冲电流的方式关断主电流，因而属于全控型器件。经过几十年的发展，商品化的 GTO 可以做到耐压值为 6 kV、电流为 6 kA 的水平，在特大功率的场合仍发挥重要作用。

1. 结构特点 GTO 和普通晶闸管一样，是 PNPN 四层半导体结构，外部也是引出阳极、阴极和门极。但和普通晶闸管不同的是，GTO 是一种多元的功率集成器件，虽然外部同样引出三个极，但内部则包含数十个甚至数百个共阳极的小 GTO 元，这些 GTO 元的阴极和门极则在器件内部并联在一起。这种特殊结构是为了便于实现门极控制关断而设计的。图 10-10a 和图 10-10b 分别给出了典型的 GTO 各单元阴极、门极间隔排列的图形和其并联单元结构的断面示意，图 10-10c 是 GTO 的电气图形符号。

2. 静态特性 GTO 的静态特性参数如断态重复峰值电压 U_{DRM}、通态平均电流 $I_{T(AV)}$、通态方均根电流 $I_{T(RMS)}$、通态峰值电压 U_{TM}、额定工作结温 T_j、结壳热阻 R_{jc} 等与晶闸管的特性类同。值得说明的是，目前生产的多数 GTO 不具备反向阻断能力，其反向重复峰值电压 U_{RRM} 一般只有几十伏，适合与大容

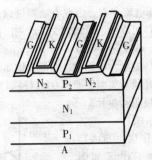

a. 各单元的阴极、门极间隔　　b. 并联单元结构断面示意　　c. 电气图形符号
　排列的图形

图 10－10　GTO 的内部结构和电气图形符号

量快速二极管反并联应用于逆变器电路中。

3. 动态特性　GTO 的开关电压、电流及门极电流波形如图 10－11 所示。

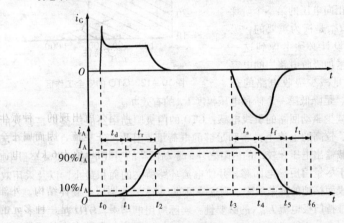

图 10－11　GTO 晶闸管的开关波形

（1）开通特性：GTO 相关的参数有门极触发开通时间 t_{on}（$t_{on} = t_d + t_r$），通态电流临界上升率 di/dt 等。由于 GTO 在结构上是由大量的单元 GTO 在同一硅片上并联集成，因此所需的触发电流比普通晶闸管的要强得多，触发电流的 di_{GF}/dt 也要求更大，大于 20 A/μs 最好。

（2）关断特性：从门极施加负电流起，GTO 开始由导通变为关断，关断过程分为三个阶段：存储时间 t_s、下降时间 t_f 和拖尾时间 t_t。由于在下降时间结束后，GTO 已能阻断正向电压，故关断时间定义为 $t_{off} = t_s + t_f$。在拖尾时间内仍有较大的尾部电流存在，因此有必要继续保持反向门极电流以缩短拖尾时间，并保证 GTO 可靠关断。增加关断时的门极电流上升率 di_{GQ}/dt 可以显著减少存储时间 t_s，一般应大于或等于 30 A/μs。GTO 需要很大的瞬时关断电流，因此设计 GTO 的触发电路时，应能提供如图 10 - 11 所示的触发电流，以保证 GTO 的可靠开通与关断。通常 GTO 特别是大功率 GTO 的制造厂家也会提供 GTO 配套的门极驱动单元。

4. 使用注意事项

（1）安全工作区（SOA）：GTO 典型的安全工作区如图 10 - 12 所示，要使 GTO 安全可靠地关断，必须采用图 10 - 11 所示的吸收回路，将关断过程的电流 - 电压轨迹控制在安全工作区内。因此，抑制 GTO 关断过程中再加正向电压的第一个阶梯电压幅度 U_{AS} 是极为重要的，吸收电路的设计必须考虑到这一点。适当增加吸收电路中的电容量 C_s，尽量减少吸收电路的杂

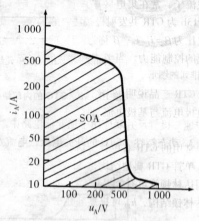

图 10 - 12　GTO 的安全工作区

散电感 L_s，是降低第一个阶梯电压幅度 U_{AS} 的有效办法。

（2）减少驱动回路的引线电感：GTO 的门极驱动回路应能提供足够大的峰值电流、较高的电流上升率和足够的电荷量。因此，除了驱动电路应有足够高的空载输出电压和较小的内阻之外，驱动回路的引线电感也应减至最小。通常借助于尽量缩短导电回路，并使电流环路所夹的面积最小，以及采用双绞引线和表面接地的屏蔽线来达到这一目的。

（3）维持门极电流 $I_{G(on)}$ 的必要性：实际应用电路中，GTO 在其整个预期导通的时间内，应始终保持一个正向的门极触发电流 $I_{G(on)}$，以维持 GTO 内部的全面积导通。如不施加维持通态的门极电流，一旦阳极电流减少，GTO 内部并联的大量单元 GTO 转入断态，若此时再发生阳极电流增加，即会使处于不完全导通状态的 GTO 因局部过载而损坏。

10. 1. 6　电力晶体管

电力晶体管是一种耐高电压、大电流的双极结型晶体管，所以英文有时候也称为 Power BJT。自 20 世纪 80 年代以来，在中、小功率范围内取代晶闸管的，主要是 GTR。但是目前，GTR 的地位已大多被绝缘栅双极晶体管和电

力场效应晶体管所取代。

1. 结构特点 GTR 是由三层半导体材料、两个 PN 结组成的，大多数采用三重扩散台面型 NPN 结构，如图 10 – 13a 所示。图中，掺杂浓度高的 N^+ 区称为 GTR 的发射区，其作用是向基区注入载流子。基区是一个厚度为几微米至几十微米的 P 型半导体薄层，它的任务是传送和控制载流子。集电区 N^+ 收集载流子，常在集电区中设置轻掺杂的 N^- 区以提高器件的耐电压能力。图 10 – 13b 为 GTR 共发射极接法时的工作原理示意图。集电极电流 i_C 与基极电流 i_B 之比为 $\beta = i_C / i_B$，β 称为 GTR 的电流放大倍数，它反映了基极电流对集电极电流的控制能力。当考虑到集电极和发射极间的漏电流 I_{CEO} 时，有 $i_C = \beta i_B + i_{CEO}$。

GTR 产品说明书中给出了直流电流增益 h_{FE}，它是在直流工作的情况下，集电极电流与基极电流之比，一般可以认为 $h_{FE} = \beta$，它是 GTR 的重要电气参数。

常用的 GTR 有单管、达林顿管和模块三大系列。电气原理如图 10 – 14 所示。单管 GTR 典型结构是 NPN 三重扩散台面型结构，其 h_{FE} 一般只有 $10 \sim 20$。采用达林顿管可有效提高 GTR 的 h_{FE} 值，产品有两级达林顿、三级达林顿和四级达林顿结构，h_{FE} 可提高到几十至几千倍。

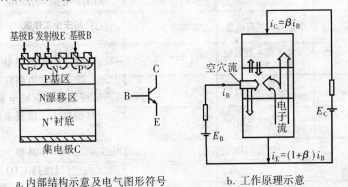

a. 内部结构示意及电气图形符号　　　b. 工作原理示意

图 10 – 13　GTR 的结构、电气图形符号和工作原理示意

2. 主要技术参数　2DI200D – 100 为日本富士电机公司生产的带续流二极管的两单元三级达林顿 GTR 模块，JA100 为国产螺栓型单管 GTR，它们的主要技术参数与特性参数见表 10 – 9。

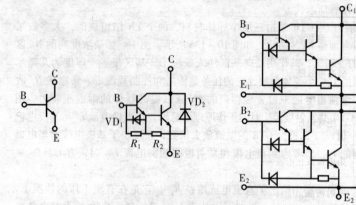

a. 单管GTR   b. 两级达林顿GTR模块   c. 两单元三级达林顿GTR模块

图 10 – 14 三种 GTR 的电气原理图

表 10 – 9 GTR 主要技术参数及电气特性

符　号	参数名称	条　件	额　定　值		单位
			JA100	2DI200D – 100	
U_{CBO}	集电极 – 基极电压	发射极开路	400 ~ 1 200	1 000	V
U_{CEO}	集电极 – 发射极电压	基极开路	400 ~ 1 200	1 000	V
$U_{CEO(SUS)}$	集电极 – 发射极维持电压	基极开路	$\geqslant 0.5 U_{CEO}$	800	V
U_{EBO}	发射极 – 基极电压	集电极开路	$\geqslant 4$		V
I_C	集电极电流	DC	100	200	A
		1ms	—	400	
$-I_C$	反向最大连续集电极电流（续流二极管电流）	—		200	A
I_B	基极电流	DC		8	A
		1ms		16	
P_T	最大总耗散功率	2DI200D – 100 为一个 GTR 功耗	800	1 200	W

符　　号	参数名称	条　　件	额　定　值		单位
			JA100	2DI200D‑100	
T_{j}	最高等效结温	—	150	150	℃
T_{stg}	贮存温度	—	$-40 \sim +150$	$-40 \sim +125$	℃
U_{ISO}	绝缘电压（有效值）	AC，1min	—	2 500	V
电气特性（T_{j} 25 ℃） I_{CBO}	集电极截止电流	$U_{\mathrm{CBO}} = 1\,000\mathrm{V}$	1.5	1.0	mA
I_{EBO}	发射极截止电流	$U_{\mathrm{EBO}} = 10\mathrm{V}$	4	≤400	mA
$U_{\mathrm{CE(SUS)}}$	集电极‑发射极维持电压	$I_{\mathrm{C}} = 140\mathrm{A}$，$-I_{\mathrm{B}} = 12\mathrm{A}$	—	1 000	V
h_{FE}	直流电流增益	$I_{\mathrm{C}} = 200\mathrm{A}$，$U_{\mathrm{CE}} = 5\mathrm{V}$	≥10	≥100	
$U_{\mathrm{CE(sat)}}$	集电极‑发射极饱和电压	$I_{\mathrm{C}} = 200\mathrm{A}$，$I_{\mathrm{B}} = 4\mathrm{A}$	3.0	≤2.5	V
$U_{\mathrm{BE(sat)}}$	基极‑发射极饱和电压	$I_{\mathrm{C}} = 200\mathrm{A}$，$I_{\mathrm{B}} = 4\mathrm{A}$	3.5	≤3.5	V
$-V_{\mathrm{CE}}$	集电极‑发射极电压	$-I_{\mathrm{C}} = 200\mathrm{A}$	—	≤1.8	V
t_{on}	开关时间	$I_{\mathrm{C}} = 200\mathrm{A}$ $I_{\mathrm{B1}} = +4\mathrm{A}$ $I_{\mathrm{B2}} = -12\mathrm{A}$	≤3.5	≤2.5	μs
t_{stg}			≤16	≤15	
t_{f}			≤5.0	≤3.0	
热特性 R_{jc}	GTR 结‑壳热阻	—	0.094	≤0.1	℃/W
R_{jc}	续流二极管结‑壳热阻	—	—	≤0.31	
R_{cs}	接触热阻	使用导热膏脂情况下	—	0.03	

3. 静态特性　GTR 最基本的特性是基极电流 I_{B} 对集电极电流 I_{C} 的控制作用。图 10 − 15 为 GTR 的静态特性。

4. 动态特性　GTR 的动态特性见图 10 − 16。与 GTO 类似，GTR 开通时需要经过延迟时间 t_{d} 和上升时间 t_{r}，二者之和为开通时间 t_{on}；关断时需要经过

储存时间 t_s 和下降时间 t_f，二者之和为关断时间 t_{off}。延迟时间主要是由发射结势垒电容和集电结势垒电容充电产生的。增大基极驱动电流 i_B 的幅值并增大 di_B/dt，可以缩短延迟时间，同时也可以缩短上升时间，从而加快开通过程。储存时间是用来除去饱和导通时储存在基区的载流子的，是关断时间的主要部分。减小导通时的饱和深度以减小储存的载流子，或者增大基极抽取负电流的幅值和负偏压，可以缩短储存时间，从而加快关断速度。当然，减小导通时的饱和深度的负面作用会使集电极和发射极间的饱和导通压降增加，从而增大通态损耗，这是一对矛盾体。

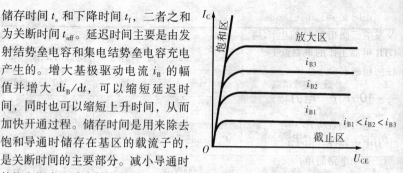

图 10-15　GTR 的静态特性

5. 使用时的注意事项

（1）额定电压：当 GTR 用作电压型逆变器开关器件时，可根据不同地区的电源电压选择适合的额定电压。

（2）额定电流：当 GTR 的集电

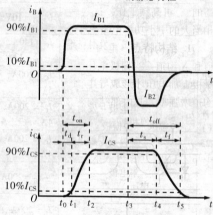

图 10-16　GTR 开通和关断过程波形

极电流超过其额定电流之后，直流电流增益急剧下降，因此，应选择 GTR 在正常工作时的最大持续电流小于其额定电流。

（3）基极电流：要根据 GTR 的工作温度范围、最大集电极电流和 U_{CE}，选择合适的基极电流，其对 GTR 的开关时间也很有影响。

（4）安全工作区：GTR 的安全工作区（SOA）是指其集电极电流 I_C 与集电极 - 发射极电压 U_{CE} 可以同时达到而不会导致损坏的区域。安全工作区的边界是由规定壳温下的允许电流（连续或脉冲电流）、损耗功率、发生二次击穿（GTR 所加电压 U_{CE} 超过规定值发生雪崩击穿后，若 I_C 增大至某个临界点会突然急剧上升，伴随着 U_{CE} 陡然下降，造成永久性损坏，称为二次击穿）时的电压电流及最高允许电压等参数所限定的。安全工作区在基极 - 发射极正向偏置时称为正向安全工作区（FBSOA），反向偏置时称为反向偏置安全工作区（RBSOA）。

正向安全工作区随壳温 T_C 的增加而减小，这主要是由于允许的损耗功率及发生二次击穿时的电压和电流（功率）减小引起的。安全工作区是保证 GTR 可靠工作的重要依据，实际承受的电压和电流值应处于安全工作区之内。任何超越安全工作区的情况，均会导致 GTR 性能下降或失效。

10.1.7　电力场效应管

电力场效应管（电力 MOSFET）是 20 世纪 80 年代发展起来的一种全控型电力电子器件。由于它是用栅极电压来控制漏极电流，因此所需的驱动功率小、驱动电路简单；又由于是靠多数载流子导电，没有少数载流子导电所需的存储时间，因此具有较高的开关速度（是目前电力电子器件中开关速度最高的），可高频工作，这些优点使电力 MOSFET 在 20 世纪 90 年代迅速占领了相当大的中小功率电力电子器件市场，尤其是在逆变领域。

1. 结构特点　电力 MOSFET 的种类和结构繁多，按导电沟道可分为 P 沟道和 N 沟道。当栅极电压为零时，漏源之间存在导电沟道的称为耗尽型，当栅极上加电压才形成导电沟道的称为增强型。在电力 MOSFET 中，主要是 N 沟道增强型。其内部结构图及电气符号如图 10 - 17 所示。

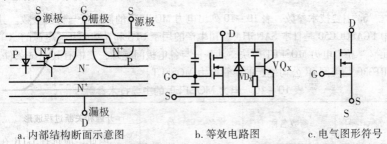

a. 内部结构断面示意图　　b. 等效电路图　　c. 电气图形符号

图 10 - 17　电力 MOSFET 结构与电气图形符号

2. 基本特性

（1）转移特性：漏极电流 I_D 与栅 – 源电压 U_{GS} 之间的关系称为电力 MOSFET 的转移特性。如图 10 - 18a 所示，图中特性曲线的斜率 $\Delta I_D / \Delta U_{GS}$ 表示电力 MOSFET 的栅极电压对漏极电流的控制能力。电力 MOSFET 是电压型场控制器件，绝缘栅极的输入电阻很高，可等效为一个电容，故在突加 U_{GS} 时，需要不大的输入电流，而后，$U_{GS} \neq 0$ 形成电场，但栅极电流基本上为零，因此电力 MOSFET 驱动功率很小。典型电力 MOSFET 的开启电压 $U_{GS(th)} \approx 2 \sim 4$ V，U_{GS} 越高，通态时电力 MOSFET 的等效电阻越小，管压降 U_{DS} 也越小。为保证通态时漏 – 源极之间的等效电阻、管压降尽可能小，栅极电压 U_{GS} 通常设计为

$10 \sim 20$ V。

（2）输出特性：电力 MOSFET 的输出特性是指在一定的 U_{GS} 时，其漏极电流 I_D 与漏 – 源电压 U_{DS} 之间的关系曲线，如图 10 – 18b 所示，这类似于电力晶体管的输出特性。

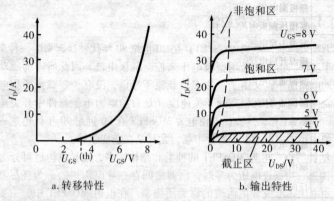

a. 转移特性　　　　　　　　　　　b. 输出特性

图 10 – 18　电力 MOSFET 的转移特性和输出特性

3. 主要技术参数　表 10 – 10 列出电力 MOSFET 的额定值与特性参数。其中 FCASOCC50 是日本 SANSHA 公司生产的用于 UPS 和大功率开关电源的二单元（半桥）电力 MOSFET 模块，其基板与各电极间绝缘，表中有其测试条件。IRF330 是美国 IR 公司生产的单管电力 MOSFET。

表 10 – 10　电力 MOSFET 的主要技术参数

符　号	参数名称	条　件	额定值		单位
			FCASOCC50	IRF330	
U_{DSS}	漏源电压		500	400	V
U_{GSS}	栅源电压		±20	±20	V
I_D	漏极电流 DC	占空比 55%	50	5.5	A
I_{DM}	脉冲		100	22	
I_S	源极电流		50		A
P_T	总耗散功率	$T_c = 25℃$	330	75	W
T_j	沟道温度		$-40 \sim +150$	$-50 \sim +150$	℃
T_{stg}	贮存温度		$-40 \sim +125$		℃
U_{ISO}	绝缘电压（有效值）	AC　1min	2 500		V

续表

符　号	参数名称	条　　件	额定值		单位
			FCASOCC50	IRF330	
I_{DSS}	栅极漏电流	$U_{GS} = \pm 20V$，$U_{DS} = \pm 0V$	$\leqslant \pm 0.1$	$\leqslant \pm 0.1$	μA
I_{DSS}	零栅压漏极电流	$U_{GS} = 0V$，$U_{DS} = 500V$	$\leqslant 1.0$	$\leqslant 0.2$	mA
$U_{(BR)DSS}$	漏源击穿电压	$U_{GS} = 0V$，$I_D = 1mA$	$\geqslant 500$	$\geqslant 400$	V
$U_{GS(th)}$	栅源开启电压	$U_{DS} = U_{GS}$，$I_D = 10mA$	$1.0 \sim 5.0$	$2 \sim 4$	V
$R_{DS(on)}$	漏源通态电阻	$I_D = 25A$，$U_{GS} = 15V$	$\leqslant 0.14$	$\leqslant 1.0$	Ω
$U_{DS(on)}$	漏源通态电压		$\leqslant 3.5$		V
G_{fs}	跨导	$U_{DS} = 10V$，$I_D = 25A$	30	$\geqslant 3$	S
C_{iss}	输入电容	$U_{GS} = 0V$，$U_{DS} = 25V$，$f = 1MHz$	$\leqslant 10\ 000$	$\leqslant 900$	pF
C_{oss}	输出电容		$\leqslant 1\ 900$	$\leqslant 300$	
C_{rss}	反向转移电容		$\leqslant 750$	$\leqslant 80$	
$t_{d(on)}$	开通延迟时间	$U_{DD} = 300V$，$U_{GS} = 15V$，$I_D = 25A$，$R_G = 5\Omega$	60	30	ns
t_r	上升时间		60	35	
$t_{d(off)}$	关断延迟时间		650	55	
t_f	下降时间		130	35	
U_{SDS}	二极管正向压降	$I_S = 25A$，$U_{GS} = 0V$	$\leqslant 2.0$	1.2	V
t_{rr}	反向恢复时间	$I_S = 25A$，$U_{GS} = -5V$，$di/dt = 100A/\mu s$	$\leqslant 100$	420	ns
R_{jc}	结壳热阻	MOSFET	$\leqslant 0.38$		℃/W
		二极管	$\leqslant 1.67$		

（左侧纵向：电气特性）

4. 使用时的注意事项

（1）谨慎使用内部并联二极管：本征二极管呈少数载流子反向恢复特性，反向恢复时间较短，但还达不到单独制造的快速二极管的速度。这样电力 MOSFET 的开关速度和工作频率潜在地受到本征二极管的限制。

（2）电力 MOSFET 的并联：将并联的电力 MOSFET 或其模块在散热器上安装时，彼此应尽可能靠近，使其温度一致是非常重要的。在栅极上串联电阻，以减少开关时间的差异，并防止振荡。将器件尽可能对称地靠近安装，以达到热平衡，对每个器件提供一致的电路电感。从驱动电路到栅极的驱动控制线应采用双绞线。

(3) 用做高频开关：尽管电力 MOSFET 是用栅源间的电压源驱动，但由于存在极间电容，开关过程信号源要对输入电容充放电。这样，用做高频开关时，必须用低内阻抗的信号源对输入电容快速充电。

10.1.8 绝缘栅双极型晶体管

电力 MOSFET 器件是电压控制型开关器件，因此其通、断驱动控制功率很小，开关速度快，但通态压降大，难以制成高压大电流器件。GTR 是电流控制型开关器件，因此其通、断控制驱动功率大，但通态压降小，开关速度不够快，可制成较高电压和较大电流的开关器件。为了兼有这两种器件的优点，弃除其缺点，20 世纪 80 年代中期出现了将它们的通、断机制相结合的新一代半导体电力开关器件——绝缘栅双极型晶体管 IGBT，这是一种复合器件，它的输入控制部分为 MOSFET 输出级为双极结型晶体管，因此兼有 MOSFET 和 GTR 的优点：高输入阻抗，电压控制，驱动功率小，开关速度快，工作频率可达 $10 \sim 40$ kHz（比 GTR 高），饱和压降低（比 MOSFET 小得多，与 GTR 相当），电压、电流容量较大，安全工作区较宽。目前 2.5 kV、3.3 kV、4.5 kV、$800 \sim 1\,800$ A 的 IGBT 器件已有产品，可供几百万伏安以下的高频电力电子装置选用。

1. 结构特点　IGBT 也有三个电极：门极 G、发射极 E 和集电极 C。图 10 - 19a 给出了一种 N 沟道 VDMOSFET 与双极型晶体管组合而成的 IGBT 的基本结构。

与 MOSFET 对照可以看出，IGBT 比 VDMOSFET 多一层 P^+ 注入区，因而形成了一个大面积的 P^+N 结 J_1。这样使得 IGBT 导通时由 P^+ 注入区向 N 基区发射少子，从而对漂移区电导率进行调制，使得 IGBT 具有很强的通流能力。其简化等效电路如图 10 - 19b 所示，可以看出这是用双极型晶体管与 MOSFET 组成的达林顿结构，相当于一个由 MOSFET 驱动的厚基区 PNP 晶体管。图中 R_N 为晶体管基区内的调制电阻。因此，IGBT 的驱动原理与电力 MOSFET 基本相同，它是一种场控器件。其开通和关断是由栅极和发射极间的电压 U_{GE} 决定的，当 U_{GE} 能为正且大于开启电压 $U_{GE(th)}$ 时，MOSFET 内形成沟道，并为晶体管提供基极电流进而使 IGBT 导通。由于电导调制效应，使得电阻 R_N 减小，这样高耐压的 IGBT 也具有很小的通态压降。当栅极与发射极间施加反向电压或不加信号时，MOSFET 内的沟道消失，晶体管的基极电流被切断，使得 IGBT 关断。

2. 基本特性

(1) 转移特性：它描述的是集电极电流 I_C 与栅射电压 U_{GE} 之间的关系，与电力 MOSFET 的转移特性类似。开启电压 $U_{GE(th)}$ 是 IGBT 能实现电导调制而导通的最低栅射电压。如图 10 - 20a 所示。

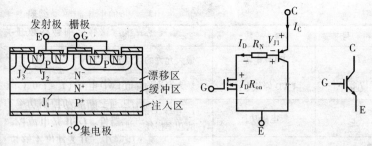

a. 内部结构断面示意   b. 简化等效电路   c. 电气图形符号

图 10-19 IGBT 的结构、等效电路和电气图形符号

（2）输出特性：图 10-20b 为 IGBT 的输出特性，也称为伏安特性，它描述的是以栅射电压为参考变量时，集电极电流 I_C 与集射极间电压 U_{CE} 之间的关系。此特性与 GTR 的输出特性相似。

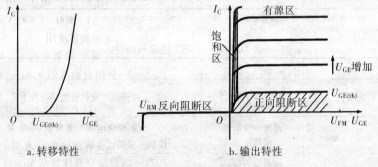

a. 转移特性   b. 输出特性

图 10-20 IGBT 的转移特性和输出特性

3. 主要技术参数 IGBT 的主要技术参数见表 10-11、表 10-12。

表 10-11 IGBT 的额定值

符 号	参 数	定 义
U_{CES}	集电极－发射极阻断电压	栅极－发射极短路下，允许的断态集电极－发射极最高电压
U_{GES}	栅极－发射极电压	集电极－发射极短路下，允许的栅极－发射极最高电压
I_C	集电极电流	最大直流电流
I_{CM}	集电极峰值电流	最大允许的集电极峰值电流（$T_j \leqslant 150℃$）

符 号	参 数	定 义
I_E	FWD 电流	最大允许的直流 FWD 电流
I_{EM}	FWD 峰值电流	最大允许的峰值 FWD 电流（$T_j \leqslant 150$ ℃）
P_C	集电极功耗	$T_C = 25$ ℃条件下，每个 IGBT 开关最大允许的功率损耗
T_j	结温	工作期间 IGBT 的结温
T_{stg}	储存温度	无电源供应下的允许温度
U_{ISO}	绝缘电压	所有外接端子短路条件下，基板与模块端子间最大绝缘电压（AC 60Hz 1min）
F	扭矩	端子－固定螺栓间最大允许扭矩

注：FWD 为续流二极管。

表 10 – 12　IGBT 的电气特性

符 号	参 数	定 义
I_{CES}	集电极－发射极截止电流	$U_{CE} = U_{CES}$ 和栅极－发射极短路条件下 I_C
$U_{GE(th)}$	栅极－发射极阈值电压	$I_C = 10^{-4} \times$ 额定集电极电流和 $U_{CE} = 10V$ 条件下，栅极－发射极电压
I_{GES}	栅极－发射极漏电流	$U_{GE} = U_{GES}$ 和集电极－发射极短路条件下 I_G
$U_{CE(sat)}$	集电极－发射极饱和电压	额定集电极电流和规定栅极电压条件下，IGBT 的通态电压
C_{ies}	输入电容	集电极－发射极短路条件下，集电极－栅极间的电容与栅极－发射极间的电容之和
C_{oes}	输出电容	栅极－发射极短路条件下，集电极－栅极间的电容与集电极－发射极间的电容之和
C_{res}	反向传输电容	在规定的偏置和频率条件下，集电极－栅极间电容
Q_G	栅极总电荷	$U_{CC} = (0.5 \sim 0.6) U_{CES}$、额定 I_C、$U_{GE} = 15V$ 条件下的栅极电荷

续表

符 号	参 数	定 义
$t_{\text{d(on)}}$	开通延迟时间	电阻负载、额定条件下的开关时间
t_{r}	开通上升时间	
$t_{\text{d(off)}}$	关断延迟时间	
t_{f}	关断下降时间	
U_{EC}	FWD 正向电压	在规定条件下，通过额定电流时续流二极管的正向电压
t_{rr}	FWD 反向恢复时间	感性负荷下换相时，续流二极管的反向恢复时间
Q_{rr}	FWD 反向恢复电荷	额定电流和规定 $\text{d}i/\text{d}t$ 条件下，续流二极管的反向恢复电荷
R_{jc}	结对外壳的热阻	每个开关管结同外壳之间的热阻最大值
R_{cs}	接触热阻	每个开关管（IGBT – FWD 对）外壳与散热器之间热阻的最大值（在按说明使用导热膏脂的情况下）

4. 使用时的注意事项

（1）正向偏置安全工作区（FBSOA）和反向偏置安全工作区（RBSOA）：电路设计应保证 IGBT 在开通和关断时承受最大 U_{CE} 和 I_{C}，工作点在其 FBSOA 和 RBSOA 之内。

（2）短路安全工作区（SCSOA）：大多数电力电子装置要求系统输出发生短路时，所使用的开关器件不会受到损坏。IGBT 模块在设计其短路承受能力时，考虑了如下两种情况：把一个 IGBT 直接开通到短路；把一个已经开通的 IGBT 实行负载短路或对地短路。

（3）电路在设计时，应设置续流二极管，防止浪涌电压，并减少电路中的电感。

（4）设计 IGBT 的缓冲电路。

（5）加装规定的散热器。

10.1.9 智能功率模块

智能功率模块（IPM）是由高速、低损耗的 IGBT 和优化的栅极驱动及保护电路构成的，是先进的混合集成功率器件。由于在 IPM 内集成了能连续监测电力电子器件电流的传感器，可高效实现 IGBT 的过电流和短路保护，由于集成了过热和欠电压锁定保护，进一步提高了 IGBT 的可靠性。

开发 IPM 的主导思想是想为整机生产厂家降低在设计、开发和制造上的成本，简化整机的设计和开发，缩短产品上市时间。由于 IPM 均采用标准化的具有逻辑电平的栅控接口，使 IPM 能很方便地与控制电路板相连接。IPM 在故障情况下的自保护能力，降低了器件在开发和使用中损坏的机会，大大提高了整机的可靠性。由于上述显著优点，IPM 发展很快，目前批量上市的 IPM 已达 800 A/1 200 V。

日本三菱电机公司在 1991 年最先开发出 IPM，目前生产的第三代和 V 系列两种系列 IPM 见表 10-13。

表 10-13　三菱公司 IPM

型　号	电流/A	电路构成	型　号	电流/A	电路构成
第三代小功率系列——600V			第三代大功率系列——1200V		
PM10CSJ060	10	6 个 IGBT	PM25RSB120	25	6 个 IGBT + 制动单元
PM15CSJ060	15		PM50RSA120	50	
PM20CSJ060	20		PM75CSA120	75	6 个 IGBT
PM30CSJ060	30		PM75DSA120	75	2 个 IGBT（半桥）
PM50RSK060	50	6 个 IGBT + 制动单元	PM100CSA120	100	6 个 IGBT
PM75RSK060	75		PM100DSA120	100	2 个 IGBT（半桥）
第三代小功率系列——1200V			PM150DSA120	150	
PM10CZF120	10	6 个 IGBT	PM200DSA120	200	
PM10RSH120	10	6 个 IGBT + 制动单元	PM300DSA120	300	
PM15CZF120	15	6 个 IGBT	PM400HSA120	400	
PM15RSH120	15	6 个 IGBT + 制动单元	PM600HSA120	600	
PM25RSK120	25		PM800HSA120	800	1 个 IGBT
第三代大功率系列——600V			V 系列大功率——600V		
PM75RSA060	75	6 个 IGBT + 制动单元	PM75RVA060	75	6 个 IGBT + 制动单元
PM100CSA060	100	6 个 IGBT	PM100CVA060	100	6 个 IGBT
PM100RSA060	100	6 个 IGBT + 制动单元	PM150CVA060	150	
PM150CSA060	150	6 个 IGBT	PM200CVA060	200	
PM150RSA060	150	6 个 IGBT + 制动单元	PM300CVA060	300	
PM200CSA060	200	6 个 IGBT	PM400DVA060	400	2 个 IGBT（半桥）
PM200RSA060	200	6 个 IGBT + 制动单元	PM600DVA060	600	
PM200DSA060	200	2 个 IGBT（半桥）	V 系列大功率——1200V		
PM300DSA060	300		PM50RVA120	50	6 个 IGBT + 制动单元
PM400DSA060	400		PM75CVA120	75	6 个 IGBT
PM600DSA060	600		PM100CVA120	100	
PM800HSA060	800	1 个 IGBT	PM150CVA120	150	
			PM200DVA120	200	2 个 IGBT（半桥）
			PM300DVA120	300	

10.2　电力电子器件的驱动电路

　　控制电路是电力电子设备的核心，设备能否长期可靠的运行，控制电路的性能优劣起着决定性的作用。按控制电路在电力电子设备中具体承担的工作不同，可以将其分为进行调节的控制部分与为实现电力电子器件的可靠触发、最优关断、饱和导通而进行的以驱动功能为主的驱动电路。

　　驱动集成电路随着电力电子设备中所用电力电子器件的不同，而分为起移相脉冲形成作用的触发器和对全控型器件起最优驱动功能的专用驱动集成电路。起移相脉冲形成作用的触发器集成电路，一般用来给晶闸管的门极控制产生移相触发脉冲，被控制的电力电子器件为普通晶闸管或双向晶闸管、逆导晶闸管、非对称晶闸管及门极可关断晶闸管。按输出脉冲相对于同步信号是否可以移相，起移相脉冲形成作用的触发器又分为过零触发器集成电路和移相触发器集成电路两大类。对全控型电力电子器件实现最优驱动的集成电路，随被驱动全控型电力电子器件 GTR、IGBT 及 MOSFET 的种类不同又分为很多种。

10.2.1　晶闸管的驱动电路

1. 晶闸管对触发器的要求

　　(1) 触发信号对门 - 阴极来说必须是正极性的，常采用脉冲形式的触发信号。

　　(2) 触发脉冲信号应有足够的功率，但以不超过门 - 阴极的安全工作区为限。

　　(3) 触发脉冲信号应有一定的宽度，保证被触发的晶闸管可靠导通，该脉冲的宽度最好应有 $20 \sim 50~\mu s$。对于感性负载，触发脉冲的总宽度不应小于 $100~\mu s$，一般用到 1ms。

　　(4) 触发脉冲的形式应有助于晶闸管元件的导通时间趋于一致，在大电流晶闸管串、并联电路中，要求并联的晶闸管同一时刻导通，使元件在允许的 di/dt 范围内，为此宜采用强触发措施，使晶闸管能够在几乎相同的时刻内导通。

　　(5) 触发脉冲应与被触发晶闸管阳 - 阴极的电压同步，并保证足够的移相范围。

　　(6) 在晶闸管变频电路和斩波器中，要求触发脉冲的频率可调。

　　(7) 不触发时，触发电路输出加到晶闸管门 - 阴极间的漏电压应为 $0.15 \sim 0.25~V$。

（8）在多个晶闸管并联或串联的应用系统中，应保证各晶闸管的触发脉冲前沿上升率及出现脉冲的时刻误差尽可能小，以保证同时触发的需要。

2. 常用晶闸管集成触发器　晶闸管集成触发器种类很多，表 10－14 给出了国内常见的晶闸管集成触发器型号与主要参数。

表 10－14　常见晶闸管集成触发器的型号与主要参数

型号	主要特点及性能	极限参数
KJ001	双列直插式 14 或 18 引脚封装，双电源工作，输出脉宽为 100 μs～3.3 ms 可调。可用于单相半波可控整流电路	工作电源电压：±15 V 负载能力：15 mA
KJ004 KJ009	双列直插式 16 引脚封装，正、负双电源工作，移相范围 >170°，可输出两路相位差 180°的移相脉冲，两者完全可以互换。适合于在单相、三相全控桥式供电装置中作晶闸管的移相触发脉冲发生器用	工作电源电压：±15 V 同步电压：可为任意值 输出脉冲宽度：400 μs～2 ms 负载能力：15 mA
KJ005	是 KJ006 的一种特殊情况，没有自生电源，不能直接用在交流供电的场合。在外加同步信号和直流电源情况下，可用于双向晶闸管或反并联晶闸管的相位控制	工作电源电压：+15 V 输出脉冲宽度：100 μs～2 ms 负载能力：200 mA
KJ006	双列直插式 16 引脚封装，可用于半控或全控桥式线路的相位控制，具有移相控制电压与同步电压失去交点后保证不丢失脉冲的失交保护功能及输出电流大的特点，不需同步信号及输出脉冲变压器，可外接直流工作电源便可由交流电网直接供电。适用于交、直流电源直接供电的双向晶闸管或反并联晶闸管线路的交流相位控制	自生直流电源：+（12～14）V 外接直流电源电压：+15 V 最大负载能力：200 mA 输出脉冲宽度：100 μs～2 ms
KJ007	采用标准的双列直插式 14 引脚封装，是一种晶闸管过零触发器，可使双向晶闸管在电源电压或电流为零的瞬间进行触发。可用于温度控制、单相或三相电动机和电器的无触点开关控制	工作电源电压：+（12～16）V 最大负载能力：50 mA 零检测端最大输入电流：8 mA

续表

型号	主要特点及性能	极限参数
KJ010	具有温度漂移小、移相线性度好、灵敏度高、移相范围宽、能宽脉冲触发等功能和特点。主要用于单相、三相半控桥式供电装置中，作为晶闸管单路脉冲移相触发用	工作电源电压：±15（1±10%）V 同步电压：任意值 最大负载能力：15 mA
KJ011	具有 14 引脚与 18 引脚两种封装形式，是 KJ010 的改进型。适合在各种供电装置中作晶闸管的单路脉冲移相触发用	工作电源电压：±15（1±10%）V 脉冲幅值：≥13 V 输出脉冲宽度：3.3 ms 负载能力：15 mA
KJ041	六路双脉冲形成器，具有双脉冲形成和电子开关控制封锁功能。使用两个有电子开关控制的 KJ041 电路组成逻辑控制，适用于电动机正、反转控制系统	工作电源电压：+15 V 脉冲输出负载能力：20 mA 控制端正向电流：3 mA
KJ042	双列直插式 14 引脚封装，输出脉冲调节范围宽，脉冲占空比可调，可用作方波发生器。适用作三相或单相晶闸管可控电路的脉冲列调制源	工作电源电压：+15 V 输入端正向电流：2 mA 最大输出负载能力：12 mA 调制脉冲频率：5~10 kHz
KJ785	单片晶闸管移相触发集成电路，输出两路相位差 180° 的触发脉冲，可在 0°~180° 之间移相，可用来控制晶闸管或晶体管。引脚与 TCA785 可完全互换	工作电源电压：−0.5~+18 V 最大脉冲负载电流：400 mA 输出脉冲宽度：$0.027°$~$180°-\alpha$ 同步输入电流：500 μA
TC787	采用先进的集成电路工艺设计制作，可单电源亦可双电源工作，适用于三相晶闸管的移相触发，是 TCA785 及 KJ 系列触发电路的换代产品，一只电路可取代三个 TCA785 与 KJ041 和 KJ042 或五个 KJ 系列电路组合才具有的功能	工作电源电压 U_{DD}：0.5~18 V 或 ±（0.5~9）V 输入端电压：−0.5V~U_{DD} 最大脉冲负载能力：20 mA 同步信号频率：10~1000 Hz

型号	主要特点及性能	极限参数
TH101	单列直插式 16 引脚厚膜集成电路封装，输出两路相位差 180°的移相脉冲，不需要外围电路，使用十分方便。适用于单相、三相全控桥式供电装置中作晶闸管的双路脉冲移相触发	工作电源电压：±15 V 同步电压：30 V 锯齿波幅值：> 10 V 输出脉冲电流幅值：≥1 A 输出脉冲宽度：400 μs ~ 2 ms
TH103	采用混合厚膜集成电路的工艺技术制造，抗干扰能力强、体积小，输出六路相隔 60°的触发脉冲，输出为脉冲列，可缩小脉冲变压器体积，且不需功率放大便可直接带动脉冲变压器，自身具有封锁逻辑，可用来进行故障状态下的保护，输出峰值电流最大可达 2 A，可直接触发 1 500 A 以内的晶闸管。适用于三相全控桥式整流电路、双反星形带相间变压器（平衡电抗器）电路和三相半控桥式整流电路中作晶闸管的触发	工作电源电压：+（8 ~ 18）V 同步电压：三相均为 30 V 移相控制电压：0 ~ 12 V 输出脉冲电流幅值最大值：> 2 A 输出脉冲宽度：100 μs ~ 1 ms
KM – 18 – 2	单列直插式 13 引脚封装，内含脉冲形成、脉冲调制及脉冲功率放大环节，输出为调制脉冲列，可缩小脉冲变压器的体积，输出脉冲幅值可达 0.8A，并具有保护封锁端	工作电源电压：15 V 输出脉冲电流：800 mA 输出脉冲幅值：≥12 V 移相范围：0° ~ 180°
KM – 18 – 3	单列直插式厚膜电路封装，外形尺寸及引脚间距符合国际标准。内部由 TCA785、运算放大器、晶体管和阻容元件构成，输出为双脉冲，且应用了补脉冲，输出脉冲电流可达 1.5A，内部加入抗干扰电路，因此抗干扰能力强	电源电压：+15 V 同步电压：任意值 移相范围：180° 输出脉冲幅值：≥12 V 输出脉冲前沿：≤1 μs 工作温度范围：– 10 ~ + 70 ℃

型号	主要特点及性能	极限参数
KC188	双列直插式 18 引脚单片晶闸管数字式移相触发器，自身输出六路互差 60° 的移相触发双窄调制脉冲，具有断相、自对相位等功能，有独立脉冲封锁端。适用于三相半波、三相桥式电路中作晶闸管的移相触发	工作电源电压：+5 V 最高输入移相电压：+4.95 V 调制频率：10 kHz 移相范围：0°～180° 高电平负载能力：≤20 mA
LZ110	单片式快速充电机控制电路，具有充、放电时序和电池电压自动检测的基本功能，增加部分外接元件就可扩展其他功能。可用于各种类型的电池充电设备中作晶闸管的移相触发	电源电流：≤34 mA 输出脉冲幅度：≥20 V 输出晶体管反压 U_{CEO}：≥30 V 移相范围：≥170
LZ111	单片式快速充电机电路，具有快充、慢充转换，快充与放电时序，电池电压自动检测的基本功能，内有过电流保护单元	锯齿波幅值：6～8 V 时序输出电压：6～8 V
KTM03 KTM03A KTM03B	一种多功能的无级调压调功模块，既可工作于移相触发控制模式，也可工作于过零触发控制（比例控制）模式，它还具有闭环稳压功能，从而使输出电压稳定在所调定的电压上	移相范围：0°～180° 输出触发电流 KTM03 为100 mA； KTM03A 与 KTM03B 为 1 A
KTM05	输出为脉冲列，具有体积小、移相范围宽等特点。使用中需外接脉冲变压器，可同时触发两个位于同一相的晶闸管	工作电源电压：15 V 输出脉冲电流：40 mA 移相范围：0°～180°
KTM2011A	是优化设计、精心研制的新一代触发模块，具有体积小、重量轻、触发功率大、波形对称性好等特点。采用绝缘式模块结构，可同时触发两个晶闸管模块。可广泛用于晶闸管单相桥式半控或双半波可控电力电子成套装置中	工作电源电压 U_{DD}：12 V 输出功率放大级电压：+22 V 触发电流：≤750 mA 移相范围：0°～180°

型号	主要特点及性能	极限参数
CF97 ××× 系列	ZF 系列的改进和完善型产品，是专为晶闸管及晶闸管整流模块配套使用而设计的固态器件，全系列共 16 个品种、32 个规格，分为印制电路板上焊接式（A 型）及机箱中直接安装式（B 型）两大类，分别与大、中及小功率单、双向晶闸管配套使用，既可用于调相触发，又可用于调功触发。可广泛用于整流、逆变、调功及移相场合，适用于星形和三角形两种负载的连接方式	同步电压：AC18 V 或 220 V 输出触发电流：500 mA 移相范围：0°~180°

10.2.2 电力晶体管的驱动

由于 GTR 内部是由多个小电流晶体管并联而成的，基极驱动电路应保证这些并联的小电流晶体管同时导通或关断，因而 GTR 的基极驱动电路与 GTO 的门极驱动器一样要比普通晶闸管的触发器设计复杂得多。基极驱动电路性能的优劣将直接制约着 GTR 的应用。

1. GTR 对驱动电路的要求

（1）GTR 导通时，正向注入的电流值应能保证逆变器在最大负载下维持 GTR 饱和导通，电流的上升率应充分大，以减少开通时间。

（2）驱动电路应具有较强的抗干扰能力，能防止误动作。

（3）在 GTR 关断时，反向注入的电流峰值及下降率应充分大，以缩短存储和下降时间。

（4）为防止关断时施加大幅度负电流产生基极电流的尾部效应而导致 GTR 的损坏，基极驱动电路应确保在 GTR 退出饱和或准饱和以后，提供给 GTR 基射结以合适的反偏电压，促使 GTR 可靠快速关断，防止二次击穿。

（5）在 GTR 瞬时过载时，驱动电路应能相应提供足够大的驱动电流，保证功率 GTR 不因退出饱和区而损坏。

（6）在 GTR 导通过程中，如果 GTR 集射结承受的电压或流过它的电流超过了预先设定的极限值，GTR 的基极驱动信号应能自动切除。

2. 常用电力晶体管驱动集成电路 表 10 – 15 给出了国内常用的 GTR 基极驱动集成电路的型号及主要参数。

表 10 – 15　常用 GTR 驱动集成电路型号及主要参数

型号	主要特点及性能	极限参数
HL201	单列直插式 16 引脚厚膜电路封装，属国内首创，达到国际 20 世纪 80 年代末先进水平。内部设置了微分变压器实现信号隔离，具有响应速度快的优点，有贝克钳位端可实现贝克钳位，双电源工作，输入与输出间绝缘隔离，适用于 75 A 以内的 GTR 直接驱动	工作电源电压：$-5 \sim -7$ V $+8 \sim +10$ V 输入驱动信号：>10 V，<5 mA 最大输出电流：$\geqslant \pm 2.5$ A 输入、输出间隔离电压：$\geqslant 2\,500$ V
EXB356	单列直插式 12 引脚封装，采用光耦合器实现输入、输出之间的隔离，用于驱动 GTR 逆变桥中的上功率管或斩波器中的 GTR，与 EXB357 为互补驱动管。可直接驱动 50 A/1 000 V 的 GTR 模块	正向最大驱动电流：1.3 A 反向最大驱动电流：3.4 A 最高工作频率 f_{max}：2.5 kHz $U_{iso(RMS)}$：$2\,500$ V，1 min
EXB357	单列直插式 12 引脚封装，采用光耦合器实现输入、输出之间的隔离，用于驱动大功率晶体管逆变桥中的下功率管或斩波器中的 GTR	正向最大驱动电流：0.15 A 反向最大驱动电流：0.6 A du/dt：$\geqslant 4\,000$ V/μs 最高工作频率 f_{max}：2.5 kHz $U_{iso(RMS)}$：$2\,500$ V，1 min
M57904L	单列直插式 22 引脚封装，由三个可驱动 50 A、600 V 以下 GTR 模块的单元组成，内部不设置光隔离器，输入、输出不隔离	工作电源电压 U_{CC}：10V 最高工作频率：2 kHz
M57215BL	单列直插式 8 引脚封装，单电源自生负偏压工作，可直接驱动 50 A、1 000 V 以下的 GTR 模块一单元，外加功率放大器可驱动 $75 \sim 400$ A 的 GTR 模块	工作电源电压：$+10$ V，-3 V 工作频率：$\leqslant 2$ kHz

型号	主要特点及性能	极限参数
M57917L	单列直插式 9 引脚标准厚膜集成电路封装，输入与 TTL 电平兼容，内置光耦合器与控制电路隔离，可直接驱动 20 A、1 000 V 以下的 GTR 模块一单元	驱动电流： 高电平输出电流 I_{B1} 为 -1 A 低电平输出电流 I_{B2} 为 3 A（峰值）
M57951L	单列直插式 22 引脚封装，内置三个相同的可独立驱动 50 A 以下 GTR 模块的驱动器，内部不包含输入与输出隔离的光耦合器	电源电压：14 V 工作频率：2 kHz 工作结温 T_j：125 ℃ 内部各单元间隔离电压：2 500 V（RMS）
MPD1202	单列直插式 8 引脚标准厚膜集成电路封装，输入与 TTL 电平兼容，可直接驱动 100 A、1 000 V 以下的 GTR 模块一单元	双工作电源电压：U_{CC} 为 14V，U_{EE} 为 -3 V 输入驱动信号幅值 U_{IN}：4~5 V
TF1202	单列直插式 8 引脚标准厚膜集成电路封装，内置光耦合器实现输入、输出隔离，输入与 TTL 电平兼容，可直接驱动 100 A 以下 GTR 模块	工作电源电压：U_{CC} 为 14 V；U_{EE} 为 -3 V；U_{IN} 为 4~5 V 输入、输出间隔离电压：$U_{\text{iso(RMS)}}$ $\geqslant$ 2 500 V

10. 2. 3 电力场效应管的驱动电路

电力 MOSFET 是至今已批量应用的电力电子器件中工作频率最高的器件，由于它也是全控型器件，所以其应用的关键问题同样是栅极驱动电路与保护电路的设计和性能优劣。

1. 高速 MOSFET 对驱动电路的要求

（1）驱动电路延迟时间要小，从输入到输出的延时时间 t_d 要小于 15 ns。

（2）驱动点峰值电流要大，从而缩短平台的持续时间。

（3）栅极电压变化率要大，可缩短栅压上升时间或下降时间。

（4）计算栅极的有效电容及驱动电流，避免因驱动不足造成的转换过程长、开关损耗大。

2. 常用电力 MOSFET 驱动集成电路　表 10 - 16 给出了国内常用的 MOS-
FET 栅极驱动集成电路的型号与参数。

表 10 - 16　常用 MOSFET 栅极驱动集成电路

型号	主要性能和特点	主要参数和限制
IR2101 IR2102	单相半桥 MOSFET 驱动器，内置自举工作单元，栅极驱动电压适应范围宽，有欠电压封锁功能，输入与 TTL 和 CMOS 电平兼容，输出、输入延迟时间极短，且输出与输入反相，可驱动同桥臂的两个 N 沟道 MOSFET	最高工作母线电压 U_{OFFSET}：600 V 栅极驱动电压范围：10 ~ 20 V 输出脉冲峰值电流：100/210 mA 输入输出延迟时间 t_d：30 ns 开通与关断延迟时间 t_{on}/t_{off}：130/90 ns
IR2103	单相半桥 MOSFET 驱动器，内置自举工作单元，栅极驱动电压范围宽，输入与 TTL 和 CMOS 电平兼容，具有欠电压封锁逻辑，内含交叉导通（直通）保护逻辑，内部设置死区时间，高端输出与 H_{IN} 同相，低端输出与 L_{IN} 反相	最高工作母线电压 U_{OFFSET}：600 V 输出电压 U_{OUT} 范围：10 ~ 20V 最大输出高/低电平电流 I_{o+}/I_{o-}：100/210 mA 开通与关断时间 t_{on}/t_{off}：600/90 ns 死区时间 t_{dead}：500 ns
IR2104	双列直插式 8 引脚封装，内部自举工作，栅极驱动电压范围宽，单通道施密特逻辑输入，输入与 TTL 及 CMOS 电平兼容，内置死区时间，高端输出、输入同相，低端输出经死区时间调整后与输入反相。独立封锁端可同时封锁两路输出，使输出同时变为低电平，且内部电路可防止直通短路。允许在 600 V 母线电压下直接工作，可驱动同桥臂的两个 MOSFET	最高工作母线电压 U_{OFFSET}：600 V 输出电压 U_{OUT} 范围：10 ~ 20 V 最大输出高/低电平电流 I_{o+}/I_{o-}：100/210 mA 开通与关断时间（典型值）t_{on}/t_{off}：600/90 ns 死区时间 t_{dead}：500 ns
IR2111	主要指标同 IR2104，但不含独立封锁端，且与 IR2104 引脚排列不同	主要指标同 IR2104
IR2110	双列直插式 14 引脚封装，是应用无闩锁 CMOS 技术制作的 MOSFET 和 IGBT 专用驱动集成电路，内部为自举操作设计了悬浮电源，有较宽的栅极输出驱动电压范围，可驱动逆变器中同桥臂的两个 MOSFET 或 IGBT	允许驱动 MOSFET 最高工作母线电压：500 V 栅极输出最大驱动电流 I_{omax}：2 A 最高工作频率 f_{max}：40 kHz 焊接温度 T_L（焊接时间 10 s）：300 ℃

型号	主要性能和特点	主要参数和限制
IR2112	除输出驱动电流、最高工作母线电压及输入输出响应时间与 IR2110 不同外，其余指标同 IR2110	最高工作母线电压 U_{OFFSET}：600 V 输出电压 U_{OUT} 范围：10~20 V 最大输出高/低电平电流 I_{o+}/I_{o-}：100/420 mA 开通与关断时间（典型值）t_{on}/t_{off}：125/105 ns 死区时间 t_{dead}：30ns
IR2113	除最高工作母线电压 U_{OFFSET} 为 600 V 外，其引脚排列、主要性能指标及特点等与 IR2110 完全相同	最高工作母线电压 U_{OFFSET}：600 V 其余同 IR2110
IR2117 IR2118	8 引脚封装的单只 MOSFET 驱动器，内部自举工作，有欠电压封锁功能，输入与 CMOS 施密特推挽输出兼容，输入与输出同相位，栅极驱动电源电压范围宽，IR2117 为同相输入，IR2118 为反相输入	最高工作母线电压 U_{OFFSET}：600 V 输出电压 U_{OUT} 范围：10~20 V 最大输出高/低电平电流 I_{o+}/I_{o-}：200/420 mA 开通与关断时间（典型值）t_{on}/t_{off}：125/105 ns
IR2121	标准双列直插式 8 引脚封装，输入与 CMOS 及 TTL 电平兼容，输出具有较大的电流缓冲器，可大大地减小被驱动 MOSFET 或 IGBT 的损耗，同时自身具有故障封锁端，可用来进行故障状态下的保护。与 IR2125 配合使用，可用来驱动逆变桥中低端的 MOSFET 或 IGBT 一单元	工作电源电压：20 V 输出电压 U_{OUT} 范围：12~18 V 电流检测输入电压 U_{csth} 范围：0.23 V 栅极驱动电压范围：3~20 V 最大输出驱动电流 I_{o+}/I_{o-}：1/2 A 开通与关断时间（典型值）t_{on}/t_{off}：150/150 ns 输入、输出延迟时间：140 ns 工作温度 T_A 范围：−55~150 ℃
IR2125	单一标准双列直插式 8 引脚封装集成电路，是高速、高电压 MOS 栅极驱动器集成电路，内部含有故障封锁端，输入与 TTL 及 CMOS 电平兼容。可直接用于母线工作电压为 500 V 的系统中，驱动 N 沟道 MOSFET 或 IGBT 一单元	自身工作电源电压 U_B：0.5~20 V 输出驱动电压 U_o：（U_B±0.5）V 最高母线工作电压：500 V 最大输出驱动电流 I_{o+}/I_{o-}：1/2 A 开通与关断时间（典型值）t_{on}/t_{off}：150/150 ns

型号	主要性能和特点	主要参数和限制
IR2127 IR2128	双列直插式 8 引脚封装，均为带独立故障输出指示及电流检测输入的单个 MOSFET 或 IGBT 驱动器。栅极驱动电源电压范围宽，允许工作母线电压高，输入与 CMOS 和 TTL 电平兼容，内含欠电压封锁逻辑，输出与输入同相，IR2127 为同相输入，IR2128 为反相输入。它们与 IR2124 的不同还表现在使用电源结构及典型使用电路不同	最高工作母线电压 U_{OFFSET}：600 V 输出电压 U_{OUT} 范围：10~20 V 最大输出高/低电平电流 I_{o+}/I_{o-}：200/420 mA 电流检测输入电压 U_{csth} 范围：0.25 V 开通与关断时间（典型值）t_{on}/t_{off}：150/150 ns
IR2130	双列直插式 28 引脚封装，可用来驱动工作母线电压不高于 600 V 电路中的 MOS 栅极器件，可输出的最大正、反向峰值驱动电流大，内含过电流、过电压、欠电压保护和封锁及指示网络。其输出可直接驱动六个 MOSFET，且六个输出可分高端与低端单独使用	最高工作电源电压：20 V 输出驱动电压 U_o：$(U_B \pm 0.5)$ V 最高工作母线电压：600 V 工作温度范围：$-55 ~ +150$ ℃ 工作频率范围：几十赫至几百千赫
IR2137 IR2237	采用 MQFP64 引脚封装，取代原来应用的 IR2133 及 IR2233，是新一代 600 V 及 1 200 V 栅极驱动器。它保护性能强，抗电磁干扰能力更强，并具有软启动功能。采用三相栅驱动器集成电路，能够在线间（Line-to-Line）短路及接地故障时，利用软停机功能抑制短路造成的过高尖峰电压。其利用非饱和检测技术，可感应出高端 MOSFET 或 IGBT 的短路状态。此外，内部的软停机功能，经过三相同步处理，即使发生因短路引起的快速电流断开现象，也不会出现过量的瞬变过电压浪涌，它同时配有多种集成电路保护功能，而无需其他额外的外部元件	适用于 3.75 kW、工作母线电压为 230 V（IR2137）及 460 V（IR2237）系统中的交流电动机驱动装置

型号	主要性能和特点	主要参数和限制
IR2132	标准双列直插式 28 引脚或 44 引脚 PLCC 封装，是应用自举悬浮技术设计的高速、高电压六输出 MOSFET 或 IGBT 栅极驱动集成电路。自身具有欠电压和过电流封锁逻辑，内部还有互锁逻辑，可为被驱动逆变桥臂的两个电力电子器件提供合适的互锁时间间隔。可直接用来驱动三相桥式逆变器中的 6 个 N 沟道 MOSFET 或 IGBT	工作母线电压: 625 V 输出驱动电压: 10 ~ 20 V 输出驱动电流: 200 ~ 420 mA 死区时间: 0.8 μs 输出脉冲开通和关断时间 t_{on}/t_{off}: 120/94 ns
IR2131	与 IR2130 的不同表现在它有独立封锁端和复位端，内部不含过电流保护比较器，输入、输出响应时间比 IR2130 稍长	开通与关断时间（典型值）t_{on}/t_{off}: 1 300/600 ns 死区时间（典型值）t_{dead}: 700 ns 其余同 IR2130
IR2151	标准双列直插式 8 引脚封装，是为单相半桥逆变器驱动而设计的，可直接驱动单相半桥逆变器中的两个 MOSFET 或 IGBT。应用悬浮和自举技术设计，可用于母线工作电压为 600 V 的场合。内部具有封锁逻辑和 PWM 脉冲形成单元，为了避免逆变桥中同桥臂中的两个电力电子器件发生直通短路，内部电路可为被驱动的两个栅极信号提供 1 μs 的互锁间隔时间	工作母线电压: 600 V 输出电压: 10 ~ 15 V 占空比: 50% 死区时间: 1 μs 最大输出驱动电流 I_{o+}/I_{o-}: 100/210 mA 上升与下降时间（典型值）: 100 ns 与 50 ns
IR2152	标准双列直插式 8 引脚封装，内置 PWM 发生器，可驱动逆变桥臂中低端的 MOSFET 或 IGBT。有欠电压封锁功能，允许驱动的 MOSFET 或 IGBT 工作母线电压最高为 600 V，可同时对被驱动的高端和低端电力电子器件栅极信号产生合适的延时，输出与 R_T 上的波形同相，IR2152 与 IR2151 的不同仅表现在输出驱动信号互为反相	最高工作母线电压 U_{OFFSET}: 600 V 输出电压 U_{OUT} 范围: 10 ~ 20 V 最大输出高/低电平电流 I_{o+}/I_{o-}: 100/210 mA 最大占空比 D: 50% 死区时间（典型值）t_{dead}: 1.2 μs

型号	主要性能和特点	主要参数和限制
IR2155	标准双列直插式 8 引脚封装，是应用高电压悬浮工艺制作的廉价 MOSFET 及 IGBT 栅极驱动器。它可同时驱动逆变桥中同桥臂的上端和下端的 MOS 栅器件。自身集成有振荡源，可产生 PWM 脉冲，输出 PWM 脉冲的占空比可在 0~99% 范围内调节。内部集成的互锁逻辑可保证被驱动逆变桥的上、下两个 MOS 栅器件的栅极信号之间具有 1 μs 的互锁延时	工作母线电压：600 V 振荡频率：直流 ~80 kHz 最大输出驱动电流 I_{o+}/I_{o-}：210/420 mA 占空比（最大）：99% 死区时间：1 μs
TPS2832 TPS2833	同步降压功率级的 MOSFET 驱动器，它可对大容性负载提供 2 A 的峰值电流，可将高端驱动器配置为以地为基准的驱动器或以引脚 BOOTLO 为参考的可变自举式驱动器。自适应停滞时间控制电路消除了开关变换时通过主电力电子器件的过冲电流，并提高了降压调节器的效率	工作电压范围：4.5~13 V 静态电流：3 mA 最高工作频率 f_{max}：100 kHz 工作温度：0~125 ℃
HV400	单个 MOSFET 驱动器，可提供极大的驱动峰值电流，可用来驱动大功率或并联的 MOSFET	最高工作电压：20 V 输出灌电流峰值：30 A 输出拉电流峰值：6 A 工作频率：300 kHz
HIP2500	500 V 半桥变换器中的 MOSFET 驱动器，可直接驱动高电压 MOSFET 或 IGBT，可代替 16~18 个元器件组成的传统驱动电路	输出栅极驱动电流：2 A 工作电流：2 mA 工作频率：300 kHz
HIP5500	500 V 半桥变换器中的 MOSFET 驱动器，内含 300 kHz 的 PWM 振荡器，具有较高的开关速度，可提高效率，缩小散热片面积，更适合于开关电源使用	栅极输出驱动电流：2 A 工作频率：300 kHz

型号	主要性能和特点	主要参数和限制
UC3724 UC3725	一组 MOSFET 隔离驱动芯片，它们利用变压器进行隔离，能同时传递驱动逻辑信号与驱动功率，内部含欠电压、过电流保护电路。它们可组合使用，具有电路简单、隔离度高、供电方便的特点	工作电压：8～35 V 输出驱动峰值电流：2 A UC3724 输入、输出驱动电流：500 mA UC3725 输出连续驱动电流：500 mA
MC34151 MC33151 MC34152 MC33152 DS0026 MMH0026	标准双列直插式 8 引脚（DIP—8）及小型双列扁平平面 8 引脚（SOIC—8）封装，是双路单片高速 MOSFET 驱动器。专门设计有需要小电流的数字电路，并以高转换速率来驱动大容性负载电路中的 MOSFET 开关。内含滞后和欠电压锁定功能，具有低输入电流、输入与 TTL 和 LSTTL 逻辑电平兼容、对快速输出转换、输出滞后不随输入瞬态时间变化	电源电压 U_{CC}：20 V 输入电压 U_{IN}：－0.3 V 至 U_{CC} 输出驱动电流 I_o：1.5 A 工作结温 T_{jmax}：150 ℃
MDC1100A	一种硅关断器件，该器件把分立器件集成为一个器件，可用来降低一个 MOSFET 的关断时间，同时也将 MOS 栅极电压钳制在安全量级。用它可以降低系统的成本和电路板空间，同时优化了 MOSFET 的开关特性	输入电流峰值 I_{INmax}：1 A 输入连续电流 I_{IN}：100 mA 工作温度：－65～＋150 ℃ 焊接温度 T_L：260 ℃
SI9976DY	半桥驱动芯片，可驱动推挽式 MOS 管，并对其高端和低端分别提供驱动信号，且具有自举供给、电荷补偿、短路保护及故障反馈等特性。可与该公司的低通态电阻 MOS 管配合，为电动机提供 5 A、60 V 的驱动能力	电源电压 U_{CC}：－0.3～＋8 V 工作温度 T_A：－40～＋85 ℃ 储存温度 T_{stg}：－50～＋150 ℃
EL7144C	一种双输入驱动器，不仅开关性能好，而且还有很大的灵活性。由于它有两个输入控制，配合绝缘漏极结构，使该器件可应用于要求非对称驱动、谐振充电电路控制等场合，对电力 MOSFET 和电容性负载更能显示出其优势	电源电压 U_+：4.5～16.5 V 输出驱动峰值电流 I_{omax}：4 A 工作环境温度 T_A：－40～＋85 ℃ 储存温度 T_{stg}：－65～＋150 ℃

续表

型号	主要性能和特点	主要参数和限制
EL7202C EL7212C EL7222C	均为匹配的双路 MOSFET 驱动器，可改善工业标准 DS0026 时钟驱动器的性能。外接大的容性负载时，能够输出 2 A 峰值电流，由于上升和下降时间相同，提高了速度，并增强了驱动能力。该驱动器的电源电流约为双极性驱动器的 1/10，并且没有普通 CMOS 驱动器具有的时间延迟问题	电源电压 U_+：16.5 V 两路总输出峰值电流 I_{omax}：4 A 功耗 P_D：670 mV 储存温度 T_{stg}：$-65 \sim +150$ ℃
TLP250	标准双列直插式 8 引脚封装，内含一个发光二极管和一个集成光探测器。具有开关时间短、输入电流小、输出驱动电流大及输入输出隔离等特点。适用于驱动 MOSFET 或 IGBT	最大电源电流 I_{CC}：11 mA 输入阈值电流 I_F：5 mA 输入、输出隔离电压 $U_{iso(min)}$（有效值）：2 500 V

10.2.4 绝缘栅双极型晶体管的驱动电路

1. IGBT 栅极驱动的要求

（1）栅极驱动电压脉冲的上升率和下降率要充分大。这样可以减小开通和关断损耗，缩短关断时间。

（2）在 IGBT 导通后，栅极驱动电路提供给 IGBT 的驱动电压和电流要具有足够的幅值。该幅值应能维持 IGBT 的功率输出级总是处于饱和状态。当 IGBT 瞬时过载时，栅极驱动电路提供的驱动功率要足以保证 IGBT 不退出饱和区而被损坏。

（3）IGBT 的栅极驱动电路提供给 IGBT 的正向驱动电压 $+U_{GE}$，要取合适的值，特别是在具有短路工作过程的设备中使用 IGBT 时，其正向驱动电压 $+U_{GE}$ 更应选择其所需要的最小值。

（4）IGBT 在关断过程中，栅-射极施加的反向偏压有利于 IGBT 的快速关断，但反向负偏压 $-U_{GE}$ 受 IGBT 栅-射极之间反向最大耐压的限制，过大的反向电压亦会造成 IGBT 栅-射极的反向击穿，所以 $+U_{GE}$ 也应取合适的值。

（5）虽说 IGBT 的快速开通和关断有利于缩短开关时间和减小开关损耗，但过快的开通和关断在大电感负载情况下反而是有害的。

（6）由于 IGBT 内寄生晶体管、寄生电容的存在，使栅极驱动与 IGBT 损坏时的脉宽有密切的关系。

（7）由于 IGBT 在电力电子设备中多用于高电压场合，所以驱动电路应与整个控制电路在电位上严格隔离。

（8）IGBT 的栅极驱动电路应尽可能简单、实用，最好自身带有对被驱动 IGBT 的完整保护能力及很强的抗干扰性能，而且输出阻抗应尽可能的低。

（9）由于栅极信号的高频变化，所以尽可能缩短栅极驱动电路及 IGBT 之间的配线。

（10）在同一电力电子设备中使用多个不等电位的 IGBT 时，为了解决电位隔离问题，应使用光电隔离器。

2. 常用 IGBT 驱动集成电路　表 10－17 给出了国内常见 IGBT 栅极驱动集成电路的型号与主要参数。

表 10－17　常用 IGBT 栅极驱动集成电路

型号	主要特点及性能	极限参数
EXB850	专为驱动 150 A、600 V 及 75 A、1 200 V 以下 IGBT 设计的单列直插式 15 引脚厚膜集成电路。内部集成有过电流保护及封锁逻辑，驱动电路的信号延迟 < 4 μs。适用于在高达 10 kHz 的开关操作系统中工作	工作电源电压：20 V 最高工作频率：15 kHz 最大负载能力：32 mA
EXB851	专为驱动 400 A、600 V 及 300 A、1 200 V 以下 IGBT 设计的单列直插式 15 引脚厚膜驱动电路。内部集成有过电流保护及故障低速切断封锁逻辑，驱动电路的信号延迟 < 4 μs。适用于在高达 10 kHz 的开关操作系统中工作	工作电源电压：20 V 最高工作频率：15 kHz 最大负载能力：54 mA
EXB840	专为驱动 150 A、600 V 和 75 A、1 200 V 以下 IGBT 而设计的单列直插式 15 引脚厚膜驱动电路。内部集成有故障及低速切断封锁逻辑，驱动电路的信号延迟 < 1 μs。适用于在高达 40 kHz 的开关电路中工作	工作电源电压：20 V 最高工作频率：40 kHz 最大负载能力：25 mA
EXB841	专为驱动 400 A、600 V 及 300 A、1 200 V 以下 IGBT 而设计的单列直插式 15 引脚厚膜集成电路。内部集成有过电流保护及故障低速切断逻辑，驱动电路信号延迟 ≤ 1 μs。适用于在高达 40 kHz 的开关电路中工作	工作电源电压：20 V 最高工作频率：40 kHz 最大负载能力：47 mA

型号	主要特点及性能	极限参数
HL402A HL402B	采用标准的单列直插式 17 引脚厚膜集成电路工艺封装，可直接驱动 150 A、1 200 V以下的 IGBT。具有降栅压及软关断双重保护功能，其降栅压延迟时间、降栅压时间、软关断斜率均可通过外接电容器进行整定，能适应不同饱和压降的 IGBT 驱动，且内置静电屏蔽层的高速光耦合器实现信号隔离，抗干扰能力强、响应速度快、隔离电压高，性能优于 EXB 系列及 M57 系列进口产品	工作电源电压：U_{CC} 为 15 ~ 18 V；U_{EE} 为 – 10 ~ – 12 V 输入驱动信号：≥10 mA 且≤20 mA 降栅压及软关断阈值电压：（8 ± 0.5）V 和（8.5 ±0.8）V 降栅压报警信号延迟时间及软关断信号延迟时间：≤1 μs
HL403A HL403B	在 HL402 的基础上对外附加功率放大晶体管改型而成，输出峰值电流可达 6 A，可直接驱动 200 ~600 A、1 200 V 的 IGBT，其余参数同 HL402	工作电源电压：U_{CC} 为 15 ~ 18 V，U_{EE} 为 – 10 ~ – 12 V 输出峰值电流（频率 40 kHz、脉宽 2 μs 时）：6 A
HR065	单列直插式 10 引脚封装，可直接驱动容量低于 100A、1 200V 的 IGBT 模块。内有高速、高电压光耦合器实现隔离，除提供驱动电流外，还具有过电流保护功能	电源电压：+23V 绝缘电压 $U_{iso(RMS)}$：2 500 V 最高工作频率f_{max}：20 kHz
UC3727 UC2727 UC1727	双列直插式 18 引脚封装的高端 IGBT 驱动器。内部采用自生及自举电源，驱动 IGBT 采用了软开通技术，设置了欠电压、欠饱和保护。可用于驱动 IGBT 逆变器桥臂中的 MOS 管或斩波器中的 IGBT	电源电压：+15 V 与 – 5.5 V 参考电压：4.4 V 欠电压保护阈值电压：6.5 V 最大脉冲工作电流：4 A
GH—038	单列直插式 8 脚封装的 IGBT 驱动器，内有高速、高电压光耦合器实现隔离，单一工作电源。可直接驱动 300 A、600 V 以下的 IGBT 模块	工作电源电压：26 V 绝缘电压 $U_{iso(RMS)}$：2 500 V du/dt 耐量：≥15 000 ~ 30 000 V/μs 外形尺寸（宽×长）：38.5 mm × 28 mm

型号	主要特点及性能	极限参数
GH—039	单列直插式 12 引脚封装的高速、大容量 IGBT 驱动器，单一工作电源，内部集成有高速光耦合器实现输入、输出隔离，片内有过电流保护电路，过电流保护输出端可供用户使用。可直接驱动 300 A、600 V 以下的 IGBT	工作电源电压：23～28 V 输入、输出隔离电压 $U_{\text{iso(RMS)}}$：AC 3 750 V $du/dt \geqslant 5\,000$ V/μs
M57957L	专为驱动作为栅极放大器应用中的 N 沟道 IGBT 模块而设计的单列直插式 8 引脚厚膜集成电路。采用双电源驱动技术，输入与 TTL 电平兼容，内置高速光耦合器实现隔离。可直接驱动 200 A、600 V 及 100 A、1 200 V 以下的 IGBT	电源电压：U_{DD} 为 +18 V；U_{EE} 为 −12 V 最大输入电压：+7 V 输入、输出绝缘电压 $U_{\text{iso(RMS)}}$：AC 2 500 V
M57957A	是 M57957L 的改进型，内置工作电源欠电压保护单元，其余性能同 M57957L	允许输出电压：5.2～17.5 V 停止输出电压：9～10.9 V
M57958L	单列直插式 8 引脚封装的 IGBT 厚膜集成电路，工作频率为 30 kHz。可驱动 400 A、600 V 或 200 A、1 200 V 以下的 IGBT 模块	高电平输出电流：0.8 A 工作温度：−20～+70 ℃ 其余同 M57957L
M57959L	单列直插式 14 引脚封装的 IGBT 厚膜驱动器。内置短路保护、定时复位及封锁单元。可直接驱动 200 A、600 V 或 100 A、1 200 V 以下的 IGBT 模块	保护后的复位时间：2 ms 输入电压 U_{imax}：50 V 短路保护检测电压：最小值 15 V 输入、输出隔离电压 $U_{\text{iso(RMS)}}$：2 500 V
M57959AL	M57959L 的改进型，在 M57959L 基础上增加了检测点和专门检测结果的锁存单元	短路检测电压：最小值 15 V 工作频率 f_{max}：20 kHz
M57962L	专为 N 沟道电力 IGBT 驱动而设计的单列直插式 14 引脚厚膜集成电路。内部集成有短路保护逻辑，输入与 TTL 及 CMOS 电平兼容，输入与输出经光耦合器隔离。可用来驱动 400 A、600 V 以下的 IGBT 或 200 A、1 200 V 以下的 IGBT 模块	工作电源电压：15～18 V 输入与输出隔离电压：2 500 V 工作频率：20 kHz

型号	主要特点及性能	极限参数
M57962AL	M57962L 的改进型，可直接驱动 600 A、600 V 及 400 A、1 200 V 以下的 IGBT 模块	短路检测电压：≥15 V 故障输出电流：20 mA 输入、输出隔离电压 $U_{\text{iso(RMS)}}$：2 500 V
M57963L	一种专为驱动 N 沟道 IGBT 而开发的 14 引脚单列直插式 IGBT 驱动器，内部集成有具有输出端口的短路保护电路	输出电流（脉宽 2 μs，$f < 5$ kHz）：± 2A 最大输入检测电压：50 V 工作温度：+20 ~ +70 ℃ 故障输出电流：10 mA
SKHI21 SKHI22	混合双路 IGBT、MOSFET 驱动器，内部有 U_{CE} 监控和自动关断电路，可提供有效的短路保护，工作频率为 14 kHz，输入与 CMOS 兼容。可直接驱动 IGBT 半桥模块	电源电流 I_{S}：≥160 mA 电源电压 U_{S}：15 V 输入电压 U_{IN}：+12.9 V 输入、输出间隔离电压 $U_{\text{iso(RMS)}}$：≥2 500 V

10.3 常用电力电子电路

电力电子电路即是通常所说的电力电子变流电路，简称为变流电路，就是利用电力电子器件实现变流的电路。它的基本功能是进行交、直流电能的变换，主要电路有整流电路、逆变电路、直流变换电路和交流变换电路（又分为交流调压电路和变频电路）。

10.3.1 整流电路

将交流电转换为直流电的电路称为整流电路。通常用半控型器件（例如晶闸管）或其他全控型器件组成的整流电路称为可控整流电路。可控整流电路可以把交流电压变换成固定或可调的直流电压。常用的可控整流电路的主电路见图 10-21，常用的可控整流电路的参数见表 10-18。

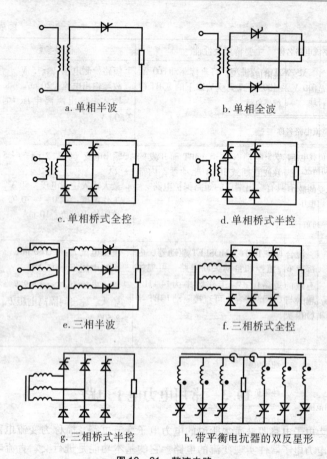

a. 单相半波　　　　　　　　　　b. 单相全波

c. 单相桥式全控　　　　　　　　d. 单相桥式半控

e. 三相半波　　　　　　　　　　f. 三相桥式全控

g. 三相桥式半控　　　　　　h. 带平衡电抗器的双反星形

图 10 - 21　整流电路

表 10 - 18　整流电路的特性

整流电路名称		单相半波	单相双半波	单相桥式半控	单相桥式全控
α = 0 时负载电压的脉动情况	基波频率	f	$2f$	$2f$	$2f$
	纹波因数	1.21	0.48	0.48	0.48
元件承受的最大正反向电压		$\sqrt{2}U_2$	$\sqrt{2}U_2$	$\sqrt{2}U_2$	$\sqrt{2}U_2$
最大导通角		π	π	π	π
控制角为 α 时整流电压平均值	纯阻负载	$0.45U_2\dfrac{1+\cos\alpha}{2}$	$0.9U_2\dfrac{1+\cos\alpha}{2}$	$0.9U_2\dfrac{1+\cos\alpha}{2}$	$0.9U_2\dfrac{1+\cos\alpha}{2}$
	纯感负载	—	$0.9U_2\cos\alpha$	$0.9U_2\dfrac{1+\cos\alpha}{2}$	$0.9U_2\cos\alpha$

续表

整流电路名称		单相半波	单相双半波	单相桥式半控	单相桥式全控
移相范围	纯阻负载	π	π	π	π
	纯感负载	—	$\dfrac{\pi}{2}$	π	$\dfrac{\pi}{2}$

整流电路名称		三相半波	三相桥式半控	三相桥式全控	带平衡电抗器的双反星形
$\alpha = 0$ 时负载电压的脉动情况	基波频率	$3f$	$6f$	$6f$	$6f$
	纹波因素	0.183	$0.041\,8$	$0.041\,8$	$0.041\,8$
元件承受的最大正反向电压		$\sqrt{6}U_2$	$\sqrt{6}U_2$	$\sqrt{6}U_2$	$\sqrt{6}U_2$
最大导通角		$\dfrac{2\pi}{3}$	$\dfrac{2\pi}{3}$	$\dfrac{2\pi}{3}$	$\dfrac{2\pi}{3}$
控制角为 α 时整流电压平均值	纯阻负载	$0 \leqslant \alpha \leqslant \dfrac{\pi}{3}$ $2.34U_2\cos\alpha$ $\dfrac{\pi}{3} \leqslant \alpha \leqslant \dfrac{5\pi}{6}$ $0.675U_2[1+\cos(\alpha+\dfrac{\pi}{6})]$	$2.34U_2\dfrac{1+\cos\alpha}{2}$	$0 \leqslant \alpha \leqslant \dfrac{\pi}{6}$ $2.34U_2\cos\alpha$ $\dfrac{\pi}{3} \leqslant \alpha \leqslant \dfrac{2\pi}{3}$ $2.34U_2[1+\cos(\alpha+\dfrac{\pi}{3})]$	$0 \leqslant \alpha \leqslant \dfrac{\pi}{3}$ $1.17U_2\cos\alpha$ $\dfrac{\pi}{3} \leqslant \alpha \leqslant \dfrac{2\pi}{3}$ $1.17U_2[1+\cos(\alpha+\dfrac{\pi}{3})]$
	纯感负载	$1.17U_2\cos\alpha$	$2.34U_2\dfrac{1+\cos\alpha}{2}$	$2.342U_2\cos\alpha$	$1.17U_2\cos\alpha$
移相范围	纯阻负载	$\dfrac{5\pi}{6}$	π	$\dfrac{2\pi}{3}$	$\dfrac{2\pi}{3}$
	纯感负载	$\dfrac{\pi}{2}$	π	$\dfrac{\pi}{2}$	$\dfrac{\pi}{2}$

10.3.2 逆变电路

将直流电转换为交流电的电路称为逆变电路。逆变电路若把直流电变换成与电网同频率的交流电送到电网，称为有源逆变；逆变电路若把直流电变换成某一频率或频率可调的交流电供给负载，则称为无源逆变。如果不加说明，逆变电路一般多指无源逆变电路。

逆变电路应用广泛，蓄电池、干电池、太阳能电池都是直流电源，当需要这些直流电源向交流负载供电时，就由逆变电路完成。交流电动机调速用的变频器、不间断电源、感应加热电源等电力电子装置，其电路的核心部分都是逆变电路。通常按直流电源性质分类，可将逆变电路分为电压型和电流型两大类。

1. 电压型逆变电路 直流侧是电压源的逆变电路称为电压型逆变电路，其具有以下特点：

（1）直流侧并联有大电容，相当于电压源。直流侧电压基本无脉动，直流回路呈现低阻抗。

（2）交流侧输出电压波形为矩形波，而输出电流波形近似为正弦波。

（3）当交流侧为阻感负载时，直流侧并联的电容起缓冲无功能量的作用。为了给交流侧向直流侧反馈能量提供通道，逆变桥各桥臂都并联了反馈二极管。

电压型逆变电路适用于向多台电动机供电、不可逆拖动、稳速工作，且快速性要求不高的场合。单相电压型逆变电路及波形见图 10 - 22，三相电压型桥式逆变电路及波形见图 10 - 23。

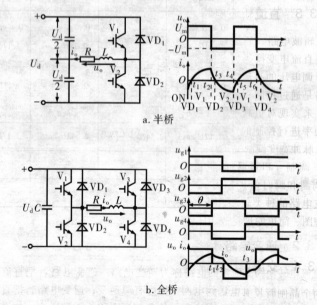

图 10 - 22　单相电压型逆变电路及波形

2. 电流型逆变电路 直流侧是电流源的逆变电路称为电流型逆变电路，其具有以下特点：

（1）直流侧串联有大电感，相当于电流源。直流侧电流基本无脉动，直流回路呈现高阻抗。

（2）交流侧输出电流波形为矩形波，而输出电压波形近似为正弦波。

（3）当交流侧为阻感负载时，直流侧电感起缓冲无功能量的作用。当交流侧向直流侧反馈能量时，因直流电流并不反向，所以不必在逆变桥各臂并联反馈二极管。

电流型逆变电路适用于单机拖动、加减速频繁并经常反向的场合。单相电流型逆变电路及波形见图 10－24，三相电流型逆变电路及波形见图 10－25。

10.3.3　直流斩波电路

直流斩波电路（斩波器）的功能是将直流电变换为另一固定电压或可调电压的直流电。直流斩波电路是通过控制直流电源的通和断，来实现对负载上的平均电压和功率进行控制的。控制方式主要有脉冲宽度调制（PWM）、脉冲频率调制（PFM）、调频调宽混合调制和瞬时值控制方式。直流斩波电路的种类较多，基本电路原理图、简单原理见表 10－19。

10.3.4　交流调压电路

把两个晶闸管反并联后（或用一只双向晶闸管），串联在交流电路中，通过控制晶闸管的导通角，就可以控制其输出电压而不改变交流电的频率，这种电路称为交流调压电路。如果令晶闸管在交流电压自然过零时导通或关断，则称为交流电力电子开关，简称交流开关。交流调压电路广泛应用于灯光控制、电炉的温度控制、异步电动机的软启动和调速等。

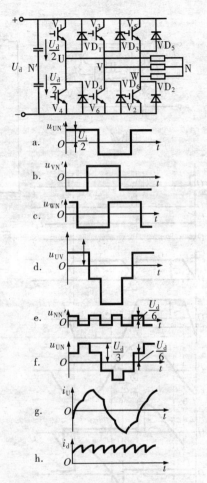

图 10－23　三相电压型逆变电路及波形

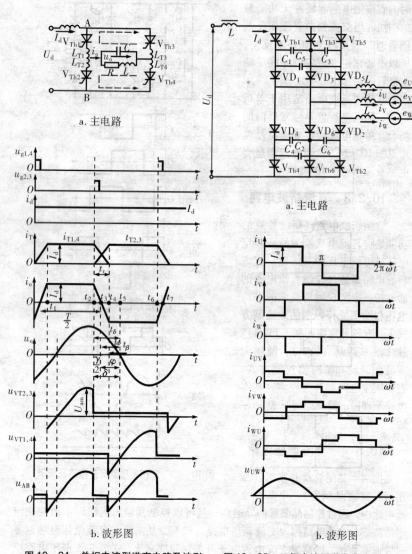

a. 主电路

b. 波形图

图 10 - 24　单相电流型逆变电路及波形

a. 主电路

b. 波形图

图 10 - 25　三相电流型逆变电路及波形

表 10-19 基本斩波电路

电路名称	电路原理图	基本原理	输入输出关系
降压斩波电路		VD 导通时，E 向负载供电；VD 关断时，负载续流	$U_o = \alpha E$
升压斩波电路		V 导通时，L 储能；V 关断时，E 和 L 向负载供电	$U_o = \dfrac{1}{1-\alpha} E$
升降压斩波电路		VD 导通时，E 向 L 供电使其储能；VD 关断时，L 放能向负载供电	$U_o = \dfrac{-\alpha}{1-\alpha} E$
Cuk 斩波电路		V 关断时，E 向 L_1 经 VD 向 C 供电使其储能，同时负载续流；V 导通时，E 向 L_1 供电使其储能，同时 C 放能向负载供电	$U_o = \dfrac{-\alpha}{1-\alpha} E$
Sepic 斩波电路		V 导通时，E 向 L_1 供电使其储能、C_1 放能、L_2 储能；V 关断时，E 和 L_1 经 VD 向负载供电，同时向 C_1 充电	$U_o = \dfrac{\alpha}{1-\alpha} E$
Zeta 斩波电路		V 导通时，E 向 L_1 供电使其储能，同时 E 和 C_1 向负载供电，向 C_2 充电；V 关断时，L_1 经 VD 向 C_1 充电，同时 C_2 向负载供电，L_2 经 VD 续流	$U_o = \dfrac{\alpha}{1-\alpha} E$

交流调压电路中的晶闸管通常有两种控制方式：一种是相位控制方式，即在电源电压的每一周期，在选定的时刻将负载与电源接通，改变选定的时刻达到调压的目的；另外一种是通－断控制方式，又称为过零控制，即将晶闸管作为开关，使负载与电源接通若干周波，然后再断开一定的周波，通过改变通断的时间比达到调压的目的。交流调压电

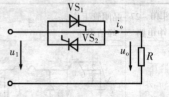

图 10－26　单相交流调压电路

路主要有两种基本形式，单相交流调压电路（图 10－26）和三相交流调压电路（图 10－27）。三相交流调压电路各种接线方式的特点见表 10－20。

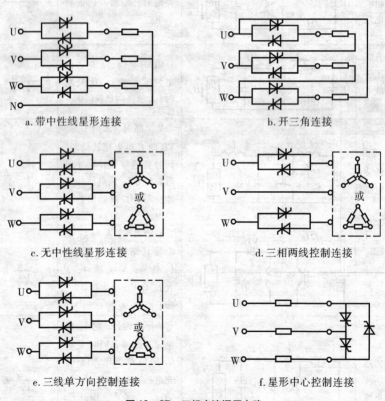

a. 带中性线星形连接 　　　　　　　 b. 开三角连接

c. 无中性线星形连接 　　　　　　　 d. 三相两线控制连接

e. 三线单方向控制连接 　　　　　　 f. 星形中心控制连接

图 10－27　三相交流调压电路

表 10 - 20　各种三相交流调压电路的比较

图 10 - 27 中电路	晶闸管工作 峰值电压	晶闸管工作 平均电流	控制角移 相范围	线路性能特点
a	$\sqrt{\dfrac{2}{3}}U$	$0.45I$	$0° \sim 180°$	三个单相交流调压电路的组合，零线中电流很大，零线截面积应与相线一致，不宜用于大容量设备
b	$\sqrt{2}U$	$0.26I$	$0° \sim 180°$	三个单相调压电路跨接于电源线电压上的组合，三相负载必须能分得开，适用于大电流场合
c	$\sqrt{2}U$	$0.45I$	$0° \sim 150°$	可接星形负载或三角形负载，至少不在同一相上的两只晶闸管同时导通才构成回路，故要用宽脉冲或双脉冲，输出电流谐波分量少
d	$\sqrt{2}U$	$0.45I$	$0° \sim 180°$	省去一对晶闸管，但三相波形各不相同，三相平衡度不理想，只能用于小容量系统或作为临时措施使用
e	$\sqrt{2}U$	$0.45I$	$0° \sim 210°$	由晶闸管与二极管反并联或逆异晶闸管构成，三相波形一致但正负半波不对称，会出现偶次谐波
f	$\sqrt{2}U$	$0.68I$	$0° \sim 210°$	线路简单，成本低，要求负载能分得开，晶闸管电流较大，输出电压正负半波不对称，仅适用于星形负载，且中性点能拆开的场合

第 11 章　可编程控制器

11.1　概述

可编程控制器（Programmable Controller）简称 PC。早期的 PC 只有逻辑控制，称为 PLC（Programmable Logic Controller）。近几年为了避免与个人计算机（PC）相混淆，又采用其早期的名称，即用 PLC 统称可编程控制器。

11.1.1　PLC 的特点

PLC 的特点见表 11-1。

表 11-1　PLC 的特点

特点	具体体现
不需要大量的活动部件和电子元件	接线大大减少，系统的维修简单，维修时间缩短，因此可靠性得到提高
采用一系列可靠性设计的方法进行设计	如冗余设计、掉电保护、故障诊断、信息保护及恢复等
有较强的易操作性，有编程简单、操作方便、维修容易等特点	降低了对操作和维修人员的技能要求，操作和维修人员容易学习和掌握，不容易发生操作的失误，可靠性因此提高
它是为工业生产过程控制而专门设计的控制装置，具有比通用计算机控制系统更简单的编程语言和更可靠的硬件	硬件设计采用一系列提高可靠性的措施：采用可靠性高的元器件，采用先进的工艺制造流水线，对干扰采用屏蔽、隔离和滤波等，采用电源的掉电保护、存储器内容的保护，采用看门狗、其他自诊断措施、便于维修的设计等；软件设计采取一系列提高系统可靠性的措施：采用软件滤波、软件自诊断、简化编程语言、信息保护和恢复、报警和运行信息的显示等

续表

特点	具体体现
采用编程器进行程序输入和更改操作，提供了输入信息的显示、屏幕显示功能。有多种标准编程语言可供使用	梯形图编程语言与电气原理图相似，更容易掌握和理解；编程语言是功能的缩写，便于记忆，并且与梯形图一一对应。顺序功能表图编程语言以过程流程进展为主线，非常适合设计人员与工艺专业人员进行设计思想的沟通；功能块图编程语言具有功能清晰、易于理解等优点
具有自诊断功能，对维修人员技能的要求降低	当系统发生故障时，通过硬件和软件的自诊断，维修人员可根据有关故障代码的显示和故障信号灯的提示等信息，或通过编程器和 CRT 屏幕的显示，直接找到故障所在的部位，为迅速排除故障和修复节省了时间
扩展灵活	它可根据应用的规模不断扩展，即进行容量的扩展、功能的扩展、应用和控制范围的扩展。它不仅可以通过增加输入/输出卡件增加点数，通过扩展单元扩大容量和功能，也可以通过多台可编程控制器的通信来扩大容量和功能，甚至可通过与上位机的通信来扩展其功能，并与外部设备进行数据的交换等

11.1.2 PLC 与其他工业控制系统的比较

1. PLC 与继电器控制系统的比较 继电器逻辑控制系统的硬件一旦安装完成，只能用于一种工艺流程的控制。当工艺流程更改或控制程序稍有不同时，就必须更改硬接线，因此，更改控制方案十分困难。表 11 - 2 是 PLC 与继电器控制系统的比较。

表 11 - 2 PLC 与继电器控制系统的比较

性能	继电器逻辑控制系统	PLC
控制功能	用硬接线实现相应的控制功能，实现复杂功能困难	用软件编程实现相应的控制功能，方便实现复杂功能
可靠性	元器件多、活动部件多、故障率高、可靠性差	大规模集成电路、无活动部件、可靠性高
适应性	需要重新设计和接线，来适应工艺过程的变化	只需要对用户程序更改，适应性强
灵活性和柔性	扩展性差、灵活性差、柔性差	扩展单元和扩展模块类型多、扩展灵活
实时性	继电器动作时间常数长、实时性差	采用实时性技术，指令执行时间短、实时性好

性能	继电器逻辑控制系统	PLC
施工和工程设计	体积大、耗能大、施工工作量大、设计工作量大	体积小、耗能低、施工方便、设计工作量小
维护	硬接线造成维护工作量大、维护困难	有自诊断显示，维护简单
使用寿命	触点容易磨损、活动部件容易损坏、寿命短	无可动部件、寿命长
价格	相对较低	相对较高

2. PLC 与无触点顺序逻辑控制系统的比较　无触点顺序逻辑控制系统是指采用晶体管作为无触点开关的顺序逻辑控制系统。国内应用较多的是德国 Paul Hildebrandt 公司的 HIMA 产品。它由各种功能卡件组成。该类产品的特点是采用功能卡件，可根据过程控制要求，选择合适功能卡件，以积木式结构，通过少量硬接线，实现所需的控制功能。表 11 - 3 是 PLC 与无触点顺序逻辑控制系统的比较。

表 11 - 3　PLC 与无触点顺序逻辑控制系统的比较

性能	无触点顺序逻辑控制系统	PLC
可靠性	采用低功耗器件，元件经老化处理和筛选，可靠性较高	专门为工业恶劣环境设计，可靠性更高
适应性	电平范围广，有强环境适应性	环境适应性强，可应用在工业现场
设计安装工作量	工作量较大，互换性好	硬接线工作量少，更改方便，互换性好
维护	较方便	有自诊断功能，故障代码显示，维护方便
价格	较高	较高

3. PLC 与计算机控制系统的比较　与计算机控制系统采用汇编语言比较，PLC 采用标准编程语言，因此编程更方便。计算机控制系统是通用计算机，而 PLC 是专用于工业过程逻辑控制的计算机控制系统，因此，功能更专一，抗干扰性、环境适应性、可靠性等更高，实时性更强。表 11 - 4 是 PLC 与通用计算机控制系统的比较。

表 11 – 4　**PLC 与计算机控制系统的比较**

性能	计算机控制系统	PLC
可靠性	商业级	工业级
工作方式	中断方式，程序等待条件满足	扫描方式，条件不满足程序继续执行
编程语言	汇编语言、高级编程语言	标准编程语言
工作环境	要求较高	对环境要求不高，适应工业现场环境
使用者技能要求	需专门培训	编程语言容易掌握，并有多种编程语言
系统软件	功能强，但占用存储空间大	功能专用，占用存储空间小
适用领域	家庭、办公室、管理层、科学计算	专门用于工业过程控制
价格	高	较低

4. PLC 与分散控制系统的比较　分散控制系统是专门为工业过程控制设计的过程仪表控制系统，也称为集散控制系统。两种控制系统有以下区别：

（1）按照 PLC 的发展历程和 DCS 发展历程的分析，分散控制系统的主要应用场合是连续量的模拟控制，而 PLC 的主要应用场合是开关量的逻辑控制。

（2）在工厂自动化或计算机集成过程控制系统中，为了分散危险和分散功能，采用分散综合的控制系统结构，PLC 是分散的自治系统，它可以作为下位机完成分散的控制功能，与直接数字计算机的集中控制比较有质的飞跃。

（3）PLC 按扫描方式工作，分散控制系统按用户程序的指令工作。

（4）在存储器容量上，因 PLC 所需运算大多是逻辑运算，因此，所需存储器容量较小，而分散控制系统需进行大量数字运算，存储器容量较大。

（5）运算速度方面，模拟量运算速度可较慢，而开关量运算需要较快的速度，抗干扰和运算精度等方面，两者也有所不同。

（6）分散控制系统的分散过程控制装置安装在现场，除需按现场的工作环境设计外，分散控制系统的装置通常根据安装在控制室的要求设计。PLC 是按现场工作环境的要求设计，因此，在元器件的可靠性方面需有专门的考虑，对环境的适应性也需专门考虑，以适应恶劣工作环境的需要。

随着应用范围的扩展，PLC 和分散控制系统、现场总线控制系统、数据采集和监控系统相互渗透，互相补充。

11.1.3 PLC 的分类

1. 按结构分类　PLC 是专门为工业环境而设计的,为了便于现场安装和接线,其结构形式与一般计算机有很大区别,主要有整体式和模块式两种结构形式。

(1) 整体式结构:整体式结构 PLC 把中央处理单元、存储器、输入/输出单元、输入/输出扩展接口单元、外部设备接口单元和电源单元等集中在一个机箱内,输入/输出端及电源进出接线端分别设在机箱的上下两侧。整体式结构的 PLC 具有输入/输出点数少、体积小等优点,适用于单体设备的开关量控制和机电一体化产品的开发应用等场合。

(2) 模块式结构:模块式结构 PLC 把中央处理单元和存储器做成独立的组件模块,把输入/输出等单元做成各自相对独立的模块,然后组装在一个带有电源单元的机架或背板上。模块式结构的 PLC 具有输入/输出点数可自由配置,模块组合灵活等特点,适用于复杂过程控制系统的应用场合。

2. 按输入/输出点数分类　为适应不同生产过程的应用要求,PLC 能处理的输入/输出点数是不同的。按其处理的输入/输出点数的多少,可将其分为超小型、小型、中型、大型和超大型五种类型。表 11-5 列出了各种类型 PLC 的类型和特点。

表 11-5　各种类型 PLC 的特点

类型	输入/输出总点数	信号类型	用户程序容量	结构形式
超小型	≤64	开关量	≤1KB	整体型
小型	≤512	开关量	≤8KB	整体型
中型	≤1 024	开关量、模拟量	≤16KB	模块型
大型	≤4 096	有特殊 I/O 单位	≤32KB	模块型
超大型	≥4 096	功能强,与 DCS 相当	≥32KB	模块型

3. 按功能分类　根据工业生产过程中控制系统复杂程度的要求不同,PLC 的功能各不相同,大致分为低档、中档和高档三个档次。表 11-6 列出了它们的主要功能。

表 11-6　PLC 功能分类

类型	功能
低档	开关运算、逻辑运算、计时和计数

续表

类型	功能
中档	开关量和模拟量控制、数学运算、中断控制、通信
高档	开关量和模拟量控制、矩阵运算、数据管理、通信联网

4. 按编程语言分类　根据可使用的编程语言,可将 PLC 分为传统 PLC、标准编程语言 PLC 和基于 PC 的软逻辑 PLC 等。

11.2　PLC 的系统构成及工作原理

11.2.1　硬件系统的结构

1. 主机系统　PLC 的主机由中央处理单元、存储器、输入/输出单元、输入/输出扩展接口、外部设备接口及电源等部分组成。各部分之间通过电源总线、控制总线、地址总线和数据总线构成的内部系统总线进行连接,如图 11 – 1所示。主机系统各组成部分作用与特点见表 11 – 7。

图 11 – 1　PLC 主机硬件系统的框图

表 11 – 7　PLC 主机系统各组成部分作用与特点

组成部分	作用	分类与特点
中央处理单元（CPU）	PLC 的中央处理单元与一般计算机中的中央处理器的概念有所不同,它不仅包括 CPU 芯片,还包括外围芯片、总线接口和有关控制电路。因此,通常称为中央处理单元或 CPU 模块	微处理器是 PLC 的运算控制核心,用于实现逻辑运算、数字运算,协调控制系统内部各部分的工作,完成系统程序和应用程序所赋予的各种任务 控制接口电路是微处理器与主机内部其他单元进行联系的控制部件,主要有数据缓冲、单元选择、信号匹配、中断管理等功能。微处理器通过它实现与各个单元之间的可靠信息交换和最佳的时序配合 PLC 的常用微处理器有三种类型:通用处理器、单片机和位片式微处理器。其中大多采用通用处理器

续表

组成部分	作用	分类与特点
存储器 （Memory）	PLC 存放系统程序、用户程序和运行数据的单元	它包括只读存储器 ROM 和随机读/写存储器 RAM 只读存储器 ROM 按编程方式可分为下列几种，只读存储器 ROM、可编程只读存储器 PROM、可擦除可编程只读存储器 EPROM、电擦除可编程只读存储器 EEPROM 和闪存 随机读写存储器 RAM，当供电电源关闭后，其存储的内容会丢失，实际应用时通常为其配备掉电保护电路，当正常电源关闭后，由备用电池为它供电，保护其存储的内容不丢失。在 PLC 中，随机读写存储器用做用户程序存储器和数据存储器。随机读写存储器 RAM 分为下列两种，静态随机读写存储器 SRAM 和动态随机读写存储器 DRAM
输入/输出单元	是 PLC 与工业过程控制现场设备之间的连接部件	通过输入单元，PLC 能够获得生产过程的各种参数；通过输出单元，PLC 能够把运算处理的结果送至工业过程现场的执行机构实现控制。由于输入/输出单元与工业过程现场的各种信号直接相连，这就要求它有很好的信号适应能力和抗干扰性能
电源单元	是供给 PLC 电源的器件	有些电源单元还可向外部提供 24 V 隔离的直流电源，供开关量输入单元连接的现场无源开关使用。电源单元还包括掉电保护电路和后备电池电源，以保持在外部电源断电时 RAM 存储器的存储内容不丢失。PLC 的电源一般采用开关电源，其特点是输入电压范围宽、体积小、重量轻、效率高、抗干扰性能好
扩展单元	用于 PLC 输入/输出的扩展	用户所需输入/输出点数或类型超出主机上输入/输出单元所允许的点数或类型时，可通过加接输入输出扩展单元来解决。有两类扩展形式：一类扩展形式是单纯输入/输出点数的扩展，用于弥补原系统输入/输出数量的不足。另一类形式是 CPU 模块的扩展，用于实现扩展 CPU 模块和原 CPU 模块之间的数据交换。输入/输出扩展单元与主机的输入/输出扩展接口相连，有简单型和智能型两种类型

续表

组成部分	作用	分类与特点
编程设备	是编制、调试 PLC 用户程序的外部设备，是人机交互的窗口	通过编程设备可以把用户的新程序输入到 PLC 的 RAM 中，或者对 RAM 中已有程序进行编辑，还可以对 PLC 的工作状态进行监视和跟踪。编程设备分简易型和智能型两类
其他外围设备		除了编程器外，还有彩色图形显示器、打印机和扫描仪等。PLC 还可配置其他外部设备，如配置盒式磁带机、磁盘或光盘驱动器，用于存储用户应用程序和数据。配置 EPROM 写入器，用于将用户程序写入到 EPROM 中

2. 输入/输出单元　由于输入/输出单元与工业过程现场的各种信号直接相连，这就要求它有很好的信号适应能力和抗干扰性能。通常，在输入/输出单元中，配有电平变换、光电隔离和阻容滤波等电路，以实现外部现场中各种信号与系统内部统一信号的匹配和信号的正确传递。为适应工业过程现场中不同输入/输出信号的匹配要求，PLC 配置了各种类型的输入输出单元，各类型单元特点与原理见表 11 -8。

表 11 -8　PLC 各类型的输入输出单元特点与原理

类型	特点与作用	分类	工作原理
开关量输入单元	将现场各种开关量信号转换为 PLC 能够内部处理的标准二进制信号	分为直流输入单元和交流输入单元；按输入信号的电压分为低电压和高电压输入单元；按输入点数分为 4、8、16、32 等点数的开关量输入单元；按输入信号公用端的连接分为源型和漏型两种输入单元	PLC 的开关量输入单元主要有三种：直流输入单元、交流输入单元和 NAMUR 信号输入单元 直流输入单元 交流输入单元

类型	特点与作用	分类	工作原理
开关量 输入单元	将现场各种开关量信号转换为PLC能够内部处理的标准二进制信号	分为直流输入单元和交流输入单元；按输入信号的电压分为低电压和高电压输入单元；按输入点数分为4、8、16、32等点数的开关量输入单元；按输入信号公用端的连接分为源型和漏型两种输入单元	 NAMUR信号输入单元
开关量 输出单元	将PLC的内部信号转换为现场执行机构的各种开关信号	按照现场执行机构使用的供电单元类型，可分为直流输出单元（晶体管输出方式和继电器输出方式）和交流输出单元（晶闸管输出方式和继电器输出方式）	各种开关量输出方式的典型数据比较见表11-9 晶体管输出单元 晶闸管输出单元 继电器输出单元

类型	特点与作用	分类	工作原理
模拟量输入单元	将现场连续变化的模拟量标准信号转换为 PLC 内部能处理的由若干位表示的数字信号	常见的模拟量是流量、压力、液位、温度、速度、位置、位移等	生产过程的模拟信号多种多样，类型和参数大小也不相同，所以一般先用现场信号变送器将模拟量输入信号转换成统一的标准信号，然后将标准信号送至模拟量输入单元 输入电压+／输入电流+／输入− → 多路选通 → 信号放大 → 模数转换 → 光电隔离 → 内部电路
模拟量输出单元	将 PLC 运算处理后的若干位数字量信号转换成相应的模拟量信号输出，以满足生产过程现场连续信号的控制要求		模拟量输出单元一般由光电隔离、数模（D/A）转换和信号驱动等部分组成 内部电路 → 光电隔离 → 数模转换 → V（电压输出）／I（电流输出）
温度输入单元	为使温度检测元件的信号直接送到输入单元，一些 PLC 制造商专门设计了温度输入单元	温度输入单元的输入信号是标准热电阻信号或标准热电偶信号	
智能输入/输出单元	该单元是一个独立的自治系统，具有与 PLC 主机相似的硬件系统，在自身系统程序的管理下，对工业生产现场的信号进行检测、处理和控制，并通过扩展接口连接，实现与主机的通信	常见智能输入/输出单元有：高速脉冲计数智能输入单元、PID 控制单元、通信单元、位置控制智能单元等	

表 11 -9　各种开关量输出方式的典型数据比较

输出方式		继电器输出	晶闸管输出	晶体管输出
电压		AC 250 V 以下、DC 30 V 以下	AC 85 ~ 242 V	DC 5 ~ 30 V
最大负载	电阻负载	2 A/点	0.3 A/1 点、0.8 A/4 点	0.5 A/1 点、0.8 A/4 点
	电感负载	80 VA	AC 15 VA/100 V、30 VA/240 V	DC 12 W/24 V
	灯负载	100 W	30 W	DC 1.5 W/24 V
开路漏电流			AC 1 mA/100 V、2.4 mA/240 V	DC 0.1 mA/30 V
响应时间	断→通	约 10 ms	1 ms 以下	0.2 ms 以下
	通→断	约 10 ms	最大 10 ms	DC 0.2 ms 以下/24 V、200 mA
回路隔离		继电器	光电晶闸管	光电耦合器

11.2.2　软件系统

除了硬件系统外，PLC 还需要软件系统的支持，它们相辅相成，缺一不可，共同构成 PLC。PLC 的软件系统由系统程序（又称为系统软件）和用户程序（又称为应用程序）两大部分组成。各类型软件作用与特点见表 11 - 10。

表 11 -10　PLC 软件类型及其作用与特点

软件类型	作用与分类	特点
系统程序	由 PLC 制造厂商提供，可由制造厂商编制，也可由软件制造厂商编制。它被固化在 PROM 或 EPROM 中，安装在可编程控制器内，随产品提供给用户 系统程序包括系统管理程序、用户指令解释程序和供系统调用的标准程序块等	1）系统管理程序用于对系统进行管理 2）用户指令解释程序用于将各种编程语言编制的用户应用程序翻译成中央处理单元能执行的机器指令 3）供系统调用的标准程序模块，用户程序需要调用函数、功能块，这些函数和功能块以标准程序模块形式存放在系统程序中

续表

软件类型	作用与分类	特点
用户程序	是根据生产过程控制的要求，由用户使用制造厂商提供的编程语言自行编制的应用程序 用户程序包括开关量逻辑控制程序、模拟量运算控制程序、通信程序、闭环控制程序和操作站系统应用程序等	1）开关量逻辑控制程序是可编程控制器用户程序中最重要的一部分 2）模拟量运算控制程序和闭环控制程序，大中型 PLC 常需要这些程序，它由用户根据控制要求按 PLC 供应商提供的软件和硬件功能进行编制 3）PLC 与外围设备进行通信，PLC 组成通信控制网络时都需要通信程序。通常，制造商提供有关通信功能块和参数设置方法，用专用指令或功能块实现 4）操作站系统应用程序是用户为进行信息交换和管理而编制的人机界面程序，包括各类画面显示和操作程序等
编程语言	用户程序需要用编程语言编写。标准编程语言有梯形图、功能块图的图形类编程语言、指令表、结构化文本的文本类编程语言和顺序功能表图编程语言	1）梯形图编程语言是用梯形图图形符号描述程序的一种标准图形类编程语言，是最常用的程序设计语言。在工业过程控制领域，电气技术人员对继电器逻辑控制技术较为熟悉，由该技术发展而来的梯形图受到欢迎，并得到广泛应用 2）功能块图编程语言也是标准图形类编程语言。功能块是从单元组合仪表发展而来，一个功能块实现一个函数运算或功能运算。功能块图将功能块用软连接方式，采用软件实现功能或函数的运算，用图形表示用户程序 3）指令表编程语言是标准的文本类编程语言。它与计算机中使用的汇编语言非常相似，采用布尔助记符表示的语句具有容易记忆，便于掌握的特点，受到技术人员欢迎 4）结构化文本编程语言是用结构化描述语句来描述程序的一种标准文本类编程语言。它类似于计算机高级编程语言的程序设计语言。大中型 PLC 系统常用结构化文本编程语言来描述控制系统中各个变量之间的关系，它也常被用于分散控制系统的编程和组态 5）顺序功能表图是用图形符号和文字叙述相结合的表示方法描述顺序控制系统的过程、功能和特性的一种方法。该方法精确严密，简单易学，有利于设计人员和不同专业人员的交流 6）连续功能表图编程语言不是标准规定的编程语言，但大多数 PLC 产品提供这类编程语言，并提供连续过程的控制方法

软件类型	作用与分类	特点
系统监控软件	PLC 的监控软件常与编程软件结合在一起	监控软件用于监视用户程序执行情况，发现程序中存在的错误，并提供报警机制。常用的监控软件有文本类和图形类两种
人机界面软件	PLC 系统需要与操作员进行交流时，需要设置人机界面	人机界面是操作人员获取过程信息的平台，是操作人员对生产过程进行操作和控制的平台，是编程和维护人员与 PLC 交流的界面。良好的人机界面软件可方便地用于操作画面的组态，维护画面的组态，可使易操作性功能得到提升。常见的人机界面软件有文本类和图形类两种
通信软件	通信软件常与通信接口模块一起，实现 PLC 与其他外部设备的数据通信	该软件用于将编程设备中的用户程序和数据下载到 PLC，或将存储器中的用户程序和数据上装到编程设备

11.2.3 PLC 的基本工作原理

1. PLC 的等效工作电路 PLC 的等效工作电路可分为输入、内部控制处理、输出等三部分。图 11-2 是 PLC 的等效工作电路。输入部分采集现场输入信号，内部控制处理采用软件方法实现控制逻辑的运算，输出部分将运算结果送现场执行装置。

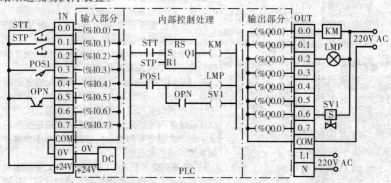

图 11-2　PLC 的等效工作电路

（1）输入部分：PLC 的输入部分由外部输入电路、PLC 输入接线端、内部输入电路组成。它是 PLC 与外部检测设备如按钮、开关、行程开关等部件的接口。外部输入信号经接线端后进入内部电路，将输入信号转换为数字信号，并存放在输入信号状态寄存器。

（2）内部控制处理：图 11-2 中用梯形图表示在 PLC 内部进行的控制处理过程。在 PLC 中采用软件的逻辑运算实现这些运算过程。PLC 中可采用多种编程语言来描述内部的控制处理过程。梯形图与继电器电气原理图类似，因此，这里用梯形图编写的程序说明 PLC 的内部控制处理过程。

（3）输出部分：输出部分是 PLC 与外部执行装置如接触器、电磁阀、继电器线圈等的接口。输出部分由与内部控制电路隔离的输出继电器的动合或动断触点、输出接线端、外部驱动电路等组成。输出部分用于驱动外部执行装置。

2. PLC 的工作过程 从 PLC 的等效工作电路可以看到，其工作过程与一般计算机的工作过程不同。小型 PLC 工作过程的显著特点是周期扫描集中处理。

周期扫描方式是 PLC 的主要工作方式。PLC 上电后，在系统程序的监控下，周而复始地按固定顺序对系统内部的各种任务进行查询、判断和执行，这个过程实质上是一个不断循环的顺序扫描过程。完成一个循环扫描过程的时间称为扫描周期。

集中处理是 PLC 对输入部分的采样，输出部分的执行是集中进行的。PLC 连接的输入/输出点数众多，因此，PLC 不是采用根据程序的先后对输入点进行采样、内部控制处理、输出执行的处理方式，而是在规定时间将所有输入信号进行采样，内部控制处理后将运算处理的结果集中输出执行。

3. PLC 的六大任务 PLC 在一个扫描周期内基本上要执行运行监控、与编程器交换信息、与数字处理器 DPU 交换信息、与外部设备接口交换信息、执行用户程序和输入/输出六大任务。图 11-3 是 PLC 的六大任务及相互间的关系。

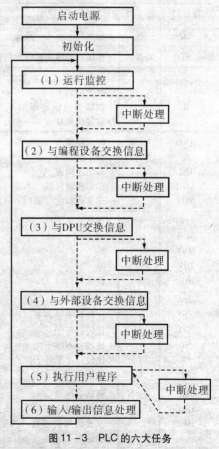

图 11-3 PLC 的六大任务

11.3 PLC 的编程与数据通信

11.3.1 PLC 的编程语言

1. 助记符指令 指令编程语言的指令表由一系列指令组成。每个指令表示一个新行的开始。它由操作符和操作数组成。多于一个操作数的，可用逗号隔开。表 11 – 11 是 IEC61131—3 标准规定的操作符和修正符。

表 11 – 11　规定的操作符和修正符

操作符	修正符	说明	传统 PLC 的操作符和修正符示例
LD	N	设置当前值等于操作数	LD、LDI、STR、LD NOT
ST	N	存储当前值到操作数位置	OUT、OUT NOT
S		如果当前值是布尔 1，则操作数置位到 1	S、SET
R		如果当前值是布尔 1，则操作数复位到 0	R、RESET、RST
AND	N, (	布尔逻辑与	
&	N, (	布尔逻辑与	AND、OR、NOT、ANDI、ORI、
OR	N, (	布尔逻辑或	ANI、OI、AD、ORD、INV
XOR	N, (	布尔逻辑异或	
NOT		布尔逻辑反（取反）	
ADD	(	加	
SUB	(	减	
MUL	(	乘	ADD、SUB、MUL、DIV
DIV	(	除	
MOD	(	模除	
GT	(	比较：大于	
GE	(	比较：大于等于	
EQ	(	比较：等于	CMP、GT、GE、EQ、NE、LE、
NE	(	比较：不等于	LT
LE	(	比较：小于等于	
LT	(	比较：小于	
JMP	C, N	跳转到标号	
CAL	C, N	调用功能块	JMP、JME
RET	C, N	从被调用的函数、功能块或程序返回	
)		计算延缓的操作	

2. 梯形图 梯形图编程语言用一系列梯级组成梯形图,表示工业控制逻辑系统中各变量之间的关系。梯形图可采用的图形元素有电源轨线、链接元素、触点、线圈、函数和功能块等。

(1)电源轨线:梯形图的电源轨线图形元素也称为母线。其图形是位于梯形图左侧和右侧的两条垂直线。左侧的垂直线称为左电源轨线,或左母线。右侧的垂直线称为右电源轨线,或右母线。在梯形图中必须绘制电源轨线,能流从左电源轨线开始,向右流动,经连接元素和其他连接在该梯级的图形元素后到达右电源轨线。

(2)连接元素和状态:梯形图中,各图形符号用连接元素连接。连接元素的图形符号用水平线和垂直线表示,其状态是一个布尔量。连接元素将最靠近该元素左侧图形符号的状态传递到该元素的右侧图形元素,连接元素的状态从左向右传递。

(3)触点:触点用于表示布尔变量状态的变化。触点是向其右侧水平链接元素传递一个状态的梯形图元素。该状态是触点左侧水平连接元素状态与相关变量和直接地址状态进行布尔与运算的结果。触点不改变相关变量和直接地址的值。

按静态特性分类,触点被分为常开触点(NO)和常闭触点(NC);按动态特性分类,触点可被分为上升沿触发触点(或正跳变触发触点)和下降沿触发触点(或负跳变触发触点)。触点图形元素的图形符号见表11-12。

表11-12 触点图形元素的图形符号

类型		图形符号	说明
静触点	常开触点	*** —‖— 或 *** ——!!——	当该触点左侧连接元素的状态为1时,如果触点布尔变量的值为1,则状态1被传递,使右侧连接元素的状态为1。反之,如果该触点的布尔变量值为0,则右侧连接元素的状态为0
	常闭触点	*** —|/|— 或 *** ——!/!——	当该触点左侧连接元素的状态为1时,如果触点布尔变量的值为0,则状态1被传递,使右侧连接元素的状态为1。反之,如果该触点的布尔变量值为1,则右侧连接元素的状态为0
转换触点	正跳变触发触点	*** —|P|— 或 *** ——!P!——	当该触点左侧连接元素的状态为1的同时,检测到有关变量从0转变为1,则该触点右侧连接元素的状态从0跳变到1,并保持一个求值周期,然后返回到0。其他时间该触点右侧连接元素的状态为0

类型		图形符号	说明
转换触点	负跳变触发触点	*** ———| N |——— 或 ———! N !———	当该触点左侧连接元素的状态为 1 的同时，检测到有关变量从 1 转变为 0，则该触点右侧连接元素的状态从 0 跳变到 1，并保持一个求值周期，然后返回到 0。其他时间该触点右侧连接元素的状态为 0

（4）线圈：梯形图中的线圈用于表示布尔变量状态的变化，将其左侧水平连接元素状态毫无改变地传递到其右侧水平连接元素，在传递过程中，将左侧连接的有关变量和直接地址的状态存储到合适的布尔变量中。

根据线圈的不同特性，可将其分为瞬时线圈、锁存线圈和跳变触发线圈等。不同线圈的图形符号见表 11 - 13。

表 11 - 13　不同线圈的图形符号

	图形符号	说明
瞬时线圈	线圈 *** ———( )———	左侧连接元素的状态被传递到有关的布尔变量和右侧连接元素
	取反线圈 *** ———(/)———	左侧连接元素的状态被取反，并被传递到右侧连接元素。如果左侧连接元素状态为 0，则该线圈的布尔变量状态为 1；反之亦然
锁存线圈	置位线圈 *** ———(S)———	当左侧连接元素的状态为 1，该线圈的布尔变量被置位并保持，直到由 RESET（复位）线圈复位
	复位线圈 *** ———(R)———	当左侧连接元素的状态为 1，该线圈的布尔变量被复位并保持，直到由 SET（置位）线圈复位
跳变触发线圈	正跳变触发线圈 *** ———(P)———	当左侧连接元素从 0 跳变到 1 时，该线圈的布尔变量状态变为 1，并保持一个求值周期，然后，返回到 0。在其他时刻，左侧连接元素的状态被传递到右侧连接元素
	负跳变触发线圈 *** ———(N)———	当左侧连接元素从 1 跳变到 0 时，该线圈的布尔变量状态变为 1，并保持一个求值周期，然后，返回到 0。在其他时刻，左侧连接元素的状态被传递到右侧连接元素

（5）函数和功能块：梯形图编程语言支持函数和功能块的调用。

（6）梯形图的执行过程：梯形图的执行过程根据从上到下、从左到右的顺序进行。梯形图采用网络结构，网络以左侧电源轨线和右侧电源轨线为界。梯级是梯形图网络结构的最小单位，一个梯级包含输入输出指令。输入指令在梯级中执行比较、测试的操作，并根据操作结果设置梯级的状态；输出指令检测输入指令的结果，并执行有关操作和功能。梯形图执行时，从最上层梯级开始执行，从左到右确定各图形元素的状态，并确定其右侧连接元素的状态，逐个向右执行，操作执行的结果由执行控制元素输出，直到右侧电源轨线，然后，进行下一个梯级的执行过程。

3. 顺序功能表图　顺序功能表图是采用文字叙述和图形符号相结合的方法描述顺序控制系统过程、功能和特性的一种编程方法。由于该方法精确严密，简单易学，有利于设计人员和其他专业人员设计意图的沟通和交流，因此，该方法公布不久，就被许多国家和国际电工委员会所接受，并制定了相应的国家标准和国际标准。其基本图形符号是步、转换和有向连线。

顺序功能表图只提供描述系统功能的原则和方法，不涉及系统所采用的具体技术，因此，用顺序功能表图可以描述控制系统的控制工程、功能和特性，可描述控制系统组成部分的技术特性而不必考虑具体的执行过程。它适用于绘制电气控制系统的顺序功能表图，也适用于绘制非电气控制系统的顺序功能表图。

（1）步：顺序功能表图编程语言把一个过程循环分解成若干个清晰的连续的阶段，称为步。步与步之间由转换分隔。当两步之间的转换条件得到满足时，转换得以实现，即上一步的活动结束而下一步的活动开始，因此，不会出现步的重叠。一个步可以是动作的开始、持续或结束。一个过程循环分解的步骤多，过程的描述也越精确。

过程控制仅接收前一级的过程信息，这些信息产生过程控制的稳定状态。为了描述各种稳定状态，采用步的概念。步有两种状态：活动状态和非活动状态，控制过程开始阶段的活动步称为初始步。步的图形符号见表11－14。

表 11－14　步的图形符号

图形符号	说明	图形符号	说明
S4	为步的一般符号。矩形框的长度比任意　步必须有步名，如图中的步4表示步名是S4	S3 ○	为便于分析，在步的图形符号中添加一个小圆或星号表示该步是活动步，如图中的步S3是活动步

图形符号	说明	图形符号	说明
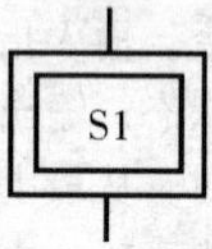 S1	用带步名的双线矩形框表示初始步	 S2	在步的图形符号中没有小圆或星号，表示该步是非活动步（仅用于分析时），如图中的步 S2 是非活动步

（2）动作：在活动步阶段，与活动步相连接的命令或动作被执行。在顺序功能表图中，命令或动作用矩形框内的文字或符号语句表示，该矩形框与相连接的步图形符号连接。命令或动作与步的关系见表 11-15。

表 11-15 命令或动作与步之间的关系

图形符号	说明
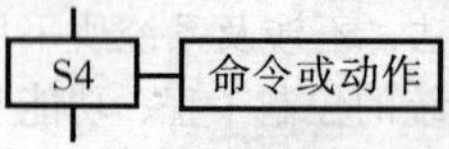 S4 — 命令或动作	与步相对应的命令或动作用矩形框内的文字或符号语句表示 矩形框与步的图形符号用短线连接
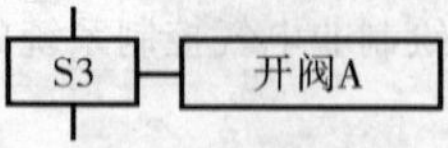 S3 — 开阀A	非存储型命令 当步 S3 是活动步时，开阀 A 当步 S3 是非活动步时，阀 A 关
 S5 — 开阀B并保持	存储型命令 当步 S5 是活动步时，开阀 B 当步 S5 是非活动步时，阀 B 保持打开状态
 S3 — 命令A 命令B 命令C	多个命令或动作与同一步相连，采用水平布置表示 图中表示三个命令 A、B、C 与步 S3 相连
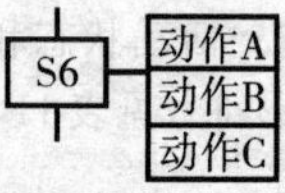 S6 — 动作A 动作B 动作C	多个命令或动作与同一步相连，采用垂直布置表示 图中表示三个动作 A、B、C 与步 S6 相连

每个步都会与一个或多个动作或命令有联系，否则，该步称为空步。在顺序功能表图中，动作的图形由动作控制功能模块表示，该功能模块由限定符、动作名、布尔指示器变量和动作本体组成。限定符用于限定动作控制功能模块的处理方法，限定符的含义见表 11-16；动作名是该动作控制功能块的唯一名称；布尔指示器变量用于显示该动作是否完成、时间是否已经用完等反馈信息；动作本体是动作控制功能块的执行内容，用于控制动作的执行。

表 11 – 16　动作控制功能模块的限定符

序号	限定符	限定功能说明	序号	限定符	限定功能说明
1	无	非存储（空限定符）	7	P	脉冲（Pulse）
2	N	非存储（Non-Stored）	8	SD	存储和时限（Stored and Time Delayed）
3	R	复位优先（Overriding Reset）	9	DS	时限和存储（Delayed and Stored）
4	S	置位（存储）（Set Stored）	10	SL	存储和延迟（Stored and Time Limited）
5	L	时限（Time Limited）	11	P1	脉冲（上升沿）（Pulse Rising Edge）
6	D	延迟（Time Delayed）	12	P0	脉冲（下降沿）（Pulse Falling Edge）

（3）转换：一个转换表示从一个或多个前级步沿有向连线变换到后级步所依据的控制条件。转换的图形符号是垂直于有向连线的水平线。通过有向连线，转换与有关步的图形符号相连。转换也称为变迁或过度。每个转换有一个相对应的转换条件。步经过有向连线连接到转换，转换经过有向连线连接到步。

实现转换需要满足一定的转换条件，该条件为真时，可以实现转换，否则，无法完成。转换条件有多种表示方法，如直接将转换条件写在转换符号附近，采用连接符、文本声明转换条件或转换名等。

（4）有向连线：在顺序功能表图中，步之间的进展按有向连线规定的路线进行。有向连线也称为连接。

（5）程序结构：以上基本元素按照控制系统的要求、程序规则和一定的程序结构，组成顺序功能表图的程序。常见程序结构的图形见表 11 – 17。

表 11 – 17　各种程序结构的图形表示

序号名称	图形符号	说明
单序列	S3 B S4 C S5	只有当 S3 是活动步（S3. X = 1），转换条件为真（B = 1）时，才发生 S3 到 S4 的进展。转换实现后 S3 成为非活动步，S4 成为活动步。当 S4 是活动步（S4. X = 1），转换条件为真（C = 1）时，才发生 S4 到 S5 的进展。转换实现后 S4 成为非活动步，S5 成为活动步。这种程序结构是单序列程序结构

序号名称		图形符号	说明
选择序列	开始：分支	S6 / D S7 / E S8	如果 S6 是活动步（S6. X = 1），则当转换条件 D 为真（D = 1）时，发生 S6 到 S7 的进展。转换实现后 S6 成为非活动步，S7 成为活动步。如果 S6 是活动步（S6. X = 1），转换条件 E 为真（E = 1）时，发生 S6 到 S8 的进展。转换实现后 S6 成为非活动步，S8 成为活动步。应注意，选择序列中，转换条件 D 和 E 不能同时为真 选择序列的分支结构中，根据满足转换条件的先后，确定步的进展方向
	结束：合并	S9 / F S10 / G S11	如果 S9 为活动步（S9. X = 1），并且转换条件 F 为真（F = 1），则发生 S9 到 S11 的进展。转换实现后 S9 成为非活动步，S11 成为活动步。如果 S10 为活动步（S10. X = 1），并且转换条件 G 为真（G = 1），则发生 S10 到 S11 的进展。转换实现后 S10 成为非活动步，S11 成为活动步 选择序列的合并结构中，S11 的前级转换条件同时满足，才能使步发生进展。为防止不安全或不可达，应采用并行序列的合并结构
并行序列	开始：分支	S6 / H S7 S8	如果 S6 是活动步（S6. X = 1），则当转换条件 H 为真（H = 1）时，同步发生 S6 到 S7 的进展和 S6 到 S8 的进展。转换实现后 S6 成为非活动步，S7 和 S7 都成为活动步 并行序列也称为同步序列，并行序列分支结构中，如果转换条件满足，可使多个后级步成为活动步
	结束：合并	S9 S10 / M S11	水平双线上面的 S9 和 S10 都是活动步，并且转换条件 M 为真（M = 1），则发生 S9 和 S10 到 S11 的进展。转换后 S9 和 S10 都成为非活动步，S11 成为活动步 并行序列合并结构中，所有前级步必须都是活动步，并满足转换条件，才能发生步的进展

11.3.2 PLC 的数据通信

PLC 数据通信的作用、要求和通信方式见表 11 – 18。

表 11 – 18 PLC 数据通信的作用、要求和通信方式

项目	说明
数据通信在 PLC 应用中的作用	1）分散控制、集中管理的需要 2）可编程控制器向小型化和超小型化发展的需要 3）管控一体化的需要 4）协调控制的需要

续表

项目	说明
PLC 对数据通信的要求	1）实时性要求 2）可靠性要求 3）可扩展性要求 4）互操作性要求 5）复杂性
通信方式	1）同一程序内变量的通信 2）同一配置下变量的通信 3）不同配置下变量的通信

1. PLC 的通信模型 PLC 的通信模型见图 11 - 4。对 PLC 通信服务器而言，管理控制器、与 PLC 对话的其他终端系统具有相同的行为特性，它们都向 PLC2 提出请求。

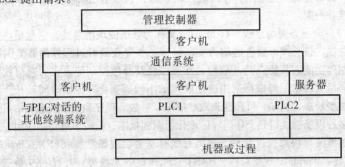

图 11 - 4 PLC 的通信模型

2. 工业控制网络的互联 现场总线是应用于现场智能设备之间的一种通信总线，它广泛应用于制造工业自动控制和过程工业自动控制领域。按现场应用的不同要求和规模，现场总线可分为执行器传感器现场总线、设备现场总线和全服务现场总线。按照国际电工委员会 IEC/SC65C 的定义，安装在制造或过程区域的现场装置与控制室内的自动控制装置之间的数字式、串行和多点通信的数据总线称为现场总线。

（1）执行器传感器现场总线（Actuator Sensor Bus）是用于现场设备的底层现场总线。它适用于简单的开关装置和输入/输出位的这类通信，数据宽度仅限于"位"。其结构简单，成本低，数据信息短，需快速和有预知的响应时间。它具有简化现场接线，不支持本安回路，不支持总线供电，传输距离在

500 m 以下等特点。典型的执行器传感器现场总线有 Seriplex 总线、AS - i 总线。连接到执行器传感器现场总线的设备主要是接近开关、液位开关、开关式控制阀、电磁阀、电动机和其他两位式操作的设备。

(2) 设备现场总线（Device Bus）是中间层的现场总线，它适用于以字节为单位的设备和装置的通信，例如，用于分析器、编码器、流程参数传感器、电动机启动器、接触器、电磁阀等的信息传输。其特点是成本适中，数据信息包括离散量和模拟量，要求有快速通信和预知的响应时间，它支持总线供电，不支持本安回路，可采用双绞线作为通信媒体。典型的设备现场总线有Interbus - S 总线、DeviceNet 总线、Profibus - DP 总线、ControlNet 总线、SDS总线和 CAN 总线等。在许多场合，这类总线被首先考虑用于电动机控制中心的控制系统，操作人员可直接从设备现场总线获得诸如电动机温度、转速、电压降和其他运行数据。由于它可直接与其他控制和操作设备进行通信，例如，与现场的操作盘、过载继电器、开关和按钮操作站和模拟传感器等进行通信，因而得到广泛应用。在离散控制领域，它可用于将多个 PLC 和有关设备连接在一起。

(3) 全服务现场总线（Fieldbus）又称为数据流现场总线，它是最高层的现场总线。该总线以报告通信为主，包括一些复杂的对过程控制装置的操作和控制等功能。其特点是开放性、互操作性及分散控制等。它的通信数据信息长，最大传输距离根据采用通信媒体的不同而变化。传输时间较长，传输数据类型较多，例如，可传送离散、模拟、参数、程序和用户信息等。虽然已经有多种现场总线得到 ISO 国际标准化组织的批准，但较多地实际应用于过程控制领域的现场总线仅几种。这类总线有基金会现场总线（FF）、Profibus -PA 总线、WorldFIP 现场总线、HART 总线和 LON 总线等。表 11 - 19 是三类典型现场总线的性能比较。

表 11 - 19　三种现场总线的性能比较

	传感器现场总线	设备现场总线	全服务现场总线
报告长度	<1 字节	多达 256 字节	多达 256 字节
传输距离	短	短	长
数据传输速率	快	中到快	中到快
信号类型	离散	离散和模拟	离散和模拟
设备费用	低	低到中	低到中
组件费用	非常低	低	中
本质安全性能	没有	没有	有

续表

	传感器现场总线	设备现场总线	全服务现场总线
功能性	弱	中	强
设备能源	多种	无	多种
优化	无	无	有
诊断	无	最小	广泛

3. PLC 中的现场总线

（1）AS-i 现场总线：AS-i 总线（Actuator Sensor Interface）是执行器传感器接口。它属于底层现场总线，用于执行器和传感器等现场设备之间的双向数据通信。AS-i 总线数据传送的位数较少，通常为 4 到 5 位。AS-i 总线是主从式通信网络。每个网段可由一个主节点和 31 个从节点组成，每个从节点可挂接 4 个开关量接口，最多可挂接 124 个开关量设备。典型传输速率为 167 kb/s。该总线支持总线形、树形、星形和环形网络拓扑结构。对节点的轮询周期可达 5 ms，因此，能够用于有高速要求的开关量输入/输出应用场合。

（2）CAN 总线：CAN 总线（Controller Area Network）是控制器局域网，该总线是设备级现场总线。其最大特点是废除传统通信中的节点地址，采用通信数据块编码，理论上可使节点数不受限制，因此，通信节点数可以满足扩展要求。该总线广泛应用于汽车等交通运载工具的工业控制领域。CAN 通信协议由 CAN 通信控制器实现。CAN 通信采用非破坏性的总线仲裁技术，根据节点的优先级，它通过报告滤波实现点对点、一对多或广播方式发送信息，最短传输时间可达 134 μs。由于不采用主从通信方式，因此，通信灵活，可构成多机备份通信系统。理论上，该总线的节点数不受限制，但目前因总线驱动电路的制约，最多可达 110 个节点，传输距离可达 10 km，传输速率可达 1 Mb/s。

（3）ControlNet 总线：ControlNet 总线是设备级现场总线，它是用于 PLC 和计算机之间、逻辑控制和过程控制系统之间的通信网络。它是基于生产者/消费者（Producer/Consumer）模式的网络，是高度确定性、可重复的网络。确定性是预见数据何时能够可靠传输到目标的能力；可重复性是数据传输时间不受网络节点添加/删除操作或网络繁忙状况影响而保持恒定的能力。在逻辑控制和过程控制领域，ControlNet 总线也被用于连接输入/输出设备和人机界面。ControlNet 现场总线采用并行时间域多路存取 CTDMA 技术，它不采用主从式通信，而采用广播或点到多点的通信方式，使多个节点可精确同步获得发送方数据。通信报告分显式报告和隐式报告。

(4) DeviceNet 总线：DeviceNet 总线是基于 CAN 总线技术的设备级现场总线。它由嵌入 CAN 通信控制器芯片的设备组成，是用于低压电器和离散控制领域的现场设备。DeviceNet 总线采用总线形网络拓扑结构，每个网段可连接64 个节点，传输速率有 125 kb/s、250 kb/s 和 500 kb/s 三种。主干线最长为500 m，支线为 6 m。支持总线供电和单独供电，供电电压为 24 V。该总线采用基于连接的通信方式，因此，节点之间的通信必须先建立通信连接，然后才能进行通信。报告的发送可以是周期或状态切换，采用生产者/消费者的网络模式。通信连接有输入/输出连接和显式连接两种。

(5) Interbus 总线：Interbus 总线属于执行器传感器总线，它的推出较早，可以构成各种拓扑形式。它广泛应用于制造业和加工工业，如汽车、造纸、船舶、纺织和化工行业。该总线采用逻辑结构的数据环，每个总线上有一个标志（ID）识别寄存器，总线上的输入/输出设备寄存器存放过程输入/输出数据，采用时分多路访问 TDMA 方式进行数据传输。采用数据环单总帧通信协议，它将所有设备的输入/输出和过程参数数据按顺序集成为一个单总帧，单总帧在数据环内进行双向数据传输，与各节点进行数据交换，由于节点共享总线数据，因此，不需要总线仲裁。Interbus 总线上有两种不同工作周期：ID 识别周期和数据传输周期。该总线采用全双工通信方式，总线允许有 16 级嵌套连接方式，两个远程节点间的传输距离为 400 m，可连接 64 个远程节点，每个远程节点可挂接 64 个现场开关设备，因此，总线上最多可挂接 4 096 个现场总线的开关设备。

(6) Profibus 总线：Profibus 总线是过程现场总线（Process Fieldbus），根据不同应用，可分为 Profibus – DP、Profibus – FMS 和 Profibus – PA 三类，并已广泛应用于过程控制、楼宇自动化、加工制造等工业控制领域。其中，Profibus – DP 是高速低成本通信系统；Profibus – PA 专为过程自动化设计，可使变送器与执行器连接在一根总线上，并提供本质安全和总线供电特性，Profibus – PA 采用扩展的 Profibus – DP 协议，以及现场设备描述的 PA 行规；Profibus – FMS 包含现场总线报告规范 FMS（Fieldbus Message Specification）和低层接口 LLI（Lower Layer Interface）。PROFIbus 总线采用主从式通信方式。PROFIbus – DP 和 PROFIbus – FMS 采用 RS – 485 传输，PROFIbus – PA 采用 IEC 61158 – 2 传输技术。RS – 485 传输技术包括采用屏蔽双绞线，不带转发器最多可挂接 32 个站，传输速率 9 600b/s（传输距离达 19 200 m）~ 12 Mb/s（传输距离 100 m）等。IEC 61158 – 2 传输技术也是基金会现场总线 H1 采用的传输技术，它的传输速率为 31.25kb/s，可总线供电，采用双绞线，可应用于本安回路，最多可挂接 32 个站，带中继器（4 个）时，可最多挂接 126 个站。可采用光纤导体传输。Profibus 总线采用单一总线存取协议。从站是外部设备，它们只接收主站发来的信息或根据主站请求向主站发送信息，不具有总线控制权，因此，从站实施较经济。

几种现场总线的性能比较见表 11 – 20。

表 11 –20　几种现场总线的性能比较

类型	主站	网络拓扑	网段最大长度	最大传输速率	接线	最大站数	最大数据/PDU	层2实现	标准
AS – i	单	总线/树	100 m	167 kb/s	2	32	4 位	芯片	EN 50295 IEC 62026
CAN	多	总线	300 m/ 375 kb/s	375 kb/s	2	64	8 字节	芯片	ISO 11898 ISO 11519
ControlNet	多	总线/星/树	5 km 250 m/ 48 节点	5 Mb/s	同轴电缆	99	510 字节	ASIC	IEC 62026
DeViceNet	多	总线	500 m/ 125kb/s 100 m/ 500 kb/s	500 kb/s	4	64	8 字节	芯片	IEC 62026
Interbus	单	环	12.8 km	500 kb/s	2/8	255	64 字节	芯片	EN 50253 IEC 61158
PROFIBUS DP	多	总线	1 km/ 12Mb/s (4 中继器)	12 Mb/s	2	127	246 字节	ASIC	EN 50170 IEC 61158

4. 工业控制网络互联的方法　控制网络的互连包括不同传输速率、不同传输媒体、不同通信协议的网络互连和网络资源的共享。工业控制网络的互连有下列方法：

（1）采用通信协议转换器（网关）将一种通信协议的网络与另一种通信协议的网络实现互连。

（2）专用通信协议的网络互连，可采用专用网关或采用专用网卡和软件实现互连。

（3）对支持 DDE 标准的网络设备，可用 DDE 实现互连。

（4）采用设备自带的 I/O 驱动程序实现网络设备互连。

（5）采用 OPC 技术，实现网络设备的资源共享。

11.4 常用 PLC 及外围设备

11.4.1 常用 PLC

1. 三菱电机公司产品

（1）FX 系统产品：三菱电机公司的 FX 可编程控制器系列产品有 FX$_{1S}$系列控制器、FX$_{1N}$系列控制器、FX$_{2N}$系列控制器等。

1）FX$_{1S}$系列可编程控制器：FX$_{1S}$系列控制器是适用于极小规模的超小型可编程控制器，属于整体型产品，技术数据见表 11 - 21。基本单元不可扩展，但安装功能扩展板可实现小点数计数或模拟量输入/输出的扩展，也可连接内置或外接显示模块。

表 11 - 21 FX$_{1S}$系列控制器基本单元的技术数据

型号	FX$_{1S}$ - 10M(R,T)[1]	FX$_{1S}$ - 14M(R,T)[1,2]	FX$_{1S}$ - 20M(R,T)[1]	FX$_{1S}$ - 30M(R,T)[1,2]
输入	6(X000 ~ 005)	8(X000 ~ 007)	12(X000 ~ 007, 010 ~ 013)	16(X000 ~ 007, 010 ~ 017)
输出	4(Y000 ~ 003)	6(Y000 ~ 005)	8(Y000 ~ 007)	14(Y000 ~ 007, 010 ~ 015)

可连接的特殊适配器、功能扩展板和选件见表 11 - 22。

表 11 - 22 FX$_{1S}$系列控制器可连接的特殊适配器、功能扩展板和选件

型号	描述	型号	描述
FX$_{0N}$ - 232ADP	RS - 232 通信用适配器 （经 FX$_{1N}$ - CNV - BD）	FX$_{1N}$ - 2EYT - BD	输出板开展 （晶体管输出 2 点）
FX$_{1N}$ - 485ADP	RS - 485 通信用适配器 （经 FX$_{1N}$ - CNV - BD）	FX$_{1N}$ - 2AD - BD	模拟量输入板开展 （2 通道）
FX$_{2NC}$ - 232ADP	RS - 232 通信用适配器 （经 FX$_{1N}$ - CNV - BD）	FX$_{1N}$ - 1DA - BD	模拟量输出板开展 （1 通道）
FX$_{2NC}$ - 485ADP	RS - 485 通信用适配器 （经 FX$_{1N}$ - CNV - BD）	FX$_{1N}$ - CNV - BD	连接特殊适配器用 功能扩展板
FX$_{1N}$ - 232 - BD	RS - 232 通信用 功能扩展板	FX$_{1N}$ - 8AV - BD	8 点模拟电位器 功能扩展板
FX$_{1N}$ - 485 - BD	RS - 485 通信用 功能扩展板	FX$_{1N}$ - 5DM	内置显示模块

型号	描述	型号	描述
FX_{1N} –422 – BD	RS – 422 通信用 功能扩展板	FX_{1N} – 10DM – E – SET0	安装在面板的 显示模块
FX_{1N} –2EX – BD	输入板开展 (24V DC 4 点)	FX_{1NC} – EEPROM – 8L	带程序传送 功能的存储器

2) FX_{1N} 系列可编程控制器: FX_{1N} 系列控制器是整体型可编程控制器,除基本单元外,还可连接扩展单元。输入输出总数从 24 点至 128 点,适用于小规模的应用场合。基本单元的技术数据见表 11 – 23。

表 11 – 23 FX_{1N} 系列可编程控制器基本单元的技术数据

型号	FX_{1N} – 24M(R,T)	FX_{1N} – 40M(R,T)	FX_{1N} – 60M(R,T)
输入	14(X000 ~ 007, 010 ~ 015)	24(X000 ~ 007, 010 ~ 017,020 ~ 027)	36(同左,030 ~ 037, 040 ~ 043)
输出	10(Y000 ~ 007, 010 ~ 011)	16(Y000 ~ 007, 010 ~ 017)	24(Y000 ~ 007, 010 ~ 017,020 ~ 027)

该系列可编程控制器扩展单元的技术数据见表 11 – 24。扩展模块的技术数据见表 11 – 25。

表 11 – 24 FX_{1N} 系列可编程控制器扩展单元的技术数据

型号	FX_{0N} – 40E(R,T)	FX_{0N} – 40ER – D	FX_{2N} – 32E(R,T,S)	FX_{2N} – 48E(R,T)
输入/输出	24/16	24/16	16/16	24/24

表 11 – 25 FX_{1N} 系列可编程控制器扩展模块的技术数据

型号	FX_{0N} – 8ER	FX_{0N} – 8EX	FX_{0N} – 16EX	FX_{0N} – 16EX – C	FX_{0N} – 16EXL – C	FX_{0N} –8EY (R,T)	FX_{0N} – 8EYT – H	FX_{0N} – 16EY (R,T,S)
DI/DO	4/4	8/0	16/0	16/0	16/0	0/8	0/8	0/16

可连接的特殊模块、特殊适配器和功能扩展板等选件见表 11 – 26。

表 11 –26　FX~1N~系列可编程控制器可连接的特殊模块、特殊适配器和功能扩展板

	型号	描述		型号	描述
特殊适配器	FX~0N~ – 232ADP	RS – 232 通信用适配器	功能扩展板	FX~1N~ – 232 – BD	RS – 232 通信用功能扩展板
	FX~0N~ – 485ADP	RS – 485 通信用适配器（外供电）		FX~1N~ – 485 – BD	RS – 485 通信用功能扩展板
	FX~2NC~ – 232ADP	RS – 232 通信用适配器		FX~1N~ – 422 – BD	RS – 422 通信用功能扩展板
	FX~2NC~ – 485ADP	RS – 485 通信用适配器		FX~1N~ – 2EX – BD	输入板开展（24V DC 4 点）
特殊模块	FX~0N~ – 3A	2AI/1AO 模拟量扩展模块		FX~1N~ – 2EYT – BD	输出板开展（晶体管输出 2 点）
	FX~2N~ – 16CCL – M	CC – Link 用的主站模块		FX~1N~ – 2AD – BD	模拟量输入板扩展（2 通道）
	FX~2N~ – 32CCL	CC – Link 用的接口模块		FX~1N~ – 1DA – BD	模拟量输出板扩展（1 通道）
	FX~2N~ – 64CL – M	CC – Link/LT 用的主站模块		FX~1N~ – CNV – BD	连接特殊适配器用功能扩展板
	FX~2N~ – 16Link – M	MELSEC – I/O Link 主站模块		FX~1N~ – 8AV – BD	8 点模拟电位器功能扩展板
	FX~2N~ – 32ASI – M	AS – i 总线主站模块	显示	FX~1N~ – 5DM	内置显示模块
	FX~1NC~ – EEPROM – 8L	带程序传送功能的存储器		FX – 10DM – E – SET0	安装在面板的显示模块

3）FX~2N~系列可编程控制器：FX~2N~系列控制器是整体型可编程控制器，除基本单元外，还可连接扩展单元。它是 FX 系列产品中规模最大的产品。适用于小规模较复杂的应用场合。表 11 – 27 是基本单元的技术数据。表 11 – 28 是数字量扩展单元的技术数据。表 11 – 29 是特殊模块、特殊单元、特殊适配器和功能扩展板的说明。

表 11 –27　FX~2N~系列可编程控制器基本单元的技术数据

型号	FX~2N~ – 16M（S，R，T）	FX~2N~ – 32M（S，R，T）	FX~2N~ – 48M（S，R，T）	FX~2N~ – 64M（S，R，T）	FX~2N~ – 80M（S，R，T）	FX~2N~ – 128M（R，T）
输入	8（X000 ~ 007）	16（X000 ~ 017）	24（X000 ~ 027）	32（X000 ~ 037）	40（X000 ~ 047）	64（X000 ~ 077）
输出	8（Y000 ~ 007）	16（Y000 ~ 017）	24（Y000 ~ 027）	32（Y000 ~ 027）	40（Y000 ~ 047）	64（Y000 ~ 077）

表 11 –28　FX$_{2N}$ 系列可编程控制器数字量扩展单元的技术数据

型号	FX$_{2N}$ –32E (S,R,T)	FX$_{2N}$ –48E (R,T)	FX$_{2N}$ –16EX	FX$_{2N}$ – 16EX – C	FX$_{2N}$ – 16EXL – C	FX$_{2N}$ –16EY (S,R,T)	FX$_{2N}$ – 16EYT – C
输入	16	24	16	16	16/5V DC	0	0
输出	16	24	0	0	0	16	16

表 11 –29　FX$_{2N}$ 系列可编程控制器的特殊模块、特殊单元、
特殊适配器和功能扩展板

	型号	描述		型号	描述
特殊模块	FX$_{0N}$ –3A	2AI/1AO 模拟量扩展模块	特殊模块	FX$_{2N}$ –16Link –M	MELSEC –I/O Link 主站模块
	FX$_{2N}$ –2AD	2AI 模拟量输入模块		FX$_{2N}$ –32ASI –M	AS –i 总线主站模块
	FX$_{2N}$ –4AD	4AI 模拟量输入模块（外供电）		FX$_{2N}$ –ROM –E1	变频器运行的功能扩展存储器
	FX$_{2N}$ –8AD	8AI 模拟量输入模块（外供电）	特殊适配器	FX$_{0N}$ –232ADP	RS –232 通信用适配器
	FX$_{2N}$ –4AD –PT	4 热电阻输入模块（外供电）		FX$_{0N}$ –485ADP	RS –485 通信用适配器（外供电）
	FX$_{2N}$ –4AD –TC	4 热电偶输入模块（外供电）		FX$_{2NC}$ –232ADP	RS –232 通信用适配器
	FX$_{2N}$ –2LC	2 通道温度调节模块（外供电）		FX$_{2NC}$ –485ADP	RS –485 通信用适配器
	FX$_{2N}$ –2DA	2AO 模拟量输出模块	功能扩展板	FX$_{2N}$ –232 –BD	RS –232 通信用功能扩展板
	FX$_{2N}$ –4DA	4AO 模拟量输出模块（外供电）		FX$_{2N}$ –485 –BD	RS –485 通信用功能扩展板
	FX$_{2N}$ –1HC	高速计数器模块		FX$_{2N}$ –422 –BD	RS –422 通信用功能扩展板
	FX$_{2N}$ –1PG –E	1 轴用脉冲输出模块		FX$_{1N}$ –CNV –BD	连接特殊适配器用功能扩展板
	FX$_{2N}$ –10PG	1 轴用脉冲输出模块		FX$_{1N}$ –8AV –BD	8 点模拟电位器功能扩展板
	FX$_{2N}$ –232IF	RS –232 通信用模块	特殊单元	FX$_{2N}$ –10GM	1 轴用定位单元
	FX$_{2N}$ –16CCL –M	CC –Link 用的主站模块		FX$_{2N}$ –20GM	2 轴用定位单元
	FX$_{2N}$ –32CCL	CC –Link 用的接口模块		FX$_{2N}$ –1RM – E –SET	转动角度检测模块
	FX$_{2N}$ –64CL –M	CC –Link/LT 用的主站模块			

型号	描述		型号	描述
FX－10DM－E－SET0	安装在面板的显示模块	存储器插件	FX－EEPROM－16	EEPROM 存储盒（16 000 步）
存储器插件 FX－RAM－8	RAM 存储盒		FX－EPROM－8	EPROM 存储盒（16 000 步）
FX－EEPROM－4	EEPROM 存储盒（4 000 步）		FX－ROM－SOC－1	ROM 插件（与 FX－EPROM－8 配合）
FX－EEPROM－8	EEPROM 存储盒（8 000 步）			

FX 系列可编程控制器供电电源不足时，可添加电源单元。技术数据见表 11－30。

该公司还有 FX_{1NC} 系列可编程控制器、FX_{2NC} 系列可编程控制器、FX_{3U} 系列可编程控制器、FX_{3UC} 系列可编程控制器等可编程控制器产品，详细资料见该公司产品说明书。

表 11－30 FX_{2N} 系列可编程控制器的电源单元技术数据

型号	FX－10PSU	FX－20PSU
输出	24 V DC/1A	24 V DC/2A

（2）Q 系列产品：三菱电机公司的 Q 系列产品是用于中等规模的可编程控制器。需注意，冗余 CPU 不支持多 CPU 工作模式。

1）CPU 模块：根据不同控制要求，分为基本型、高性能型、过程控制型、冗余型和运动控制型。CPU 模块的技术数据见表 11－31。

表 11－31 Q 系列可编程控制器产品 CPU 模块的技术数据

型号		I/O 点数	I/O 软元件数	程序容量（k 步）	处理速度（μs）	RAM/ROM（KB）
基本型	Q00JCPU	256	2 048	8	0.20	无/58
	Q00CPU	1 024	2 048	8	0.16	128/94
	Q01CPU	1 024	2 048	14	0.10	128/94
高性能型	Q02CPU	4 096	8 192	28	0.079	64/112
	Q02HCPU	4 096	8 192	28	0.034	128/112
	Q06HCPU	4 096	8 192	60	0.034	128/240
	Q12HCPU	4 096	8 192	124	0.034	256/496
	Q25HCPU	4 096	8 192	252	0.034	256/1 008

型号		I/O 点数	I/O 软元件数	程序容量（k 步）	处理速度（μs）	RAM/ROM（KB）
过程控制型	Q12PHCPU	4 096	8 192	124	0.034	256/496
	Q25PHCPU	4 096	8 192	252	0.034	256/1 008
冗余型	Q12PRHCPU	4 096	8 192	124	0.034	256/496
	Q25PRHCPU	4 096	8 192	252	0.034	256/1 008
运动控制型	Q172CPUN	8 轴控制，运算周期 0.88 ms				
	Q173CPUN	32 轴控制，3 个多 CPU 模块可控制多达 96 轴的高速控制应用场合				
计算机型 PPC – CPU686 – 128		直接安装在 Q 系列基板的全功能 MS Windows 计算机（CONTEC 公司产品）				

　　高性能、过程和冗余型 CPU 模块可带 1 个存储器卡槽，可安装 1 MB/2 MB 的 SRAM 或 8 MB/16 MB/32 MB 的 ATA 卡，用于扩展存储文件的容量，其技术数据见表 11 – 32。计算机型 CPU 模块可与 Q 系列 I/O 模块一起安装在基板上，实现计算机功能。其内存 128 MB，带 2 通道 USB 接口，2 通道串行接口，1 通道并行接口，1 个 PCMCIA 槽口，1 个以太网接口等。计算机型 CPU 模块是康泰克公司产品。

表 11 –32　Q 系列可编程控制器产品存储卡的技术数据

类型	SRAM 卡		Flash 卡		ATA 卡		
型号	Q2MEM – 1MBS	Q2MEM – 2MBS	Q2MEM – 2MBF	Q2MEM – 4MBF	Q2MEM – 8MBA	Q2MEM – 16MBA	Q2MEM – 32MBA
容量	1 011.5 KB	2 034 KB	2 035 KB	4 079 KB	7 940 KB	15 932 KB	31 854 KB
文件	256	288	288	288	512	512	512

　　2）输入/输出模块：数字量输入/输出模块技术数据见表 11 –33。

表 11 –33　Q 系列可编程控制器产品数字量输入/输出模块技术数据

	100V AC	220V AC	24V DC 共阳极					
型号	Q10	Q28	QX40	QX40 – S1	QX41	QX41 – S1	QX42	QX42 – S1
点数/组数	16/16	8/8	16/1	16/1 共阳	32/1	32/1	64/2	64/2
输入性能	7 mA	14 mA	1～70 ms	0.1～1 ms	1～70 ms	0.1～1 ms	1～70 ms	0.1～1 ms
	5～12V DC 传感器			24V DC 4mA 共阴级				中断输入
型号	QX70	QX71	QX72	QX80	QX81	QX82	QX82 – S1	QI60
点数/组数	16/1	32/1	64/2	16/1	32/1	64/2	64/2	16/1
输入性能	1～70 ms，正负极公用端共用			1～70 ms	1～70 ms	1～70 ms	0.1～1 ms	0.1～1 ms

续表

	继电器输出		晶闸管输出	漏型晶体管 12~24V DC				晶体管独立
型号	QY10	QY18A	QY22	QY40P	QY41P	QY42P	QY50	QY68A
点数/组数	16/1	8/8	16/1	16/1	32/1	64/2	16/1	8/8
输出性能	24V DC/240V AC		240V AC	断时漏电流 0.1 mA，响应时间 1 ms，带热、短路、浪涌保护				5~24V DC

	TTL CMOS		晶体管源型		24V DC 输入/12~24 V 晶体管输出漏型	
型号	QY70	QY71	QY80	QY81P	QH42P	QX48Y57
点数/组数	16/1	32/1	16/1	32/1	DI32/DO32	DI8/DO7
输出性能	5~12V DC，16 mA/点		12~24V DC，响应时间 1 ms		0.1A/点	0.5A/点

模拟量输入/输出模块技术数据见表 11-34。

表 11-34　Q 系列可编程控制器产品模拟量输入/输出模块技术数据

	-10~10V DC 电压输入	4~20 mA 电流输入	0~20 mA 电流输入	-10~10 V DC 电压/0~20 mA 电流输入	
型号	Q68ADV	Q62AD-DGH	Q68ADI	Q64AD	Q64AD-GH
通道数	8	2	8	4	4
转换速率	80 μs/1 通道	10 ms/2 通道	80 μs/1 通道	80 μs/1 通道	10 ms/4 通道

	-10~10V DC 电压输出	0~20 mA 电流输出	-10~10 V DC 电压/0~20 mA 电流输出		
型号	Q68DAV	Q62DAI	Q62DA	Q62DA-FG	Q64DA
通道数	8	8	2	2	4
转换速率	80 μs/1 通道	80 μs/1 通道	80 μs/1 通道	10 ms/1 通道	80 μs/1 通道

温度模块分温度检测和温度调节两类模块。温度检测模块仅用于对温度检测元件输入，没有模拟量输出信号。温度调节模块提供专用的独立于主CPU 模块的 PID 控制器，并提供晶体管输出信号用于回路控制。技术数据见表 11-35。

表 11-35　Q 系列可编程控制器产品温度模块技术数据

	温度检测				温度调节（晶体管输出）			
型号	Q64RD	Q64RD-G	Q64TD	Q64TDV-GH	Q64TCRT	Q64TCRTBW	Q64TCTT	Q64TCTTBW
通道数	4Pt100	4Pt100	4TC	4TC	4Pt100	4Pt100	4TC	4TC
转换速率	40 ms/1 通道			3 采样周期/1 通道	500 ms/4 通道			

脉冲输入模块的技术数据见表 11 – 36。

表 11 –36 Q 系列可编程控制器产品脉冲输入模块的技术数据

型号	通道隔离脉冲输入	高速计数器模块		
	QD60P8 – G	QD62	QD62D	QD62E
通道数	8	2	2	2
脉冲频率	30000/10000/1000/100/50/10/1/0.1p/s	200/100/10kp/s	500/200/100/10kp/s	200/100/10kp/s
计数输入	5/12～24V DC	5/12/24V DC	RS – 422A 差动线性驱动器	5/12/24V DC
外部输入	—	5/12/24V DC	5/12/24V DC	5/12/24V DC
输出性能	—	漏型晶体管，0.5A/点	漏型晶体管，0.5A/点	源型晶体管，0.1A/点

3）信息和网络模块：信息模块的技术数据见表 11 – 37。

表 11 –37 Q 系列可编程控制器产品信息模块的技术数据

	以太网			串行通信		
型号	QJ71E71 – 100	QJ71E71 – 1B2	QJ71E71 – 1B5	QJ71C24N	QJ71C24N – R2	QJ71C24N – R4
性能	10Base – T/100Base – TX	10Base2	10Base5	RS – 232 RS – 485	RS – 232 RS – 232	RS – 422/485 RS – 422/485
	智能通信（BASIC 程序执行模块）		FL – net 模块			AS – i 模块
型号	QD51	QD51 – R24	QJ71FL71 – T – F01	QJ71FL71 – B5 – F01	QJ71FL71 – B2 – F01	QJ71AS92
性能	RS – 232 RS – 232	2 × RS – 232 RS – 422/485	10Base – T 兼容 FL – net	10Base5 兼容 FL – net	10Base2 兼容 FL – net	主站

控制网络模块的技术数据见表 11 – 38。

表 11 –38 Q 系列可编程控制器产品控制网络模块的技术数据

	MELSECNET/H 模块，PLC 间网络					CC – Link 模块，设备级网络		
型号	QJ71LP21 – 25	QJ71LP21S – 25	QJ71LP21G	QJ71LP21GE	QJ71BT11	QJ61BT11N	A80BDE – J61BT13	A80BDE – J61BT11
性能	光缆		GI – 50/125	GI – 62.5/125	同轴电缆	主站/本地站	本地站	主站/本地站

MELSECNET/H 模块，PLC 间网络				CC – Link 模块，设备级网络	
速率	25 Mb/s/10 Mb/s，双环	10 Mb/s，双环	10 Mb/s	PCI 总线	

	MELSECNET/H 模块，远程 I/O 网				MELSECNET/H 计算机插卡（PCI 总线）			
型号	QJ71LP25 –25	QJ71LP25G	QJ71LP25GE	QJ71BR15	Q80BD – J71LP21 – 25	Q80BD – J71LP21G	Q80BD – J71LP21GE	Q80BD – J71BR11
性能	光缆，双环	GI 光缆，双环	GI –、62. 5/125	同轴电缆	光缆，双环	GI – 50/125	GI – 62. 5/125	同轴电缆
速率	25 Mb/s 10 Mb/s	10 Mb/s	10 Mb/s 双环	10 Mb/s	25 Mb/s 10 Mb/s	10 Mb/s	10 Mb/s	10 Mb/s

4）电源模块：电源模块的技术数据见表 11 – 39。

表 11 –39 Q 系列可编程控制器产品电源模块的技术数据

	电源模块					超薄电源模块	冗余系统电源
型号	Q61P – A1	Q61P – A2	Q62P	Q63P	Q64P	Q61SP	Q64RP
输入	100 ~ 120 V AC	200 ~ 240 V AC	100 ~ 240 V AC	24 V AC	120 ~ 240 V AC	100 ~ 240 V AC	120/240 V AC
输出	5 V DC/ 6A	5 V DC/ 6A	5/24 V DC /3/0. 6A	5 V DC /6A	5 V DC /8. 6A	5 V DC /2A	5 V DC /8. 6A

2. 西门子公司产品 西门子公司可编程控制器产品有早期 S3、S5 系列和近年开发的 S7 系列产品。为适应小型可编程控制器产品市场，近年推出的 S7 –200CN 系列产品更获广泛应用。

S7 –200 系列产品是美国德州仪器公司小型 PLC 基础上发展的可编程控制器。编程软件是 STEP – 7 – Micro/WIN4. 0。S7 – 300/400 是西门子公司 S5 系列 PLC 基础上发展的可编程控制器。编程软件是 STEP7。

（1）S7 –200 系列产品：S7 –200 系列产品具有下列主要特点：整体型结构，S7 –200 是整体型结构，CPU 模块本体带数字量输入和输出；扩展性好，除 CPU221 模块外，其他 CPU 模块可连接 2 ~7 块扩展模块；通信功能强，通过扩展通信处理器模块，也可直接采用点对点接口（PPI）通信协议、多点接口（MPI）通信协议和自由端口通信协议实现与其他通信设备的通信；编程语言丰富，提供两类指令集，符合 IEC 61131 – 3 标准的指令集和公司专用 SIMATIC 指令集，采用梯形图、功能块图和指令表编程语言编程；功能强，可实现复杂控制功能，具有很高的性能价格比，具有较强的通信功能，实现分散控制集中管理。

1) CPU 模块：S7 – 200 系列产品的 CPU 模块主要有 5 种类型。表 11 – 40 是其主要技术数据。

表 11 – 40　CPU200 系列产品的技术数据

特性		CPU221	CPU222	CPU224	COU224XP	CPU226
本机容量	数字	6 DI/4 DO	8 DI/6 DO	14 DI/10 DO	14 DI/10 DO	24 DI/16 DO
	模拟	—	—	—	2 AI/1 AO	—
扩展模块数		—	2		7	
高速计数器	单相	4 个 30 kHz		6 个 30 kHz	4 个 30 kHz，2 个 200 kHz	6 个 30 kHz
	双相	2 个 20 kHz		4 个 20 kHz	3 个 20 kHz，1 个 100 kHz	4 个 20 kHz
高速脉冲输出(DC)		2 个 20 kHz			2 个 100 kHz	2 个 20 kHz

除 CPU224XP 模块本体带模拟量输入/输出外，其他类型 CPU 模块本体带数字量输入/输出。表 11 – 41 是 S7 – 200CPU 模块本体数字量输入的技术数据。表 11 – 42 是 S7 – 200CPU 模块本体数字量输出的技术数据。

表 11 – 41　S7 – 200CPU 模块本体数字量输入的技术数据

特性	24 V DC 输入（不含 CPU224XP）	24 V DC 输入（CPU224XP）
类型	漏型/源型（IEC 类型 1，漏型）	漏型/源型（IEC 类型 1，漏型，I0.3 ~ I0.5 除外）

表 11 – 42　S7 – 200CPU 模块本体数字量输出的技术数据

特性	24 V DC 输出		继电器
	不含 CPU224XP	CPU224XP	
类型	固态场效应管（MOSFET）		干触点
额定电压	DC 24 V		DC 24 V 或 AC 250 V
允许电压范围	DC 20.4 ~ 28.8 V	DC 5 ~ 28.8 V（Q0.0 ~ Q0.4） DC 20.4 ~ 28.8 V（Q0.5 ~ Q1.1）	DC 5 ~ 30 V 或 AC 5 ~ 250 V

2) 扩展模块：除 CPU221 模块外，其他类型 CPU 模块都可连接扩展模块。根据不同应用要求，有三种数字量扩展模块可选用。表 11 – 43 是 EM221 数

字量输入扩展模块的技术数据。表 11 - 44 是 EM222 数字量输出扩展模块的技术数据。EM223 数字量输入/输出扩展模块，包括 24V DC4 点输入/4 点输出、8 点输入/8 点输出、16 点输入/16 点输出、24V DC4 点输入/4 点继电器输出、24V DC8 点输入/8 点继电器输出和 24V DC16 点输入/16 点继电器输出 6 种。

表 11 - 43　EM221 数字量输入扩展模块的技术数据

特性	DC 输入	AC 输入
输入点数	8 点或 16 点	8 点
类型	漏型/源型（IEC 1 漏型）	IEC 1 型
额定电压	DC 24 V，4 mA	AC 120 V，6 mA/230 V，9 mA

表 11 - 44　EM222 数字量输出扩展模块的技术数据

特性	DC 24 V 输出		继电器输出		AC 120/230 V 输出
	0. 75 A	5 A	2 A	10 A	
输出类型	固态场效应管 MOSFET		干触点		过零触发
额定电压	DC 24 V		DC 24 V 或 AC 250 V		AC 120/230 V

模拟量输入扩展模块有 12 位分辨率。模拟量输出扩展模块电压输出分辨率达 12 位。表 11 - 45 是模拟量输入的技术数据。表 11 - 46 是模拟量输出的技术数据。

表 11 - 45　模拟量输入的技术数据

特性	6ES7 231 - 0HC22 - 0XA0（EM231）	6ES7 235 - 0KD22 - 0XA0（EM235）
输入点数	4	4
最大输入电压，电流，输入阻抗	DC 30 V，32 mA，电压输入≥10 MΩ，电流输入 250 Ω	
分辨率	单极，11 位 +1 位信号位。双极，12 位	
输入范围	电压可选，单极：0~10 V，0~5 V；双极：±5V，±2.5 V 电流：0~20 mA	电压，单极：0~50 mV、100 mV、500 mV，0~1 mV、5 mV、10 V，电流 0~20 mA 双极：±25 mV、50 mV、100 mV、250 mV、500 mV、±1 V、2.5 V、5 V、10 V 电流：0~20 mA

表 11 – 46　模拟量输出的技术数据

特性	6ES7 232 – 0H8B22 – 0XA0（EM232）	6ES7 235 – 0KD22 – 0XA0（EM235）
输出点数	2	1
信号范围	± 10 V，0 ~ 20 mA	
分辨率	电压：11 位 + 1 位信号位。电流：12 位	
最大驱动负载电阻	电压输出最小 5 000 Ω，电流输出最大 500 Ω	

3）通信扩展模块：S7 – 200CPU 模块可连接通信扩展模块，构成工业控制网络。CP243 – 1 扩展模块连接 S7 – 200CPU 模块到工业以太网，通过工业以太网实现与 S7 – 300、S7 – 400 系列可编程控制器产品和工业微机的通信。采用半双工或全双工方式通信，符合 TCP/IP 通信协议，可作为客户机，也可作为服务器应用。使用标准化 OPC 接口，可实现与 OPC 服务器的通信。

CP243 – 1 IT Internet 扩展模块监视和操纵一个自动化系统的 Web 浏览器。来自系统的诊断信息用电子邮件发送，可方便地与其他计算机和控制系统进行完整文件的信息交换。CP243 – 1 IT 模块与 CP243 – 1 模块全兼容。CP243 – 1 模块的用户程序可直接在 CP243 – 1 IT 模块上运行。每个 S7 – 200CPU 模块只能连接一个 CP243 – 1 IT 模块。表 11 – 47 是 CP243 – 1 模块和 CP243 – 1 IT 模块的技术数据。

表 11 – 47　CP243 – 1 模块和 CP243 – 1 IT 模块的技术数据

特性	CP243 – 1	CP243 – 1 IT
传输速率	10 Mb/s，100 Mb/s	
闪烁存储器容量	1 MB	8 MB ROM 用于防火墙，8 MB RAM 用于文件系统
SDRAM 容量	8 MB	16 MB
工业以太网接口	RJ – 45（8 针）	
输入电压	DC 20.4 ~ 28.8 V	
最多连接	连接 8 个 S7 控制器（用 XPUT/XGET 和 READ/WRITE）及 1 个 STEP7 – Micro/WIN	
启动或再启动时间	约 10 s	
用户数据量	作为客户机：用 XPUT/XGET 可达 212 B 作为服务器：用 XGET 或 READ 可达 222 B，用 XPUT 或 WRITE 可达 212 B	

EM241 扩展模块用于替代连接到 S7 – 200CPU 通信接口的外部调制解调器。经过它的转换，可直接将电话线与 S7 – 200CPU 连接。EM241 模块是标准 V. 34 的 10 位调制解调器。它带一个 RJ – 11 的 6 位 4 线连接器与电话线连接。EM241 模块可连接到 Modbus 总线网络，作为 Modbus 的 RTU（远程终端单元）从站。经 EM241，S7 – 200CPU 模块可接收 Modbus 的请求，中断这些请求，或与 CPU 相互传输数据。EM241 模块的技术数据见表 11 – 48。

表 11 –48   EM241 模块的技术数据

特性	EM241
绝缘（电话线与逻辑和现场电源间）	AC 1 500V
物理连接	RJ – 11（6 位 4 线）
MODEM 标准	Bell 103，Bell 212，V. 21，V. 22，V22bis，V. 23c，V. 32，V. 32bis，V. 34

PROFIBUS – DP 扩展模块 EM277 用于将 S7 – 200CPU 连接到 PROFIBUS – DP 网络，作为 DP 从站。表 11 – 49 是 EM277 扩展模块的技术数据。

表 11 –49   EM277 扩展模块的技术数据

性能	EM277
通信接口数和接口类型	1 个 RS – 485 接口
Profibus – DP/MPI 波特率（自动设置）	9. 6 kb/s、19. 2 kb/s、45. 45 kb/s、93. 75 kb/s、187. 5 kb/s、500 kb/s、1 Mb/s、1. 5 Mb/s、3 Mb/s、6 Mb/s、12 Mb/s
通信协议	Profibus – DP 从站和 MPI 从站通信协议
电缆长度	93. 75 kb/s 以下，1 200 m；3 ~ 12 Mb/s，100 m
网络能力	每一网络可挂接 126 个站，其中，EM277 最多 100 个（地址 0 ~ 99），每个网段可挂接 32 个站，MPI 连接共 6 个

CP243 – 2 扩展模块用于连接 S7 – 200CPU 模块到 AS – i 总线。它作为 AS – i 主站，支持 Mle 主站行规规定的所有功能，包括模拟量处理功能。每个 CP243 – 2 模块最多连接 31 个 AS – i 从站，可连接 124 个 DI/124 个 DO。一个 S7 – 200 可连接 2 个 CP243 – 2 模块。表 11 – 50 是 CP243 – 2 扩展模块的技术数据。

表 11 –50   CP243 –2 扩展模块的技术数据

性能	CP243 – 2
周期时间	31 个从站时为 5 ms，使用扩展地址，61 个 As – i 从站时为 10 ms
组态	设置按钮在前面板，或用总组态命令
地址范围	一个数字模块带 8DI 和 8DO，一个模拟模块带 8AI 和 8AO

（2）S7 – 300 系列产品：S7 – 300 系列产品具有下列特点：模块型结构；环境适应性强；高电磁兼容性和强抗振性；扩展灵活；功能强；通信功能强；模块类型多，适用范围广。

1）S7 – 300CPU 模块：S7 – 300CPU 模块分标准型、紧凑型、故障安全型和技术功能型等。表 11 – 51 是标准型 CPU 模块的技术数据。表 11 – 52 是紧凑型 CPU 模块的技术数据。表 11 – 53 是故障安全型 CPU 模块的技术数据。表 11 – 54 是技术功能型 CPU 模块的技术数据。

表 11 – 51　标准型 CPU 模块的技术数据

性能		CPU312	CPU314	CPU315 – 2DP CPU315 – 2PN/DP	CPU317 – 2D CPU317 – 2PN/DP	CPU319 – 3PN/DP
工作内存/指令		32 KB/10 KB	96 KB/32 KB	128 KB/42 KB，256 KB/84 KB	512 KB/170 KB，1 MB/340 KB	1.4 MB/470 KB
装载内存（MMC）		64 KB ~ 4 MB	64 KB ~ 8 MB	64 KB ~ 8 MB	64 KB ~ 8 MB	64 KB ~ 8 MB
扩展模块/扩展机架		8/1	最多扩展机架 4 个，每个机架 8 个模块			
地址范围	I/O 地址范围	1024/1024 B	1024/1024 B	2048/2048 B	8192/8192 B	8192/8192 B
	I/O 过程映像	128/128 B	128/128 B	128/128 B	256/256，2048/2048 B	2048/2048 B
	中央数字通道	256	1024	1024	1024	1024
	中央模拟通道	64	256	256	256	256
指令周期	位操作	0.2 μs	0.1 μs	0.1 μs	0.05 μs	0.01 μs
	字操作	2 μs	1 μs	1 μs	0.2 μs	0.02 μs
	定点数运算	5 μs	2 μs	2 μs	0.2 μs	0.02 μs
	浮点数运算	6 μs	3 μs	3 μs	1 μs	0.04 μs
可装载块数量		1024	1024	1024	2048	4096
最大块编号		512FC/FB，511DB		2048FC/FB，1023DB	2048FC/FB，2047DB	2048FC/FB，4095DB

表 11 – 52　　紧凑型 CPU 模块的技术数据

性能		CPU312C	CPU313C	CPU313 – 2 DP/PtP	CPU314C – 2DP/PtP
工作内存/ 指令		32 KB/10 KB	64 KB/21 KB	64 KB/21 KB	96 KB/32 KB
扩展模块/ 扩展机架		8/1	最多扩展机架 4 个，每个机架 8 个模块 （机架 3 最多 7 个模块）		
地址范围	I/O 地址范围	1024/1024 B	1024/1024 B	1024/1024 B	1024/1024 B
	I/O 过程映像	128/128 B	128/128 B	128/128 B	128/128 B
	中央数字 量通道	266DI/262DO	1016DI/1008DO	1008	1016DI/1008DO
	中央模拟 量通道	64	253AI/250AO	248	253AI/250AO
集成的功能	计数器	2 个增量编码器 24V DC/10 kHz	3 个增量编码器 24V DC/30 kHz	3 个增量编码器 24V DC/30kHz	4 个增量编码器 24V DC/60 kHz
	脉冲输出	2 个通道脉宽调 制最大 2.5 kHz	2 个通道脉宽调 制最大 2.5 kHz	2 个通道脉宽调 制最大 2.5 kHz	4 个通道脉宽调制 最大 2.5 kHz
	频率测量	2 个通道， 最大 10 kHz	2 个通道， 最大 30 kHz	2 个通道， 最大 30 kHz	4 个通道， 最大 60 kHz
	PID 控制	PID 控制	PID 控制	PID 控制	PID 控制
集成的 I/O	数字量 输入*	10，24 V DC	24，24 V DC	16，24 V DC	24，24 V DC
	数字量 输出	6，24 V DC， 0.5A	16，24 V DC， 0.5A	16，24 V DC， 0.5A	16，24 V DC， 0.5A
	模拟量输 入/输出	—	4 路 U/I， 1RTD/2 路 U/I	—	4 路 U/I， 1RTD/2 路 U/I

表 11 – 53　　故障安全型 CPU 模块的技术数据

性能	CPU315F – 2DP	CPU315F – 2PN/DP	CPU317F – 2DP	CPU317F – 2PN/DP	CPU319F – 3PN/DP
工作内存/指令	192KB/ 36KB（F）	256KB/ 50KB（F）	1MB/ 200KB（F）	1MB/ 200KB（F）	1.4MB/ 280KB（F）
扩展模块/ 扩展机架	最多扩展机架 4，每个机架 8 个模块				

性能		CPU315F-2DP	CPU315F-2PN/DP	CPU317F-2DP	CPU317F-2PN/DP	CPU319F-3PN/DP
地址范围	I/O 地址范围	2048/2048 B	2048/2048 B	8192/8192 B	8192/8192 B	8192/8192 B
	I/O 过程映像	128/128 B	128/128 B	256/256 B	2048/2048 B	2048/2048 B
	数字量通道	1024	1024	1024	1024	1024
	模拟量通道	256	256	256	256	256
指令周期	位操作	0.1 μs	0.1 μs	0.05 μs	0.05 μs	0.01 μs
	字操作	0.2 μs	0.2 μs	0.2 μs	0.2 μs	0.02 μs
	定点数运算	2 μs	2 μs	0.2 μs	0.2 μs	0.02 μs
	浮点数运算	3 μs	3 μs	1 μs	1 μs	0.04 μs
可装载块数量		1024	1024	1024	2048	4096
最大块编号		512FC/FB, 511DB	512FC/FB, 511DB	2048FC/FB, 1023DB	2048FC/FB, 2047DB	2048FC/FB, 4095DB

表 11-54 技术功能型 CPU 模块的技术数据

性能		CPU315T-2DP	CPU317T-2DP
轴/凸轮盘/凸轮开关		8/16/16	32/32/32
测量传感器/外部编码器		8/8	16/16
总工艺对象		32	64
工作存储区		128 KB	512 KB
指令周期	位操作	0.1 μs	0.05 μs
	字操作	0.2 μs	0.2 μs
	定点数运算	2 μs	0.2 μs
	浮点数运算	3 μs	1 μs

2) 信号模块:数字量模块,分输入模块 SM321、输出模块 SM322 和输入输出模块 SM323 三大类。每类模块根据连接点数和电压等级再分若干种类型。表 11-55 是 SM321 数字量输入输出模块技术数据。表 11-56 是 SM322 数字量输出模块的技术数据。表 11-57 是 SM323 数字量输入/输出模块技术数据。

表 11 –55　SM321 数字量输入输出模块技术数据

性能	DI32 × DC24V	DI32 × DC24V	DI16 × DC24V 高速模块	DI16 × DC24V 带过程和诊断中断
订货号	321 – 1BL00 –	321 – 1BL80 –	321 – 1BH10 –	321 – 7BH01 –
输入点数	32DI	32DI	16DI	16DI
电气隔离组数	16	16	16	16
额定输入电压	24 V DC	24 V DC	24 V DC	24 V DC

性能	DI16 × DC24 V	DI16 × UC24/48 V	DI16 × AC120/230 V	DI8 × AC120/230 V	DI8 × AC120/230 V
订货号	321 – 1BH00 –	321 – 1CH00 –	321 – 1FH00 –	321 – 1FF81 –	321 – 1FF10 –
输入点数	16DI	16DI	16DI	8DI	8DI
电气隔离组数	16	1	4	2	1
额定输入电压	24 V DC	24 ~ 48 V DC/AC	120/230 V AC	120/230 V AC	120/230 V AC

表 11 –56　SM322 数字量输出模块的技术数据

性能	DO32 × DC24 V/0. 5 A	DO16 × AC120/230 V/1 A	DO16 × DC24 V/0. 5 A	DO16 × DC24 V/0. 5 A 高速	DO16 × UC24/48 V
订货号	322 – 1BL00 –	322 – 1HH01 –	322 – 1BH81 –	322 – 1BH10 –	322 – 5GH00 –
输出点数	32DO	16DO	16DO	16DO	16DO
电气隔离组数	8	8 继电器	继电器	8	1
输出电流	0. 5 A	1. 0 A	0. 5 A	0. 5 A	0. 5 A
额定输出电压	24 V DC	120/230 V AC	24 V DC	24 V DC	24 ~ 48 V DC/AC

性能	DO16 × AC120/230 V	DO8 × DC24 V/0. 5 A 带诊断中断	DO8 × AC120/230 V/2 A ISOL	DO8 × DC24 V/2 A	DO8 × AC120/230 V/2 A
订货号	322 – 1FH00 –	322 – 8BF00 –	322 – 5FF00 –	322 – 1HF80 –	322 – 1FP01 –
输出点数	16DO	8DO	8DO	8DO 继电器	8DO 继电器
电气隔离组数	8	8	1	2	4
输出电流	0. 5 A	0. 5 A	2 A	2 A	2 A
额定输出电压	120/230 V AC	24 V DC	120/230 V AC	24 V DC	120/230 V AC

表 11-57 SM323 数字量输入/输出模块技术数据

性能	DI16/DO16 × DC 24 V/0.5 A	DI8/DX8 × DC 24 V/0.5 A 可编程
订货号	323 - 1BL00 -	327 - 1BH00 -
输入点数/额定输入电压	16DI/24 V DC/0.5 A	8DI, 8 点可编程的输入/输出/24 V DC/0.5 A
电气隔离组数	16	16
输出点数/额定输出电压	16DO/24 V DC	8（可作为 8DI）/24 V DC
电气隔离组数	8	8

模拟量模块，分模拟量输入 SM331 模块、模拟量输出 SM332 模块和模拟量输入/输出 SM334 模块。表 11-58、表 11-59 和表 11-60 分别列出它们的技术数据。

表 11-58 模拟量输入 SM331 模块的技术数据

性能	AI8 × 16 位	AI8 × 12 位	AI8 × 14 位高速	AI8 × 13 位	AI8 × 13 位
订货号	331 - 7NF10 -	331 - 7KF02 -	331 - 7HF00 -	331 - 1KF00 -	331 - 1KF01 -
输入点数	8 点	8 点	8 点	8 点	8 点
精度(每通道组)	15 位 + 符号	11 位 + 符号	13 位 + 符号	12 位 + 符号	12 位 + 符号
测量方法(每通道组)	U,I	U,I,R,RTD	U,I	U,I,R,RTD	U,I,R,RTD
量程选择	任意,每通道组				
性能	AI8 × RTD	AI8 × RTD	AI8 × TC	AI8 × TC	AI2 × 12 位
订货号	331 - 7PF00 -	331 - 7PF01 -	331 - 7PF10 -	331 - 7PF11 -	331 - 7KB02/82 -
输入点数	8 点	8 点	8 点	8 点	2 点
精度(每通道组)	15 位 + 符号	15 位 + 符号	15 位 + 符号	15 位 + 符号	9 位 + 符号 12 位 + 符号 14 位 + 符号
测量方法(每通道组)	RTD	RTD	TC	TC	U,I,R,RTD
量程选择	任意,每通道组				

表 11 –59　模拟量输出 SM332 模块的技术数据

性能	AO8 × 12 位	AO4 × 16 位	AO4 × 16 位	AO2 × 12 位
订货号	332 – 5HF00 –	332 – 7ND01 –	332 – 7ND02 –	332 – 5HB81 –
输出点数	8 输出通道	4 通道组中 4 点输出	4 通道中 4 点输出	2 输出通道
精度	12 位	16 位, 1.5 ms	16 位, 1.1 ms	12 位
输出类型（每通道组）	电压、电流	电压、电流	电压、电流	电压、电流

表 11 –60　模拟量输入/输出 SM334 模块的技术数据

性能	AI4/AO2 × 8/8 位 *	AI4/AO2 × 12 位
订货号	334 – 0CE01 –	334 – 0KE80 –
输入点数	1 通道组中 4 点输入	2 通道组中 4 点输入
输出点数	1 通道组中 2 点输出	1 通道组中 2 点输出
精度	8 位	12 位 + 符号
测量方法（每通道组）	电压、电流	电压、电流、温度
输出类型（每通道组）	电压、电流	电压

　　SM374 仿真器模块、DM370 占位模块，表 11 – 61 是其信号模块的技术数据。

表 11 –61　其他信号模块的技术数据

性能	SM374	DM370
输入/输出点数	最多 16 模拟量输入/输出	为非编程模块预留一个插槽
适用场合	16AI 或 16AO 或 8AI/8AO	占位：接口模块、非编程模块、占用 2 个插槽的模块
支持同步模式	不支持	不支持
可编程诊断	不支持	不支持
诊断中断	不支持	不支持
特性	用螺丝刀进行功能调整	另一模块替换 DM370 时，整个系统机械和地址分配，寻址不变

　　3）接口模块：接口模块用于连接多机架配置的 S7 – 300 机架。其中，IM365 模块用于一个中央机架和一个扩展机架的配置，IM361/IM360 用于中央

机架与最多 3 个扩展机架的配置。表 11 - 62 是接口模块的技术数据。

表 11 - 62　接口模块的技术数据

性能	IM365	IM360	IM361
每个 CPU 最多连接的接口模块	1 对	1	3
适合 S7 - 300 机架安装	0 和 1	0	1 ~ 3
数据传送	IM365 经 386 电缆到 IM365	IM360 经 386 电缆到 IM361	IM361 经 386 电缆到 IM360/361
间距	1m，永久连接	最长 10 m	最长 10 m
功耗	0.5 W	2 W	5 W

4）通信处理器模块：通信处理器模块用于网络连接或点对点的通信。用于连接到 AS - i 总线、Profibus - DP 总线、Modbus 总线、工业以太网等网络，也可用 MPI、PPI 等方式进行通信。表 11 - 63 ~ 表 11 - 66 是通信处理器模块的技术数据。

表 11 - 63　Modbus 总线通信处理器模块的技术数据

性能	CP340			CP341		
接口类型	RS - 232C (V. 24)	20 mA (TTY)	RS - 422/485 (X. 27)	RS - 232C (V. 24)	20 mA (TTY)	RS - 422/485 (X. 27)
接口数量	1，隔离	1，隔离	1，隔离	1，隔离	1，隔离	1，隔离
最大传输速率	19.2 kb/s	9.6 kb/s	19.2 kb/s	76.8 kb/s	19.2 kb/s	76.8 kb/s
ASCII 帧长	1 KB	1 KB	1 KB	1 KB	1 KB	1 KB
3964（R）帧长	1 KB	1 KB	1 KB	1 KB	1 KB	1 KB
RK512 帧长				1 KB	1 KB	1 KB
处理块所需内存	2700 B	2700 B	2700 B	5500 B	5500 B	5500 B
适合通信设备	打印机、机器人、MODEM、扫描仪、条形码阅读器			机器人、MODEM、扫描仪、条形码阅读器		

表 11 −64　AS −i 总线通信处理器模块的技术数据

性能	总线循环时间	接口	电源电压, 电流	功耗	每 CP 最多 输入/输出
CP343 −2	31 从站 5 ms 62 从站 10 ms	PLC:16 字节 I/O 及 P 总线 S7 −300 AS −i 连接:带端子的 S7 −300 前连接器	5 V DC, 背板: 0.2A, AS −i:0,1A	2 W	248DI/ 186DO

表 11 −65　Profibus −DP 总线通信处理器模块的技术数据

性能	传输速率	接口	电源电压, 电流	功耗	S7 最大有 效连接数
CP342 −5	9.6 kb/s ~ 12 Mb/s	Profibus:9 针 D 型连接器 电源电压: 4 针端子排	24 V DC, 背板 150 mA 电源 24 V 250 mA	6.75 W	16
CP342 −5FO	9.6 kb/s ~ 12 Mb/s	Profibus2 × 双工插座 电源电压: 4 针端子排	24 V DC, 背板 150 mA 电源 24 V 250 mA	6.75W	16
CP343 −5	9.6 kb/s ~ 12 Mb/s	Profibus:9 针 D 型连接器 电源电压: 4 针端子排	24 V DC, 背板 150 mA 电源 24 V 250 mA	6.75 W	16

表 11 −66　工业以太网通信处理器模块的技术数据

性能	传输速率	接口	电源电压, 电流	功耗	S7 最大有 效连接数
CP343 −1	10 Mb/s, 100 Mb/s	以太网:15 针 D 型连接器 10Base −T, 100Base −TX:RJ −45 电源电压: 4 针端子排	5 V DC 和 24 V DC, 背板:70 mA, 24 V 电源: 最大 580 mA	8.3 W	16
CP343 −1 IT	10 Mb/s, 100 Mb/s	以太网:15 针 D 型连接器 10Base −T, 100Base −TX:RJ −45 电源电压: 4 针端子排	5 V DC 和 24 V DC, 背板:70 mA, 24 V 电源: 最大 580 mA	8.3 W	16

续表

性能	传输速率	接口	电源电压,电流	功耗	S7 最大有效连接数
CP343 – 1 PN	10 Mb/s,100 Mb/s	以太网:15 针D 型连接器10Base – T,100Base – TX;RJ – 45电源电压:4 针端子排	5 V DC 和24 V DC背板:70 mA,24 V 电源:最大 580 mA	10 W	32

5) 功能模块:S7 – 300 的功能模块类型多,功能全,主要用于高速计数、定位模块、高速布尔量处理、步进电动机、伺服电动机、超声波位置解码器、位置输入、称重和闭环控制等。表 11 – 67 ~ 表 11 – 70 分别是部分功能模块的技术数据。

表 11 – 67　计数器功能模块的技术数据

性能	FM350 – 1	FM350 – 2
计数器数量	1	8
计数范围	32 位或 ±31 位	32 位或 ±31 位
可连接的增量编码器	5 V 的两个对称脉冲串/24 V 非对称式24 V 方向传感器/24 V 启动器	24 V 增量编码器/24 V 方向传感器24 V 启动器/NAMUR 编码器
数字输入端	1 个用于门启动/1 个用于门结束1 个用于设定计数器	8 个,1 个用于门启动/门结束
数字输出端	2 个	8 个
工作模式	连续,单向,周期计数	连续,单向,周期计数/频率或速度测量,周期测量/比例
隔离	DI、DO 与 S7 总线间:光耦DI、DO 与计数输入间:光耦	与背板总线屏蔽
输出短路保护	有	有
标准功能块	CNT_CTRL:控制计数器DIAG_INF:提供诊断信息	CNT2_CTR:控制软件门和 DOCNT2_RD:写计数器状态等CNT2_WR:读计数和测量DIAG_RD:诊断信息

表 11 - 68　定位模块的技术数据

性能	FM351	FM353	FM354	FM357 - 2
电源电压，耗电	DC 24 V，350 mA	DC 24 V，300 mA	DC 24 V，350 mA	DC 24 V，100 mA
位置编码器供电	5 V 和 24 V，350 mA(最大)		5 V 和 24 V，300 mA(最大)	
输入点数	8	4	4	18
输入功能	参考点、反向、设定实际值，启动/停止定位	参考凸轮，设定实际值，启动/停止定位，外部块交换	参考点、设定实际值，启动/停止定位，运行中测量，外部块交换	4 个 Bero 开关 2 个 Probe 探针 12 个可自由使用
输入隔离	有	无	无	有
输入频率	50 kHz (线长 25 m)			
输出点数	8	4	4	8DO，模拟设定输出
输出功能	快速、慢速、顺/逆时针旋转	位置到停，轴向前/后动，改变 M97、M98，启动允许，直接输出	位置到停，轴向前/后动，改变 M97、M98，启动允许，直接输出	8 个可自由使用
输出隔离	有	无	无	有
增量位置检测	TTL 方波脉冲编码器 非对称式输入编码器		TTL 方波脉冲编码器	TTL 方波脉冲编码器
同步串行位置检测	SSI 单/多圈编码器		SSI 单/多圈编码器	SSI 单/多圈编码器
应用场合	带快进给和慢速驱动的机械轴定位	通过步进电动机实现进给轴、调整轴等的轴定位	通过伺服电动机实现进给轴、调整轴等的伺服定位、传输带定位	最多 4 轴定位，控制伺服电动机和步进电动机

表 11 - 69　闭环控制模块的技术数据

性能	FM355	FM355 - 2
控制器数量	4	4
数字/模拟输入	8 点 24 V DC/4 点模拟	8 点 24 V DC/4 点模拟

续表

性能		FM355	FM355 - 2
数字输入特性曲线		符合 IEC1131 类型 2	符合 IEC1131 类型 2
模拟输入范围		±80 mV,10 MΩ 0~10 V,100 kΩ 0~20 mA,4~20 mA,50 Ω B,J,K,R,S,Pt100,10 MΩ	0~10 V,100 kΩ 0~20 mA,4~20 mA,50 Ω B,J,K,R,S,Pt100,10 MΩ
数字/模拟输出		8 点(S 型)/4 点(C 型)	8 点(S 型)/4 点(C 型)
模拟输出范围		±10 V,0~10 V,0/4~20 mA	±10 V,0~10 V,0/4~20 mA
模拟输入	分辨率	12 或 14 位,可参数化	14 位
	特性曲线线性化	有,可参数化	有,可参数化
	温度补偿	有,可参数化	有,可参数化
输出	负载阻抗	电压:1 kΩ,容性 1 μF; 电流:500 Ω,感性 1 mH	电压:1 kΩ,容性 1 μF; 电流:500 Ω,感性 1 mH
	电压	有短路保护,短路电流 25 mA, 空载电压 18 V	有短路保护,短路电流 25 mA, 空载电压 18 V
功能块		PID _ FM, FUZ _ 355, FORCE355, READ _ 355, CH _ DIAG,PID_PAR,CJ_T_PAR	EMT_PID, EMT_PAR, FMT_ CJ_T, FMT _ DS1, FMT _ TUN, FMT_PV,READ_PV,LOAD_PV

表 11 - 70　称重模块的技术数据

性能	SIWAREX U	SIWAREX M	SIWAREX A
称重传感器	1 或 2 台	1 台	1 台
重量值数据格式	2 字节(定点)	4 字节(定点)	4 字节(定点)
内部分辨率	65 535	±524 288	1 048 576
刻度功能	毛重、2(最小/最大)限制,零位设定	毛重/净重/皮重、4(最小/最大/空/满)限制,零位设定,可停止测量功能	毛重/净重,零位设定,可停止测量功能
过程接口	无	3DI,4DO(可赋值) AO0/4~20 mA,16 位	3DI,4DO(可赋值) AO0/4~20 mA,16 位
连接打印机	不可	可	可(最有校验能力)

性能	SIWAREX U	SIWAREX M	SIWAREX A
通过串口的远程显示连接	可,毛重,通道 1 和 2,特定值 1 和 2	可,毛重/净重/设定,操作员控制远程显示	可(最有校验能力),毛重/净重
电源电压	24 V DC,220 mA	24 V DC,300 mA	24 V DC,300 mA
串口 1	RS－232,9 600 b/s,奇/偶/无校验,数据位 8/停止位 1,信号符合 RS－232C,SIWAREX 通信协议	RS－232,2 400/9 600 b/s,奇/偶校验,数据位 8/停止位 1,信号符合 RS－232C,SIWAREX 通信协议,3964R 协议,XON/XOFF 协议	RS－232,2 400/9 600 b/s,奇/偶校验,数据位 8/停止位 1,信号符合 RS－232C,SIWAREX 通信协议,3964R 协议,XON/XOFF 协议
串口 2	TTY,9 600 b/s,奇/偶/无校验,数据位 8/停止位 1,信号 Passive,Floating,远程显示通信协议	TTY,9 600 b/s,偶校验,数据位 8/停止位 1,信号主/从,远程显示通信协议	TTY,9 600 b/s,偶校验,数据位 8/停止位 1,信号主/从,远程显示通信协议

6)电源模块:S7－300 系列产品是模块式可编程控制器。根据扩展模块数量的不同,对供电电源的要求也不同。为此,应选用合适的电源模块。表 11－71 是 PS307 电源模块的技术数据。

表 11－71　PS307 电源模块的技术数据

性能	307－1BA00－0AA0	305－1BA80－0AA0	307－1EA00－0AA0	307－1EA80－0AA0	307－1KA01－0AA0
额定输入电压	DC 120/230 V	DC 24/110 V	DC 120/230 V	DC 120/230 V	DC 120/230 V
额定输出	DC 24 V,2 A	DC 24 V,2(3) A	DC 24 V,5 A	DC 24 V,5 A	DC 24 V,10 A
效率	83%	75%	87%	84%	87%
额定输出时功耗	10 W	16 W(24 W)	18 W	23 W	34W
保护和监视	过压输出大于 30 V 断开,自动重新启动。过流电子关断,自动重启动				
校准	动态线性补偿,动态负载补偿,更正时间				

(3)S7－400 系列产品:S7－400 系列产品具有下列特点:模块型结构;存储器存储容量大,运行速度高;输入/输出扩展功能强;通信功能强;安全

性强；友好的人机界面；多 CPU 处理；功能扩展。

1）CPU 模块：S7 – 400 系列产品有标准型 S7 – 400、冗余型 S7 – 400H、安全型 S7 – 400F 和安全容错型 ST – 400FH 等。表 11 – 72 显示 S7 – 400 系列标准型 CPU 模块的技术数据。

表 11 – 72　S7 – 400 系列标准型 CPU 模块的技术数据

性能		CPU412 – 1XJ	CPU412 – 2XJ	CPU414 – 2XK	CPU414 – 3XM	CPU414 – 3EM
主存储器	集成/指令	288 KB/48 KB	512 KB/84 KB	1 MB/170 KB	2.8 MB/460 KB	2.8 MB/460 KB
	程序/数据	144 KB/144 KB	256 KB/256 KB	512 KB/512 KB	1.4 MB/1.4 MB	1.4 MB/1.4 MB
DP 接口/从站		—	1/64	1/96	2/每个有 96	1/125
执行时间	位/字操作	0.075 μs/0.075 μs		0.045 μs/0.045 μs		
	定点/浮点	0.075 μs/0.225 μs		0.045 μs/0.135 μs		
位存储器		4 KB		8 KB		
S7 定时器/计数器		2048/2048		2048/2048		
地址范围	所有 I/O 地址	4 KB/4 KB		8 KB/8 KB		
	I/O 过程映像	4 KB/4 KB		8 KB/8 KB		
	所有数据通道	32 768/32 768		65 536/65 536		
	所有模拟通道	2048/2048		4096/4096		
主存储器	集成/指令	5.6 MB/920 KB	5.6 MB/560 KB	11.2 MB/1.84 MB	11.2 MB/1.84 MB	11.2MB/1.12MB	30MB/4.45 MB
	程序/数据	2.8 MB/2.8 MB	2.8 MB/2.8 MB	5.6 MB/5.6 MB	5.6 MB/5.6 MB	5.6 MB/5.6 MB	15 MB/15 MB
DP 接口/从站		1/125	1/125	2/每个 125	1/125	1/125	3/每个 125
执行时间	位/字操作	0.03 μs/0.03 μs				0.018 μs/0.018 μs
	定点/浮点	0.03 μs/0.09 μs				0.018 μs/0.054 μs
位存储器		16 KB				

续表

性能		CPU412 – 1XJ	CPU412 – 2XJ	CPU414 – 2XK	CPU414 – 3XM	CPU414 – 3EM
S7 定时器/ 计数器		2048/2048				

性能		CPU416 – 2XN	CPU416 – 2FK	CPU416 – 3XR	CPU416 – 3ER	CPU416 – 3FR	CPU417 – 4
地址 范围	所有 I/O 地址	16 KB/16 KB					
	I/O 过程 映像	16 KB/16 KB					
	所有数据 通道	131 072/131 072					
	所有模拟 通道	8192/8192					

性能		CPU414 – 4H	CPU417 – 4H
主存 储器	集成/指令	1. 4 MB/230 KB	20 MB/3. 3 MB
	程序/数据	700 KB/700 KB	10 MB/10 MB
DP 从站/模块		2/2	2/2
执行 时间	位/字操作	0. 06 μs/0. 06 μs	0. 03 μs/0. 03 μs
	定点/浮点	0. 06 μs/0. 18 μs	0. 03 μs/0. 09 μs
位存储器		8 KB	16 KB
S7 定时器/ 计数器		2048/2048	2048/2048
地址 范围	所有 I/O 地址	8 KB/8 KB	16 KB/16 KB
	I/O 过程 映像	8 KB/8 KB	16 KB/16 KB
	所有数据 通道	65 536/65 536	131 072/131 072
	所有模拟 通道	4096/4096	8192/8192

2) 信号模块:SM421 数字量输入模块的技术数据见表 11 – 73。SM422 数字量输出模块的技术数据见表 11 – 74。SM431 模拟量输入模块的技术数据见

表 11 – 75。SM432 模拟量输出模块的技术数据见表 11 – 76。

表 11 – 73 SM421 数字量输入模块的技术数据

型号	SM421 – 1BL0x	SM421 – 7BH0x	SM421 – 5EH00	SM421 – 7DH00	SM421 – 1FH00	SM421 – 1FH20	SM421 – 1EL00
输入性能	DI 32 xDC	DI 16 xDC	DI 16 xAC	DI 16 xUC	DI 16 xUC	DI 16 xUC	DI 32 xUC
输入点数/组数	32/1	16/2	16/16	16/16	16/4	16/4	32/4
输入电压	24 V DC	24 V DC	120 V AC	24/60 V	120/230 V	120/230 V	120 V
可编程诊断/ 诊断中断	否/否	是/是	否/否	是/是	否/否	否/否	否/否
边沿触发 硬件中断	否	是	否	是	否	否	否
可调整输入 延迟	否	是	否	是	否	否	否
替换值输出	—	是	—	—	—	—	—
适用性能	高包装 密度	快速中断 功能	通道特定 隔离	低可 变电压	高可 变电压	高可 变电压	高包装 密度

表 11 – 74 SM422 数字量输出模块的技术数据

型号	SM422 – 1BH1x	SM422 – 5EH10	SM422 – 1BL00	SM422 – 7BL00	SM422 – 1FF00	SM422 – 1FH00	SM422 – 5EH00
输出性能	DO 16 xDC	DO 16 xDC	DO 32 xDC	DO 32 xDC	DO 8 xAC	DO 16 xAC	DO 16 xAC
输出点数/组数	16/2	16/2	32/1	32/4	8/8	16/4	16/16
输出电压/电流	DC 24 V/2 A	20 ~ 125 V/ 1.5 A	DC 24 V/5 A	DC 24/5 A	(120 V/ 230 V) /5 A	(120 V/ 230 V) /2 A	(20 V/ 120V) /2 A
可编程诊断/ 诊断中断	否/否	是/是	否/否	是/是	否/否	否/否	是/是
替换值输出	否	是	否	是	否	否	是
适用性能	高电流	可变电压	高包装 密度	快速中断 功能	高电流		可变电流

表 11 -75　SM431 模拟量输入模块的技术数据

型号	SM431 - 1KF00	SM431 - 1KF10	SM431 - 1KF20	SM431 - 0HH0x	SM431 - 7QH00	SM431 - 7KF10	SM421 - 7KF00
输入点数	8AI, 4RTD	8AI, 4RTD	8AI, 4RTD	16AI	16AI, 8RTD	8RTD	8 点
分辨率	13 位	14 位	14 位	13 位	16 位	16 位	16 位
测量方法	U、I、R	U、I、R、T	U、I、R	U、I	U、I、R、T	R	U、I、T
测量原理	积分型	积分型	瞬时值编码	积分型	积分型	积分型	积分型
可编程诊断/诊断中断	无/无	无/无	无/无	无/无	有/可调整	有/有	有/有
限制值监视	无	无	无	无	可调整	可调整	可调整
超时硬件中断	无	无	无	无	可调整	可调整	可调整
扫描结束硬件中断	无	无	无	无	可调整	无	无
适用性能	—	温度测量	快速 A/D 转换	—	温度测量	温度测量	内部温度测量

表 11 -76　SM432 模拟量输出模块的技术数据

型号	输出点数	分辨率	输出类型	可编程诊断	诊断中断	替换值输出	最大共模电压
SM432 -1HF00	8	13 位	U、I	无	无	无	3 V DC

3）接口模块：表 11 -77 是接口模块的技术数据。

表 11 -77　接口模块的技术数据

	本地连接		远程连接	
发送 IM/接收 IM	460 -0/ 461 -0	460 -1/ 461 -1	460 -3/ 461 -3	460 -4/ 461 -4
每链路可最大连接的 EM 数量	4	1	4	4
最远距离/5 V 电源传输/通信总线传输	5 m/无/有	1.5 m/有/无	102.25 m/无/有	605 m/无/无
每个接口传输的最大电流	—	5 A	—	—

4）电源模块：电源模块的技术数据见表 11 - 78。

表 11 - 78　电源模块的技术数据

型号	PS407 4 A	PS407 10A（R）	PS407 20 A	PS405 4 A	PS405 10A（R）	PS407 20 A
输入电压	AC 85/264 V（47/63 Hz），DC 88/300V			DC 19. 2/72 V		
输出电压（5 V/24 V）/功耗	4 A/0.5 A/52 W	10 A/1.0 A/105 W	20 A/1.0 A/168 W	4 A/0.5A/48 W	10 A/1.0 A/104 W	20 A/1.0 A/175 W

11.4.2　PLC 的输入元器件

输入元器件按检测量分为物理量、化学量和生物量三类。检测物理量的检测装置称为物理量传感器。检测化学量的检测装置称为化学量传感器。检测生物量的检测装置称为生物量传感器。表 11 - 79 是检测量和被检测对象的分类表。

表 11 - 79　检测量和被检测对象的分类

类别			检测量和被检测对象
物理量	机械量	几何量	长度、位移、应变、厚度、角度、角位移、深度、面积、体积
		运动学量	速度、角速度、加速度、角加速度、振动、频率、时间、动量、角动量
		力学量	力、力矩、应力、质量、荷重、密度、推力
	音响		声压、声波、噪声
	频率		频率、周期、波长、相位
	流体量		压力、真空度、液位、黏度、流速、流量
	热力学量		温度、热量、比热容、热焓
	电量		电流、电压、电场、电荷、电功率、电阻、电感、电容、电磁波
	磁学量		磁通、磁场强度、磁感应强度
	光学量		光度、照度、色度、红外光、紫外光、可见光、光位移
	湿度		湿度、露点、含水量
	放射线		X 射线、α 射线、β 射线、γ 射线
化学量			气体、液体、固体的成分分析、pH 值、浓度
生物量			酶、微生物、免疫抗原、抗体

实际应用中应根据被检测量的检测范围、环境要求等确定传感器结构形式和类型，表 11-80 所示是常用传感器的比较。

表 11-80 常用传感器的比较

类型	示值范围	示值误差	对环境的要求	特点	应用场合
触点	0.2～1 mm	±(1～2) μm	对振动敏感，需密封结构	开关量检测，响应快，结构简单，要输人功率	自动分选,检测和报警
电位器	1～300 mm 滑线 1～100 mm 旋转	直线性±0.1%	对振动敏感，需密封结构	结构简单，操作方便，模拟量检测	直线位移和角位移
应变片	250 μm 以下	直线性±1%	成本低，测量范围大，不受温、湿度的影响	应变检测，动静态检测，电路复杂	力、速度、加速度、应力、小位移
自感互感	±(0.003～0.3) mm	±(0.05～0.5) μm	对环境要求低，抗干扰性强，需密封结构	灵敏度高，使用方便，寿命较长，可给多组信号	一般检测,不适合高频检测
涡流	1.5～2.5 mm	直线性0.3%～1%		非接触，响应快	一般检测
电容	±(0.003～0.3) mm	±(0.05～0.5) μm	易受外界影响，需屏蔽和密封	差动输入，经放大可达高灵敏度，频率特性好	一般检测,介电常数检测
光电	根据应用要求		受外界光干扰，需保护罩	非接触检测，响应快	检测外孔、小孔、复杂形状
压电	0～500 μm	直线性±0.1%		分辨率高,响应快	检测粗糙度、振动情况
霍尔	0～2 mm	直线性±1%	易受外界磁场和温度影响	响应快	检测速度、转速、位移、磁场
气动	±(0.02～0.25) mm	±(0.2～1) μm	本安，对环境要求低	非接触检测，响应较慢，压缩空气要净化	各种形状尺寸检测
核辐射	0.005～300 mm	±(1 μm + $L \times 10^{-2}$)	易受温度影响，需特殊防护	非接触检测	轧制板、带厚度检测，料位检测

续表

类型	示值范围	示值误差	对环境的要求	特点	应用场合
激光	大位移	$\pm 0.1(1\ \mu m + L \times 10^{-6})$	易受温、湿度影响,受气流影响	易数字化,精度高,环境条件要好	精度要求高的场合
光栅	大位移	$\pm 0.21(1\ \mu m + L \times 10^{-5})$	受环境油污、灰尘影响,需防护罩	易数字化,精度较高	大位移、动态检测,数控机床

PLC 的常见输入元器件主要包括各类型检测仪表。表 11 - 81 给出了检测仪表的分类。

表 11 −81 常用检测仪表的分类

类别		名称
机械量检测仪表	按钮	常开按钮 常闭按钮 复合按钮
	开关	万能转换开关 行程开关 接近开关
流体量检测仪表	压力检测仪表	机械式压力检测仪 电气式压力检测仪 智能压力变送器
	流量检测仪表	靶式流量计 电磁流量计 质量流量计 差压变送器
	物位检测仪表	液位检测仪 料位检测仪
	流体量检测开关	压力开关 差压开关 流量开关 液位开关
热力学检测仪表	接触式温度检测仪表	热电阻 热电偶

续表

类别		名称
热力学检测仪表	非接触式温度检测仪表	光学温度计 辐射温度计 光电比色温度计
	温度变送器	金属膨胀温度变送器 热电偶温度变送器 热电阻温度变送器 温差变送器
	温度检测开关	温包式压力开关 电接点双金属温度计 磁电式温度开关
物性数据检测仪表	气体检测仪	磁导式分析仪 热导式分析仪 红外线分析仪 工业色谱分析仪
	其他物性检测仪	超声波黏度计 工业折光仪 水质浊度计 浓度分析仪

11.4.3 PLC 的输出执行装置

PLC 输出执行装置接收 PLC 的输出信号，操纵现场执行装置运行。执行装置是一类用于驱动机械电气设备运转或停止的装置。PLC 的输出信号传送到执行装置，使这些装置根据 PLC 的输出信号动作，实现所需的控制作用。PLC 输出的模拟量信号，用于驱动模拟量执行装置，如经变频器控制电动机的转速，经电气阀门定位器控制气动控制阀等。

PLC 常用输出执行装置见表 11 – 82。

表 11 – 82　常用输出执行装置

名称	简介
电磁阀	电磁阀是用电磁体为动力元件进行两位式控制的电动执行器。它将电磁执行机构与阀体合为一体。按动作方式分为先导式和直动式、分步直动式等。电磁阀可作为直接切断阀，也作为控制系统气路切换阀，用于联锁系统和顺序控制系统等 电磁阀具有体积小、动作可靠、可远程控制，响应速度快、可严密关闭、被控流体无外泄、维护方便、价格较低等特点

续表

名称	简介
接触器	接触器是一种用于远距离频繁接通和分断交直流主电路和大容量控制电路的自动切换电器。主要控制对象是电动机、其他电力负载、电热器、电焊机和电容器组等。它具有操作频率高、使用寿命长、工作可靠、性能稳定、维护方便、低电压释放保护等特点。常用接触器类型有交流接触器和直流接触器
继电器	继电器是根据电气量（电压或电流等）或非电气量（温度、压力、转速、时间等）的变化接通或断开控制电路的自动切换电器。它是当输入量（电、磁、声、光、热）达到一定值时，输出量发生跳跃式变化的一种自动控制器件。具有扩大控制范围、放大、信号综合、自动、遥控、监测等功能
电动执行器	电动执行器是一类以电能作为能源的执行器。按结构可分为电动控制阀、电磁阀、电动调速泵和电动功率调整器及附件等。常见电动执行器有电动调速泵、变频器、伺服电动机、步进电动机、软启动器等
气动执行器	执行机构有不同类型。按所使用能源，执行机构分为气动、电动和液动三类。气动类执行机构具有历史悠久、价格低、结构简单、性能稳定、维护方便和本质安全性等特点，因此，应用最广。电动类执行机构具有可直接连接电动仪表或计算机，不需要电气转换环节的特点，但价格贵、结构复杂，应用时需考虑防爆等问题。液动类执行机构具有推力（或推力矩）大的优点，但装置的体积大，流路复杂

11.5 PLC 的安装与维护

11.5.1 PLC 的安装

1. 安装应遵循的原则

（1）根据制造商产品和有关标准规定的要求安装。

（2）PLC 和其他外设宜安装在靠近检测点、仪表集中和便于维修的位置。

（3）PLC 不应与高压电器、变频器等设备安装在同一机柜内。

（4）PLC 应远离强干扰源，如大功率晶闸管装置、高频焊机等。

（5）PLC 应远离电力动力线，两者距离应大于 200 mm。

（6）应考虑设备的散热，设备周围应留有散热空间和通道。

2. 电缆铺设的要求

（1）电线电缆应按较短途径集中敷设，避开热源、潮湿、工艺介质排放口、振动、静电及电磁场干扰，不应敷设在影响操作、妨碍设备维修的位置，当无法避免时应采取防护措施。

（2）电线电缆不宜平行敷设在高温工艺管道和设备上方，或有腐蚀性液体的工艺管道和设备的下方。

11.5.2 PLC 的维护

1. 维护和保养的主要内容

（1）建立系统的设备档案，包括设备一览表，程序清单和程序说明书，设计图纸和竣工图纸、资料，运行记录和维护记录等。

（2）采用标准记录格式记录系统运行情况和各设备状况，记录故障现象和维护处理情况，并归档。系统运行记录包括运行时间、CPU 和各卡件模块运行状态、电源供电状态和负荷电流、工作环境状态、通信系统状态及检查人员签名等。维护记录包括维护时间、故障现象、当时环境状态、故障分析、处理方法和结果、故障发现人员和处理人员签名等。

（3）系统定期进行维护保养。根据定期保养一览表，对所需的保养设备和线路进行检查和保养，记录有关保养内容，并制订备品备件购置计划。

2. 故障检查　可编程控制器系统的检查可根据图 11-5 所示框图进行分析。

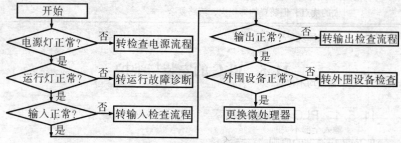

图 11-5　PLC 系统检查框图

CPU 模块的常见故障及其排除方法见表 11-83。输入模块的常见故障及其排除方法见表 11-84。输出模块的常见故障及其排除方法见表 11-85。

表 11 - 83　CPU 模块的常见故障及其排除方法

序号	故障现象	可能原因	排除方法
1	"POWER" LED 灯不亮	熔断器熔断	更换熔断器
		输入接触不良	重接
		输入线断	更换连接
2	熔丝多次熔断	负载短路或过载	更换 CPU 单元
		输入电压设定错	改接正确
		熔丝容量太小	改换大的
3	"RUN" LED 灯不亮	程序中无 END 指令	修改程序
		电源故障	检查电源
		I/O 地址重复	修改口址
		远程 I/O 无电源	接通 I/O 电源
		无终端站	设定终端站
4	运行输出继电器不闭合（"POWER" 亮）	电源故障	查电源
5	特定继电器不动作	I/O 总线异常	查主板
6	特定继电器常动作	I/O 总线异常	查主板
7	若干继电器均不动作	I/O 总线异常	查主板

表 11 - 84　输入模块的常见故障及其排除方法

序号	故障现象	可能原因	排除方法
1	输入均不接通	未加外部输入电源	供电
		外部输入电压低	调整合适
		端子螺钉松动	拧紧
		端子板接触不良	处理后重接
2	输入全部不关断	输入单元电路故障	更换 I/O 板
3	特定继电器不接通	输入器件故障	更换输入器件
		输入配线断	检查输入配线
		输入端子松动	拧紧
		输入端接触不良	处理后重接
		输入接通时间过短	调整有关参数
		输入回路故障	更换单元

序号	故障现象	可能原因	排除方法
4	特定继电器不关断	输入回路故障	更换单元
5	输入全部断开（动作指示灯灭）	输入回路故障	更换单元
6	输入随机性动作	输入信号电压过低	查电源及输入器件
		输入噪声过大	加屏蔽或滤波
		端子螺钉松动	拧紧
		端子连接器接触不良	处理后重接
7	异常动作的继电器都以8个为一组	"COM"螺钉松动	拧紧
		端子板连接器接触不良	处理后重接
		CPU总线故障	更换CPU单元
8	动作正确，指示灯不亮	LED损坏	更换LED

表 11-85 输出模块的常见故障及其排除方法

序号	故障现象	推测原因	处理
1	输出均不能接通	未加负载电源	接通电源
		负载电源坏或过低	调整或修理
		端子接触不良	处理后重接
		熔丝熔断	更换熔丝
		输出回路故障	更换I/O单元
		I/O总线插座脱落	重接
2	输出均不关断	输出回路故障	更换I/O单元
3	特定输出继电器不接通（指示灯灭）	输出接通时间过短	修改程序
		输出回路故障	更换I/O单元
4	特定输出继电器不接通（指示灯亮）	输出继电器损坏	更换继电器
		输出配线断	检查输出配线
		输出端子接触不良	处理后重接
		输出回路故障	更换I/O单元

序号	故障现象	推测原因	处　理
5	特定输出继电器不关断（指示灯灭）	输出继电器损坏	更换继电器
		输出驱动管不良	更换输出管
6	特定输出继电器不关断（指示灯灭）	输出驱动电路故障	更换 I/O 单元
		输出指令中口址重复	修改程序
7	输出随机性动作	PC 供电电源电压过低	调整电源
		接触不良	检查端子接线
		输出噪声过大	加防噪声措施
8	动作异常的继电器都以 8 个为一组	"COM" 螺钉松动	拧紧
		熔丝熔断	更换熔丝
		CPU 总线故障	更换 CPU 单元
		输出端子接触不良	处理后重接
9	动作正确但指示灯灭	LED 损坏	换 LED

第 12 章　现代照明技术

12.1　照明技术的基础知识

12.1.1　光的度量

光的度量主要有两种方法。第一种方法是用辐射度学的物理量来度量光。辐射度学的物理量简称为辐射度量，是纯客观的物理量，不考虑人的视觉效果。第二种方法是用光度学的物理量来度量光。光度学的物理量简称为光度量，是考虑了人的视觉效果的生理物理量。辐射度量与光度量之间有着密切的联系，前者是后者的基础，后者可由前者导出。光的度量详见表 12-1 所示。

表 12-1　光的度量

度量方法		含义
辐射度量	辐射通量	某物体单位时间内发射或接收的辐射能量，或在介质（也可能是真空）中单位时间内传递的辐射能量都称为辐射通量，或称为辐射功率。发射、接收或传递的辐射能量并未指明一定是可见光的能量，实际上可以包括任意波长的电磁辐射的能量。当辐射的能量用焦耳（J）为单位，时间用秒（s）为单位，则辐射通量的单位为瓦特（W）
	辐射出射度	物体表面单位面积发射的辐射通量称为辐射出射度，辐射出射度的单位是 W/m^2
	光谱辐射通量	如果辐射源发出的辐射只含有一种波长成分，这样的辐射称为单色辐射。如果这种辐射是指光辐射，则只含一种波长成分的光辐射就叫单色光。照明用的光源发出的光辐射一般都含有多种波长成分，这种辐射称为复合辐射，又称复合光。复合辐射又有两种形式：一种是只包含有限几种波长的辐射，称为具有线光谱成分的复合辐射；另一种是包含无限多种波长的辐射，是具有连续光谱的复合辐射

度量 方法		含义
辐 射 度 量	辐射通 量的光 谱分布	光谱辐射通量实际上可看作是波长的函数，因此它随波长而变化的规律可以用曲线来表示，并称之为辐射通量的光谱分布，又常称为光谱能量分布或光谱功率分布
光 度 量	光谱光 效率	辐射度量是纯客观的物理量，未涉及人的视觉效果。事实证明，在同样的环境条件下（指环境的明亮或昏暗状况），人们对辐射通量相同但波长不同的光，视觉效果是很不相同的。为了描述人们对不同波长的光具有不同的视觉效果，引入了光谱光效率的概念。光谱光效率是波长的函数，其最大值为 1，发生在人们具有最大视觉效果的波长处，偏离该波长时，光谱光效率将小于 1
	光通量	光通量的实质是用眼睛来衡量光的辐射通量。显然，光通量和辐射通量所描述的是同一个物理概念，只是辐射通量是从纯物理的角度来度量光，而光通量是通过人的眼睛来描述光
	光谱光 效能	单位辐射通量的可见光具有的光通量定义为光谱光效能。因为光的波长不同，单位辐射通量的光具有的光通量值也不同，因此光谱光效能是波长的函数。波长不同时，光谱光效能值也不同，且在某一波长存在最大值。在明视觉条件下，波长为 555 nm 时，光谱光效能最大，称为最大光谱光效能，记作 K_m。国际光度学和辐射度学咨询委员会规定 $K_m = 683$ lm/W
	发光 强度	发光强度是光源在指定方向上单位立体角内发出的光通量，或称之为光通量的立体角密度。发光强度可简称为光强，单位是坎德拉（cd）
	照度	光通量和光强主要用来表征光源或发光体发射光的强弱，而照度是用来表征被照面上接收光的强弱。照度的国际单位制单位为勒克斯（lx）。当 1 m^2 被照面上均匀地接收到 1 lm 光通量时，该被照面的照度值为 1 lx
	出射度	出射度是表征发光面光辐射强弱的物理量，即单位面积上发出的光强
	亮度	亮度是表征发光面发光强弱的物理量。亮度的国际单位制单位是 cd/m

12.1.2　视觉功效

　　人们完成视觉工作的功效称为视觉功效，它包含两方面的内容，即视觉功效潜力和视觉功效状态。前者是人们完成某项视觉工作的能力，主要取决于视觉的生理特性和物理特性；后者是人们完成某项视觉工作的状态，它可能会涉及社会学和心理学等学科。

实践表明，视觉功效可以由可见度、视功效特性和视觉满意度三方面表征。详见表 12 – 2。

表 12 – 2　视觉功效的表征

视觉功效	含　义
可见度	可见度又称为能见度，或简称为视度。目标物的实际亮度对比 C 与其临界亮度对比 C_P 之比即为该目标物的可见度，记作 V。即 $V = C/C_P$。当目标物的视角和背景亮度一定时，该目标物的临界亮度对比是确定的，因此目标物的实际亮度对比越大，则可见度就越大。反之，目标物的实际亮度对比越小则可见度就越小。当实际亮度对比等于临界亮度对比时，可见度刚好等于 1，即达到临界可见条件；当实际亮度对比小于临界亮度对比时，可见度刚小于 1，则目标物不可见
视功效特性	视角、背景亮度（照度）和临界亮度对比的关系称为视功效，它们之间的关系可以用视功效特性表示，这是制定照度标准的主要依据。视功效特性由实验求得。我国成年人的视功效特性见表 12 – 3
视觉满意度	视觉满意度属于心理度量范畴，在相同的照明条件下，不同的人有着不同的满意度。即使是在满意度的最佳点，仍然还会有人希望在增加照度，而有人希望降低照度，大量的实验表明，如果室内照度达到略低于最佳点（约 2 000 lx），一般就不会使人感到不满意

表 12 – 3　我国成年人的视功效特性

$L(\mathrm{cd/cm^2})$ C_P $E(\mathrm{lx})$ $D(')$	0.26	1	2.6	10	26	100	261	392	653	1045	2610	5220	10440
	1	3.8	10	38	100	383	1 000	1 500	2 500	4 000	10 000	20 000	40 000
1			0.700	0.370	0.250	0.170	0.132	0.120	0.115	0.110	0.104	0.100	0.098
2		0.470	0.270	0.170	0.130	0.094	0.080	0.075	0.070	0.066	0.063	0.060	
4	0.390	0.195	0.130	0.084	0.056	0.053	0.048	0.046	0.045	0.045	0.044		
8	0.220	0.115	0.077	0.051	0.043	0.037	0.035	0.034	0.034	0.033			
10	0.160	0.086	0.060	0.043	0.036	0.031	0.030	0.029	0.028				
12	0.120	0.066	0.047	0.035	0.031	0.028	0.027	0.026					

注：L—光亮；E—光照度；C_P—光临界高度对比；D—视环。

12.1.3　照度标准

不同的工作条件下对照度有着不同的要求，表 12－4～表 12－6 分别为不同条件的照度标准。

表 12－4　生产车间工作面上的照度标准

视觉作业特性	识别对象的最小尺寸 d/mm	视觉作业分类等级	亮度对比	照度范围/lx					
				混合照明			一般照明		
特别精细作业	$d \leqslant 0.15$	I	甲　小	1 500	2 000	3 000	—	—	—
			乙　大	1 000	1 500	2 000	—	—	—
很精细作业	$0.15 < d \leqslant 0.3$	II	甲　小	750	1 000	1 500	200	300	500
			乙　大	500	750	1 000	150	200	300
精细作业	$0.3 < d \leqslant 0.6$	III	甲　小	500	750	1 000	150	200	300
			乙　大	300	500	750	100	150	200
一般精细作业	$0.6 < d \leqslant 1.0$	IV	甲　小	300	500	750	100	150	200
			乙　大	200	300	500	75	100	150
一般作业	$1.0 < d \leqslant 2.0$	V	—	150	200	300	50	75	100
较粗糙作业	$2.0 < d \leqslant 5$	VI	—	—	—	—	30	50	75
粗糙作业	$5 < d$	VII	—	—	—	—	20	30	50
一般观察生产过程	—	VIII	—	—	—	—	10	15	20
大件储存	—	IX	—	—	—	—	5	10	15
有自行发光材料的车间	—	X	—	—	—	—	30	50	75

表 12－5　工业、企业辅助建筑的照度标准

类别	规定照度的作业面	照度范围/lx					
		混合照明			一般照明		
办公室、资料室、会议室等	距地 0.75 m	—	—	—	75	100	150
工艺室、设计室、绘画室	距地 0.75 m	300	500	750	100	150	200
打字室	距地 0.75 m	500	750	1 000	150	200	300
阅览室、陈列室	距地 0.75 m	—	—	—	100	150	200

类别		规定照度的作业面	照度范围/lx					
			混合照明			一般照明		
医务室		距地 0.75 m	—	—	—	75	100	150
食堂、车间休息室、单身宿舍		距地 0.75 m	—	—	—	50	75	100
浴室、更衣室、厕所、楼梯间		地面	—	—	—	10	15	20
托儿所、幼儿园	卧室	距地 0.4 ~ 0.5 m	—	—	—	20	30	50
	活动室	距地 0.4 ~ 0.5 m	—	—	—	75	100	150

表 12 - 6 视觉作业分类、对应的照度分级及照明方式

视觉作业分类	照度分级/lx	照明方式
特殊视觉作业的照明	2 000, 1 500, 1 000, 750, 500	优先采用一般照明与局部照明共用的混合照明，也可以采用一般照明
一般视觉作业的照明	300, 200, 150, 100, 75, 50	优先采用一般照明，然后考虑采用一般照明与局部照明共用的混合照明
简单视觉作业的照明	30, 20, 15, 10, 5, 3, 2, 1, 0.5	推荐采用一般照明

12.1.4 部分材料的反射比与吸收比

在相同的照度条件下，物体的反射比与吸收比对视觉满意度有着很大的影响，部分常用材料的反射比与吸收比见表 12 - 7。

表 12 - 7 部分常用材料的反射比与吸收比

	材料名称	颜色	厚度/mm	反射比	吸收比
透光材料	普通玻璃	无	3	0.08	0.82
	普通玻璃	无	5 ~ 6	0.08	0.78
	磨砂玻璃	无	3 ~ 6	0.28 ~ 0.33	0.55 ~ 0.60
	乳白玻璃	白	1		0.60
	压花玻璃	无	3	—	0.57 ~ 0.71

续表

	材料名称	颜色	厚度/mm	反射比	吸收比
透光材料	玻璃钢采光罩	本色	3~4 层布	—	0.72~0.74
	聚苯乙烯板	无	3	—	0.78
	聚氯乙烯板	本色	2	—	0.60
	聚碳酸酯板	无	3	—	0.74
	有机玻璃	无	2~6	—	0.85
建筑饰料	石膏	白	—	0.90~0.92	—
	乳胶漆	白	—	0.84	—
	调和漆	白、米黄	—	0.7	—
	调和漆	中黄	—	0.57	—
	混凝土地面	深灰	—	0.2	—
	水磨石	白	—	0.7	—
	水磨石	白间绿	—	0.66	—
	水磨石	白间黑灰	—	0.52	—
	水磨石	黑灰	—	0.1	—
	塑料贴面板	浅黄木纹	—	0.36	—
	塑料墙纸	黄白	—	0.72	—
	塑料墙纸	浅粉色	—	0.65	—
	胶合板	木色	—	0.53	—
金属材料及饰面	光学镀膜的镜面玻璃	—	—	—	0.88~0.99
	阳极氧化光学镀膜的铝	—	—	—	0.75~0.97
	普通铝板抛光	—	—	—	0.60~0.65
	不锈钢	—	—	—	0.70~0.85
	酸洗或加工成毛面的铝	—	—	—	0.60~0.65
	铬	—	—	—	0.55~0.65
	搪瓷	白	—	—	0.65~0.80

12.2 电光源

12.2.1 电光源的分类及技术指标

1. 电光源的分类 根据光的产生原理，电光源主要分为两大类：一类是以热辐射作为光辐射原理的电光源，包括白炽灯和卤钨灯，它们都是以钨丝为辐射体，通电后使之达到白炽温度。产生热辐射。这种光源统称为热辐射光源，目前，绝大多数室内照明光源都采用这种类型。另一类是各种气体放电光源，它们主要以原子辐射形式产生光辐射。根据这些光源中气体的压力，又可分为低压气体放电光源和高压气体放电光源。

低压气体放电光源包括荧光灯和低压钠灯。因为这类灯中气体压力低，组成气体（主要是汞蒸气和钠蒸气）的原子距离比较大，互相影响较小，因此它们的光辐射可以看作是孤立的原子产生的原子辐射，这种原子辐射产生的光辐射是以线光谱形式出现的。例如荧光灯，由原子辐射主要产生的是紫外辐射（线光谱），但因荧光灯管壁上涂有荧光粉，在紫外辐射作用下，形成光致发光。形成了连续光谱和线光谱并存的复合光，且主要是可见光。

高压气体放电光源的特点是灯中气压高，原子之间的距离近，相互影响大，电子在轰击原子时不能直接与一个原子作用，从而影响了原子的辐射。即使在轰击原子时产生了光辐射，又有可能被其他原子吸收，形成另外的光辐射。因此这类辐射与低压气体放电光源有较大的区别。但高压气体放电光源的辐射原理仍是气体中原子辐射产生光辐射。但产生的辐射将包括强的线光谱成分和弱的连续光谱成分。高压气体放电光源管壁的负荷一般比较大，也就是灯的表面积不大，但灯的功率较大，一般都超过 3 W/cm^2，因此又称为高强度气体放电灯，简称 HID 灯。

2. 电光源的性能指标 电光源的性能指标详见表 12 - 8。

表 12 - 8 电光源的性能指标

性能指标	含义
光通量	光通量表征着光源发光能力，是光源的重要性能指标。光源的额定光通量是指光源在额定电压、额定功率的条件下工作，并能无约束地发出光的工作环境下的光通量输出。光源的光通量随光源点燃时间会发生变化，点燃时间愈长，光通量因衰减而变得愈小。大部分光源在燃点初期光通量衰减较多，随着燃点时间的增长，衰减也逐渐减小，因此光源的额定光通量有两种情况：一种是指电光源的初始光通量，即新光源刚开始点燃时光通量的输出。它一般用于在整个使用过程中光通量衰减不大的光源，如卤光灯。另一种情况是指光源使用了 100 h 后光通量的输出，它一般用于光通量衰减较大的光源，如荧光灯

续表

性能指标	含义
发光效率	光源的光通量输出与它取用的电功率之比称为光源的发光效率，简称光效，单位是 lm/W；在照明设计中应优先使用光效高的光源
显色性	显色性是光源的一个重要性能指标。通常情况下光源用一般显色指数衡量其显色性，在对某些颜色有特殊要求时则应采用特殊显色指数
色表	光源的色表是指其表观颜色，它和光源的显色性是两个不同的概念。例如荧光高压汞灯的灯光从远处看又白又亮，色表较好，但该灯光下人的脸部呈现青色，说明它的显色性并不很好。色表同样是电光源的重要性能指标。光源的色表虽然可以用红、橙、黄、绿、青、蓝、紫等形容词来表示，但为了定量表示，常用相关色温来度量。光源的色表可以根据它们的相关色温分成 3 组，见表 12 −9。一般来说，第 2 组色表光源在工作房间应用最普遍，第 1 组适用于居住场所，第 3 组仅用于高照度水平、特殊作业和温暖气候
寿命	电光源的寿命是电光源的重要性能指标，用燃点小时数表示。 1）平均寿命：光源从第一次点燃起，一直到损坏熄灭为止，累计燃点小时数称为光源的全寿命。电光源的全寿命有相当大的离散性，即同一批电光源虽然同时点燃，却不会同时损坏，且可能有较大的差别，因此常用平均寿命的概念来定义电光源的寿命。取一组电光源作试样。从一同点燃起计时，到 50% 的电光源试样损坏为止，所经过的小时数就是该组电光源的平均寿命 2）有效寿命：电光源从点燃起一直到光通量衰减到某个百分比所经过的燃点时数就称为光源的有效寿命。一般取 70% ~80% 额定光通量作为更换光源的依据。日光灯一般用有效寿命作为其寿命指标
启燃与再启燃时间	电光源启燃时间是指光源接通电源到光源达到额定光通量输出所需的时间。热辐射光源的启燃时间一般不足 1 s，可认为是瞬时启燃的；气体放电光源的启燃时间从几秒钟到几分钟不等，取决于光源的种类 电光源的再启燃时间是指正常工作着的光源熄灭后再将其点燃所需要的时间。大部分高压气体放电光源的再启燃时间比启燃时间更长，这是因为再启燃时要求这种光源冷却到一定的温度后才能正常启燃，即增加了冷却所需要的时间

表 12 −9　光源的色表分组

色表组别	色表	相关色温/K
1	暖	<3 300
2	中间	3 300 ~5 300
3	冷	>5 300

12.2.2 常用电光源的技术数据

常用电光源的技术数据见表 12 – 10 ~ 表 12 – 15。

表 12 – 10 白炽灯的技术数据

	灯泡型号	额定功率/W	额定电压/V	额定光通量/lx
普通白炽灯的主要技术数据（平均使用寿命均为 1 000 h)	PZ220 – 10	10	220	65
	PZ220 – 15	15	220	110
	PZ220 – 25	25	220	220
	PZ220 – 40	40	220	350
	PZ220 – 60	60	220	635
	PZ220 – 100	100	220	1 250
	PZ220 – 125	125	220	2 090
	PZ220 – 200	200	220	2 920
	PZ220 – 300	300	220	4 610
	PZ220 – 500	500	220	8 300
	PZ220 – 1 000	1 000	220	18 600
	PZS110 – 36	36	110	350
	PZS110 – 40	40	110	415
	PZS110 – 55	55	110	630
	PZS110 – 60	60	110	715
	PZS110 – 94	94	110	1 250
	PZS110 – 100	100	110	1 350
	PZS220 – 36	36	220	350
	PZS220 – 40	40	220	415
	PZS220 – 55	55	220	630
	PZS220 – 60	60	220	715
	PZS220 – 94	94	220	1 250
	PZS220 – 100	100	220	1 350

表 12 – 11 卤钨灯的技术数据

	灯管型号	额定功率/W	额定电压/V	额定光通量/lx	平均使用寿命/h
管型卤钨灯的技术数据	LZG220 – 500A LZG220 – 500B	500	220	8 500	1 000
	LZG220 – 1000A LZG220 – 1000B	1 000		19 000	1 500
	LZG220 – 2000	2 000		40 000	1 000
	LZG36 – 300	300	36	6 000	600

表 12 – 12　荧光灯的技术数据

	型号	额定电压/V	额定功率/W	灯管工作电压/V	灯管工作电流/A	额定光通量/lx	使用寿命/h
直管型和环形荧光灯的技术数据	YZ6	220	6	50	0.14	160 ~ 180	1 500
	YZ8	220	8	60	0.15	250 ~ 285	1 500
	YZ15	220	15	51	0.33	450 ~ 510	300
	YZ20	220	20	57	0.37	775 ~ 880	3 000
	YZ30	220	30	81	0.41	1 295 ~ 1 465	5 000
	YZ40	220	40	103	0.43	2 000 ~ 2 285	5 000
	YH20RR	220	20	57	0.37	800	2 000
	YH30RR	220	30	81	0.41	1 400	
	YH40RR	220	40	103	0.43	2 300	

表 12 – 13　高压汞灯的技术数据

	型号	额定电压/V	额定功率/W	额定光通量/lx	启动稳定时间/min	再启动稳定时间/min	平均使用寿命/h
高压汞灯的主要技术数据	GGY – 50	220	50	1 500	4 ~ 8	5 ~ 10	2 500
	GGY – 80		80	2 800			2 500
	GGY – 125		125	4 750			2 500
	GGY – 175		175	7 000			2 500
	GGY – 250		250	10 500			5 000
	GGY – 400		400	20 000			5 000
	GGY – 700		700	35 000			5 000
	GGY – 1000		1 000	50 000			5 000
	GYZ – 160	220	160	2 560	4 ~ 8	10	2 500
	GYZ – 250		250	4 900			3 000
	GYZ – 450		450	11 000			3 000
	GYZ – 750		750	22 500			3 000
	GYF – 50	220	50	1 250	4 ~ 8	5 ~ 10	3 000
	GYF – 80		80	2 300			3 000
	GYF – 125		125	3 900			3 000
	GYF – 400		400	16 500			6 000

表 12 – 14 高压钠灯的技术数据

	型号	额定电压/V	额定功率/W	额定光通量/lx	启动稳定时间/min	再启动稳定时间/min	平均使用寿命/h
高压钠灯的主要技术数据	NG – 35		35	2 250			16 000
	NG – 35/M		35	2 150			
	NG – 50		50	4 000			
	NG – 50/M		50	3 500			
	NG – 70		70	6 000			18 000
	NG – 70/M		70	5 600			
	NG – 100		100	9 000			
	NG – 100/M		100	8 500			
	NG – 150		150	16 000			
	NG – 150/M	220	150	14 500	5 ~ 6	>1	
	NG – 250		250	28 000			
	NG – 250/M		250	25 000			
	NG – 400		400	48 000			24 000
	NG – 400/M		400	46 000			
	NG – 1000		1 000	130 000			
	NG – 1000/M		1 000	120 000			
	NGX – 150		150	13 000			
	NGX – 150/M		150	12 000			
	NGX – 250		250	22 500			12 000
	NGX – 250/M		250	21 500			
	NGX – 400		400	38 000			
	NGX – 400/M		400	36 000			

表 12 –15　金属卤化物灯的技术数据

型号	额定电压/V	额定功率/W	额定光通量/lx	启动稳定时间/min	再启动稳定时间/min	平均使用寿命/h
NTI – 400	220	400	24 000	10	8 ~ 10	1 000
NTI – 1000	220	1 000	75 000	10	8 ~ 10	1 000
NTI – 2000	380	2 000	140 000	10	8 ~ 10	1 000
NTI – 3500	380	3 500	240 000	10	8 ~ 10	1 000
DDG – 125	220	125	6 500	5 ~ 10	10 ~ 15	1 500
DDG – 250	220	250	18 000	5 ~ 10	10 ~ 15	1 500
DDG – 400	220	400	35 000	5 ~ 10	10 ~ 15	2 000
DDG – 1000	220	1 000	70 000	5 ~ 10	10 ~ 15	500
DDG – 2000	380	2 000	150 000	5 ~ 10	10 ~ 15	500
DDG – 3500	380	3 500	280 000	5 ~ 10	10 ~ 15	500
KNG – 250	220	250	15 000		—	1 500
KNG – 400	220	400	28 000		—	1 500
KNG – 1000	220	1 000	70 000		—	1 000
KNG – 2000	380	2 000	150 000		—	800
ZJD – 100	220	100	7 800		—	10 000
ZJD – 150	220	150	11 500		—	10 000
ZJD – 175	220	175	14 000		—	10 000
ZJD – 250	220	250	20 500		—	10 000
ZJD – 400	220	400	36 000		—	10 000
ZJD – 1000	380	1 000	110 000		—	3 000
ZJD – 1500	380	1 500	155 000		—	3 000

（金属卤化物灯的主要技术数据）

12.2.3　电光源的选用

电光源最主要的性能指标是发光效率、寿命、光色（通常包括显色性）。表 12 –16 列出了常用照明电光源的主要性能比较，从表中可看出，高压钠灯、金属卤化物灯和荧光灯的光效较高，白炽灯、卤钨灯、荧光灯和金属卤化物灯的显色性较好，高压钠灯和荧光高压汞灯的寿命较长。

表 12－16　常用照明电光源的性能比较

	白炽灯		荧光灯	荧光高压汞灯	
	普通白炽灯	卤钨灯		普通型	自镇流型
额定功率范围/W	15 ~ 1 000	500 ~ 2 000	6 ~ 125	50 ~ 1 000	50 ~ 1 000
发光效率/（lm/W）	7.4 ~ 19	18 ~ 21	27 ~ 82	25 ~ 53	16 ~ 29
寿命/h	1 000	1 500	1 500 ~ 5 000	3 500 ~ 6 000	3 000
一般显色指数	99 ~ 100	99 ~ 100	60 ~ 80	30 ~ 40	30 ~ 40
色温/K	2 400 ~ 2 900	2 400 ~ 2 900	2 400 ~ 2 900	5 500	4 400
启燃时间	瞬时	瞬时	1 ~ 3 s	4 ~ 8 min	4 ~ 8 min
再启燃时间	瞬时	瞬时	瞬时	5 ~ 10 min	3 ~ 6 min
功率因数	1	1	0.33 ~ 0.53	0.44 ~ 0.67	0.9
频闪现象	不明显	不明显	明显	明显	明显
表面亮度	大	大	小	较大	较大
电压影响	大	大	较大	较大	较大
温度影响	小	小	大	较小	较小
耐振性	较差	差	较好	好	较好

	高压钠灯		金属卤化物灯
	普通型	高显色型	
额定功率范围/W	35 ~ 1 000	35 ~ 1 000	125 ~ 3 500
发光效率/（lm/W）	70 ~ 130	50 ~ 100	60 ~ 90
寿命/h	6 000 ~ 12 000	3 000 ~ 12 000	500 ~ 2 000
一般显色指数	20 ~ 25	>70	65 ~ 85
色温/K	2 000 ~ 2 400	2 300 ~ 3 300	4 500 ~ 7 500
启燃时间	4 ~ 8 min	4 ~ 8 min	4 ~ 10 min
再启燃时间	10 ~ 20 min	10 ~ 20 min	10 ~ 15 min
功率因数	0.44	0.44	0.40 ~ 0.61

续表

	高压钠灯		金属卤化物灯
	普通型	高显色型	
频闪现象	明显	明显	明显
表面亮度	较大	较大	大
电压影响	大	大	较大
温度影响	较小	较小	较小
耐振性	较好	较好	好

电压变化对电光源光通量输出影响最大的是高压钠灯，其次是白炽灯和卤钨灯，影响最小的是荧光灯。维持气体放电灯正常工作不至于自熄的供电电压波动最低允许值，由实验得知荧光灯为 160 V，其他高压气体放电光源为 190 V。气体放电灯线路中接入电感型镇流器时功率因数普遍较低，且镇流器将消耗功率。

选用电光源时应首先满足照明要求（如对照度、显色性、色温飞启燃与再启燃时间等的要求），再考虑电光源是否能适应使用环境，最后还应综合考虑初投资和运行费用的经济合理性。

1. 按照明要求选择光源 不同场所对照明要求也不同。例如化学分析实验室、医院临床诊断、美术馆、商店、餐厅、印染车间及宾馆等场所要求有较高的显色性能，应选用一般显色指数不低于 80 的光源。对光环境舒适程度要求高的场所。当照度较低（小于 100 lx）时，最好采用暖色光源；照度较高（200 lx 以上）时，最好采用中间色，甚至冷色光源。需要电视转播的场所应满足电视转播照明的要求。频繁开关光源的场所宜采用白炽灯。需要调光的场所宜采用白炽灯和卤钨灯。各种场所中的应急照明和不能中断照明的重要场所（如宴会厅）不能采用启燃与再启燃时间长的高压气体放电光源。美术馆等的展品照明不宜采用紫外辐射量较多的光源。要求防射频干扰的场所应慎用气体放电光源，一般不宜采用具有电子镇流器的气体放电灯。

2. 按环境条件选择光源 环境条件常常限制一些光源的使用，必须考虑环境许可的条件选用光源，例如预热式荧光灯在低温时启燃困难，在环境温度过低或过高时荧光灯的光通量下降较多。在有空调的房间，不宜选用发热量大的白炽灯、卤钨灯等，以减少空调用电量。电源电压波动急剧的场所不宜选用容易自熄的高压气体放电灯。机床设备旁的局部照明灯不宜选用频闪现象明显的气体放电灯。有振动的场所和紧靠易燃物品的场所不宜选用卤钨灯。

3. 按经济合理性选择光源 光源的光效对照明方案的灯数、电气设备费用、材料费用及安装费用等都有直接影响，影响到初投资的大小。而运行费用则包括电费、灯泡消耗费、照明装置维护费（如清扫和换灯泡费用）以及折旧费。其中电费和维护费占较大比重，通常照明装置的运行费用超过初投资。选用高光效光源以节约电费，减少灯数，降低维护费。选用寿命长的光源则可减少维护工作，降低运行费用，尤其对高大厂房、有复杂生产设备的厂房及照明维护工作较困难的场所更加重要。

12.3　照明线路计算

12.3.1　照明负荷计算

照明负荷一般按需要系数进行计算。在选择导线截面及各种开关元件时，都是以照明设备的计算负荷(P_c)为依据的，计算负荷是照明设备的安装容量P_c乘以需要系数K_n，其公式为

$$P_c = K_n \times P_o$$

式中，P_c为计算负荷(W)；P_o为照明设备的安装容量，包括光源和镇流器所消耗的功率(W)；K_n为需要系数，它表示不同性质的建筑对照明负荷需要的程度（主要反映各照明设备同时点燃的情况），见表 12 – 17。

表 12 –17　各种建筑的照明负荷的需要系数

建筑类别	K_n	建筑类别	K_n
生产厂房（有天然采光）	0.8 ~ 0.9	宿舍区	0.6 ~ 0.8
生产厂房（无天然采光）	0.9 ~ 1	医院	0.5
办公楼	0.7 ~ 0.8	食堂	0.9 ~ 0.95
设计室	0.9 ~ 0.95	商店	0.9
科研楼	0.8 ~ 0.9	学校	0.6 ~ 0.7
仓库	0.5 ~ 0.7	展览室	0.7 ~ 0.8

12.3.2　线路电流计算

$$I_{c1} = \frac{P_c}{\sqrt{3}U_1\cos\varphi}$$

$$I_{c2} = \frac{P'_c}{U_p \cos\varphi}$$

式中，I_{c1} 为 三相线路计算电流（A）；I_{c2} 为单相线路计算电流（A）；U_1 为额定线电压（kV）；U_p 为 额定相电压（kV）；$\cos\varphi$ 为功率因数；P_c、P_c' 分别为三相、单相计算负荷（kW）。

12.3.3　照明线路电压损失计算

电源（如变压器）和线路上一般存在阻抗，线路末端（负荷端上）的电压偏移是由于负荷电流在电源内部和线路上所产生的电压损失引起的，即电压损失包括变压器内部电压损失和线路电压损失。

为了补偿电源和线路上的电压损失，电源一般具有比负荷额定电压（如白炽灯额定电压为 220 V）高的空载电压（如 $U_0 = 231$ V）。

所谓线路电压损失，是指线路始端电压与末端电压的代数差。控制电压损失（或线路电压损失计算的目的）是为了使线路末端照明器的电压偏移符合要求，并使导线得到合理使用。

1. 三相平衡的照明线路　对三相负荷平衡的三相四线制照明线路，中性线没有电流流过，所以其电压损失计算与无中性线的三相线路相同，当各相导线截面相同时，只计算一相的电压损失即可。

设负荷集中在线路末端，见图 12 - 1a，负荷的功率因数为 $\cos\varphi_2$（设为感性负荷，电光源多为感性负荷）。设线路总电抗为 x，总电阻为 R。负荷电流 I 流过线路将产生电压降，使线路末端的电压对始端产生了电压偏移和相位偏移。图 12 - 1b 所示为一相的电压矢量图。IR 和 IX 为线路的有功和无功电压降，线路电压降为两者的矢量和：$\Delta U' = IR + jIX$，也是线路始端电压与末端电压的矢量差：$\Delta U' = U_1 - U_2$，电压降的产生使线路末端的电压小于始端电压，而且相位偏移了 θ 角。

对照明负荷主要是保证其电压值，对相位没有要求，所以只需计算线路的电压偏移，即线路始端电压 U_1 与末端电压 U_2 的代数差 $\Delta U' = U_1 - U_2$。这个电压偏移也叫做电压损失。为简化计算，一般均用电压降矢量在电压矢量上的投影来代替电压损失。根据这一简化，从图 12 - 1b 可见，电压损失 $\Delta U'$ 为

$$\Delta U' = I(R\cos\varphi_2 + x\sin\varphi_2) = IL(R_0\cos\varphi_2 + X_0\sin\varphi_2)$$

式中，$\Delta U'$ 为线路电压损失（V）；I 为 负荷电流（A）；L 为 线路长度（km）；R_0、X_0 为 三相线路单位长度的电阻和电抗（Ω/km）；$\cos\varphi_2$ 为线路功率因数。

2. 单相负荷线路　在单相线路中，负荷电流流过相线和中性线，中性线的电抗和电阻也引起电压损失，线路的电压损失等于相线的电压损失和中性

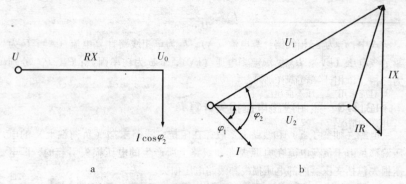

图 12 - 1　单相负荷的电压矢量计算

线的电压损失之和。在单相线路中，中性线的材料和截面与相线的基本相同，其计算公式为

$$\Delta u = 2\sqrt{3}IL(R_0\cos\varphi + X_0\sin\varphi)$$

式中，Δu 为线路电压损失百分数；I 为负荷电流(A)；L 为线路长度(km)；R_0、X_0 分别为三相线路单位长度的电阻和电抗(Ω/km)；$\cos\varphi$ 为线路功率因数。

12.4　照明供配电

12.4.1　照明配电的一般要求

按 GB 50034—2004《建筑照明设计标准》的规定，照明配电的一般要求见表 12 - 18。

表 12 - 18　照明配电的一般要求

照明配电的一般要求	
灯的端电压偏差的要求	灯的端电压一般不宜高于其额定电压的 105%，也不宜低于其额定电压的下列数值： 1）一般工作场所为额定值的 95% 2）露天工作场所、远离变电所的小面积工作场所的照明难于满足 95% 时，可降到 90% 3）应急照明、道路照明、警卫照明及电压为 12 ~ 42 V 的照明为额定值的 90%

照明配电的一般要求	
灯具应采用不超过 24 V 电源的情况	容易触及的而又无防止触电措施的固定式或移动式灯具，若其安装高度距地面为 2.2 m 及以下，且具有下列条件之一时，其使用电压不应超过 24 V。 1）特别潮湿的场所 2）高温场所 3）具有导电灰尘的场所 4）具有导电地面的场所
手提行灯电压不应超过 12 V 的情况	在工作场所狭窄的地点，且作业者接触大块金属面，如在锅炉、金属容器内等，使用的手提行灯电压不应超过 12 V
安全电压电源的电路、隔离要求	在 42 V 及以下安全电压的局部照明的电源和手提灯的电源，其输入电路与输出电路必须实行电路上的隔离
减小冲击负荷对照明影响的措施	为减小冲击电压波动和闪变对照明的影响，宜采取下列措施： 1）较大功率的冲击性负荷或冲击性负荷群与照明负荷，分别由不同的配电变压器或照明专用变压器供电 2）当冲击性负荷和照明负荷共用变压器供电时，照明负荷宜用专线供电
对照明线路装设和容量的要求	1）建筑物照明电源线路的进户处，应装设带有保护作用的总开关 2）由公共低压电网供电的照明负荷，线路电流不超过 30 A 时，可用 220 V 单相供电；否则，应该以 220/380 V 三相四线供电 3）室内照明线路，每一单相回路的电源，一般情况下不宜超过 15 A，所接灯头数不宜超过 25 个，但花灯、彩灯、多管荧光灯除外。插座宜单独设置分支回路 4）对高强气体放电灯的照明，每一单相分支回路的电流不宜超过 30 A，并应按启动及再启动特性，选择保护电器和验算线路的电压损失值 5）对气体放电灯供电的三相四线照明线路，其中性线截面应按最大一相电流选择

照明配电的一般要求	
应急照明供电方式的选择要求	应急照明的电源应区别于正常照明的电源。不同用途的应急照明电源，应采用不同的切换时间和连续供电时间。应急照明的供电方式，宜按下列之一选用： 1）独立于正常电源的发电机组 2）蓄电池 3）供电网络中有效地独立于正常电源的馈电线路 4）应急照明灯自带直流逆变器 5）当装有两台及以上变压器时，应与正常照明的供电干线分别接自不同的变压器 6）仅装有一台变压器时，应与正常照明的供电干线自变电所的低压屏上开分，当建筑物内未设变压器时，则在建筑物电源进户处与正常照明线路分开，并不得与正常照明线路共用一个总开关
应急照明的控制要求	1）应急照明作为正常照明的一部分同时使用时，应有单独的控制开关 2）应急照明不作为正常照明的一部分同时使用时，当正常照明因故停电时，应急照明电源宜自动投入

12.4.2　照明供配电系统的组成与接线

1. 照明供配电系统的组成　照明供配电系统的组成见图 12 - 2。

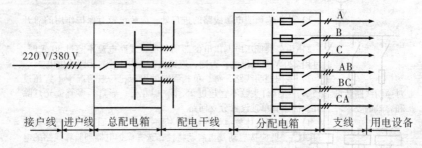

220 V/380 V

A
B
C
AB
BC
CA

接户线｜进户线｜总配电箱｜配电干线｜分配电箱｜支线｜用电设备

图 12 - 2　照明供配电系统的组成

2. 照明供配电系统的接线方式

（1）**放射式接线**：总配电箱至各分配电箱各用一条干线直接相连。

（2）**树干式接线**：总配电箱至各分配电箱用同一条干线连接。

（3）**混合式接线**：总配电箱至各分配电箱既有放射式的接线，也有树干式的接线，见图12-3。

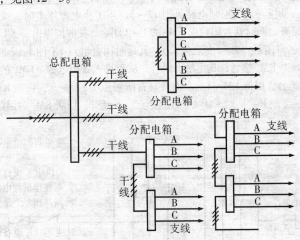

图12-3　混合式照明配电系统

3. 带有应急照明的照明系统　带有应急照明的照明系统见图12-4。

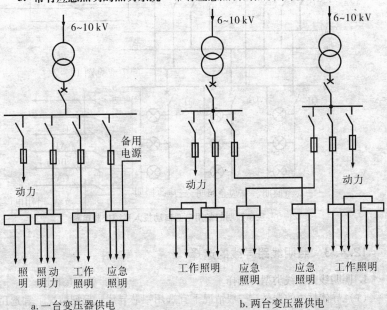

a. 一台变压器供电　　　　　　　　b. 两台变压器供电

图12-4　带有应急照明的照明系统

4. 应急照明的备用电源自动投入（APD）控制电路（示例） 应急照明的
备用电源自动投入系统控制电路见图 12-5，当工作电源停电时，接触器 KM$_1$
因失电而跳开，同时其常闭触点 KM$_1$ 的 1-2 闭合，使时间继电器 KT 动作（接
触器 KM$_2$ 的常闭触点 1-2 原已闭合），其延时闭合触点 KT 的 1-2 经 0.5 s 闭
合。使接触器 KM$_2$ 接通，其主触点闭合，从而投入备用电源。KM$_2$ 的常开触点
3-4 同时闭合，保持 KM$_2$ 接通，而且其常闭触点 1-2 断开，切断 KT 的回路，
KT 触点 1-2 断开。同时 KM$_2$ 的常闭触点 5-6 断开，切断 KM$_1$ 的回路。

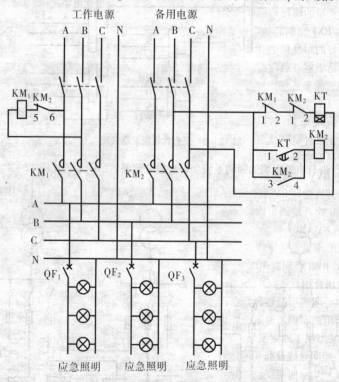

图 12-5　应急照明的备用电源自动投入系统控制电路

12.4.3　照明线路导线的选择

1. 照明线路导线类型的选择

（1）导体材质的选择：一般情况下宜选用铝芯导线，下列情况下宜选用
铜芯导线：

1）移动灯具的配电线路及连接灯头的软线。

2）爆炸、危险场所的照明线路。

3）剧烈振动场所的照明线路。

4）重要场所、居住建筑的照明线路。

（2）橡皮绝缘导线的选择：

1）BX 型铜芯橡皮绝缘线和 BLX 型铝芯橡皮绝缘线：由于其耐热性能较好，因此适用于高温场所敷设及易燃场所穿管敷设；但由于其生产工艺复杂，且耗费大量的橡胶和棉纱，因此成本较高，一般正常环境不宜采用。

2）BXF 型铜芯氯丁橡皮绝缘线和 BLXF 型铝芯氯丁橡皮绝缘线：由于它具有良好的耐气候老化性能和不延燃性，并且有一定的耐油、耐腐蚀性，因此特别适于室外敷设。但其绝缘层的机械强度较差，不宜穿管敷设。

（3）聚氯乙烯绝缘导线的选择：

1）BV 型铜芯聚氯乙烯绝缘线和 BLV 型铝芯聚氯乙烯绝缘线：由于其耐油和耐酸碱腐蚀性较 BX 型和 BLX 型好，而且制造工艺简便，成本较低，因此在一般正常环境宜优先选用。但由于聚氯乙烯不耐高温，且易老化，因此不宜用于高温和室外场所。

2）BVV 型铜芯聚氯乙烯绝缘护套导线和 BLVV 型铝芯聚氯乙烯绝缘护套导线：其性能与 BV 型和 BLV 型相同，且由于加有聚氯乙烯护套，因此不仅适于一般正常环境固定敷设，而且可直接埋地敷设。

3）BV – 105 型铜芯耐热 105 ℃聚聚氯乙烯绝缘线和 BLV – 105 型铝芯耐热 105 ℃聚氯乙烯绝缘线：适用于高温场所固定敷设。

4）BVR 型铜芯 105 ℃聚氯乙烯绝缘软线：适于室内安装，在要求导线较柔软的场合用。

（4）阻燃型塑料导线：ZR – BV 型阻燃型铜芯聚氯乙烯绝缘导线和 ZR – BVR 型阻燃型铜芯聚氯乙烯绝缘软线，适于在有高阻燃要求的场所安装使用。ZR – BV 型用于固定安装，ZR – BVR 用于要求导线柔软的场合。

2. 照明导线截面积的选择

（1）均一照明线路的导线截面积的选择计算：照明线路可近似地视为无感线路。全线均一照明线路导线截面积的计算公式如下：

$$A = \frac{\sum M}{C\Delta U}$$

式中，M 为线路的功率矩（km·m）；C 为计算系数，见表 12 – 19；ΔU 为线路的允许电压损失（%）。

表 12 - 19 C 值表

线路电压/V	线路类别	铜线	铝线
220/380	三相四线	75.5	46.2
	两相三线	34	20.5
220	单相及直流	12.8	7.74
110		3.21	1.94

（2）有分支的照明线路导线截面的选择计算：对有分支的照明线路，宜按有色金属消耗量最小条件来确定导线截面，该方法也是以满足允许电压损耗条件为前提。按允许电压损耗选择有分支照明线路干线的截面积的近似公式为

$$A = \frac{\sum M + \sum aM'}{C\Delta U}$$

式中，M 为计算线段及其后面各段(具有与计算线段相同导线根数的线段)的功率矩之和；aM' 为由计算线段供电而导线根数与计算线段不同的所有分支线的功率矩之和，这些功率矩应分别乘以功率矩换算系数 α(表 12 - 20) 后再相加；ΔU 为从计算线段的首端起至整个线路末端止的允许电压耗对线路额定电压的百分值(%)；C 为计算系数。

表 12 - 20 功率矩换算系数 α

干线	分支线	功率换算系数	
		代号	数值
三相四线	单相	α_{4-1}	1.83
三相四线	两相三线	α_{4-2}	1.37
两相三线	单相	α_{3-1}	1.33
三相三线	两相三线	α_{3-1}	1.15

应用上述近似公式进行计算时，应从靠近电流的第一段干线开始，依次往后选择计算各分支线段的导线截面积。每段干线截面积计算出来后，应选取相近而偏大的额定截面积，以弥补上述公式因简化带来的误差。在某段导线截面积选定以后，即可按下式计算该段线路的实际电压损耗：

$$\Delta U(\%) = \frac{\sum M}{CA}$$

12.5　室内配线

　　导线在室内的敷设，以及对用于支持、固定和保护导线的配件的安装，总称为室内配线。根据房屋结构和要求不同，室内配线分为明线安装和暗线安装两种。导线沿墙壁、天花板、梁与柱子等进行的敷设，称为明线安装。导线穿管后暗设在墙内、梁内、柱内、地面内、地板内，或暗设在不能进入的吊顶内而进行的敷设，称为暗线安装。

　　配线方式一般可分为瓷夹板配线、瓷绝缘子配线、槽板配线、护套线配线和线管配线等。瓷夹板配线虽然结构简单、安装维修方便、成本低，但由于机械强度低，也不美观，因此在室内线路安装中，已逐渐被护套线配线所取代。槽板配线所用的槽板，有木槽板、塑料槽板和铝合金槽板。木槽板已被塑料槽板和铝合金槽板所取代，在工厂中使用较少。

12.5.1　瓷绝缘子配线

　　瓷绝缘子绝缘性能较高，机械强度较高，适用于负载较大、线路较长或比较潮湿的场所。瓷绝缘子分为鼓形瓷绝缘子、蝶形瓷绝缘子、针式瓷绝缘子、悬式瓷绝缘子。其外形图见图 12 – 7。鼓形瓷绝缘子适合较细导线的配线；截面积大于 16 mm^2 的导线常用针式瓷绝缘子配线。导线截面积较粗时一般采用其他几种瓷绝缘子配线。

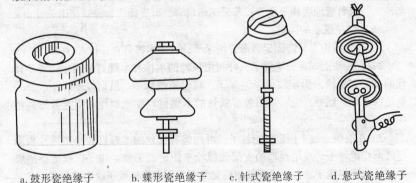

a. 鼓形瓷绝缘子　　b. 蝶形瓷绝缘子　　c. 针式瓷绝缘子　　d. 悬式瓷绝缘子

图 12 – 7　瓷绝缘子的种类

1. 瓷绝缘子配线方法

　　(1) 定位：定位工作应在土建施工未抹灰前进行。首先按施工图确定电气元件的安装地点，然后再确定导线的敷设位置、穿过墙壁和楼板的位置，以及起始、转角和终端瓷绝缘子的固定位置，最后再确定中间瓷绝缘子的安装位置。

（2）画线：画线可使用粉线袋或边缘刻有尺寸的木板条。

画线时，尽可能沿房屋线脚、墙角等处，用铅笔或粉袋画出安装线路，并在每个电气元件固定点中心处画一个"×"号。如果室内已粉刷，画线时注意不要弄脏建筑物表面。

（3）凿眼：按画线定位进行凿眼。在砖墙上凿眼，可采用小扁凿或冲击钻；在混凝土结构上凿眼，可用麻线凿或冲击钻；在墙上凿穿通孔，可用长凿，在快要打通时要减小锤击力，以免将墙壁的另一面打掉大块的墙皮，也可避免长凿冲出墙处伤人。

（4）安装木榫或埋设缠有铁丝的木螺钉：所有的孔眼凿好后，可在孔眼中安装木榫或埋设缠有铁丝的木螺钉。缠有铁丝的木螺钉见图12-8。埋设时，先在孔眼内洒水淋湿，然后将缠有铁丝的木螺钉用水泥嵌入凿好的孔中，当水泥干燥至相当硬度后，旋出木螺钉，待以后安装瓷绝缘子等元件。

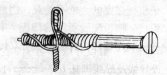

图 12 – 8 　缠有铁丝的木螺钉

（5）埋设穿墙瓷管或过楼板钢管：最好在土建施工砌墙时预埋穿墙瓷管或过楼板钢管；过梁或其他混凝土结构预埋瓷管，应在土建施工铺设模板时进行。预埋时可先用竹管或塑料管代替，待土建施工结束，拆去模板并进行刮糙后，将竹管除去换上瓷管；若采用塑料管，可直接代替瓷管使用。

（6）瓷绝缘子的固定：

1）在木结构上只能固定鼓形瓷绝缘子，可用木螺钉直接拧入。

2）在砖墙上固定瓷绝缘子，可利用预埋的木榫和木螺钉来固定，或用预埋的支架和螺栓来固定鼓形瓷绝缘子、蝶形瓷绝缘子、鼓形瓷绝缘子、针式瓷绝缘子等。此外，也可采用缠有铁丝的木螺钉和膨胀螺栓来固定鼓形瓷绝缘子。

3）在混凝土墙上固定瓷绝缘子，可用缠有铁丝的木螺钉和膨胀螺栓来固定鼓形瓷绝缘子，或用预埋的支架和螺栓来固定鼓形瓷绝缘子、蝶形瓷绝缘子或针式瓷绝缘子，也可用环氧树脂黏结剂来固定瓷绝缘子。

（7）放线：敷设导线前，首先将成卷的导线沿着敷设线路放出。若线径较粗、线路较长时，可用放线架放线，见图12-9a。操作时，将成卷导线套上放线架，从内线卷抽出导线的一端，沿导线敷设路径放开，为线路敷设做好准备。如果线路较短、线径又不太粗，可用手工放线。放线时，顺着导线盘绕方向，一人转动线盘，另一人牵着导线的一端进行放线，见图12-9b。放线时尽量避免产生急弯和打结，否则会伤及导线绝缘层，严重时会伤及线芯。

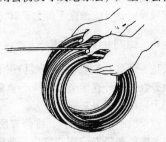

a. 放线架　　　　　　　　b. 手工放线

图 12 - 9　放线

（8）敷设导线及导线绑扎：在瓷绝缘子上敷设导线及导线绑扎方法参看 8.3.2 节相应部分。

2. 瓷绝缘子绑扎的注意事项

（1）在建筑物的侧面或斜面配线时，必须将导线绑扎在瓷绝缘子上方，见图 12 - 10。

图 12 - 10　建筑物侧面或斜面配线

（2）导线在同一平面内，如有弯曲时，瓷绝缘子必须装设在导线曲折角的内侧，见图 12 - 11。

（3）导线在不同的平面弯曲时，在凸角的两面上应装上两个瓷绝缘子，见图 12 - 12。

（4）导线在分支时，必须在分支点处设置瓷绝缘子，用于支持导线；导线互相交叉时应在距离建筑物较近的导线上套装绝缘套管，见图 12 - 13。

图 12 - 11　导线弯曲配线

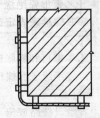

图 12 - 12　瓷绝缘子在不同平面的转弯方法

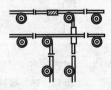

图 12 - 13　瓷绝缘子的分支方法

（5）瓷绝缘子沿墙壁垂直排列敷设时，导线弛度不得大于 5 mm；沿屋架或水平支架敷设时，导线弛度不得大于 10 mm。

12.5.2 塑料护套线配线

护套线是一种具有聚氯乙烯塑料护层的双芯或多芯导线，具有防潮、耐酸和防腐蚀等性能，可直接敷设在空心楼板内和建筑物的表面，用钢精轧片或塑料卡作为导线的固定支持物。

护套线敷设的施工方法简单，维修方便，线路外形整齐美观，造价低廉，目前已代替木槽板和瓷夹应用在室内明敷的住宅楼、办公室等建筑物内。但护套线截面积小，大容量电路中不宜采用。不宜直接埋入抹灰层内暗配敷设，也不宜在室外露天场所长期敷设。

1. 塑料护套线的配线方法

（1）定位画线：先根据各用电器的安装位置，确定好线路的走向，然后用弹线袋画线。按照护套线的安装要求，通常直线部分取 150～200 mm，画出固定钢精轧片线卡的位置，在距离开关、插座和灯具 50 mm 的木台处都需设置钢精轧片线卡的固定点，见图 12 - 14。

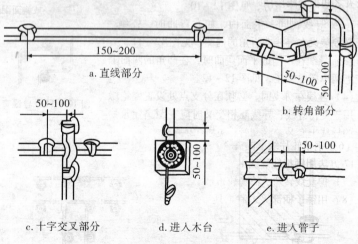

a. 直线部分

b. 转角部分

c. 十字交叉部分　　　d. 进入木台　　　e. 进入管子

图 12 - 14　塑料护套线的固定与间距（单位：mm）

（2）凿眼并安装木榫：在铁钉钉不进壁面灰层时，必须凿眼安装木榫，确保线路不松动。

（3）钢精轧片的固定：钢精轧片线卡见图 12 - 15，其规格可分为 0 号、1号、2 号、3 号、4 号等几种，号码越大，长度越长。护套线线径大的或敷设

线数多的，应选用号数较大的钢精轧片线
卡。在室内、外照明线路中，通常用 0 号
和 1 号钢精轧片线卡。

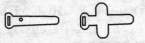

图 12-15　常用钢精轧片线卡

在木质结构上，可沿线路走向在固定
点直接用钉子将钢精轧片线卡钉牢。在砖结构上，可用小铁钉钉在粉刷层内，
但在转角、分支、进木台的电器处应预埋木榫。若线路在混凝土结构或预制
板上敷设，可用环氧树脂或其他合适的黏合剂固定钢精轧片线卡。

（4）放线：放线工作是保证护套线敷设质量的重要环节，因此导线不能
拉乱，不可使导线产生扭曲现象。在放线时需要两个人合作进行，一人把整
盘套线套入双手中，另一人将导线的一端向前直拉。放出的导线不得在地上拖
拉，以免损伤护套层。如线路较短，为便于施工，可按实际长度并留有一定
的余量，将导线剪断。放线的方法可参照图 12-9 进行。

（5）护套线的敷设：护套线的敷设必须横平竖直。敷设时，用一只手拉紧
导线，另一只手将导线固定在钢精轧片线卡上，见图 12-16a。对截面积较大
的护套线，为了敷直，可在直线部分两端各上一副瓷夹。先把护套线一端固
定在瓷夹中，然后勒直并在另一端收紧护套线，再固定到另一副瓷夹中，两
副瓷夹之间护套线按挡距固定在钢精轧片线卡上，见图 12-16b。如果中间有
接头、分支，应加装接线盒。

　　　a.一般护套线的收紧　　　　　b.较大截面积护套线的收紧

图 12-16　护套线的收紧方法

（6）钢精轧片线卡的夹持：护套线均置于钢精轧片的钉孔位后，可按图
12-17 方法用钢精轧片线卡夹持护套线。

（7）护套线转弯：护套线折弯半径不得小于导线直径的 6 倍。

（8）用锤子柄部等木制工具对护套线进行敲平修整。

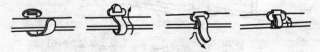

图 12-17　钢精轧片线卡的夹持

2. 护套线敷设的注意事项

（1）护套线截面积的选择：室内铜芯线不小于 1.0 mm²，铝芯线不小于

1.5 mm²；室外铜芯线不小于 1.5 mm²，铝芯线不小于 2.5 mm²。

（2）护套线与接线盒或电气设备的连接：护套线进入接线盒或电器时，护套层必须随之进入。

（3）护套线的保护：敷设护套线不得不与接地体、发热管道接近或交叉时，应加强绝缘保护。容易受机械损伤的部位，应穿钢管保护。护套线在空心楼板内敷设，可不用其他保护措施，但楼板孔内不应有积水和易损伤导线的杂物。

（4）对线路高度的要求：护套线敷设离地面的最小高度不应小于 500 mm，离地面高度低于 150 mm 的护套线，应加电线管进行保护。

12.5.3　塑料槽板配线

槽板布线的导线不外露，比较美观，常用于用电量较小的屋内干燥场所，如住宅、办公室等屋内的布线。以前使用的木槽板布线现已不再使用。现在主要使用塑料线槽，用于干燥场合做永久性明线敷设，一般用于简易建筑或永久性建筑的附加线路。

1. 塑料线槽的规格　塑料线槽分为槽底和槽盖，施工时先把槽底用木螺钉固定在墙面上，放入导线后再把槽盖盖上。VXC－20 线槽尺寸为 20 mm × 12.5 mm，每根长 2 m。塑料线槽安装示意见图 12－18。图中所标的各部位附件见图 12－19。

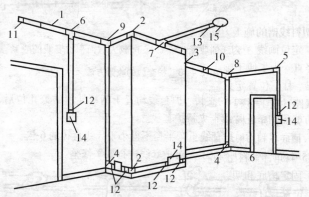

图 12－18　塑料线槽及附件安装示意
1. 塑料线槽　2. 阳角　3. 阴角　4. 直转角　5. 平转角　6. 平三通　7. 顶三通
8. 左三通　9. 右三通　10. 连接头　11. 终端头　12. 接线盒插口　13. 灯头盒
插口　14. 接线盒　15. 灯头盒

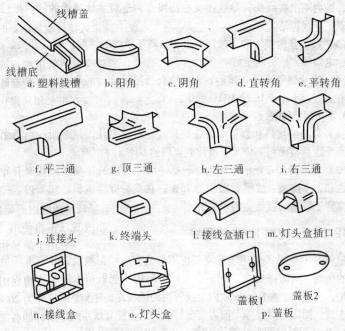

图 12-19　塑料线槽及附件

2. 塑料线槽的施工方法

（1）定位画线：为了美观，线槽一般沿建筑物墙、柱、顶的边角处布置，要横平竖直。为了便于施工不能紧靠墙角，有时要有意识地避开不易打孔的混凝土梁、柱。位置定好后先画线，一般用粉袋弹线，由于线槽配线一般都是后加线路，施工过程中要保持墙面整洁。弹线时，横线弹在槽上沿，纵线弹在槽中央位置，这样安上线槽就把线挡住了。

（2）槽底下料：根据所画线位置把槽底截成合适长度，平面转角处槽底要锯成45°斜角，下料用手钢锯。有接线盒的位置，线槽到盒边为止。

（3）固定槽底和明装盒：用木螺钉把槽底和明装盒用胀管固定好。槽底的固定点位置，直线段小于0.5 m；短线段距两端0.1 m。在明装盒下部适当位置开孔，准备进线用。

（4）下线、盖槽盖：按线路走向把槽盖料下好，由于在拐弯分支的地方都要加附件，槽盖下料时要把长度控制好，槽盖要压在附件下8~10 mm。进盒的地方可以使用进盒插口，也可以直接把槽盖压入盒下。直线段对接时上面可以不加附件，接缝要接严。槽盖的接缝最好与槽底接缝错开。把导线放入线槽，槽内不准接线头，导线接头在接线盒内进行。放导线的同时把槽盖盖上，以免导线掉落。

（5）接线盒内接线和连接用电设备：剥开导线绝缘层，接好开关、插座、灯头、电器等，然后固定好。

（6）绝缘测量及通电试验：全面检查线路正确；用绝缘电阻表测量线路绝缘电阻值，不小于 0.22 MΩ；通电。

3. 线槽内导线敷设要求

（1）导线的规格和数量应符合设计规定；当设计无规定时，包括绝缘层在内的导线总截面积不应大于线槽截面积的 60%。

（2）在可拆卸盖板的线槽内，包括绝缘层在内的导线接头处所有导线截面积之和，不应大于线槽截面积的 75%；在不易拆卸盖板的线槽内，导线的接头应置于线槽的接线盒内。

12.5.4 塑料 PVC 管配线

塑料 PVC 明敷线管用于环境条件不好的室内线路敷设，如潮湿场所、有粉尘的场所、有防爆要求的场所、工厂车间内不能做暗敷线路的场所。施工步骤是：先定位、画线、安放固定线管用的预埋件，如角铁架、胀管等；后下料、连接、固定、穿线等。前者与塑料线槽线、护套线布线基本相同。

1. PVC 塑料管明敷线管的固定　线管的固定可以用管卡、胀管、木螺钉直接固定在墙上，固定方法见图 12 - 20。

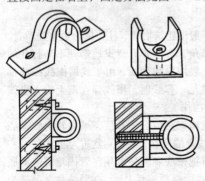

图 12 -20　塑料管明敷设的固定方法

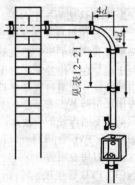

图 12 -21　敷管方法及支持点
　　　　　　布设位置

支持点布设位置见图 12 -21，明敷的线管是用管卡（俗称骑马）来支持的。单根管选用成品管卡，规格的标称方法与线管相同，故选用时必须与管子规格相匹配。

2. 支持点的布设位置要求

（1）明敷管线在穿越墙壁或楼板前后应各装一个支持点，位置（装管卡点）距建筑面（穿越孔口）为所敷设管外径的1.5～2.5倍。

（2）转角前后也应各装一个支持点，位置见图12-25（d 为所敷线管外径）。

（3）进出木台或配电箱也各应装一个支持点，位置与规程的第一条相同。

（4）硬塑料管直线段两支持点的间距见表12-21。

表12-21　明敷塑料管线支持点最大距离　（单位：mm）

线路走向 ＼ 线管规格	90及以下	25～40	50及以上
垂　直	1 000	1 500	2 000
水　平	800	1 200	1 500

3. 管卡的安装要求　管卡应用两只同规格的木螺钉来固定，卡身中线必须与线路保持垂直。木螺钉应固定在木榫、膨胀管的中心部位；两只木螺钉尾部均应平服地把两卡攀压紧，切忌出现单边压紧，或歪斜不正等弊端。要达到上述要求，首先木榫的安装位置要正确，而木榫安装质量又与标画定位和钻孔有关。这一系列工序都得道道把关，方能把管卡装好。若用膨胀管来支撑木螺钉，则膨胀管安装质量要求更高，否则无法装好管卡。

4. PVC塑料管敷设方法

（1）水平走向的线路宜自左至右逐段敷设，垂直走向的宜由下至上敷设。

（2）PVC管的弯曲不需加热，可以直接冷弯。为了防止弯瘪，弯管时在管内插入弯管弹簧，弯管后将弹簧拉出。管半径不宜过小，如需小半径转弯时可用定型的PVC弯管或三通管。在管中部弯时，将弹簧两端拴上铁丝，便于拉动。不同内径的管子配不同规格的弹簧。PVC管切割可以用手钢锯，也可以用专用剪管钳。

（3）PVC管连接、转弯、分支可使用专用配套的PVC管连接附件，见图12-22。连接时应采用插入连接，管口应平整、光滑，连接处结合面应涂专用胶合剂，套管长度宜为管外径的1.5～3倍。

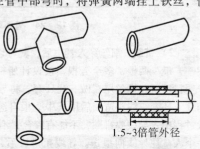

1.5～3倍管外径

图12-22　PVC管连接专用附件

（4）多管并列敷设的明设管线，管与管之间不得出现间隙；在线路转角处也要求达到管管相贴，顺弧共曲，故要求弯管加工时特别小心。

（5）在水平方向敷设的多管（管径不一）并设线路，一般要求大规格线管置于下边，小规格线管安排在上边，依次排叠。多管并设的管卡，由施工人员按需自行制作，应制得大小得体，骑压着力。

（6）装上接线盒。管口与接线盒连接，应由两只薄型螺母由内外拼紧盒壁。

（7）管口进入电源箱或控制箱（盒）时，管口应伸入 10 mm；如果是钢制箱体，应用薄型螺母内外对拧并紧。在进入电源箱或控制箱（盒）前在近管口处的线管应做小幅度的折曲（俗称"定伸"）；不应直线伸入，见图 12 – 23。

（8）PVC 管敷设时应减少弯曲，当直线段长度超过 15 m 或直角弯超过 3 个时，应增设接线盒。

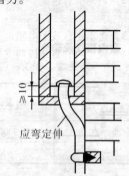

图 12 – 23 管口入箱（盒）要求（单位：mm）

5. 管内穿线

（1）穿钢丝：使用 $\phi 1.2$ mm（18 号）或 $\phi 1.6$ mm（16 号）钢丝时，将钢丝端头弯成小钩，从管口插入。由于管子中间有弯，穿入时钢丝要不断向一个方向转动，一边穿一边转，如果没有堵管，很快就能从另一端穿出。如果管内弯较多不易穿过，则从管另一端再穿入一根钢丝，当感觉到两根钢丝碰到一块时，两人从两端反方向转动两根钢丝，使两钢丝绞在一起，然后一拉一送，即可将钢丝穿过去，见图 12 – 24。

图 12 – 24 管两端穿钢丝示意

（2）带线：钢丝穿入管中后，就可以带导线了。一根管中导线根数多少不一，最少两根，多至五根，按设计所标的根数一次穿入。在钢丝上套入一个塑料护口，钢丝尾端做一死环套，将导线绝缘剥去 50 mm 左右，几根导线均穿入环套，线头弯回后用其中一根自缠绑扎，见图 12 – 25。多根导线在拉入过程中，导线要排顺，不能有绞合，不能出死弯。一个人将钢丝向外拉，另一个人拿住导线向里送。导线拉过去后，留下足够的长度。把线头打开取下钢丝，线尾端也留下足够的长度剪断，一般留头长度为出盒 100 mm 左右。在施工中自己注意总结体会一下，要够长以便于接线操作，又不能过长，否则接完头后盒内盘放不下。

有些导线要穿过一个接线盒到另一个接线盒，一般采取两种方法：一种是所有导线到中间接线盒后全部截断，再接着穿另一段，两段在接线盒内进行导线连接；另一种是穿到中间接线盒后继续向前穿，一直穿到下一个接线盒。两种做法第一种比较清晰，不易穿错线，但第二种盒内接线少，占空间小，省导线。

6. 盒内接线及检查 盒内所有接线除了要用来接电器外，其余线头都要事先接好，并缠好绝缘；用绝缘电阻表测量线路绝缘电阻值，不小于 0.22 MΩ。

a. 双根导线平齐绑法

b. 多根导线错开绑法

图 12-25　引线头的缠绕绑法

第 13 章　安全用电

13.1　触电及其预防

13.1.1　触电的方式

1. 单相触电　这是常见的触电方式。人体的一部分接触带电体的同时，另一部分又与大地或零线（中性线）相接，电流从带电体流经人体到大地（或零线）形成回路，这种触电叫做单相触电，见图 13 – 1a。在接触电气线路（或设备）时，若不采用防护措施，一旦电气线路或设备绝缘损坏漏电，将引起间接的单相触电。若站在地上误触带电体的裸露金属部分，将造成直接的单相触电。

2. 两相触电　人体的不同部位同时接触两相电源带电体而引起的触电叫做两相触电，见图 13 – 1a。对于这种情况，无论电网中性点是否接地，人体所承受的线电压将比单相触电时高，危险性更大。

3. 跨步电压触电　雷电流入地时，或载流电力线（特别是高压线）断落到地时，会在导线接地点及周围形成强电场。其电位分布以接地点为圆心向周围扩散，逐步降低而在不同位置形成电位差（电压）。当人畜跨进这个区域，两脚之间的电压，称为跨步电压。在这种电压作用下，电流从接触高电位的脚流进，从接触低电位的脚流出，这就是跨步电压触电，见图 13 – 1b。图中坐标原点表示带电体接地点，横坐标表示位置，纵坐标负方向表示电位分布。U_{K1} 为人两脚间的跨步电压，U_{K2} 为马两脚之间的跨步电压。

13.1.2　电流伤害人体的因素

电流流经人体时，由于电流的各种属性不同，对人体的伤害程度也不同，其中电流的大小和作用时间起着决定性的作用（表 13 – 1）。电流的频率对人体的伤害程度也有影响，见表 13 – 2。电流流经人体的途径也影响着对人体的伤害程度，具体见表 13 – 3。

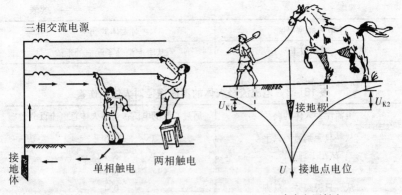

a. 单相触电和两相触电   b. 跨步电压触电

图13-1 人体触电形式

表13-1 不同大小的电流伤害人体的程度

电流大小范围/mA	通电时间	人体生理反应
0~0.5	连续通电	无感觉
0.5~5	连续通电	开始有感觉，手指、手腕等处有痛感，没有痉挛，可以摆脱电源
5~30	数分钟以后	痉挛，若不能摆脱电源，则呼吸困难、血压升高，是可忍受的极限
30~50	数秒到数分钟	心脏跳动不规则、昏迷、血压升高、强烈痉挛，时间过长引起心室颤动
五十至数百	低于心脏搏动周期	强烈冲击，但未发生心室颤动
	超过心脏搏动周期	昏迷，心室颤动，接触部位留有电流通过的痕迹
超过数百	低于心脏搏动周期	在心脏搏动周期特定的相位触电时，发生心室颤动、昏迷，接触部位留有电流通过的痕迹
	超过心脏搏动周期	心脏停止跳动、昏迷，甚至死亡，电灼伤

表13-2 电流频率对人体伤害的影响

电流频率/Hz	对人体的伤害
50~100	有45%的死亡率
125	有25%的死亡率

电流频率/Hz	对人体的伤害
200 以上	基本上消除了触电的危险

表 13 - 3   电流流经人体的不同途径对人体的伤害

电流流经人体的路径	通过心脏的电流占通过人体总电流百分数
从一只手到另一只手	3.3
从左手到右脚	3.7
从右手到左脚	6.7
从一只脚到另一只脚	0.4

13.1.3   安全电压

不带任何防护设备，当人体接触带电体时对各部分组织（如皮肤、神经、心脏、呼吸器官等）均不会造成伤害的电压值，叫安全电压。在我国，安全电压共分 5 个等级，具体见表 13 - 4。

表 13 - 4   安全电压等级

安全电压额定值/V	应用场合
42	在没有高度触电危险的场所（干燥、无导电粉尘、地板为非导电性材料）
36	在有高度触电危险的场所（相对湿度超过 75%、导电粉尘、潮湿的地板）
24 12 6	在有特别触电危险的场所（相对湿度 100%，导电粉尘、腐蚀性蒸气、金属地板等），根据危险程度分别选择 24 V、12 V 和 6 V 电压

13.1.4   预防触电的措施

触电包括直接触电和间接触电两种。直接触电是指人体直接接触或过分接近带电体而触电，间接触电指人体触及正常时不带电而发生故障时才带电的金属导体。预防触电的措施详见表 13 - 5。

表13-5 预防触电的措施

触电种类	预防措施	具体方法
直接触电	绝缘措施	用绝缘材料将带电体封闭起来的措施叫做绝缘措施。常用的电工绝缘材料如瓷、玻璃、云母、橡胶、木材、塑料、布、纸、矿物油等，其电阻率多在 10^7 Ω 以上。但应注意，有些绝缘材料如果受潮，会降低甚至丧失绝缘性能。绝缘材料的绝缘性能往往用绝缘电阻表示。不同的设备或电路对绝缘电阻的要求不同。新装或大修后的低压设备和线路，绝缘电阻不应低于 0.5 MΩ，运行中的线路和设备，绝缘电阻每伏工作电压为 1 kΩ，潮湿工作环境下，则要求每伏工作电压为 0.5 kΩ；携带式电气设备绝缘电阻不应低于 2 MΩ；配电盘二次线路绝缘电阻不应低于每伏 1 kΩ，在潮湿环境下不低于每伏 0.5 kΩ；高压线路和设备绝缘电阻不低于每伏 1 000 MΩ
	屏护措施	采用屏护装置将带电体与外界隔绝开来，以杜绝不安全因素的措施叫做屏护措施。常用的屏护装置有遮栏、护罩、护盖、栅栏等。如常用电器的绝缘外壳、金属网罩、金属外壳、变压器的遮栏、栅栏等都属于屏护装置。凡是金属材料制作的屏护装置，应妥善接地或接零。屏护装置不直接与带电体接触，对所用材料的电气性能没有严格要求，但必须有足够的机械强度和良好的耐热、耐火性能
	间距措施	为防止人体触及或过分接近带电体；为避免车辆或其他设备碰撞或过分接近带电体；为防止火灾、过电压放电及短路事故；为操作的方便，在带电体与地面之间、带电体与带电体之间、带电体与其他设备之间，均应保持一定的安全距离，叫做间距措施。安全间距的大小取决于电压的高低、设备的类型、安装的方式等因素，常见电气设备、线路、工程等电气设施的安全间距见表13-6~表13-9
间接触电	绝缘措施	对电气线路或设备采取双重绝缘、加强绝缘或对组合电气设备采用共同绝缘，为加强绝缘措施。采用加强绝缘措施的线路或设备绝缘牢固，难于损坏，即使工作绝缘损坏后，还有一层加强绝缘，不易发生带电的金属导体裸露而造成间接触电
	电气隔离措施	采用隔离变压器或具有同等隔离作用的发电机，使电气线路和设备的带电部分处于悬浮状态，叫作电气隔离措施。即使该线路或设备工作绝缘损坏，人站在地面上与之接触也不易触电。应注意的是：被隔离回路的电压不得超过 500 V，其带电部分不得与其他电气回路或大地相连，方能保证其隔离要求
	自动断电措施	在带电线路或设备上发生触电事故时，在规定时间内能自动切断电源而起保护作用的措施叫做自动断电措施。如漏电保护、过流保护、过压或欠压保护、短路保护、接零保护等均属自动断电措施

表 13-6 导线与地面或水面的最小距离 （单位：m）

线路经过地区	线路电压		
	1.0 kV 以下	10.0 kV	35.0 kV
居民区	6.0	6.5	7.0
非居民区	5.0	5.5	6.0
交通困难地区	4.0	4.5	5.0
不能通航或浮运的河、湖冬季水面（或冰面）	5.0	5.0	5.5
不能通航或浮运的河、湖最高水面（50 年一遇的洪水水面）	3.0	3.0	3.0

表 13-7 导线与建筑物的最小距离 （单位：m）

线路电压/kV	1.0 以下	10.0	35.0
垂直距离	2.5	3.0	4.0
水平距离	1.0	1.5	3.0

表 13-8 导线与树木间的最小距离 （单位：m）

线路电压/kV	1.0 以下	10.0	35.0
垂直距离	1.0	1.5	3.0
水平距离	1.0	2.0	—

表 13-9 架空线路导线间的最小距离 （单位：m）

挡距/m 线路电压	40 及以下	50	60	70	80	90	100	110	120
10	0.60	0.65	0.70	0.75	0.80	0.90	1.00	1.05	1.15
低压	0.30	0.40	0.45	0.50	—	—	—	—	—

13.2 触电急救

触电急救的要点是动作迅速、救护得法。发现有人触电，首先要尽快使触电者脱离电源，然后根据触电者的具体情况，进行相应的救治。

1. 脱离电源 发现有人触电，首先应尽快采取正确方法断开电源。

（1）如果触电地点附近有电源开关或电源插销，可立即拉开开关或拔掉插销，断开电源。如果周围有多个开关，一定要拉断触电者所接触的那条线路的开关，切不可在慌乱之下拉错开关，对于拉线开关和平开关只能控制一根线，有可能只切断零线，而火线并未切断，没有达到真正切断电源的目的。

（2）开关离现场较远，及时切断电源有困难时，可用干燥的木杆、竹竿等不导电的东西将触电者身上的电线挑开。挑开电线有困难时，则可用带木柄的斧头、铁锹将电线砍断。或者用干木板等绝缘物插入触电者身下。以切断电流。

（3）当电线搭落在触电者身上或被压在身下时，可用干燥的衣服、手套、木板等绝缘物作为工具，拉开触电者或拉开电线，使触电者脱离电源。

（4）如触电者的衣服是干燥的，电线又没有紧缠在身体上，可以用一只手抓住他的衣服，拉离电源。

2. 现场急救方法　当触电者脱离电源后，应当根据触电者的具体情况，立即进行急救。现场应用的急救方法有人工呼吸法和胸外挤压法。

（1）人工呼吸法：人工呼吸法是在触电者呼吸停止后应用的急救方法，施行人工呼吸前，应当迅速将触电者身上妨碍呼吸的衣领、上衣、领带等解开，并且迅速取出触电者口腔内妨碍呼吸的食物、脱落的假牙、血块、黏液等，以避免堵塞呼吸道。

人工呼吸法中有口对口呼吸法、俯卧压背法、仰卧压胸法，其中以口对口人工呼吸法的效果最好，而且简单易学。

1）口对口呼吸法：扒开触电者的嘴后，一手捏住其鼻孔，对其口吹气，使之吸气，放松鼻孔，让触电者自动排气，如此反复进行，成年人每分钟大约吹气12次。万一触电者的嘴掰不开，可以从鼻孔吹气。见图13-2。

2）俯卧压背法：俯卧压背法的操作示意见图13-3，具体操作方法如下：

a. 将触电者胸、腹贴地，腹部稍垫高，头偏向一侧，两臂伸过头或一臂枕在头下，使胸廓扩大。

b. 救治者两腿跪地面向触电者头部，骑在触电者腰臀上，把两手平放在触电者背部肩胛下角的脊椎骨两旁，手掌根紧贴触电者背部，用力向下压挤。

c. 救治者在压挤触电者背部时应俯身向前，慢慢用力下压，用力方向是向下向前推压，这时触电者肺内空气已压出（呼气），然后慢慢放手松回，使空气进入触电者肺内（吸气），如此反复便形成呼吸。每分钟可做14~16次。

（2）胸外心脏挤压法：触电者的心脏已经停止跳动，就应该用胸外心脏挤压法促使其心脏跳动起来。使触电者脸朝天躺在地上或木板上，头后仰，见图13-4。救护者双手相叠，掌根放在触电者两乳头之间略下一点，用掌根向下压3~4 cm，每分钟60~80次，每次挤压后掌根迅速放松，对儿童用一

a.清理口腔阻塞　　　　　　　b.鼻孔朝天头后仰

 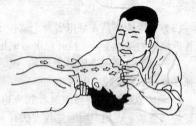

c.贴嘴吹气胸扩张　　　　　　d. 放开嘴鼻好换气

图13-2　人工呼吸法

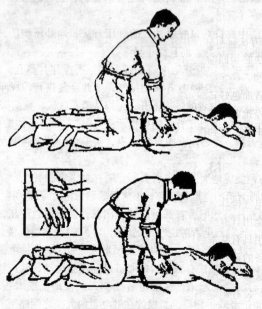

图13-3　俯卧压背法

只手进行，每分钟 100 次左右。

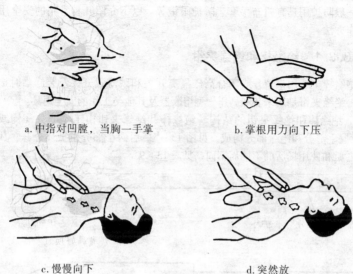

a. 中指对凹膛，当胸一手掌 b. 掌根用力向下压

c. 慢慢向下 d. 突然放

图 13-4 胸外心脏挤压法

以上几种方法应对症使用，若触电者心跳和呼吸均已停止，则人工呼吸法和心脏挤压法必须同时使用。用人工呼吸法和胸外心脏挤压方法急救，往往需要很长时间，一定要不怕疲劳，坚持抢救，不能中断。经过一定时间抢救后，若触电者面色好转、口唇潮红、瞳孔缩小、心跳和呼吸正常、四肢可以活动，即可暂停抢救，进行观察。如果不能维持正常心跳和呼吸，必须再进行抢救，不能中断，直到医务人员接替为止。

13.3 电工常用安全用具

为了保护电气操作、维修人员，避免触电、灼伤等事故发生，需要各种安全用具。安全用具有绝缘安全用具和防护用具。

绝缘安全用具有基本绝缘安全用具和辅助绝缘安全用具。前者可承受被操作的电气设备的运行电压，可直接和带电部分接触。高压设备的基本绝缘安全用具有绝缘棒、绝缘夹钳和高压验电器等；低压设备的基本绝缘安全用具有绝缘手套，装有绝缘柄的工具和验电器。辅助绝缘安全用具，绝缘部分不能承受电气设备的运行电压，只起加强基本绝缘用具的保护作用，不能用来直接接触高压电气设备。辅助绝缘安全用具有绝缘手套、绝缘靴、绝缘垫、绝缘站台等。

一般防护用具有帆布手套、防护眼镜等。以下介绍几种常用的安全用具及操作方法。

13.3.1 绝缘棒和绝缘夹钳

绝缘棒主要用来拉开或闭合高压隔离开关和跌落式开关及装卸临时接地线等。绝缘夹钳是用来装卸高压管型熔断器及其他类工作的安全用具。

1. 绝缘棒和绝缘夹钳的结构 绝缘棒和绝缘夹钳由工作部分（钩或钳口）、握手部分和绝缘部分构成，见图 13-5。后两个部分由护环分开，其长度因电压和使用场所的不同而不同，见表 13-9。

握手部分　护环　　　　　绝缘部分　　　工作部分

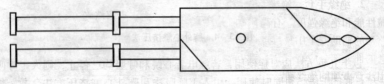

图 13-5　绝缘棒和绝缘夹钳

表 13-9　绝缘杆和绝缘夹钳的最小长度　（单位：m）

电压/kV		户内设备用		户外设备及架空导线用	
		绝缘部分	握手部分	绝缘部分	握手部分
10 及以下	绝缘杆	0.70	0.30	1.10	0.40
	绝缘夹钳	0.45	0.15	0.75	0.20
35 及以下	绝缘杆	1.10	0.40	1.40	0.60
	绝缘夹钳	0.75	0.20	1.20	0.20

2. 使用注意事项

（1）操作前，应将棒或夹钳表面擦拭干净，并使其干燥。

（2）操作时，应戴绝缘手套，雨天绝缘杆应有防雨罩。还应穿绝缘靴或站在绝缘台上。

（3）操作时，手不要超过护环口。

13.3.2 绝缘垫和绝缘站台

1. 绝缘垫 绝缘垫是用绝缘性很高的特种橡胶制成的。其作用是使工作人员在操作电气设备时增加对地绝缘，以防止触电。其厚度不应小于 5 mm，还应有防滑波纹。最小尺寸不应小于 750 mm×750 mm。

2. 绝缘站台 其台面用坚固木板条拼成格栅状，相邻板条间的距离不得大于 2.5 cm。台脚用高于工作电压一挡的绝缘子制成。高度不得小于 10 cm，站台的最小尺寸不得小于 0.8 m×8 m。

13.3.3 绝缘靴和绝缘手套

1. 绝缘靴 绝缘靴是用绝缘性能良好的特种橡胶制成的，是操作隔离开关、断路器和熔断器时提供对地绝缘的辅助安全用具，可用来做防止跨步电压的基本绝缘安全用具。绝缘靴易破损、老化，保存时要注意防止日晒、高温和油污。使用时要避免被尖锐物划伤、刺破。

2. 绝缘手套 绝缘手套是用绝缘性能良好的特种橡胶制成，有足够的机械性能和绝缘强度。有高压和低压两种，主要用来操作高压隔离开关和油断路器的辅助安全用具，也是操作 250 V 以下电气设备的基本安全用具。绝缘手套的伸入部分应有一定长度和宽度，以便能套到外衣的衣袖上。其保存和使用注意事项同绝缘靴。

13.3.4 验电器

验电器又称试电笔。有高压和低压两种，是测验导体是否带电的一种既方便又简单的电工专用工具。

1. 高压验电器 高压验电器是检验 6 000 V 以上的配电设备、架空线路等是否带电的专用工具。

（1）结构：高压验电器是由握柄、护环、固紧螺钉、氖管窗、氖管和金属钩组成，其结构如图 13−6 所示。

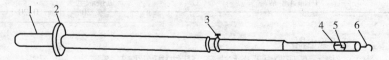

1. 握柄　2. 护环　3. 固紧螺钉　4. 氖管窗　5. 氖管　6. 金属钩

图 13−6　高压验电器

（2）使用方法及注意事项：高压验电器的使用操作见图 13 – 7。注意事项如下：

1）使用前，按被测设备的电压等级，选择同等电压等级的验电器。

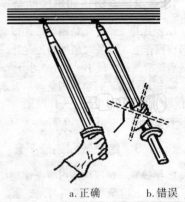

2）检查验电器绝缘杆外观完好，按下验电器头的试验按钮后声光指示正常（伸缩式绝缘杆要全部拉伸开检查）。其后操作人手握验电器护环以下的部位，不准超过护环，逐渐靠近被测设备，一旦同时有声光指示，即表明该设备有电，否则设备无电。

3）在已停电设备上验电前，应先在同一电压等级的有电设备上试验，检查验电器指示正常。

a. 正确　　b. 错误

图 13 – 7　高压验电器的操作

4）每次使用完毕，应收缩验电器杆身及时取下显示器，并将表面尘埃擦净后放入包装袋（盒），存放在干燥处。

5）超过试验周期的验电器禁止使用。

6）操作过程中操作人应按《安全用电规则》要求保持与带电体的安全距离。

7）每年进行预防性试验。

（3）高压验电器常见故障原因及处理方法见表 13 – 10。

表 13 – 10　高压验电器常见故障及处理方法

特　征	处 理 方 法
电源接触不良	调整接触部位
电池能量耗尽	更换电池
内部元件故障	更换验电头

2. 低压验电器

（1）结构：低压验电器俗称电笔，其结构如图 13 – 8 所示。

（2）低压验电器的品种、规格及技术参数：为了适应各种用途，低压验电器有 505 型、111 型、108 型、301 型。其型号、规格及参数见表 13 – 11。

a. 钢笔式低压验电器

b. 旋具式低压验电器

图 13 -8   低压验电器

表 13 -11   低压验电器的型号、规格和参数

型号	品名	测量电压范围/V	总长/mm	氖气管长度/mm	碳质电阻		
					长度/mm	阻值/MΩ	功率/W
108	测电凿	100 ~ 550	140 ± 3	33 ± 2	10 ± 1	≥2	1
111	笔形测电凿	100 ~ 550	125 ± 3	33 ± 2	15 ± 1	≥2	0.5
505	测电笔	100 ~ 550	116 ± 3	33 ± 2	15 ± 1	≥2	0.5
301	测电器（矿用）	100 ~ 2 200	170 ± 1	33 ± 2	10 ± 1	≥2	1

（3）使用方法和注意事项：低压验电器使用方法见图 13 -9。注意事项如下：

1）使用时，手拿验电器，用一个手指触及笔杆上的金属部分，金属笔尖顶端接触被检查的测试部位，如果氖管发亮则表明测试部位带电，并且氖管越亮，说明电压越高。

2）低压验电器在使用前要在确知有电的地方进行试验，以证明验电器确实工作正常。

3）阳光照射下或光线强烈时，氖管发光指示不易看清，应注意观察或遮挡光线照射。

4）验电时人体与大地绝缘良好时，被测体即使有电，氖管也可能不发光。

5）低压验电器只能在 500 V 以下使用，禁止在高压回路上使用。

6）验电时要防止造成相间短路，以防电弧灼伤。

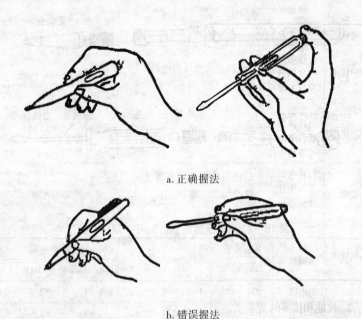

a.正确握法

b.错误握法

图 13 - 9 验电器的使用

13.4 接地与接零

接地保护又称保护接地,是将电气设备的金属外壳与接地体连接,以防止因电气设备绝缘损坏使外壳带电时,操作人员接触设备外壳而触电。为了防止电气设备因绝缘损坏而使人身遭受触电危险,将电气设备的金属外壳与供电变压器的中性点相连接者称为接零保护。这二者是预防电气设备不应带电的部分意外带电造成触电危险的重要保护措施。

13.4.1 接地与接零的类型及要求

1. 接地与接零的方式与类型 根据接地与接零作用的不同,接地和接零可分为工作接地、保护接地、防雷接地、保护接零和重复接地等方式和类型。它们的类型、方式、特点和作用见表 13 - 12。

表 13 - 12　接地、接零类型表

名称	方式和特点	作用
保护接地	将电气设备正常情况下不带电的金属外壳、框架等，用接地装置与大地可靠地接地	降低电气设备因绝缘损坏时其金属外壳的对地电压，避免人体触及，发生触电事故
工作接地	把电力系统中某一点直接或通过特殊装置（如消弧线圈、电抗器、电阻等）用接地装置与大地可靠地连接	降低人体的接触电压，迅速切断故障设备，降低电气设备和输电线路的绝缘水平，以提高电气设备运行的可靠性
接零	将电气设备的金属外壳、框架等与中性点直接接地系统中的零线相连接	在电气设备的绝缘损坏时，产生单相短路，从而保护设备，像自动开关、熔断器等迅速动作，断开故障设备，保护人身安全
重复接地	将零线上的一处或多处，通过接地装置与大地再次可靠地连接	系统发生碰壳或接地时，降低零线的对地电压，零线断裂时，减轻故障程度

2. 接地和接零的要求及适用范围

（1）接地与接零的要求：

1）在同一配电线路中，不允许一部分电气设备接零，另一部分电气设备接地，以免设备一相碰壳短路时，由于接地电阻太大使保护电器不动作，造成中性点电位升高，使接地的电器设备外壳带电，增加触电的危险性。

2）在中性点非直接接地的低压电网中，电力装置应采用接地保护；中性点直接接地的低压电网中，应采用接零保护，由低压电网供电的设备只能采用保护接地。

3）用于接零保护的零线上不能装开关、熔断器，单相开关一定要装设在相线上，在低压电网中，严禁利用大地作零线或相线。

（2）保护接地的应用范围：保护接地主要用于中性点不接地的电力系统，凡是由于绝缘损坏或其他原因可能呈现危险电压的，而正常情况下不应带电的电气设备金属部分。

1）变压器、电机、开关及其他电气设备的底座与外壳。

2）配电装置的金属构架，配电盘与控制操作台的框架。

3）洗衣机、电冰箱等家用电器的金属外壳。

4）电力线路的金属保护管及敷设的钢管。

5）电气设备的传动装置。

（3）保护接零的应用范围：保护接零用于中性点接地的 380/220 V 三相

四线制低压电力系统。

13.4.2　接地装置的选择和安装

接地装置指埋入地下的接地体以及其相连的接地线的总体。各种类型的接地虽然各有其特点和安全要求，但设计和安装的原则基本上是一样的。

1. 接地装置的选择

（1）接地体的选择：

1）接地电阻：在低压电网中，电力设备对接地电阻的要求见表13-13。

表 13-13　接地电阻的最大允许值

接地装置名称	接地电阻最大允许值/Ω
保护接地（低压电力设备）	4
交流中性点接地（低压电力设备）	4
常用的共同接地（低压电力设备）	4
单台容量或并列运行总容量小于 100 kV·A 的变压器、发电机及其所供电的电气设备的交流工作接地和共同接地	10
PE 或 PEN 线的重复接地	如果重复接地在三处以上，允许每一处不大于 30
3～10 kV 线路在居民区中钢筋混凝土杆的接地	10
防静电接地	100

2）接地体：凡与土壤紧密接触的自然金属导体，如埋设在地下的金属管道、钻管、直接埋设的电缆金属外皮、与大地有可靠连接的建筑物金属结构等均可作为自然接地体。利用自然接地体可节约材料、节省施工费用，降低接地电阻，凡有条件的应优先应用。

假如自然接地体不能满足要求时，要装设人工接地体。所设的人工接地体的接地电阻值：

$$R_T = \frac{RR_V}{R_V - R}$$

式中，R 为所要求的接地电阻值（Ω）；R_V 为自然接地体的接地电阻值（Ω）。

在计算 R_T 时，首先应确定土壤电阻率 ρ，具体估算时，可参照表13-14选取进行估算。

表 13 - 14　土壤电阻率估算值

土壤性质	土壤电阻率/（Ω·cm）
泥土	2 500
黑土	5 000
黏土	6 000
沙质黏土	10 000
沙土	30 000
沙	100 000
多石土壤	40 000

　　人工接地体可采用圆钢、角钢、钢管等钢材制成。通常垂直接地体宜采用角钢、钢管、圆钢等材料，水平接地体宜采用圆钢、扁钢等材料。钢接地体的最小尺寸规格要求见表 13 - 15，对于通常采用的以接地棒为主，以垂直的方式敷设所需接地体数，可参照表 13 - 16 选择。

表 13 - 15　钢接地体的最小规格

类别	建筑物内	屋外	地下
圆钢，直径/mm	5	6	6
扁钢，横截面积/mm²	24	4.8	4.8
厚度/mm	3	4	4
角钢，厚/mm	2	2.5	4
钢管，管壁厚/mm	2.5	2.5	4

注：人工接地体脚顶离开地面一般为 0.6 m，如达不到这个要求，应盖以水泥板或金属板，防止机械损伤。

表 13 - 16　垂直接地体数量的选择

土壤电阻系数/（Ω·cm）	接地体间距离/m	排列方式	采用接地体的数量			
			角钢 50×50×5L = 2 500 mm		管钢 φ50×2 500 mm	
			要求的接地电阻值/Ω			
			4	10	4	10
0.2 × 10⁴	2.5	成排	2	1	2	1
0.4 × 10⁴	2.5	成排	4	2	4	2
1.0 × 10⁴	2.5	成排	9	3	9	3
2.0 × 10⁴	2.5	成排	30	9	28	8

（2）接地线的选择：接地线也应尽量利用自然导体。如建筑物的金属结构、生产用的结构、配线的钢管等，上下水管、暖气管等各种金属管道可用作 1 000 V 以下的电器设备的接地线。当自然导体在运行中电气连续性不可靠，或有发生危险的可能性及阻抗较大不能满足要求时，才考虑用人工接地体或增设辅助接地线。接地线可以采用绝缘导线或裸导线，但不得在地下用裸铝导体作接地线。接地线的选择尺寸可参照表 13 - 17 选取。

表 13 - 17　接地线的最小尺寸

接地线类别	最小截面积/mm²
移动设备的接地线（多芯软铜线）	1.5
绝缘铜线	1.5
裸铜线	4.0
绝缘铝线	2.5
裸铝线	6.0
扁钢（户内）	24（厚度≥3 mm）
扁钢（户外）	48（厚度≥4 mm）
圆钢（户内）	20（直径≥5 mm）
圆钢（户外）	28（直径≥5 mm）

（3）接零线：对 1 000 V 以下中性点直接接地的接零系统，接零线选择要保证切断事故电流，一般接零干线的电导不小于相线电导的 1/2，接零支线的电导不得小于相线电导的 1/3。

2. 接地装置的安装

（1）接地装置安装的注意事项：

1）接地线须用整线，中间不能存在接头。

2）两台及两台以上电气设备的接地线须分别单独与接地装置连接，禁止把几台电气设备的接地线串联连接后再接地，以免其中一台设备的接地线在检修或更换等情况下被拆开时，在该设备之前的各设备成为不接地的设备。

3）接地装置各接地体的连接。要用电焊或气焊，不能锡焊。不使用焊接时，可用螺钉、铆钉和线夹等连接，总之，接地体间及接地体与接地线的连接应十分牢靠。

4）不同用途和不同电压的电气设备，可使用一个总接地体，接地电阻值应符合其中最小值的要求。

5）为了提高可靠性，不论所需要的接地电阻是多少，接地体都不能少于两根，其上端应用扁钢或圆钢连成一个整体。

6）接地体应尽量埋在大地冰冻层以下的土层中。接地体之间的距离不应小于 2.5 m。

（2）接地体的埋设：垂直接地体通常采用钢管或角钢，为减小气候对接地电阻的影响，在埋设前应先挖一个深约 1.0 m 的地坑，然后将接地体打入地下，上端露出沟底 10~20 cm，供焊接接地线使用。接地体打入地下应不少于 2 m，如不能打入 2 m 以下，且接地电阻不能满足要求时，则应在接地体周围放置木炭、食盐并加水，以减小接地电阻。具体埋设接地体见图 13 - 10。水平埋设接地体，埋深 0.5~1.0 m，可采用环形、内环外放射式和放射式等。

（3）接地线的安装：

1）接地干线至少应在不同的两点处与接地网相连接，自然接地体至少应在不同的两点与接地干线相连接；电气装置的每个接地部分应以单独的接地线与接地干线相连接，不得在一个接地线中串接几个需要接地部分；接零保护回路中不得串装熔断器、开关等设备，并应有重复（至少 2 点）的接地，车间周长超过 400 m 时，每 200 m 处应有一点接地，架空线终端，分支线长度超过 200 m 的分支线处以及沿线每 1 000 m 处应加设重复接地装置；接地线明敷时，应按水平或垂直敷设，但亦与建筑物倾斜结构平行，在直线段不应有高低起伏及弯曲等情况，在直线段水平距离支持件间距一般为 1~1.5 m，垂直部分支持件间距一般为 1.5~2 m，转弯之处支持件间距一般为 0.5 m。同一供电系统中，不允许部分电气设备保护接零，另一部分电气设备保护接地。

2）接地线应防止发生机械损伤和化学腐蚀，在公路、铁路或管道等交叉及其他可能使接地线槽受机械损伤之处，均应用管子或角钢等加以保护；接地线在穿过墙壁时应通过明孔、钢管或其他坚固的保护管进行保护；明敷接地线敷设位置不应妨碍设备的拆卸与检修；接地线沿建筑物墙壁水平敷设时，离地面宜保持 250~300 mm 的距离，接地线与建筑物墙壁间应有 10~15 mm 的间隙；在接地线跨越建筑物伸缩缝、沉降缝处时，应加设补偿器，补偿器可用接地线本身弯成弧状代替；接至电气设备上的接地线应用螺栓连接，有色金属接地线不能采用焊接时，也可用螺栓连接。

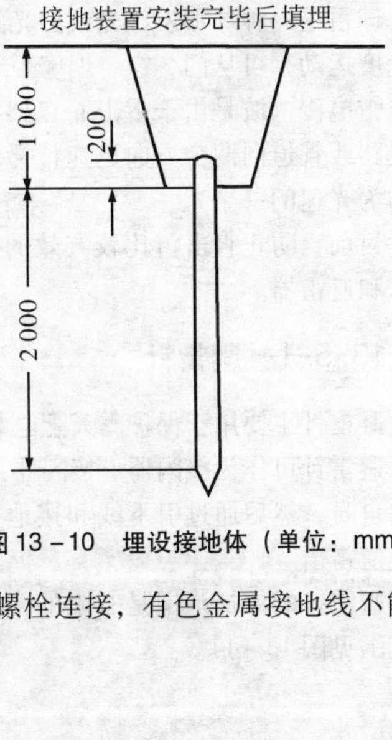

图 13 - 10　埋设接地体（单位：mm）

3）明敷的接地线表面应涂黑漆；如因建筑物的设计要求，需涂其他颜色时，则应在连接处及分支处涂以各宽为 15 mm 的两条黑带，其间距为 150 mm；中性点接于接地网的明敷接地线，应涂以紫色带黑色条纹；在三相四线网络中，如接有单相分支线并用其零线作接地线时，零线在分支点应涂黑色带以便识别。

13.5 防雷

雷击是一种自然灾害，它不但能造成设备或设施的损坏，造成大规模停电，而且能引起火灾或爆炸，甚至能危及人身安全。据估计，雷云的电位约为 1 万 ~10 万千伏，雷电流的幅值可达数千安至数百千安，有很大的破坏性。因此，必须采取有效措施，防止或减少雷害事故的发生。

根据雷电产生和危害特点的不同，雷电大体可以分为直击雷、雷电感应、球雷、雷电侵入波等几种形式。

如果雷云较低，周围又没有带异性电荷的雷云，就在地面凸出物上感应出异性电荷。形成与地面凸出物之间的放电，这就是直击雷。

雷电感应也叫做感应雷，分静电感应和电磁感应两种。静电感应是由于雷云接近地面，在地面凸出物顶部感应出大量异性电荷所致。电磁感应是出于雷击后巨大的雷电流在周围空间产生迅速变化的强大磁场所致。这种磁场能在附近的金属导体上感应出很高的电压。

球雷是一种球形发红光或白光的火球，直径多在 20 cm 左右，以每秒数米的速度运动，可从门、窗、烟塞等通道侵入室内，造成多种危害。

雷电侵入波是由于雷击而在架空线路或空中金属管道上产生的冲击电压沿线路或管道向两个方向迅速传播的雷电波。其传播速度约为光速（在电缆中约为光速的一半）。

目前，防止直击雷比较有效的措施是采用避雷针、避雷线、避雷网、避雷带和避雷器。

13.5.1 避雷针

避雷针主要用于保护露天配电装置、易燃建筑物、烟囱和冷水塔等。

避雷针可作为接闪器。接闪器是利用其高出被保护物的突出部位把雷电引向自身，然后通过引下线和接地装置把雷电流泄入大地，以此保护被保护物免遭雷击。

避雷针的保护范围是有限的，保护半径与其高度有关，单支避雷针的保护范围见图 13 - 11。

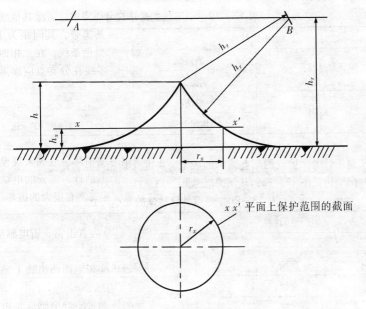

图 13-11 单个避雷针的保护区域

避雷针由三部分组成：第一部分是耸立天空的针尖，是接受雷电用的，一般用镀锌圆钢或焊接钢管制成，其顶端呈针尖状，长 1~2 m，其最小直径见表 13-18。第二部分是引下线，其作用是将雷电流引入地下，通常采用直径不小于 8 mm 的圆钢或厚度不小于 4 mm、截面积不小于 48 mm² 的扁钢制成，其最小尺寸见表 13-19。第三部分是接地体，与引下线相连，将雷电流泄流到大地。防雷接地装置所用材料的最小尺寸见表 13-20，垂直接地体的长度为 2.5 m，接地体间的距离为 5 m，埋深应大于 0.5 m，接地电阻应小于 10 Ω。

表 13-18 避雷针的最小直径

避雷针类别		最小直径/mm
针长 1 m 以下	圆钢	12
	钢管	20
针长 1~2 m	圆钢	16
	钢管	25
烟囱顶上的避雷针	圆钢	20

表 13 - 19　引下线的最小尺寸

引下线材料		最小尺寸/mm
圆钢	一般情况	直径 8
	烟囱上	直径 12
扁钢	一般情况	厚度 4（截面积 48 mm²）
	烟囱上	厚度 4（截面积 100 mm²）

避雷针的保护范围与避雷针的数量、高度及其相互位置等有关。单支避雷针的结构见图 13 - 12，其保护范围见图 13 - 11。

表 13 - 20　避雷针接地体的最小尺寸

接地体材料	最小尺寸/mm
圆钢	直径 10
扁钢	厚度 4（截面积 100 mm²）
角钢	厚度 4
钢管	壁厚 3.5

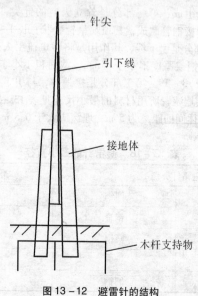

针尖

引下线

接地体

木杆支持物

图 13 - 12　避雷针的结构

13.5.2 避雷线、避雷网和避雷带

避雷线、避雷网和避雷带实际上都是接闪器，避雷线主要用来保护电力线路，一般采用截面积不小于35 mm² 的镀锌钢绞线。避雷网和避雷带主要用来保护建筑物。避雷网和避雷带的保护范围无须进行计算。避雷网网路的大小可取6 m×6 m、6 m×10 m、10 m×10 m，视具体情况而定。避雷带相邻两带之间的距离以6~10 m 为宜。此外，对于易受雷击的屋角、屋脊、屋檐及其他建筑物边角部位，可专设避雷带保护。

避雷网和避雷带可以采用镀锌圆钢或扁钢。圆钢直径不得小于8 mm；扁钢厚度不得小于4 mm，截面积不得小于48 mm²。另外，装在烟囱上方时，圆钢直径不得小于12 mm，扁钢厚度不得小于4 mm，而且截面积不得小于100 mm²。

13.5.3 避雷器

避雷器主要是用来防护雷电产生的雷电侵入波沿线路侵入变配电所或其他建筑物内，以保护电气设备的绝缘免遭损坏和用电人员的安全。

1. 避雷器的结构及原理 避雷器保护原理见图13 - 13。避雷器设在被保护物的引入端。其上端接在线路上，下端接地。正常时，避雷器的间隙保持绝缘状态，不影响系统的运行。当因雷击，有高压冲击波沿线路袭来时，避雷器间隙击穿而接地，从而强行切断冲击波。这时，能够进入被保护物的电压仅是雷电流通过避雷器及其引入线和接地装置产生的所谓残压。雷电流通过以后，避雷器间隙又恢复绝缘状态，以便系统正常运行。

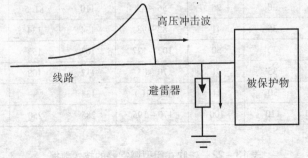

图13 -13 避雷器的工作原理

避雷器主要有羊角间隙避雷器、阀型避雷器和管型避雷器三种。其结构见图13 -14。

2. 避雷器的技术数据 常见避雷器的技术数据见表13 -21至表13 -24。

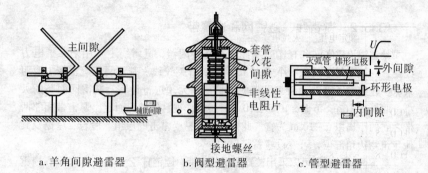

a. 羊角间隙避雷器　　　　b. 阀型避雷器　　　　c. 管型避雷器

图 13 -14　避雷器的结构

表 13 -21　普通阀型避雷器的技术数据

型号	额定电压（有效值)/kV	灭弧电压（有效值)/kV	工频放电电压（有效值)/kV	冲击放电电压(峰值)不大于/kV	残压（峰值）不大于/kV	
					3 kA	5 kA
FZ - 3	3	3.8	9 ~ 11	20	13.5	14.8
FZ - 6	6	736	16 ~ 19	30	27	30
FZ - 10	10	12.7	26 ~ 31	45	45	50
FZ - 15	15	20.5	41 ~ 49	73	67	74
FZ - 20	20	25	51 ~ 60	85	81.5	90
FZ - 30	30	25	56 ~ 67	110	81.5	90
FZ - 35	35	41	82 ~ 98	134	134	148
FZ - 40	40	50	102 ~ 122	163	153	—
FCZ - 35	35	41	70 ~ 85	112	108	
FCZ - 30	30	41	85 ~ 100	134	—	134
FCZ - 110	110	100	170 ~ 195	285	250	

表 13 -22　磁吹式阀型避雷器的技术数据

型号	额定电压（有效值)/kV	灭弧电压（有效值)/kV	工频放电电压（有效值)/kV	冲击放电电压(峰值)不大于/kV	残压（峰值）不大于/kV	
					3 kA	5 kA
FCD - 2	2	2.3	4.5 ~ 5.7	6	6	6.4

续表

型号	额定电压(有效值)/kV	灭弧电压(有效值)/kV	工频放电电压(有效值)/kV	冲击放电电压(峰值)不大于/kV	残压(峰值)不大于/kV	
					3 kA	5 kA
FCD-3	3	3.8	7.5~9.5	9.5	9.5	10
FCD-4	4	4.6	9.0~11.4	12	12	12.8
FCD-5	6	7.6	15~18	19	19	20
FCD-8	13.8	16.7	33~39	40	40	43
FCD-10	10	12.7	25~30	31	31	33
FCD-15	15	19	37~44	45	45	49

表 13-23 管型避雷器的技术数据

型号	额定电压/kV	最大允许工频电压有效值/kV	极限切断电流有效值/kA		工频放电电压/kA		2 μs 冲击放电电压不大于/kV	间隙距离/mm		灭弧管内径/mm
			下限	上限	干	湿		隔离间隙	灭弧间隙	
GXW $\frac{6}{0.5-3}$	6	6.9	0.5		27	27	60	10~15	130	8~8.5
GXW $\frac{6}{2-8}$	6	6.9	2.0	8	27	27	60	10~15	130	9.5~10
GXW $\frac{10}{0.8-4}$	10	11.5	0.8	4	33	33	75	15~20	130	8.5~9
GXW $\frac{10}{2-7}$	0	11.5	2.0	7	33	33	75	15~20	130	10~10.5
GXW $\frac{35}{0.7-3}$	35	40.5	0.7	3	105	70	210	100~150	175	8~9
GXW $\frac{35}{1-5}$	35	40.5	1.0	5	105	70	210	100~150	175	10~11
GSW-10	10	11.5	—	—	—	—	—	17~18	63±3	—

表 13 - 24　　**氧化锌避雷器的技术数据**

型号	额定电压 /kV	最大工作电压 /kV	动作电压 /kV	冲击电流残压 (峰值)(5 kV) /kV
FYS - 3	3	3.8	5.4	13.5
FYS - 6	6	7.5	11	25
FYS - 10	10	12.7	18	45
FYS - 35	35	41	59	126
FYZ - 3	3	3.8	5.4	—
FYZ - 6	6	7.5	11	—
FYZ - 10	10	12.7	18	45
FYZ - 35	35	41	59	126
FY - 3	3	3.8	5.4	17
FY - 6	6	7.5	11	30
FY - 10	10	12.7	19	50

13.5.4　防雷电的其他措施

（1）为了避免由雷电所引起的静电感应作用而形成的火花放电,必须将被保护物的金属部分进行可靠地接地。

（2）为了避免由雷电所引起电磁感应作用而使闭合回路中某一部分发生过热和发生火花放电的危害,必须使处在雷电流的电磁场中的伸张的金属物件,具有良好的接触(不能有气隙)而形成闭合回路。

（3）当雷电放电时所形成的高电位,由其附近电缆的金属外壳引到距离避雷针相当远的建筑物内,因而造成有触电、火灾爆炸的危险,要避免发生这种现象。电缆和避雷针的接地极之间最少应该相距 10 m,电气设备保护接地装置和避雷针的接地极,也应相距 10 m。电缆金属外壳亦应接地。

（4）为了避免雷电所引起的高电压经架空线引进房屋的危险,应将接户线最后一块支持物上的绝缘子铁脚接地。

13.6　电气设备的防火和防爆

电气火灾爆炸事故主要包括下列两个方面:一是由电气原因引起周围环境危险物品燃烧爆炸;二是某些电气装置(如变压器、断路器)有充油的密闭容器,在故障情况下,油燃烧、爆炸。

电气火灾爆炸事故的特点是:蔓延快,发生概率大,损失严重。因此,做好防火防爆工作至关重要。

13.6.1 电气火灾和爆炸的原因

总的来说,除设备缺陷、安装不当等设计和施工方面的原因外,在电气用具和设备运行中,由电流产生的热量、电火花或电弧则是引起电气火灾和爆炸的直接原因。

1. 电气设备过热 引起过热的情况有短路、过载、接触不良、散热不良。

2. 电火花和电弧 电火花包括工作电火花、事故电火花和机械碰撞电火花。电火花是由电极间击穿放电形成的。电弧是由大量密集的电火花汇集而成,其温度可达 3 000 ~ 6 000 ℃。因此,电火花和电弧不仅能引起可燃物燃烧,还能使金属熔化、飞溅,构成危险的火源。

13.6.2 防火和防爆措施

1. 合理选用电气设备

(1)防爆电气设备依其结构和防爆性能分为 9 种类型,这 9 种类型的标志见表 13 - 25。

表 13 - 25 防爆电气设备标志

类型	标志	类型	标志	类型	标志
增安型	e	正压型	p	木质安全型	i
隔爆型	d	充砂型	q	浇封型	m
充油型	o	无火花型	n	气密型	h

(2)电气设备的选用按危险场所的类别(如有爆炸性危险、火灾危险的场所)和等级选用。

(3)危险场所的电气线路导线的选择,参照表 13 - 26。

表 13 - 26 电气线路导线的选择

场所类别	导线及安装方式
干燥无尘	绝缘导线暗敷设或明敷设
潮湿	有保护的绝缘导线明敷设或绝缘导线穿管敷设
高温	耐热绝缘导线穿瓷管、石棉管或沿低压绝缘子敷设
腐蚀性	耐腐蚀的绝缘导线(铅包导线)明敷设或耐腐蚀的穿管敷设

2. 合理选用保护装置 合理选用保护装置是防火防爆重要措施，也是提高防火防爆自动化程度的重要措施。除接地或接零装置外，火灾或爆炸性危险场所应有比较完善的短路、过载等保护装置。

3. 保持设备正常运行

1）为防止电气设备过热，应保持电压、电流和温升等不超过允许值。

2）保持电气设备绝缘良好。

3）在运行中，保持各导电部分连接可靠，接触良好。

4）保持设备清洁。

5）保持防火间距。屋外变、配电装置，与建筑物、堆场之间的防火距离应不小于表 13 - 27 的规定。

6）通风。

7）接地。爆炸场所的接地（或接零）要求，较一般场所为高。

8）采用耐火防火设施。

9）采用密封防爆措施。

10）堵塞危险漏洞。

表 13 - 27　屋外变、配电装置与建筑、堆场的防火间距

建筑物、堆物名称	不同变压器总油量下的防火间距/m		
	< 10 t	10 ~ 50 t	> 50 t
民用建筑	15 ~ 25	20 ~ 30	25 ~ 35
丙、丁、戊类生产厂房和库房	12 ~ 20	15 ~ 25	20 ~ 30
甲类库房	25	25	25
稻草、麦秸、芦苇等易燃材料堆物	25 ~ 40	25 ~ 40	25 ~ 40
易燃液体储存罐	25 ~ 50	25 ~ 50	25 ~ 50

参考文献

[1] 刘介才. 实用供配电技术手册. 北京: 中国水利水电出版社, 2002.

[2] 杨国福. 常用低压电器手册. 北京: 化学工业出版社, 2008.

[3] 沙振舜. 电工实用技术手册. 南京: 江苏科学技术出版社, 2002.

[4] 金代中. 电工速查速算手册. 北京: 机械工业出版社, 2001.

[5] 谢毓城. 电力变压器手册. 北京: 机械工业出版社, 2003.

[6] 张节容. 高压电器原理和应用. 北京: 清华大学出版社, 1989.

[7] 肖辉. 电气照明技术. 北京: 机械工业出版社, 2009.

[8] 陆安定. 功率因数及无功补偿. 上海: 上海科学普及出版社, 2004.

[9] 徐国华. 电工技能实训教程. 北京: 北京航空航天大学出版社, 2007.

[10] 徐国华. 电子综合技能实训教程. 北京: 北京航空航天大学出版社, 2010.

[11] 王其红. 电工手册. 郑州: 河南科学技术出版社, 2006.

[12] 陈坚. 电力电子学 – 电力电子变换和控制技术. 3 版. 北京: 高等教育出版社, 2002.

[13] 陈家斌. 电工速查手册. 郑州: 河南科学技术出版社, 2009.

[14] 王永华. 现代电气控制及 PLC 应用技术. 2 版. 北京: 北京航空航天大学出版社, 2008.